Web 开发经典丛书

Angular 5 高级编程
（第 2 版）

[美] Adam Freeman 著

杨明军 颜炯 等译

清华大学出版社

北 京

Pro Angular, Second Edition
Adam Freeman
EISBN：978-1-4842-2306-2

Original English language edition published by Apress Media. Copyright © 2017 by Apress Media.
Simplified Chinese-Language edition copyright © 2018 by Tsinghua University Press. All rights reserved.

本书中文简体字版由 Apress 出版公司授权清华大学出版社出版。未经出版者书面许可，不得以任何方式
复制或抄袭本书内容。

北京市版权局著作权合同登记号　图字：01-2017-5757

本书封面贴有清华大学出版社防伪标签，无标签者不得销售。
版权所有，侵权必究。侵权举报电话：010-62782989　13701121933

图书在版编目(CIP)数据

　Angular 5高级编程：第2版 / (美)亚当•弗里曼(Adam Freeman) 著；杨明军 等译. —北京：清华大学出
版社，2018
　(Web 开发经典丛书)
　书名原文：Pro Angular, Second Edition
　ISBN 978-7-302-49117-0

　Ⅰ. ①A… Ⅱ. ①亚… ②杨… Ⅲ. ①超文本标记语言－程序设计－教材 Ⅳ. ①TP312.8

　中国版本图书馆 CIP 数据核字(2017)第 315412 号

责任编辑：王　军　李维杰
装帧设计：孔祥峰
责任校对：曹　阳
责任印制：李红英

出版发行：清华大学出版社
　　　　　网　　址：http://www.tup.com.cn, http://www.wqbook.com
　　　　　地　　址：北京清华大学学研大厦 A 座　　邮　　编：100084
　　　　　社 总 机：010-62770175　　　　　　　　邮　　购：010-62786544
　　　　　投稿与读者服务：010-62776969，c-service@tup.tsinghua.edu.cn
　　　　　质 量 反 馈：010-62772015，zhiliang@tup.tsinghua.edu.cn

印 装 者：三河市君旺印务有限公司
经　　销：全国新华书店
开　　本：185mm×260mm　　　印　　张：47.5　　　字　　数：1126 千字
版　　次：2018 年 1 月第 1 版　　　印　　次：2018 年 1 月第 1 次印刷
印　　数：1~3500
定　　价：128.00 元

——

产品编号：076390-01

译者序

在欣欣向荣的 Web 前端领域，新的框架层出不穷，如此多的选择给开发者带来极大的痛苦：学习难度如何？开发效率如何？运行性能如何？可维护性高吗？还有开发社区、发展前景等因素需要考虑。评估任何一个框架不仅要看其优势，还要看它给开发者挖的坑有多深。Angular 框架自最初的 AngularJS，迭代到最新的 Angular 5，其不变的最显著特征就是其整合性。作为一个一体化框架，Angular 经过精心的前期设计，涵盖了开发中的各个层面，层与层之间都经过精心调适。开发者借助这个"开箱即用"的框架，就可以完成大部分的前端开发工作，而不需要费时费力去组合、评估其他前端技术。这可以有效降低开发者和开发团队的决策成本，有利于项目的快速起步。

Angular 5 是构建动态 JavaScript 应用程序的领先框架，而想讲清楚这个包罗万象的一站式框架的各项强大功能是一项很大的挑战。Adam Freeman 撰著的《Angular 5 高级编程(第2版)》详细描述如何在项目中使用 Angular，从最基本的构造块开始，到最终构建最先进和复杂的功能，深入讲解开发者所需要掌握的所有知识。本书讲解 Angular 框架的面面俱到，同时也不放过任何有用的细节，特别是对于一些最重要的 Angular 功能，本书都给出了常见问题以及解决办法。

即便是一位希望从事 Web 前端开发工作的新手，考虑到 Angular 框架陡峭的学习曲线，也不要担心，本书由易到难的循序渐进式风格可以极大地降低学习 Angular 框架的门槛，降低学习痛苦指数。而对于经验丰富的前端老兵，尽管具有 Angular 框架使用经验，本书也值得推荐，因为本书内容已经升级到 Angular 5，能助你快速将项目升级到 Angular 框架的最新版，充分利用最新框架的强大功能。

本书由杨明军、颜炯翻译。此外，参与本书翻译的还有肖国尊、胡季红、李辉、马蓉、李新军、易民全、姚建军、鲍春雷、甘信生、郝雪松、凌栋、王发云、王继云、赵建军、朱宝庆、朱钱。Be Flying 工作室负责人肖国尊负责本书翻译质量和进度的控制与管理。敬请广大读者提供反馈意见，我们的邮箱是 215565222@qq.com。我们会仔细查阅读者发来的每一封邮件，尽快回应读者的问题。

作者简介

Adam Freeman 是一位经验丰富的 IT 专业人士,曾在一系列公司担任过高级职位,曾经担任一家全球银行的首席技术官和首席运营官。退休之后,他热衷于写作和长跑。

技术评审员简介

Fabio Claudio Ferracchiati 是微软技术领域的高级顾问、高级分析师和高级开发人员。他在 BluArancio 公司(www.bluarancio.com)工作。他拥有.NET MCSD(Microsoft Certified Solution Developer，微软认证解决方案开发人员)、.NET MCAD(Microsoft Certified Application Developer，微软认证应用程序开发人员)、MCP(Microsoft Certified Professional，微软认证专家)等多项认证，而且还是一位多产的作家和技术评审员。十多年来，他为多家意大利和国际杂志撰写了大量文章，与人合著了十多本关于各类计算机主题的书籍。

目 录

第1章 准备工作 ················· 1
1.1 需要了解什么 ················· 1
1.2 本书结构 ······················· 1
1.2.1 第1部分：准备 ·············· 2
1.2.2 第2部分：使用 Angular ······ 2
1.2.3 第3部分：Angular 的
高级功能 ··················· 2
1.3 大量示例 ······················· 2
1.4 获取示例代码 ················· 4
1.5 如何搭建开发环境 ············ 4
1.6 联系作者 ······················· 4
1.7 本章小结 ······················· 4

第2章 第一个 Angular 应用程序 ········ 5
2.1 准备开发环境 ················· 5
2.1.1 安装 Node.js ················ 5
2.1.2 安装 angular-cli 包 ········· 6
2.1.3 安装 Git ···················· 6
2.1.4 安装编辑器 ················ 7
2.1.5 安装浏览器 ················ 7
2.2 创建并准备项目 ··············· 8
2.2.1 创建项目 ··················· 8
2.2.2 创建包文件 ················ 8
2.2.3 启动服务器 ··············· 10
2.2.4 编辑 HTML 文件 ········· 11
2.3 向项目中添加 Angular 功能 ··· 13
2.3.1 准备 HTML 文件 ········· 14
2.3.2 创建数据模型 ············ 14
2.3.3 创建模板 ················· 17
2.3.4 创建组件 ················· 17
2.3.5 将应用程序组合起来 ···· 19
2.4 向示例应用程序中添加功能 ··· 21
2.4.1 添加待办事项表格 ······· 21
2.4.2 创建双向数据绑定 ······· 25
2.4.3 添加待办事项 ············ 27
2.5 本章小结 ····················· 29

第3章 创建项目 ················ 31
3.1 准备创建项目 ················ 31
3.2 创建项目 ····················· 32
3.2.1 创建项目的 Angular 部分 ··· 33
3.2.2 创建项目的 ASP.NET
Core MVC 部分 ··········· 34
3.3 配置项目 ····················· 35
3.3.1 准备项目(Visual Studio) ··· 35
3.3.2 创建和编辑配置文件 ···· 36
3.3.3 启用日志消息 ············ 39
3.3.4 更新 Bootstrap 包 ········ 39
3.3.5 移除文件 ················· 40
3.3.6 更新控制器、布局和视图 ···40
3.4 运行项目 ····················· 42
3.5 理解合并项目和工具 ········· 44
3.5.1 理解项目结构 ············ 44
3.5.2 理解工具集成 ············ 44
3.5.3 理解项目变更系统 ······· 45
3.5.4 检测 TypeScript 错误 ····· 48
3.6 本章小结 ····················· 50

第4章 HTML 和 CSS 入门 ·············· 51
- 4.1 准备示例项目 ························ 51
- 4.2 理解 HTML ···························· 53
  - 4.2.1 理解空元素 ····················· 54
  - 4.2.2 理解属性 ························ 54
  - 4.2.3 应用无值属性 ················· 54
  - 4.2.4 在属性中引用字面量 ······ 55
  - 4.2.5 理解元素内容 ················· 55
  - 4.2.6 理解文档结构 ················· 55
- 4.3 理解 Bootstrap ························ 57
  - 4.3.1 应用基本的 Bootstrap 类 ··· 57
  - 4.3.2 使用 Bootstrap 样式化表格 ··· 61
  - 4.3.3 使用 Bootstrap 创建表单 ··· 62
  - 4.3.4 使用 Bootstrap 创建网格 ··· 63
- 4.4 本章小结 ······························· 68

第5章 JavaScript 与 TypeScript：第 1 部分 ·············· 69
- 5.1 准备示例项目 ························ 70
  - 5.1.1 创建 HTML 和 JavaScript 文件 ······························ 71
  - 5.1.2 配置 TypeScript 编译器 ··· 72
  - 5.1.3 运行示例项目 ················· 72
- 5.2 理解 script 元素 ····················· 73
  - 5.2.1 使用 JavaScript 模块加载器 ·························· 73
  - 5.2.2 理解基本工作流 ············· 74
- 5.3 使用语句 ······························· 75
- 5.4 定义和使用函数 ···················· 75
  - 5.4.1 定义带参数的函数 ········· 77
  - 5.4.2 定义返回结果的函数 ····· 79
  - 5.4.3 将函数用作其他函数的实参 ······························ 79
- 5.5 使用变量和类型 ···················· 80
- 5.6 使用 JavaScript 操作符 ·········· 84
  - 5.6.1 使用条件语句 ················· 84
  - 5.6.2 相等操作符和恒等操作符 ··· 85
  - 5.6.3 显式类型转换 ················· 86

- 5.7 处理数组 ······························· 87
  - 5.7.1 使用数组字面量 ············· 88
  - 5.7.2 数组内容的读取和修改 ······ 88
  - 5.7.3 遍历数组内容 ················· 89
  - 5.7.4 使用内置数组方法 ········· 89
- 5.8 本章小结 ······························· 91

第6章 JavaScript 与 TypeScript：第 2 部分 ·············· 93
- 6.1 准备示例项目 ························ 93
- 6.2 使用对象 ······························· 94
  - 6.2.1 使用对象字面量 ············· 95
  - 6.2.2 将函数用作方法 ············· 95
  - 6.2.3 定义类 ···························· 96
- 6.3 处理 JavaScript 模块 ············· 99
  - 6.3.1 创建模块 ························ 99
  - 6.3.2 从 JavaScript 模块导入 ··· 100
- 6.4 有用的 TypeScript 特性 ········ 103
  - 6.4.1 使用类型注解 ··············· 103
  - 6.4.2 使用元组 ······················ 109
  - 6.4.3 使用可索引类型 ··········· 109
  - 6.4.4 使用访问修饰符 ··········· 110
- 6.5 本章小结 ······························ 111

第7章 SportsStore：一个真实的应用程序 ················· 113
- 7.1 准备项目 ······························ 113
  - 7.1.1 准备项目 ······················ 114
  - 7.1.2 创建文件夹结构 ··········· 114
  - 7.1.3 安装额外的 NPM 软件包 ··· 114
  - 7.1.4 准备 RESTful Web 服务 ··· 116
  - 7.1.5 准备 HTML 文件 ········· 118
  - 7.1.6 运行示例应用程序 ······· 119
  - 7.1.7 启动 RESTful Web 服务 ··· 119
- 7.2 准备 Angular 项目功能 ········ 120
  - 7.2.1 更新根组件 ·················· 120
  - 7.2.2 更新根模块 ·················· 121
  - 7.2.3 检查引导文件 ·············· 121
- 7.3 启动数据模型 ······················ 122

7.3.1	创建模型类	122
7.3.2	创建虚拟数据源	123
7.3.3	创建模型存储库	124
7.3.4	创建功能模块	126

7.4 启动商店 ················ 126
    7.4.1 创建 Store 组件和模板 ···· 127
    7.4.2 创建商店功能模块 ········ 128
    7.4.3 更新根组件和根模块 ······ 129

7.5 添加商店功能：产品详情 ······ 130
    7.5.1 显示产品详情 ············ 130
    7.5.2 添加类别选择 ············ 132
    7.5.3 添加产品分页功能 ········ 133
    7.5.4 创建自定义指令 ·········· 137

7.6 本章小结 ···················· 140

第 8 章 SportsStore：订单和结账 ······ 141

8.1 准备示例应用程序 ············ 141
8.2 创建购物车 ·················· 141
    8.2.1 创建购物车模型 ·········· 141
    8.2.2 创建购物车概览组件 ······ 143
    8.2.3 将购物车集成到商店中 ···· 145

8.3 添加 URL 路由 ··············· 148
    8.3.1 创建购物车详情和结账
         组件 ···················· 148
    8.3.2 创建和应用路由配置 ······ 150
    8.3.3 应用程序导航 ············ 151
    8.3.4 守卫路由 ················ 154

8.4 完成购物车详情功能 ·········· 156
8.5 处理订单 ···················· 159
    8.5.1 扩展模型 ················ 159
    8.5.2 收集订单详情 ············ 161

8.6 使用 RESTful Web 服务 ······ 165
8.7 本章小结 ···················· 168

第 9 章 SportsStore：管理 ············ 169

9.1 准备示例应用程序 ············ 169
    9.1.1 创建模块 ················ 169
    9.1.2 配置 URL 路由系统 ······ 172
    9.1.3 导航到管理 URL ········· 173

9.2 实现身份验证 ················ 175
    9.2.1 理解身份验证系统 ········ 175
    9.2.2 扩展数据源 ·············· 176
    9.2.3 创建身份验证服务 ········ 177
    9.2.4 启用身份验证 ············ 178

9.3 扩展数据源和存储库 ·········· 181
9.4 创建管理功能结构 ············ 185
    9.4.1 创建占位符组件 ·········· 185
    9.4.2 准备常用内容和功能
         模块 ···················· 186
    9.4.3 实现产品功能 ············ 189
    9.4.4 实现订单功能 ············ 193

9.5 本章小结 ···················· 195

第 10 章 SportsStore：部署 ············ 197

10.1 准备部署应用程序 ··········· 197
10.2 将 SportsStore 应用程序
      容器化 ····················· 197
    10.2.1 安装 Docker ············ 197
    10.2.2 准备应用程序 ·········· 198
    10.2.3 创建 Docker 容器 ······· 199
    10.2.4 运行应用程序 ·········· 200

10.3 本章小结 ··················· 201

第 11 章 创建 Angular 项目 ············ 203

11.1 准备 TypeScript Angular
      开发项目 ··················· 203
    11.1.1 创建项目文件夹结构 ···· 204
    11.1.2 创建和提供 HTML
          文档 ·················· 204
    11.1.3 准备项目配置 ·········· 205
    11.1.4 添加包 ················ 205
    11.1.5 启动监视进程 ·········· 213

11.2 使用 TypeScript 开始
      Angular 开发 ··············· 214
    11.2.1 创建数据模型 ·········· 216
    11.2.2 创建模板和根组件 ······ 219
    11.2.3 创建 Angular 模块 ······ 220
    11.2.4 引导应用程序 ·········· 221

11.2.5	配置 JavaScript 模块加载器	222
11.2.6	更新 HTML 文档	226
11.2.7	运行应用程序	227
11.3	利用@angular/cli 工具创建项目	229
11.3.1	创建示例项目	229
11.3.2	创建包文件	230
11.3.3	启动服务器	231
11.4	本章小结	231

第 12 章 使用数据绑定 …… 233

12.1	准备示例项目	234
12.2	理解单向数据绑定	234
12.2.1	理解绑定目标	236
12.2.2	理解表达式	237
12.2.3	理解括号	238
12.2.4	理解宿主元素	239
12.3	使用标准属性和属性绑定	239
12.3.1	使用标准属性绑定	239
12.3.2	使用字符串插入绑定	241
12.3.3	使用元素属性绑定	242
12.4	设置 CSS 类和样式	244
12.4.1	使用类绑定	244
12.4.2	使用样式绑定	248
12.5	更新应用程序的数据	252
12.6	本章小结	254

第 13 章 使用内置指令 …… 255

13.1	准备示例项目	256
13.2	使用内置指令	257
13.2.1	使用 ngIf 指令	258
13.2.2	使用 ngSwitch 指令	260
13.2.3	使用 ngFor 指令	262
13.2.4	使用 ngTemplateOutlet 指令	271
13.3	理解单向数据绑定的限制	273
13.3.1	使用幂等表达式	274
13.3.2	理解表达式上下文	276
13.4	本章小结	279

第 14 章 使用事件和表单 …… 281

14.1	准备示例项目	282
14.1.1	添加表单模块	282
14.1.2	准备组件和模板	283
14.2	使用事件绑定	285
14.2.1	理解动态定义的属性	286
14.2.2	使用事件数据	288
14.2.3	使用模板引用变量	290
14.3	使用双向数据绑定	292
14.4	处理表单	295
14.4.1	向示例应用程序添加表单	295
14.4.2	添加表单数据验证	297
14.4.3	验证整个表单	307
14.5	使用基于模型的表单	313
14.5.1	启用基于模型的表单功能	313
14.5.2	定义表单模型类	314
14.5.3	使用模型进行验证	317
14.5.4	根据模型生成元素	321
14.6	创建自定义表单验证器	322
14.7	本章小结	325

第 15 章 创建属性指令 …… 327

15.1	准备示例项目	328
15.2	创建简单的属性指令	330
15.3	在指令中访问应用程序数据	333
15.3.1	读取宿主元素属性	333
15.3.2	创建数据绑定输入属性	335
15.3.3	响应输入属性变化	338
15.4	创建自定义事件	340
15.5	创建宿主元素绑定	343
15.6	在宿主元素上创建双向绑定	344
15.7	导出指令用于模板变量	348

15.8	本章小结 350

第16章 创建结构型指令 351
- 16.1 准备示例项目 352
- 16.2 创建简单的结构型指令 353
  - 16.2.1 实现结构型指令类 354
  - 16.2.2 启用结构型指令 356
  - 16.2.3 使用结构型指令的简洁语法 358
- 16.3 创建迭代结构型指令 359
  - 16.3.1 提供额外的上下文数据 362
  - 16.3.2 使用简洁的结构语法 363
  - 16.3.3 处理属性级数据变更 364
  - 16.3.4 处理集合级数据变更 365
- 16.4 查询宿主元素内容 376
  - 16.4.1 查询多个子内容 379
  - 16.4.2 接收查询变更通知 381
- 16.5 本章小结 382

第17章 理解组件 385
- 17.1 准备示例项目 386
- 17.2 使用组件来组织应用程序 386
  - 17.2.1 创建新组件 388
  - 17.2.2 定义模板 391
  - 17.2.3 完成组件的重组 400
- 17.3 使用组件样式 401
  - 17.3.1 定义外部组件样式 402
  - 17.3.2 使用高级样式特性 403
- 17.4 查询模板内容 410
- 17.5 本章小结 412

第18章 使用和创建管道 413
- 18.1 准备示例项目 414
- 18.2 理解管道 418
- 18.3 创建一个自定义管道 419
  - 18.3.1 注册自定义管道 421
  - 18.3.2 应用自定义管道 421
  - 18.3.3 组合管道 423
  - 18.3.4 创建非纯管道 423
- 18.4 使用内置管道 427
  - 18.4.1 格式化数值 428
  - 18.4.2 格式化货币值 431
  - 18.4.3 格式化百分比 433
  - 18.4.4 格式化日期 435
  - 18.4.5 改变字符串大小写 438
  - 18.4.6 将数据序列化为JSON数据 439
  - 18.4.7 将数据数组切片 440
- 18.5 小结 442

第19章 使用服务 443
- 19.1 准备示例项目 444
- 19.2 理解对象分发问题 445
  - 19.2.1 问题的提出 445
  - 19.2.2 利用依赖注入将对象作为服务分发 450
  - 19.2.3 在其他构造块中声明依赖 455
- 19.3 理解测试隔离问题 461
- 19.4 完成服务的融入 465
  - 19.4.1 更新根组件和模板 465
  - 19.4.2 更新子组件 466
- 19.5 小结 468

第20章 使用服务提供程序 469
- 20.1 准备示例项目 470
- 20.2 使用服务提供程序 471
  - 20.2.1 使用类提供程序 474
  - 20.2.2 使用值提供程序 481
  - 20.2.3 使用工厂提供程序 483
  - 20.2.4 使用已有服务提供程序 486
- 20.3 使用本地提供程序 487
  - 20.3.1 理解单个服务对象的限制 488
  - 20.3.2 在一条指令中创建本地提供程序 489

20.3.3 在组件中创建本地提供
程序·················491
20.3.4 控制依赖解析·········495
20.4 小结······················498

第21章 使用和创建模块······499
21.1 准备示例项目············499
21.2 理解根模块···············501
21.2.1 理解 imports 属性·······504
21.2.2 理解 declarations 属性···504
21.2.3 理解 providers 属性·····504
21.2.4 理解 bootstrap 属性·····504
21.3 创建功能模块············507
21.3.1 创建模型模块··········508
21.3.2 创建实用工具功能
模块·················512
21.3.3 用组件创建一个功能
模块·················518
21.4 小结······················521

第22章 创建示例项目········523
22.1 启动示例项目············523
22.2 添加和配置包············524
22.2.1 配置 TypeScript·········525
22.2.2 配置 HTTP 开发
服务器···············525
22.3 创建模型模块············526
22.3.1 创建产品数据类型·····526
22.3.2 创建数据源和存储库···526
22.3.3 完成模型模块·········528
22.4 创建核心模块············528
22.4.1 创建共享状态服务·····528
22.4.2 创建表格组件·········529
22.4.3 创建表单组件·········531
22.4.4 完成核心模块·········533
22.5 创建消息模块············533
22.5.1 创建消息模型和服务···533
22.5.2 创建组件和模板·······534
22.5.3 完成消息模块·········535

22.6 完成项目·················535
22.6.1 创建 Angular 引导程序····536
22.6.2 创建 HTML 文档·······536
22.7 运行示例项目············537
22.8 小结······················538

第23章 使用Reactive Extensions·····539
23.1 准备示例项目············540
23.2 理解问题·················540
23.3 使用 Reactive Extensions
解决问题················543
23.3.1 理解 Observable·········544
23.3.2 理解 Observer··········545
23.3.3 理解 Subject···········547
23.4 使用 async 管道··········548
23.5 扩展应用程序功能模块···551
23.6 基础之上更进一步·······553
23.6.1 过滤事件··············554
23.6.2 转换事件··············555
23.6.3 只接收不同的事件······558
23.6.4 获取和忽略事件········560
23.7 小结······················561

第24章 生成异步 HTTP 请求········563
24.1 准备示例项目············564
24.1.1 配置模型功能模块·····565
24.1.2 更新表单组件·········566
24.1.3 运行示例项目·········567
24.2 理解 RESTful Web 服务······568
24.3 替换静态数据源·········569
24.3.1 创建新的数据源服务····569
24.3.2 配置数据源···········572
24.3.3 使用 REST 数据源······572
24.3.4 保存和删除数据·······574
24.4 加强 HTTP 请求··········576
24.5 生成跨域请求············578
24.6 配置请求头··············581
24.7 处理错误·················584

	24.7.1	生成用户可以使用的
		消息·········585
	24.7.2	处理错误·········586
24.8	小结·········588	

第 25 章 路由和导航：第 1 部分·······589
25.1 准备示例项目·········590
25.2 开始学习路由·········593
    25.2.1 创建路由配置·········594
    25.2.2 创建路由组件·········595
    25.2.3 更新根模块·········596
    25.2.4 完成配置·········596
    25.2.5 添加导航链接·········597
    25.2.6 理解路由的效果·········600
25.3 完成路由实现·········602
    25.3.1 在组件中处理路由变化·········602
    25.3.2 使用路由参数·········605
    25.3.3 在代码中导航·········611
    25.3.4 接收导航事件·········614
    25.3.5 删除事件绑定和支持代码·········615
25.4 小结·········618

第 26 章 路由与导航：第 2 部分·······619
26.1 准备示例项目·········619
26.2 使用通配符和重定向·········626
    26.2.1 在路由中使用通配符·········626
    26.2.2 在路由中使用重定向·········628
26.3 在组件内部导航·········630
    26.3.1 响应正在发生的路由变化·········631
    26.3.2 为活动路由设置不同样式的链接·········633
    26.3.3 修复 All 按钮·········636
26.4 创建子路由·········637
    26.4.1 创建子路由出口·········638
    26.4.2 从子路由访问参数·········640
26.5 小结·········644

第 27 章 路由与导航：第 3 部分·······645
27.1 准备示例项目·········645
27.2 守卫路由·········647
    27.2.1 使用解析器推迟导航·········647
    27.2.2 避免带有守卫的导航·········654
27.3 动态加载功能模块·········667
    27.3.1 创建一个简单的功能模块·········667
    27.3.2 动态加载模块·········669
    27.3.3 守卫动态模块·········672
27.4 指定命名出口·········675
    27.4.1 创建附加的出口元素·········676
    27.4.2 在使用多个出口的情况下导航·········678
27.5 小结·········680

第 28 章 使用动画·······681
28.1 准备示例项目·········682
    28.1.1 添加动画 polyfill·········682
    28.1.2 禁用 HTTP 延迟·········685
    28.1.3 简化表格模板和路由配置·········686
28.2 开始学习 Angular 动画·········688
    28.2.1 创建动画·········688
    28.2.2 应用动画·········691
    28.2.3 测试动画效果·········694
28.3 理解内置的动画状态·········696
28.4 理解元素过渡·········697
    28.4.1 为内置状态创建迁移·········697
    28.4.2 控制动画过渡·········699
28.5 理解动画样式分组·········704
    28.5.1 在可重用分组中定义公共样式·········704
    28.5.2 使用元素变形·········705
    28.5.3 应用 CSS 框架样式·········707
28.6 理解动画触发器事件·········709
28.7 小结·········712

第29章　Angular 单元测试⋯⋯⋯⋯713
29.1　准备示例项目⋯⋯⋯⋯⋯⋯714
　　29.1.1　添加测试包⋯⋯⋯⋯715
　　29.1.2　创建一个简单的
　　　　　　单元测试⋯⋯⋯⋯⋯719
　　29.1.3　启动工具⋯⋯⋯⋯⋯719
29.2　使用 Jasmine 完成单元
　　　测试⋯⋯⋯⋯⋯⋯⋯⋯⋯⋯721
29.3　测试 Angular 组件⋯⋯⋯⋯722
　　29.3.1　使用 TestBed 类完成
　　　　　　工作⋯⋯⋯⋯⋯⋯⋯722

　　29.3.2　测试数据绑定⋯⋯⋯726
　　29.3.3　测试带有外部模板的
　　　　　　组件⋯⋯⋯⋯⋯⋯⋯728
　　29.3.4　测试组件事件⋯⋯⋯730
　　29.3.5　测试输出属性⋯⋯⋯732
　　29.3.6　测试输入属性⋯⋯⋯734
　　29.3.7　测试异步操作⋯⋯⋯736
29.4　测试 Angular 指令⋯⋯⋯⋯739
29.5　小结⋯⋯⋯⋯⋯⋯⋯⋯⋯⋯740

第 1 章

准备工作

Angular 将服务器端开发领域的一些最佳实践用于增强浏览器 HTML，为更加简单方便地构建富应用程序(rich application)打下了良好的基础。Angular 应用程序围绕模型-视图-控制器(Model-View-Controller，MVC)设计模式构建，该模式的重点在于创建具有如下特点的应用程序：

- **可扩展**：一旦理解 Angular 的基本原理，即便是复杂的 Angular 应用程序，也很容易弄明白其运行方式，而这意味着可以轻易地改进应用程序，为用户创建新的有用功能。
- **可维护**：Angular 应用程序易于调试和修复，这意味着长期维护工作得以简化。
- **可测试**：Angular 对单元测试和端到端测试的支持都非常好，这意味着可以先于用户发现并修复缺陷。
- **兼容标准**：Angular 建立在 Web 浏览器的固有功能上，但是能够实现的功能并未受到这些固有功能的限制，从而能够创建可兼容标准的 Web 应用程序，并且能够利用最新功能(如 HTML5 API)和流行的工具与框架。

Angular 是由 Google 赞助和维护的开源 JavaScript 库。它已被用于一些最大和最复杂的 Web 应用程序。本书将向你展示在自己的项目中充分利用 Angular 所需要知道的一切。

1.1 需要了解什么

在阅读本书之前，你应该熟悉 Web 开发的基础知识，了解 HTML 和 CSS 的工作原理，最好熟悉 JavaScript。如果对这些细节不是非常清楚，那么本书将在第 4 至第 6 章中温习一下如何使用 HTML、CSS 和 JavaScript。但是本书不会给出 HTML 元素和 CSS 属性的全面参考。一本关于 Angular 的书不可能为涵盖 HTML 的方方面面提供篇幅。如果需要 HTML 和 CSS 的完整参考，那么推荐阅读我的另一本书 *The Definitive Guide to HTML5*，它也是由 Apress 出版社出版的。

1.2 本书结构

本书分为三个部分，每部分涵盖一组相关的主题。

1.2.1　第 1 部分：准备

本书第 1 部分为阅读本书其余部分提供了准备信息。它包括本章内容，回顾了一些关键技术的基本知识，包括 HTML、CSS 和 TypeScript(JavaScript 的一个超集)。这部分还将展示如何构建第一个 Angular 应用程序，并引导完成构建更真实的应用程序(名为 SportsStore)的过程。

1.2.2　第 2 部分：使用 Angular

本书的第 2 部分将介绍 Angular 为构建应用程序所提供的构造块，依次描述所有这些构造块。Angular 包含了很多内置的功能，这部分将深入描述这些功能，此外 Angular 还提供丰富的自定义选项，而这部分也将展示所有这些功能。

1.2.3　第 3 部分：Angular 的高级功能

本书第 3 部分介绍如何使用高级功能来创建更复杂和可扩展的应用程序。这部分介绍 Reactive Extensions 软件包，Angular 提供的大量功能均构建在这个软件包的基础之上，并且有多种 Angular 高级功能直接使用该软件包。这部分演示如何在 Angular 应用程序中进行异步 HTTP 请求，如何使用 URL 路由在应用程序中进行导航，以及在应用程序的状态发生变化时如何使 HTML 元素具有动画效果。

1.3　大量示例

本书包含大量示例。学习 Angular 的最好方法就是通过示例，本书已经将尽可能多的示例打包进来。为使本书中的示例尽可能多，本书采用一个简单的约定来避免反复地列出文件的内容。当在某一章中首次使用一个文件时，将列出该文件的完整内容，就像在代码清单 1-1 中所示的那样。代码清单的标题中将包含文件的名称，以及应该在哪个文件夹中创建该文件。更改代码时，将以粗体显示修改过的语句。

代码清单 1-1　完整的示例文档

```
import { NgModule } from "@angular/core";
import { BrowserModule } from "@angular/platform-browser";
import { ProductComponent } from "./component";
import { FormsModule, ReactiveFormsModule } from "@angular/forms";
import { PaAttrDirective } from "./attr.directive";

@NgModule({
    imports: [BrowserModule, FormsModule, ReactiveFormsModule],
    declarations: [ProductComponent, PaAttrDirective],
    bootstrap: [ProductComponent]
```

```
})
export class AppModule { }
```

这个代码清单摘自第 15 章。这里暂不关注它的具体作用，只需要注意，在每章中第一次用到的文件将完整列出，类似于代码清单 1-1 所示。对于第二次及以后出现的其他示例，只展示发生改变的元素，以创建部分代码清单。部分代码清单的特征就是以英文省略号(...)开始和结尾，如代码清单 1-2 所示。

代码清单 1-2　部分代码清单

```
...
<table class="table table-sm table-bordered table-striped">
    <tr><th></th><th>Name</th><th>Category</th><th>Price</th></tr>
    <tr *ngFor="let item of getProducts(); let i = index"
        [pa-attr]="getProducts().length < 6 ? 'bg-success' : 'bg-warning'">
        <td>{{i + 1}}</td>
        <td>{{item.name}}</td>
        <td [pa-attr]="item.category == 'Soccer' ? 'bg-info' : null">
            {{item.category}}
        </td>
        <td [pa-attr]="'bg-info'">{{item.price}}</td>
    </tr>
</table>
...
```

代码清单 1-2 也是摘自第 15 章的后续代码清单。可以看到这里只显示了 table 元素及其内容，并且突出显示了一些语句。希望借此引起读者的注意，关注示例的这一部分，以说明所描述的功能或技术。在这样的部分代码清单中，仅给出本章前面完整代码清单中发生了更改的那部分代码。在某些情况下，需要对同一个文件的不同部分进行更改，此时为了简洁起见，需要省略一些元素或语句，如代码清单 1-3 所示。

代码清单 1-3　为简洁起见而省略部分语句

```
import { ApplicationRef, Component } from "@angular/core";
import { Model } from "./repository.model";
import { Product } from "./product.model";
import { ProductFormGroup } from "./form.model";
@Component({
    selector: "app",
    templateUrl: "app/template.html"
})
export class ProductComponent {
    model: Model = new Model();
    form: ProductFormGroup = new ProductFormGroup();
    // ...other members omitted for brevity...
    showTable: boolean = true;
}
```

虽然利用这个约定，可以在本书中放入更多的示例，但是这也意味着很难定位某项特定技术。为此，在第 2 部分和第 3 部分中描述 Angular 特性的所有章都从一个内容摘要表格开始，描述该章包含的技术以及演示如何使用它们的代码清单。

1.4 获取示例代码

可以从 www.apress.com 下载本书所有章的示例项目，也可以通过扫描本书封底的二维码来获得。这些示例项目可以免费下载，并且包含用来重新创建示例所需的所有支持资源，这样就不必辛苦敲入这些代码。虽然不是一定要下载这些代码，但这些代码是对示例进行实验并将其剪切和粘贴到自己的项目中的最简单方法。

1.5 如何搭建开发环境

第 2 章通过创建一个简单的应用程序来介绍 Angular，在介绍过程中，将说明如何建立使用 Angular 的开发环境。

1.6 联系作者

如果在运行本章中示例代码的过程中遇到问题，或者发现书中存在问题，请发电子邮件到 adam@adam-freeman.com，我将竭尽所能提供帮助。

1.7 本章小结

本章概述了本书的内容和结构。学习 Angular 开发的最佳方法就是通过示例，因此，下一章将直奔主题，展示如何设置开发环境，并使用该开发环境创建第一个 Angular 应用程序。

第 2 章

第一个 Angular 应用程序

开始使用 Angular 的最好方式就是动手创建一个 Web 应用程序。本章将展示如何搭建开发环境，并解释创建一个基本的 Web 应用程序的过程：从静态的功能模拟开始，然后使用 Angular 功能创建一个简单的动态 Web 应用程序。在第 7 至第 10 章中，将展示如何创建一个更为复杂、更为真实的 Angular 应用程序，但现在只需要一个简单的例子就足以演示 Angular 应用程序的主要组成部分，并为本书这部分的其他章搭建好开发环境。

如果未能理解本章的所有内容，那么也不必担心。Angular的学习曲线比较陡峭，因此本章的目的只是介绍Angular开发的基本流程，以了解各个部分之间的关系。虽然现在不会立即明白这些方面，但是当读完这本书的时候，就会明白本章中讲解的每个步骤以及其他方面。

2.1 准备开发环境

要进行 Angular 开发，就需要做一些准备工作。在下面的几节中，将介绍如何设置并准备好创建第一个项目。很多流行的开发工具都对 Angular 提供了很好的支持，因此可以选择自己最喜欢的一款开发工具。

2.1.1 安装 Node.js

许多用于 Angular 开发的工具都依赖于 Node.js(也叫做 Node)，Node.js 创建于 2009 年，为采用 JavaScript 编写服务器端应用程序提供了一个简单而高效的运行时。Node.js 基于 Chrome 浏览器中使用的 JavaScript 引擎，并且提供了一个用于在浏览器环境之外执行 JavaScript 代码的 API。

虽然作为一款应用程序服务器，Node.js 已经取得了成功，但是本书之所以提到 Node.js，是因为它为新一代跨平台开发和构建工具提供了基础。由于 Node.js 团队进行的一些精巧的设计决策以及 Chrome JavaScript 运行时提供的跨平台支持，人们发现它可用来编写开发工具。简而言之，Node.js 已经成为 Web 应用程序开发的必备工具。

重要的是要确保下载的 Node.js 版本与本书中使用的相同。尽管 Node.js 相对稳定，但是 API 仍然会不时地发生重大变更，这样可能会导致本书中包含的示例无法正常运行。

本书使用的版本是 8.9.1，这是本书写作时的长期支持(Long Term Support，LTS)版本。

当阅读本书时，Node.js 可能会有更新的版本，但是为了正常运行本书中的例子，应该坚持使用 8.9.1 版本。可从 https://nodejs.org/dist/v8.9.1 获取一系列 8.9.1 版本，包括针对 Windows 和 Mac OS 的安装程序以及针对其他平台的二进制软件包。

安装 Node.js 时，务必选择正确的安装程序选项，将 Node.js 可执行文件添加到路径(Path 环境变量)中。安装完成后，运行以下命令：

```
node -v
```

如果安装过程按照预期进行，就会显示以下版本号：

```
V8.9.1
```

安装好的 Node.js 包含了 Node 包管理器(Node Package Manager，NPM)，用于管理项目中的包。运行以下命令以确保 NPM 正常工作：

```
npm -v
```

如果一切正常工作，就会看到以下版本号：

```
5.5.1
```

2.1.2　安装 angular-cli 包

angular-cli 包已经成为开发过程中创建和管理 Angular 项目的标准方法。在本书的第 1 版中，我曾经演示如何从头开始搭建 Angular 项目，这是一个冗长且容易出错的过程，而 angular-cli 使得这个过程得以简化。要安装 angular-cli 包，请打开一个新的命令提示符并运行以下命令：

```
npm install --global @angular/cli@1.5.0
```

如果正在使用 Linux 或 Mac OS，那么需要使用 sudo，就像下面这样：

```
sudo npm install --global @angular/cli@1.5.0
```

2.1.3　安装 Git

需要 Git 版本控制工具来管理 Angular 开发所需的一些软件包。如果正在使用 Windows 或 Mac OS，请从 https://git-scm.com/downloads 下载并运行安装程序。在 Mac OS 上，可能需要更改安全设置才能打开尚未由开发者签署的安装程序。

大多数 Linux 发行版已经安装了 Git。如果要安装最新版本，请访问 https://gitscm.com/download/linux，了解发行版的安装说明。例如，对于 Ubuntu(这是我使用的 Linux 发行版)，使用以下命令：

```
sudo apt-get install git
```

完成安装后，打开一个新的命令提示符并运行以下命令来检查 Git 是否已安装并可用：

```
git --version
```

此命令输出已安装的 Git 软件包的版本。在撰写本书时，Git for Windows 的最新版本为 2.15.0，Git for Mac OS 的最新版本为 2.15.1，而 Git for Linux 的最新版本为 2.7.4。

2.1.4 安装编辑器

由于程序员使用的任何编辑器都可以用于从事 Angular 开发，因此可供选择的编辑器非常多。有些编辑器对 Angular 提供增强的支持，包括关键字高亮显示和良好的工具集成。如果还没有确定 Web 应用程序开发的首选编辑器，那么表 2-1 介绍了一些常见选项，以供参考。本书并不依赖任何具体的编辑器，你应该使用自己喜欢的编辑器。

表 2-1 支持 Angular 开发的常见编辑器

名称	描述
Sublime Text	Sublime Text 是一款商业跨平台编辑器，借助软件包可支持大多数编程语言、框架和平台。有关详细信息，请访问 www.sublimetext.com
Atom	Atom 是一款免费、开源的跨平台编辑器，特别强调自定义和可扩展性。有关详细信息，请参阅 atom.io
Brackets	Brackets 是由 Adobe 开发的免费开源编辑器。有关详细信息，请参阅 bracket.io
WebStorm	WebStorm 是一款付费的跨平台编辑器，集成了许多工具，使得开发者不必在开发过程中使用命令行。有关详细信息，请参阅 www.jetbrains.com/webstorm
Visual Studio Code	Visual Studio Code 是来自 Microsoft 的免费、开源、跨平台的编辑器，重点是可扩展性。有关详细信息，请参阅 code.visualstudio.com

在选择编辑器时，最重要的考虑之一是能够过滤项目的内容，以便可以专注于一部分文件。Angular 项目中可能有很多文件，而且许多文件具有相似的名称，因此能够查找和编辑正确的文件至关重要。编辑器可以通过不同的方式实现这种聚焦功能，具体方法有两种：显示文件列表，可以打开这些文件进行编辑；或者将具有特定扩展名的文件排除在外。

■ 注意：

如果是 Visual Studio 用户(完整的 Visual Studio 项目而不是 Visual Studio Code)，那么使用 Angular 项目的过程更复杂，特别是在需要将 Angular 添加到 ASP.NET Core MVC 项目中的情况下，尤其如此。我打算准备一个单独的更新，专门用来说明如何在 ASP.NET Core MVC 项目中使用 Angular，可以从本书的 GitHub 仓库免费下载。

2.1.5 安装浏览器

最后一项选择是浏览器，在开发过程中需要使用浏览器检查代码是否按照预期运行。

所有最新的浏览器都为开发者提供了良好的支持，并且能够很好地运行 Angular。本书中一直使用谷歌 Chrome，这也是我推荐使用的浏览器。

2.2 创建并准备项目

在安装Node.js、angular-cli、编辑器和浏览器之后，就具备了开始开发之旅的必备基础。

2.2.1 创建项目

要创建项目，请选择一个方便的位置，并使用命令提示符来运行以下命令，以创建一个名为 todo 的新项目：

```
ng new todo
```

ng 命令由 angular-cli 包提供，ng new 启动一个新项目。在安装过程中将创建一个名为 todo 的文件夹，其中包含启动 Angular 开发所需的所有配置文件，启动开发的一些占位符文件以及开发、运行和部署 Angular 应用程序所需的 NPM 软件包。NPM 软件包的数量非常多，这意味着项目创建过程可能需要一段时间。

2.2.2 创建包文件

NPM 使用一个名为 package.json 的文件来获取项目所需的软件包列表。作为项目设置的一部分，package.json 文件由 angular-cli 创建，但它只包含 Angular 开发所需的基本软件包。本章中的示例应用程序需要 Bootstrap CSS 软件包，它并不是基本软件包集合的一部分。在 todo 文件夹中编辑 package.json 文件以添加 Bootstrap CSS 软件包，如代码清单 2-1 所示。

代码清单 2-1　向 todo 文件夹中的 package.json 文件添加 Bootstrap CSS 软件包

```json
{
  "name": "todo",
  "version": "0.0.0",
  "license": "MIT",
  "scripts": {
    "ng": "ng",
    "start": "ng serve",
    "build": "ng build",
    "test": "ng test",
    "lint": "ng lint",
    "e2e": "ng e2e"
  },
  "private": true,
  "dependencies": {
    "@angular/animations": "^5.0.0",
    "@angular/common": "^5.0.0",
    "@angular/compiler": "^5.0.0",
```

```
    "@angular/core": "^5.0.0",
    "@angular/forms": "^5.0.0",
    "@angular/http": "^5.0.0",
    "@angular/platform-browser": "^5.0.0",
    "@angular/platform-browser-dynamic": "^5.0.0",
    "@angular/router": "^5.0.0",
    "core-js": "^2.4.1",
    "rxjs": "^5.5.2",
    "zone.js": "^0.8.14",
    "bootstrap": "4.0.0-alpha.4"
  },
  "devDependencies": {
    "@angular/cli": "1.5.0",
    "@angular/compiler-cli": "^5.0.0",
    "@angular/language-service": "^5.0.0",
    "@types/jasmine": "~2.5.53",
    "@types/jasminewd2": "~2.0.2",
    "@types/node": "~6.0.60",
    "codelyzer": "~3.2.0",
    "jasmine-core": "~2.6.2",
    "jasmine-spec-reporter": "~4.1.0",
    "karma": "~1.7.0",
    "karma-chrome-launcher": "~2.1.1",
    "karma-cli": "~1.0.1",
    "karma-coverage-istanbul-reporter": "^1.2.1",
    "karma-jasmine": "~1.1.0",
    "karma-jasmine-html-reporter": "^0.2.2",
    "protractor": "~5.1.2",
    "ts-node": "~3.2.0",
    "tslint": "~5.7.0",
    "typescript": "~2.4.2"
  }
}
```

■ **警告：**

当你读到这部分内容时，代码清单 2-1 所示的一些软件包可能已经发布更新版本。为了获得本章和本书其余部分的示例中的预期结果，必须使用列表中显示的特定版本。如果在本章或任何后续章中遇到问题，请尝试使用本书附带的源代码，该代码可从 apress.com 下载。如果真的遇到无法解决的问题，可以发电子邮件到 adam@adam-freeman.com，我会尽力提供帮助。

package.json 文件列出了启动 Angular 开发所需的软件包和一些使用它们的命令。在第 11 章中将详细描述项目配置，这里只需要了解 package.json 文件的各节，如表 2-2 所示。

表 2-2 package.json 文件的各节

节的名称	描述
scripts	这是可以在命令行中运行的脚本列表。代码清单中的 scripts 节定义了用于编译源代码以及运行 HTTP 开发服务器的命令
dependencies	这是 Web 应用程序运行所依赖的 NPM 包的列表。每个包都指定了版本号。代码清单中的 dependencies 节包含核心 Angular 包、Angular 依赖的库以及本书用于样式化 HTML 内容的 Bootstrap CSS 库
devDependencies	这是开发时依赖但在应用程序部署后不再需要的 NPM 软件包的列表。devDependencies 节包含编译 TypeScript 文件、提供 HTTP 开发服务器以及执行测试的包

1. 安装 NPM 包

在 todo 文件夹中运行以下命令来处理 package.json 文件，从而下载并安装该文件所指定的 Bootstrap CSS 软件包：

```
npm install
```

你将会看到一些警告，这是 NPM 对其处理的包的警告信息，但是应该没有报告错误。

2.2.3 启动服务器

项目工具和基本结构已经就绪，因此现在是测试一切是否正常工作的时候了。在 todo 文件夹下面运行以下命令：

```
ng serve --port 3000 --open
```

这条命令启动 HTTP 开发服务器，angular-cli 安装该软件并进行配置以配合其他 Angular 开发工具。初次启动过程需要一段时间来准备项目，并将生成与下面类似的输出：

```
** NG Live Development Server is listening on localhost:3000, open your
browser on http://localhost:3000/ **
Hash: e723156483c6e22fdd79
Time: 7008ms
chunk {inline} inline.bundle.js (inline) 5.79 kB [entry] [rendered]
chunk {main} main.bundle.js (main) 23.6 kB [initial] [rendered]
chunk {polyfills} polyfills.bundle.js (polyfills) 560 kB [initial]
[rendered]
chunk {styles} styles.bundle.js (styles) 293 kB [initial] [rendered]
chunk {vendor} vendor.bundle.js (vendor) 7.82 MB [initial] [rendered]
webpack: Compiled successfully.
```

如果看到略微不同的输出，只要在准备工作完成后看到"compiled successfully"消息，就不用担心。几秒钟后，将会启动一个新的浏览器窗口，并将看到如图 2-1 所示的输出，这表明项目已成功启动，并且使用的是由 angular-cli 创建的占位符内容。

图 2-1　HTML 占位符内容

2.2.4　编辑 HTML 文件

虽然 angular-cli 添加了一些占位符内容，但是在这里先将所有这些内容暂时去掉，并从只有静态内容的 HTML 占位符开始，然后使用 Angular 逐步进行增强。我将要使用的 HTML 由 Bootstrap CSS 包样式化，为了配置 Angular 开发工具以提供带有 bootstrap CSS 文件的浏览器，向.angular-cli.json 文件的 styles 节添加代码清单 2-2 中的内容。

代码清单 2-2　在 todo 文件夹的.angular-cli.json 文件中配置 CSS

```
...
"styles": [
    "styles.css",
    "../node_modules/bootstrap/dist/css/bootstrap.min.css"
],
...
```

运行 todo 文件中的以下命令，重启开发服务器：

```
ng serve --port 3000 --open
```

编辑 todo/src 文件夹中的 index.html 文件，将其替换为代码清单 2-3 所示的内容。

代码清单 2-3　todo/src 文件夹中 index.html 文件的内容

```
<!DOCTYPE html>
<html>
<head>
    <title>ToDo</title>
    <meta charset="utf-8" />
```

```html
    </head>
    <body class="m-a-1">
        <h3 class="bg-primary p-a-1">Adam's To Do List</h3>
        <div class="m-t-1 m-b-1">
            <input class="form-control" />
            <button class="btn btn-primary m-t-1">Add</button>
        </div>
        <table class="table table-striped table-bordered">
            <thead>
                <tr>
                    <th>Description</th>
                    <th>Done</th>
                </tr>
            </thead>
            <tbody>
                <tr><td>Buy Flowers</td><td>No</td></tr>
                <tr><td>Get Shoes</td><td>No</td></tr>
                <tr><td>Collect Tickets</td><td>Yes</td></tr>
                <tr><td>Call Joe</td><td>No</td></tr>
            </tbody>
        </table>
    </body>
</html>
```

angular-cli HTTP 开发服务器在向浏览器发送的 HTML 内容中添加了一个 JavaScript 片段。JavaScript 打开一个回连到服务器的连接，并等待信号重新加载页面，当服务器检测到 todo 目录中的任何文件发生变更时，就会发送信号。一旦保存 index.html 文件，服务器将检测到变更并发送信号，浏览器将重新加载，反映新的内容，如图 2-2 所示。

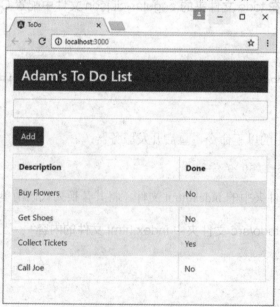

图 2-2　编辑 HTML 文件的内容

■ 提示：

更改一系列文件时，有时候浏览器可能无法加载和执行示例应用程序，特别是在运行后续章节中更为复杂的示例的情况下。在大多数情况下，HTTP 开发服务器都能够触发浏览器重新加载，一切都会很正常，但是如果真的遇到问题，那么只需要单击浏览器的重新加载按钮或导航到 http://localhost:3000 即可。

index.html 文件中的 HTML 元素展示了本章中创建的简单 Angular 应用程序的外观。关键要素是显示用户名字的横幅、input 元素、用来添加新的待办事项的 Add 按钮，以及包含所有待办事项并指示是否已完成的表格。

本书使用优秀的 Bootstrap CSS 框架来为 HTML 内容提供样式。Bootstrap 通过为元素指派 CSS 类(class)来应用样式，如下所示：

```
...
<h3 class="bg-primary p-a-1">Adam's To Do List</h3>
...
```

这个 h3 元素已被指派两个 CSS 类。bg-primary 类将元素的背景色设置为当前 Bootstrap 主题的主要颜色。这里使用的是默认主题，其主色是深蓝色，还有其他主题颜色可用，包括 bg-secondary、bg-info 和 bg-danger。p-a-1 类为元素的所有边添加了一定量的填充，确保文本的周围有一些空白。

在下一节中将这段 HTML 内容从文件中移除，将其剪切成几个较小的部分，并使用它创建一个简单的 Angular 应用程序。

使用 Bootstrap 预览版

本书使用 Bootstrap CSS 框架的一个预览版。在创作本书时，Bootstrap 团队正在开发 Bootstrap 的第 4 版，并且已经实现了几个早期版本。虽然这些版本被标记为 "alpha"，但是质量很高，它们在本书的例子中足够稳定。

在决定选择即将过时的 Bootstrap 3 还是选择 Bootstrap 4 的预览版来编写本书时，我决定使用新版本，尽管用于设置 HTML 元素样式的某些类名可能会在最终发布之前更改。这意味着必须使用相同版本的 Bootstrap 才能获得示例中的预期结果，就像代码清单 2-1 里 package.json 文件中列出的其他软件包一样。

2.3 向项目中添加 Angular 功能

index.html 文件中的静态 HTML 内容充当着基本应用程序的占位符。用户应该可以查看待办事项列表、清点已完成的项目并创建新项目。在接下来的几节中，将为项目添加一些基本的 Angular 功能，让待办事项应用程序变得鲜活起来。为了让应用程序尽可能简单，这里假设只有一位用户，而且不必保存应用程序的数据状态，这意味着如果浏览器窗口被关闭或重新加载，那么对待办事项列表的更改将会丢失。在稍后的例子中——包括第 7 至

第 10 章开发的 SportsStore 应用程序——将展示持久的数据存储。

2.3.1 准备 HTML 文件

向应用程序中添加 Angular 的第一步是准备 index.html 文件，如代码清单 2-4 所示。

代码清单 2-4　在 index.html 文件中准备添加 Angular

```
<!DOCTYPE html>
<html>
<head>
    <title>ToDo</title>
    <meta charset="utf-8" />
</head>
<body class="m-a-1">
    <todo-app>Angular placeholder</todo-app>
</body>
</html>
```

代码清单 2-3 将 body 元素的内容替换掉，并将其替换为 todo-app 元素。HTML 规范中并没有 todo-app 元素，浏览器在解析 HTML 文件时会忽略它，但是这个元素将成为 Angular 世界的入口，并将被应用程序内容替代。当保存 index.html 文件时，浏览器将重新加载文件并显示占位符消息，如图 2-3 所示。

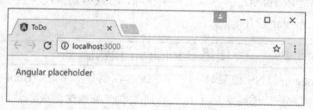

图 2-3　准备 HTML 文件

■ 提示：

如果按照本书第 1 版中的示例，可能会想知道为什么没有将任何 script 元素添加到 HTML 文件中以纳入 Angular 功能。采用 angular-cli 方式创建的项目会使用一个名为 Web Pack 的工具，它自动生成项目的 JavaScript 文件，并将其自动注入 HTTP 开发服务器发送给浏览器的 HTML 文件。

2.3.2　创建数据模型

当创建应用程序的静态模型时，数据分布在所有 HTML 元素中。用户名称包含在 header 元素中，如下所示：

```
...
<h3 class="bg-primary p-a-1">Adam's To Do List</h3>
...
```

而待办事项的内容则包含在表格的 td 元素中，如下所示：

```
...
<tr><td>Buy Flowers</td><td>No</td></tr>
...
```

接下来的任务是将所有的数据集中起来，创建一个数据模型。将数据与数据的呈现方式进行分离，这是 MVC 模式的关键思想之一，正如第 3 章中所解释的那样。

■ 提示：

这里对模型进行了简化。模型还可以包含创建、加载、存储和修改数据对象所需的逻辑。在 Angular 应用程序中，此逻辑通常位于服务器端，并通过 Web 服务方式进行访问。有关详细信息请参见第 3 章和第 24 章。

Angular 应用程序通常采用 TypeScript 语言编写。第 6 章介绍 TypeScript，并解释它的工作原理及用途。TypeScript 是 JavaScript 的一个超集，但其主要优点之一是可以让开发者使用最新的 JavaScript 语言规范编写代码，其中一些新增功能并非在所有运行 Angular 应用程序的浏览器中都支持。在上一节中，angular-cli 添加到项目中的众多包中有一个名为 TypeScript 编译器的包，这个软件包有一个设置项，可设置当检测到 TypeScript 文件变更时自动生成浏览器友好的 JavaScript 文件。

为了向应用程序中添加数据模型，将一个名为 model.ts 的文件添加到 todo/src/app 文件夹(TypeScript 文件的扩展名为.ts)，并添加如代码清单 2-5 所示的代码。

代码清单 2-5　todo/src/app 文件夹中 model.ts 文件的内容

```
var model = {
    user: "Adam",
    items: [{ action: "Buy Flowers", done: false },
            { action: "Get Shoes", done: false },
            { action: "Collect Tickets", done: true },
            { action: "Call Joe", done: false }]
};
```

TypeScript 最重要的功能之一是可以直接编写"普通的"JavaScript 代码，就像直接面向浏览器编程一样。在这份代码清单中，使用 JavaScript 对象字面量语法为一个名为 model 的全局变量赋值。数据模型对象有一个 user 属性(它提供了应用程序用户的名称)和一个 items 属性(该属性被设置为一个对象数组，里面的每个对象都有 action 和 done 属性，表示待办事项列表中的一个任务)。

这是使用 TypeScript 时最重要的一个方面：可以不必使用 TypeScript 提供的那些特性，而只使用所有浏览器都支持的 JavaScript 功能来编写整个 Angular 应用程序，就如代码清单 2-5 中的代码那样。

但是 TypeScript 的部分价值在于，它能够把那些使用 JavaScript 语言中最新功能的代码转换成可以在任何地方运行的代码，即使在不支持这些功能的浏览器中也是如此。代码清单 2-6 显示了使用 ECMAScript 6 标准(称为 ES6)中添加的 JavaScript 功能改写的数据模型。

代码清单2-6　在 model.ts 文件中使用 ES6 功能

```
export class Model {
    user;
    items;

    constructor() {
        this.user = "Adam";
        this.items = [new TodoItem("Buy Flowers", false),
                      new TodoItem("Get Shoes", false),
                      new TodoItem("Collect Tickets", false),
                      new TodoItem("Call Joe", false)]
    }
}

export class TodoItem {
    action;
    done;
    constructor(action, done) {
        this.action = action;
        this.done = done;
    }
}
```

这依然是标准的 JavaScript 代码，但 class 关键字是在语言的更高版本中引入的，大多数 Web 应用程序开发人员并不熟悉，这是因为它不被旧版浏览器支持。class 关键字用于定义类型，可以使用 new 关键字实例化这些类型，以创建具有明确定义的数据和行为的对象。

在 JavaScript 语言的最新版本中添加的许多功能都是语法糖，以帮助程序员避免一些最常见的 JavaScript 陷阱，例如不常见的类型系统。class 关键字不会改变 JavaScript 处理类型的方式，它只是让具有其他语言(如 C#或 Java)使用经验的程序员更熟悉和更容易使用它。我喜欢 JavaScript 的类型系统，它是动态的，表达能力也不错，但我发现使用类更可预测、更不容易出错，并且简化了 Angular 的使用，这是因为 Angular 是针对最新的 JavaScript 功能而设计的。

■ 提示：

如果不熟悉在 JavaScript 规范的最新版本中添加的功能，也不要担心。第 5 章和第 6 章提供了一些入门知识，介绍如何使用一些能够让 Angular 更加易用的 JavaScript 功能来编写代码，此外第 6 章还介绍了一些有用的 TypeScript 特有功能。

---

export 关键字与 JavaScript 模块有关。在使用模块时，每个 TypeScript 或 JavaScript 文件被认为是一个独立的功能单元，并且使用 export 关键字来标识要在应用程序其他位置使用的数据或类型。JavaScript 模块用于管理项目中不同文件之间产生的依赖关系，并避免在 HTML 文件中手动管理一组复杂的 script 元素。有关模块如何工作的详细信息，请参见第 7 章。

2.3.3 创建模板

应用程序需要一种途径来向用户显示模型中的数据值。在 Angular 中，这项工作由模板完成，这里的模板是指包含由 Angular 执行的指令的 HTML 片段。该项目的 angular-cli 设置程序在 todo/src/app 文件夹中创建一个名为 app.component.html 的模板文件。这个文件经过编辑，添加了如代码清单 2-7 所示的标记来替换占位符内容。该文件的名称遵循标准 Angular 命名约定，稍后将具体解释。

代码清单 2-7　todo/src/app 文件夹中 app.component.html 文件的内容

```
<h3 class="bg-primary p-a-1">{{getName()}}'s To Do List</h3>
```

稍后会向这个文件中添加更多的元素，但刚开始时一个 h3 元素足矣。通过使用双括号 {{和}} 就可以在模板中包含数据值，而 Angular 会对双括号之间的任何内容进行求值，以获取要显示的值。

{{和}} 字符是数据绑定的示例，这意味着它们在模板和数据值之间建立关联。数据绑定是一项重要的 Angular 功能，在本章中当向示例应用程序添加功能时以及当在第 2 部分中详细描述这些功能时，将会给出更多示例。在这里，数据绑定会告诉 Angular 调用一个名为 getName 的函数并使用返回结果作为 h3 元素的内容。目前在应用程序的任何位置都找不到 getName 函数，我将在下一节创建它。

2.3.4 创建组件

Angular 组件负责管理模板并为其提供所需的数据和逻辑。这似乎表明组件的功能比较宽泛，这是因为组件作为 Angular 应用程序的组成部分，它们完成大部分的重要工作。总之，它们可以用于各种任务。

目前，项目中有一个数据模型，其中包含一个需要显示名称的 user 属性，并且还有一个模板可以通过调用 getName 属性来显示该名称。项目还需要一个充当它们之间桥梁作用的组件。angular-cli 设置程序在 todo/src/app 文件夹中创建了一个名为 app.component.ts 的占位符组件文件，该文件经过编辑，将原始内容替换成代码清单 2-8 所示的代码。

代码清单 2-8　todo/src/app 文件夹中 app.component.ts 文件的内容

```
import { Component } from "@angular/core";
import { Model } from "./model";

@Component({
    selector: "todo-app",
    templateUrl: "app.component.html"
})
export class AppComponent {
    model = new Model();
    getName() {
```

```
        return this.model.user;
    }
}
```

这仍然是 JavaScript 代码,但它依赖从前可能没有遇到过的一些陌生功能,这些功能是 Angular 开发的基础。该代码清单中的代码可以分为三个主要部分,如以下几节所述。

1. 理解导入语句

import 关键字与 export 关键字相对应,用于声明对 JavaScript 模块内容的依赖。在代码清单 2-8 中两次用到 import 关键字,如下所示:

```
...
import { Component } from "@angular/core";
import { Model } from "./model";
...
```

该代码清单使用第 1 条 import 语句加载@angular/core 模块,其中包含关键的 Angular 功能,包括对组件的支持。在使用模块时,import 语句指定在大括号之间要导入的类型。在这里,import 语句用于从模块加载组件类型。@angular/core 模块包含许多已经打包在一起的类,以便浏览器可以将它们全部加载到单个 JavaScript 文件中。

第 2 条 import 语句用于从项目的文件中加载 Model 类。此类导入语句的目标均以./开头,表示该模块是相对于当前文件定义的。

请注意,所有 import 语句都不包含文件扩展名。这是因为 import 语句的目标与浏览器加载的文件之间的关系由模块加载器进行管理,稍后会在 2.3.5 节"将应用程序组合起来"中配置模块加载器。

2. 理解装饰器

代码清单 2-8 中最奇怪的部分是:

```
...
@Component({
    selector: "todo-app",
    templateUrl: "app.component.html"
})
...
```

这是一个装饰器(decorator),它提供关于类的元数据。这里是@Component 装饰器,顾名思义,它告诉 Angular 这是一个组件。装饰器通过其属性提供配置信息,对于@Component 装饰器,它包括名为 selector 和 templateUrl 的属性。

selector 属性指定一个 CSS 选择器,用于匹配该组件所要应用的 HTML 元素:这里指定了 todo-app 元素(添加到代码清单 2-4 的 index.html 文件中)。Angular 应用程序启动时,Angular 将扫描当前文档中的 HTML,并查找与组件对应的元素。Angular 会找到 todo-app 元素,并知道应该将其置于该组件的控制之下。

templateUrl 属性用于指定组件的模板,对于该组件而言,该模板为 app.component.html 文件。在本书第 2 部分,我描述了可以用于@Component 装饰器的其他属性以及 Angular 支持的其他装饰器。

3. 理解类

代码清单 2-8 的最后一部分定义了一个类,Angular 实例化该类以创建组件:

```
...
export class AppComponent {
    model = new Model();
    getName() {
        return this.model.user;
    }
}
...
```

这些语句定义了一个名为 AppComponent 的类,它具有一个 model 属性和一个 getName 函数,它提供了支持代码清单 2-7 所示模板中数据绑定所需的功能。

当创建 AppComponent 类的新实例时,将把 model 属性设置为代码清单 2-6 中定义的 Model 类的新实例。getName 函数返回由 Model 对象定义的 user 属性的值。

2.3.5 将应用程序组合起来

至此,构建一个简单的 Angular 应用程序所需的 3 个关键功能——模型、模板和组件——都已经完成。当把更改保存到 app.component.ts 文件中时,已经实现了足够多的功能,可以将 3 个部分组合在一起,并显示如图 2-4 所示的输出。

图 2-4 示例应用程序中的简单 Angular 功能

使用 angular-cli 创建项目的一个好处是不必担心创建 Angular 应用程序所需的基本文件,而缺点是跳过这些文件意味着会错过一些值得探索的重要细节。

Angular 应用程序需要模块(module)。由于命名选择的缘故,Angular 开发中使用了两种类型的模块。JavaScript 模块是包含 JavaScript 功能(通过 import 关键字使用该功能)的文件。另一种类型的模块是 Angular 模块,它用于描述应用程序或一组相关功能。每个应用程序都有一个根模块(root module),它为 Angular 提供启动应用程序所需的信息。

当 angular-cli 设置项目时,它在 todo/src/app 文件夹中创建了一个名为 app.module.ts 的文件(这是根模块的惯用文件名),并添加了如代码清单 2-9 所示的代码。

代码清单 2-9   todo/src/app 文件夹中 app.module.ts 文件的内容

```
import { BrowserModule } from '@angular/platform-browser';
import { NgModule } from '@angular/core';
import { AppComponent } from './app.component';
@NgModule({
    declarations: [AppComponent],
    imports: [BrowserModule],
    providers: [],
    bootstrap: [AppComponent]
})
export class AppModule { }
```

Angular 模块的目的是通过@NgModule 装饰器定义的属性来提供配置信息。在第 21 章中将详细解释模块的工作原理,但目前只需要知道,装饰器的 imports 属性告诉 Angular,该应用程序将在浏览器中运行,需要导入所需的相关功能,declarations 和 bootstrap 属性告诉 Angular 关于应用程序中的所有组件以及应该使用哪个组件来启动应用程序(在这个简单示例应用程序中只有一个组件,因此它是这两个属性的唯一值)。

示例应用依赖与表单元素一同使用的 Angular 功能,它们被定义在 Angular 模块@angular/forms中。为了启用这些功能,修改app.module.ts文件,如代码清单2-10所示。

代码清单 2-10   在 todo/src/app 文件的 app.module.ts 文件中启用表单支持

```
import { BrowserModule } from '@angular/platform-browser';
import { NgModule } from '@angular/core';
import { FormsModule } from "@angular/forms";
import { AppComponent } from './app.component';

@NgModule({
  declarations: [AppComponent],
  imports: [BrowserModule, FormsModule],
  providers: [],
  bootstrap: [AppComponent]
})
export class AppModule { }
```

Angular应用程序还需要一个引导文件,其中包含启动应用程序和加载Angular模块所需的代码。引导文件名为main.ts,它在todo/src文件夹中创建,其代码如代码清单2-11所示。

代码清单 2-11   todo/src 文件夹中 main.ts 文件的内容

```
import { enableProdMode } from '@angular/core';
import { platformBrowserDynamic } from '@angular/platform-browser-dynamic';

import { AppModule } from './app/app.module';
```

```
import { environment } from './environments/environment';
if (environment.production) {
    enableProdMode();
}

platformBrowserDynamic().bootstrapModule(AppModule)
    .catch(err => console.log(err));
```

虽然本书着重于在 Web 浏览器中运行的应用程序,但 Angular 旨在运行于各种环境中。引导文件中的代码选择要使用的平台,并加载根模块,这是应用程序的入口。

> **提示:**
> 调用 platformBrowserDynamic( ).bootstrapModule 方法适合基于浏览器的应用程序,浏览器平台是本书的重点。如果正在使用不同的平台(例如 Ionic 移动开发框架),就必须使用所用平台特有的不同引导方法。支持 Angular 的每个平台的开发人员都提供了他们平台特有的引导方法的详细信息。

浏览器执行引导文件中的代码,这会调用 Angular,后者又处理 HTML 文档并发现 todo-app 元素。用于定义组件的 selector 属性匹配到 todo-app 元素,这让 Angular 删除占位符内容,并将其替换为组件模板(从 app.component.html 文件自动加载)。模板经过解析,发现了{{和}}数据绑定,并对其中包含的表达式进行求值,调用 getName 并显示图中所示的结果。虽然这个结果可能不会给人留下深刻的印象,但这是一个良好的开端,它为添加更多功能提供了基础。

> **提示:**
> 在任何 Angular 项目中,都必须耗费一段时间来定义应用程序的主要部分并将它们有机地组织起来。在这段时间里,可能会感觉到自己在做很多工作,但是很少有回报。但可以肯定的是,这种初期投入最终会得到应有的回报。当开始构建一个更加复杂和实际的 Angular 应用程序(比如第 7 章中更大的示例)时,可以看出:虽然需要大量的初始设置和配置,但是随后马上就可以快速实现所需的功能。

2.4 向示例应用程序中添加功能

现在应用程序的基本结构已经到位了,接下来可以添加在本章开头用静态 HTML 内容模拟的其余功能。在接下来的几节中,将添加包含待办事项列表的表格以及用于创建新项的输入元素和按钮。

2.4.1 添加待办事项表格

Angular 模板的功能可不仅仅是显示简单的数据值。第 2 部分将描述模板的各种功能,但是对于这里的示例应用程序,将使用一项功能:针对数组中的每个对象,把一组 HTML 元素添加到 DOM 中。在这里,数组就是数据模型中的待办事项集合。首先,代码清单 2-12 向组件添加了一个方法,该方法为模板提供了待办事项数组。

代码清单 2-12　向 app.component.ts 文件添加一个方法

```
import { Component } from "@angular/core";
import { Model } from "./model";

@Component({
    selector: "todo-app",
    templateUrl: "app.component.html"
})
export class AppComponent {
    model = new Model();

    getName() {
        return this.model.user;
    }

    getTodoItems() {
        return this.model.items;
    }
}
```

getTodoItems 方法返回 model 对象的 items 属性的值。代码清单 2-13 更新组件的模板以利用这个新方法。

代码清单 2-13　在 app.component.html 文件中显示待办事项

```
<h3 class="bg-primary p-a-1">{{getName()}}'s To Do List</h3>
<table class="table table-striped table-bordered">
    <thead>
        <tr><th></th><th>Description</th><th>Done</th></tr>
    </thead>
    <tbody>
        <tr *ngFor="let item of getTodoItems(); let i = index">
            <td>{{ i + 1 }}</td>
            <td>{{ item.action }}</td>
            <td [ngSwitch]="item.done">
                <span *ngSwitchCase="true">Yes</span>
                <span *ngSwitchDefault>No</span>
            </td>
        </tr>
    </tbody>
</table>
```

模板的新增部分依赖几个不同的 Angular 功能。第一个特性是*ngFor 表达式,用于针对数组中的每个项重复指定区域的内容。这是一个关于指令的示例,第 12 至第 16 章中将

描述该功能(指令是 Angular 开发的重要组成部分)。*ngFor 表达式被应用于元素的属性, 如下所示:

```
...
<tr *ngFor="let item of getTodoItems(); let i = index">
...
```

此表达式告诉Angular将其宿主元素(即tr元素)作为模板处理, 针对组件的getTodoItems方法返回的每个对象应该重复套用该模板。表达式的"let item"部分规定应该将每个对象赋给一个名为item的变量, 以便在模板中引用它。

*ngFor 表达式还跟踪正在处理的当前对象在数组中的索引, 并将其赋给名为 i 的第二个变量:

```
...
<tr *ngFor="let item of getTodoItems(); let i = index">
...
```

其结果就是, 对于 getTodoItems 方法返回的每个对象, tr 元素及其内容都将被复制并插入到 HTML 文档中; 对于每次迭代, 都可以通过名为 item 的变量访问当前的待办事项对象, 并且可以通过名为 i 的变量访问对象在数组中的位置。

■ 提示:
在使用*ngFor 表达式时切勿忘记字符*。我将在第 16 章解释它的含义。

在 tr 模板中共有两处数据绑定(可以通过字符{{和}}来识别), 如下所示:

```
...
<td>{{ i + 1 }}</td>
<td>{{ item.action }}</td>
...
```

这些绑定引用由*ngFor表达式创建的变量。绑定不仅用于引用属性和方法名称, 它们也可以用于执行简单的操作。在第一个绑定中可以看到一个这样的例子, 把i变量和1相加。

■ 提示:
对于简单的转换, 可以将 JavaScript 表达式直接嵌入到绑定中, 就像上面的做法一样。但是对于更复杂的操作, Angular 有一个名为管道(pipe)的功能, 稍后将在第 18 章中描述。

tr 模板中的其他模板表达式演示了如何有选择性地生成内容:

```
...
<td [ngSwitch]="item.done">
    <span *ngSwitchCase="true">Yes</span>
    <span *ngSwitchDefault>No</span>
</td>
...
```

[ngSwitch]表达式是一个条件语句,用于根据指定的值(在这种情况下为item.done属性)将不同的一组元素插入到文档中。嵌套在td元素中的是两个span元素,它们分别包含注解*ngSwitchCase和*ngSwitchDefault,分别对应于普通JavaScript switch代码块中的case和default关键字。第13章将详细描述ngSwitch(第12章描述方括号的含义),但结果是当item.done属性的值为true时,第一个span元素被添加到文档中,而第二个span元素则在item.done为false时被添加到文档中。结果是item.done属性的true/false值被转换成包含Yes或No的span元素。当将更改保存到模板中时,浏览器将重新加载,待办事项表格将显示出来,如图2-5所示。

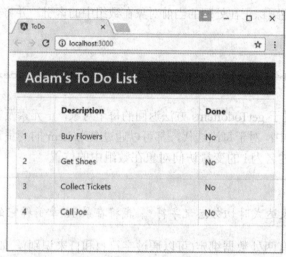

图2-5 显示待办事项表格

如果使用浏览器的F12开发人员工具,将可以看到模板生成的HTML内容。通过查看页面源代码的方式并不能看到这些内容,这种方式只显示服务器发送的HTML,而不显示Angular使用DOM API进行的更改。

可以看到模型中的每个待办事项对象在表格中是否已经生成了一行,并用局部变量item和i的值填充该行各列的内容,以及如何使用Yes或No来表示该任务是否已完成。

```
...
<tr>
    <td>2</td>
    <td>Get Shoes</td>
    <td><span>No</span></td>
</tr>
<tr>
    <td>3</td>
    <td>Collect Tickets</td>
    <td><span>Yes</span></td>
</tr>
...
```

2.4.2 创建双向数据绑定

目前,模板仅包含单向数据绑定,这意味着它们用于显示数据值,但不能做任何改变。Angular 还支持双向数据绑定,可用于显示数据值并进行更新。双向绑定是与 HTML 表单元素一起使用的,代码清单 2-14 向模板添加了一个复选框(checkbox)类型的 input 元素,该元素将允许用户将待办事项标记为已完成。

代码清单 2-14　在 app.component.html 文件中添加双向绑定

```html
<h3 class="bg-primary p-a-1">{{getName()}}'s To Do List</h3>
<table class="table table-striped table-bordered">
    <thead>
        <tr><th></th><th>Description</th><th>Done</th></tr>
    </thead>
    <tbody>
        <tr *ngFor="let item of getTodoItems(); let i = index">
            <td>{{i + 1}}</td>
            <td>{{item.action}}</td>
            <td><input type="checkbox" [(ngModel)]="item.done" /></td>
            <td [ngSwitch]="item.done">
                <span *ngSwitchCase="true">Yes</span>
                <span *ngSwitchDefault>No</span>
            </td>
        </tr>
    </tbody>
</table>
```

ngModel 模板表达式在数据值(在这里就是 item.done 属性)和表单元素之间建立双向绑定。当把更改保存到模板时,表格中将会出现一个包含复选框的新列。复选框的初始值由 item.done 属性设置,就像常规单向绑定一样,但是当用户切换复选框的状态(选中或未选中)时,Angular 将进行响应,即更新指定的模型属性。

为了演示这是如何工作的,这里保留了包含 Yes/No 显示的列(在模板中使用 ngSwitch 表达式的 done 属性值来生成)。当切换复选框的状态(选中或未选中)时,相应的 Yes/No 值也会发生变化,如图 2-6 所示。

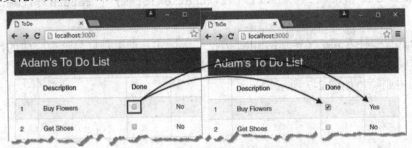

图 2-6　使用双向数据绑定修改模型值

这揭示了一个重要的 Angular 特性,即数据模型是实时的。这意味着在数据模型更改时数据绑定(甚至单向数据绑定)将得到更新。这简化了 Web 应用程序开发工作,因为这意味着开发者不必再操心下面这件事情了:当应用程序状态变更时,显示结果将自动地得到同步更新。

过滤待办事项

复选框可以让数据模型得到更新,下一步是一旦待办事项被标记为已完成,就将其删除。代码清单 2-15 更改组件的 getTodoItems 方法,以便过滤掉已完成的任何事项。

代码清单 2-15　在 app.component.ts 文件中过滤待办事项

```
import { Component } from "@angular/core";
import { Model } from "./model";
@Component({
    selector: "todo-app",
    templateUrl: "app.component.html"
})
export class AppComponent {
    model = new Model();
    getName() {
        return this.model.user;
    }
    getTodoItems() {
        return this.model.items.filter(item => !item.done);
    }
}
```

这是一个 lambda 函数的示例,也称为胖箭头函数,它是表达标准 JavaScript 函数的一种更简洁的方法。lambda 表达式中的箭头可读作"转到",例如"item 转到非 item.done"。lambda 表达式是 JavaScript 语言规范最近新增的特性,它们为使用具有如下实参的函数的常规方法提供了替代方法:

```
...
return this.model.items.filter(function(item) { return !item.done });
...
```

无论选择哪种方式定义传递给 filter 方法的表达式,结果是只显示未完成的待办事项。由于数据模型是实时的,因此更改会立即反映到数据绑定中,勾选待办事项的复选框会将其从视图中删除,如图 2-7 所示。

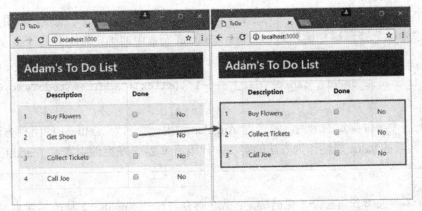

图 2-7　过滤待办事项

2.4.3　添加待办事项

下一步是在基本功能的基础上进行构建，允许用户创建新的待办事项并将其存储到数据模型中。代码清单 2-16 向组件的模板添加了新的元素。

代码清单 2-16　在 app.component.html 文件中添加元素

```html
<h3 class="bg-primary p-a-1">{{getName()}}'s To Do List</h3>
<div class="m-t-1 m-b-1">
    <input class="form-control" #todoText />
    <button class="btn btn-primary m-t-1"
            (click)="addItem(todoText.value)">
    Add
    </button>
</div>
<table class="table table-striped table-bordered">
    <thead>
        <tr><th></th><th>Description</th><th>Done</th></tr>
    </thead>
    <tbody>
        <tr *ngFor="let item of getTodoItems(); let i = index">
           <td>{{i + 1}}</td>
           <td>{{item.action}}</td>
           <td><input type="checkbox" [(ngModel)]="item.done" /></td>
           <td [ngSwitch]="item.done">
               <span *ngSwitchCase="true">Yes</span>
               <span *ngSwitchDefault>No</span>
           </td>
        </tr>
    </tbody>
</table>
```

这个 input 元素具有一个名称以字符#开头的属性,用于定义一个变量,以引用模板的数据绑定中的元素。该变量名为 todoText,button 元素中的绑定将用到这个变量。

```
...
<button class="btn btn-primary m-t-1" (click)="addItem(todoText.value)">
...
```

这是一个事件绑定的示例,它告诉 Angular 调用一个名为 addItem 的组件方法,它使用 input 元素的 value 属性作为方法的实参。代码清单 2-17 在组件中实现了 addItem 方法。

■ 提示:
现在不要关心如何区分不同的绑定。第 2 部分将解释 Angular 支持的不同类型的绑定,以及每种绑定所需的不同类型的方括号或圆括号的含义。它们并不像乍看起来那样复杂,尤其是在明白它们如何与 Angular 框架的其余部分融为一体之后。

代码清单 2-17　在 app.component.js 文件中添加方法

```
import { Component } from "@angular/core";
import { Model, TodoItem } from "./model";
@Component({
    selector: "todo-app",
    templateUrl: "app.component.html"
})
export class AppComponent {
    model = new Model();
    getName() {
        return this.model.user;
    }
    getTodoItems() {
        return this.model.items.filter(item => !item.done);
    }
    addItem(newItem) {
        if(newItem != "") {
            this.model.items.push(new TodoItem(newItem, false));
        }
    }
}
```

import 关键字可用于从模块导入多个类,并且代码清单中的一条 import 语句已更新,以便在组件中使用 TodoItem 类。在组件类中,addItem 方法接收由模板中的事件绑定发送过来的文本,使用它创建一个新的 TodoItem 对象并将其添加到数据模型中。这些更改的结果是,可以通过在 input 元素中输入文本并单击 Add 按钮来创建新的待办事项,如图 2-8 所示。

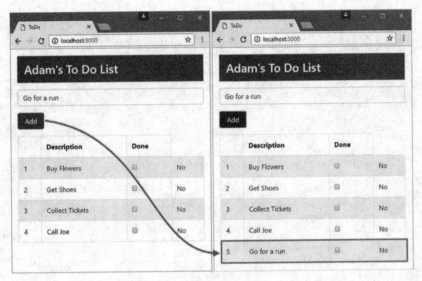

图 2-8　创建待办事项

2.5　本章小结

本章展示了如何创建第一个简单的 Angular 应用程序，从应用程序的 HTML 静态模拟内容转变为动态应用，让用户创建新的待办事项，并将现有事项标记为已完成。

如果现在还不能理解本章的所有内容，不要担心。在这个阶段要了解的重要内容是 Angular 应用程序的大体形态，即它是围绕数据模型、组件和模板而构建的。如果能记住这三个关键的构造块，就为理解接下来的内容提供了背景知识。在下一章中，我将 Angular 放在这个背景中进行讲述。

第 3 章

创 建 项 目

本章将展示如何创建一个同时包含 ASP.NET Core MVC 应用程序和 Angular 应用程序的项目，这意味着该项目的这两部分都可以使用 Visual Studio 或 Visual Studio Code 进行开发。本书余下的内容讲解如何使用 Angular 和 ASP.NET Core MVC 创建富 Web 应用程序，而本章创建的这个项目可以为此打下很好的基础。表 3-1 给出了合并项目的背景。

表 3-1 合并项目的背景

问题	答案
什么是合并项目？	合并项目在单一文件夹结构中同时包含 Angular 和 ASP.NET Core MVC
合并项目有什么作用？	利用合并项目可使得使用单个 IDE(如 Visual Studio)同时开发应用程序的两个部分变得容易，同时简化使用 ASP.NET Core MVC Web 服务向 Angular 提供数据的过程
如何使用合并项目？	首先创建 Angular 应用程序，然后创建 ASP.NET Core MVC 应用程序。需要使用额外的 NuGet 包，以便项目的两个部分在运行时能够协同工作
合并项目存在哪些陷阱或限制？	合并项目使得开发过程的管理变得更加简单，但创建实际的应用程序仍然需要扎实掌握 Angular 和 ASP.NET Core MVC 相关知识
是否存在替代方案？	可以独立开发应用程序的 Angular 和 ASP.NET Core MVC 部分，但这往往会使得开发过程变得复杂

■ 提示：

可以从网址 https://github.com/apress/esntl-angular-for-asp.net-core-mvc 下载本章的完整项目，从这里还可以找到本书的更新和勘误。

3.1 准备创建项目

要创建一个合并了 Angular 和 ASP.NET Core MVC 的项目，通常有几种不同的方式。本书使用的方法依赖 @angular/cli 包，并且需要结合用于创建 MVC 新项目的 .NET 工具。

> **使用 dotnet new angular 命令**
>
> 合并项目在单个文件夹结构中同时包含 Angular 和 ASP.NET Core MVC。微软提供了一个模板，可以用来创建类似的项目结构(可以通过在命令行中运行 dotnet new angular 命令来使用该模板)。虽然本章采用的过程更偏重手工方式，但这意味着我们有机会了解不同的构建块如何有机地组合在一起，并且在没有得到期望结果时更好地明白到哪里寻找问题所在。如果已经熟悉 Angular 和 ASP.NET Core MVC 如何一起工作，那么使用这个模板就完全合理，但这样一来将无法指定在项目中使用的 ASP.NET Core MVC 和 Angular 的版本。

@angular/cli 包提供了一个命令行界面，它简化了创建和使用新 Angular 项目的过程。在开发过程中，Angular 代码经过编译、打包并使用 webpack 发送到浏览器(webpack 是一款流行的创建 JavaScript bundle 的工具，它只打包项目运行所需的代码)。

要创建一个组合了 Angular 和 ASP.NET Core MVC 的合并项目，首先使用@angular/cli 并访问它的基础 webpack 配置，然后将该配置用于把各种 Angular 工具和库集成到 ASP.NET Core 项目中。

要开始这个过程，请打开一个新的命令提示符并运行代码清单 3-1 中的命令来安装@angular/cli 包。如果正在使用 Linux 或 Mac OS 操作系统，那么可能需要使用 sudo 来运行此命令。

代码清单 3-1　安装@angular/cli 包

```
npm install --global @angular/cli@1.0.2
```

这个命令的运行需要一段时间，因为这个包有很多的依赖关系，所有这些包都需要下载和安装。

3.2　创建项目

在创建 Angular 和 ASP.NET Core MVC 合并项目的过程中，需要密切注意：这两个开发平台都有自己的一套工具和约定，为了让它们协同工作，需要按顺序执行一组特定的步骤。在接下来的几节中，将逐步讲解每个步骤。

> ■ 提示：
> 必须完全按照这里给出的操作提示来执行每一个步骤，而不要错过任何步骤或更改执行顺序。如果遇到困难，那么可以从源代码存储库(可从本书的 Apress.com 页面链接中找到)下载一个现成的项目。

3.2.1 创建项目的 Angular 部分

第一步是创建一个新的 Angular 项目，使用在代码清单 3-1 中安装的@angular/cli 包来完成这个步骤。打开一个新的命令提示符，导航到保存开发项目的文件夹，然后运行代码清单 3-2 中的命令。

代码清单 3-2 创建 Angular 项目

```
ng new SportsStore --skip-git --skip-commit --skip-tests --source-dir ClientApp
```

ng 命令由@angular/cli 包提供，ng new 命令创建一个新的 Angular 项目。以--skip 开头的参数告诉@angular/cli 不要执行一些标准设置步骤(默认通常会包含在项目中)，--source-dir 参数指定将用来存放 Angular 应用程序源代码的文件夹的名称。Angular 代码位于一个名为 ClientApp 的文件夹中，该文件夹将 Angular 和 ASP.NET Core MVC 结合了起来。

代码清单 3-2 中的命令创建一个名为 SportsStore 的文件夹，其中包含 Angular 项目的工具和配置文件，以及一些占位符代码，以便测试工具和项目结构。ng new 命令会下载大量的包，这个过程可能需要很长时间才能完成。

因为其余的设置均需要在项目文件夹中执行，所以需要运行代码清单 3-3 中的命令来更改工作目录。

代码清单 3-3 更改工作目录

```
cd SportsStore
```

为了让 Angular 工具与.NET 工具一起工作，需要额外的一些 NPM 包。运行代码清单 3-4 中的命令来安装这些包。

代码清单 3-4 向项目中添加 NPM 包

```
npm install --save-dev webpack@2.3.2 aspnet-prerendering@2.0.3 aspnet-webpack@1.0.28 webpack-hot-middleware@2.17.1
```

微软提供了其中的一部分 NPM 包，它们用于在 ASP.NET Core 运行时内设置和运行 Angular 开发工具。这些软件包直接与 webpack 协同工作，在处理使用@angular/cli 创建的项目时，webpack 通常是隐藏的。在 SportsStore 文件夹中运行代码清单 3-5 中的命令，创建一个可用于构建和运行项目的 webpack 配置文件，这个过程被称为从@angular/cli 中弹出项目。

代码清单 3-5 弹出项目

```
ng eject
```

弹出过程会更新 package.json 文件，NPM 用它来跟踪项目使用的包。在某些情况下，弹出过程会向 project.json 文件中添加其他 NPM 包。因此，运行代码清单 3-6 中的命令以确保下载和安装任何新增的包。

代码清单 3-6　更新 NPM 包

```
npm install
```

3.2.2　创建项目的 ASP.NET Core MVC 部分

一旦设置好 Angular 项目，下一步就是在同一文件夹 SportsStore 中创建 MVC 项目。在 SportsStore 文件夹中运行代码清单 3-7 中的命令来创建基本的 MVC 项目。

代码清单 3-7　创建 ASP.NET Core MVC 项目

```
dotnet new mvc --language C# --auth None --framework netcoreapp1.1
```

在 SportsStore 文件夹中运行代码清单 3-8 中的命令，向项目中添加一个来自微软的 NuGet 包。这个 NuGet 包是之前安装的 NPM 包的.NET 对应版，用于将 Angular 工具集成到 Visual Studio 中。

代码清单 3-8　向项目中添加一个 NuGet 包

```
dotnet add package Microsoft.AspNetCore.SpaServices --version 1.1.0
```

应用程序将使用 SQL Server 进行存储，并使用 Entity Framework Core 进行访问。在 SportsStore 文件夹中运行代码清单 3-9 中的命令，以添加向应用程序添加这些功能所需的 NuGet 包。

代码清单 3-9　向项目中添加数据访问 NuGet 包

```
dotnet add package Microsoft.EntityFrameworkCore --version 1.1.1
dotnet add package Microsoft.EntityFrameworkCore.Design --version 1.1.1
dotnet add package Microsoft.EntityFrameworkCore.SqlServer --version 1.1.1
```

并非所有必需的软件包都可以使用命令行工具添加。使用 Visual Studio 或 Visual Studio Code 打开项目。如果使用的是 Visual Studio，请选择 File➤Open➤Project/Solution，导航到 SportsStore 文件夹，然后选择 SportsStore.csproj 文件。要编辑 NuGet 包，请用鼠标右键单击 Solution Explorer 中的 SportsStore 项目项，从弹出菜单中选择 Edit SportsStore.csproj，然后进行如代码清单 3-10 所示的更改。

代码清单 3-10　在 SportsStore 文件夹的 SportsStore.csproj 文件中添加 NuGet 包

```
<Project Sdk="Microsoft.NET.Sdk.Web">
  <PropertyGroup>
    <TargetFramework>netcoreapp1.1</TargetFramework>
  </PropertyGroup>
  <ItemGroup>
```

```xml
<PackageReference Include="Microsoft.AspNetCore" Version="1.1.1" />
<PackageReference Include="Microsoft.AspNetCore.Mvc" Version="1.1.2" />
<PackageReference Include="Microsoft.AspNetCore.SpaServices"
        Version="1.1.0" />
<PackageReference Include="Microsoft.AspNetCore.StaticFiles"
        Version="1.1.1" />
<PackageReference Include="Microsoft.EntityFrameworkCore"
        Version="1.1.1" />
<PackageReference Include="Microsoft.EntityFrameworkCore.Design"
        Version="1.1.1" />
<PackageReference Include="Microsoft.EntityFrameworkCore.SqlServer"
        Version="1.1.1" />
<PackageReference Include="Microsoft.Extensions.Logging.Debug"
        Version="1.1.1" />
<PackageReference Include="Microsoft.VisualStudio.Web.BrowserLink"
        Version="1.1.0" />
<DotNetCliToolReference Include=
    "Microsoft.EntityFrameworkCore.Tools" Version="1.0.0" />
<DotNetCliToolReference Include=
    "Microsoft.EntityFrameworkCore.Tools.DotNet" Version="1.0.0" />
    </ItemGroup>
</Project>
```

如果使用的是 Visual Studio Code，请打开 SportsStore 项目，在文件列表中单击 SportsStore.csproj 以打开文件进行编辑，并进行如代码清单 3-10 所示的更改。

如果使用的是 Visual Studio，那么在保存 SportsStore.csproj 文件时，就会下载这些新包。如果使用的是 Visual Studio Code，请使用命令提示符在 SportsStore 文件夹中运行代码清单 3-11 中的命令。

代码清单 3-11　恢复包

```
dotnet restore
```

3.3　配置项目

既然项目的基础已经搭好，那么现在就可以对应用程序的不同部分进行配置，从而使它们能够协同工作。

3.3.1　准备项目(Visual Studio)

如果使用的是 Visual Studio，请选择 File➤Open➤Project/Solution，导航到 SportsStore 文件夹，然后选择 SportsStore.csproj 文件。选择 File➤Save All 并保存 SportsStore.sln 文件，将来可以使用该文件打开该项目。

选择 Project➤SportsStore Properties，在打开的窗口中选择 Debug*标签页，并确保在 Launch 下拉列表中选择了 IIS Express，如图 3-1 所示。

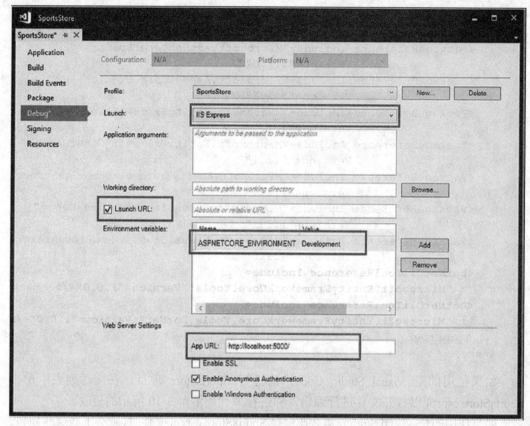

图 3-1　配置应用程序

确保选中了 Launch URL 复选框，并在 App URL 文本框中输入 http://localhost:5000，如图 3-1 所示。最后，如果尚不存在一个名为 ASPNETCORE_ENVIRONMENT 的环境变量，那么单击 Add 按钮创建该变量，并将其值设为 Development。保存更改并关闭属性窗口。

3.3.2　创建和编辑配置文件

无论使用的是哪一款 IDE，都要向 SportsStore/ClientApp 文件夹中添加 TypeScript 文件 boot.ts，其中的代码如代码清单 3-12 所示。

代码清单 3-12　ClientApp 文件夹中 boot.ts 文件的内容

```
import { enableProdMode } from "@angular/core";
import { platformBrowserDynamic } from "@angular/platform-browser-dynamic";
import { AppModule } from "./app/app.module";
const bootApplication = () => {
  platformBrowserDynamic().bootstrapModule(AppModule);
};
if(module["hot"]) {
```

```
    module["hot"].accept();
    module["hot"].dispose(() => {
        const oldRootElem = document.querySelector("app-root");
        const newRootElem = document.createElement("app-root");
        oldRootElem.parentNode.insertBefore(newRootElem, oldRootElem);
        platformBrowserDynamic().destroy();
    });
}
if(document.readyState === "complete") {
    bootApplication();
} else {
    document.addEventListener("DOMContentLoaded", bootApplication);
}
```

这个文件负责加载 Angular 应用程序并响应客户端代码的变动。接下来，编辑 Startup.cs 文件，修改 Configure 方法中的代码，如代码清单 3-13 所示。添加的代码用于完成 ASP.NET Core 和 Angular 开发工具之间的集成工作。

代码清单 3-13　在 SportsStore 文件夹的 Startup.cs 文件中启用中间件

```
using Microsoft.AspNetCore.Builder;
using Microsoft.AspNetCore.Hosting;
using Microsoft.Extensions.Configuration;
using Microsoft.Extensions.DependencyInjection;
using Microsoft.Extensions.Logging;
using Microsoft.AspNetCore.SpaServices.Webpack;
namespace SportsStore {
    public class Startup {
        public Startup(IHostingEnvironment env) {
            var builder = new ConfigurationBuilder()
                .SetBasePath(env.ContentRootPath)
                .AddJsonFile("appsettings.json", optional: false, reloadOnChange: true)
                .AddJsonFile($"appsettings.{env.EnvironmentName}.json", optional: true)
                .AddEnvironmentVariables();
            Configuration = builder.Build();
        }
        public IConfigurationRoot Configuration { get; }
        public void ConfigureServices(IServiceCollection services) {
            services.AddMvc();
        }
        public void Configure(IApplicationBuilder app,
            IHostingEnvironment env, ILoggerFactory loggerFactory) {
            loggerFactory.AddConsole(Configuration.GetSection("Logging"));
            loggerFactory.AddDebug();
            app.UseDeveloperExceptionPage();
            app.UseWebpackDevMiddleware(new WebpackDevMiddlewareOptions {
                HotModuleReplacement = true
            });
            //if(env.IsDevelopment()) {
```

```
    //   app.UseDeveloperExceptionPage();
    //   app.UseBrowserLink();
    //} else {
    //   app.UseExceptionHandler("/Home/Error");
    //}
    app.UseStaticFiles();
    app.UseMvc(routes => {
      routes.MapRoute(
        name: "default",
        template: "{controller=Home}/{action=Index}/{id?}");
      });
    }
  }
}
```

打开SportsStore文件夹中的webpack.config.js文件，找到代码清单3-14中的module.exports语句，并按照加粗的部分进行修改。这个文件包含大量的配置语句，但我们要找的语句位于靠近文件顶部的地方。

代码清单 3-14　在 SportsStore 文件夹的 webpack.config.js 文件中设置公共路径

```
...
module.exports = {
  "devtool": "source-map",
  "resolve": {
    "extensions": [".ts",".js"],
    "modules": ["./node_modules"]
  },
  "resolveLoader": {"modules": ["./node_modules"]},
    "entry": {
      "main": [
        "./ClientApp\\boot.ts"
      ],
      "polyfills": [
        "./ClientApp\\polyfills.ts"
      ],
      "styles": [
        "./ClientApp\\styles.css"
      ]
    },
    "output": {
      "path": path.join(process.cwd(), "wwwroot/dist"),
      "filename": "[name].bundle.js",
      "chunkFilename": "[id].chunk.js",
      "publicPath": "/app/"
    },
    "module": {
      "rules": [{
        "enforce": "pre", "test": /\.js$/, "loader": "source-map-loader",
...
```

3.3.3 启用日志消息

在开发过程中，经常需要查看 Angular 应用程序构建过程的详细信息以及 Entity Framework Core 发送到数据库的查询语句的详细信息。要启用日志消息，请将代码清单 3-15 中显示的配置语句添加到 appsettings.json 文件中。

代码清单 3-15 在 SportsStore 文件夹的 appsettings.json 文件中启用日志功能

```
{
  "Logging": {
    "IncludeScopes": false,
    "LogLevel": {
      "Microsoft.EntityFrameworkCore": "Information",
      "Microsoft.AspNetCore.NodeServices": "Information",
      "Default": "Warning"
    }
  }
}
```

3.3.4 更新 Bootstrap 包

在整本书中，一直使用 Bootstrap CSS 包来样式化浏览器显示的 HTML 元素。为了更新项目中使用的 Bootstrap 版本，编辑 SportsStore 文件夹中的 bower.json 文件，按照代码清单 3-16 进行修改。

代码清单 3-16 在 SportsStore 文件夹的 bower.json 文件中更新 Bootstrap

```
{
  "name": "asp.net",
  "private": true,
  "dependencies": {
    "bootstrap": "4.0.0-alpha.6",
    "jquery": "2.2.0",
    "jquery-validation": "1.14.0",
    "jquery-validation-unobtrusive": "3.2.6"
  }
}
```

使用 Bootstrap 预览版

在整本书中一直使用 Bootstrap CSS 框架的预览版。在写这本书时，Bootstrap 团队正在开发 Bootstrap 第 4 版，并且已经完成几个早期版本。虽然这些版本被标记为"alpha"，但是代码质量很高，并且足够稳定，可用于本书中的示例。

在决定选择即将过时的 Bootstrap 3 还是 Bootstrap 4 预览版来编写本书时，笔者决定使用新版本，但在正式版发布时一些用于样式化 HTML 元素的 CSS 类名很可能会发生变化。

必须使用相同版本的 Bootstrap 才能从示例中获得预期结果，就像本书中使用的其他软件包一样。

保存修改。如果使用的是 Visual Studio Code，那么使用命令提示符运行代码清单 3-17 中的命令来下载 Bootstrap 包(如果使用的是 Visual Studio，那么会自动完成这个步骤)。

代码清单 3-17 更新客户端的包

```
bower install
```

3.3.5 移除文件

项目中的一些文件可以移除。表 3-2 描述了本书中不需要的一些文件。虽然不必移除这些文件，但这有助于简化项目结构，并且在代码编辑器不能照顾到你的正常使用偏好时避免冲突(就 .editorconfig 文件而言)。

表 3-2 可以移除的文件

文件(夹)名	描述
.editorconfig	这个文件包含项目特定的编辑器配置设置，Visual Studio 使用该文件覆盖 Tools ➤ Options 菜单指定的首选项，其中包括将制表符大小设置为两个空格
e2e	这个文件夹包含用于 Protractor(用于执行针对 Angular 应用程序的端到端测试)的测试。详情可参阅 www.protractortest.org
protractor.conf.js	这个文件包含 Protractor 的配置设置
README.md	这个文件包含一些欢迎文本信息，其中包含对各种 @angular/cli 工具的概述

3.3.6 更新控制器、布局和视图

设置项目的最后一步是更新控制器以及 Razor 布局和视图，以替换占位符内容并合并 Angular 应用程序。编辑 Home 控制器，并用代码清单 3-18 中的代码替换其内容。

代码清单 3-18 替换 Controllers 文件夹中 HomeController.cs 文件的内容

```
using Microsoft.AspNetCore.Mvc;

namespace SportsStore.Controllers {
  public class HomeController : Controller {
    public IActionResult Index() {
      return View();
    }
  }
}
```

编辑 Views/Shared 文件夹中的 _Layout.cshtml 文件,将其内容替换成代码清单 3-19 所示的元素。

代码清单 3-19　替换 Views/Shared 文件夹中 _Layout.cshtml 文件的内容

```
<!DOCTYPE html>
<html>
<head>
  <meta charset="utf-8" />
  <meta name="viewport" content="width=device-width, initial-scale=1.0" />
  <title>SportsStore @ViewData["Title"]</title>
  <link rel="stylesheet" href="~/lib/bootstrap/dist/css/bootstrap.css" />
</head>
<body>
  @RenderBody()
  @RenderSection("Scripts", required: false)
</body>
</html>
```

编辑 Views/Home 文件夹中的 Index.cshtml 文件,将其内容替换成代码清单 3-20 所示的内容。

代码清单 3-20　替换 Views/Home 文件夹中 Index.cshtml 文件的内容

```
@section scripts {
  <script src="~/dist/inline.bundle.js"
          asp-append-version="true"></script>
  <script src="~/dist/polyfills.bundle.js"
          asp-append-version="true"></script>
  <script src="~/dist/vendor.bundle.js"
          asp-append-version="true"></script>
  <script src="~/dist/main.bundle.js"
          asp-append-version="true"></script>
}
<div class="navbar bg-inverse">
  <a class="navbar-brand text-white">@(ViewBag.Message ?? "SPORTS STORE")
  </a>
</div>
<div class="p-1">
  <app-root></app-root>
</div>
```

该视图中的 script 元素包括一组包含 Angular 框架和客户端应用程序代码的 JavaScript 文件。当项目的 Angular 部分中的文件改变时,这些包文件将由 webpack 自动创建。

app-root 元素将被替换为由 Angular 应用程序生成的动态内容,具体细节留在下一节介绍。其他元素均使用由 Bootstrap 进行样式化的标准 HTML。

3.4 运行项目

如果使用的是 Visual Studio，可通过从 Debug 菜单中选择 Start Without Debugging 来启动应用程序。此时将会打开一个新的浏览器窗口并请求访问 http://localhost:5000(这是本章前面用来配置项目的 URL)，然后显示图 3-2 中的内容。

图 3-2　测试应用程序

如果使用的是 Visual Studio Code，可使用命令窗口在 SportsStore 文件夹中运行代码清单 3-21 中的命令，该命令将构建项目并启动 ASP.NET Core HTTP 服务器。

代码清单 3-21　启动项目

```
dotnet run
```

打开一个新的浏览器窗口并导航到 http://localhost:5000。如果完全按照所有的配置步骤进行操作，就会看到图 3-2 中的内容。

> **提示：**
> 对于第一个 HTTP 请求，应用程序把内容传送到客户端需要一点时间。如果只看到 SportsStore 头部但没有看到"app works!"消息，可以重新加载浏览器页面。

虽然这似乎不是一个令人印象深刻的结果，但 Angular 开发工具和 ASP.NET Core 现在正在协同工作。编辑 SportsStore/ClientApp/app 文件夹中的 app.component.ts 文件，并按照代码清单 3-22 中的加粗部分修改代码(如果使用的是 Visual Studio，那么需要把相关文件嵌套在一起，这时就必须展开 app.component.html 文件才能在解决方案资源管理器中看到 app.component.ts 文件)。

代码清单 3-22　修改 SportsStore/ClientApp/app 文件夹中的 app.component.ts 文件

```
import { Component } from '@angular/core';

@Component({
  selector: 'app-root',
  templateUrl: './app.component.html',
  styleUrls: ['./app.component.css']
})
```

```
export class AppComponent {
  title = 'Angular & ASP.NET Core MVC';
}
```

一旦保存文件，就会看到 ASP.NET Core MVC 应用程序生成的如下消息：

```
...
info: Microsoft.AspNetCore.NodeServices[0]
      webpack built 7db0492261faa4be5ca2 in 13727ms
info: Microsoft.AspNetCore.NodeServices[0]
      webpack building...
info: Microsoft.AspNetCore.NodeServices[0]
      webpack built 13d818ceaf0329cf3f6e in 353ms
...
```

在浏览器的 JavaScript 控制台中还会显示对应的消息，类似下面这样：

```
..
[HMR] bundle rebuilding
[HMR] bundle rebuilt in 503ms
[HMR] Checking for updates on the server...
[HMR] Updated modules:
[HMR]  - ./ClientApp/app/app.component.ts
[HMR]  - ./ClientApp/app/app.module.ts
[HMR]  - ./ClientApp/boot.ts
[HMR] App is up to date.
...
```

文件更改触发 Angular 开发工具编译 TypeScript 文件并生成新的 JavaScript 文件，这些文件将由浏览器加载和执行。将变更后的文件发送到浏览器，正在运行的应用程序即时更新，产生图 3-3 所示的输出。

图 3-3　更新应用程序

■ **警告：**

虽然自动更新功能通常都比较可靠，但是可能必须重新加载浏览器窗口或在重启 ASP.NET Core 服务器之后才能看到某些变更的效果。

3.5 理解合并项目和工具

你值得花时间了解 Angular 和 ASP.NET Core MVC 如何被整合到项目中,尤其是考虑到它们依赖不同的平台。

3.5.1 理解项目结构

将 Angular 和 ASP.NET Core MVC 整合到单一项目中会导致复杂的文件夹结构。在处理合并项目时,有一点非常重要,需要记住:我们正在开发两个不同的应用程序,只是二者的文件位于相同位置而已。表 3-3 描述了合并项目中最重要的几个部分。

表 3-3 合并项目中的关键文件和文件夹

名称	描述
ClientApp	这个文件夹中存放着 Angular 应用程序及其配置文件
ClientApp/app	这个文件夹中存放着 Angular 应用程序的源代码,包括 Angular 组件使用的模板和样式
Controllers	这个文件夹中存放着 ASP.NET Core MVC 控制器类
Views	这个文件夹中存放着由 MVC 控制器渲染的 Razor 视图
wwwroot	这个文件夹中存放着项目所需的静态内容文件
wwwroot/dist	这个文件夹中存放着编译 Angular 项目时生成的 JavaScript 文件
webpack.config.js	这个文件包含用于构建 Angular 应用程序的配置信息

可以在 ClientApp/app 文件夹中找到 Angular 应用程序的源代码,我们将在其中创建 TypeScript 文件以及任何相关的 HTML 模板和 CSS 样式表。只有源代码位于此文件夹中。编译代码时,将生成的文件放入 wwwroot/dist 文件夹,以便在响应 HTTP 请求时就可以把它们包含在响应中。

可以在第 4 章创建的 Controllers 和 Views 文件夹以及 Models 文件夹中找到 ASP.NET Core MVC 应用程序的源代码。这些文件夹包含 C#和 Razor 文件,这些文件用于接收来自客户端的 HTTP 请求并生成响应。项目中的其余文件要么是目前可以忽略的配置文件,要么是支持集成 Angular 和 ASP.NET Core 工具所需的软件包。

3.5.2 理解工具集成

让 Angular 和 ASP.NET Core 协同工作的关键是在本章前面添加到项目中的 Microsoft.AspNetCore.SpaServices 包。由微软的这个 NuGet 包提供的服务在处理单页面应用程序框架(例如 Angular)时非常有用。

对于本章而言,最重要的服务是从 ASP.NET Core 项目中运行 Node.js 包的能力,这样就可以把 Angular 使用的开发工具(如 webpack)集成到 ASP.NET Core HTTP 请求管道中。

当应用程序的 ASP.NET Core 部分接收到第一个 HTTP 请求时，添加到请求管道中的中间件启动一个新的 Node.js 运行时并使用它运行 webpack。webpack 编译 ClientApp/app 文件夹中的 TypeScript 文件，并在 wwwroot/dist 文件夹中创建一组 JavaScript bundle。

HTTP 请求按照通常的方式由 MVC 框架处理，MVC 框架将请求引导到 Home 控制器上的 Index 操作，该操作告诉 Razor 渲染 Views/Home 文件夹中的 Index.cshtml 文件，并将输出发送回客户端。Razor 视图生成的 HTML 包含 script 元素，用于加载由 webpack 创建的 JavaScript bundle，从而加载 Angular 应用程序并在浏览器中显示消息，如图 3-4 所示。

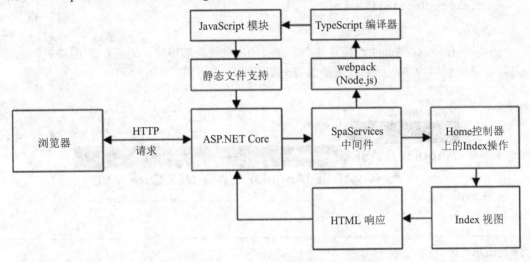

图 3-4 集成 Angular 和 ASP.NET Core MVC

从应用程序的 MVC 部分来看，与常规项目的不同之处在于：SpaServices 中间件使用 webpack 生成一些静态 JavaScript 文件，而这些文件则是从 Razor 视图中包含的 script 元素加载的。从 Angular 角度来看，与常规项目的区别在于：来自浏览器的 HTTP 请求由 ASP.NET Core 使用 Razor 视图处理，而不是通过静态 HTML 文件处理。

3.5.3 理解项目变更系统

造成混淆的一个原因是有三种不同的方式可以在浏览器中显示项目中文件的变更。在后面的几节中将描述每种更新机制。

1. 更新 Angular 文件

SpaServices 中间件经过配置可支持 webpack 热模块替换功能(称为 HMR(Hot Module Replacement)功能)，该功能在项目的 Angular 部分的代码文件发生更改时重新编译 TypeScript 文件，并自动更新正在运行的应用程序。

由 webpack 创建的 JavaScript 文件包括打开连回到服务器的代码，并等待变更通知。当 ClientApp/app 文件夹中的文件发生更改时，将重新编译这些文件，并更新模块文件。然后向浏览器发送一个信号，浏览器请求修改的模块，并用它来更新在浏览器中运行的代码，而不需要重新加载浏览器页面。

在 3.3 节"运行项目"中已经演示过这个更新过程,该过程不仅适用于 TypeScript 文件,还适用于 HTML 和 CSS 文件。编辑 app.component.html 文件以更改组件在项目的 Angular 部分使用的模板,如代码清单 3-23 所示。

代码清单 3-23　编辑 ClientApp/app 文件夹中 app.component.html 文件的模板

```
<h1>
  Title: {{title}}
</h1>
```

一旦保存修改,Angular 构建过程就会启动,创建新的模块,浏览器使用这些模块来更新客户端应用程序,而无须重新加载浏览器窗口,如图 3-5 所示。

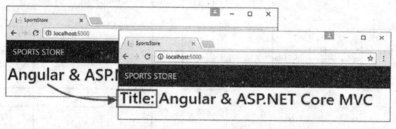

图 3-5　更新 HTML 模板

■ 提示:

首次启动应用程序时,更新过程可能需要一段时间,即使所有内容都运行了一段时间,也可能会陷入停滞状态。笔者喜欢保持浏览器的 JavaScript 控制台一直打开,以便可以看到在更新过程中显示的 HMR 消息。如果更新时间过长,那么重新加载浏览器会导致重新加载 JavaScript 文件并让 Angular 应用程序重新启动。

2. 更新 Razor 文件

Razor 视图文件并不作为 HMR 功能的一部分而进行更新。当对 Razor 视图文件进行更改时,必须重新加载浏览器窗口。重新加载时将发送一个 HTTP 请求,ASP.NET Core 接收该请求,然后传递给 MVC 框架,并由控制器用来选择视图并渲染新的响应结果。

编辑 Views/Home 文件夹中的 Index.cshtml 文件以应用代码清单 3-24 中的 CSS 类。

代码清单 3-24　修改 Views/Home 文件夹的 Index.cshtml 文件中的元素 CSS 类

```
@section scripts {
  <script src="~/dist/inline.bundle.js"
          asp-append-version="true"></script>
  <script src="~/dist/polyfills.bundle.js"
          asp-append-version="true"></script>
  <script src="~/dist/vendor.bundle.js"
          asp-append-version="true"></script>
```

```
<script src="~/dist/main.bundle.js" asp-append-version="true"></script>
}
<div class="navbar bg-inverse">
  <a class="navbar-brand text-white">@(ViewBag.Message ?? "SPORTS STORE")
  </a>
</div>
<div class="p-1 bg-info">
  <app-root></app-root>
</div>
```

将 div 元素添加到 bg-info 类,从而应用可更改背景颜色的 Bootstrap CSS 样式。保存更改时不会发生任何事情,但是如果使用浏览器重新加载页面,那么将使用更新后的视图,如图 3-6 所示。

图 3-6　更新 Razor 视图

3. 更新 C#类

修改 C#类的作用取决于使用的是哪一款 IDE。为了解代码修改是如何被 IDE 处理的,编辑 Home 控制器,修改 Index 操作选中的视图,如代码清单 3-25 所示。

代码清单 3-25　在 Controllers 文件夹的 HomeController.cs 文件中选择不同的视图

```
using Microsoft.AspNetCore.Mvc;

namespace SportsStore.Controllers {
  public class HomeController : Controller {
    public IActionResult Index() {
      ViewBag.Message = "Sports Store App";
      return View();
    }
  }
}
```

添加到列表中的视图包(ViewBag)属性将覆盖显示在视图顶部的文本。如果使用的是 Visual Studio,并且通过选择 Debug➤Start Without Debugging 启动使用 IIS Express 的应用程序,那么可以通过在浏览器中重新加载网页来触发更新。这将触发一次自动项目构建并重新启动应用程序,如图 3-7 所示。

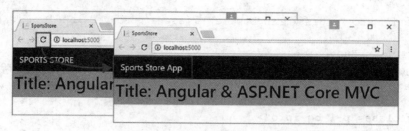

图 3-7   在 Visual Studio 中更新 MVC 控制器

如果使用的是 Visual Studio Code，那么用于启动应用程序的 dotnet run 命令并不会响应代码变更。这意味着必须使用 Ctrl+C 组合键来停止应用程序，然后使用 dotnet run 命令再次启动应用程序。在应用程序启动后，重新加载浏览器窗口以查看更改的效果。

> ■ 提示：
> 微软提供了一个名为 DotNet Watcher 的 NuGet 包，可用于监视项目文件夹的变更情况，并在检测到变更时触发重建并重新启动。有关详细信息，请参阅 https://github.com/aspnet/DotNetTools。

3.5.3   检测 TypeScript 错误

模块热替换功能将在浏览器中显示由 TypeScript 编译器报告的任何错误。要查看错误消息，请将代码清单 3-26 中显示的语句添加到 ClientApp/app 文件夹的 app.component.ts 文件中。

代码清单 3-26   在 ClientApp/app 文件夹的 app.component.ts 文件中强制产生错误

```
import { Component } from '@angular/core';
@Component({
  selector: 'app-root',
  templateUrl: './app.component.html',
  styleUrls: ['./app.component.css']
})
export class AppComponent {
  title = 'Angular & ASP.NET Core MVC';
  title = no_such_object;
}
```

添加到 TypeScript 组件类的语句通过将不存在的值分配给已经定义的属性来产生两个错误。一旦保存文件，Angular 开发工具就编译该类，重新生成 JavaScript 模块，并尝试进行热替换。但是由于代码无法执行，你将看到图 3-8 所示的错误。

图 3-8　浏览器显示的代码错误

因为由错误显示的文本行不会自动换行，所以需要使用较宽的浏览器窗口或滚动查看详细信息。

对于代码清单 3-26 引入的那种错误，你同时还将在 Visual Studio 或 Visual Studio Code 中看到 IntelliSense 显示的警告信息，如图 3-9 所示(这里给出的是使用 Visual Studio Code 的情形，但为了使文本更容易在纸面上显示，这里将颜色方案更改为 Light)。

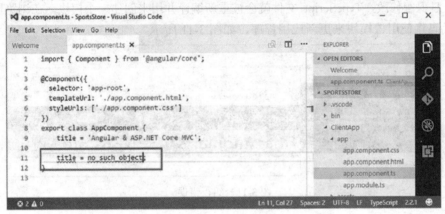

图 3-9　代码编辑器检测到的错误

Visual Studio 和 Visual Studio Code 都会自动编译 TypeScript 文件，以在代码编辑器中检测并报告错误。但这并不总是显示那些并非简单代码差错之类的错误，因此我们必须习惯于处理浏览器窗口中显示的错误。

如果使用的是 Visual Studio，那么还可以选择 Build➤Build Solution，这将编译项目中的所有文件，包括 TypeScript 文件，并在 Error List 窗口中报告问题，如图 3-10 所示。

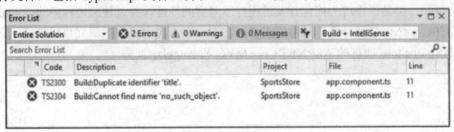

图 3-10　Visual Studio 报告的构建错误消息

为了将应用程序恢复到可运行状态，将有问题的语句注释掉，如代码清单 3-27 所示。

代码清单 3-27　在 ClientApp/app 文件夹的 app.component.ts 文件中注释掉一条语句

```
import { Component } from '@angular/core';

@Component({
  selector: 'app-root',
  templateUrl: './app.component.html',
  styleUrls: ['./app.component.css']
})
export class AppComponent {
  title = 'Angular & ASP.NET Core MVC';
  //title = no_such_object;
}
```

一旦保存修改，TypeScript 文件就会被重新编译并用来创建一个模块，在浏览器中运行的代码将使用该模块来更新应用程序，如图 3-11 所示。

图 3-11　纠正错误

如果选择 Build➤Build Solution，那么 Visual Studio 并不总是能够自动从错误中恢复。选择 Debug➤Start Without Debugging 以重新启动.NET Core 运行时。

3.6　本章小结

本章展示了如何创建一个结合了 Angular 和 ASP.NET Core MVC 的项目。虽然这个过程有点复杂，但是最终可为简化开发过程打下坚实的基础，并且使应用程序的 Angular 和 ASP.NET Core MVC 部分更容易协同工作。在下一章，我们将着手研究数据模型，它将同时支持 SportsStore 项目的 ASP.NET Core MVC 和 Angular 部分。

第 4 章

HTML 和 CSS 入门

Web 应用程序开发世界的开发者千差万别，有些人可能并不了解开发 Web 应用程序所依赖的一些基本技术。本章将简要介绍 HTML，并介绍 Bootstrap CSS 库，本书的示例将使用该库进行样式设计。在第 5 和第 6 章中将介绍 JavaScript 和 TypeScript 的基础知识，这些内容有助于理解本书其余部分的示例。如果是有经验的开发人员，那么可以略过这些入门内容，直接跳到第 7 章，使用 Angular 创建一个更复杂和更实际的应用程序。

4.1 准备示例项目

在本章中只需要一个简单的示例项目。首先建立一个名为 HtmlCssPrimer 的文件夹，在其中创建一个名为 package.json 的文件，并添加代码清单 4-1 所示的内容。

代码清单 4-1　HtmlCssPrimer 文件夹中 package.json 文件的内容

```
{
  "dependencies": {
    "bootstrap": "4.0.0-alpha.4"
  },
  "devDependencies": {
    "lite-server": "2.2.2"
  },
  "scripts": {
    "start": "npm run lite",
    "lite": "lite-server"
  }
}
```

在 HtmlCssPrimer 文件夹中运行如下命令来下载并安装 package.json 文件中指定的 NPM 包：

```
npm install
```

接下来，在 HtmlCssPrimer 文件夹中创建一个名为 index.html 的文件，并添加代码清单 4-2 所示的内容。

代码清单 4-2　HtmlCssPrimer 文件夹中 index.html 文件的内容

```html
<!DOCTYPE html>
<html>
<head>
    <title>ToDo</title>
    <meta charset="utf-8" />
    <link href="node_modules/bootstrap/dist/css/bootstrap.min.css"
        rel="stylesheet" />
</head>
<body class="m-a-1">
    <h3 class="bg-primary p-a-1">Adam's To Do List</h3>

    <div class="col-xs-4">
        <form>
            <div class="form-group">
                <label>Task</label>
                <input class="form-control" />
            </div>
            <div class="form-group">
                <label>Location</label>
                <input class="form-control" />
            </div>
            <div class="form-group">
                <input type="checkbox" />
                <label>Done</label>
            </div>
            <button class="btn btn-primary">Add</button>
        </form>
    </div>
    <div class="col-xs-8">
        <table class="table table-striped table-bordered">
            <thead>
                <tr>
                    <th>Description</th>
                    <th>Done</th>
                </tr>
            </thead>
            <tbody>
                <tr><td>Buy Flowers</td><td>No</td></tr>
                <tr><td>Get Shoes</td><td>No</td></tr>
                <tr><td>Collect Tickets</td><td>Yes</td></tr>
                <tr><td>Call Joe</td><td>No</td></tr>
            </tbody>
        </table>
    </div>
</body>
</html>
```

这是第 2 章中用来模拟示例应用程序外观的 HTML 内容。在 HtmlCssPrimer 文件夹中运行如下命令来启动 HTTP 开发服务器：

```
npm start
```

一个新的浏览器标签页或窗口就会打开并显示图 4-1 中的内容。

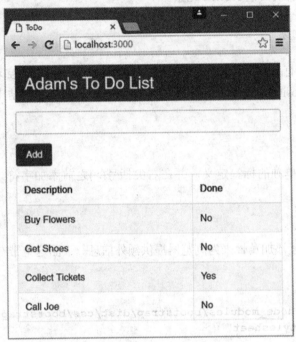

图 4-1　运行示例应用程序

4.2　理解 HTML

HTML 的核心是元素(element)，它告诉浏览器 HTML 文档的每个部分呈现哪一类内容。下面是摘自示例 HTML 文档的一个元素：

```
...
<td>Buy Flowers</td>
...
```

如图 4-2 所示，这个元素由三个部分组成：起始标签、内容和结束标签。

图 4-2　一个简单 HTML 元素的解剖图

这个元素的名称(name，也称为标签名称(tag name)或标签(tag))是 td，它告诉浏览器介于这两个标签之间的内容应该被当作一个表格单元格。通过将标签名称放在尖括号(<和>字符)中，表示元素的开始，同样通过类似的方式使用标记来结束元素，只是要在左尖括号(<)之后添加一个"/"字符。两个标签之间出现的就是元素的内容，可以是文本(例如在这里就是 Buy Flowers)或其他 HTML 元素。

4.2.1 理解空元素

HTML 规范中有一些不包含任何内容的元素。这些元素被称为空元素(null element)或自闭合元素(self-closing element)，在编写这种元素时不需要单独的结束标签，如下所示：

```
...
<input />
...
```

空元素由一个单独的标签定义，并在右尖括号(>)之前添加字符"/"。

4.2.2 理解属性

可以通过向元素添加属性来为浏览器提供额外信息。下面这个带有属性的元素摘自示例文档：

```
...
<link href="node_modules/bootstrap/dist/css/bootstrap.min.css"
    rel="stylesheet" />
...
```

这是一个 link 元素，它将指定的内容导入文档。这里共有两个属性，由于以加粗字体显示，因此更容易看到它们。属性总是作为起始标记的一部分进行定义，而且具有名称和值。

在这个示例中，两个属性的名称分别是 href 和 rel。对于 link 元素，href 属性指定要导入的内容，rel 属性告诉浏览器它是什么类型的内容。这个 link 元素的属性告诉浏览器导入 bootstrap.min.css 文件，并将其作为样式表(包含 CSS 样式的文件)。

4.2.3 应用无值属性

并非所有属性都需要一个值，定义无值属性意味着会向浏览器发送一个信号，指出需要某种与该元素相关联的行为。下面就是一个具有这样属性的元素的示例(并非摘自示例文档，为了举例而构造了这个元素)：

```
...
<input class="form-control" required />
...
```

这个元素有两个属性。第一个属性是 class，与前一个示例一样，这个属性被赋值。另一个属性只是一个单词 required，这是一个不需要值的属性。

4.2.4 在属性中引用字面量

Angular 依托 HTML 元素来应用它的大量功能。大多数时候，属性的值要通过 JavaScript 表达式进行求值，就像下面这个取自第 2 章的元素：

```
...
<td [ngSwitch]="item.done">
...
```

在 td 元素上应用了[ngSwitch]属性，它告诉 Angular 读取变量 item 所指对象的 done 属性的值。有时需要提供一个特定的值，而不是让 Angular 从数据模型读取值，这需要额外的引号来告诉 Angular 它正在处理一个字面量，如下所示：

```
...
<td [ngSwitch]="'Apples'">
...
```

这个属性值包含字符串 Apples，这个字符串同时被单引号和双引号引用。当 Angular 对这个属性值进行求值时，它将看到单引号，并将该值作为字面字符串进行处理。

4.2.5 理解元素内容

元素可以包含文本，但还可以包含其他元素，就像下面这样：

```
...
<thead>
    <tr>
        <th>Description</th>
        <th>Done</th>
    </tr>
</thead>
...
```

HTML 文档中的元素形成自然的层次结构。html 元素包含 body 元素，body 元素包含多个内容元素，每个元素又可以包含其他元素，依此类推。在上面这个代码清单中，thead 元素包含 tr 元素，tr 元素又包含 th 元素。这样的嵌套元素是 HTML 中的一个关键概念，这是因为它赋予了外部元素对所包含元素的意义。

4.2.6 理解文档结构

所有 HTML 文档都包含一些关键元素，它们定义了文档的基本结构：DOCTYPE、html、head 和 body 元素。这些元素之间的关系如下(省略了其余内容)：

```
<!DOCTYPE html>
<html>
```

```
  <head>
    ...head content...
  </head>
  <body>
    ...body content...
  </body>
</html>
```

所有这些元素在 HTML 文档中都发挥着特定的作用。DOCTYPE 元素告诉浏览器这是一份 HTML 文档,更具体地说,这是一份 HTML5 文档。较早版本的 HTML 需要额外的信息。例如,以下是 HTML4 文档的 DOCTYPE 元素:

```
...
<!DOCTYPE HTML PUBLIC "-//W3C//DTD HTML 4.01//EN"
    "http://www.w3.org/TR/html4/strict.dtd">
...
```

html 元素表示包含 HTML 内容的文档区域。这个元素总是包含另外两个关键的结构元素:head 和 body。正如本章开头所解释的那样,本书不会涵盖所有 HTML 元素。由于元素数目众多,在我的 HTML 著作中,完整描述 HTML5 花了超过 1000 页的篇幅。即便如此,为了帮助了解元素如何告诉浏览器它们表示什么样的内容,表 4-1 提供了代码清单 4-2 中在 index.html 文件中使用的元素的简要说明。

表 4-1 示例文档中使用的 HTML 元素

元素	描述
DOCTYPE	表明文档内容的类型
body	代表包含内容元素的文档区域
button	代表一个按钮,经常用于向服务器提交表单
div	一个一般性元素,通常出于表现的目的向文档添加结构
h3	代表一个标题
head	代表包含元数据的文档区域
html	代表包含 HTML(通常是整个文档)的文档区域
input	代表一个用来从用户那里收集单个数据项的域
link	将内容导入 HTML 文档
meta	提供与文档有关的描述性数据,比如字符编码
table	代表一个表格,用来按照行列方式组织内容
tbody	代表表格的主体(与表格的头部和尾部相对)
td	代表表格行中的内容单元格
th	代表表格行中的头部单元格
thead	代表表格的头部
title	代表文档的标题,浏览器使用该元素设置窗口或标签页的标题
tr	代表表格中的一行

理解文档对象模型

当浏览器加载和处理 HTML 文档时，它将创建文档对象模型(DOM)。DOM 是使用 JavaScript 对象来表示文档中每个元素的模型，通过 DOM 机制可以用编程方式与 HTML 文档的内容进行交互。

在 Angular 中很少直接使用 DOM，但重要的是要理解浏览器维护着由 JavaScript 对象表示的 HTML 文档的实时模型。当 Angular 修改这些对象时，浏览器会更新其显示的内容以反映修改。这是 Web 应用程序的关键基础之一。如果无法修改 DOM，就将无法创建客户端 Web 应用程序。

4.3 理解 Bootstrap

HTML 元素告诉浏览器它们表示哪种类型的内容，但是它们不提供有关如何显示这些内容的任何信息。使用级联样式表(Cascading Style Sheets，CSS)提供有关如何显示元素的信息。CSS 由一组广泛的属性(property，可用于配置元素外观的方方面面)和选择器(selector，用来把属性应用到元素)组成。

CSS 的主要问题之一是某些浏览器对属性的解释略有不同，这可能会导致 HTML 内容在不同设备上的显示方式发生变化。跟踪和纠正这些问题是一件棘手的事情，因此出现了 CSS 框架，旨在帮助 Web 应用程序开发人员以简单和一致的方式为其 HTML 内容设计样式。

Bootstrap 就是其中一个比较知名的 CSS 框架，它最初由 Twitter 开发，现在已经成为一个广泛使用的开源项目。Bootstrap 由一组 CSS 类(可以应用于元素以使其具有一致的样式)和一些执行额外增强功能的 JavaScript 代码组成。我自己在项目中经常使用 Bootstrap，它可以很好地跨浏览器运行，而且简单易用。本书使用 Bootstrap CSS 样式，这是因为一旦使用它来样式化示例，就不必在每一章中定义并随后列出自定义 CSS。Bootstrap 提供的功能要比本书中所使用和描述的功能多得多，有关详细信息请参阅 http://getbootstrap.com。

使用 Bootstrap 预览版

正如第 2 章中所提到的，本书使用 Bootstrap CSS 框架的预览版。在考虑到底是使用即将过时的 Bootstrap 3 还是使用 Bootstrap 4 的预览版来编写本书时，我最终决定还是使用新版本，即使在最终版本发布时一些用于设计 HTML 元素样式的类名很可能会发生改变。这意味着要获取示例中的预期结果，就必须使用相同版本的 Bootstrap。

这里并不会关注太多 Bootstrap 的细节，这是因为它不是本书的主题，但希望提供足够的信息让读者知道示例中的哪些部分是 Angular 的功能，哪些是 Bootstrap 样式。

4.3.1 应用基本的 Bootstrap 类

Bootstrap 样式通过 class 属性应用到元素，这个属性用于将相关元素分组在一起。虽然class属性并不仅仅应用于CSS样式,但这是其最常见的用途,Bootstrap和类似框架均使用class属性来应用CSS样式。下面是一个具有class属性的HTML元素,它取自index.html文件:

```
...
<button class="btn btn-primary m-t-1">Add</button>
...
```

class属性为button元素指派了3个类,其名称由空格分隔,依次是:btn、btn-primary和m-t-1。这些类对应于由Bootstrap定义的样式集合,如表4-2所述。

表4-2 button元素的3种样式类

名称	描述
btn	这个类将基本样式应用于按钮,可以将其应用到button或a(链接)元素来提供一致的外观
btn-primary	这个类应用一个样式上下文,以提供与按钮的目的有关的视觉提示,参见稍后的"1. 使用上下文类"小节
m-t-1	这个类在元素的顶部以及外围内容之间添加一个间隔,参见稍后的"2. 使用外边距和内边距"小节

1. 使用上下文类

使用像Bootstrap这样的CSS框架的主要优点之一,是能够简化在整个应用程序中创建一致主题的过程。Bootstrap定义了一组用于一致地设置相关元素样式的样式上下文(style context)。在将Bootstrap样式应用于元素时,可在CSS类名中使用表4-3描述的这些上下文。

表4-3 Bootstrap样式上下文

名称	描述
primary	这个上下文用于指出首选动作或内容区域
success	这个上下文用于指出成功的结果
info	这个上下文用于给出额外的信息
warning	这个上下文用于给出警告
danger	这个上下文用于给出严重警告
muted	这个上下文用于非强调内容

Bootstrap提供了一些类,可以将样式上下文应用于不同类型的元素。下面是应用于h3元素的primary上下文,取自本章开头创建的index.html文件:

```
...
<h3 class="bg-primary p-a-1">Adam's To Do List</h3>
```

指派给这个元素的 CSS 类之一是 bg-primary，它使用样式上下文的颜色来样式化元素的背景色。下面是应用于 button 元素的相同的样式上下文：

```
...
<button class="btn btn-primary m-t-1">Add</button>
...
```

btn-primary 类使用样式上下文的颜色来样式化按钮或锚元素。使用相同的上下文来样式化不同的元素，将确保它们的外观是一致的且互为补充，如图 4-3 所示，它突出显示了应用了样式上下文的元素。

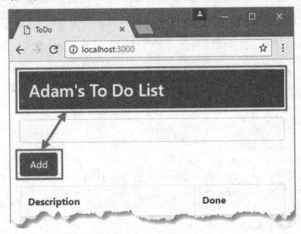

图 4-3　使用样式上下文实现一致性

2. 使用外边距和内边距

Bootstrap 包括一组实用类，用于添加元素的内边距(元素边缘与其内容之间的空白)以及外边距(元素边缘和外围元素之间的空白)。使用这些类的好处是它们在整个应用程序中形成一致的间距。

这些类的名称都遵循一种明确定义的模式。下面是本章开头创建的 index.html 文件中的 body 元素，已应用外边距：

```
...
<body class="m-a-1">
...
```

为元素添加外边距和内边距的类遵循一种明确的命名模式：首先，字母 m(用于外边距)或 p(用于内边距)；然后是连字符 "-"；接着是一个字母(指定元素的某些边或所有边，a 对应于所有边，t 为顶边，b 为底边，l 为左边，r 为右边)；然后为连字符 "-"；最后是一个数字，表示应该留出多少空白(0 为无间距，1、2 或 3 依次增加边距)。为了更好地理解这种命名模式，表 4-4 列出了 index.html 文件中使用的组合。

表 4-4　Bootstrap 外边距和内边距类样例

名称	描述
p-a-1	该类向元素的所有边添加内边距
m-a-1	该类向元素的所有边添加外边距
m-t-1	该类向元素的顶边添加外边距
m-b-1	该类向元素的底边添加外边距

3. 改变元素尺寸

可以使用尺寸修饰类来更改某些元素的样式。可以通过组合基本类名、连字符和 lg 或 sm 来指定这些类。在代码清单 4-3 中，向 index.html 文件中添加了 button 元素，已经使用 Bootstrap 为按钮提供尺寸修饰类。

代码清单 4-3　在 index.html 文件中使用按钮尺寸修饰类

```html
<!DOCTYPE html>
<html>
    <head>
    <title>ToDo</title>
    <meta charset="utf-8" />
    <link href="node_modules/bootstrap/dist/css/bootstrap.min.css"
        rel="stylesheet" />
    </head>
<body class="m-a-1">
    <h3 class="bg-primary p-a-1">Adam's To Do List</h3>
    <div class="m-t-1 m-b-1">
        <input class="form-control" />
        <button class="btn btn-lg btn-primary m-t-1">Add</button>
        <button class="btn btn-primary m-t-1">Add</button>
        <button class="btn btn-sm btn-primary m-t-1">Add</button>
    </div>
    <table class="table table-striped table-bordered">
        <thead>
           <tr>
              <th>Description</th>
              <th>Done</th>
           </tr>
        </thead>
        <tbody>
           <tr><td>Buy Flowers</td><td>No</td></tr>
           <tr><td>Get Shoes</td><td>No</td></tr>
           <tr><td>Collect Tickets</td><td>Yes</td></tr>
           <tr><td>Call Joe</td><td>No</td></tr>
        </tbody>
    </table>
</body>
</html>
```

btn-lg 类创建一个大按钮，btn-sm 类创建一个小按钮。若省略尺寸类，则使用该元素的默认大小。请注意，可以将一个上下文类和一个大小类组合起来。将多个 Bootstrap 修饰类组合起来，可以完全控制元素的样式，创建如图 4-4 所示的效果。

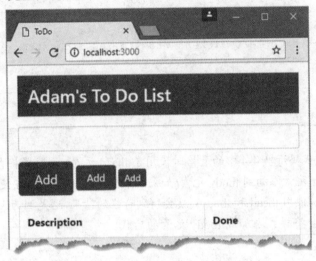

图 4-4　修改元素尺寸

4.3.2　使用 Bootstrap 样式化表格

Bootstrap 包括对样式化 table 元素及其内容的支持，这是整本书中一直在使用的一个功能。表 4-5 列出了用于处理表格的关键 Bootstrap CSS 类。

表 4-5　用于处理表格的关键 Bootstrap CSS 类

名称	描述
table	向 table 元素及其表格行应用默认样式
table-striped	向 table 主体中的表格行应用条带化样式
table-inverse	向表格及其表格行应用反色
table-bordered	向所有表格行和列添加边框
table-hover	当鼠标悬停在表格中的某行时显示不同的样式
table-sm	减少表格间距以建立更紧凑的布局

所有这些类都被直接应用到 table 元素，如代码清单 4-4 所示，应用到 index.html 文件中的那个表格的所有 Bootstrap 类已被突出显示。

代码清单 4-4　使用 Bootstrap 样式化表格

```
<table class="table table-striped table-bordered">
    <thead>
        <tr>
            <th>Description</th>
```

```
            <th>Done</th>
        </tr>
    </thead>
    <tbody>
        <tr><td>Buy Flowers</td><td>No</td></tr>
        <tr><td>Get Shoes</td><td>No</td></tr>
        <tr><td>Collect Tickets</td><td>Yes</td></tr>
        <tr><td>Call Joe</td><td>No</td></tr>
    </tbody>
</table>
...
```

■ 提示：

注意，在定义代码清单 4-4 中的表格时使用了 thead 元素。浏览器将自动把所有紧跟在 table 元素之后的 tr 元素添加到 tbody 元素(如果尚未使用的话)。如果在使用 Bootstrap 时依赖此行为(而不明确使用 thead 和 tbody)，就会得到奇怪的结果，这是因为大多数应用于 table 元素的 CSS 类都会将样式添加到 tbody 元素的后代。

4.3.3 使用 Bootstrap 创建表单

Bootstrap 包括表单元素的样式，使得它们与应用程序中的其他元素具有一致的样式。在代码清单 4-5 中，扩展了 index.html 文件中的表单元素，并暂时删除了表格。

代码清单 4-5　在 index.html 文件中定义额外的表单元素

```
<!DOCTYPE html>
<html>
<head>
    <title>ToDo</title>
    <meta charset="utf-8" />
    <link href="node_modules/bootstrap/dist/css/bootstrap.min.css"
          rel="stylesheet" />
</head>
<body class="m-a-1">
    <h3 class="bg-primary p-a-1">Adam's To Do List</h3>
    <form>
        <div class="form-group">
            <label>Task</label>
            <input class="form-control" />
        </div>
        <div class="form-group">
            <label>Location</label>
            <input class="form-control" />
        </div>
        <div class="form-group">
            <input type="checkbox" />
            <label>Done</label>
```

```
        </div>
        <button class="btn btn-primary">Add</button>
    </form>
</body>
</html>
```

表单基本样式的实现方式是将 form-group 类应用于一个含有 label 和 input 元素的 div 元素，其中 input 元素被赋予 form-control 类。Bootstrap 对元素进行样式化，使 label 显示在 input 元素的上方，而 input 元素占用可用水平空间的 100%，如图 4-5 所示。

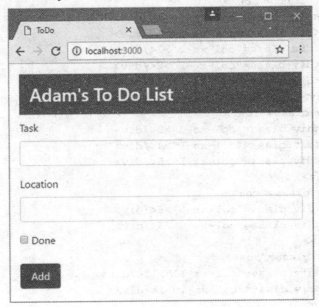

图 4-5　样式化表单元素

4.3.4　使用 Bootstrap 创建网格

Bootstrap 提供可用于创建不同类型的网格布局的样式类，范围从 1 列到 12 列不等，并支持响应式布局，其中网格的布局会根据屏幕的宽度而变化。代码清单 4-6 替换了示例 HTML 文件的内容，以演示网格功能。

代码清单 4-6　在 index.html 文件中使用 Bootstrap 网格

```
<!DOCTYPE html>
<html>
<head>
    <title>ToDo</title>
    <meta charset="utf-8" />
    <link href="node_modules/bootstrap/dist/css/bootstrap.min.css"
        rel="stylesheet" />
    <style>
        #gridContainer {padding: 20px;}
```

```html
            .row > div { border: 1px solid lightgrey; padding: 10px;
                        background-color: aliceblue; margin: 5px 0; }
        </style>
    </head>
    <body class="m-a-1">
        <h3 class="panel-header">
            Grid Layout
        </h3>
        <div id="gridContainer">
            <div class="row">
                <div class="col-xs-1">1</div>
                <div class="col-xs-1">1</div>
                <div class="col-xs-2">2</div>
                <div class="col-xs-2">2</div>
                <div class="col-xs-6">6</div>
            </div>
            <div class="row">
                <div class="col-xs-3">3</div>
                <div class="col-xs-4">4</div>
                <div class="col-xs-5">5</div>
            </div>
            <div class="row">
                <div class="col-xs-6">6</div>
                <div class="col-xs-6">6</div>
            </div>
            <div class="row">
                <div class="col-xs-11">11</div>
                <div class="col-xs-1">1</div>
            </div>
            <div class="row">
                <div class="col-xs-12">12</div>
            </div>
        </div>
    </body>
</html>
```

Bootstrap 网格布局系统简单易用。可以通过将 row 类应用于 div 元素来指定一行，这样做的效果是为 div 元素所包含的内容设置网格布局。

每行定义 12 列，通过为每个子元素指派特定名称的类来指定该子元素将占用多少列：类名为 col-xs，后跟表示列数的数字。例如，col-xs-1 类指定一个元素占用一列，col-xs-2 指定一个元素占用两列，依此类推，直到 col-xs-12，它指定一个元素填充整行。在上述代码清单中，创建了一系列具有 row 类的 div 元素，每个 div 元素又都包含其他 div 子元素，这些 div 子元素已经应用了 col-xs-*类。可以在浏览器中看到效果，如图 4-6 所示。

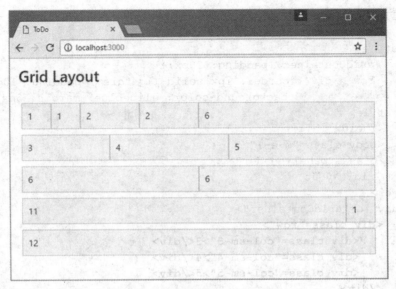

图 4-6　创建 Bootstrap 网格布局

■ 提示：
Bootstrap 不对行中的元素进行任何样式化，因此这里使用 style 元素创建一个自定义 CSS 样式以设置背景色，在行之间设置一些间距并添加边框。

1. 创建响应式网格

响应式网格根据浏览器窗口的大小调整其布局。响应式网格的主要用途是让移动设备和桌面显示相同的内容，利用任何可用的屏幕空间。要创建响应式网格，请使用表 4-6 里的其中一个类替换单个网格单元上的 col-*类。

表 4-6　用于响应式网格的 Bootstrap CSS 类

Bootstrap CSS 类	描述
col-sm-*	当屏幕宽度大于 768 像素时水平显示网格单元
col-md-*	当屏幕宽度大于 940 像素时水平显示网格单元
col-lg-*	当屏幕宽度大于 1170 像素时水平显示网格单元

当屏幕宽度小于该类支持的像素时，网格行中的单元格将沿着垂直方向(不是水平方向)堆叠。代码清单 4-7 在 index.html 文件中演示了响应式网格。

代码清单 4-7　在 bootstrap.html 文件中演示响应式网格

```
<!DOCTYPE html>
<html>
<head>
    <title>ToDo</title>
    <meta charset="utf-8" />
```

```html
<link href="node_modules/bootstrap/dist/css/bootstrap.min.css"
    rel="stylesheet" />
<style>
    #gridContainer {padding: 20px;}
    .row > div { border: 1px solid lightgrey; padding: 10px;
                background-color: aliceblue; margin: 5px 0; }
</style>
    </head>
    <body class="m-a-1">
<h3 class="panel-header">
    Grid Layout
</h3>
<div id="gridContainer">
    <div class="row">
        <div class="col-sm-3">3</div>
        <div class="col-sm-4">4</div>
        <div class="col-sm-5">5</div>
    </div>
    <div class="row">
        <div class="col-sm-6">6</div>
        <div class="col-sm-6">6</div>
    </div>
    <div class="row">
        <div class="col-sm-11">11</div>
        <div class="col-sm-1">1</div>
    </div>
</div>
    </body>
</html>
```

这里从上一个示例中删除了一些网格行，并将 col-xs-*类替换成 col-sm-*类。效果是当浏览器窗口的宽度大于 768 像素时，行中的单元格将沿着水平方向排列；如果小于该像素数，则会沿着垂直方向堆叠，如图 4-7 所示。

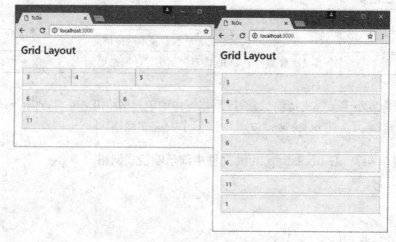

图 4-7　创建响应式网格布局

2. 创建简化的网格布局

由于本书中的大多数示例都依赖 Bootstrap 网格，因此使用一种简化的方法：在单行显示内容，因此只需要指定列数即可，如代码清单 4-8 所示。

代码清单 4-8 在 index.html 文件中使用简化的网格布局

```html
<!DOCTYPE html>
<html>
<head>
    <title>ToDo</title>
    <meta charset="utf-8" />
    <link href="node_modules/bootstrap/dist/css/bootstrap.min.css"
          rel="stylesheet" />
</head>
<body class="m-a-1">
    <h3 class="bg-primary p-a-1">Adam's To Do List</h3>
    <div class="col-xs-4">
      <form>
          <div class="form-group">
              <label>Task</label>
              <input class="form-control" />
          </div>
          <div class="form-group">
              <label>Location</label>
              <input class="form-control" />
          </div>
          <div class="form-group">
              <input type="checkbox" />
              <label>Done</label>
          </div>
          <button class="btn btn-primary">Add</button>
      </form>
    </div>
    <div class="col-xs-8">
       <table class="table table-striped table-bordered">
           <thead>
           <tr>
               <th>Description</th>
               <th>Done</th>
           </tr>
           </thead>
           <tbody>
               <tr><td>Buy Flowers</td><td>No</td></tr>
               <tr><td>Get Shoes</td><td>No</td></tr>
               <tr><td>Collect Tickets</td><td>Yes</td></tr>
               <tr><td>Call Joe</td><td>No</td></tr>
           </tbody>
       </table>
```

```
        </div>
    </body>
</html>
```

代码清单 4.8 使用 col-xs-4 和 col-xs-8 类来并列显示两个 div 元素，让表单和显示待办事项的表格水平显示，如图 4-8 所示。

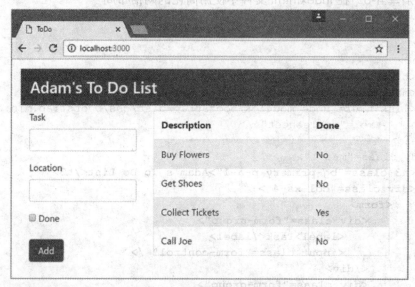

图 4-8 使用简化的网格布局

4.4 本章小结

本章简要介绍了 HTML 和 Bootstrap CSS 框架。你需要很好地掌握 HTML 和 CSS 才能在 Web 应用程序开发中真正应用它们，但最好的学习方法是亲自体验。本章中的描述和示例已足以满足起步需要，并为后面的示例提供足够的背景知识。下一章将继续介绍本书中使用的一些 JavaScript 基本功能。

第 5 章

JavaScript与TypeScript：第1部分

在本章中，我们将快速浏览 JavaScript 语言最重要的一些基本功能，这是因为在 Angular 开发中将用到这些功能。由于本书没有足够的篇幅用来全面地描述 JavaScript，因此将只专注于学习本书示例所需的关键知识点。在第 6 章中，将介绍在开发工作中将要用到的一些更加高级的 JavaScript 功能以及 TypeScript 提供的一些额外功能。

JavaScript 语言由一套定义新功能的标准化过程进行管理。现代浏览器已经开始实现 ECMAScript 6 标准(也称为 ES6)定义的功能，而在写作本书时，ECMAScript 7(ES7)标准也已经在编写过程中。新标准扩大了 JavaScript 开发人员可用的功能范围，并让 JavaScript 与主流编程语言(如 C#或 Java)更加一致。

现代浏览器本身也在不停更新，例如谷歌 Chrome 浏览器用户使用的最新版本的浏览器可能至少实现了部分最新的 JavaScript 功能。然而，一些未经更新的旧版浏览器仍在广泛使用，这意味着不能指望在应用程序中可以使用这些最新功能。

解决这个问题的方法有两种：第 1 种方法是仅仅使用那些在应用程序所针对的浏览器中肯定存在的核心 JavaScript 功能；第 2 种方法是使用一个编译器处理 JavaScript 文件，并将其转换为可以在旧版浏览器中运行的代码。Angular 采取的就是第 2 种方法，本章中将描述这种方法。表 5-1 给出了本章内容摘要。

表 5-1 本章内容摘要

问题	解决办法	代码清单编号
向 HTML 文档中添加 JavaScript	使用 script 元素或 JavaScript 模块加载器	1~6
创建 JavaScript 功能	使用 JavaScript 语句	7
创建一组按需执行的语句	使用函数	8、9、12~14
定义能够处理实参数目比规定的参数数目多或少的函数	使用默认参数或剩余参数	10 和 11
更简洁地表达函数	使用箭头函数	15
存储数值和对象留作后用	使用 let 或 var 关键字声明变量	16 和 17
存储基本数据值	使用 JavaScript 基本数据类型	18~21
控制 JavaScript 代码流	使用条件语句	22
判断两个对象或值是否相同	使用相等和恒等操作符	23 和 24
显式类型转换	使用 to<type>方法	25~27
顺序存储相关对象或值	使用数组	28~33

> **使用"经典"JavaScript 进行 Angular 开发**
>
> 可以仅使用那些可在旧版浏览器中运行的 JavaScript 功能来编写 Angular 应用程序,从而跳过使用 TypeScript 编译器处理代码文件这一步骤。
>
> 这种方法的问题在于会导致代码难以阅读和管理。一些最新的 JavaScript 功能可以简化 Angular 功能的定义和应用方式,其中有一项名为装饰器(decorator)的功能,它对于高效的 Angular 开发是至关重要的,但这只是一项 JavaScript 标准化过程提议,尚未得到任何浏览器的支持。
>
> 建议拥抱完整的 Angular 开发体验,尽管这需要一些时间和精力来掌握新的 JavaScript 功能。最终将获得更好的开发经验,而且使得代码更加简洁、更易于阅读,维护起来更加简单。这正是本书采用的方法,所有示例都假定读者采用这种方法。
>
> 本书不讲解如何使用经典的 JavaScript 功能来创建 Angular 应用程序。如果希望采用这种方法,那么最好的起点就是 Angular 网站的 JavaScript 部分,请参阅 https://angular.io/docs/js/latest,其中包含帮助入门的基本信息。

5.1 准备示例项目

为了准备本章,创建一个名为 JavaScriptPrimer 的文件夹以启动一个新项目。在 JavaScriptPrimer 文件夹中添加一个名为 package.json 的文件,并添加如代码清单 5-1 所示的配置。

代码清单 5-1　JavaScriptPrimer 文件夹中 package.json 文件的内容

```
{
  "dependencies": {
    "core-js": "2.4.1",
    "classlist.js": "1.1.20150312",
    "systemjs": "0.19.40",
    "bootstrap": "4.0.0-alpha.4"
  },

  "devDependencies": {
    "lite-server": "2.2.2",
    "typescript": "2.0.3",
    "typings": "1.4.0",
    "concurrently": "3.1.0"
  },

  "scripts": {
    "start": "concurrently \"npm run tscwatch\" \"npm run lite\" ",
    "tsc": "tsc",
    "tscwatch": "tsc -w",
    "lite": "lite-server",
```

```
    "typings": "typings"
  }
}
```

在 package.json 文件中指定的软件包包括 polyfill 库(让较旧的 JavaScript 浏览器也能支持基本功能)、JavaScript 模块加载器和 Bootstrap CSS 框架,还包括使用 TypeScript 生成 JavaScript 文件所需的工具。在 JavaScriptPrimer 文件夹中运行以下命令来下载并安装软件包:

```
npm install
```

5.1.1 创建 HTML 和 JavaScript 文件

在 JavaScriptPrimer 文件夹中建立一个名为 primer.ts 的文件,然后将代码清单 5-2 中所示的代码添加进来。这只是启动项目所需的占位符代码。

■ 提示:

注意文件的扩展名。虽然本章仅使用 JavaScript 功能,但仍然需要使用 TypeScript 编译器将其转换为可在任何浏览器中运行的代码。这意味着必须使用.ts 文件,然后让 TypeScript 编译器来创建将要在浏览器中运行的对应.js 文件。

代码清单 5-2 JavaScriptPrimer 文件夹中 primer.ts 文件的内容

```
console.log("Hello");
```

此外,还要向 JavaScriptPrimer 文件夹中添加一个名为 index.html 的文件,并向其中添加代码清单 5-3 所示的 HMTL 元素。

代码清单 5-3 JavaScriptPrimer 文件夹中 index.html 文件的内容

```
<!DOCTYPE html>
<html>
<head>
    <title>Primer</title>
    <meta charset="utf-8" />
    <link href="node_modules/bootstrap/dist/css/bootstrap.min.css"
        rel="stylesheet" />
    <script src="primer.js"></script>
</head>
<body class="m-a-1">
    <h3>JavaScript Primer</h3>
</body>
</html>
```

这个 HTML 文件包含一个 script 元素,它负责加载 primer.js 文件。这个 primer.js 文件尚不存在,但是 TypeScript 编译器在处理 primer.ts 文件时将生成该文件。

5.1.2 配置 TypeScript 编译器

可以通过一个配置文件来指定 TypeScript 编译器如何生成 JavaScript 文件。在 JavaScriptPrimer 文件夹中创建一个名为 tsconfig.json 的文件，并添加代码清单 5-4 所示的配置。

代码清单 5-4　JavaScriptPrimer 文件夹中 tsconfig.json 文件的内容

```
{
  "compilerOptions": {
    "target": "es5",
    "module": "commonjs",
    "moduleResolution": "node",
    "emitDecoratorMetadata": true,
    "experimentalDecorators": true,
    "lib": ["es2016", "dom"]
  },
  "exclude": [ "node_modules" ]
}
```

在第 11 章中将解释每个配置设置项的作用，但现在只需要创建该文件即可。

5.1.3 运行示例项目

在创建所需的文件之后，运行下面的命令来启动 TypeScript 编译器和 HTTP 开发服务器：

```
npm start
```

该命令将打开一个新的浏览器标签页或窗口并显示 index.html 文件的内容，如图 5-1 所示。

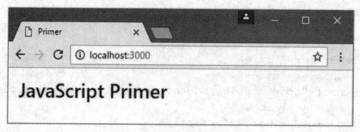

图 5-1　运行示例应用程序

打开浏览器的 F12 开发人员工具(之所以叫这个名字，是因为这些工具通常都是通过按 F12 功能键打开的)并查看 JavaScript 控制台，如图 5-2 所示。

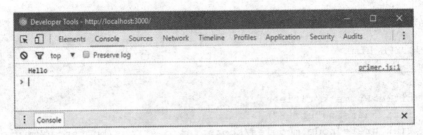

图 5-2　谷歌 Chrome 浏览器的 JavaScript 控制台

JavaScript 控制台给出了代码清单 5-3 中 console.log 函数调用的结果。本书不会针对每个示例都给出浏览器的 JavaScript 控制台截屏，只是给出结果文本，就像下面这样：

```
Hello
```

5.2　理解 script 元素

使用 script 元素将 JavaScript 代码添加到 HTML 文档中。src 属性用于指定应该加载哪个 JavaScript 文件。下面是摘自代码清单 5-3 的 script 元素：

```
...
<script src="primer.js"></script>
...
```

这个元素加载的文件的名称是 primer.js。当使用 TypeScript 编译器时，开发人员编写的 JavaScript 代码文件并不是浏览器最终加载的文件。

如果习惯于直接编写 JavaScript 文件，那么可能不太适应这种变化，但是这样一来就可以让 TypeScript 编译器把 JavaScript 规范中的最新功能转换为可在旧版浏览器中运行的代码。

5.2.1　使用 JavaScript 模块加载器

手动跟踪两组文件并确保 HTML 文件包含正确的一组 script 元素，显然这是一个容易出错的过程。一种可能的错误是添加一个 script 元素，但它里面包含的是带 .ts 扩展名的文件，而不是对应的 .js 文件；还有一种可能的错误是忘记为新文件添加 script 元素。此外，也很难正确地对多个 script 元素排序。浏览器按照 HTML 文档中 script 元素定义的顺序来执行 JavaScript 文件的内容，并且很容易出现这样一种情况，即由一个 script 元素加载的文件中的代码依赖另一个 script 元素所提供的功能，而此时浏览器尚未加载后者指定的文件。

在应用程序中，使用模块加载器可以简化 JavaScript 内容管理，模块加载器负责检测和解析 JavaScript 文件之间的依赖关系，加载这些文件，并确保其内容以正确的顺序执行。在本章开头创建的 package.json 文件中包含了 SystemJS 模块加载器，代码清单 5-5 演示了如何在 HTML 文档中使用它来管理 JavaScript 文件。

代码清单 5-5　在 index.html 文件中使用 JavaScript 模块加载器

```html
<!DOCTYPE html>
<html>
<head>
    <title>Primer</title>
    <meta charset="utf-8" />
    <link href="node_modules/bootstrap/dist/css/bootstrap.min.css"
        rel="stylesheet" />
    <script src="node_modules/systemjs/dist/system.src.js"></script>
    <script>
        System.config({ packages: {"": {}}});
        System.import("primer").catch(function(err){
            console.error(err); });
    </script>
</head>
<body class="m-a-1">
    <h3>JavaScript Primer</h3>
</body>
</html>
```

在第 6 章中将介绍如何创建 JavaScript 模块，在第 11 章中将更详细地介绍如何使用 SystemJS 模块加载器，并用它加载 Angular 及其依赖的一些库。在这个代码清单中，有一个 script 元素负责加载 SystemJS 模块加载器，另一个 script 元素用于配置和应用它。这个代码清单中最重要的变化是下面这条语句：

```
...
System.import("primer").catch(function(err){ console.error(err); });
...
```

该语句告诉模块加载器加载一个名为 primer 的模块，也就是让浏览器请求 primer.js 文件。使用模块加载器的一个好处是不必留意各个 script 元素中的文件扩展名。

5.2.2　理解基本工作流

为了理解不同工作流步骤之间的关联，向 primer.ts 文件中添加一条语句，如代码清单 5-6 所示。

代码清单 5-6　在 primer.ts 文件中添加一条语句

```
console.log("Hello");
console.log("Apples");
```

将更改保存到 primer.ts 文件时，将会发生以下过程：

(1) TypeScript 编译器将检测到 primer.ts 文件中的变更，从而编译该文件以重新生成可在任何浏览器中运行的 primer.js 文件。

(2) HTTP开发服务器检测到primer.js文件中的变更,进而指示浏览器重新加载HTML文档。

(3) 浏览器重新加载HTML文档,并开始处理文档包含的元素。它加载由HTML文档中的script元素指定的JavaScript文件,其中包括JavaScript模块加载器所在的文件。

(4) JavaScript模块加载器处理其配置信息,并从HTTP服务器异步请求primer.js文件。

(5) JavaScript模块加载器要求浏览器执行primer.js文件中的代码,该文件向浏览器的JavaScript控制台写入两条消息。

最终结果就是会看到以下消息:

```
Hello
Apples
```

对于一个简单的应用程序,这里包含的步骤太多了,但这是一种可扩展的方法:既适用于复杂的项目,又可以使用最新的JavaScript功能。

熟悉Angular开发中所需的额外步骤可能需要一段时间,而且开发工作流可能会让人感到不够直接而且有些麻烦,但最终每次修改代码文件之后,浏览器都会自动重新加载,你慢慢就会习惯这种开发方式带来的便利和流畅。

5.3 使用语句

语句(statement)是基本的JavaScript构造块。每条语句表示一条命令,语句通常以分号(;)结尾。虽然分号是可选的,但是使用它们可以让代码更易读,而且可以在一行中编写多条语句。在代码清单5-7中,向JavaScript文件中添加了两条语句。

代码清单5-7　在primer.ts文件中添加JavaScript语句

```
console.log("Hello");
console.log("Apples");
console.log("This is a statement");
console.log("This is also a statement");
```

浏览器依次执行每条语句。在这个示例中,所有语句都只是向控制台写入消息。结果如下所示:

```
Hello
Apples
This is a statement
This is also a statement
```

5.4 定义和使用函数

当浏览器接收到JavaScript代码时(直接通过script元素接收或间接通过模块加载器方

式接收),它将按照代码中语句出现的先后顺序依次执行这些语句。前面的示例正是按照这种方式执行的。模块加载器加载 primer.js 文件,并且逐条执行它所包含的语句,所有这些语句都分别向控制台写了一条消息。

还可以将语句打包放到一个函数中,直到浏览器遇到一条调用该函数的语句时才会执行该函数,如代码清单 5-8 所示。

代码清单 5-8　在 primer.ts 文件中定义 JavaScript 函数

```
let myFunc = function () {
    console.log("This is a statement");
};
myFunc();
```

定义一个函数非常简单:使用 let 关键字,然后是要赋给函数的名字,接着是等号(=)和 function 关键字,再接着是圆括号(字符(和)),最后用花括号(字符{和})把希望函数包含的语句括起来。

在这个代码清单中,使用了名称 myFunc,该函数只包含单条语句:将消息写入 JavaScript 控制台。在浏览器到达另一条调用 myFunc 函数的语句时,函数中的语句才会执行,如下所示:

```
...
myFunc();
...
```

执行该函数中的语句将产生如下输出结果:

```
This is a statement
```

除了演示如何定义函数,这个示例并无用处,这是因为在定义函数之后就立即调用了该函数。当为响应某种更改或事件(例如用户交互)而调用函数时,函数就会变得更有用。

定义函数的其他方法

在 JavaScript 中定义函数的方法共有两种。代码清单 5-8 中使用的方法被称为函数表达式(function expression)。同样的函数还可以采用下面的方式定义:

```
...
function myFunc() {
    console.log("This is a statement");
}
...
```

这被称为函数声明(function declaration)。两者的结果是一样的:一个名为 myFunc 的函数将一条消息写入控制台。区别在于浏览器在加载 JavaScript 文件时如何处理这些函数。函数声明在执行 JavaScript 文件中的代码之前进行处理,这意味着在定义函数之前就可以使用语句来调用该函数,如下所示:

```
...
myFunc();
function myFunc() {
    console.log("This is a statement");
}
...
```

这之所以可行,是因为浏览器在解析 JavaScript 文件时找到函数声明,并在执行剩余语句之前设置好函数,这个过程称为函数提升(function hoisting)。但是,函数表达式不会受到提升,因此下面的代码将无法正常工作:

```
...
myFunc();
let myFunc = function() {
    console.log("This is a statement");
};
...
```

上述代码将导致一个错误,浏览器报告 myFunc 不是一个函数。JavaScript 开发新手往往使用函数声明,因为这种语法与 C#或 Java 等语言更加一致。使用哪种方式完全取决于开发者,但是应该在整个项目中保持一致,从而使代码更容易理解。

5.4.1 定义带参数的函数

JavaScript 允许为函数定义形参(parameter),如代码清单 5-9 所示。

代码清单 5-9　在 primer.ts 文件中定义带参数的函数

```
let myFunc = function(name, weather) {
    console.log("Hello " + name + ".");
    console.log("It is " + weather + " today");
};
myFunc("Adam", "sunny");
```

这里向 myFunc 函数添加了两个形参,分别叫做 name 和 weather。JavaScript 是一种动态类型语言,因此在定义函数时不必声明形参的数据类型。本章后面在讲解 JavaScript 变量时,还将回到动态类型这个话题。要调用带形参的函数,在调用函数时提供值作为实参(argument),如下所示:

```
...
myFunc("Adam", "sunny");
...
```

这个代码清单的输出结果如下所示:

```
Hello Adam.
It is sunny today
```

使用默认参数和剩余参数

调用函数时，提供的实参数量不必匹配函数的形参数量。如果调用函数时提供的实参数量少于形参数量，那么那些没有提供值的形参的值都是 undefined，这是一个特殊的 JavaScript 值。如果调用的实参数量多于形参数量，那么多余的实参将被忽略。

这条规则带来的结果是，不能创建名称相同但参数数目不同的两个函数，然后寄希望于 JavaScript 根据调用函数时提供的实参来区分它们。这就是所谓的多态性(polymorphism)，虽然 Java 和 C#等语言都支持该特性，但在 JavaScript 中并不能使用该特性。相反，如果定义了两个具有相同名称的函数，第二个定义将自动替换第一个定义。

有两种方法可以处理函数定义的形参数量和用于调用函数的实参数量之间的不匹配情况。默认参数(default parameter)用于处理实参数量少于形参数量的情况，并且可以为没有实参的形参提供默认值，如代码清单 5-10 所示。

代码清单 5-10　在 primer.ts 文件中使用默认参数

```
let myFunc = function (name, weather = "raining") {
    console.log("Hello " + name + ".");
    console.log("It is " + weather + " today");
};
myFunc("Adam");
```

该函数的 weather 参数被赋予一个默认值 raining，如果在调用该函数时只提供了一个实参，就会使用这个值，这会产生如下结果：

```
Hello Adam.
It is raining today
```

而如果调用函数时提供的实参数量超过函数定义的形参数量，那么可使用剩余参数来捕获多余的实参，如代码清单 5-11 所示。

代码清单 5-11　在 primer.ts 文件中使用剩余参数

```
let myFunc = function(name, weather, ...extraArgs) {
    console.log("Hello " + name + ".");
    console.log("It is " + weather + " today");
    for(let i = 0; i < extraArgs.length; i++) {
        console.log("Extra Arg: " + extraArgs[i]);
    }
};
myFunc("Adam", "sunny", "one", "two", "three");
```

剩余参数必须是函数定义的最后一个形参，而且其名称带有英文省略号(3 个圆点，即"...")前缀。剩余参数是一个数组，任何额外的实参都将被赋给这个数组。在这个代码清单中，函数将把每个额外的实参输出到控制台，产生以下结果：

```
Hello Adam.
```

```
It is sunny today
Extra Arg: one
Extra Arg: two
Extra Arg: three
```

5.4.2 定义返回结果的函数

可以使用 return 关键字从函数中返回结果。代码清单 5-12 给出了一个返回结果的函数。

代码清单 5-12　在 primer.ts 文件中从函数返回结果

```
let myFunc = function(name) {
    return("Hello " + name + ".");
};
console.log(myFunc("Adam"));
```

这个函数定义了一个参数并使用它来生成结果。调用该函数并将返回结果作为实参传给 console.log 函数，就像下面这样：

```
...
console.log(myFunc("Adam"));
...
```

注意，不必声明该函数将返回一个结果，也不必指出返回结果的数据类型。这个代码清单的结果如下所示：

```
Hello Adam.
```

5.4.3 将函数用作其他函数的实参

JavaScript 函数可以作为对象进行传递，因此可以将一个函数作为另一个函数的实参，如代码清单 5-13 所演示的那样。

代码清单 5-13　在 primer.ts 文件中将一个函数用作另一个函数的实参

```
let myFunc = function(nameFunction) {
    return("Hello " + nameFunction() + ".");
};
console.log(myFunc(function () {
    return "Adam";
}));
```

myFunc 函数定义一个名为 nameFunction 的形参，它调用该参数来获取返回值并将返回结果插入到返回的字符串中。传入一个返回 Adam 的匿名函数作为 myFunc 函数的实参，产生以下输出：

```
Hello Adam.
```

可以将多个函数串联起来，通过较小的、容易测试的代码段构造更复杂的功能，如代码清单 5-14 所示。

代码清单 5-14　在 primer.ts 文件中将函数调用串联起来

```typescript
let myFunc = function(nameFunction) {
    return("Hello " + nameFunction() + ".");
};
let printName = function(nameFunction, printFunction) {
    printFunction(myFunc(nameFunction));
}
printName(function() { return "Adam" }, console.log);
```

这个示例产生的结果与代码清单 5-13 相同。

使用箭头函数

箭头函数(也称为胖箭头函数或 lambda 表达式)是另一种定义函数的方法，通常用于定义那些仅用作其他函数的实参的函数。代码清单 5-15 用箭头函数替换了上一个示例中的函数。

代码清单 5-15　在 primer.ts 文件中使用箭头函数

```typescript
let myFunc = (nameFunction) => ("Hello " + nameFunction() + ".");
let printName = (nameFunction, printFunction) =>
    printFunction(myFunc(nameFunction));
printName(function() { return "Adam" }, console.log);
```

这些函数的功能与代码清单 5-14 中的函数相同。箭头函数包含 3 个部分：输入参数；然后是等号和大于号(形成了一个"箭头"形状)；最后是函数结果。只有当箭头函数需要执行多条语句时，才需要 return 关键字和花括号。本章后面还有更多的箭头函数示例。

5.5　使用变量和类型

let 关键字用于声明变量，还可以选择在声明变量的同时为变量赋值。使用 let 声明的变量的范围限定在它们所在的代码区域内，如代码清单 5-16 所示。

代码清单 5-16　在 primer.ts 文件中使用 let 声明变量

```typescript
let messageFunction = function(name, weather) {
    let message = "Hello, Adam";
    if(weather == "sunny") {
        let message = "It is a nice day";
        console.log(message);
    } else {
        let message = "It is " + weather + " today";
        console.log(message);
```

```
        console.log(message);
    }
messageFunction("Adam", "raining");
```

在这个例子中,有 3 条语句使用 let 关键字定义名为 message 的变量。每个变量的范围限于各自所在的代码区域,产生以下结果:

```
It is raining today
Hello, Adam
```

这似乎是一个奇怪的示例,但还有一个关键字也可用来声明变量:var。let 关键字是 JavaScript 规范的相对较新的补充,旨在解决 var 行为方式存在的一些异常情况。代码清单 5-17 以代码清单 5-16 为例,但用 var 替换 let。

代码清单 5-17　在 primer.ts 文件中使用 var 声明变量

```
let messageFunction = function(name, weather) {
    var message = "Hello, Adam";
    if(weather == "sunny") {
        var message = "It is a nice day";
        console.log(message);
    } else {
        var message = "It is " + weather + " today";
        console.log(message);
    }
    console.log(message);
}
messageFunction("Adam", "raining");
```

当保存代码清单中的修改时,将看到如下结果:

```
It is raining today
It is raining today
```

问题是 var 关键字所创建变量的作用范围是它所在的函数,这意味着 message 的所有引用都指向同一个变量。即便对于经验丰富的 JavaScript 开发人员,这也可能会导致意想不到的结果,这正是引入更主流的 let 关键字的原因。可以在 Angular 开发中自由使用 let 或 var。本书通篇使用 let 关键字。

使用变量闭包

如果在一个函数的内部定义另一个函数,从而构成内部函数和外部函数,那么内部函数可以通过一项名为闭包的特性访问外部函数中定义的变量,如下所示:

```
let myGlobalVar = "apples";

let myFunc = function(name) {
    let myLocalVar = "sunny";
```

```
    let innerFunction = function() {
      return("Hello " + name + ". Today is " + myLocalVar + ".");
    }
    return innerFunction();
};
console.log(myFunc("Adam"));
```

该例中的内部函数能够访问外部函数的局部变量,包括其参数。这是一个强大的功能,这意味着不需要在内部函数中定义参数来传递数据,但需要谨慎使用,这是因为在内部函数中使用常见的变量名称(如 counter 或 index)时很容易获得意想不到的结果,可能意识不到自己正在复用来自外部函数的变量名称。

使用基本数据类型

JavaScript 定义了一组基本类型:string、number 和 boolean。虽然这个列表可能看似简短,但是 JavaScript 能够利用这 3 种类型来实现巨大的灵活性。

1. 使用布尔型

boolean 类型有两个值:true 和 false。代码清单 5-18 显示了这两个值的使用情况,但是,这个类型最为有用的场合是用于条件语句(如 if 语句)。此代码清单没有控制台输出。

代码清单 5-18　在 primer.ts 文件中定义布尔值

```
let firstBool = true;
let secondBool = false;
```

2. 使用字符串

使用双引号或单引号字符定义 string 值,如代码清单 5-19 所示。

代码清单 5-19　在 primer.ts 文件中定义字符串变量

```
let firstString = "This is a string";
let secondString = 'And so is this';
```

必须成对使用引号字符。举例来说,不能以单引号开头,但以双引号结尾。这个代码清单没有控制台输出。JavaScript 为 string 对象提供了一组基本的属性和方法,表 5-2 列出了其中最有用的一些方法。

表 5-2　字符串的常用属性和方法

名称	描述
length	该属性返回字符串中的字符数
charAt(index)	这个方法返回一个包含指定索引处字符的字符串
concat(string)	这个方法将当前字符串与实参字符串连接成一个新的字符串并将其返回

(续表)

名称	描述
indexOf(term, start)	这个方法返回 term 在字符串中首次出现时的索引，如果没有匹配，则返回-1。可选的 start 实参指定搜索开始的索引
replace(term, newTerm)	这个方法返回一个新的字符串，原字符串中所有的 term 都被替换成 newTerm
slice(start, end)	这个方法返回由位于索引 start 和 end 之间的所有字符构成的子字符串
split(term)	这个方法根据指定的分隔符 term(可以是多个字符)将一个字符串切分成一组字符串
toUpperCase( ) toLowerCase( )	这两个方法均返回新的字符串，其中所有字符都为大写或小写
trim( )	这个方法返回一个新的字符串，其中开头和结尾处的空白字符都已被移除

使用模板字符串

一项常见的编程任务是将静态内容与数据值相结合，生成可向用户显示的字符串。传统的做法是通过字符串拼接来实现，这也是目前本章中所有示例使用的方法，如下所示：

```
...
let message = "It is " + weather + " today";
...
```

JavaScript 现在也支持模板字符串，能够以内联方式指定数据值，这可以帮助减少错误并促成更自然的开发体验。代码清单 5-20 给出了模板字符串的用法。

代码清单 5-20　在 primer.ts 文件中使用模板字符串

```
let messageFunction = function(weather) {
    let message = `It is ${weather} today`;
    console.log(message);
}
messageFunction("raining");
```

模板字符串以反引号(字符`)开始和结束，而数据值采用美元符号加一对花括号表示。例如，下面这个字符串将 weather 变量的值合并到模板字符串中：

```
...
let message = `It is ${weather} today`;
...
```

3. 使用数字

数字类型用于表示整数和浮点数(也称为实数)。代码清单 5-21 给出了演示。

代码清单 5-21　在 primer.ts 文件中定义数字值

```
let daysInWeek = 7;
let pi = 3.14;
let hexValue = 0xFFFF;
```

不必指定使用哪种类型的数字。只需要表达所需的数值，JavaScript 就会相应地处理。在这个代码清单中定义了一个整数值和一个浮点值，又用前缀 0x 表示一个十六进制值。

5.6 使用 JavaScript 操作符

JavaScript 定义了大量的标准操作符。表 5-3 总结了其中最有用的操作符。

表 5-3　有用的 JavaScript 操作符

操作符	描述
++、--	前(后)自增和自减
+、-、*、/、%	加、减、乘、除、求余
<、<=、>、>=	小于、小于或等于、大于、大于或等于
==、!=	相等和不等测试
===、!==	恒等和不恒等测试
&&、||	逻辑 AND 和 OR(|| 用于合并 null 值)
=	赋值
+	字符串连接
?:	三元条件语句

5.6.1 使用条件语句

许多 JavaScript 操作符都与条件语句一起使用。在本书中，往往使用 if/else 和 switch 语句。代码清单 5-22 演示了两者的用法，如果使用过任何编程语言，那么会非常熟悉这些用法。

代码清单 5-22　在 primer.ts 文件中使用 if/else 和 switch 条件语句

```
let name = "Adam";
if(name == "Adam") {
   console.log("Name is Adam");
} else if(name == "Jacqui") {
   console.log("Name is Jacqui");
} else {
   console.log("Name is neither Adam or Jacqui");
}
switch(name) {
   case "Adam":
      console.log("Name is Adam");
      break;
   case "Jacqui":
      console.log("Name is Jacqui");
```

```
        break;
    default:
        console.log("Name is neither Adam or Jacqui");
        break;
}
```

这个代码清单的运行结果如下所示：

```
Name is Adam
Name is Adam
```

5.6.2 相等操作符和恒等操作符

特别值得注意的是相等操作符(==)和恒等操作符(===)。相等操作符尝试将操作数强制(转换)为相同类型，以评估是否相等。只要知道这项功能，就会发现它十分方便。代码清单 5-23 显示了相等操作符的实际用法。

代码清单 5-23　在 primer.ts 文件中使用相等操作符

```
let firstVal = 5;
let secondVal = "5";
if(firstVal == secondVal) {
    console.log("They are the same");
} else {
    console.log("They are NOT the same");
}
```

这个脚本的输出结果如下：

```
They are the same
```

JavaScript 将两个操作数转换为相同的类型并进行比较。实质上，相等操作符测试二者的值是否相同，而与二者的类型无关。如果要测试二者的值和类型是否都相同，则需要使用恒等操作符(===，三个等号，而不是相等操作符的两个等号==)，如代码清单 5-24 所示。

代码清单 5-24　在 primer.ts 文件中使用恒等操作符

```
let firstVal = 5;
let secondVal = "5";
if(firstVal === secondVal) {
    console.log("They are the same");
} else {
    console.log("They are NOT the same");
}
```

在这个示例中，恒等操作符会认为这两个变量是不同的。这个操作符不会进行强制类型转换。这个脚本的输出结果如下：

```
They are NOT the same
```

5.6.3 显式类型转换

字符串连接操作符(+)的优先级高于加法操作符(也是+)，这意味着 JavaScript 将变量的连接操作优先于加法操作。这可能会导致混淆，因为 JavaScript 也会自由地进行类型转换以产生结果，而这并不总是预期的结果，如代码清单 5-25 所示。

代码清单 5-25　在 primer.ts 文件中字符串连接操作符优先

```
let myData1 = 5 + 5;
let myData2 = 5 + "5";
console.log("Result 1: " + myData1);
console.log("Result 2: " + myData2);
```

这个脚本的输出结果如下：

```
Result 1: 10
Result 2: 55
```

第二个结果是导致混淆的那种情况。由于 JavaScript 操作符的优先级以及过度的类型转换，使得原本打算的加法操作被解释为字符串连接操作。为了避免这种情况，可以显式转换值的类型，以确保执行正确的操作，如下面几节所述。

1. 将数字转换为字符串

如果使用多个数字变量并将其作为字符串连接起来，那么可以使用 toString 方法将数字转换为字符串，如代码清单 5-26 所示。

代码清单 5-26　在 primer.ts 文件中使用 number.toString 方法

```
let myData1 = (5).toString() + String(5);
console.log("Result: " + myData1);
```

请注意，这里将数值放在括号中，然后调用了 toString 方法。这是因为必须让 JavaScript 将字面值转换为 number 类型，然后才能调用 number 类型定义的方法。这里还给出了一种替代方法来实现相同的效果，即调用 String 函数并将数值作为实参传入。这两种方法都具有相同的效果，即把数字转换为字符串，这意味着操作符+用于字符串连接而不是执行加法操作。这个脚本的输出结果如下：

```
Result: 55
```

还有其他一些方法可以更好地控制如何把数字表示为字符串。表 5-4 简要介绍了这些方法。该表中给出的所有方法都由 number 类型定义。

表 5-4 将数字装换为字符串的常用方法

方法	描述
toString( )	这个方法返回一个以十进制表示数字的字符串
toString(2) toString(8) toString(16)	这个方法返回一个以二进制、八进制、十六进制表示数字的字符串
toFixed(n)	这个方法返回一个精确到小数点 n 位实数的字符串
toExponential(n)	这个方法返回一个采用科学记数法(小数点前有 1 位数字,小数点后有 n 位数字)表示数字的字符串
toPrecision(n)	这个方法返回一个用 n 位有效数字表示数字(根据需要使用科学记数法)的字符串

2. 将字符串转换为数字

与上面的技术相配套的是将字符串转换为数字,以便可以执行加法操作而不是字符串连接操作。可以使用 Number 函数执行此操作,如代码清单 5-27 所示。

代码清单 5-27 在 primer.ts 文件中将字符串转换成数字

```
let firstVal = "5";
let secondVal = "5";
let result = Number(firstVal) + Number(secondVal);
console.log("Result: " + result);
```

这个脚本的输出结果如下:

```
Result: 10
```

Number 函数在解析字符串值时非常严格,但是还有另外两个更灵活的函数可以使用,二者会忽略字符串末尾的非数字字符。这两个函数分别是 parseInt 和 parseFloat。表 5-5 中描述了所有 3 种方法。

表 5-5 字符串到数字的常用转换方法

方法	描述
Number(str)	这个方法分析指定的字符串,并创建一个整数或实数值
parseInt(str)	这个方法分析指定的字符串,并创建一个整数值
parseFloat(str)	这个方法分析指定的字符串,并创建一个实数值

5.7 处理数组

JavaScript 数组的工作方式与其他大多数编程语言中的数组一样。代码清单 5-28 演示了如何创建和填充数组。

代码清单 5-28　在 primer.ts 文件中创建和填充数组

```
let myArray = new Array();
myArray[0] = 100;
myArray[1] = "Adam";
myArray[2] = true;
```

这里通过调用 new Array( )创建了一个新的数组。这将创建一个空的数组，并将其赋给变量 myArray。在后续语句中，向数组中的不同索引位置赋值(这个代码清单没有控制台输出)。

在这个示例中有几点需要注意。首先，在创建数组时不需要声明数组项数。JavaScript 数组将自动调整大小，以容纳任意多项。其次，不必声明数组要保存的数据的类型。任何 JavaScript 数组都可以同时容纳任何类型的混合数据。在这个示例中，为数组分配了 3 项：数字、字符串和布尔值。

5.7.1　使用数组字面量

数组字面量样式使得可在单条语句中创建并填充数组，如代码清单 5-29 所示。

代码清单 5-29　在 primer.ts 文件中使用数组字面量样式

```
let myArray = [100, "Adam", true];
```

这个例子指定，通过在方括号([和])之间指定数组中的数据项来分配一个新的数组，并将其赋给 myArray 变量(这个代码清单没有控制台输出)。

5.7.2　数组内容的读取和修改

使用一对方括号([和])并将索引放在两个方括号之间，可以读取指定索引处的值，如代码清单 5-30 所示。

代码清单 5-30　在 primer.ts 文件中读取指定索引处的数组项

```
let myArray = [100, "Adam", true];
console.log("Index 0: " + myArray[0]);
```

可以通过向任意索引处赋予新值的方式修改在 JavaScript 数组中任何指定位置保存的数据。与常规变量一样，可以改变某个索引处的数据类型，而不会出现任何问题。上面代码清单的输出结果如下：

```
Index 0: 100
```

代码清单 5-31 演示了如何修改数组内容。

代码清单 5-31　在 primer.ts 文件中修改数组的内容

```
let myArray = [100, "Adam", true];
myArray[0] = "Tuesday";
console.log("Index 0: " + myArray[0]);
```

在这个示例中，向数组的位置 0 处赋予一个 string 值，之前这个位置存放的是一个 number 值，这个示例的输出结果如下：

```
Index 0: Tuesday
```

5.7.3　遍历数组内容

使用 for 循环或使用 forEach 方法遍历数组的内容，forEach 方法接收一个函数来处理数组中的每个元素。代码清单 5-32 对这两种方法都进行了演示。

代码清单 5-32　在 primer.ts 文件中遍历数组内容

```
let myArray = [100, "Adam", true];
for(let i = 0; i < myArray.length; i++) {
    console.log("Index " + i + ": " + myArray[i]);
}
console.log("---");
myArray.forEach((value, index) => console.log("Index " + index + ": " + value));
```

JavaScript 的 for 循环与其他许多语言中的 for 循环相同。可以通过使用 length 属性来确定数组中有多少个元素。

传给 forEach 方法的函数接收到两个实参：待处理的当前项的值以及该项在数组中的位置。在这个代码清单中使用一个箭头函数作为 forEach 方法的实参，而这正是这种用法的理想使用场合(在整本书中都将会看到这种用法)。这个代码清单的输出结果如下所示：

```
Index 0: 100
Index 1: Adam
Index 2: true
Index 0: 100
Index 1: Adam
Index 2: true
```

5.7.4　使用内置数组方法

JavaScript 的 Array 对象定义的几个方法可用来处理数组，表 5-6 描述了其中一些最有用的方法。

表 5-6　常用的数组方法

方法	描述
concat(otherArray)	这个方法返回一个新的数组，它将该方法的宿主数组与实参指定的数组连接起来。可以指定多个数组
join(separator)	这个方法将数组中的所有元素连接起来形成一个字符串。实参指定用来分隔数组项的字符
pop( )	这个方法移除并返回数组的最后一项
shift( )	这个方法移除并返回数组的第一项
push(item)	这个方法将指定项追加到数组的末尾
unshift(item)	这个方法将新项插入到数组的起始处
reverse( )	这个方法返回一个新数组，里面包含所有项，但是项的顺序相反
slice(start,end)	这个方法返回数组的一部分
sort( )	这个方法对数组进行排序。它有一个可选参数(比较函数)，用于执行自定义比较操作
splice(index, count)	这个方法从指定的 index 位置开始，从数组中移除 count 项。被移除项作为方法的结果返回
unshift(item)	这个方法在数组的起始处插入新项
every(test)	这个方法针对数组中的每项调用 test 函数，如果该函数对于所有项都返回 true，那么这个方法返回 true，否则该方法返回 false
some(test)	针对每项调用 test 函数，如果至少有一次返回 true，那么该函数返回 true
filter(test)	这个方法返回一个新数组，其中包含所有让 test 函数返回 true 的数组项
find(test)	这个方法返回第一个让 test 函数返回 true 的数组项
findIndex(test)	这个方法返回第一个让 test 函数返回 true 的数组项的索引
foreach(callback)	这个方法针对数组的每项调用 callback 函数，前一节已经描述过该方法
includes(value)	如果数组包含指定值，那么该方法返回 true
map(callback)	这个方法返回一个新数组，它由对数组每项调用 callback 函数后返回的结果组成
reduce(callback)	这个方法返回针对数组每项调用 callback 函数后产生的累积值

由于表 5-6 中的许多方法返回一个新数组，因此这些方法可以链接在一起来处理数据数组，如代码清单 5-33 所示。

代码清单 5-33　在 primer.ts 文件中处理数据数组

```
let products = [
    { name: "Hat", price: 24.5, stock: 10 },
    { name: "Kayak", price: 289.99, stock: 1 },
    { name: "Soccer Ball", price: 10, stock: 0 },
    { name: "Running Shoes", price: 116.50, stock: 20 }
```

```
];
let totalValue = products
    .filter(item => item.stock > 0)
    .reduce((prev, item) => prev + (item.price * item.stock), 0);
console.log("Total value: $" + totalValue.toFixed(2));
```

使用 filter 方法选取数组中 stock 值大于零的数组项,并使用 reduce 方法确定这些数组项的总和,从而产生以下输出:

```
Total value: $2864.99
```

5.8 本章小结

本章简要介绍了 JavaScript,重点介绍了如何使用核心语言功能。本章描述了 JavaScript 规范中最新添加的一些功能,这些功能需要借助 TypeScript 编译器转换为可以在旧版浏览器中运行的代码。下一章将继续这个主题,并介绍 Angular 开发中使用的一些更高级的 JavaScript 功能。

第 6 章

JavaScript 与 TypeScript：第 2 部分

本章将介绍一些对 Angular 开发有用的更高级 JavaScript 功能。本章解释 JavaScript 如何处理对象(包括对类的支持)，以及如何将 JavaScript 功能打包到 JavaScript 模块中。本章还介绍 TypeScript 提供的一些功能，虽然这些功能不是 JavaScript 规范的一部分，但是本书后面的一些例子将用到这些功能。表 6-1 给出了本章的内容摘要。

表 6-1　本章内容摘要

问题	解决办法	代码清单编号
通过指定属性和值来创建对象	使用 new 关键字或使用对象字面量	1~3
使用模板创建对象	定义类	4 和 5
从另一个类继承行为	使用 extends 关键字	6
将 JavaScript 功能打包在一起	创建 JavaScript 模块	7
声明对某个模块的依赖关系	使用 import 关键字	8~12
声明属性、参数和变量使用的类型	使用 TypeScript 类型注解	13~18
指定多个类型	使用联合类型	19~21
创建临时的一组类型	使用元组	22
通过键对值进行分组	使用可索引类型	23
控制对类中方法和属性的访问	使用访问控制修饰符	24

6.1　准备示例项目

本章将继续使用第 5 章中的 JavaScriptPrimer 项目。为了准备本章的内容，并不需要对项目进行任何更改，在 JavaScriptPrimer 文件夹中运行以下命令来启动 TypeScript 编译器和 HTTP 开发服务器：

```
npm start
```

该命令将打开一个新的浏览器窗口并显示图 6-1 所示的内容。

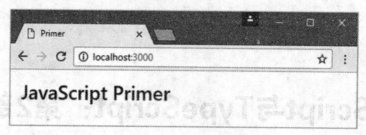

图 6-1　运行示例应用程序

本章的示例都依靠浏览器的 JavaScript 控制台显示消息。如果查看控制台，就会看到如下结果：

```
Total value: $2864.99
```

6.2 使用对象

在 JavaScript 中创建对象的方法有几种。下面从代码清单 6-1 所示的简单示例开始。

■ 注意：

本章的某些示例可能导致 TypeScript 编译器报错。这些示例仍然能够运行，因此可以忽略这些消息。之所以产生这些错误消息，是因为 TypeScript 提供了一些额外功能，本章稍后才会讲解这些特性。

代码清单 6-1　在 primer.ts 文件中创建对象

```
let myData = new Object();
myData.name = "Adam";
myData.weather = "sunny";

console.log("Hello " + myData.name + ".");
console.log("Today is " + myData.weather + ".");
```

通过调用 new Object( )创建一个对象，并将结果(新创建的对象)赋给一个名为 myData 的变量。在创建对象后，就可以通过赋值操作定义对象上的属性，如下所示：

```
...
myData.name = "Adam";
...
```

在这条语句之前，对象没有名为 name 的属性。而当这条语句执行后，name 属性确实存在，并且已被赋值 Adam。可以通过用圆点(.)将变量名称和属性名称组合起来以读取属性的值，如下所示：

```
...
console.log("Hello " + myData.name + ".");
...
```

这个代码清单的输出结果如下所示：

```
Hello Adam.
Today is sunny.
```

6.2.1 使用对象字面量

采用对象字面量格式，可以一步完成对象及其属性的定义，如代码清单 6-2 所示。

代码清单 6-2　在 primer.ts 文件中使用对象字面量格式

```
let myData = {
    name: "Adam",
    weather: "sunny"
};
console.log("Hello " + myData.name + ". ");
console.log("Today is " + myData.weather + ".");
```

对于要定义的每个属性，都要使用冒号(:)与其值分开，并且使用逗号(,)来分隔不同属性。这段代码的效果与上一个示例相同，输出结果如下：

```
Hello Adam.
Today is sunny.
```

6.2.2 将函数用作方法

我最喜欢的 JavaScript 功能之一是向对象添加函数的方式。在对象上定义的函数被称为方法(method)。代码清单 6-3 演示了如何采用这种方式向对象添加方法。

代码清单 6-3　在 primer.ts 文件中向对象添加方法

```
let myData = {
    name: "Adam",
    weather: "sunny",
    printMessages: function() {
        console.log("Hello " + this.name + ". ");
        console.log("Today is " + this.weather + ".");
    }
};
myData.printMessages();
```

在这个示例中，使用一个函数创建一个名为 printMessages 的方法。请注意，要引用对象定义的属性，必须使用 this 关键字。当把一个函数用作方法时，当前对象将作为实参通过特殊变量 this 隐式传递给该函数。这个代码清单的输出结果如下：

```
Hello Adam.
Today is sunny.
```

6.2.3 定义类

类是一种模板,用于创建具有相同功能的对象。JavaScript的最新规范补充了对类的支持,旨在使JavaScript与其他主流编程语言更加一致,而类功能的使用遍及整个Angular开发过程。代码清单6-4演示了如何使用类表示上一节中的对象所定义的功能。

代码清单6-4 在 primer.ts 文件中定义类

```
class MyClass {
    constructor(name, weather) {
        this.name = name;
        this.weather = weather;
    }
    printMessages() {
        console.log("Hello " + this.name + ". ");
        console.log("Today is " + this.weather + ".");
    }
}

let myData = new MyClass("Adam", "sunny");
myData.printMessages();
```

如果用过其他主流编程语言(如 Java 或 C#),那么将会非常熟悉 JavaScript 类。class 关键字用于声明一个类,其后是类的名称,在这里是 MyClass。

当使用类创建新对象时,将调用 constructor(构造)函数,构造函数为开发者提供了一个机会,可以接收数据值并执行该类所需的任何初始设置。在这个示例中,构造函数定义了 name 和 weather 参数,它们用于创建同名变量。这样定义的变量被称为属性(property)。

类可以有方法(定义为函数),但不需要使用function关键字。在该例中有一个名为 printMessages的方法,它使用属性name和weather的值将消息写入浏览器的JavaScript控制台。

> ■ 提示:
> 类也可以有静态方法,由static关键字表示。静态方法属于类而不是根据类创建的对象。在代码清单 6-14 中列出了静态方法的示例。

new 关键字用于根据类创建对象,就像下面这样:

```
...
let myData = new MyClass("Adam", "sunny");
...
```

这条语句使用 MyClass 类作为模板创建一个新的对象。这里将 MyClass 用作函数,传递给该函数的实参将由 MyClass 类定义的 constructor 函数接收。这个表达式的结果是一个新对象,且该对象被赋给一个名为 myData 的变量。创建一个对象后,可以通过被赋值的那个变量访问该对象的属性和方法，如下所示：

```
...
myData.printMessages();
...
```

这个示例在浏览器的 JavaScript 控制台中产生如下结果：

```
Hello Adam.
Today is sunny.
```

JavaScript 类与原型

类功能并不会改变 JavaScript 底层处理类型的方式。相反，JavaScript 类只是为大多数程序员提供一种以更为熟悉的方式使用类型而已。在幕后，JavaScript 仍然使用基于原型的传统类型系统。例如，代码清单 6-4 中的代码也可以这样写：

```
var MyClass = function MyClass(name, weather) {
    this.name = name;
    this.weather = weather;
}
MyClass.prototype.printMessages = function() {
    console.log("Hello " + this.name + ". ");
    console.log("Today is " + this.weather + ".");
};
var myData = new MyClass("Adam", "sunny");
myData.printMessages();
```

使用类使得 Angular 开发变得更容易，这正是本书所采用的方法。在 ES6 中引入的许多功能都被归类为语法糖，它们使 JavaScript 的某些方面更容易理解和使用。虽然术语语法糖(syntactic sugar)看起来可能像是一个贬义词，但是考虑到 JavaScript 确实存在着一些怪异的行为，在 ES6 中引入的许多功能可以帮助开发人员避开常见的陷阱。

1. 定义类的设置器和读取器属性

JavaScript 类可以在其构造函数中定义属性，从而产生可在应用程序的其他位置读取和修改的变量。在类的外部，读取器(getter)和设置器(setter)就像是普通的属性，但它们可用于引入额外的逻辑，经常用于验证或转换新值，或者自定义属性值，如代码清单 6-5 所示。

代码清单 6-5　在 primer.ts 文件中使用读取器和设置器

```
class MyClass {
    constructor(name, weather) {
        this.name = name;
        this._weather = weather;
    }
    set weather(value) {
        this._weather = value;
```

```
    }
    get weather() {
        return `Today is ${this._weather}`;
    }
    printMessages() {
        console.log("Hello " + this.name + ". ");
        console.log(this.weather);
    }
}

let myData = new MyClass("Adam", "sunny");
myData.printMessages();
```

读取器和设置器的实现方式如下：在函数名称的前面加上 get 或 set 关键字。JavaScript 类中没有访问控制的概念，而是约定内部属性的名称统一使用下画线(字符_)作为前缀。在这个代码清单中，weather 属性是通过一个设置器(修改_weather 属性)和一个读取器(将_weather 属性的值填入模板字符串中)来实现的。这个示例在浏览器的 JavaScript 控制台中产生以下结果：

```
Hello Adam.
Today is sunny
```

2. 使用类继承

类可以使用 extends 关键字从另一个类继承行为，如代码清单 6-6 所示。

代码清单6-6　在 primer.ts 文件中使用类继承

```
class MyClass {
    constructor(name, weather) {
        this.name = name;
        this._weather = weather;
    }
    set weather(value) {
        this._weather = value;
    }
    get weather() {
        return `Today is ${this._weather}`;
    }
    printMessages() {
        console.log("Hello " + this.name + ". ");
        console.log(this.weather);
    }
}
class MySubClass extends MyClass {
    constructor(name, weather, city) {
        super(name, weather);
        this.city = city;
    }
```

```
    printMessages() {
        super.printMessages();
        console.log(`You are in ${this.city}`);
    }
}

let myData = new MySubClass("Adam", "sunny", "London");
myData.printMessages();
```

extends 关键字用于声明将要继承的类(被称为超类或基类)。在这个代码清单中，MySubClass 继承自 MyClass。super 关键字用于调用超类的构造函数和方法。MySubClass 建立在 MyClass 的功能基础之上，增加了对城市的支持。这段代码在浏览器的 JavaScript 控制台中产生以下结果：

```
Hello Adam.
Today is sunny
You are in London
```

6.3 处理 JavaScript 模块

JavaScript 模块用于管理 Web 应用程序中的依赖关系，因此不需要在 HTML 文档中手工管理一组 script 元素。相反，模块加载器负责确定应用程序在运行时需要哪些文件，然后加载这些文件并以正确的顺序加以执行。在复杂的应用程序中，采用手工方式执行将是一项艰巨的任务，这项任务非常适合以自动化方式完成。

6.3.1 创建模块

创建模块很简单，并且在 TypeScript 编译文件时自动执行，这是因为每个文件都被视为一个模块。export 关键字用来表示可以在文件外部使用的变量和类，这意味着任何其他变量或类只能在文件内部使用。为了演示模块的工作原理，在 JavaScriptPrimer 文件夹中创建一个名为 modules 的文件夹，并向其中添加一个名为 NameAndWeather.ts 的文件，然后使用该文件定义代码清单 6-7 所示的类。

> ■ 提示：
> Angular 约定每个文件定义一个类，这意味着 Angular 项目中的每个类都被各自放在一个单独的模块中，你将在整本书的示例中看到 export 关键字。

代码清单6-7 JavaScriptPrimer/modules 文件夹中 NameAndWeather.ts 文件的内容

```
export class Name {
    constructor(first, second) {
        this.first = first;
        this.second = second;
```

```
        }
        get nameMessage() {
            return `Hello ${this.first} ${this.second}`;
        }
    }
    export class WeatherLocation {
        constructor(weather, city) {
            this.weather = weather;
            this.city = city;
        }
        get weatherMessage() {
            return `It is ${this.weather} in ${this.city}`;
        }
    }
```

这个新文件中的每个类都使用了 export 关键字，因此在应用程序的其他地方可以使用这些类。

不同的模块格式

存在着几种不同类型的 JavaScript 模块，这些类型得到不同的模块装载程序的支持。TypeScript 编译器能够生成大多数常见的模块格式，可以通过 tsconfig.json 文件中的 module 属性配置指定的格式。commonjs 格式用于 Angular 开发，可以在第 5 章创建的 tsconfig.json 文件中看到。

```
{
  "compilerOptions": {
    "target": "es5",
    "module": "commonjs",
    "moduleResolution": "node",
    "emitDecoratorMetadata": true,
    "experimentalDecorators": true,
    "lib": ["es2016", "dom"]
  },
  "exclude": [ "node_modules" ]
}
```

SystemJS 模块加载器可以处理这种模块格式，我在本书的示例中使用这个模块加载器，将在第 11 章中进行描述。

6.3.2 从 JavaScript 模块导入

import 关键字用于声明对某个模块内容的依赖关系。有几种不同的使用 import 关键字的方式，下面几节将进行描述。

1. 导入特定类型

使用 import 关键字的一般方式是声明对特定类型的依赖，如代码清单 6-8 所示。这样做的好处是尽可能减少应用程序中的依赖关系，可用于优化应用程序部署工作，如第 10 章所述。

代码清单 6-8 在 primer.ts 文件中导入特定类型

```
import { Name, WeatherLocation } from "./modules/NameAndWeather";

let name = new Name("Adam", "Freeman");
let loc = new WeatherLocation("raining", "London");

console.log(name.nameMessage);
console.log(loc.weatherMessage);
```

本书的大部分例子都采用该方式使用 import 关键字。该关键字后面是一对大括号，在大括号中列出了当前文件中的代码所依赖的所有类(用逗号隔开)，然后是 from 关键字，最后是模块名称。在这里，从 Modules 文件夹中的 NameAndWeather 模块导入类 Name 和 WeatherLocation。请注意，指定模块名称时不包括文件扩展名。

■ 提示：
请注意，不必对项目进行任何修改，就可以开始使用 NameAndWeather 模块。primer.ts 文件中的 import 语句声明了对该模块的依赖关系，模块加载器将自动解析。

代码清单 6-8 中的示例在浏览器的 JavaScript 控制台中产生如下消息：

```
Hello Adam Freeman
It is raining in London
```

理解模块解析

在本书的 import 语句中采用两种不同的方式指定模块。第一种是相对模块，其中模块的名称以./为前缀，如代码清单 6-8 所示：

```
...
import { Name, WeatherLocation } from "./modules/NameAndWeather";
...
```

这种导入告诉 TypeScript 编译器，该模块所在的位置是相对于包含 import 语句的文件而言。在这里，NameAndWeather.ts 文件位于 templates.ts 文件所在目录下面的子目录 modules 中。另一种 import 是非相对导入。下面是摘自第 2 章的非相对导入示例，将在本书的每一章中看到该例：

```
...
import { Component } from "@angular/core";
...
```

这条import语句不以./开头，因此TypeScript编译器使用node_modules文件夹中的NPM包解析它。

此外，还必须对JavaScript模块加载器进行配置，让它知道如何使用HTTP请求来解析相对模块和非相对模块。在第11章中将详细描述这个过程。

2. 重命名导入

在具有很多依赖关系的复杂项目中，可能需要使用来自两个不同模块但是具有相同名称的类。为了重现此问题，在 JavaScriptPrimer/modules 文件夹中创建一个名为 DuplicateName.ts 的文件，并定义代码清单6-9所示的类。

代码清单6-9　在JavaScriptPrimer/modules文件夹中DuplicateName.ts文件的内容

```
export class Name {
    get message() {
        return "Other Name";
    }
}
```

虽然这个类没有任何有用的东西，但是由于它叫做 Name，因此如果使用代码清单6-8中的方法进行导入，就会导致冲突，这是因为编译器将无法区分这些类。解决办法是使用as关键字，在从模块导入类的时候为其创建一个别名，如代码清单6-10所示。

代码清单6-10　在primer.ts文件中使用模块别名

```
import { Name, WeatherLocation } from "./modules/NameAndWeather";
import { Name as OtherName } from "./modules/DuplicateName";

let name = new Name("Adam", "Freeman");
let loc = new WeatherLocation("raining", "London");
let other = new OtherName();

console.log(name.nameMessage);
console.log(loc.weatherMessage);
console.log(other.message);
```

DuplicateName 模块中的 Name 类被导入为 OtherName，这样它与 NameAndWeather 模块中的 Name 类就不再冲突。此例产生以下输出：

```
Hello Adam Freeman
It is raining in London
Other Name
```

3. 导入模块中的所有类型

还有一种导入模块的方式是将模块作为一个对象导入，模块所包含的所有类型都作为该对象的属性，如代码清单6-11所示。

代码清单 6-11 在 primer.ts 文件中导入模块作为对象

```
import * as NameAndWeatherLocation from "./modules/NameAndWeather";
import { Name as OtherName } from "./modules/DuplicateName";

let name = new NameAndWeatherLocation.Name("Adam", "Freeman");
let loc = new NameAndWeatherLocation.WeatherLocation("raining", "London");
let other = new OtherName();

console.log(name.nameMessage);
console.log(loc.weatherMessage);
console.log(other.message);
```

此例中的 import 语句导入 NameAndWeather 模块的内容，并创建一个名为 NameAndWeatherLocation 的对象。这个对象的属性 Name 和 Weather 分别与模块中定义的两个类相对应。这个示例产生的输出与代码清单 6-10 相同。

■ 提示：
由于有些模块不会导出任何类型，因此在导入这些模块时不能指定要导入的名称。在这种情况下，可以转而使用另一种 import 语句：指定 JavaScript 文件名(不带文件扩展名)。本书中的一些示例使用了这种技术，比如在第 8 章的 SportsStore 应用程序中使用 import "rxjs/add/operator/map"这样的语句。这条语句促使模块加载器执行 rxjs/add/operator/map.js 文件，以添加一些方法用于处理从 HTTP 请求那里接收的数据。

6.4 有用的 TypeScript 特性

TypeScript 是 JavaScript 的超集，这意味着它不仅仅是使用最新 JavaScript 功能的编译器。在下面的几个小节中，将演示 Angular 开发中最有用的 TypeScript 特性，其中的许多特性在本书的示例中已经使用过。

本节中描述的所有特性都不是必须使用的。对于 Angular 开发而言，所有这些特性都是可选的，可以使用第 5 章和本章前面部分描述的 JavaScript 功能来创建复杂且功能齐全的应用程序。但是借助这些 TypeScript 特性，我们可以更容易使用一些 Angular 功能，正如后面的章中所解释的那样。

■ 提示：
TypeScript 支持的特性要比本章中描述的更多。当在后面的章中用到其他特性时再进行介绍，有关完整的参考，请参阅 TypeScript 主页 www.typescriptlang.org。

6.4.1 使用类型注解

JavaScript 类型系统的灵活性往往导致开发人员出现分化。对于一些开发人员来说，

JavaScript 的动态类型是强大的、富有表现力且动态的系统。对于另外一些人来说，动态类型系统是造成混乱的根源，它给许多开发者留下了 JavaScript 根本没有类型系统的印象。

TypeScript的显著功能是支持类型注解，可以通过在编译代码时执行类型检查以帮助减少常见的JavaScript错误，从而让人想起C#或Java等语言。如果一直觉得JavaScript的类型系统非常难用(或者完全没有意识到JavaScript有这么一个类型系统)，那么类型注解可以在很大程度上阻止最常见的错误。另一方面，如果喜欢普通JavaScript类型的自由无拘束，那么可能会发现TypeScript类型注解带来的限制令人生厌。

为了说明类型注解所解决的问题，在 JavaScriptPrimer 文件夹中创建一个名为tempConverter.ts 的文件，并添加代码清单 6-12 中的代码。

代码清单 6-12　JavaScriptPrimer 文件夹中 tempConverter.ts 文件的内容

```
export class TempConverter {
    static convertFtoC(temp) {
        return ((parseFloat(temp.toPrecision(2)) - 32) / 1.8).toFixed(1);
    }
}
```

TempConverter 类包含一个简单的名为 convertFtoC 的静态方法，它接受以华氏度表示的温度值，并返回以摄氏度表示的相同温度。

问题在于，这段代码中有一些不明确的假设。convertFtoC 方法期望接收一个 number(数字)值，并在该值上调用 toPrecision 方法设置浮点数精度。该方法返回一个字符串，但是如果不仔细查看代码，就难以判断这一点(toFixed 方法的结果是一个字符串)。

这些隐含的假设可能导致问题，特别是当一个开发人员使用另一个开发人员编写的JavaScript 代码时。在代码清单 6-13 中，将温度以 string 值的形式传入，而不是该方法期望的 number 类型，从而故意制造一个错误。

代码清单 6-13　在 primer.ts 文件中使用错误的类型

```
import { Name, WeatherLocation } from "./modules/NameAndWeather";
import { Name as OtherName } from "./modules/DuplicateName";
import { TempConverter } from "./tempConverter";

let name = new Name("Adam", "Freeman");
let loc = new WeatherLocation("raining", "London");
let other = new OtherName();

let cTemp = TempConverter.convertFtoC("38");

console.log(name.nameMessage);
console.log(loc.weatherMessage);
console.log(`The temp is ${cTemp}C`);
```

在浏览器执行该代码时，将会在浏览器的 JavaScript 控制台中看到下面的消息(根据所用浏览器的不同，实际的运行方式可能有所不同):

```
temp.toPrecision is not a function
```

当然，这种问题不使用 TypeScript 也可以解决，但这意味着对于所有 JavaScript 应用程序中的大量代码，都需要检查正在使用的类型。TypeScript 解决方案是向 JavaScript 代码添加类型注解，让编译器强制执行类型检查的工作。在代码清单 6-14 中，向 TempConverter 类添加了类型注解。

代码清单 6-14　在 tempConverter.ts 文件中添加类型注解

```
export class TempConverter {
    static convertFtoC(temp: number) : string {
        return ((parseFloat(temp.toPrecision(2)) - 32) / 1.8).toFixed(1);
    }
}
```

类型注解使用冒号(字符:)后跟类型来表示。在这个示例中有两个注解。其中的一个注解指定 convertFtoC 方法的参数应该是一个 number(数字)。

```
...
static convertFtoC(temp: number) : string {
...
```

另一个注解指定该方法的返回结果是一个 string(字符串)。

```
...
static convertFtoC(temp: number) : string {
...
```

当把修改保存到文件中时，TypeScript 编译器将运行。在编译器报告的错误消息中包含下面这条消息：

```
primer.ts(8,39): error TS2345: Argument of type 'string' is not assignable
to parameter of type 'number'.
```

TypeScript 编译器经过检查发现 primer.ts 文件中传给 convertFtoC 方法的值的类型与类型注解不匹配，然后报告了该错误。这是 TypeScript 类型系统的核心功能，因此不必在类中编写额外的代码，就可以检查是否已接收到预期类型，并且还可以轻松确定方法返回结果的类型。为了解决编译器报告的错误，代码清单 6-15 将修改调用 convertFtoC 方法的语句，让它使用一个 number(数字)。

代码清单 6-15　在 primer.ts 文件中使用数字实参

```
import { Name, WeatherLocation } from "./modules/NameAndWeather";
import { Name as OtherName } from "./modules/DuplicateName";
import { TempConverter } from "./tempConverter";

let name = new Name("Adam", "Freeman");
let loc = new WeatherLocation("raining", "London");
```

```
let other = new OtherName();

let cTemp = TempConverter.convertFtoC(38);

console.log(name.nameMessage);
console.log(loc.weatherMessage);
console.log(other.message);
console.log(`The temp is ${cTemp}C`);
```

当保存修改时,会在浏览器的 JavaScript 控制台中看到如下消息:

```
Hello Adam Freeman
It is raining in London
Other Name
The temp is 3.3C
```

1. 为属性和变量添加类型注解

类型注解不仅可以应用于方法,也可以应用于属性和变量,确保应用程序中使用的所有类型都可以由编译器进行严格检查。在代码清单 6-16 中,为 NameAndWeather 模块中的类添加了类型注解。

针对 JavaScript 库的类型定义

当 TypeScript 能够找到应用程序使用的所有软件包的类型信息(包括来自第三方的软件包)时,对 TypeScript 的工作而言是最理想的。Angular 用到的一些软件包(包括 Angular 框架本身)已经包含 TypeScript 所需的信息;而对于其他软件包,则必须下载类型信息并添加到相应的软件包中。

这项工作可以使用 typings 工具完成,在第 7 章中将会讲到这个工具,在第 11 章中有更详细的说明。

代码清单 6-16   在 NameAndWeather.ts 文件中应用类型注解

```
export class Name {
    first: string;
    second: string;
    constructor(first: string, second: string) {
        this.first = first;
        this.second = second;
    }
    get nameMessage() : string {
        return `Hello ${this.first} ${this.second}`;
    }
}
export class WeatherLocation {
    weather: string;
    city: string;
    constructor(weather: string, city: string) {
```

```
        this.weather = weather;
        this.city = city;
    }
    get weatherMessage() : string {
        return `It is ${this.weather} in ${this.city}`;
    }
}
```

在为属性声明类型注解时,遵循与参数和返回结果类型注解相同的模式。在代码清单 6-16 中所做的更改解决了 TypeScript 编译器报告的剩余错误,之前由于编译器不知道在构造函数中创建的属性的类型而报告了这些错误。

由于接收构造函数实参并将其值赋给变量是一种非常常见的模式,因此 TypeScript 有针对性地进行了优化,如代码清单 6-17 所示。

代码清单 6-17　在 NameAndWeather.ts 文件中根据构造函数参数创建属性

```
export class Name {
    constructor(private first: string, private second: string) {}
    get nameMessage() : string {
        return `Hello ${this.first} ${this.second}`;
    }
}
export class WeatherLocation {
    constructor(private weather: string, private city: string) {}
    get weatherMessage() : string {
        return `It is ${this.weather} in ${this.city}`;
    }
}
```

关键字 private 是一种访问控制修饰符,在 6.4.4 节"使用访问修饰符"中描述。将该关键字应用于构造函数参数的效果是自动定义一个类属性并将参数值赋给该属性。代码清单 6-17 中的代码与代码清单 6-16 的效果相同,但更简洁。

2. 指定多个类型或任意类型

TypeScript 允许指定多个类型,使用字符|进行分隔。当一个方法可以接受或返回多种类型时,或者当一个变量可以接受不同类型的值时,这可能很有用。代码清单 6-18 修改了 convertFtoC 方法,以便它接受 number 或 string 值。

代码清单 6-18　在 tempConverter.ts 文件中接受多个值

```
export class TempConverter {
    static convertFtoC(temp: number | string): string {
        let value: number = (<number>temp).toPrecision
            ? <number>temp : parseFloat(<string>temp);
        return((parseFloat(value.toPrecision(2)) - 32) / 1.8).toFixed(1);
    }
}
```

temp 参数的类型声明被更改为 number | string，这意味着 convertFtoC 方法可以接受其中任意一个值。这被称为联合类型(union type)。在 convertFtoC 方法中，使用类型断言来确定实际接收到的是哪种类型。这个过程有点麻烦：参数值被转换为一个数字值，以检查转换结果中是否定义了 toPrecision 方法，如下所示：

```
...
(<number>temp).toPrecision
...
```

使用尖括号(<和>字符)声明一个类型断言，尝试将一个对象转换为指定的类型。还可以使用 as 关键字实现相同的效果，如代码清单 6-19 所示。

代码清单 6-19　在 tempConverter.ts 文件中使用 as 关键字

```
export class TempConverter {
    static convertFtoC(temp: number | string): string {
        let value: number = (temp as number).toPrecision
            ? temp as number : parseFloat(<string>temp);
        return((parseFloat(value.toPrecision(2)) - 32) / 1.8).toFixed(1);
    }
}
```

除了指定联合类型这种方法之外，还可以使用 any 关键字实现同样的效果。当使用 any 关键字声明一个变量的类型时，意味着允许将任何类型的值赋给该变量。同样，当使用 any 关键字声明函数实参或返回值的类型时，同样如此。代码清单 6-20 使用 any 关键字替换 convertFtoC 方法中的联合类型。

■ 提示：
当省略类型注解时，TypeScript 编译器将隐式应用 any 关键字。

代码清单 6-20　在 tempConverter.ts 文件中指定 any 类型

```
export class TempConverter {
    static convertFtoC(temp: any): string {
        let value: number;
        if ((temp as number).toPrecision) {
            value = temp;
        } else if ((temp as string).indexOf) {
            value = parseFloat(<string>temp);
        } else {
            value = 0;
        }
        return((parseFloat(value.toPrecision(2)) - 32) / 1.8).toFixed(1);
    }
}
```

第 6 章 ■ JavaScript 与 TypeScript：第 2 部分

■ 提示：
与 any 关键字相反，void 关键字表示方法不返回任何结果。虽然可以省略 void 关键字，但它使"没有返回结果"这个事实更加显而易见。

6.4.2 使用元组

元组是固定长度的数组，数组中的每一项都是指定类型。这个描述有些模糊，为了说明元组的高度灵活性，需要借助示例进行演示。代码清单 6-21 使用元组表示城市及其当前的天气和温度。

代码清单 6-21　在 primer.ts 文件中使用元组

```typescript
import { Name, WeatherLocation } from "./modules/NameAndWeather";
import { Name as OtherName } from "./modules/DuplicateName";
import { TempConverter } from "./tempConverter";

let name = new Name("Adam", "Freeman");
let loc = new WeatherLocation("raining", "London");
let other = new OtherName();

let cTemp = TempConverter.convertFtoC("38");

let tuple: [string, string, string];
tuple = ["London", "raining", TempConverter.convertFtoC("38")]

console.log(`It is ${tuple[2]} degrees C and ${tuple[1]} in ${tuple[0]}`);
```

元组是由多个指定类型的数据构成的数组，并且使用数组索引器访问各个元素。这个示例在浏览器的 JavaScript 控制台中输出以下消息：

```
It is 3.3 degrees C and raining in London
```

6.4.3 使用可索引类型

通过可索引类型能够将键与值关联起来，创建类似映射(map)的集合，可用于将相关的数据项收集在一起。在代码清单 6-22 中，使用可索引类型收集有关多个城市的信息。

代码清单 6-22　在 primer.ts 文件中使用可索引类型

```typescript
import { Name, WeatherLocation } from "./modules/NameAndWeather";
import { Name as OtherName } from "./modules/DuplicateName";
import { TempConverter } from "./tempConverter";

let cities: { [index: string]: [string, string] } = {};

cities["London"] = ["raining", TempConverter.convertFtoC("38")];
```

```
cities["Paris"] = ["sunny", TempConverter.convertFtoC("52")];
cities["Berlin"] = ["snowing", TempConverter.convertFtoC("23")];

for(let key in cities) {
    console.log(`${key}: ${cities[key][0]}, ${cities[key][1]}`);
}
```

cities 变量被定义为可索引类型，键是字符串，数据值为[string, string]元组。使用数组样式的索引器(如 cities["London"])赋值和读取值。如该例所示，可以使用 for ... in 循环来访问由可索引类型的所有键组成的集合，它在浏览器的 JavaScript 控制台中产生以下输出：

```
London: raining, 3.3
Paris: sunny, 11.1
Berlin: snowing, -5.0
```

虽然只有 number 和 string 值可以用作可索引类型的键，但这是一项有用的功能，在后面各章中的示例中将使用该功能。

6.4.4 使用访问修饰符

JavaScript 不支持访问保护，这意味着在应用程序的任何地方都可以访问类、属性和方法。虽然约定使用下画线(字符_)为实现成员的名称加上前缀，但这只是对其他开发人员的警告，不会被强制执行。

TypeScript 提供了 3 个用于管理访问的关键字，由编译器强制执行。这些关键字如表 6-2 所示。

■ 警告：
在开发过程中，这些关键字对 Angular 应用程序的影响有限，这是因为大量应用程序功能都是通过属性和方法的形式来提供的，然后通过嵌入到数据绑定表达式中的代码片段进行访问。这些表达式在运行时由浏览器进行求值，此时无法强制执行 TypeScript 类型检查功能。在部署应用程序时，这些变得更加重要，必须确保在数据绑定表达式中访问的任何属性或方法都被标记为 public 或没有访问修饰符(这与使用 public 关键字的效果相同)。

表 6-2 TypeScript 访问修饰符关键字

关键字	描述
public	这个关键字用来表示可以在任何地方访问该属性或方法，这是未使用关键字时的默认访问保护
private	这个关键字用来表示只能在定义该关键字的类中访问该属性或方法
protected	这个关键字用来表示只能在定义该关键字的类中或继承自该类的类中访问该属性或方法

代码清单 6-23 向 TempConverter 类中添加一个 private 方法。

代码清单6-23 在tempConverter.ts文件中使用访问修饰符

```
export class TempConverter {
   static convertFtoC(temp: any): string {
      let value: number;
      if((temp as number).toPrecision) {
         value = temp;
      } else if((temp as string).indexOf) {
         value = parseFloat(<string>temp);
      } else {
         value = 0;
      }
      return TempConverter.performCalculation(value).toFixed(1);
   }
   private static performCalculation(value: number): number {
      return(parseFloat(value.toPrecision(2)) - 32) / 1.8;
   }
}
```

将performCalculation方法标记为private，这意味着如果在应用程序的任何其他地方尝试调用该方法，TypeScript编译器将报告一个错误代码。

6.5 本章小结

本章描述了JavaScript支持对象和类的方式以及JavaScript模块的工作原理，并介绍了对Angular开发有用的一些TypeScript特性。下一章将启动创建一个真实项目的过程，在本书第2部分深入讲解各项Angular功能之前，先概述如何联合使用不同的Angular功能创建应用程序。

第 7 章

SportsStore：一个真实的应用程序

在第 2 章中构建了一个快速且简单的 Angular 应用程序。虽然短小精悍的示例能够展示具体的 Angular 功能，但是它们缺乏上下文。为了解决这个问题，本书将创建一个简单而实用的电子商务应用程序。

这个应用程序名为 SportsStore，将遵循常见的在线商店所采用的典型方法。将创建在线产品目录(客户可以按类别浏览和分页浏览)、购物车(用户可以添加和移除产品)以及结账(客户可以输入发货详情并下订单)功能。还将创建一个管理区域，具有创建、读取、更新和删除(CRUD)产品目录的管理功能，该区域受到保护，只有管理员在登录后才可以进行操作。最后将展示如何准备和部署 Angular 应用程序。

本章以及后续各章的目标是，通过创建一个尽可能真实的例子，了解实际的 Angular 开发是什么样的体验。当然，因为要集中精力于 Angular，所以简化了与外部系统(如数据存储)的集成工作，并且完全略过其他系统，如支付处理。

我在多本书中用到了这个 SportsStore 示例，尤其是因为它演示了可以使用不同的框架、语言和开发风格来实现相同的结果。虽然并不需要阅读我的其他书籍也能读懂本章，但是(举个例子)如果手头上有 *Pro ASP.NET Core MVC* 这本书，那么通过对比可以发现一些有趣的地方。

对于在 SportsStore 应用程序中用到的 Angular 功能，我们将在后面的各章中深入讨论。这里并未将相关功能复述一遍，而是点到为止，只讲与示例应用程序相关的部分，要获取深入的信息，可以根据指引进入相应的章阅读。可以从头到尾地阅读这几章的 SportsStore 内容，以了解 Angular 如何工作，也可以跳转到详细的章以深入了解相关细节，然后再回到本章。无论如何，不要指望立即了解所有内容，Angular 有很多活动部件，而 SportsStore 应用程序旨在展示如何将它们有机地组织起来，而不会过度深入相关细节，这是本书其余部分的内容。

7.1 准备项目

要创建 SportsStore 项目，打开一个命令提示符，导航到一个方便的位置并运行如下命令：

```
ng new SportsStore
```

angular-cli 软件包将创建一个新的项目用于 Angular 开发，包含配置文件、占位符内容和其他开发工具。项目设置过程可能需要一些时间，这是因为要下载和安装大量的 NPM 软件包。

7.1.1 准备项目

为了创建 SportsStroe 项目，打开一个命令提示符，导航到一个方便的位置并运行以下命令：

```
ng new SportsStore
```

angular-cli 包将为 Angular 开发创建一个新的项目，附带了配置文件、占位符内容以及开发工具。因为有大量的 NPM 包需要下载和安装，所以项目建立过程要占用不少时间。

7.1.2 创建文件夹结构

设置任何 Angular 应用程序都要做的一项重要工作就是创建文件夹结构。ng new 命令设置项目结构，将应用程序的所有文件都放在 src 文件夹中，将 Angular 文件放在 src/app 文件夹中。为了向项目中添加一些结构，创建其他文件夹，如表 7-1 所示。

表 7-1　SportsStore 项目需要的其他文件夹

文件夹	描述
SportsStore/src/app/model	这个文件夹将包含数据模型的代码
SportsStore/src/app/store	这个文件夹将包含基本购物功能
SportsStore/src/app/admin	这个文件夹将包含管理功能

7.1.3 安装额外的 NPM 软件包

除了由 angular-cli 设置的核心包，SportsStore 项目还需要一些额外的包。编辑 SportsStore 文件夹中的 package.json 文件，添加几行内容，如代码清单 7-1 所示。

■ 警告：

对于本书中的所有示例，为了确保示例产生预期的结果，请务必使用这个代码清单中指定版本的软件包。如果遇到问题，那么请尝试使用本章的项目，该项目已包含在本书附带的源代码下载中，该项目还含有其他 NPM 配置信息(指定每个包及其依赖关系的版本)。如果所有尝试都未能成功，那么可以发送电子邮件到 adam@adam-freeman.com，我将尽力帮助找出导致问题的原因。

代码清单 7-1　向 SportsStore 文件夹中的 package.json 文件添加软件包

```
{
  "name": "sports-store",
  "version": "0.0.0",
  "license": "MIT",
  "scripts": {
    "ng": "ng",
    "start": "ng serve",
    "build": "ng build",
    "test": "ng test",
    "lint": "ng lint",
    "e2e": "ng e2e",
    "json": "json-server data.js -p 3500 -m authMiddleware.js"
  },
  "private": true,
  "dependencies": {
    "@angular/animations": "^5.0.0",
    "@angular/common": "^5.0.0",
    "@angular/compiler": "^5.0.0",
    "@angular/core": "^5.0.0",
    "@angular/forms": "^5.0.0",
    "@angular/http": "^5.0.0",
    "@angular/platform-browser": "^5.0.0",
    "@angular/platform-browser-dynamic": "^5.0.0",
    "@angular/router": "^5.0.0",
    "core-js": "^2.4.1",
    "rxjs": "^5.5.2",
    "zone.js": "^0.8.14",
    "bootstrap": "4.0.0-alpha.4",
    "font-awesome": "4.7.0"
  },
  "devDependencies": {
    "@angular/cli": "1.5.0",
    "@angular/compiler-cli": "^5.0.0",
    "@angular/language-service": "^5.0.0",
    "@types/jasmine": "~2.5.53",
    "@types/jasminewd2": "~2.0.2",
    "@types/node": "~6.0.60",
    "codelyzer": "~3.2.0",
    "jasmine-core": "~2.6.2",
    "jasmine-spec-reporter": "~4.1.0",
    "karma": "~1.7.0",
    "karma-chrome-launcher": "~2.1.1",
    "karma-cli": "~1.0.1",
    "karma-coverage-istanbul-reporter": "^1.2.1",
    "karma-jasmine": "~1.1.0",
    "ka rma-jasmine-html-reporter": "^0.2.2",
    "protractor": "~5.1.2",
```

```
        "ts-node": "~3.2.0",
        "tslint": "~5.7.0",
        "typescript": "~2.4.2",
        "json-server": "0.8.21",
        "jsonwebtoken": "7.1.9"
    }
}
```

保存 package.json 文件，在 SportsStore 文件夹中运行如下命令来下载并安装该项目所需的软件包：

```
npm install
```

在安装这些软件包之后，NPM 将显示软件包列表。在安装过程中通常会出现一些非关键的警告，可以忽略这些信息。

为保证 Angular 开发服务器提供带 Bootstrap CSS 风格的客户端，向.angular-cli.json 文件的 styles 节添加代码清单 7-2 中的内容。

代码清单 7-2　在 SportsStore 文件夹的.angular-cli.json 文件中添加入口

```
...
"styles": [
   "styles.css",
   "../node_modules/bootstrap/dist/css/bootstrap.min.css"
],
...
```

7.1.4 准备 RESTful Web 服务

SportsStore 应用程序将使用异步 HTTP 请求来获取 RESTful Web 服务提供的模型数据。正如第 24 章中所描述的，REST 是一种设计 Web 服务的方法，它使用 HTTP 方法或动词(HTTP verb)指定操作，并使用 URL 选择操作适用的数据对象。

在项目的 package.json 文件中添加 json-server，这个优秀的软件包可以利用 JSON 数据或 JavaScript 代码快速创建 Web 服务。为了确保项目可以重置到某个固定状态，我将利用这个软件包的一个功能：使用 JavaScript 代码为 RESTful Web 服务提供数据，这意味着重新启动 Web 服务将重置应用程序数据。在 SportsStore 文件夹中创建一个名为 data.js 的文件，并添加代码清单 7-3 所示的代码。

■ 提示：
在创建配置文件时务必注意文件名。有些文件具有.json 扩展名，这表明它们包含 JSON 格式的静态数据。还有些文件具有.js 扩展名，这表明它们包含 JavaScript 代码。Angular 开发所需的每个工具的配置文件都有期望的文件名。

代码清单 7-3　SportsStore 文件夹中 data.js 文件的内容

```js
module.exports = function() {
    return {
        products: [
            { id: 1, name: "Kayak", category: "Watersports",
              description: "A boat for one person", price: 275 },
            { id: 2, name: "Lifejacket", category: "Watersports",
              description: "Protective and fashionable", price: 48.95 },
            { id: 3, name: "Soccer Ball", category: "Soccer",
              description: "FIFA-approved size and weight", price: 19.50 },
            { id: 4, name: "Corner Flags", category: "Soccer",
              description: "Give your playing field a professional touch",
              price: 34.95 },
            { id: 5, name: "Stadium", category: "Soccer",
              description: "Flat-packed 35,000-seat stadium", price: 79500 },
            { id: 6, name: "Thinking Cap", category: "Chess",
              description: "Improve brain efficiency by 75%", price: 16 },
            { id: 7, name: "Unsteady Chair", category: "Chess",
              description: "Secretly give your opponent a disadvantage",
              price: 29.95 },
            { id: 8, name: "Human Chess Board", category: "Chess",
              description: "A fun game for the family", price: 75 },
            { id: 9, name: "Bling Bling King", category: "Chess",
              description: "Gold-plated, diamond-studded King", price: 1200 }
        ],
        orders: []
    }
}
```

这段代码定义了两个数据集，后面将通过 RESTful Web 服务呈现这些数据。products 集合包含将要销售给客户的产品，而 orders 集合包含客户已下的订单(但当前为空)。

需要保护 RESTful Web 服务存储的数据，阻止普通用户修改产品或更改订单状态。由于 json-server 软件包没有内置任何身份验证功能，因此需要在 SportsStore 文件夹中创建一个名为 authMiddleware.js 的文件，并添加代码清单 7-4 所示的代码。

代码清单 7-4　SportsStore 文件夹中 authMiddleware.js 文件的内容

```js
const jwt = require("jsonwebtoken");

const APP_SECRET = "myappsecret";
const USERNAME = "admin";
const PASSWORD = "secret";

module.exports = function (req, res, next) {
    if(req.url == "/login" && req.method == "POST") {
        if(req.body != null && req.body.name == USERNAME
            && req.body.password == PASSWORD) {
```

```
            let token = jwt.sign({ data: USERNAME, expiresIn: "1h" },
             APP_SECRET);
            res.json({ success: true, token: token });
        } else {
            res.json({ success: false });
        }
        res.end();
        return;
    } else if((req.url.startsWith("/products") && req.method != "GET")
          || (req.url.startsWith("/orders") && req.method != "POST")) {
        let token = req.headers["authorization"];
        if(token != null && token.startsWith("Bearer<")) {
            token = token.substring(7, token.length - 1);
            try {
                jwt.verify(token, APP_SECRET);
                next();
                return;
            } catch(err) {}
        }
        res.statusCode = 401;
        res.end();
        return;
    }
    next();
}
```

这段代码检查发送到 RESTful Web 服务的 HTTP 请求，并实现一些基本的安全功能。这些服务器端代码与 Angular 开发不直接相关，如果现在还不清楚其作用，那么也不要担心。第 9 章将讲解身份验证和授权过程，包括如何使用 Angular 验证用户身份。

■ **警告：**
除了 SportsStore 应用程序之外，不要使用代码清单 7-4 中的代码。它包含硬编码到代码中的弱密码。虽然对于 SportsStore 项目来说这并无大碍，这是因为它的重点是使用 Angular 开发客户端功能，但是这不适于实际的项目。

7.1.5 准备 HTML 文件

每个 Angular Web 应用程序都依赖浏览器加载的 HTML 文件，它加载并启动应用程序。编辑 SportsStore/src 文件夹中的 index.html 文件，删除占位符内容并添加代码清单 7-5 所示的元素。

代码清单 7-5　准备 SportsStore/src 文件夹中的 index.html 文件

```
<!doctype html>
<html>
<head>
```

```
    <meta charset="utf-8">
    <title>SportsStore</title>
    <base href="/">
    <meta name="viewport" content="width=device-width, initial-scale=1">
</head>
<body class="m-a-1">
    <app>SportsStore Will Go Here</app>
</body>
</html>
```

这个 HTML 文档包括 1 个 app 元素(作为 SportsStore 功能的占位符)，还包含 1 个 base 元素，这是实现 Angular URL 路由功能所必需的元素，在第 8 章中将会向 SportsStore 项目中添加路由功能。

7.1.6 运行示例应用程序

确保所有文件都已保存，然后在 SportsStore 文件夹中运行如下命令：

```
ng serve --port 3000 --open
```

该命令将启动由 angular-cli 设置的开发工具链，当检测到更改时，它将自动编译和打包 src 文件夹中的代码和内容文件。该命令将打开一个新的浏览器窗口并显示图 7-1 所示的内容。

图 7-1　运行示例应用程序

Web 开发服务器将在端口 3000 上启动，因此应用程序的 URL 将为"http://localhost:3000"。URL 中不必包含 HTML 文档的名称，这是因为 index.html 是服务器响应的默认名称。

7.1.7 启动 RESTful Web 服务

为了启动 RESTful Web 服务，打开一个新的命令提示符，导航到 SportsStore 文件夹，并运行如下命令：

```
npm run json
```

这个 RESTful Web 服务经过配置在端口 3500 上运行。为了测试 Web 服务请求，使用浏览器请求 URL "http://localhost:3500/products/1"。浏览器将显示代码清单 7-3 中定义的其中一个产品的 JSON 表示，如下所示：

```
{
    "id": 1,
    "name": "Kayak",
    "category": "Watersports",
    "description": "A boat for one person",
    "price": 275
}
```

7.2 准备 Angular 项目功能

针对每个 Angular 项目都需要完成一些基本的准备工作，之后才能由浏览器加载和启动应用程序。在以下几节中，为了构建 SportsStore 应用程序的基础，将把已经添加到项目中的占位符内容替换掉。

7.2.1 更新根组件

下面从根组件开始，这个Angular构造块用于管理HTML文档中app元素的内容。应用程序可以包含许多组件，但总有一个根组件，它负责处理呈现给用户的顶级内容。编辑 SportsStore/src/app文件夹中的app.component.ts文件，并将现有代码替换成代码清单7-6所示的语句。

代码清单 7-6   SportsStore/src/app 文件夹中 app.component.ts 文件的内容

```
import { Component } from "@angular/core";
@Component({
    selector: "app",
    template: `<div class="bg-success p-a-1 text-xs-center">
                This is SportsStore
               </div>`
})
export class AppComponent { }
```

@Component 装饰器告诉 Angular，AppComponent 类是一个组件，装饰器的属性用于配置该组件的应用方式。在第 17 章中将完整描述@Component 装饰器的所有属性，但是这个代码清单中显示的是两个最基本且最常用的属性。selector 属性告诉 Angular 如何在 HTML 文档中应用该组件，template 属性定义组件将显示的内容。组件既可以定义内联模板(就像这里所做的一样)，也可以使用外部 HTML 文件，这样可以更容易管理复杂的内容。

AppComponent 类中没有代码，这是因为 Angular 项目中的根组件仅用于管理要显示给用户的内容。一开始我们将通过手动方式管理根组件显示的内容，但在第 8 章中，将使用一项称为 URL 路由的功能，根据用户操作自动调整内容。

7.2.2 更新根模块

Angular 模块共有两种类型：功能模块(feature module)和根模块(root module)。功能模块用于把相关的应用程序功能归集起来，使应用程序更易于管理。本章将为应用程序的每个主要功能区域分别创建功能模块，包括数据模型、呈现给用户的商店界面以及后台管理界面。

根模块用于向 Angular 描述应用程序。描述内容包括：运行应用程序所需的功能模块、应该加载哪些自定义功能以及根组件的名称。根组件文件的惯用名称是 app.module.ts，这里编辑了这个文件(位于 SportsStore/src/app 文件夹中)，将内容替换成代码清单 7-7 所示的语句。

代码清单 7-7　SportsStore/src/app 文件夹中 app.module.ts 文件的内容

```
import { NgModule } from "@angular/core";
import { BrowserModule } from "@angular/platform-browser";
import { AppComponent } from "./app.component";

@NgModule({
    imports: [BrowserModule],
    declarations: [AppComponent],
    bootstrap: [AppComponent]
})
export class AppModule { }
```

与根组件类似，根模块的类中也没有代码。这是因为根模块的唯一作用是通过 @NgModule 装饰器提供信息。imports 属性告诉 Angular 它应该加载 BrowserModule 功能模块，该模块包含 Web 应用程序所需的所有核心 Angular 功能。

declarations 属性告诉 Angular 它应该加载根组件，而 bootstrap 属性告诉 Angular——根组件是 AppComponent 类。稍后向 SportsStore 应用程序中添加各种功能时，还会向这个装饰器的属性中添加其他信息，但这里的基本配置已足以启动应用程序。

7.2.3 检查引导文件

我们要处理的下一个构造块是用于启动应用程序的引导文件。虽然本书的重点是使用 Angular 创建在 Web 浏览器中运行的应用程序，但是 Angular 平台还可以移植到其他不同的环境中。这个引导文件使用 Angular 浏览器平台加载根模块并启动应用程序。不需要更改 SportsStore/src 文件夹中 main.ts 文件的内容，如代码清单 7-8 所示。

代码清单 7-8　SportsStore/src 文件夹中 main.ts 文件的内容

```
import { enableProdMode } from '@angular/core';
import { platformBrowserDynamic } from '@angular/platform-browser-dynamic';
```

```
import { AppModule } from './app/app.module';
import { environment } from './environments/environment';

if(environment.production) {
    enableProdMode();
}

platformBrowserDynamic().bootstrapModule(AppModule);
```

开发工具检测到项目文件的改动后，编译代码文件并自动重新加载浏览器，生成如图 7-2 所示的内容。

图 7-2　启动 SportsStore 应用程序

如果查看浏览器的文档对象模型(DOM)，就会看到 Angular 在 app 元素的起始标记和结束标记之间插入了根组件模板的占位符内容，如下所示：

```
<body class="m-a-1">
    <app>
        <div class="bg-success p-a-1 text-xs-center">
            This is SportsStore
        </div>
    </app>
</body>
```

7.3　启动数据模型

对于任何新建项目而言，最佳的起点就是数据模型。由于本章的重点是了解 Angular 功能的运行方式，因此这里不会从头到尾地定义数据模型，而是使用虚拟数据来模拟一些基本的功能。然后，将开始使用这些数据来创建面向用户的功能，第 8 章中将重返数据模型，将其连接到 RESTful Web 服务。

7.3.1　创建模型类

每个数据模型都需要一些类来描述该数据模型中包含的数据类型。对于 SportsStore 应用程序，我们需要一些类来描述商店销售的产品以及从客户接收的订单。

在创建 SportsStore 应用程序的起步阶段，只要能够描述产品模型即可，而对于其他模型类，在实现应用程序的各种功能的过程中当需要用到这些类时再创建它们。在 SportsStore/src/app/model 文件夹中创建一个名为 product.model.ts 的文件，并添加代码清单 7-9 所示的代码。

代码清单 7-9　SportsStore/src/app/model 文件夹中 product.model.ts 文件的内容

```
export class Product {
  constructor(
    public id?: number,
    public name?: string,
    public category?: string,
    public description?: string,
    public price?: number) { }
}
```

Product 类定义了一个构造函数，它接受 id、name、category、description 和 price 属性，这些属性与用于填充代码清单 7-2 中 RESTful Web 服务的数据结构相对应。参数名称后面的问号(字符"?")表明这些是可选参数，在使用 Product 类创建新对象时可以省略这些参数，这在编写使用 HTML 表单填充模型对象属性的应用程序时可能会很有用。

7.3.2　创建虚拟数据源

为了做好从虚拟数据切换到实际数据的准备，我将使用数据源提供应用程序数据。应用程序的其余部分将不需要知道数据来自哪里，这样我们就可以无缝地切换到使用 HTTP 请求获取数据。

在 SportsStore/src/app/model 文件夹中添加一个名为 static.datasource.ts 的文件并定义代码清单 7-10 所示的类。

代码清单 7-10　SportsStore/src/app/model 文件夹中 static.datasource.ts 文件的内容

```
import { Injectable } from "@angular/core";
import { Product } from "./product.model";
import { Observable } from "rxjs/Observable";
import "rxjs/add/observable/from";

@Injectable()
export class StaticDataSource {
  private products: Product[] = [
    new Product(1, "Product 1", "Category 1", "Product 1 (Category 1)", 100),
    new Product(2, "Product 2", "Category 1", "Product 2 (Category 1)", 100),
    new Product(3, "Product 3", "Category 1", "Product 3 (Category 1)", 100),
    new Product(4, "Product 4", "Category 1", "Product 4 (Category 1)", 100),
    new Product(5, "Product 5", "Category 1", "Product 5 (Category 1)", 100),
    new Product(6, "Product 6", "Category 2", "Product 6 (Category 2)", 100),
    new Product(7, "Product 7", "Category 2", "Product 7 (Category 2)", 100),
```

```
        new Product(8, "Product 8", "Category 2", "Product 8 (Category 2)", 100),
        new Product(9, "Product 9", "Category 2", "Product 9 (Category 2)", 100),
        new Product(10, "Product 10", "Category 2", "Product 10 (Category 2)", 100),
        new Product(11, "Product 11", "Category 3", "Product 11 (Category 3)", 100),
        new Product(12, "Product 12", "Category 3", "Product 12 (Category 3)", 100),
        new Product(13, "Product 13", "Category 3", "Product 13 (Category 3)", 100),
        new Product(14, "Product 14", "Category 3", "Product 14 (Category 3)", 100),
        new Product(15, "Product 15", "Category 3", "Product 15 (Category 3)", 100),
    ];

    getProducts(): Observable<Product[]> {
        return Observable.from([this.products]);
    }
}
```

StaticDataSource 类定义了一个名为 getProducts 的方法，它返回虚拟数据。调用 getProducts 方法的结果是一个 Observable<Product[]>对象，它是一个 Observable 对象，它可生成 Product 对象数组。

Observable 类由 Reactive Extensions 软件包提供，Angular 使用这个软件包处理应用程序中的状态变化。在第 23 章中将描述 Observable 类，但是在本章中，只需要知道 Observable 对象与 JavaScript Promise 对象类似即可(它们都代表一个在将来某个时候会产生结果的异步任务)。Angular 的一些功能(包括进行 HTTP 请求)使用了 Observable 对象，这就是为什么 getProducts 方法返回 Observable<Product[]>对象(而不是简单地同步返回数据或使用 Promise)的原因。

@Injectable 装饰器已被应用于 StaticDataSource 类。这个装饰器用于告诉 Angular，这个类将被用作服务，其他类通过一项称为依赖注入(dependency injection)的功能可以访问该类的功能，这在第 19 和第 20 章中有描述。在应用程序逐步成形的过程中，将会看到服务是如何工作的。

■ 提示：

注意必须从 JavaScript 模块@angular/core 导入 Injectable，这样才可以应用@Injectable 装饰器。虽然没有一一强调为 SportsStore 示例导入的各种 Angular 类，但是在描述相关功能的章中可以获取完整的详细信息。

7.3.3　创建模型存储库

数据源负责向应用程序提供所需的数据，但是对这些数据的访问通常由存储库(repository)负责中转，存储库负责将数据分发到各个应用程序构造块，这样一来，如何获取数据的细节就会被隐藏起来。在 SportsStore/src/app/model 文件夹中添加一个名为 product.repository.ts 的文件，并定义代码清单 7-11 所示的类。

代码清单 7-11 SportsStore/src/app/model 文件夹中 product.repository.ts 文件的内容

```typescript
import { Injectable } from "@angular/core";
import { Product } from "./product.model";
import { StaticDataSource } from "./static.datasource";

@Injectable()
export class ProductRepository {
    private products: Product[] = [];
    private categories: string[] = [];

    constructor(private dataSource: StaticDataSource) {
        dataSource.getProducts().subscribe(data => {
            this.products = data;
            this.categories = data.map(p => p.category)
                .filter((c, index, array) => array.indexOf(c) ==
                    index).sort();
        });
    }

    getProducts(category: string = null): Product[] {
        return this.products
            .filter(p => category == null || category == p.category);
    }

    getProduct(id: number): Product {
        return this.products.find(p => p.id == id);
    }

    getCategories(): string[] {
        return this.categories;
    }
}
```

当 Angular 需要创建存储库的新实例时，它将检查该类，并且发现需要一个 StaticDataSource 对象才能调用 ProductRepository 构造函数以及创建一个新对象。

存储库构造函数调用数据源的 getProducts 方法，然后在该方法返回的 Observable 对象上使用 subscribe 方法接收产品数据。有关 Observable 对象如何工作的详细信息，请参见第 23 章。

使用简单的数据结构

这里使用一个数组来存储模型数据，这是因为在通常情况下，在 Angular 应用程序中尽可能简单的数据结构往往产生最好的结果。Angular 在生成 HTML 元素内容的过程中，会反复对数据绑定中的表达式进行求值，这意味着随着 Angular 应用程序状态不断变得稳定，更复杂的结构(如 Map 类，它在 JavaScript ES6 中提供了一个键/值集合)必须一次又一次地转换其内容。因此，数据结构越简单，提供 Angular 所需数据所要完成的工作就越少。

使用简单数据结构的另一个原因是旧版浏览器对新的 JavaScript 功能的支持受限。例如，对于 Map 类，当编译器生成将在较旧浏览器中运行的 JavaScript 代码时，TypeScript 限制了映射内容的使用方式。

因此，我往往使用简单的数据结构，特别是数组，最后再编写更复杂的类来管理数组中的数据。当在第 9 章中实现管理功能并向产品存储库类中添加功能时，你将会看到一个示例，在实现其中的新功能时，必须搜索数组以查找需要操作的对象。虽然这样做效率较低，但是与 Angular 对数据绑定表达式进行求值的频率相比，这些操作的执行次数更少。

7.3.4 创建功能模块

下面将定义一个 Angular 功能模型，让应用程序的其他地方可以轻松使用数据模型功能。在 SportsStore/src/app/model 文件夹中添加一个名为 model.module.ts 的文件，并定义代码清单 7-12 所示的类。

■ 提示：

所有的文件名似乎都很相似而且混乱，对此不用担心。通过阅读本书其他章，你将习惯于 Angular 应用程序的结构，很快就可以查看 Angular 项目中的文件，并知道它们是做什么的。

代码清单 7-12 SportsStore/src/app/model 文件夹中 model.module.ts 文件的内容

```typescript
import { NgModule } from "@angular/core";
import { ProductRepository } from "./product.repository";
import { StaticDataSource } from "./static.datasource";

@NgModule({
    providers: [ProductRepository, StaticDataSource]
})
export class ModelModule { }
```

@NgModule 装饰器用于创建功能模块，其属性告诉 Angular 如何使用模块。这个模块中只有一个 providers 属性，它告诉 Angular 应该将哪些类作为服务提供给依赖注入功能，这将在第 19 和第 20 章中进行描述。功能模块和@NgModule 装饰器将在第 21 章中进行描述。

7.4 启动商店

现在数据模型已经到位，可以开始建立商店功能，这样可以让用户看到在售产品，并让他们下订单。商店的基本结构将采用两列布局，其中类别按钮可用来过滤产品列表，还有一个包含产品列表的表格，如图 7-3 所示。

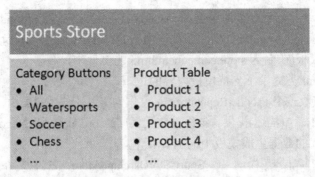

图 7-3　商店的基本结构

在以下几节中,将使用 Angular 功能和模型中的数据创建图 7-3 中所示的布局。

7.4.1　创建 Store 组件和模板

随着对 Angular 的不断熟悉,你将了解到对于同一个问题,可以采用不同的方式将各种 Angular 功能组合起来解决。我尝试为 SportsStore 项目引入一些变化,以展示一些重要的 Angular 功能,但是现在为了能够快速启动项目,因此要尽可能简单一点。

考虑到这一点,我们从一个全新组件(一个类)开始创建商店功能,该类向 HTML 模板(其中包含动态生成内容的数据绑定)提供数据和逻辑。在 SportsStore/src/app/store 文件夹中创建一个名为 store.component.ts 的文件,并定义代码清单 7-13 所示的类。

代码清单 7-13　SportsStore/src/app/store 文件夹中 store.component.ts 文件的内容

```typescript
import { Component } from "@angular/core";
import { Product } from "../model/product.model";
import { ProductRepository } from "../model/product.repository";

@Component({
    selector: "store",
    moduleId: module.id,
    templateUrl: "store.component.html"
})
export class StoreComponent {

    constructor(private repository: ProductRepository) {}

    get products(): Product[] {
        return this.repository.getProducts();
    }

    get categories(): string[] {
        return this.repository.getCategories();
    }
}
```

@Component 装饰器已经被应用于 StoreComponent 类，它告诉 Angular 这是一个组件。这个装饰器的属性告诉 Angular 如何将组件应用于 HTML 内容(使用名为 store 的元素)以及如何查找组件的模板(在名为 store.component.html 的文件中)。

StoreComponent 类提供了支持模板内容的逻辑。

类构造函数接收一个 ProductRepository 对象作为实参，这个对象由依赖关系注入功能(将在第 20 和第 21 章中描述)提供。该组件定义了属性 products 和 categories，它们将用于根据从存储库获取的数据生成模板中的 HTML 内容。

为了给组件提供模板，在 SportsStore/src/app/store 文件夹中创建一个名为 store.component.html 的文件，并添加代码清单 7-14 所示的 HTML 内容。

代码清单 7-14　SportsStore/src/app/store 文件夹中 store.component.html 文件的内容

```html
<div class="navbar navbar-inverse bg-inverse">
   <a class="navbar-brand">SPORTS STORE</a>
</div>
<div class="col-xs-3 bg-info p-a-1">
   {{categories.length}} Categories
</div>
<div class="col-xs-9 bg-success p-a-1">
   {{products.length}} Products
</div>
```

为了快速起步，这个模板非常简单。大多数元素用于商店布局的构造，并应用了一些 Bootstrap CSS 类。此时只有两个 Angular 数据绑定，它们由{{和}}字符表示。这些是字符串插入(string interpolation)绑定，它们告诉 Angular 对绑定表达式进行求值并将结果插入到元素中。这些绑定中的表达式显示商店组件提供的产品和类别数目。

7.4.2　创建商店功能模块

虽然目前没有太多的存储功能，但是即便如此，还需要完成一些额外的工作，将其连接到应用程序的其他部分。为了给存储功能创建 Angular 功能模块，在 SportsStore/src/app/store 文件夹中创建一个名为 store.module.ts 的文件，并添加如代码清单 7-15 所示的代码。

代码清单 7-15　SportsStore/src/app/store 文件夹中 store.module.ts 文件的内容

```typescript
import { NgModule } from "@angular/core";
import { BrowserModule } from "@angular/platform-browser";
import { FormsModule } from "@angular/forms";
import { ModelModule } from "../model/model.module";
import { StoreComponent } from "./store.component";

@NgModule({
    imports: [ModelModule, BrowserModule, FormsModule],
    declarations: [StoreComponent],
```

```
    exports: [StoreComponent]
})
export class StoreModule { }
```

@NgModule 装饰器配置模块，使用 imports 属性告诉 Angular，该模块依赖模型模块（ModelModule）以及 BrowserModule 和 FormsModule，后面这两个模块包含用于 Web 应用程序以及 HTML 表单元素处理的标准 Angular 功能。这个装饰器使用 declarations 属性告诉 Angular 关于 StoreComponent 类的信息，exports 属性告诉 Angular 哪些类也可以用于应用程序的其他部分，这很重要，因为 StoreComponent 将用于根模块。

7.4.3 更新根组件和根模块

要应用基本的模型和存储功能，需要更新应用程序的根模块以导入这两个功能模块，并且还需要更新根模块的模板，添加一个 HTML 元素来应用商店模块中的组件。代码清单 7-16 显示了对根组件模板的更改。

代码清单 7-16 向 app.component.ts 文件中添加一个元素

```
import { Component } from "@angular/core";

@Component({
    selector: "app",
    template: "<store></store>"
})
export class AppComponent { }
```

store 元素将根组件模板中的先前内容替换掉，并与代码清单 7-13 中@Component 装饰器的 selector 属性的值相对应。为了让 Angular 加载包含存储功能的功能模块，代码清单 7-17 给出了需要对根模块所做的更改。

代码清单 7-17 为 app.component.ts 文件导入功能模块

```
import { NgModule } from "@angular/core";
import { BrowserModule } from "@angular/platform-browser";
import { AppComponent } from "./app.component";
import { StoreModule } from "./store/store.module";

@NgModule({
    imports: [BrowserModule, StoreModule],
    declarations: [AppComponent],
    bootstrap: [AppComponent]
})
export class AppModule { }
```

把更改保存到根模块，Angular 已经做好了加载应用程序的全部准备，显示了来自存储模块的内容，如图 7-4 所示。

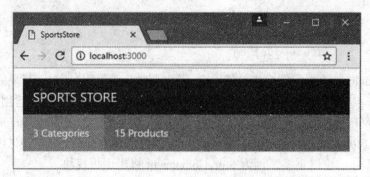

图 7-4 SportsStore 应用程序的基本功能

上一节中创建的所有构造块共同协作并显示了一些简单内容,包括产品的数量以及它们所属类别的数量。

7.5 添加商店功能:产品详情

Angular开发的特点是起步比较缓慢,这是因为要为项目搭好基础,建立基本的构造块。但是一旦完成这些基础工作,就可以相对容易地创建新功能。在随后的几节中,将向商店添加多项功能,以便用户可以看到在售产品。

7.5.1 显示产品详情

明显的起点是显示产品的详细信息,以便客户可以看到在售产品。代码清单 7-18 向商店组件的模板添加了一些 HTML 元素,利用数据绑定为组件返回的每个产品生成内容。

代码清单 7-18 向 store.component.html 文件中添加元素

```
<div class="navbar navbar-inverse bg-inverse">
    <a class="navbar-brand">SPORTS STORE</a>
</div>
<div class="col-xs-3 bg-info p-a-1">
    {{categories.length}} Categories
</div>
<div class="col-xs-9 p-a-1">
    <div *ngFor="let product of products" class="card card-outline-
            primary">
        <h4 class="card-header">
            {{product.name}}
            <span class="pull-xs-right tag tag-pill tag-primary">
                {{ product.price | currency:"USD":true:"2.2-2" }}
            </span>
        </h4>
        <div class="card-text p-a-1">{{product.description}}</div>
    </div>
</div>
```

大多数元素用于控制内容的布局和外观。最重要的变化是添加了一个 Angular 数据绑定表达式。

```
...
<div *ngFor="let product of products" class="card card-outline-primary">
...
```

这是一个指令示例,指令会对其宿主 HTML 元素进行转换。这个特定的指令叫做 ngFor,它对 div 元素进行转换:针对组件的 products 属性返回的每个对象复制这个 div 元素。Angular 包含各种内置指令,用于执行最常见的必须完成的任务,具体信息将在第 13 章进行描述。

在复制 div 元素的过程中,当前对象被赋给变量 product,这样就可以在其他数据绑定中引用该对象,比如下面这个数据绑定表达式。该表达式插入当前产品的 description 属性的值,将其作为下面这个 div 元素的内容:

```
...
<div class="card-text p-a-1">{{product.description}}</div>
...
```

并不是应用程序数据模型中的所有数据都能够直接显示给用户。Angular有一项名为管道(pipe)的特性,这些类会对数据值进行转换或准备,以用于数据绑定。Angular内置了几种管道,其中包括currency管道,它按照现金格式对数字值进行格式化,就像下面这样:

```
...
{{ product.price | currency:"USD":true:"2.2-2" }}
...
```

虽然应用管道的语法可能有点晦涩,但是这个绑定中的表达式告诉Angular使用currency管道并按照美元表示法格式化当前产品的price属性。把修改保存到模板,将会看到数据模型中的产品列表显示成一个长长的列表,如图 7-5 所示。

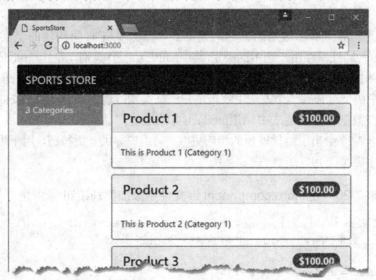

图 7-5　显示产品信息

7.5.2 添加类别选择

为了实现按照类别对产品列表进行过滤的功能，我们需要修改商店组件，以便跟踪用户想要显示的类别，同时要求改变数据的检索方式，使用该类别过滤数据，如代码清单 7-19 所示。

代码清单 7-19　在 store.component.ts 文件中添加类别过滤功能

```typescript
import { Component } from "@angular/core";
import { Product } from "../model/product.model";
import { ProductRepository } from "../model/product.repository";

@Component({
    selector: "store",
    moduleId: module.id,
    templateUrl: "store.component.html"
})
export class StoreComponent {
    public selectedCategory = null;
    constructor(private repository: ProductRepository) {}
    get products(): Product[] {
        return this.repository.getProducts(this.selectedCategory);
    }
    get categories(): string[] {
        return this.repository.getCategories();
    }
    changeCategory(newCategory?: string) {
        this.selectedCategory = newCategory;
    }
}
```

这些修改非常简单，这是因为它们建立在本章开头花时间构建的坚实基础之上。selectedCategory 属性保存用户选中的类别(其中 null 表示所有类别)，并且在 products 方法中将该属性用作 getProducts 方法的实参，然后将过滤功能委托给数据源来实现。changeCategory 方法将这两个成员组合到一个方法中：当用户选择类别时调用该方法修改 selectedCategory 属性，然后在数据绑定表达式中调用 products 方法过滤产品列表。

代码清单 7-20 给出了组件模板的相应更改：向用户提供一组按钮，用于更改所选类别并显示已选中哪个类别。

代码清单 7-20　在 store.component.ts 文件中添加类别按钮

```html
<div class="navbar navbar-inverse bg-inverse">
    <a class="navbar-brand">SPORTS STORE</a>
</div>
<div class="col-xs-3 p-a-1">
    <button class="btn btn-block btn-outline-primary"
```

```
            (click)="changeCategory()">
        Home
    </button>
    <button *ngFor="let cat of categories"
            class="btn btn-outline-primary
            btn-block"
            [class.active]="cat == selectedCategory"
            (click)="changeCategory(cat)"> {{cat}}
    </button>
</div>
<div class="col-xs-9 p-a-1">
    <div *ngFor="let product of products"
         class="card card-outline-primary">
        <h4 class="card-header">
            {{product.name}}
            <span class="pull-xs-right tag tag-pill tag-primary">
                {{ product.price | currency:"USD":true:"2.2-2" }}
            </span>
        </h4>
        <div class="card-text p-a-1">{{product.description}}</div>
    </div>
</div>
```

模板中有两个新的 button 元素。第一个是 Home 按钮，它有一个事件绑定，当按钮被单击时调用该组件的 changeCategory 方法。这里没有向该方法提供任何实参，这样做的效果就是将类别设置为 null 以选择所有产品。

另一个 button 元素应用了 ngFor 绑定，针对组件的 categories 属性所返回数组中的每个值，ngFor 绑定表达式重复该元素。这个 button 元素有一个 click 事件绑定，其表达式调用 changeCategory 方法来改变当前类别，这将过滤向用户显示的产品。还有一个 class 绑定：如果与该按钮相关联的类别是所选类别，就把 button 元素添加到 active 类。当通过类别进行过滤时，这种视觉反馈让用户立即知道当前类别，如图 7-6 所示。

图 7-6　选择产品类别

7.5.3　添加产品分页功能

按类别过滤产品有助于使产品列表更易于管理，但更典型的方法是将列表分成更小的部分,将其显示为一个个的分页,并可以通过导航按钮在分页之间移动。

代码清单 7-21 增强了商店组件,以便跟踪当前页面和页面上的项数。

代码清单 7-21 在 store.component.ts 文件中添加分页支持

```
import { Component } from "@angular/core";
import { Product } from "../model/product.model";
import { ProductRepository } from "../model/product.repository";
@Component({
    selector: "store",
    moduleId: module.id,
    templateUrl: "store.component.html"
})
export class StoreComponent {
    public selectedCategory = null;
    public productsPerPage = 4;
    public selectedPage = 1;
    constructor(private repository: ProductRepository) {}
    get products(): Product[] {
        let pageIndex = (this.selectedPage - 1) * this.productsPerPage
        return this.repository.getProducts(this.selectedCategory)
            .slice(pageIndex, pageIndex + this.productsPerPage);
    }
    get categories(): string[] {
        return this.repository.getCategories();
    }
    changeCategory(newCategory?: string) {
        this.selectedCategory = newCategory;
    }
    changePage(newPage: number) {
        this.selectedPage = newPage;
    }
    changePageSize(newSize: number) {
        this.productsPerPage = Number(newSize);
        this.changePage(1);
    }
    get pageNumbers(): number[] {
        return Array(Math.ceil(this.repository
            .getProducts(this.selectedCategory).length /
            this.productsPerPage))
                .fill(0).map((x, i) => i + 1);
    }
}
```

这个代码清单增加了两个新功能。第一个是获得一页产品的功能,第二个是更改分页大小的功能,即修改每页包含的产品数量。

组件还必须解决一个问题。Angular 提供的内置 ngFor 指令有一个限制,它只能为数组或集合中的对象生成内容,而不是使用计数器。因为需要生成带有编号的页面导航按钮,

所以需要创建一个包含所需编号的数组,就像下面这样:

```
...
return Array(Math.ceil(this.repository.getProducts(
this.selectedCategory).length
/ this.productsPerPage)).fill(0).map((x, i) => i + 1);
...
```

此语句创建一个新的数组,用 0 值填充它,然后使用 map 方法为编号序列生成一个新数组。这样做虽然很好地实现了分页功能,但感觉不自然,在下一节中将给出更好的方法。代码清单 7-22 显示了为实现分页功能需要对商店组件模板所做的更改。

代码清单 7-22 在 store.component.html 文件中添加分页功能

```html
<div class="navbar navbar-inverse bg-inverse">
    <a class="navbar-brand">SPORTS STORE</a>
</div>
<div class="col-xs-3 p-a-1">
    <button class="btn btn-block btn-outline-primary"
            (click)="changeCategory()">
        Home
    </button>
    <button *ngFor="let cat of categories"
            class="btn btn-outline-primary btn-block"
            [class.active]="cat == selectedCategory"
            (click)="changeCategory(cat)">
        {{cat}}
    </button>
</div>
<div class="col-xs-9 p-a-1">
    <div *ngFor="let product of products"
         class="card card-outline-primary">
        <h4 class="card-header">
            {{product.name}}
            <span class="pull-xs-right tag tag-pill tag-primary">
                {{ product.price | currency:"USD":true:"2.2-2" }}
            </span>
        </h4>
        <div class="card-text p-a-1">{{product.description}}</div>
    </div>
    <div class="form-inline pull-xs-left m-r-1">
        <select class="form-control" [value]="productsPerPage"
                (change)="changePageSize($event.target.value)">
            <option value="3">3 per Page</option>
            <option value="4">4 per Page</option>
            <option value="6">6 per Page</option>
            <option value="8">8 per Page</option>
        </select>
    </div>
```

```
    <div class="btn-group pull-xs-right">
    <button *ngFor="let page of pageNumbers " (click)="changePage(page)"
            class="btn btn-outline-primary"
            [class.active]="page == selectedPage"> {{page}}
    </button>
    </div>
</div>
```

这里添加了一个 select 元素，可用来更改分页的大小，还添加了一组按钮，用于浏览产品分页。这些新元素都具有数据绑定，以将其连接到组件所提供的属性和方法。最终效果是让一组产品更易于管理，如图 7-7 所示。

■ 提示：
代码清单 7-22 中的 select 元素是通过静态定义的 option 元素填充的，而不是根据组件中的数据创建的。这样做带来的一个影响是，当把所选值传给 changePageSize 方法时，该方法将接收到一个 string 值，因此必须将实参解析为数字类型，之后才能用于设置代码清单 7-21 中的分页大小。从 HTML 元素接收数据值时，务必小心，以确保它们符合预期的类型。在这种情况下，TypeScript 类型注解无法提供帮助，这是因为数据绑定表达式在运行时进行求值，而在此之前 TypeScript 编译器早就生成不包含额外类型信息的 JavaScript 代码。

图 7-7　产品分页

7.5.4 创建自定义指令

在本节中，将创建一个自定义指令，这样就不必生成一个数组来创建页面导航按钮。虽然 Angular 提供了各种有用的内置指令，但是开发者也很容易创建自己的指令来解决应用程序的特定问题或者实现内置指令不具有的功能。在 SportsStore/src/app/store 文件夹中添加一个名为 counter.directive.ts 的文件，并将其用于定义代码清单 7-23 所示的类。

代码清单 7-23 SportsStore/src/app/store 文件夹中 counter.directive.ts 文件的内容

```
import {
    Directive, ViewContainerRef, TemplateRef, Input, Attribute, SimpleChanges
} from "@angular/core";

@Directive({
    selector: "[counterOf]"
})
export class CounterDirective {

    constructor(private container: ViewContainerRef,
        private template: TemplateRef<Object>) {
    }

    @Input("counterOf")
    counter: number;

    ngOnChanges(changes: SimpleChanges) {
        this.container.clear();
        for(let i = 0; i < this.counter; i++) {
            this.container.createEmbeddedView(this.template,
                new CounterDirectiveContext(i + 1));
        }
    }
}

class CounterDirectiveContext {
    constructor(public $implicit: any) { }
}
```

这是结构型指令的一个示例，在第 16 章中有详细描述。该指令通过 counter 属性应用于元素，并且使用 Angular 为重复创建内容而提供的特殊功能，就像内置指令 ngFor 一样。但是这个自定义指令并非通过遍历集合中的所有对象来创建内容，而是产生一组可用于创建分页导航按钮的编号。

■ 提示：
在页数发生变化时，此指令将删除已经创建的所有内容，然后重新创建内容。在更复杂的指令中，这可能是一个比较耗费资源的过程，在第 16 章中将讲解如何提高性能。

要使用该指令，必须将其添加到所在功能模块的 declarations 属性中，如代码清单 7-24 所示。

代码清单 7-24　在 store.module.ts 文件中注册自定义指令

```
import { NgModule } from "@angular/core";
import { BrowserModule } from "@angular/platform-browser";
import { FormsModule } from "@angular/forms";
import { ModelModule } from "../model/model.module";
import { StoreComponent } from "./store.component";
import { CounterDirective } from "./counter.directive";

@NgModule({
    imports: [ModelModule, BrowserModule, FormsModule],
    declarations: [StoreComponent, CounterDirective],
    exports: [StoreComponent]
})
export class StoreModule { }
```

在注册指令之后，可以在商店组件的模板中使用该指令替换 ngFor 指令，如代码清单 7-25 所示。

代码清单 7-25　在 store.component.html 文件中替换内置指令

```html
<div class="navbar navbar-inverse bg-inverse">
    <a class="navbar-brand">SPORTS STORE</a>
</div>
<div class="col-xs-3 p-a-1">
    <button class="btn btn-block btn-outline-primary"
            (click)="changeCategory()">
        Home
    </button>
    <button *ngFor="let cat of categories"
            class="btn btn-outline-primary btn-block"
            [class.active]="cat == selectedCategory"
            (click)="changeCategory(cat)">
        {{cat}}
    </button>
</div>
<div class="col-xs-9 p-a-1">
    <div *ngFor="let product of products"
         class="card card-outline-primary">
        <h4 class="card-header">
            {{product.name}}
            <span class="pull-xs-right tag tag-pill tag-primary">
                {{ product.price | currency:"USD":true:"2.2-2" }}
            </span>
        </h4>
        <div class="card-text p-a-1">{{product.description}}</div>
```

```
        </div>
        <div class="form-inline pull-xs-left m-r-1">
            <select class="form-control" [value]="productsPerPage"
                    (change)="changePageSize($event.target.value)">
                <option value="3">3 per Page</option>
                <option value="4">4 per Page</option>
                <option value="6">6 per Page</option>
                <option value="8">8 per Page</option>
            </select>
        </div>

        <div class="btn-group pull-xs-right">
            <button *counter="let page of pageCount" (click)="changePage(page)"
                    class="btn btn-outline-primary"
                    [class.active]="page == selectedPage">
                {{page}}
            </button>
        </div>
    </div>
</div>
```

新的数据绑定使用一个名为 pageCount 的属性配置自定义指令。在代码清单 7-26 中，将数字数组替换成简单的 number 类型来为绑定表达式提供属性值。

代码清单 7-26　在 store.component.ts 文件中支持自定义指令

```
import { Component } from "@angular/core";
import { Product } from "../model/product.model";
import { ProductRepository } from "../model/product.repository";

@Component({
    selector: "store",
    moduleId: module.id,
    templateUrl: "store.component.html"
})
export class StoreComponent {
    public selectedCategory = null;
    public productsPerPage = 4;
    public selectedPage = 1;

    constructor(private repository: ProductRepository) {}

    get products(): Product[] {
        let pageIndex = (this.selectedPage - 1) * this.productsPerPage
        return this.repository.getProducts(this.selectedCategory)
            .slice(pageIndex, pageIndex + this.productsPerPage);
    }

    get categories(): string[] {
        return this.repository.getCategories();
```

```
    }

    changeCategory(newCategory?: string) {
        this.selectedCategory = newCategory;
    }

    changePage(newPage: number) {
        this.selectedPage = newPage;
    }

    changePageSize(newSize: number) {
        this.productsPerPage = Number(newSize);
        this.changePage(1);
    }

    get pageCount(): number {
        return Math.ceil(this.repository
            .getProducts(this.selectedCategory).length /
                this.productsPerPage)
    }

    //get pageNumbers(): number[] {
    //return Array(Math.ceil(this.repository
    //  .getProducts(this.selectedCategory).length / this.productsPerPage))
    //        .fill(0).map((x, i) => i + 1);
    //}
}
```

虽然本节对 SportsStore 应用程序的修改没有带来视觉上的任何变化，但是本节充分说明，开发者能够根据具体项目的需要进行定制，使用自定义代码补充内置 Angular 功能。

7.6 本章小结

本章启动了 SportsStore 项目。本章的前半部分用于为项目搭建基础，包括：安装和配置开发工具；为应用程序创建根构造块；开始实现功能模块。一旦为项目搭好基础，就能够快速添加各项功能：向用户显示虚拟模型数据，添加分页功能，并按类别过滤产品。本章最后创建了一个自定义指令，以演示如何通过自定义代码补充 Angular 提供的内置功能。下一章将继续构建 SportsStore 应用程序。

第 8 章

SportsStore：订单和结账

在本章中，将继续向在第 7 章中创建的 SportsStore 应用程序添加功能。本章将添加对购物车和结账功能的支持，并将虚拟数据替换为来自 RESTful Web 服务的数据。

8.1 准备示例应用程序

本章不需要进行任何准备工作，继续使用第 7 章的 SportsStore 项目。要启动 RESTful Web 服务，打开一个命令提示符，在 SportsStore 文件夹中运行如下命令：

```
npm run json
```

再打开一个命令提示符，在 SportsStore 文件夹中运行如下命令，启动开发工具和 HTTP 服务器：

```
ng serve --port 3000 --open
```

■ 提示：
可从 https://github.com/Apress/pro-angular-2ed 网站下载本书附带的免费源代码，该网站已经分别提供每章的项目供下载，因此不必从第 7 章的 SportsStore 项目开始。

8.2 创建购物车

用户需要购物车功能，可以把产品放到购物车中，然后还可以用于启动结账流程。在下面几节中，将向应用程序中添加购物车功能并集成到商店中，这样用户就可以选择他们想要的产品。

8.2.1 创建购物车模型

为了实现购物车功能，我们从创建一个新的模型类开始，该模型类用来收集用户选中的产品。在 SportsStore/src/app/model 文件夹中添加 cart.model.ts 文件，用它来定义代码清单 8-1 所示的类。

代码清单 8-1　SportsStore/src/app/model 文件夹中 cart.model.ts 文件的内容

```typescript
import { Injectable } from "@angular/core";
import { Product } from "./product.model";

@Injectable()
export class Cart {
    public lines: CartLine[] = [];
    public itemCount: number = 0;
    public cartPrice: number = 0;

    addLine(product: Product, quantity: number = 1) {
        let line = this.lines.find(line => line.product.id == product.id);
        if(line != undefined) {
            line.quantity += quantity;
        } else {
            this.lines.push(new CartLine(product, quantity));
        }
        this.recalculate();
    }

    updateQuantity(product: Product, quantity: number) {
        let line = this.lines.find(line => line.product.id == product.id);
        if(line != undefined) {
            line.quantity = Number(quantity);
        }
        this.recalculate();
    }

    removeLine(id: number) {
        let index = this.lines.findIndex(line => line.product.id == id);
        this.lines.splice(index, 1);
        this.recalculate();
    }

    clear() {
        this.lines = [];
        this.itemCount = 0;
        this.cartPrice = 0;
    }

    private recalculate() {
        this.itemCount = 0;
        this.cartPrice = 0;
        this.lines.forEach(l => {
            this.itemCount += l.quantity;
            this.cartPrice += (l.quantity * l.product.price);
        })
```

```
    }
}

export class CartLine {

    constructor(public product: Product,
        public quantity: number) {}

    get lineTotal() {
        return this.quantity * this.product.price;
    }
}
```

用户的产品选择由 CartLine 对象数组表示，数组中的每个对象包含一个 Product 对象及其数量。Cart 类跟踪已选择的产品总数和总价，在购物过程中这些信息将呈现给用户。

在整个应用程序中应该使用单个 Cart 对象，确保应用程序的任何部分都可以访问用户的产品选择。为了实现这一点，我们让 Cart 成为一项服务，这意味着 Angular 将负责创建 Cart 类的唯一实例，并在需要创建某个具有 Cart 构造函数实参的组件时使用该实例。这是 Angular 依赖注入功能的另一个用途：可用于在整个应用程序中共享对象，在第 19 和第 20 章中将有详细描述。已为代码清单中的 Cart 类应用@Injectable 装饰器，表示该类将被用作服务。严格来说，只有当一个类自身有需要解析的构造函数实参时，才需要使用@Injectable 装饰器，但是无论如何，应用该装饰器都是一个好的做法，这是因为它会发出一个信号，表明该类可以用作服务。代码清单 8-2 在模型功能模块类的 providers 属性中将 Cart 类注册为一项服务。

代码清单 8-2　在 model.module.ts 文件中将 Cart 注册为服务

```
import { NgModule } from "@angular/core";
import { ProductRepository } from "./product.repository";
import { StaticDataSource } from "./static.datasource";
import { Cart } from "./cart.model";

@NgModule({
    providers: [ProductRepository, StaticDataSource, Cart]
})
export class ModelModule { }
```

8.2.2　创建购物车概览组件

组件是 Angular 应用程序的基本构造块，这是因为它们可用来轻松创建分散的代码和内容单元。SportsStore 应用程序将在页面的标题区域向用户显示所选产品的概览，下面将创建一个组件实现该功能。在 SportsStore/src/app/store 文件夹中添加一个名为 cartSummary.component.ts 的文件，并将其用于定义代码清单 8-3 所示的组件。

代码清单 8-3　SportsStore/src/app/store 文件夹中 cartSummary.component.ts 文件的内容

```typescript
import { Component } from "@angular/core";
import { Cart } from "../model/cart.model";

@Component({
    selector: "cart-summary",
    moduleId: module.id,
    templateUrl: "cartSummary.component.html"
})
export class CartSummaryComponent {
    constructor(public cart: Cart) { }
}
```

当 Angular 需要创建这个组件的实例时，必须提供一个 Cart 对象作为构造函数实参(使用上一节中配置的服务，也就是将 Cart 类添加到功能模块的 providers 属性中)。根据服务的默认行为，在整个应用程序中将创建并共享同一个 Cart 对象，但是还可以选择其他不同的服务行为(如第 20 章所述)。

为了向组件提供模板，在组件类文件所在的文件夹中创建一个名为 cartSummary.component.html 的 HTML 文件，并向该文件添加代码清单 8-4 所示的标记。

代码清单 8-4　SportsStore/src/app/store 文件夹中 cartSummary.component.html 文件的内容

```html
<div class="pull-xs-right">
    <small>
        Your cart:
        <span *ngIf="cart.itemCount > 0">
            {{ cart.itemCount }} item(s)
            {{ cart.cartPrice | currency:"USD":true:"2.2-2" }}
        </span>
        <span *ngIf="cart.itemCount == 0">
         (empty)
        </span>
    </small>
    <button class="btn btn-sm bg-inverse" [disabled]="cart.itemCount == 0">
        <i class="fa fa-shopping-cart"></i>
    </button>
</div>
```

这个模板使用其组件提供的 Cart 对象来显示购物车中物品的数量和总价。还有一个用于启动结账流程的按钮，本章稍后将会把它添加到应用程序中。

> **提示:**
> 代码清单 8-4 中的 button 元素使用 Font Awesome 软件包定义的 CSS 类进行样式化,在第 7 章的 package.json 文件中已经指定了这个软件包。这个开源软件包为 Web 应用程序提供了出色的图标支持,SportsStore 应用程序的购物车图标就来自这个软件包。有关详细信息,请参阅 http://fontawesome.io。

代码清单 8-5 使用商店功能模块注册这个新组件,为下一节的使用做好准备。

代码清单 8-5 在 store.module.ts 文件中注册组件

```typescript
import { NgModule } from "@angular/core";
import { BrowserModule } from "@angular/platform-browser";
import { FormsModule } from "@angular/forms";
import { ModelModule } from "../model/model.module";
import { StoreComponent } from "./store.component";
import { CounterDirective } from "./counter.directive";
import { CartSummaryComponent } from "./cartsummary.component";

@NgModule({
    imports: [ModelModule, BrowserModule, FormsModule],
    declarations: [StoreComponent, CounterDirective,
        CartSummaryComponent],
    exports: [StoreComponent]
})
export class StoreModule { }
```

8.2.3 将购物车集成到商店中

商店组件是将购物车和购物车概览小部件集成到应用程序中的关键。代码清单 8-6 更新商店组件,在构造函数中增加一个 Cart 参数,此外还为该组件新增一个方法,用于向购物车中添加产品。

代码清单 8-6 在 store.component.ts 文件中添加购物车支持

```typescript
import { Component } from "@angular/core";
import { Product } from "../model/product.model";
import { ProductRepository } from "../model/product.repository";
import { Cart } from "../model/cart.model";

@Component({
    selector: "store",
    moduleId: module.id,
    templateUrl: "store.component.html"
})
export class StoreComponent {
    public selectedCategory = null;
    public productsPerPage = 4;
```

```
   public selectedPage = 1;
   constructor(private repository: ProductRepository,
               private cart: Cart) { }
   get products(): Product[] {
      let pageIndex = (this.selectedPage - 1)  * this.productsPerPage
        return this.repository.getProducts(this.selectedCategory)
           .slice(pageIndex, pageIndex + this.productsPerPage);
   }
   get categories(): string[] {
      return this.repository.getCategories();
   }
   changeCategory(newCategory?: string) {
      this.selectedCategory = newCategory;
   }
   changePage(newPage: number) {
      this.selectedPage = newPage;
   }
   changePageSize(newSize: number) {
      this.productsPerPage = Number(newSize);
      this.changePage(1);
   }
   get pageCount(): number {
      return Math.ceil(this.repository
         .getProducts(this.selectedCategory).length /
            this.productsPerPage)
   }
   addProductToCart(product: Product) {
      this.cart.addLine(product);
   }
}
```

为了完成将购物车集成到商店组件中的工作，代码清单 8-7 添加一个元素，将购物车概览组件应用到商店组件的模板中，同时在每个产品的描述中添加一个按钮，按钮的事件绑定会调用 addProductToCart 方法。

代码清单 8-7　在 store.component.html 文件中应用组件

```
<div class="navbar navbar-inverse bg-inverse">
   <a class="navbar-brand">SPORTS STORE</a>
   <cart-summary></cart-summary>
</div>
<div class="col-xs-3 p-a-1">
   <button class="btn btn-block btn-outline-primary"
         (click)="changeCategory()">
      Home
   </button>
   <button *ngFor="let cat of categories"
         class="btn btn-outline-primary btn-block"
         [class.active]="cat == selectedCategory"
```

```html
            (click)="changeCategory(cat)">
            {{cat}}
        </button>
    </div>
    <div class="col-xs-9 p-a-1">
        <div *ngFor="let product of products"
            class="card card-outline-primary">
            <h4 class="card-header">
                {{product.name}}
                <span class="pull-xs-right tag tag-pill tag-primary">
                    {{ product.price | currency:"USD":true:"2.2-2" }}
                </span>
            </h4>
            <div class="card-text p-a-1">
                {{product.description}}
                <button class="btn btn-success btn-sm pull-xs-right"
                    (click)="addProductToCart(product)">
                    Add To Cart
                </button>
            </div>
        </div>
        <div class="form-inline pull-xs-left m-r-1">
            <select class="form-control" [value]="productsPerPage"
                (change)="changePageSize($event.target.value)">
                <option value="3">3 per Page</option>
                <option value="4">4 per Page</option>
                <option value="6">6 per Page</option>
                <option value="8">8 per Page</option>
            </select>
        </div>
        <div class="btn-group pull-xs-right">
            <button *counter="let page of pageCount" (click)="changePage(page)"
                class="btn btn-outline-primary" [class.active]="page ==
                    selectedPage">
                {{page}}
            </button>
        </div>
    </div>
</div>
```

结果是每个产品都分别对应一个按钮，单击按钮就会将对应产品添加到购物车中，如图 8-1 所示。虽然完整的购物车流程尚未完成，但是可以在页面顶部的购物车概览中看到添加后的效果。

请注意单击其中一个 Add To Cart 按钮后是如何自动更新购物车概览组件的内容的。之所以能够自动更新，是因为在两个组件之间共享同一个 Cart 对象，当一个组件做出更改之后，Angular 在对另一个组件中的数据绑定表达式进行求值时就会反映这一变化。

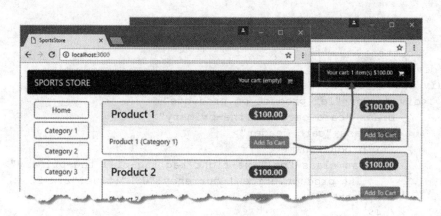

图 8-1　向 SportsStore 应用程序添加购物车支持

8.3　添加 URL 路由

大多数应用程序需要在不同时间向用户显示不同的内容。对于 SportsStore 应用程序，当用户单击其中一个 Add To Cart 按钮时，应该向用户显示所选产品的详细视图，并让用户有机会启动结账流程。

Angular 支持一项名为 URL 路由的功能，即根据浏览器显示的当前 URL 来选择要显示给用户的组件。利用这项功能创建的应用程序可以轻松实现以下目标：组件之间松散耦合，组件易于修改，不用在应用程序的其他位置进行相应的修改。借助 URL 路由功能，还可以轻松地更改用户访问应用程序的路径。

SportsStore 应用程序将支持 3 种不同的 URL，如表 8-1 所示。这是一个简单的配置，但路由系统具有许多功能，将在第 25 至第 27 章中详细描述这些功能。

表 8-1　SportsStore 应用程序支持的 URL

URL	描述
/store	这个 URL 将显示产品列表
/cart	这个 URL 将显示用户的购物车详情
/checkout	这个 URL 将显示结账流程

在以下几个小节中，我们将为 SportsStore 购物车详情和订单结账这两个阶段分别创建占位符组件，然后使用 URL 路由将这些组件集成到应用程序中。在实现 URL 之后，将返回到这些组件并添加更多有用的功能。

8.3.1　创建购物车详情和结账组件

在将 URL 路由添加到应用程序之前，需要创建由 URL /cart 和/checkout 显示的组件。现在，一开始只需要一些基本的占位符内容，这样才能搞清楚正在显示的是哪个组件。首先在 SportsStore/src/app/store 文件夹中添加一个名为 cartDetail.component.ts 的文件,并定义代码清单 8-8 所示的组件。

代码清单 8-8 SportsStore/src/app/store 文件夹中 cartDetail.component.ts 文件的内容

```
import { Component } from "@angular/core";

@Component({
    template: `<div><h3 class="bg-info p-a-1">Cart Detail Component
            </h3></div>`
})
export class CartDetailComponent {}
```

接下来在 SportsStore/src/app/store 文件夹中添加 checkout.component.ts 文件,并定义代码清单 8-9 所示的组件。

代码清单 8-9 SportsStore/src/app/store 文件夹中 checkout.component.ts 文件的内容

```
import { Component } from "@angular/core";
@Component({
    template: `<div><h3 class="bg-info p-a-1">
        Checkout Component</h3></div>`
})
export class CheckoutComponent { }
```

这个组件遵循与购物车详情组件相同的模式,也是显示一条占位符消息,这样才能搞清楚正在显示的是哪个组件。代码清单 8-10 在商店功能模块中注册组件,然后将其添加到 exports 属性中,这样就可以在应用程序的其他地方使用这些组件。

代码清单 8-10 在 store.module.ts 文件中注册组件

```
import { NgModule } from "@angular/core";
import { BrowserModule } from "@angular/platform-browser";
import { FormsModule } from "@angular/forms";
import { ModelModule } from "../model/model.module";
import { StoreComponent } from "./store.component";
import { CounterDirective } from "./counter.directive";
import { CartSummaryComponent } from "./cartsummary.component";
import { CartDetailComponent } from "./cartDetail.component";
import { CheckoutComponent } from "./checkout.component";

@NgModule({
    imports: [ModelModule, BrowserModule, FormsModule],
    declarations: [StoreComponent, CounterDirective, CartSummaryComponent,
        CartDetailComponent, CheckoutComponent],
    exports: [StoreComponent, CartDetailComponent, CheckoutComponent]
})
export class StoreModule { }
```

8.3.2 创建和应用路由配置

既然有一系列组件要显示,那么下一步就要创建路由配置,告诉 Angular 如何将 URL 映射到这些组件。每个 URL 到组件的映射都称为 URL 路由,或简称路由。在本书第 3 部分,将创建更复杂的路由配置,并在一个单独的文件中定义路由。但是对于这个项目,将采用另一种方法,即在应用程序根模块的@NgModule 装饰器中定义路由,如代码清单 8-11 所示。

> ■ **提示:**
> Angular 路由功能要求 HTML 文档中有 1 个 base 元素,由其提供路由的基本 URL。在第 7 章中启动 SportsStore 项目时,我们已经添加了这个元素。如果省略这个元素,Angular 将报告错误,并且无法应用路由。

代码清单 8-11 在 app.module.ts 文件中创建路由配置

```typescript
import { NgModule } from "@angular/core";
import { BrowserModule } from "@angular/platform-browser";
import { AppComponent } from "./app.component";
import { StoreModule } from "./store/store.module";
import { StoreComponent } from "./store/store.component";
import { CheckoutComponent } from "./store/checkout.component";
import { CartDetailComponent } from "./store/cartDetail.component";
import { RouterModule } from "@angular/router";

@NgModule({
    imports: [BrowserModule, StoreModule,
        RouterModule.forRoot([
            { path: "store", component: StoreComponent },
            { path: "cart", component: CartDetailComponent },
            { path: "checkout", component: CheckoutComponent },
            { path: "**", redirectTo: "/store" }
        ])],
    declarations: [AppComponent],
    bootstrap: [AppComponent]
})
export class AppModule { }
```

向 RouterModule.forRoot 方法传入一组路由,每条路由分别将一个 URL 映射到一个组件。代码清单中的前 3 条路由与表 8-1 中的 URL 匹配。最后一条路由是一个通配符,它将任何其他 URL 重定向到/store,而这将显示 StoreComponent。

当使用路由功能时,Angular 会查找 router-outlet 元素,该元素定义应该在什么位置显示当前 URL 对应的组件。代码清单 8-12 使用 router-outlet 元素替换根组件模板中的 store 元素。

代码清单 8-12　在 app.component.ts 文件中定义路由目标

```
import { Component } from "@angular/core";
@Component({
    selector: "app",
    template: "<router-outlet></router-outlet>"
})
export class AppComponent { }
```

当保存更改且浏览器重新加载 HTML 文档时，Angular 将应用路由配置。浏览器窗口中显示的内容并没有变化，但如果检查浏览器的 URL 地址栏，就会看到已经应用了路由配置，如图 8-2 所示。

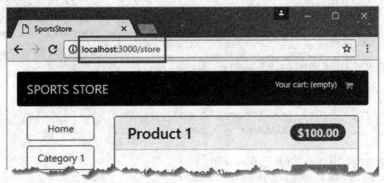

图 8-2　URL 路由的效果

8.3.3　应用程序导航

在完成路由配置之后，现在可以添加以下功能：通过更改浏览器的 URL 在不同组件之间进行导航。URL 路由功能依赖浏览器提供的 JavaScript API，因此用户无法简单地将目标 URL 输入到浏览器的 URL 地址栏中进行导航。相反，导航必须由应用程序执行，具体的实现方法是在组件或其他构造块中编写 JavaScript 代码，或者向模板中的 HTML 元素添加属性。

当用户单击其中一个 Add To Cart 按钮时，应该向其显示购物车详细信息组件，以表明应用程序应该导航到 /cart URL。代码清单 8-13 添加相关代码，当用户单击按钮时，调用组件方法进行导航。

代码清单 8-13　在 store.component.ts 文件中使用 JavaScript 导航

```
import { Component } from "@angular/core";
import { Product } from "../model/product.model";
import { ProductRepository } from "../model/product.repository";
import { Cart } from "../model/cart.model";
import { Router } from "@angular/router";

@Component({
```

```typescript
    selector: "store",
    moduleId: module.id,
    templateUrl: "store.component.html"
})
export class StoreComponent {
    public selectedCategory = null;
    public productsPerPage = 4;
    public selectedPage = 1;
    constructor(private repository: ProductRepository,
        private cart: Cart,
        private router: Router) { }
    get products(): Product[] {
        let pageIndex = (this.selectedPage - 1) * this.productsPerPage
        return this.repository.getProducts(this.selectedCategory)
            .slice(pageIndex, pageIndex + this.productsPerPage);
    }
    get categories(): string[] {
        return this.repository.getCategories();
    }
    changeCategory(newCategory?: string) {
        this.selectedCategory = newCategory;
    }
    changePage(newPage: number) {
        this.selectedPage = newPage;
    }
    changePageSize(newSize: number) {
        this.productsPerPage = Number(newSize);
        this.changePage(1);
    }
    get pageCount(): number {
        return Math.ceil(this.repository
            .getProducts(this.selectedCategory).length / this.productsPerPage)
    }
    addProductToCart(product: Product) {
        this.cart.addLine(product);
        this.router.navigateByUrl("/cart");
    }
}
```

StoreComponent 类的构造函数带有一个 Router 参数，当创建 StoreComponent 组件的新实例时，该参数由 Angular 通过依赖注入功能提供。在 addProductToCart 方法中，使用 Router.navigateByUrl 方法导航到/cart URL。

还可以通过向模板中的元素添加 routerLink 属性来实现导航功能。在代码清单 8-14 中，向购物车概览组件的模板中的购物车按钮添加 routerLink 属性。

代码清单 8-14　在 cartSummary.component.html 文件中添加导航属性

```
<div class="pull-xs-right">
    <small>
        Your cart:
        <span *ngIf="cart.itemCount > 0">
            {{ cart.itemCount }} item(s)
            {{ cart.cartPrice | currency:"USD":true:"2.2-2" }}
        </span>
        <span *ngIf="cart.itemCount == 0">
            (empty)
        </span>
    </small>
    <button class="btn btn-sm bg-inverse" [disabled]="cart.itemCount == 0"
            routerLink="/cart">
        <i class="fa fa-shopping-cart"></i>
    </button>
</div>
```

routerLink 属性指定的值是在单击按钮时应用程序将导航到的 URL。当购物车为空时，这个特定按钮将被禁用，因此只有当用户将产品添加到购物车时，才能执行这个导航。

要添加对 routerLink 属性的支持，必须将 RouterModule 模块导入到功能模块中，如代码清单 8-15 所示。

代码清单 8-15　在 store.module.ts 文件中导入路由模块

```
import { NgModule } from "@angular/core";
import { BrowserModule } from "@angular/platform-browser";
import { FormsModule } from "@angular/forms";
import { ModelModule } from "../model/model.module";
import { StoreComponent } from "./store.component";
import { CounterDirective } from "./counter.directive";
import { CartSummaryComponent } from "./cartsummary.component";
import { CartDetailComponent } from "./cartDetail.component";
import { CheckoutComponent } from "./checkout.component";
import { RouterModule } from "@angular/router";

@NgModule({
    imports: [ModelModule, BrowserModule, FormsModule, RouterModule],
    declarations: [StoreComponent, CounterDirective, CartSummaryComponent,
        CartDetailComponent, CheckoutComponent],
    exports: [StoreComponent, CartDetailComponent, CheckoutComponent]
})
export class StoreModule { }
```

为了看到导航效果，保存这些文件，在浏览器重新加载 HTML 文档后，单击其中一个 Add To Cart 按钮。浏览器将导航到/cart URL，如图 8-3 所示。

Angular 5 高级编程(第 2 版)

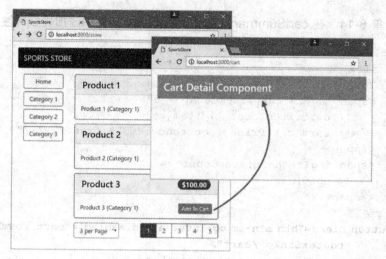

图 8-3 使用 URL 路由

8.3.4 守卫路由

请记住,现在只能由应用程序执行导航。如果直接在浏览器的 URL 地址栏中更改 URL,那么浏览器将向 Web 服务器请求输入的 URL。负责响应 HTTP 请求的 lite-server 软件包在进行响应时,如果请求的 URL 未对应到任何文件,那么将返回 index.html 的内容。这通常是一种有用的行为,这是因为这意味着当用户单击浏览器的重新加载按钮时,不会接收到 HTTP 错误。

但是如果应用程序期望用户通过特定路径在应用程序中浏览,那么这也可能会导致问题。例如,如果单击其中一个 Add To Cart 按钮,然后单击浏览器的重新加载按钮,那么 HTTP 服务器将返回 index.html 文件的内容,而 Angular 将立即跳转到购物车详情组件,从而跳过应用程序中让用户选择产品的那部分。

对于某些应用程序而言,用户能够直接从不同的 URL 开始导航是有意义的,但如果不希望出现这种情况,那么可以使用 Angular 的路由守卫(route guard)功能,该功能专用于管理路由系统。

为了防止应用程序从/cart 或/order URL 开始导航,在 SportsStore/src/app 文件夹中添加一个名为 storeFirst.guard.ts 的文件,并定义代码清单 8-16 所示的类。

代码清单 8-16　SportsStore/src/app 文件夹中 storeFirst.guard.ts 文件的内容

```
import { Injectable } from "@angular/core";
import {
    ActivatedRouteSnapshot, RouterStateSnapshot,
    Router
} from "@angular/router";
import { StoreComponent } from "./store/store.component";

@Injectable()
```

```
export class StoreFirstGuard {
    private firstNavigation = true;
    constructor(private router: Router) { }
    canActivate(route: ActivatedRouteSnapshot,
        state: RouterStateSnapshot): boolean {
        if(this.firstNavigation) {
            this.firstNavigation = false;
            if(route.component != StoreComponent) {
                this.router.navigateByUrl("/");
                return false;
            }
        }
        return true;
    }
}
```

保护路由的方法有好几种(在第 27 章将描述)，而这里是防止路由被激活的一个保护示例，它的实现方法是通过一个定义了 canActivate 方法的类。该方法的实现途径是使用 Angular 提供的上下文对象来描述要导航的路由，并检查目标组件是否为 StoreComponent。如果这是第一次调用 canActivate 方法并且目标组件不是 StoreComponent，那么使用 Router.navigateByUrl 方法导航到根 URL。

代码清单 8-16 中用到了 @Injectable 装饰器，这是因为路由守卫属于服务。代码清单 8-17 使用根模块的 providers 属性将路由守卫注册为服务，并使用 canActivate 属性来守卫每个路由。

代码清单 8-17　在 app.module.ts 文件中守卫路由

```
import { NgModule } from "@angular/core";
import { BrowserModule } from "@angular/platform-browser";
import { AppComponent } from "./app.component";
import { StoreModule } from "./store/store.module";
import { StoreComponent } from "./store/store.component";
import { CheckoutComponent } from "./store/checkout.component";
import { CartDetailComponent } from "./store/cartDetail.component";
import { RouterModule } from "@angular/router";
import { StoreFirstGuard } from "./storeFirst.guard";

@NgModule({
    imports: [BrowserModule, StoreModule,
        RouterModule.forRoot([
            {
                path: "store", component: StoreComponent,
                canActivate: [StoreFirstGuard]
            },
            {
                path: "cart", component: CartDetailComponent,
                canActivate: [StoreFirstGuard]
            },
```

```
            {
                path: "checkout", component: CheckoutComponent,
                canActivate: [StoreFirstGuard]
            },
            { path: "**", redirectTo: "/store" }
        ])],
    providers: [StoreFirstGuard],
    declarations: [AppComponent],
    bootstrap: [AppComponent]
})
export class AppModule { }
```

现在如果单击其中一个 Add To Cart 按钮之后重新加载浏览器,将会看到浏览器自动被重定向回到安全位置,如图 8-4 所示。

图 8-4 守卫路由

8.4 完成购物车详情功能

在设置好基础架构(如 URL 路由)之后,自然地将 Angular 开发工作转移到实现用户可见的功能。既然应用程序具有导航支持,那么现在就要完成详细显示用户购物车中内容的视图。代码清单 8-18 从购物车详情组件中删除内联模板,将其替换成同一目录中的一个外部模板,并向构造函数添加一个 Cart 参数,在模板中将通过名为 cart 的属性访问该参数。

代码清单 8-18 修改 cartDetail.component.ts 文件中的模板

```
import { Component } from "@angular/core";
import { Cart } from "../model/cart.model";

@Component({
    moduleId: module.id,
    templateUrl: "cartDetail.component.html"
})
export class CartDetailComponent {
    constructor(public cart: Cart) { }
```

}

为了完成购物车详情功能,在 SportsStore/src/app/store 文件夹中创建 cartDetail.component.html 文件,并添加代码清单 8-19 所示的内容。

代码清单 8-19　SportsStore/src/app/store 文件夹中 cartDetail.component.html 文件的内容

```html
<div class="navbar navbar-inverse bg-inverse">
    <a class="navbar-brand">SPORTS STORE</a>
</div>

<div class="m-a-1">
    <h2 class="text-xs-center">Your Cart</h2>
    <table class="table table-bordered table-striped p-a-1">
        <thead>
            <tr>
                <th>Quantity</th>
                <th>Product</th>
                <th class="text-xs-right">Price</th>
                <th class="text-xs-right">Subtotal</th>
            </tr>
        </thead>
        <tbody>
            <tr *ngIf="cart.lines.length == 0">
                <td colspan="4" class="text-xs-center">
                    Your cart is empty
                </td>
            </tr>
            <tr *ngFor="let line of cart.lines">
                <td>
                    <input type="number" class="form-control-sm"
                        style="width:5em"
                        [value]="line.quantity"
                        (change)="cart.updateQuantity(line.product,
                            $event.target.value)"/>
                </td>
                <td>{{line.product.name}}</td>
                <td class="text-xs-right">
                    {{line.product.price | currency:"USD":true:"2.2-2"}}
                </td>
                <td class="text-xs-right">
                    {{(line.lineTotal) | currency:"USD":true:"2.2-2" }}
                </td>
                <td class="text-xs-center">
                    <button class="btn btn-sm btn-danger"
                        (click)="cart.removeLine(line.product.id)">
                        Remove
                    </button>
```

```html
                </td>
            </tr>
        </tbody>
        <tfoot>
            <tr>
                <td colspan="3" class="text-xs-right">Total:</td>
                <td class="text-xs-right">
                    {{cart.cartPrice | currency:"USD":true:"2.2-2"}}
                </td>
            </tr>
        </tfoot>
    </table>
</div>
<div class="text-xs-center">
    <button class="btn btn-primary" routerLink="/store">Continue Shopping
    </button>
    <button class="btn btn-secondary" routerLink="/checkout"
            [disabled]="cart.lines.length == 0">
        Checkout
    </button>
</div>
```

此模板显示一个表格，用于显示用户的产品选择。对于每个产品，都有一个 input 元素(可用于更改产品数量)和一个 Remove 按钮(用于从购物车中删除该产品)。还有两个导航按钮，允许用户返回到产品列表或继续进行结账流程，如图 8-5 所示。通过 Angular 数据绑定与 Cart 共享对象的组合，用户对购物车所做的任何更改都会立即生效，并导致重新计算价格。如果单击 Continue Shopping 按钮，那么用户所做的更改将反映到产品列表上方所显示的购物车概览组件中。

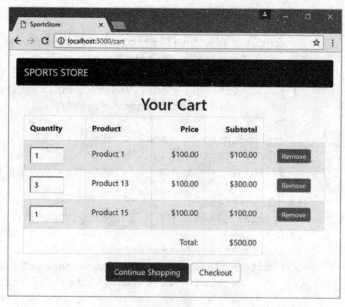

图 8-5　完成购物车详情功能

8.5 处理订单

能够接收客户的订单是网上商店最重要的一个方面。在以下几节中,在现有应用程序的基础上继续添加功能:从用户那里收集订单详情并结账。为了使流程简单化,将略过与付款平台的交易过程,这些平台通常属于后端服务,并不是 Angular 应用程序特有的功能。

8.5.1 扩展模型

为了描述用户的订单,在 SportsStore/src/app/model 文件夹中添加 order.model.ts 文件,并定义代码清单 8-20 所示的代码。

代码清单 8-20　SportsStore/src/app/model 文件夹中 order.model.ts 文件的内容

```typescript
import { Injectable } from "@angular/core";
import { Cart } from "./cart.model";

@Injectable()
export class Order {
    public id: number;
    public name: string;
    public address: string;
    public city: string;
    public state: string;
    public zip: string;
    public country: string;
    public shipped: boolean = false;

    constructor(public cart: Cart) { }

    clear() {
        this.id = null;
        this.name = this.address = this.city = null;
        this.state = this.zip = this.country = null;
        this.shipped = false;
        this.cart.clear();
    }
}
```

Order 类将是另一个服务,因此在整个应用程序中将有一个共享实例。当 Angular 创建 Order 对象时,将遇到构造函数参数 Cart,此时它会把在应用程序其他位置使用的共享 Cart 对象作为实参传入。

1. 更新存储库和数据源

为了处理应用程序中的订单,需要扩展存储库和数据源,以便它们可以接收 Order 对象。代码清单 8-21 向数据源添加了一个方法,用于接收订单。由于这仍然是虚拟数据源,因此该方法只是根据订单生成一个 JSON 字符串,并将其写入 JavaScript 控制台。在下一节中,当创建一个使用 HTTP 请求与 RESTful Web 服务进行通信的数据源时,将使用这些对象做一些更有用的事情。

代码清单 8-21　在 static.datasource.ts 文件中处理订单

```
import { Injectable } from "@angular/core";
import { Product} from "./product.model";
import { Observable } from "rxjs/Observable";
import "rxjs/add/observable/from";
import { Order } from "./order.model";

@Injectable()
export class StaticDataSource {
    private products: Product[] = [
        // ...statements omitted for brevity...
    ];
    getProducts(): Observable<Product[]> {
        return Observable.from([this.products]);
    }
    saveOrder(order: Order): Observable<Order> {
        console.log(JSON.stringify(order));
        return Observable.from([order]);
    }
}
```

为了管理订单,在 SportsStore/src/app/model 文件夹中添加 order.repository.ts 文件,并使用该文件定义代码清单 8-22 中所示的类。目前订单存储库中仅有一个方法,但是在第 9 章中当创建管理特性时将添加更多功能。

■ 提示:
虽然不必针对应用程序中的每个模型类型使用不同的存储库,但是我通常会这样做,这是因为用一个类来负责多个模型类型,可能会让该类变得比较复杂且难以维护。

代码清单 8-22　SportsStore/src/app/model 文件夹中 order.repository.ts 文件的内容

```
import { Injectable } from "@angular/core";
import { Observable } from "rxjs/Observable";
import { Order } from "./order.model";
import { StaticDataSource } from "./static.datasource";

@Injectable()
export class OrderRepository {
    private orders: Order[] = [];

    constructor(private dataSource: StaticDataSource) {}
```

```
    getOrders(): Order[] {
        return this.orders;
    }

    saveOrder(order: Order): Observable<Order> {
        return this.dataSource.saveOrder(order);
    }
}
```

2. 更新功能模块

代码清单8-23使用模型功能模块的providers属性将Order类和新的存储库注册为服务。

代码清单 8-23　在 model.module.ts 文件中注册服务

```
import { NgModule } from "@angular/core";
import { ProductRepository } from "./product.repository";
import { StaticDataSource } from "./static.datasource";
import { Cart } from "./cart.model";
import { Order } from "./order.model";
import { OrderRepository } from "./order.repository";

@NgModule({
    providers: [ProductRepository, StaticDataSource, Cart,
            Order, OrderRepository]
})
export class ModelModule { }
```

8.5.2　收集订单详情

下一步是从用户那里收集完成订单所需的详细信息。Angular 为处理 HTML 表单以及验证表单内容提供了内置指令。代码清单 8-24 准备结账组件：切换到外部模板，将 Order 对象作为构造函数实参，并为模板的方便使用提供一些额外支持。

代码清单 8-24　在 checkout.component.ts 文件中准备表单

```
import { Component } from "@angular/core";
import { NgForm } from "@angular/forms";
import { OrderRepository } from "../model/order.repository";
import { Order } from "../model/order.model";

@Component({
    moduleId: module.id,
    templateUrl: "checkout.component.html",
    styleUrls: ["checkout.component.css"]
})
export class CheckoutComponent {
    orderSent: boolean = false;
```

```
    submitted: boolean = false;

    constructor(public repository: OrderRepository,
                public order: Order) {}

    submitOrder(form: NgForm) {
        this.submitted = true;
        if(form.valid) {
            this.repository.saveOrder(this.order).subscribe(order => {
                this.order.clear();
                this.orderSent = true;
                this.submitted = false;
            });
        }
    }
}
```

当用户提交由 NgForm 对象表示的表单时，将调用 submitOrder 方法。如果表单包含的数据有效，就向存储库的 saveOrder 方法传入 Order 对象，而购物车和订单中的数据将被重置。

@Component 装饰器的 styleUrls 属性用于指定一个或多个 CSS 样式表，Angular 将这些样式应用到组件模板的内容。为了向用户反馈 HTML 表单元素输入值的验证情况，在 SportsStore/src/app/store 文件夹中创建一个名为 checkout.component.css 的文件，并定义代码清单 8-25 所示的样式。

代码清单 8-25　SportsStore/src/app/store 文件夹中 checkout.component.css 文件的内容

```
input.ng-dirty.ng-invalid { border: 2px solid #ff0000 }
input.ng-dirty.ng-valid { border: 2px solid #6bc502 }
```

Angular 通过将元素添加到 ng-dirty、ng-invalid 或 ng-valid 类，以指示其验证状态。将在第 14 章中描述各种用于指示验证状态的 CSS 类，代码清单 8-25 中样式的效果是：在经验证有效的 input 元素周围添加绿色边框，而在无效的 input 元素周围添加红色边框。

拼图的最后一块是组件的模板，它为用户提供了填写 Order 对象属性所需的表单域，如代码清单 8-26 所示。

代码清单 8-26　SportsStore/src/app/store 文件夹中 checkout.component.hmtl 文件的内容

```
<div class="navbar navbar-inverse bg-inverse">
    <a class="navbar-brand">SPORTS STORE</a>
</div>
<div *ngIf="orderSent" class="m-a-1 text-xs-center">
    <h2>Thanks!</h2>
    <p>Thanks for placing your order.</p>
    <p>We'll ship your goods as soon as possible.</p>
```

```html
            <button class="btn btn-primary" routerLink="/store">Return to Store
            </button>
</div>
<form *ngIf="!orderSent" #form="ngForm" novalidate
        (ngSubmit)="submitOrder(form)" class="m-a-1">
    <div class="form-group">
        <label>Name</label>
        <input class="form-control" #name="ngModel" name="name"
            [(ngModel)]="order.name" required />
        <span *ngIf="submitted && name.invalid" class="text-danger">
            Please enter your name
        </span>
    </div>
    <div class="form-group">
        <label>Address</label>
        <input class="form-control" #address="ngModel" name="address"
            [(ngModel)]="order.address" required />
        <span *ngIf="submitted && address.invalid" class="text-danger">
            Please enter your address
        </span>
    </div>
    <div class="form-group">
        <label>City</label>
        <input class="form-control" #city="ngModel" name="city"
            [(ngModel)]="order.city" required />
        <span *ngIf="submitted && city.invalid" class="text-danger">
            Please enter your city
        </span>
    </div>
    <div class="form-group">
        <label>State</label>
        <input class="form-control" #state="ngModel" name="state"
            [(ngModel)]="order.state" required />
        <span *ngIf="submitted && state.invalid" class="text-danger">
            Please enter your state
        </span>
    </div>
    <div class="form-group">
        <label>Zip/Postal Code</label>
        <input class="form-control" #zip="ngModel" name="zip"
            [(ngModel)]="order.zip" required />
        <span *ngIf="submitted && zip.invalid" class="text-danger">
            Please enter your zip/postal code
        </span>
    </div>
    <div class="form-group">
        <label>Country</label>
        <input class="form-control" #country="ngModel" name="country"
            [(ngModel)]="order.country" required />
```

```
            <span *ngIf="submitted && country.invalid" class="text-danger">
                Please enter your country
            </span>
        </div>
        <div class="text-xs-center">
            <button class="btn btn-secondary" routerLink="/cart">Back</button>
            <button class="btn btn-primary" type="submit">Complete Order
            </button>
        </div>
</form>
```

这个模板中的 form 和 input 元素使用 Angular 特性来确保用户为每个表单域都提供值，如果用户单击 Complete Order 按钮而不填写表单，那么这些元素将提供可视化反馈。在这些可视化反馈中，有一部分来自代码清单 8-25 中定义的样式，还有一部分来自一直隐藏的 span 元素，当用户尝试提交无效的表单时这些元素才显示出来。

> **提示：**
> 必填值只是 Angular 验证表单域的方式之一，正如在第 14 章中解释的那样，还可以轻松添加自定义验证。

要查看这个验证过程，请从产品列表开始，然后单击其中一个 Add To Cart 按钮，将产品添加到购物车中。单击 Checkout 按钮，就会看到如图 8-6 所示的 HTML 表单。单击 Complete Order 按钮，而不向任何 input 元素中输入文本，就会看到验证反馈消息。而填写表单并单击 Complete Order 按钮，将会看到图 8-6 中所示的确认信息。

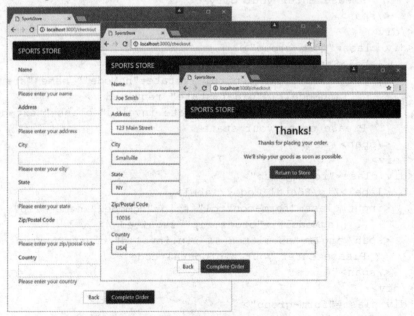

图 8-6　完成订单

如果查看浏览器的 JavaScript 控制台，就会看到订单的 JSON 表示，如下所示：

```
{"cart":
    {"lines":[
        {"product":{"id":1,"name":"Product 1","category":"Category 1",
        "description":"Product 1 (Category 1)","price":100},"quantity":1}],
        "itemCount":1,"cartPrice":100},
    "shipped":false,
    "name":"Joe Smith","address":"123 Main Street",
    "city":"Smallville","state":"NY","zip":"10036","country":"USA"
}
```

8.6 使用 RESTful Web 服务

在完成基本的 SportsStore 功能之后，现在是时候把虚拟数据源替换成从 RESTful Web 服务(在第 9 章设置项目期间创建)获取数据。

为了创建数据源，在 SportsStore/src/app/model 文件夹中添加 rest.datasource.ts 文件，并添加代码清单 8-27 所示的代码。

代码清单 8-27 SportsStore/src/app/model 文件夹中 rest.datasource.ts 文件的内容

```typescript
import { Injectable } from "@angular/core";
import { Http, Request, RequestMethod } from "@angular/http";
import { Observable } from "rxjs/Observable";
import { Product } from "./product.model";
import { Cart } from "./cart.model";
import { Order } from "./order.model";
import "rxjs/add/operator/map";

const PROTOCOL = "http";
const PORT = 3500;

@Injectable()
export class RestDataSource {
    baseUrl: string;

    constructor(private http: Http) {
        this.baseUrl = `${PROTOCOL}://${location.hostname}:${PORT}/`;
    }

    getProducts(): Observable<Product[]> {
        return this.sendRequest(RequestMethod.Get, "products");
    }

    saveOrder(order: Order): Observable<Order> {
        return this.sendRequest(RequestMethod.Post, "orders", order);
    }
```

```
    private sendRequest(verb: RequestMethod,
        url: string, body?: Product | Order): Observable<Product | Order> {
      return this.http.request(new Request({
        method: verb,
        url: this.baseUrl + url,
        body: body
      })).map(response => response.json());
    }
}
```

Angular 提供了一项名为 Http 的内置服务，用于进行 HTTP 请求。RestDataSource 构造函数接收 Http 服务实参，并使用浏览器提供的全局对象 location 来确定这些 HTTP 请求的目标 URL(即加载应用程序的同一主机上的 3500 端口)。

RestDataSource 类定义的公开方法与静态数据源定义的方法一一对应，这些方法通过调用私有方法 sendRequest 实现，而该方法使用第 24 章中描述的 Http 服务。

■ 提示：
当通过 HTTP 获取数据时，网络拥塞或服务器负载过重可能会造成请求延迟，并导致用户看到应用程序没有加载数据时的状态。在第 27 章中将讲解如何配置路由系统以防止出现此类问题。

应用数据源

为了完成本章内容，我将重新配置应用程序，以应用 RESTful 数据源，只需要通过修改单个文件即可完成从虚拟数据到 REST 数据的切换。代码清单 8-28 修改了模型功能模块中数据源服务的行为。

代码清单 8-28　修改 model.module.ts 文件中的服务配置

```
import { NgModule } from "@angular/core";
import { ProductRepository } from "./product.repository";
import { StaticDataSource } from "./static.datasource";
import { Cart } from "./cart.model";
import { Order } from "./order.model";
import { OrderRepository } from "./order.repository";
import { RestDataSource } from "./rest.datasource";
import { HttpModule } from "@angular/http";

@NgModule({
    imports: [HttpModule],
    providers: [ProductRepository, Cart, Order, OrderRepository,
        { provide: StaticDataSource, useClass: RestDataSource }]
})
export class ModelModule { }
```

imports 属性用于声明对 HttpModule 功能模块的依赖关系，该模块提供了代码清单 8-27 中使用的 Http 服务。对 providers 属性的修改告诉 Angular，当创建某个类的实例时，如果该类的构造函数参数是 StaticDataSource 类型，那么 Angular 应该使用 RestDataSource 类。由于两个对象都定义了相同的方法，考虑到 JavaScript 类型系统的动态特性，这里的替换将无缝地进行。在保存所有更改且浏览器重新加载应用程序后，将看到虚拟数据已被替换为通过 HTTP 获取的数据，如图 8-7 所示。

图 8-7　使用 RESTful Web 服务

　　如果完成产品选择和结账的过程，那么通过导航到下面这个 URL 就可以看到数据源将订单写入 Web 服务：

```
http://localhost:3500/db
```

　　这将显示数据库的完整内容，包括订单集合。用户无法请求/orders URL，这是因为需要进行身份验证(在下一章中设置)。

■ 提示：
　　请记住，如果重新启动 npm，那么 RESTful Web 服务提供的数据将被重置，且重置为在第 7 章中定义的数据。

8.7 本章小结

本章继续向 SportsStore 应用程序添加功能，增加了结账流程，让用户可以向购物车中放置产品以及结束购物过程。在本章最后，将虚拟数据源替换为向 RESTful Web 服务发送 HTTP 请求的数据源。下一章将创建管理功能，用于管理 SportsStore 数据。

第 9 章

SportsStore：管理

在本章中，将继续构建 SportsStore 应用程序，为其添加管理功能。由于需要使用管理功能的用户相对较少，因此强制所有用户下载不太可能用到的后台管理代码和内容就是一种浪费资源的做法。更好的做法是，将管理功能放在一个功能模块中，只有在需要进行管理时才会加载该模块。

9.1 准备示例应用程序

在本节中准备好应用程序：创建功能模块，添加一些初始内容，设置应用程序的其余部分以便可以动态加载该模块。

本章不需要进行准备工作，继续使用第 8 章中的 SportsStore 项目。要启动 RESTful Web 服务，请打开命令提示符并在 SportsStore 文件夹中运行以下命令：

```
npm run json
```

再打开一个命令提示符，并在 SportsStore 文件夹中运行以下命令，以启动开发工具和 HTTP 服务器：

```
ng serve --port 3000 --open
```

■ 提示：
如果不想从前面的章开始，可以从 https://github.com/Apress/pro-angular-2ed 网站下载本书附带的免费源代码，里面包含每章的 SportsStore 项目。

9.1.1 创建模块

这个功能模块的创建过程遵循与应用程序其余部分相同的模式，但重要的是应用程序的其他部分不依赖这个模块或这个模块包含的类，否则就会破坏模块的动态加载功能，导致 JavaScript 模块加载器加载管理代码，即使不会真正用到后台管理功能。

要创建后台管理功能，首先就要实现身份验证，因此在 SportsStore/src/app/admin 文件夹中创建一个名为 auth.component.ts 的文件，并使用该文件定义代码清单 9-1 所示的组件。

代码清单 9-1　SportsStore/src/app/admin 文件夹中 auth.component.ts 文件的内容

```typescript
import { Component } from "@angular/core";
import { NgForm } from "@angular/forms";
import { Router } from "@angular/router";

@Component({
    moduleId: module.id,
    templateUrl: "auth.component.html"
})
export class AuthComponent {
    public username: string;
    public password: string;
    public errorMessage: string;

    constructor(private router: Router) { }

    authenticate(form: NgForm) {
        if(form.valid) {
            // perform authentication
            this.router.navigateByUrl("/admin/main");
        } else {
            this.errorMessage = "Form Data Invalid";
        }
    }
}
```

该组件定义了属性 username 和 password(用户名和密码，用于验证用户身份)、errorMessage 属性(当存在问题时用于向用户显示消息)以及 authenticate 方法(将来用于执行身份验证过程，但目前没有什么作用)。

为了给组件提供模板，在 SportsStore/src/app/admin 文件夹中创建一个名为 auth.component.html 的文件，并添加代码清单 9-2 所示的内容。

代码清单 9-2　SportsStore/src/app/admin 文件夹中 auth.component.html 文件的内容

```html
<div class="bg-info p-a-1 text-xs-center">
    <h3>SportsStore Admin</h3>
</div>
<div class="bg-danger m-t-1 p-a-1 text-xs-center"
        *ngIf="errorMessage != null">
    {{errorMessage}}
</div>
<div class="p-a-1">
    <form novalidate #form="ngForm" (ngSubmit)="authenticate(form)">
        <div class="form-group">
            <label>Name</label>
            <input class="form-control" name="username"
                [(ngModel)]="username" required />
```

```html
        </div>
        <div class="form-group">
            <label>Password</label>
            <input class="form-control" type="password" name="password"
                [(ngModel)]="password" required />
        </div>
        <div class="text-xs-center">
            <button class="btn btn-secondary" routerLink="/">
                Go back
            </button>
            <button class="btn btn-primary" type="submit">Log In</button>
        </div>
    </form>
</div>
```

该模板包含一个 HTML 表单，它针对组件的一些属性使用双向数据绑定表达式。有一个按钮用于提交表单，有另一个按钮用于导航到根 URL，还有一个仅在有需要显示的错误消息时才可见的 div 元素。

为了给管理功能创建占位符内容，在 SportsStore/src/app/admin 文件夹中添加一个名为 admin.component.ts 的文件，并定义代码清单 9-3 所示的组件。

代码清单 9-3　SportsStore/src/app/admin 文件夹中 admin.component.ts 文件的内容

```typescript
import { Component } from "@angular/core";

@Component({
    moduleId: module.id,
    templateUrl: "admin.component.html"
})
export class AdminComponent {}
```

这个组件目前并未包含任何功能。为了给该组件提供模板，向 SportsStore/src/app/admin 文件夹中添加一个名为 admin.component.html 的文件，并添加如代码清单 9-4 所示的占位符内容。

代码清单 9-4　SportsStore/src/app/admin 文件夹中 admin.component.html 文件的内容

```html
<div class="bg-info p-a-1">
    <h3>Placeholder for Admin Features</h3>
</div>
```

为了定义功能模块，在 SportsStore/src/app/admin 文件夹中添加一个名为 admin.module.ts 的文件，并添加如代码清单 9-5 所示的代码。

代码清单 9-5　SportsStore/src/app/admin 文件夹中 admin.module.ts 文件的内容

```typescript
import { NgModule } from "@angular/core";
import { CommonModule } from "@angular/common";
import { FormsModule } from "@angular/forms";
```

```
import { RouterModule } from "@angular/router";
import { AuthComponent } from "./auth.component";
import { AdminComponent } from "./admin.component";

let routing = RouterModule.forChild([
    { path: "auth", component: AuthComponent },
    { path: "main", component: AdminComponent },
    { path: "**", redirectTo: "auth" }
]);

@NgModule({
    imports: [CommonModule, FormsModule, routing],
    declarations: [AuthComponent, AdminComponent]
})
export class AdminModule {}
```

　　创建动态加载模块与创建普通模块的主要区别在于：这个功能模块必须是自包容的，并且包含Angular需要的所有信息，包括支持的路由URL以及这些URL所显示的组件。

　　RouterModule.forChild方法用于定义功能模块的路由配置，然后将该配置信息添加到模块的imports属性中。

　　"禁止从动态加载的模块中导出类"这条规则不适用于imports属性。该模块依赖模型功能模块中的功能，该功能已被添加到模块的imports属性中，以便组件可以访问模型类和存储库。

9.1.2　配置 URL 路由系统

　　动态加载的模块通过路由配置进行管理，当应用程序导航到特定URL时触发加载过程。代码清单 9-6 扩展了应用程序的路由配置，这样当用户导航到/admin URL时就会加载管理功能模块。

代码清单 9-6　在 app.module.ts 文件中配置动态加载模块

```
import { NgModule } from "@angular/core";
import { BrowserModule } from "@angular/platform-browser";
import { AppComponent } from "./app.component";
import { StoreModule } from "./store/store.module";
import { StoreComponent } from "./store/store.component";
import { CheckoutComponent } from "./store/checkout.component";
import { CartDetailComponent } from "./store/cartDetail.component";
import { RouterModule } from "@angular/router";
import { StoreFirstGuard } from "./storeFirst.guard";

@NgModule({
    imports: [BrowserModule, StoreModule,
        RouterModule.forRoot([
            {
                path: "store", component: StoreComponent,
```

```
            canActivate: [StoreFirstGuard]
        },
        {
            path: "cart", component: CartDetailComponent,
            canActivate: [StoreFirstGuard]
        },
        {
            path: "checkout", component: CheckoutComponent,
            canActivate: [StoreFirstGuard]
        },
        {
            path: "admin",
            loadChildren: "app/admin/admin.module#AdminModule",
            canActivate: [StoreFirstGuard]
        },
        { path: "**", redirectTo: "/store" }
    ])],
    providers: [StoreFirstGuard],
    declarations: [AppComponent],
    bootstrap: [AppComponent]
})
export class AppModule { }
```

新路由告诉 Angular，当应用程序导航到/admin URL 时，它应该从/app/admin/admin.module.ts 文件加载由名为 AdminModule 的类定义的功能模块。当 Angular 处理管理模块时，它会将该模块包含的路由信息合并到整个路由集合中，并完成导航。

9.1.3 导航到管理 URL

最后一步准备工作是向用户提供导航到/admin URL 的功能，以便加载管理功能模块并将其组件显示给用户。代码清单 9-7 向商店组件的模板添加一个按钮来执行这个导航。

代码清单 9-7　在 store.component.html 文件添加导航按钮

```html
<div class="navbar navbar-inverse bg-inverse">
    <a class="navbar-brand">SPORTS STORE</a>
    <cart-summary></cart-summary>
</div>
<div class="col-xs-3 p-a-1">
    <button class="btn btn-block btn-outline-primary"
            (click)="changeCategory()">
        Home
    </button>
    <button *ngFor="let cat of categories"
            class="btn btn-outline-primary btn-block"
            [class.active]="cat == selectedCategory"
            (click)="changeCategory(cat)">
        {{cat}}
```

```
        </button>
        <button class="btn btn-block btn-danger m-t-3" routerLink="/admin">
            Admin
        </button>
</div>
<div class="col-xs-9 p-a-1">
    <!-- ...elements omitted for brevity... -->
</div>
```

为了看到实际效果,使用浏览器的 F12 开发者工具查看在应用程序加载时浏览器发出的网络请求。起初浏览器并不会加载管理模块的那些文件,直到单击 Admin 按钮时,Angular 才请求这些文件并显示图 9-1 所示的登录页面。

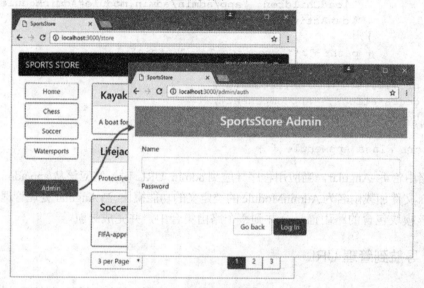

图 9-1 使用动态加载模块

在表单域中输入任意用户名和密码,然后单击 Log In 按钮,就可以看到占位符内容,如图 9-2 所示。如果让任意一个表单域留空,就会显示一条警告消息。

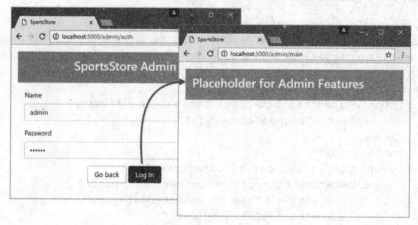

图 9-2 占位符管理功能

9.2 实现身份验证

在第 7 章中我们已经配置 RESTful Web 服务,要求对所有执行后台管理的请求进行身份验证。在以下几节中,将扩展数据模型以支持经过身份验证的 HTTP 请求并将其集成到管理模块中。

9.2.1 理解身份验证系统

当使用 RESTful Web 服务进行身份验证时,我们得到的结果是一个 JSON Web 令牌(JSON Web Token,JWT),它由服务器返回。应用程序在任何后续请求中都必须包含该令牌,以说明该应用程序经过授权可以执行受保护的操作。可以通过 https://tools.ietf.org/html/rfc7519 阅读 JWT 规范,但是对于 SportsStore 应用程序来说,只需要知道 Angular 应用程序可以通过向/login URL 发送 POST 请求来进行身份验证(在请求正文中包含 JSON 格式的对象,其中含有 name 和 password 属性)。在第 7 章中使用的身份验证码中只有一组有效凭据,如表 9-1 所示。

表 9-1 RESTful Web 服务支持的身份验证凭据

用户名	密码
admin	secret

正如第 7 章中提到的,不应该在实际项目中硬编码身份凭据,但这里是 SportsStore 应用程序所需的用户名和密码。

如果向/login URL 发送正确的身份凭据,那么 RESTful Web 服务返回的响应中将包含一个类似下面的 JSON 对象:

```
{
"success": true,
"token":"eyJhbGciOiJIUzI1NiIsInR5cCI6IkpXVCJ9.eyJkYXRhIjoiYWRtaW4iLCJle
HBpcmVzSW4iOiIxaCIsImlhdCI6MTQ3ODk1NjI1Mn0.lJaDDrSu-bHBtdWrz0312p_DG5tKypGv
6cANgOyzlg8"
}
```

success 属性描述身份验证操作的结果,而 token 属性包含 JWT,在后续的请求中应该按照以下格式使用 Authorization HTTP 头部将该凭据包含在请求中:

```
Authorization: Bearer<eyJhbGciOiJIUzI1NiIsInR5cCI6IkpXVCJ9.
eyJkYXRhIjoiYWRtaW4iLCJleHBpcmVzSW4iOiIxaCIsImlhdCI6MTQ3ODk1NjI1Mn0.
lJaDDrSu-bHBtdWrz0312p_DG5tKypGv6cANgOyzlg8>
```

经过配置,服务器返回的 JWT 令牌在 1 小时后过期。

如果向服务器发送了错误的身份凭据,那么响应中返回的 JSON 对象将只包含一个值为 false 的 success 属性,如下所示:

```
{
    "success": false
}
```

9.2.2 扩展数据源

RESTful 数据源是完成大部分工作的类,这是因为它负责将身份验证请求发送到/login URL,并在后续请求中包含 JWT。代码清单 9-8 向 RestDataSource 类添加身份验证功能,并扩展 sendRequest 方法,以便它可以在请求中包含 JWT。

代码清单 9-8　在 rest.datasource.ts 文件中添加身份验证

```typescript
import { Injectable } from "@angular/core";
import { Http, Request, RequestMethod } from "@angular/http";
import { Observable } from "rxjs/Observable";
import { Product } from "./product.model";
import { Cart } from "./cart.model";
import { Order } from "./order.model";
import "rxjs/add/operator/map";

const PROTOCOL = "http";
const PORT = 3500;

@Injectable()
export class RestDataSource {
    baseUrl: string;
    auth_token: string;

    constructor(private http: Http) {
        this.baseUrl = `${PROTOCOL}://${location.hostname}:${PORT}/`;
    }

    authenticate(user: string, pass: string): Observable<boolean> {
        return this.http.request(new Request({
            method: RequestMethod.Post,
            url: this.baseUrl + "login",
            body: { name: user, password: pass }
        })).map(response => {
            let r = response.json();
            this.auth_token = r.success ? r.token : null;
            return r.success;
        });
    }

    getProducts(): Observable<Product[]> {
        return this.sendRequest(RequestMethod.Get, "products")
            as Observable<Product[]>;
    }
```

```
    saveOrder(order: Order): Observable<Order> {
        return this.sendRequest(RequestMethod.Post,
            "orders", order) as Observable<Order>;
    }

    private sendRequest(verb: RequestMethod,
            url: string, body?: Product | Order, auth: boolean = false)
            : Observable<Product | Product[] | Order | Order[]> {

        let request = new Request({
            method: verb,
            url: this.baseUrl + url,
            body: body
        });
        if(auth && this.auth_token != null) {
            request.headers.set("Authorization",
                `Bearer<${this.auth_token}>`);
        }
        return this.http.request(request).map(response =>
            response.json());
    }
}
```

9.2.3 创建身份验证服务

为了不将数据源直接暴露给应用程序的其余部分，我们创建一个服务，可用于执行身份验证并确定应用程序是否已通过身份验证。在 SportsStore/src/app/model 文件夹中添加一个名为 auth.service.ts 的文件，并定义代码清单 9-9 所示的类。

代码清单 9-9 SportsStore/src/app/model 文件夹中 auth.service.ts 文件的内容

```
import { Injectable } from "@angular/core";
import { Observable } from "rxjs/Observable";
import { RestDataSource } from "./rest.datasource";
import "rxjs/add/operator/map";

@Injectable()
export class AuthService {

    constructor(private datasource: RestDataSource) {}

    authenticate(username: string, password: string): Observable<boolean> {
        return this.datasource.authenticate(username, password);
    }

    get authenticated(): boolean {
        return this.datasource.auth_token != null;
    }
```

```
    clear() {
        this.datasource.auth_token = null;
    }
}
```

AuthService 类的 authenticate 方法接收用户的凭据并将其转发给数据源的 authenticate 方法，返回一个 Observable 对象。如果身份验证过程成功，则返回 true，否则返回 false。authenticated 属性是一个只读属性，如果数据源已获得身份验证令牌，则返回 true。clear 方法从数据源中删除令牌。

代码清单 9-10 使用模型功能模块注册这个新服务。它还为 RestDataSource 类添加一个 providers 条目，该类在前几章仅用作 StaticDataSource 类的替代。由于 AuthService 类有一个 RestDataSource 构造函数参数，因此需要在模块中有对应的条目。

代码清单 9-10　在 model.module.ts 文件中配置服务

```
import { NgModule } from "@angular/core";
import { ProductRepository } from "./product.repository";
import { StaticDataSource } from "./static.datasource";
import { Cart } from "./cart.model";
import { Order } from "./order.model";
import { OrderRepository } from "./order.repository";
import { RestDataSource } from "./rest.datasource";
import { HttpModule } from "@angular/http";
import { AuthService } from "./auth.service";

@NgModule({
    imports: [HttpModule],
    providers: [ProductRepository, Cart, Order, OrderRepository,
        { provide: StaticDataSource, useClass: RestDataSource },
        RestDataSource, AuthService]
})
export class ModelModule { }
```

9.2.4　启用身份验证

下一步是把获取用户凭据的组件连入，通过新服务执行身份验证，如代码清单 9-11 所示。

代码清单 9-11　在 auth.component.ts 文件中启用身份验证

```
import { Component } from "@angular/core";
import { NgForm } from "@angular/forms";
import { Router } from "@angular/router";
import { AuthService } from "../model/auth.service";

@Component({
```

```
    moduleId: module.id,
    templateUrl: "auth.component.html"
})
export class AuthComponent {
    public username: string;
    public password: string;
    public errorMessage: string;

    constructor(private router: Router,
                private auth: AuthService) { }

    authenticate(form: NgForm) {
        if(form.valid) {
            this.auth.authenticate(this.username, this.password)
                .subscribe(response => {
                    if(response) {
                        this.router.navigateByUrl("/admin/main");
                    }
                    this.errorMessage = "Authentication Failed";
                })
        } else {
            this.errorMessage = "Form Data Invalid";
        }
    }
}
```

为了防止应用程序直接导航到管理功能(这将导致发送没有令牌的 HTTP 请求),在 SportsStore/src/app/admin 文件夹中添加一个名为 auth.guard.ts 的文件,并定义代码清单 9-12 所示的路由守卫。

代码清单 9-12　SportsStore/src/app/admin 文件夹中 auth.guard.ts 文件的内容

```
import { Injectable } from "@angular/core";
import { ActivatedRouteSnapshot, RouterStateSnapshot,
         Router } from "@angular/router";
import { AuthService } from "../model/auth.service";

@Injectable()
export class AuthGuard {

    constructor(private router: Router,
                private auth: AuthService) { }

    canActivate(route: ActivatedRouteSnapshot,
        state: RouterStateSnapshot): boolean {

        if (!this.auth.authenticated) {
            this.router.navigateByUrl("/admin/auth");
            return false;
```

                }
                return true;
        }
}
```

代码清单 9-13 将路由守卫应用到管理功能模块定义的一条路由。

### 代码清单 9-13　在 admin.module.ts 文件中守卫路由

```
import { NgModule } from "@angular/core";
import { CommonModule } from "@angular/common";
import { FormsModule } from "@angular/forms";
import { RouterModule } from "@angular/router";
import { AuthComponent } from "./auth.component";
import { AdminComponent } from "./admin.component";
import { AuthGuard } from "./auth.guard";

let routing = RouterModule.forChild([
    { path: "auth", component: AuthComponent },
    { path: "main", component: AdminComponent, canActivate: [AuthGuard] },
    { path: "**", redirectTo: "auth" }
]);

@NgModule({
    imports: [CommonModule, FormsModule, routing],
    providers: [AuthGuard],
    declarations: [AuthComponent, AdminComponent]
})
export class AdminModule {}
```

要测试身份验证功能，请单击 Admin 按钮，输入一些凭据，然后单击 Log In 按钮。如果输入的是表 9-1 中的凭据，就会看到管理功能的占位符内容。如果输入其他凭据，就会看到一条错误消息。图 9-3 给出了这两种结果。

图 9-3　测试身份验证功能
```

> **■ 提示:**
> 令牌不会被永久存储,因此可以通过重新加载浏览器中的应用程序,从头开始并尝试使用一组不同的凭据。

9.3 扩展数据源和存储库

在完成身份验证系统之后,下一步是扩展数据源,让数据源可以发送经过身份验证的请求,并在订单和产品存储库类中公开这些功能。代码清单 9-14 向数据源添加了几个含有身份验证令牌的方法。

代码清单 9-14 在 rest.datasourcec.ts 文件中添加新操作

```
import { Injectable } from "@angular/core";
import { Http, Request, RequestMethod } from "@angular/http";
import { Observable } from "rxjs/Observable";
import { Product } from "./product.model";
import { Cart } from "./cart.model";
import { Order } from "./order.model";
import "rxjs/add/operator/map";

const PROTOCOL = "http";
const PORT = 3500;

@Injectable()
export class RestDataSource {
    baseUrl: string;
    auth_token: string;

    constructor(private http: Http) {
        this.baseUrl = `${PROTOCOL}://${location.hostname}:${PORT}/`;
    }

    authenticate(user: string, pass: string): Observable<boolean> {
        return this.http.request(new Request({
            method: RequestMethod.Post,
            url: this.baseUrl + "login",
            body: { name: user, password: pass }
        })).map(response => {
            let r = response.json();
            this.auth_token = r.success ? r.token : null;
            return r.success;
        });
    }

    getProducts(): Observable<Product[]> {
        return this.sendRequest(RequestMethod.Get, "products")
```

```typescript
            as Observable<Product[]>;
    }

    saveProduct(product: Product): Observable<Product> {
        return this.sendRequest(RequestMethod.Post, "products",
            product, true);
    }

    updateProduct(product): Observable<Product> {
        return this.sendRequest(RequestMethod.Put,
            `products/${product.id}`, product, true)as Observable<Product>;

    }

    deleteProduct(id: number): Observable<Product> {
        return this.sendRequest(RequestMethod.Delete,
            `products/${id}`, null, true)as Observable<Product>;
    }

    getOrders(): Observable<Order[]> {
        return this.sendRequest(RequestMethod.Get,
            "orders", null, true)as Observable<Order[]>;
    }

    deleteOrder(id: number): Observable<Order> {
        return this.sendRequest(RequestMethod.Delete,
            `orders/${id}`, null, true)as Observable<Order>;

    }

    updateOrder(order: Order): Observable<Order> {
        return this.sendRequest(RequestMethod.Put,
            `orders/${order.id}`, order, true)as Observable<Order>;
    }

    saveOrder(order: Order): Observable<Order> {
        return this.sendRequest(RequestMethod.Post,
            "orders", order)as Observable<Order>;
    }

    private sendRequest(verb: RequestMethod,
            url: string, body?: Product | Order, auth: boolean = false)
                : Observable<Product | Product[] | Order | Order[]> {

        let request = new Request({
            method: verb,
            url: this.baseUrl + url,
            body: body
        });
```

```
        if(auth && this.auth_token != null) {
            request.headers.set("Authorization",
                `Bearer<${this.auth_token}>`);
        }
        return this.http.request(request).map(response => response.json());
    }
}
```

代码清单9-15向产品存储库类中添加了几个新方法,可用来创建、更新或删除产品。
saveProduct方法负责创建和更新产品,在使用由组件管理的单个对象时,这种方法可以很
好地工作,你将在本章后面看到这一点。这个代码清单还把构造函数参数的类型更改为
RestDataSource。

代码清单9-15　在product.datasourcec.ts文件中添加新操作

```
import { Injectable } from "@angular/core";
import { Product } from "./product.model";
import { RestDataSource } from "./rest.datasource";

@Injectable()
export class ProductRepository {
    private products: Product[] = [];
    private categories: string[] = [];

    constructor(private dataSource: RestDataSource) {
        dataSource.getProducts().subscribe(data => {
            this.products = data;
            this.categories = data.map(p => p.category)
                .filter((c, index, array) => array.indexOf(c) == index).sort();
        });
    }

    getProducts(category: string = null): Product[] {
        return this.products
            .filter(p => category == null || category == p.category);
    }

    getProduct(id: number): Product {
        return this.products.find(p => p.id == id);
    }

    getCategories(): string[] {
        return this.categories;
    }

    saveProduct(product: Product) {
        if(product.id == null || product.id == 0) {
            this.dataSource.saveProduct(product)
                .subscribe(p => this.products.push(p));
```

```
            } else {
                this.dataSource.updateProduct(product)
                    .subscribe(p => {
                        this.products.splice(this.products.
                            findIndex(p => p.id == product.id), 1, product);
                    });
            }
        }

        deleteProduct(id: number) {
            this.dataSource.deleteProduct(id).subscribe(p => {
                this.products.splice(this.products.
                    findIndex(p => p.id == id), 1);
            })
        }
    }
```

代码清单9-16对订单存储库进行相应的修改，添加方法来修改和删除订单。

代码清单9-16　在order.repository.ts文件中添加新操作

```
import { Injectable } from "@angular/core";
import { Observable } from "rxjs/Observable";
import { Order } from "./order.model";
import { RestDataSource } from "./rest.datasource";

@Injectable()
export class OrderRepository {
    private orders: Order[] = [];
    private loaded: boolean = false;

    constructor(private dataSource: RestDataSource) {}

    loadOrders() {
        this.loaded = true;
        this.dataSource.getOrders()
            .subscribe(orders => this.orders = orders);
    }

    getOrders(): Order[] {
        if(!this.loaded) {
            this.loadOrders();
        }
        return this.orders;
    }

    saveOrder(order: Order): Observable<Order> {
        return this.dataSource.saveOrder(order);
    }
```

```
    updateOrder(order: Order) {
        this.dataSource.updateOrder(order).subscribe(order => {
            this.orders.splice(this.orders.
                findIndex(o => o.id == order.id), 1, order);
        });
    }

    deleteOrder(id: number) {
        this.dataSource.deleteOrder(id).subscribe(order => {
            this.orders.splice(this.orders.findIndex(o => id == o.id));
        });
    }
}
```

订单存储库定义了 loadOrders 方法，该方法从存储库获取订单，并用来确保在执行身份验证之前不会向 RESTful Web 服务发送请求。

9.4 创建管理功能结构

目前我们已经完成身份验证系统，并且全面实现了存储库，现在可以创建用来显示管理功能的结构，下面我们将在现有的 URL 路由配置上创建该结构。表 9-2 列出了将要支持的 URL 以及将要呈现给用户的全部功能。

表 9-2 管理功能的 URL

名称	描述
/admin/main/products	导航到这个 URL 将在表格中显示所有产品，表格中还有按钮可用来编辑或删除现有产品或者创建新产品
/admin/main/products/create	导航到这个 URL 将为用户呈现一个空的编辑器来创建新产品
/admin/main/products/edit/1	导航到这个 URL 将为用户呈现一个编辑器来编辑指定的现有产品，该编辑器的表单域中已经填写好产品的相关数据
/admin/main/orders	导航到这个 URL 将为用户呈现一个包含所有订单的表格，其中还有按钮可用于将订单标记为已发货或取消订单(通过删除来取消订单)

9.4.1 创建占位符组件

我发现向 Angular 项目添加功能的最简单的方法是：定义具有占位符内容的组件，并围绕它们构建应用程序的结构。一旦完成结构，再返回到这些组件并具体实现这些功能。对于管理功能，首先在 SportsStore/src/app/admin 文件夹中添加一个名为 productTable.component.ts 的文件，并定义代码清单 9-17 所示的组件。该组件将负责显示产品列表，此外还有用于编辑和删除这些产品或创建新产品所需的按钮。

代码清单 9-17 SportsStore/src/app/admin 文件夹中 productTable.component.ts 文件的内容

```typescript
import { Component } from "@angular/core";
@Component({
    template: `<div class="bg-info p-a-1">
                <h3>Product Table Placeholder</h3>
              </div>`
})
export class ProductTableComponent { }
```

在 SportsStore/src/app/admin 文件夹中添加一个名为 productEditor.component.ts 的文件，并将其用于定义代码清单 9-18 所示的组件，我们将通过该组件从用户那里获取创建或编辑产品所需的详细信息。

代码清单 9-18 SportsStore/src/app/admin 文件夹中 productEditor.component.ts 文件的内容

```typescript
import { Component } from "@angular/core";
@Component({
    template:`<div class="bg-warning p-a-1">
                <h3>Product Editor Placeholder</h3>
              </div>`
})
export class ProductEditorComponent { }
```

为了创建负责管理客户订单的组件，在 SportsStore/src/app/admin 文件夹中添加一个名为 orderTable.component.ts 的文件，并添加代码清单 9-19 所示的代码。

代码清单 9-19 SportsStore/src/app/admin 文件夹中 orderTable.component.ts 文件的内容

```typescript
import { Component } from "@angular/core";
@Component({
    template:`<div class="bg-primary p-a-1">
                <h3>Order Table Placeholder</h3>
              </div>`
})
export class OrderTableComponent { }
```

9.4.2 准备常用内容和功能模块

在上一节中创建的组件将负责特定功能。为了将这些功能集成在一起，让用户能够在不同功能之间进行导航，需要修改占位符组件的模板(一直用来演示身份验证成功的结果)。将占位符内容替换成代码清单 9-20 所示的元素。

代码清单 9-20　替换 admin.component.html 文件的内容

```html
<div class="navbar navbar-inverse bg-info">
    <a class="navbar-brand">SPORTS STORE Admin</a>
</div>
<div class="m-t-1">
    <div class="col-xs-3">
        <button class="btn btn-outline-info btn-block"
                routerLink="/admin/main/products"
                routerLinkActive="active">
            Products
        </button>
        <button class="btn btn-outline-info btn-block"
                routerLink="/admin/main/orders"
                routerLinkActive="active">
            Orders
        </button>
        <button class="btn btn-outline-danger btn-block"
                (click)="logout()">
            Logout
        </button>
    </div>
    <div class="col-xs-9">
        <router-outlet></router-outlet>
    </div>
</div>
```

此模板包含一个 router-outlet 元素，用于显示上一节中的组件。还有一些按钮，可以将应用程序导航到 URL /admin/main/products 和 /admin/main/orders，这些 URL 分别选择产品功能或订单功能。这些按钮使用了 routerLinkActive 属性，当由 routerLink 属性指定的路由处于活动状态时，该属性将宿主元素添加到指定的 CSS 类。

该模板还包含一个 Logout 按钮，该按钮有一个事件绑定，其目标为 logout 方法。代码清单 9-21 将该方法添加到 AdminComponent 组件中，该方法使用身份验证服务来删除不记名令牌，并将应用程序导航到默认 URL。

代码清单 9-21　在 admin.component.ts 文件中实现 logout 方法

```typescript
import { Component } from "@angular/core";
import { Router } from "@angular/router";
import { AuthService } from "../model/auth.service";

@Component({
    moduleId: module.id,
    templateUrl: "admin.component.html"
})
export class AdminComponent {

    constructor(private auth: AuthService,
```

```
            private router: Router) { }

    logout() {
        this.auth.clear();
        this.router.navigateByUrl("/");
    }
}
```

代码清单 9-22 启用每个管理功能都用到的占位符组件,并扩展 URL 路由配置,以实现表 9-2 中的 URL。

代码清单 9-22　在 admin.module.ts 文件中配置功能模块

```
import { NgModule } from "@angular/core";
import { CommonModule } from "@angular/common";
import { FormsModule } from "@angular/forms";
import { RouterModule } from "@angular/router";
import { AuthComponent } from "./auth.component";
import { AdminComponent } from "./admin.component";
import { AuthGuard } from "./auth.guard";
import { ProductTableComponent } from "./productTable.component";
import { ProductEditorComponent } from "./productEditor.component";
import { OrderTableComponent } from "./orderTable.component";

let routing = RouterModule.forChild([
    { path: "auth", component: AuthComponent },
    {
        path: "main", component: AdminComponent, canActivate: [AuthGuard],
        children: [
            { path: "products/:mode/:id", component: ProductEditorComponent },
            { path: "products/:mode", component: ProductEditorComponent },
            { path: "products", component: ProductTableComponent },
            { path: "orders", component: OrderTableComponent },
            { path: "**", redirectTo: "products" }
        ]
    },
    { path: "**", redirectTo: "auth" }
]);

@NgModule({
    imports: [CommonModule, FormsModule, routing],
    providers: [AuthGuard],
    declarations: [AuthComponent, AdminComponent,
        ProductTableComponent, ProductEditorComponent, OrderTableComponent]
})
export class AdminModule {}
```

可以使用 children 属性扩展单个路由，该属性用于定义那些以某个嵌套 router-outlet 元素为目标(将在第 25 章中描述)的路由。稍后会看到，组件可以从 Angular 获取活动路由的详细信息，从而可以相应地调整自己的行为。路由可以包括路由参数(例如:mode 或:id)来匹配任何 URL 分段，并可用于向组件提供信息，使组件能够相应地更改自身行为。

将所有更改保存后，单击 Admin 按钮，并以用户名 admin 和密码 secret 进行身份验证。你将看到新的布局，如图 9-4 所示。单击 Products and Orders 按钮将改变代码清单 9-20 中 router-outlet 元素所显示的组件，单击 Logout 按钮将退出管理区域。

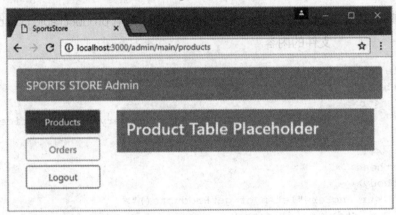

图 9-4　管理布局结构

9.4.3　实现产品功能

最初呈现给用户的管理功能将是产品列表，可以让用户创建新产品、删除或编辑现有产品。代码清单 9-23 将占位符内容从产品表格组件中移除，并添加实现该功能所需的逻辑。

代码清单 9-23　在 productTable.component.ts 文件中替换占位符内容

```
import { Component } from "@angular/core";
import { Product } from "../model/product.model";
import { ProductRepository } from "../model/product.repository";

@Component({
    moduleId: module.id,
    templateUrl: "productTable.component.html"
})
export class ProductTableComponent {

    constructor(private repository: ProductRepository) { }

    getProducts(): Product[] {
        return this.repository.getProducts();
    }

    deleteProduct(id: number) {
```

```
        this.repository.deleteProduct(id);
    }
}
```

这个组件的方法可用来访问存储库中的产品,并可用来删除指定的产品。其他操作将由编辑器组件处理(使用这个组件模板中的路由 URL 将激活编辑器组件)。为了提供这个模板,向 SportsStore/src/app/admin 文件夹中添加一个名为 productTable.component.html 的文件,并添加代码清单 9-24 所示的标记。

代码清单 9-24 SportsStore/src/app/admin 文件夹中 productTable.component.html 文件的内容

```html
<table class="table table-sm table-striped">
    <thead>
        <tr>
            <th>ID</th><th>Name</th><th>Category</th><th>Price</th>
            <th></th>
        </tr>
    </thead>
    <tbody>
        <tr *ngFor="let p of getProducts()">
            <td>{{p.id}}</td>
            <td>{{p.name}}</td>
            <td>{{p.category}}</td>
            <td>{{p.price | currency:"USD":true:"2.2-2"}}</td>
            <td>
                <button class="btn btn-sm btn-warning"
                        [routerLink]="['/admin/main/products/edit', p.id]">
                    Edit
                </button>
                <button class="btn btn-sm btn-danger"
                        (click)="deleteProduct(p.id)">
                    Delete
                </button>
            </td>
        </tr>
    </tbody>
</table>
<button class="btn btn-primary" routerLink="/admin/main/products/create">
    Create New Product
</button>
```

该模板包含一个表格,它使用 ngFor 指令针对组件的 getProducts 方法所返回的每个产品生成一行。每行包含一个 Delete 按钮(用于调用组件的 delete 方法)和一个 Edit 按钮(用于导航到一个 URL,该 URL 的目标是编辑器组件)。按钮 Create New Product 的目标也是编辑器组件,但是使用不同的 URL。

实现产品编辑器

组件可以接收有关当前路由 URL 的信息,并相应地调整其行为。编辑器组件需要使用此功能来区分创建新产品的请求与编辑现有产品的请求。代码清单 9-25 向编辑器组件添加创建或编辑产品所需的功能。

代码清单 9-25 在 productEditor.component.ts 文件中添加功能

```
import { Component } from "@angular/core";
import { Router, ActivatedRoute } from "@angular/router";
import { NgForm } from "@angular/forms";
import { Product } from "../model/product.model";
import { ProductRepository } from "../model/product.repository";

@Component({
    moduleId: module.id,
    templateUrl: "productEditor.component.html"
})
export class ProductEditorComponent {
    editing: boolean = false;
    product: Product = new Product();

    constructor(private repository: ProductRepository,
            private router: Router,
            activeRoute: ActivatedRoute) {

        this.editing = activeRoute.snapshot.params["mode"] == "edit";
        if(this.editing) {
            Object.assign(this.product,
                repository.getProduct(activeRoute.snapshot.params["id"]));
        }
    }

    save(form: NgForm) {
        this.repository.saveProduct(this.product);
        this.router.navigateByUrl("/admin/main/products");
    }
}
```

当 Angular 创建这个组件类的一个新实例时,Angular 将提供一个 ActivatedRoute 对象作为构造函数实参,用来检查激活的路由。在这里,这个组件检查是编辑产品还是创建产品,如果是编辑产品,那么从存储库检索当前产品的详细信息。这个组件还有一个 save 方法,它使用存储库来保存用户所做的更改。

为了给这个组件提供模板,在 SportsStore/src/app/admin 文件夹中添加一个名为 productEditor.component.html 的文件,并添加代码清单 9-26 所示的标记。

代码清单 9-26　SportsStore/src/app/admin 文件夹中 productEditor.component.html
　　　　　　　文件的内容

```html
<div class="bg-primary p-a-1" [class.bg-warning]="editing">
    <h5>{{editing ? "Edit" : "Create"}} Product</h5>
</div>
<form novalidate #form="ngForm" (ngSubmit)="save(form)" >
    <div class="form-group">
        <label>Name</label>
        <input class="form-control" name="name" [(ngModel)]="product.name" />
    </div>
    <div class="form-group">
        <label>Category</label>
        <input class="form-control" name="category"
            [(ngModel)]="product.category" />
    </div>
    <div class="form-group">
        <label>Description</label>
        <textarea class="form-control" name="description"
               [(ngModel)]="product.description">
        </textarea>
    </div>
    <div class="form-group">
        <label>Price</label>
        <input class="form-control" name="price"
           [(ngModel)]="product.price" />
    </div>
    <button type="submit" class="btn btn-primary"
          [class.btn-warning]="editing">
        {{editing ? "Save" : "Create"}}
    </button>
    <button type="reset" class="btn btn-secondary"
           routerLink="/admin/main/products">
        Cancel
    </button>
</form>
```

该模板包含一个表单，这个表单的各个域对应于 Product 模型类所定义的各个属性，但是 id 属性除外，它是由 RESTful Web 服务自动分配的。

根据编辑功能和创建功能的不同，表单中元素的外观会适当改变。要查看这个组件的实际运行情况，请进行身份验证以访问管理功能，然后单击产品表格下方的 Create New Product 按钮。在填写表单后，单击 Create 按钮，浏览器将新产品的信息发送到 RESTful Web 服务，该 Web 服务为其分配一个 ID 属性并显示在产品表格中，如图 9-5 所示。

编辑产品的过程与此类似。单击其中一个 Edit 按钮，查看当前产品的详细信息，使用表单域编辑它们，然后单击 Save 按钮保存更改，如图 9-6 所示。

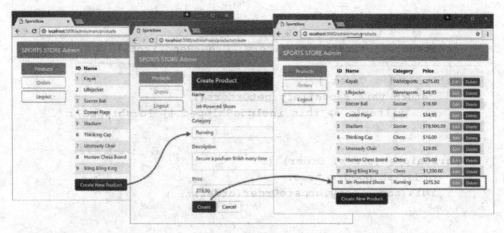

图 9-5　创建新产品

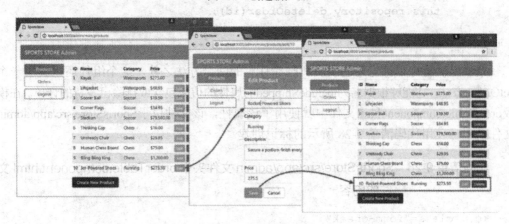

图 9-6　编辑现有产品

9.4.4　实现订单功能

订单管理功能很好而且简单。它需要一张表格，列出订单集，还有一些按钮用于将 shipped(已发货)属性设置为 true 或完全删除订单。代码清单 9-27 把组件中的占位符内容替换为支持这些操作所需的逻辑。

代码清单 9-27　在 orderTable.component.ts 文件中添加操作

```
import { Component } from "@angular/core";
import { Order } from "../model/order.model";
import { OrderRepository } from "../model/order.repository";

@Component({
    moduleId: module.id,
    templateUrl: "orderTable.component.html"
})
export class OrderTableComponent {
```

```
    includeShipped = false;

    constructor(private repository: OrderRepository) {}

    getOrders(): Order[] {
        return this.repository.getOrders()
            .filter(o => this.includeShipped || !o.shipped);
    }

    markShipped(order: Order) {
        order.shipped = true;
        this.repository.updateOrder(order);
    }

    delete(id: number) {
        this.repository.deleteOrder(id);
    }
}
```

除了提供将订单标记为已发货和删除订单的两个方法之外,这个组件还定义了一个 getOrders 方法,它能够根据名为 includeShipped 的属性的值来包含或排除已发货的订单。在模板 orderTable.component.html 文件中就使用了该属性,该文件位于 SportsStore/src/app/admin 文件夹中,使用代码清单 9-28 所示的标记创建。

代码清单 9-28　SportsStore/src/app/admin 文件夹中 orderTable.component.html 文件的内容

```
<div class="form-check">
    <label class="form-check-label">
    <input type="checkbox" class="form-check-input"
        [(ngModel)]="includeShipped"/>
      Display Shipped Orders
    </label>
</div>
<table class="table table-sm">
    <thead>
        <tr><th>Name</th><th>Zip</th><th colspan="2">Cart</th><th></th></tr>
    </thead>
    <tbody>
        <tr *ngIf="getOrders().length == 0">
            <td colspan="5">There are no orders</td>
        </tr>
        <ng-template ngFor let-o [ngForOf]="getOrders()">
            <tr>
                <td>{{o.name}}</td><td>{{o.zip}}</td>
                <th>Product</th><th>Quantity</th>
                <td>
                    <button class="btn btn-warning" (click)="markShipped(o)">
```

```
                    Ship
                </button>
                <button class="btn btn-danger" (click)="delete(o.id)">
                    Delete
                </button>
            </td>
        </tr>
        <tr *ngFor="let line of o.cart.lines">
            <td colspan="2"></td>
            <td>{{line.product.name}}</td>
            <td>{{line.quantity}}</td>
        </tr>
    </ng-template>
    </tbody>
</table>
```

请记住，在每次启动进程时，RESTful Web 服务提供的数据都会被重置，因此必须使用购物车和结账功能来创建订单。一旦完成订单创建工作，就可以使用管理工具的 Orders 部分来检查和管理订单，如图 9-7 所示。

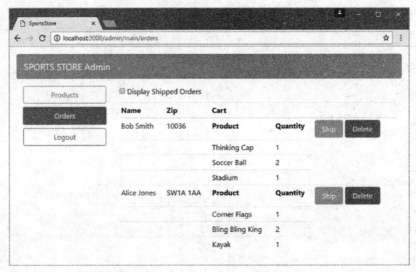

图 9-7　管理订单

9.5　本章小结

在本章中，创建了一个动态加载的 Angular 功能模块，其中包含用来管理产品类别和处理订单所需的管理工具。在下一章中，准备将 SportsStore 应用程序部署到生产环境中。

第 10 章

SportsStore：部署

本章将准备部署 SportsStore 应用程序，也就是把应用程序的所有内容连同 Angular 框架合并到单个文件中，并使用 Docker 将应用程序"容器化(containerizing)"。

10.1 准备部署应用程序

在本章的初版中曾经演示了如何手动完成应用程序的部署工作，那是一个需要仔细配置的复杂过程。angular-cli 软件包将这个准备过程简化成了单条命令。

确保没有运行 ng serve 命令或前几章用到的 RESTful Web 服务，然后在 SportsStore 文件夹中运行以下命令：

```
ng build --target=production
```

该命令告诉 angular-cli 编译应用程序中的代码，并生成一组经过优化的 JavaScript 文件，这些文件包含应用程序功能及其依赖的所有 Angular 功能。构建过程可能需要一些时间，一旦完成，就会看到新建的 SportsStore/dist 文件夹。除了 JavaScript 文件，还有一个 index.html 文件，这个文件从 SportsStore/src 文件夹复制而来并经过修改，以使用刚刚构建的这些文件。

10.2 将 SportsStore 应用程序容器化

在本章的最后，将为 SportsStore 应用程序创建一个容器，用以替代在前面几章中一直使用的开发工具，并说明从开发阶段过渡到部署阶段的方法。在下面几节中，将创建一个 Docker 容器。在撰写本书时，Docker 是最受欢迎的容器创建方式，这是一个经过简化的 Linux，具有运行应用程序所需的最小功能集。大多数云平台或托管引擎都支持 Docker，而且 Docker 的工具可以在大多数流行操作系统上运行。

10.2.1 安装 Docker

第一步是在开发机器上下载并安装 Docker 工具，可从 www.docker.com/products/docker 获取该工具。有针对 Mac OS、Windows 和 Linux 的版本，还有一些专门的版本可以与 Amazon 和 Microsoft 云平台配合使用。对于本章而言，免费的社区版就足够了。

> **警告：**
> 使用 Docker 的一个缺点是，研发该软件的公司经常发布一些重大的变更。这可能意味着下面的示例可能无法按预期在新版本中运行。如果遇到问题，请查看本书的版本仓库以获取更新(详见 https://github.com/Apress/pro-angular-2ed)或通过 adam@adam-freeman.com 与我联系。

10.2.2 准备应用程序

第一步是为 NPM 创建一个配置文件，用于下载在容器中运行应用程序所需的附加包。在 SportsStore 文件夹中创建一个名为 deploy-package.json 的文件，其内容如代码清单 10-1 所示。

代码清单 10-1　SportsStore 文件夹中 deploy-package.json 文件的内容

```
{
  "dependencies": {
    "bootstrap": "4.0.0-alpha.4",
    "font-awesome": "4.7.0"
  },

  "devDependencies": {
    "express": "4.14.0",
    "concurrently": "2.2.0",
    "json-server": "0.8.21",
    "jsonwebtoken": "7.1.9"
  },

  "scripts": {
    "start": "concurrently \"npm run express\" \"npm run json\" ",
    "express": "node server.js",
    "json": "json-server data.js -m authMiddleware.js -p 3500"
  }
}
```

dependencies 节省略了在创建项目时由 angular-cli 添加到 package.json 文件中的 Angular 以及所有其他运行时包。这是因为构建过程已经把应用程序所需的所有 JavaScript 代码都集成到了 dist 文件夹下的文件中，因此只需要列出正在使用的插件包。devDependencies 节包含两个未在开发中使用的新工具，如表 10-1 所示。

表 10-1　deploy-package.json 文件中用到的新的 NPM 包

名称	描述
express	一款使用广泛的 HTTP 服务器软件，本身就非常流行，而且许多其他开发工具也会用到它
concurrently	一个简单的包，可以用一条命令启动多个 NPM 包

对deploy-package.json文件的scripts节进行设置，以便npm start命令能同时启动RESTful Web服务和HTTP服务器(用于将HTML、CSS和JavaScript内容传递给浏览器)。

配置 HTTP 服务器

代码清单 10-1 中列出的其中一个包是 express，它是一款广泛使用的 HTTP 服务器软件，应用程序在部署后发送的 HTTP 请求都将由该软件处理。

> **注意：**
> 虽然 express 包是一款优秀的服务器软件(它提供的功能要比我在这里用到的多得多)，但是还有其他很多选择，实际上任何 Web 服务器都可行。选择 express 的原因在于它广受欢迎且很容易在 Docker 容器中使用。

要配置 express 来运行应用程序，在 SportsStore 文件夹中创建一个名为 deploy-server.js 的文件，并添加代码清单 10-2 所示的代码。

代码清单 10-2　SportsStore 文件夹中 deploy-server.js 文件的内容

```
var express = require("express");

var app = express();

app.use("/node_modules",
    express.static("/usr/src/sportsstore/node_modules"));
app.use("/", express.static("/usr/src/sportsstore/app"));

app.listen(3000, function() {
    console.log("HTTP Server running on port 3000");
});
```

这个文件中的语句在端口3000上创建一台HTTP服务器，并为文件夹/usr/src/sportsstore/app 和/usr/src/sportsstore/node_modules中的文件提供服务。

10.2.3　创建 Docker 容器

为了定义容器，向 SportsStore 文件夹添加一个名为 Dockerfile 的文件，并添加代码清单 10-3 所示的内容。

代码清单 10-3　SportsStore 文件夹中 Dockerfile 文件的内容

```
FROM node:8.9.1

RUN mkdir -p /usr/src/sportsstore

COPY dist /usr/src/sportsstore/app
COPY authMiddleware.js /usr/src/sportsstore/
```

```
COPY data.js /usr/src/sportsstore/
COPY deploy-server.js /usr/src/sportsstore/server.js
COPY deploy-package.json /usr/src/sportsstore/package.json

WORKDIR /usr/src/sportsstore

RUN npm install

EXPOSE 3000
EXPOSE 3500

CMD ["npm", "start"]
```

这个 Dockerfile 文件的内容使用一个已经配置了 Node.js 的基础映像,并复制运行应用程序所需的文件,包括软件包文件(包含应用程序的所有文件)和 package.json 文件(用于安装在部署环境中运行应用程序所需的软件包)。

在 SportsStore 文件夹中运行以下命令来创建一个映像,其中包含 SportsStore 应用程序及其所需的所有工具和软件包:

```
docker build . -t sportsstore -f Dockerfile
```

映像是容器的模板。在 Docker 处理 Dockerfile 文件中指令的过程中,将下载并安装 NPM 软件包,并将配置和代码文件复制到映像文件中。

10.2.4 运行应用程序

在创建映像文件之后,使用下面的命令创建并启动一个新的容器:

```
docker run -p 3000:3000 -p3500:3500 sportsstore
```

为测试应用程序,在浏览器中打开 http://localhost:3000,将显示在容器中运行的 Web 服务器所提供的响应,如图 10-1 所示。

图 10-1 运行容器化的 SportsStore 应用程序

要停止容器，运行如下命令：

```
docker ps
```

你将会看到正在运行的容器列表，如下所示(出于简洁考虑，省略了部分字段)：

```
CONTAINER ID    IMAGE          COMMAND        CREATED
ecc84f7245d6    sportsstore    "npm start"    33 seconds ago
```

使用 CONTAINER ID 一列的值，运行如下命令：

```
docker stop ecc84f7245d6
```

10.3 本章小结

本章完成了 SportsStore 应用程序，说明了如何完成 Angular 应用程序的部署准备工作，以及如何轻易地将 Angular 应用程序放入容器(如 Docker)。

本书第Ⅰ部分到此结束。在第Ⅱ部分，将开始深入了解细节，并演示创建 SportsStore 应用程序时使用的这些 Angular 功能的工作原理。

第 11 章

创建Angular项目

引言

本章大部分内容基于 Angular 2,目的是介绍相关的原理,帮助开发者了解@angular/cli 工具背后的运行机制。在基于 Angular 4 或 Angular 2 进行实际开发时,应该优先使用 @angular/cli 命令行工具(即 ng 命令)来创建应用程序,具体方法请参见 11.3 节"利用 @angular/cli 工具创建项目"。

本章将详细说明启动一个新的 Angular 项目并创建应用程序的过程。将解释每个软件包、创建的每个配置文件和每个代码文件的目的。诚然,最终结果是一个简单的没什么功能的 Angular 应用程序。但是在读完本章后,你将会明白项目的各个部分如何有机地组合在一起,并为使用后续章中所描述的更高级功能打好坚实的基础。表 11-1 给出了本章内容摘要。

表 11-1 本章内容摘要

问题	解决办法	代码清单编号
为 Angular 应用程序准备一个 HTML 文档	添加一个自定义元素,一般名为 app	1
添加应用程序和开发过程所需的包	创建 package.json 文件并使用 npm install命令	2 和 3
为 TypeScript 编译器提供类型注解	使用 typings 命令下载和安装类型数据	4
配置 TypeScript 编译器	创建 tsconfig.json 文件	5~7
确保当项目发生改变时浏览器重新加载 HMTL 文档	使用 lite-server 之类的包作为 HTTP 开发服务器	8 和 9
创建一个简单的 Angular 应用程序	创建数据模型、根组件、根模块和引导文件	10~16
确保应用程序中的模板依赖可以解析	配置 JavaScript 模块加载器	17 和 18

11.1 准备 TypeScript Angular 开发项目

要开始一个新的 Angular 项目,首先要设置开发流程。在前面几章中,只是告知添加包含特定内容的文件,但本章将一步步介绍这个过程,并详细说明所需要的内容。

在开始之前,需要选择一款代码编辑器,安装最新的浏览器,并安装最新版本的Node.js。如果尚未执行这些任务,那么请参阅第 2 章的安装说明。

> ■ 提示:
> 不必按照本章中的步骤创建示例项目。可从 apress.com 下载本书附带的免费源代码,其中包含每一章的完整项目,当然也包括本章创建的项目。

11.1.1 创建项目文件夹结构

Angular 项目的最简单结构仅包含两个文件夹:顶级文件夹包含所有项目文件,app 文件夹包含 Angular 代码文件。本章将创建一个名为 example 的文件夹作为顶级文件夹,并在其中创建 app 文件夹。有关这些文件夹的快速参考,请参见表 11-2。

表 11-2 示例项目所需的文件夹

名称	描述
example	这是根文件夹,它包含所有项目文件,包括静态内容(比如HMTL文件和图片)和本章后面描述的配置文件
example/app	这个文件夹包含 Angular 代码文件

11.1.2 创建和提供 HTML 文档

Angular 依赖一个 HTML 文档来为浏览器提供加载和启动应用程序所需的 JavaScript 文件。当开始一个新的 Angular 项目时,其中一个步骤是创建 HTML 文件并设置一种机制来将其传递到浏览器,这表明要安装 Web 服务器。

HTML 文档的默认名称为 index.html,在项目的根文件夹中创建这个 HTML 文件,并添加代码清单 11-1 所示的内容。

代码清单 11-1　example 文件夹中 index.html 文件的内容

```html
<!DOCTYPE html>
<html>
<head>
    <title>Angular</title>
    <meta charset="utf-8" />
</head>
<body>
    <app>This is static content</app>
</body>
</html>
```

在准备好所有的应用程序构造块和开发工具之后,就可以使用 app 元素来显示动态内容了,但目前只有一个静态的占位符。

11.1.3 准备项目配置

Angular 项目依赖许多软件包，下载和安装这些包的最简单方法是使用第 2 章描述的 Node 包管理器(NPM)。为了准备本章后面添加的软件包，在 example 文件夹中创建一个名为 package.json 的文件，并添加代码清单 11-2 所示的内容。

代码清单 11-2　example 文件夹中 package.json 文件的内容

```
{
  "dependencies": {
  },
  "devDependencies": {
  },
  "scripts": {
  }
}
```

NPM 的配置文件名为 package.json。代码清单 11-2 中显示的这个文件共包含 3 节，在项目设置和配置过程中将不断完善这些节的内容。表 11-3 描述了各节。

表 11-3　package.json 文件的各节

名称	描述
dependencies	这一节用于指定应用程序依赖的包，包括 Angular 自身
devDependencies	这一节用于指定开发过程中用到的包，比如编译器和测试框架
scripts	这一节用于定义用来编译、测试或运行应用程序的命令

11.1.4 添加包

下一步是添加支持开发和运行应用程序所需的软件包，如代码清单 11-3 所示。指定每个包的名称以及必需的版本。

■ 警告：

为了从示例中获取正确的结果，务必使用代码清单 11-3(以及整本书)中给出的相同版本号。即使自己的项目正在使用更高的版本，但是对于本书中的示例，也仍然应该使用代码清单 11-3 中指定的软件包版本。

代码清单 11-3　向 package.json 文件中添加软件包

```
{
  "dependencies": {
    "@angular/common": "2.2.0",
    "@angular/compiler": "2.2.0",
```

```
      "@angular/core": "2.2.0",
      "@angular/platform-browser": "2.2.0",
      "@angular/platform-browser-dynamic": "2.2.0",
      "@angular/upgrade": "2.2.0",
      "reflect-metadata": "0.1.8",
      "rxjs": "5.0.0-beta.12",
      "zone.js": "0.6.26",
      "core-js": "2.4.1",
      "classlist.js": "1.1.20150312",
      "systemjs": "0.19.40",
      "bootstrap": "4.0.0-alpha.4"
  },
  "devDependencies": {
      "lite-server": "2.2.2",
      "typescript": "2.0.2",
      "typings": "1.3.2",
      "concurrently": "2.2.0"
  },
  "scripts": {
      "start": "concurrently \"npm run tscwatch\" \"npm run lite\" ",
      "tsc": "tsc",
      "tscwatch": "tsc -w",
      "lite": "lite-server",
      "typings": "typings",
      "postinstall": "typings install"
  }
}
```

这些软件包提供了 Angular 开发项目起步时所需的核心功能，我们将在以下几节中深入描述各个软件包。在编辑 package.json 文件后，在 example 文件夹中运行以下命令：

```
npm install
```

NPM 将下载代码清单 11-3 中指定的软件包，并将它们安装到 node_modules 文件夹中。这个过程可能需要一段时间，这是因为这些包都依赖其他包，而其中的许多包又有自己的依赖关系。在这个过程完成后，NPM 将显示已安装软件包的列表。在安装过程中将会看到一些错误消息和警告，一部分原因是——NPM 是一个比较"啰嗦"的工具，还有一部分原因是——代码清单 11-3 中的配置依赖本章稍后设置的一些功能。只要看到已安装软件包的冗长列表，就表明一切正常。

为什么使用 NPM？

之所以使用 NPM，原因在于它是管理 JavaScript 包的标准机制。JavaScript 开发世界已经被分散成众多功能专注的小型软件包，数量多得不可思议，它们编织在一起，实现了丰富而灵活的功能。如果手动下载项目所需的软件包，就要遍历长长的依赖关系列表，而对于每个包，又都必须下载、安装并检查其依赖关系。即使像代码清单 11-3 中一样的简单配置，也会导致一张包含超过 400 个包的依赖关系图。手动管理软件包是一个十分困难的过程，这使得 NPM 成为一个有价值的工具。

NPM 的主要问题是导致项目依赖大量的依赖关系。可以松散地指定软件包之间的依赖关系，让 NPM 在版本的选择上具有一定的灵活性。当包的创建者发布包含错误的更新包时，这可能会导致问题。当更新已安装的软件包或将项目移到新的计算机时，将接收到一组稍微不同的软件包，而这可能会破坏应用程序。在本书写作期间这种情况就发生在我身上：在一个示例应用程序中似乎出现了突然中断，而事实上是由于位于依赖关系树中深处的一个包的更新出现问题。虽然该软件包的开发者很快就解决了这些问题，但它仍然可能会破坏开发流程(并且难以弄明白问题所在)。

如果在运行示例时遇到问题，请尝试使用本书附带的免费源代码下载中的项目。我已经使用 npm shrinkwrap 命令生成了一个文件，其中列出了本书写作时使用的所有软件包的版本，因此在下载项目并运行 npm install 命令时应该获得相同的版本。

1. 理解依赖包

代码清单 11-3 中的 dependencies 节中的条目将 Angular、Angular 所依赖的包以及大多数 Web 应用程序都会用到的其他软件包添加到项目中，如表 11-4 所述。

■ 提示：

本书中使用的一些软件包处于预览状态。在大多数情况下(例如 rxjs 软件包)，这是因为预览版是由 Angular 团队指定的并已用于其预览测试。bootstrap 包是个例外(本书使用的版本尚处于内部测试状态)，本书选择用它对应用程序中的内容进行样式化。如上一节所述，应该使用相同的预览版，以获得示例的预期结果，但是在自己的项目中可以选择使用更新的版本。

表 11-4 dependencies 软件包

名称	描述
@angular/*	这些软件包提供了 Angular 的功能，Angular 被划分为若干个独立模块。每个模块提供不同的功能集，代码清单 11-3 中的模块为新建 Web 应用程序提供了良好的基础。在后面的章中还将添加其他模块以支持特定功能(例如使用 HTML 表单)
reflect-metadata	这个软件包实现了反射 API，用于检查类的装饰器
rxjs	这是 Reactive Extensions 软件包，用于实现数据绑定中使用的 Angular 变更检测系统，如第 12 至第 17 章所述，并直接用于某些 Angular 功能，如第 23 至第 27 章所述
zone.js	这是 Zone.js 包，它为异步任务提供执行上下文并用于对模板表达式进行求值
core-js	Core-JS 软件包用于在尚未实现新的 JavaScript 功能的浏览器中提供支持。有关详细信息，请参阅 https://github.com/zloirock/core-js
classlist.js	这个软件包提供 Angular 需要但 IE9 尚未实现的功能
systemjs	这个软件包是模块加载器，在 11.2.5 节中有过介绍
bootstrap	Bootstrap 是本书中用于 HTML 内容样式化的 CSS 框架。有关详细信息，请参阅 http://getbootstrap.com

2. 理解开发依赖包

devDependencies 节中的软件包是用于创建 Angular 应用程序的开发工具，如表 11-5 所述。这些包中的大多数都需要配置文件，在稍后的几节中将描述这些配置文件。

表 11-5 devDependencies 软件包

名称	描述
lite-server	这个软件包提供本书中使用的 HTTP 开发服务器。有关详细信息，请参阅本节的"4. 配置 HTTP 开发服务器"小节
typescript	这个软件包提供 TypeScript 语言支持，包括编译器。有关详细信息，请参阅本节的"3. 设置 TypeScript"小节
typings	这个软件包为一些流行的 JavaScript 包提供类型信息，这样就可以更方便地通过 TypeScript 使用这些包。有关详细信息，请参阅本节的"3. 设置 TypeScript"小节
concurrently	这个软件包能够让 npm 同时运行多条命令。有关详细信息，请参阅 11.1.5 节"启动监视进程"

3. 设置 TypeScript

TypeScript 使用类型定义文件，使得开发者能够更容易地使用采用普通 JavaScript 语言编写的 JavaScript 库。类型的定义由 http://definitelytyped.org 负责收集，并使用 typings 包(在代码清单 11-3 中已经将其添加到 package.json 文件中)进行管理。在 example 文件夹中运行以下命令，以下载并安装本书这部分所需的类型定义：

```
npm run typings -- install dt~core-js --save --global
npm run typings -- install dt~node --save --global
```

这些命令对应于 package.json 文件的 scripts 节中的 typings 条目，并使用 typings 包从 Definitively Typed 版本库(http://definitelytyped.org)获取 core-js 和 node 包的类型定义。实参 --global 告诉 typings 工具，这些类型定义适用于整个项目，而实参 --save 创建一个配置文件，可以使用这个文件再次轻松地安装类型信息，这样当新加入的开发者从版本控制系统检出项目时非常有用。该命令完成后，example 文件夹中将包含文件夹 typings/globals/core-js 和 typings/global/node(包含类型定义)以及 typings.json 文件(其中包含已下载的类型信息的详细信息)，如代码清单 11-4 中所示。你可能会在 typings.json 文件中看到不同的版本号。

代码清单 11-4   example 文件夹中 typings.json 文件的内容

```
{
  "globalDependencies": {
    "core-js": "registry:dt/core-js#0.0.0+20160914114559",
    "node": "registry:dt/node#6.0.0+20161110151007"
  }
}
```

使用类型定义

如果需要某个软件包的类型定义,那么可以查看 absolutetyped.org 上的列表,或使用 typings 工具查看可用的内容。作为一个例子,下面的命令搜索 core-js 包的类型定义:

```
npm run typings -- search core-js
```

两个连字符(--)告诉 NPM 将后面所有的实参传给 typings 工具。实参 search 告诉 typings 正在寻找类型信息,实参 core-js 指定包的名称。此命令产生类似下面这样的结果:

```
NAME           SOURCE HOMEPAGE                            DESCRIPTION VERSIONS
core-js dt https://github.com/zloirock/core-js/ 1
```

为了下载并安装类型定义,将 SOURCE 值与 NAME 进行组合,使用波形符(字符~)进行分隔,如下所示:

```
npm run typings -- install dt~core-js --save --global
```

实参--save 创建的 typings.json 文件用于保存类型信息,这样以后可以使用以下命令下载并安装相同的类型定义:

```
npm run typings install
```

package.json 文件的 scripts 节中的 postinstall 条目可确保在运行 npm install 命令后下载并安装 typings.json 文件中指定的类型信息。

配置 TypeScript 编译器

我们需要对 TypeScript 编译器进行配置,在完成准备工作后才可以在 Angular 项目中使用它。在 example 文件夹中创建一个名为 tsconfig.json 的文件,并添加代码清单 11-5 所示的内容。

代码清单 11-5 example 文件夹中 tsconfig.json 文件的内容

```
{
  "compilerOptions": {
    "target": "es5",
    "module": "commonjs",
    "moduleResolution": "node",
    "emitDecoratorMetadata": true,
    "experimentalDecorators": true,
    "lib": ["es2016", "dom"]
  },
  "exclude": [ "node_modules" ]
}
```

有许多选项可用来控制 TypeScript 代码编译的方式,这个代码清单给出的是 Angular 应用程序所需的一些基本选项,如表 11-6 所述。

表 11-6 Angular 应用程序的 TypeScript 编译器选项

名称	描述
target	这个设置项指定编译器将要使用的 JavaScript 目标版本。编译器把 TypeScript 功能转换为仅使用指定版本功能的普通 JavaScript 代码。es5 设置对应于 ES5 标准(大多数浏览器——包括那些旧版本——都支持该标准),并涵盖 Angular 支持的大多数浏览器
module	这个设置项指定创建 JavaScript 模块时采用的格式,它应该与项目使用的加载器相对应。代码清单 11-5 中指定了 commonjs,它能够创建可供各种 JavaScript 模块加载器(包括 SystemJS,将在 11.2.5 节"配置 JavaScript 模块加载器"中介绍)使用的模块
moduleResolution	这个设置项指定编译器如何处理 import 语句。node 值指定在 node_modules 文件夹中查找包,NPM 将软件包放置到这个文件夹中
emitDecoratorMetadata	当这个设置项为 true 时,编译器将保留有关装饰器的信息,这样就可以使用 reflect-metadata 包访问该信息。这是 Angular 应用程序必需的设置
experimentalDecorators	emitDecoratorMetadata 设置项需要这个设置项
exclude	这个设置项告诉编译器应该忽略哪些目录

为了测试编译器,在 example 文件夹中添加一个名为 compilertest.ts 的文件,并添加代码清单 11-6 所示的代码。

代码清单 11-6 example 文件夹中 compilertest.ts 文件的内容

```
export class Test {
    constructor(public message: string) {}
}
```

这个代码清单定义了一个简单的类,该类只有一个通过构造函数定义的属性(叫做 message)。为了测试编译器,在 example 文件夹中运行如下命令:

```
npm run tsc
```

此命令对应于 scripts 节中的 tsc 条目。编译器将找到项目中的所有 TypeScript 源文件,然后进行编译,并在遇到任何错误时报告错误。在这里,这个测试类应该可以通过编译,并在 example 文件夹中生成一个名为 compilertest.js 的文件,其内容如代码清单 11-7 所示。

代码清单 11-7 example 文件夹中 compilertest.js 文件的内容

```
"use strict";
var Test = (function () {
    function Test(message) {
        this.message = message;
    }
    return Test;
```

```
}());
exports.Test = Test;
```

TypeScript 将这个类转换成普通 JavaScript 代码,并按照代码清单 11-5 中 module 配置设置项指定的模块格式进行打包。

4. 配置 HTTP 开发服务器

Angular 应用程序最终将由 Web 服务器传递给浏览器。本书中使用的服务器软件包叫做 lite-server,它基于流行的 BrowserSync 包,并且提供了一台简单的 HTTP 服务器,其中包含文件变更检测和浏览器重新加载功能。

■ 警告:

不要在生产环境中使用 lite-server。有许多适用于生产环境的 Web 服务器,包括 lite-server 所基于的 express 服务器,在第 10 章中曾经使用该服务器来准备 SportsStore 应用程序(用于部署目的)。有关最受欢迎的可选服务器的信息,请参阅 en.wikipedia.org/wiki/Web_server#Market_share。

在 example 文件夹中运行以下命令来启动 HTTP 服务器:

```
npm run lite
```

此命令使用代码清单11-3的scripts部分中定义的lite条目,该条目启动HTTP服务器。此命令将打开一个新的浏览器窗口或标签页(如图11-1所示),并连接到http://localhost:3000(这是默认URL)。

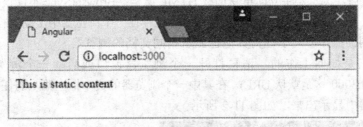

图 11-1 初始项目内容

如果在浏览器窗口中用鼠标右键单击并选择 View Source 或 View HTML,将看到 HTML 文档中已添加了 script 元素,如下所示:

```
<!DOCTYPE html>
<html>
<head>
    <title>Angular</title>
    <meta charset="utf-8" />
</head>
<body>
    <script id="__bs_script__">//<![CDATA[
        document.write("<script async src='/browser-sync/browser-sync
```

```
            client.2.16.0.js'><\/script>".replace("HOST", location.hostname));
        //]]>
    </script>
    <app>This is static content</app>
</body>
</html>
```

该 script 元素由 BrowserSync 包添加,它将保持与服务器的连接。当项目中的任何文件发生变化时,服务器都会发送一个信号,从而导致浏览器重新加载。要查看效果,请修改代码清单 11-8 所示的 index.html 文件。

代码清单 11-8　向 index.html 文件中添加内容

```
<!DOCTYPE html>
<html>
<head>
<title>Angular</title>
<meta charset="utf-8" />
</head>
<body>
    <app>
        This is static content
        <input />
    </app>
</body>
</html>
```

保存更改后,浏览器将立即重新加载 HTML 文档。BrowserSync 不仅仅是在内容更改时重新加载文档,它还可以使多个浏览器同步,这样在一个浏览器中滚动文档或单击控件,会导致将相同的操作应用于任何其他也显示相同文档的浏览器。

要查看它是如何工作的,请再打开一个浏览器窗口或启动一个浏览器并导航到 http://localhost:3000(这是默认 URL)。在其中一个浏览器的文本框中输入的任何文本也会在另一个浏览器中显示出来,如图 11-2 所示。

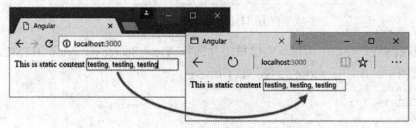

图 11-2　在多个浏览器窗口间进行同步

虽然这项功能非常强大,但是它会导致 Angular 应用程序出现问题:当 BrowserSync 接收到来自其他窗口的用户交互时,会生成相应的事件,但是 Angular 应用程序并不总是能够按照预期的方式进行响应。要更改这个配置项,在 example 文件夹中创建一个名为 bs-config.js 的文件,并添加代码清单 11-9 所示的配置语句。

代码清单 11-9 example 文件夹中 bs-config.js 文件的内容

```
module.exports = {
    ghostMode: false,
    reloadDelay: 1000,
    reloadDebounce: 1000,
    injectChanges: false,
    minify: false
}
```

表 11-7 描述了这些配置属性。

表 11-7 Angular 应用程序的 BrowserSync 配置选项

名称	描述
ghostMode	此选项控制浏览器之间的事件同步，如图 11-2 所示。false 值禁用此功能
reloadDelay	在检测到文件变化后，此选项会将更新消息推迟发送到浏览器。这对于防止在 TypeScript 编译器写入多个 JavaScript 文件时反复重新加载是有用的
reloadDebounce	此选项可以阻止 BrowserSync 向浏览器发送重新加载的消息，直到指定的时间段过去
injectChanges	将此选项设置为 false 会阻止 BrowserSync 尝试向现有文档注入一些更改而不是执行重新加载
minify	将此选项设置为 false 会阻止 BrowserSync 对 JavaScript 文件进行最小化处理

■ 提示：

BrowserSync 包含了大量功能，可以在 bs-config.js 文件中进行配置和调整。详细信息请参见 https://www.browsersync.io/docs/options。

11.1.5 启动监视进程

在项目中添加 concurrently 包的原因在于：NPM 可以同时运行多个工具。为了创建一个平滑的工作流程，我希望 TypeScript 编译器能够检测代码文件更改并进行编译，然后开发服务器检测到新的 JavaScript 文件并重新加载浏览器。这是 package.json 文件的 scripts 节中 start 条目的作用。终止任何在前几节中启动并运行的进程，然后在 example 文件夹中运行以下命令：

```
npm start
```

TypeScript 编译器启动后进入监视模式，这样它将编译任何新的或经过修改的 TypeScript 文件。编译器生成的文件将触发 BrowserSync 变更检测机制，并导致浏览器重新加载 HTML 文件。

■ 提示：
虽然很容易做到让 TypeScript 编译器和 HTTP 服务器都运行在同一个进程中，但这样一来就可能难以从 HTTP 服务器的文件请求消息流中发现 TypeScript 编译器错误。还可以打开两个命令提示符来分别独立运行这些工具：在一个终端中使用 npm run tscwatch 命令运行编译器，然后在另一个终端中使用 npm run lite 命令运行 Web 服务器。

11.2 使用 TypeScript 开始 Angular 开发

Angular应用程序的结构可能会令人困惑，特别是在初次看到时。为了帮助说明各个部分如何组织在一起，图 11-3 显示了能够在Angular应用程序中找到的各种构造块。

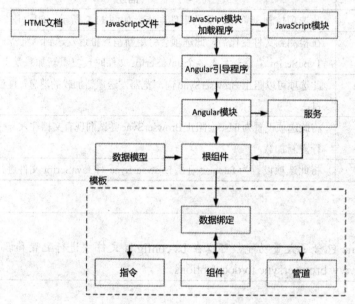

图 11-3　基本的 Angular 应用程序中的构造块

乍看起来，构造块的数量可能令人震惊，但是很快你就会了解每个构造块的作用以及它们如何组合在一起。在下面的几节内容中，将向项目中添加一些基本的构造块，并解释它们的内容和作用。在后面的几章中，将详细介绍这些细节并讲解在启动项目时尚未涉及的一些构造块。为了帮助提供一些背景知识，表 11-8 简要介绍了图 11-3 中的每个构造块。

■ 提示：
如果现在还不理解这张表中的描述，那么也不要担心，这是因为在学习 Angular 时重要的正是了解这些构造块的作用以及它们之间的交互。读完本章后，你将对 Angular 应用程序如何组合在一起有个一般的了解，而读完本书后将了解所有的运作细节。

表 11-8 Angular 应用程序中的构造块

名称	描述
HTML 文档	这是浏览器请求的 HTML 文档,其中包含加载和启动 Angular 应用程序所需的所有内容。代码清单 11-1 就是为项目创建的 HTML 文档
JavaScript 文件	这些是通过 script 元素添加到 HTML 文档中的普通 JavaScript 文件。这些 JavaScript 文件用于添加 Angular 需要但浏览器尚未支持的缺失功能以及 JavaScript 模块加载器。有关必需的 JavaScript 文件列表,请参阅 11.2.6 节"更新 HTML 文档"
模块加载器	这个 JavaScript 组件负责加载 Angular 模块和其他应用程序构造块。有关详细信息,请参阅 11.2.5 节"配置 JavaScript 模块加载器"和 11.2.6 节"更新 HTML 文档"下面的"1. 应用 JavaScript 模块加载器"小节。
JavaScript 模块	这些是按照特定格式打包的 JavaScript 文件,这样就可以通过模块加载器来管理软件包之间的依赖关系,以确保正确加载应用程序中的 JavaScript 代码并以正确的顺序执行。Angular 框架以及一些必需的支持库均作为一组 JavaScript 模块传递给浏览器
Angular 引导程序	这个 TypeScript 文件用于配置 Angular 并指定一个 Angular 模块,该模块被加载以启动应用程序。有关详细信息,请参阅 11.2.4 节"引导应用程序"
Angular 模块	所有 Angular 项目都有一个根模块,它用于描述应用程序,并可以包含其他模块,从而将相关功能组合在一起,并让项目变得更易于管理。对于本章使用的基本模块,请参阅 11.2.3 节"创建 Angular 模块",而有关模块工作原理的详细信息,请参阅第 21 章
数据模型	模型提供应用程序中的数据和访问它们所需的逻辑。有关详细信息,请参阅 11.2.1 节"创建数据模型"
根组件	根组件是进入应用程序的入口,并且负责生成显示给用户的动态内容。有关详细信息,请参阅 11.2.2 节"创建模块和根组件"。在第 17 章中将深入描述组件
模板	模板是由根组件显示的 HTML 内容。有关详细信息,请参阅 11.2.2 节"创建模块和根组件"
数据绑定	数据绑定是模板中的注解,用来告诉 Angular 如何插入动态内容(如数据值)以及如何响应用户交互。在第 12 章中将描述数据绑定
指令	指令是转换 HTML 元素以生成动态内容的类,详见第 13 章
组件	组件向应用程序添加内容以提供应用程序功能,如第 17 章所述
管道	管道是用于对要显示给用户的数据值进行格式化的类,如第 18 章所述

Angular 项目中的文件可能难以跟踪,因此表 11-9 列出了将在以下几节中创建的文件和文件夹,并解释了它们与表 11-8 中的哪些构造块相关。在后续的各章中将添加更多文件,以演示每个构造块的详细信息。

表 11-9 示例项目中的文件和文件夹

名称	描述
example/app/main.ts	该文件包含引导代码,它为 Angular 提供了 Angular 模块的名称。请参阅 11.2.4 节"引导应用程序"
example/app/app.module.ts	该文件包含 Angular 模块,它提供根组件的名称。请参阅 11.2.3 节"创建 Angular 模块"
example/app/product.model.ts	该文件是数据模型的一部分。请参阅 11.2.1 节"创建数据模型"
example/app/datasource.model.ts	该文件是数据模型的一部分。请参阅 11.2.1 节"创建数据模型"
example/app/repository.model.ts	该文件是数据模型的一部分。请参阅 11.2.1 节"创建数据模型"
example/app/template.html	该文件包含模板,它是 HTML 元素和动态内容的混合体。请参阅 11.2.2 节"创建模块和根组件"
example/app/component.ts	该文件包含根组件,它也是唯一的组件,提供了用来支持模板的数据和逻辑。请参阅 11.2.2 节"创建模块和根组件"
example/index.html	此文件包含 HTML 文档。请参阅 11.2.6 节"更新 HTML 文档"
example/package.json	该文件包含应用程序本身使用的包以及用来支持开发过程的包的列表,还包含可以从命令行运行的命令
example/typings.json	该文件提供了将添加到项目中用于 TypeScript 编译器的类型信息列表。请参阅 11.1.4 节"添加包"下面的"设置 TypeScript"小节
example/tsconfig.json	该文件提供了 TypeScript 编译器的配置。请参阅 11.1.4 节"添加包"下面的"3. 设置 TypeScript"小节
example/bs-config.js	此文件包含开发 HTTP 服务器的配置。请参阅 11.1.4 节"添加包"下面的"4. 配置 HTTP 开发服务器"小节
example/systemjs.config.js	此文件包含 JavaScript 模块加载器的配置。请参阅 11.2.5 节"配置 JavaScript 模块加载器"
example/typings	此文件夹包含 TypeScript 编译器的类型信息
example/node_modules	该文件夹中存放着在 package.json 文件中指定的软件包

11.2.1 创建数据模型

Angular 应用程序中的数据模型用于访问应用程序数据并提供操纵这些数据的途径。在应用程序的所有构造块中,模型是最少受到 Angular 规范约束的构造块。在应用程序的其他地方,需要应用特定的 Angular 装饰器或使用一部分 API,但是对模型的唯一要求是通过它能够访问应用程序所需的数据。至于如何完成这些操作的细节以及数据的具体形式,都由开发人员控制。

虽然这可能让人感觉有点奇怪,而且可能很难知道如何开始,但是模型的核心可以分为 3 个不同的部分:

- 描述模型中数据的类

- 从服务器(通常情况)加载数据以及将数据保存到服务器的数据源
- 可用于操纵模型中数据的存储库

在以下几个小节中，将创建一个简单的模型，它提供后续章中描述 Angular 特征所需的功能。

1. 创建描述性模型类

描述性类，顾名思义，就是用于描述应用程序中数据的类。在实际项目中，为了充分描述应用程序运行的数据，通常需要定义很多类，但为了简化本章的起步工作，将创建一个单一的简单类。将向 app 文件夹中添加一个名为 product.model.ts 的文件，并定义代码清单 11-10 所示的类。

代码清单 11-10　app 文件夹中 product.model.ts 文件的内容

```
export class Product {

    constructor(public id?: number,
                public name?: string,
                public category?: string,
                public price?: number) {}
}
```

Product 类针对产品的标识符、名称、类别和价格分别定义了属性。这些属性被定义为可选的构造函数实参，在使用 HTML 表单创建 Product 对象时这种做法非常有用，在第 14 章中将演示这一点。

2. 创建数据源

数据源为应用程序提供数据。最常见的数据源类型使用 HTTP 从服务器请求数据，这将在第 24 章中描述。对于本章，需要一些更简单的东西，每当应用程序启动时，它将重新设置为已知状态，以确保在示例中得到预期的结果。在 app 文件夹中添加一个名为 datasource.model.ts 的文件，并添加代码清单 11-11 所示的代码。

代码清单 11-11　app 文件夹中 datasource.model.ts 文件的内容

```
import {Product} from "./product.model";

export class SimpleDataSource {
    private data:Product[];
    constructor() {
        this.data = new Array<Product>(
        new Product(1, "Kayak", "Watersports", 275),
        new Product(2, "Lifejacket", "Watersports", 48.95),
        new Product(3, "Soccer Ball", "Soccer", 19.50),
        new Product(4, "Corner Flags", "Soccer", 34.95),
        new Product(5, "Thinking Cap", "Chess", 16));
```

```
    }
    getData(): Product[] {
        return this.data;
    }
}
```

这个类使用硬编码的数据,因此每次重新加载浏览器时,在应用程序中进行的任何更改都将丢失。虽然这在实际应用中毫无用处,但作为书籍示例还是比较理想的。

3. 创建模型存储库

完成这个简单模型的最后一步是定义一个存储库,该存储库将用于访问数据源中的数据,并能够用于操作这些数据。在 app 文件夹中添加一个名为 repository.model.ts 的文件,并定义代码清单 11-12 所示的类。

代码清单 11-12　app 文件夹中 repository.model.ts 文件的内容

```
import { Product } from "./product.model";
import { SimpleDataSource } from "./datasource.model";
export class Model {
    private dataSource: SimpleDataSource;
    private products: Product[];
    private locator = (p:Product, id:number) => p.id == id;
    constructor() {
        this.dataSource = new SimpleDataSource();
        this.products = new Array<Product>();
        this.dataSource.getData().forEach(p => this.products.push(p));
    }
    getProducts(): Product[] {
        return this.products;
    }
    getProduct(id: number) : Product {
        return this.products.find(p => this.locator(p, id));
    }
    saveProduct(product: Product) {
        if(product.id == 0 || product.id == null) {
            product.id = this.generateID();
            this.products.push(product);
        } else {
            let index = this.products
                .findIndex(p => this.locator(p, product.id));
            this.products.splice(index, 1, product);
        }
    }
    deleteProduct(id: number) {
        let index = this.products.findIndex(p => this.locator(p, id));
        if(index > -1) {
            this.products.splice(index, 1);
        }
```

```
    }
    private generateID(): number {
        let candidate = 100;
        while(this.getProduct(candidate) != null) {
            candidate++;
        }
        return candidate;
    }
}
```

这个 Model 类定义了一个构造函数，在该函数中从数据源类获取初始数据，此外还提供一组方法用于访问这些数据。这些方法是由存储库定义的典型方法，在表 11-10 中描述了这些方法。

表 11-10 Web 表单代码块的类型

名称	描述
getProducts	这个方法返回一个包含模型中所有 Product 对象的数组
getProduct	这个方法根据产品 ID 返回单个 Product 对象
saveProduct	这个方法更新现有的 Product 对象或者向模型中添加一个新的 Product 对象
deleteProduct	这个方法根据产品 ID 从模型中移除一个 Product 对象

存储库的实现可能看起来很奇怪：虽然数据对象都存储在标准的 JavaScript 数组中，但是根据 Model 类定义的这些方法所呈现数据的方式，让人感觉它就像是以 id 属性为索引的 Product 对象集合一样。编写模型数据的存储库时需要考虑两个主要因素。第一个考虑因素是呈现的数据应该尽可能高效显示。对于示例应用程序，这意味着采用可迭代的形式(如数组)来呈现模型中的所有数据。这很重要，因为迭代可能会经常发生，如第 16 章所述。尽管 Model 类的其他操作的效率不高，但是它们的使用次数较少。

第二个考虑因素是能够为 Angular 提供不变的数据。在第 13 章中将解释这一点的重要性，但是在实现存储库时，这意味着 getProducts 方法在多次调用时应该返回相同的对象，除非其他某个方法或应用程序的另一部分更改了 getProducts 方法提供的数据。如果某个方法每次返回时都返回不同的对象，即使它们只是包含相同对象的不同数组，Angular 也会报错。这可能会导致一些意想不到的问题。例如，ES6 规范中有一个 Map 类，可用于通过键来存储对象，这样可以使 getProduct、saveProduct 和 deleteProduct 方法的实现效率相比代码清单 11-12 中的代码更高效，但是在查询其内容时，它会生成一个新的对象序列，从而导致 Angular 出现问题。因此，考虑到这两个因素，实现存储库的最佳方法是将数据存储在数组中，并容忍这种实现方式给某些操作带来的低效率。

11.2.2 创建模板和根组件

模板是将要显示给用户的 HTML 片段。模板可以从简单到复杂，涵盖从单个 HTML 元素到复杂内容块的所有内容。为了创建模板，在 app 文件夹中添加一个名为 template.html

的文件，并添加代码清单 11-13 所示的 HTML 元素。

代码清单 11-13　app 文件夹中 template.html 文件的内容

```html
<div class="bg-info p-a-1">
    There are {{model.getProducts().length}} products in the model
</div>
```

这个模板的大部分是标准的 HTML，但是双大括号字符(div 元素中的{{和}})之间的部分是数据绑定的一个示例。当显示模板时，Angular 将处理其包含的内容并发现绑定。绑定包含待求值的表达式，将其求值结果显示在 HTML 文档中。

模板所需的逻辑和数据均由其组件提供，也就是已应用@Component 装饰器的 TypeScript 类。为了向代码清单 11-13 中的模板提供组件，在 app 文件夹中添加一个名为 component.ts 的文件，并定义代码清单 11-14 所示的类。

代码清单 11-14　app 文件夹中 component.ts 文件的内容

```typescript
import { Component } from "@angular/core";
import { Model } from "./repository.model";
@Component({
    selector: "app",
    templateUrl: "app/template.html"
})
export class ProductComponent {
    model: Model = new Model();
}
```

@Component 装饰器用来配置组件。selector 属性指定要应用该指令的 HTML 元素，它对应在代码清单 11-1 中创建(并在清单 11-8 中进行了修改)的 HTML 文档中的 app 元素。

```html
...
<body>
    <app>This is static content <input /></app>
</body>
...
```

@Component 指令中的 templateUrl 属性指定将用于替换 app 元素的内容，对于该例，这个属性指定 template.html 文件。

组件类(对于该例，叫做 ProductComponent)负责向模板提供其绑定所需的数据和逻辑。在这里，ProductComponent 类定义了名为 model 的单一属性，它提供对 Model 对象的访问。

11.2.3　创建 Angular 模块

每个项目都有一个根模块，它负责向 Angular 描述应用程序。在 app 文件夹中添加一个名为 app.module.ts 的文件(这是根模块文件的惯用名称)，并添加代码清单 11-15 所示的代码。

代码清单 11-15 app 文件夹中 app.module.ts 文件的内容

```typescript
import { NgModule } from "@angular/core";
import { BrowserModule } from "@angular/platform-browser";
import { ProductComponent } from "./component";

@NgModule({
    imports: [BrowserModule],
    declarations: [ProductComponent],
    bootstrap: [ProductComponent]
})
export class AppModule {}
```

正是@NgModule装饰器中表示的元数据描述了应用程序并提供一些关键的应用程序功能。imports 属性用于指定应用程序的依赖关系,而代码清单 11-15 中指定的 BrowserModule 设置了内置的模板功能(例如在 template.html 文件中包含的{{和}}序列,你在本章后面将会看到它的运行情况)。

declarations 属性描述了应用程序公开的功能。当创建可供其他应用程序使用的 Angular 功能库(如第 21 章所述)时,这是一个有用的功能,但是对于较为简单的应用程序而言,declarations 属性仅用于注册根组件,例如代码清单 11-14 中的 ProductComponent 类。

bootstrap 属性告诉 Angular: ProductComponent 类是应用程序的入口。应用程序启动时,Angular 将使用应用于 ProductComponent 类的@Component 装饰器中的元数据来启动应用程序,如本章后面的 11.2.7 节 "运行应用程序" 所述。

11.2.4 引导应用程序

引导过程将上一节创建的组件的相关信息告诉 Angular,其作用是在 Angular 框架提供的功能与应用程序中的自定义代码之间搭建一座桥梁。引导工作是通过定义一个 TypeScript 类来完成的:在 app 文件夹中创建一个名为 main.ts 的文件,其内容如代码清单 11-16 所示。

代码清单 11-16 app 文件夹中 main.ts 文件的内容

```typescript
import { platformBrowserDynamic } from '@angular/ platform-browser-dynamic';
import { AppModule } from './app.module';

platformBrowserDynamic().bootstrapModule(AppModule);
```

Angular 能够在一系列不同的平台上运行应用程序,每个平台都提供用于加载和运行应用程序的运行时环境。platformBrowserDynamic 类为浏览器提供运行时环境,bootstrapModule 方法用于告知 Angular 由哪个模块负责描述应用程序。

■ 提示：

bootstrapModule 方法的实参是类的名称，而不是类的新实例。或者换个说法，调用 bootstrapModule(AppModule)而不是 bootstrapModule(new AppModule())或 bootstrapModule("AppModule")。

platformBrowserDynamic 类支持 Angular 即时(Just-in-Time)编译器，因此浏览器每次加载应用程序时都必须处理它收到的 JavaScript 文件。在第 10 章中演示了预先(Ahead-of-Time)编译器的用法，它在应用程序部署之前执行这个步骤，并且需要修改引导文件，以便使用不同的平台启动应用程序。

11.2.5 配置 JavaScript 模块加载器

术语模块(module)是 Angular 应用程序中两种不同概念的简写。Angular 模块(Angular module)是一个 TypeScript 类，其元数据描述了一个应用程序。

如第 6 章所述，JavaScript 模块(JavaScript module)是一个包含 JavaScript 代码的文件。JavaScript 模块的范围从包含单个类的小文件(例如在示例项目中创建的文件)，直到包含大量已捆绑在一起的类的大文件(使用第 10 章中演示的那种过程来准备 SportsStore 应用程序用于生产环境)。

JavaScript 模块加载器负责加载浏览器运行应用程序所需的所有 JavaScript 模块文件，并以正确的顺序执行它们。这似乎是一个微不足道的任务，但正确加载 JavaScript 文件可能是一件困难的工作，这是因为依赖关系可能很复杂，特别是在一个大型的 Angular 应用程序中更是如此。

TypeScript编译器内置对JavaScript模块加载器的支持。当在TypeScript文件中使用一条 import 语句时，编译器将在它生成的普通JavaScript文件中声明一个依赖关系，告知模块加载器应用程序依赖另一个JavaScript模块。以下是component.ts文件中的import语句：

```
...
import { Component } from "@angular/core";
import { Model } from "./repository.model";
...
```

当 TypeScript 编译器处理 component.ts 文件时，它使用 import 语句向模块加载器提供有关依赖关系的信息，然后将其包含在普通 JavaScript 文件中，如下所示：

```
...
var core_1 = require("@angular/core");
var repository_model_1 = require("./repository.model");
...
```

注意 TypeScript 编译器在这里使用 require 方法来解析依赖关系，这是因为代码清单 11-5 中的 tsconfig.json 文件为 module 属性指定了值 commonjs。虽然有不同的模块格式可用，但是采用 commonjs 使得可以利用 Angular 的一项针对组件的有用功能(在第 21 章中将加以描述)。

■ 注意：

在 tsconfig.json 文件中为 module 设定的值要与正在使用的模块加载器相匹配，这一点非常重要。前面曾经将其指定为 commonjs，这意味着 TypeScript 生成的 JavaScript 代码模块将可以运行于多种模块加载器(包括 SystemJS 包)中。如果切换到其他模块加载器，那么必须确保 TypeScript 创建匹配的 JavaScript 模块。

模块加载器必须经过配置之后才能够解析它们加载的文件中所声明的依赖关系。为了配置 SystemJS，在 example 文件夹中创建一个名为 systemjs.config.js 的文件，并添加代码清单 11-17 所示的代码。

代码清单 11-17　example 文件夹中 systemjs.config.js 文件的内容

```
(function(global) {
    var paths = {
        "rxjs/*": "node_modules/rxjs/bundles/Rx.min.js",
        "@angular/*": "node_modules/@angular/*"
    }
    var packages = { "app": {} };
    var angularModules = ["common", "compiler",
        "core", "platform-browser", "platform-browser-dynamic"];
    angularModules.forEach(function(pkg) {
        packages["@angular/" + pkg] = {
            main: "/bundles/" + pkg + ".umd.min.js"
        };
    });
    System.config({ paths: paths, packages: packages });
})(this);
```

此配置文件是采用 JavaScript 代码(而不仅仅是静态 JSON 数据)编写的，并且包含 3 种解析 JavaScript 模块依赖关系的方法，这些方法分别应用于应用程序的 3 个不同部分，如下面几个小节所述。在那些最为复杂的应用程序中，无论它们是否采用 Angular 编写，这种方法都是非常典型的，这是因为一些重要的 JavaScript 包的传递方式各有不同，必须采用不同的方式进行处理。

1. 解析 RxJS 模块

代码清单 11-17 中配置的第一个包是 rxjs，它是在代码清单 11-3 中被添加到 package.json 文件中的。这是由 Microsoft 开发的 Reactive Extensions(RxJS)包，在数据模型变更时 Angular 使用这个软件包在整个应用程序中分发通知。

Reactive Extensions 包以 Rx.min.js 文件的形式进行传递，该文件位于 node_modules/rxjs/bundles 文件夹下。该文件包含多个模块，为了在单个文件中解析所有模块的所有依赖

关系,使用了 SystemJS 的路径功能,如下所示:

```
...
var paths = {
    "rxjs/*": "node_modules/rxjs/bundles/Rx.min.js",
    "@angular/*": "node_modules/@angular/*"
}
...
```

每当模块加载器遇到以"rxjs/"开头的模块(如 rxjs/Subject)的依赖关系时,它将使用 Rx.min.js 文件中的代码进行解析。

■ 提示:

如果直接使用 RxJS 功能(在比较复杂的应用程序中需要这样做),那么将必须为项目创建一个自定义的 RxJS 模块。第 22 章展示了这个过程。

---

2. 解析自定义应用程序模块

TypeScript 编译器为其处理的每个 TypeScript 文件创建一个新模块,因此示例应用程序中的每个模型类和组件都有对应的模块。

模块加载器经过配置,将使用 app 文件夹解析自定义模块的依赖关系,如下所示:

```
...
var packages = { "app": {} };
...
```

对于那些需要模块加载器来处理模块的包,使用 packages 对象进行注册。定义此设置的原因是为了利用 SystemJS 所使用的默认值,举例来说,对 app/component 模块的依赖关系就可以解析为从服务器加载 app/component.js 文件。

3. 解析 Angular 模块

Angular 框架作为一组 JavaScript 模块进行分发。当存在对某个模块(如@angular/core)的依赖关系时,必须通过加载一个文件(如 node_modules/@angular/core/bundles/core.umd.min.js)进行处理。我们曾经使用路径功能来处理 RxJS 软件包,但是该功能无法自行处理这种情况:模块的名称(core)在路径名称中显示过两次,导致路径功能无法处理。

为了处理 Angular JavaScript 模块,需要分两步来配置模块加载器。第一步是将应用程序需要的所有 Angular 模块告知模块加载器。

```
...
var angularModules = ["common", "compiler",
    "core", "platform-browser", "platform-browser-dynamic"];
angularModules.forEach(function(pkg) {
    packages["@angular/" + pkg] = {
        main: "/bundles/" + pkg + ".umd.min.js"
    };
```

这里最初列出了 5 个模块，这些都是一个基本的 Angular 应用程序所必需的模块(在后面的章中再添加其他模块)。对于每个 Angular JavaScript 模块，在 packages 对象上定义了一个新的属性，如下所示：

```
packages["@angular/core"] = {main: "/bundles/core.umd.min.js"}
```

这里定义的 main 属性用于指定包中的一个文件，在默认情况下应该使用该文件。在这里，当存在对 @angular/core 模块的依赖关系时，加载器将其解析为加载 @angular/core/bundles/core.umd.min.js 文件。

第二步是配置一个路径设置项，以正确定位 node_modules 文件夹中的文件，如下所示：

```
...
var paths = {
    "rxjs/*": "node_modules/rxjs/bundles/Rx.umd.min.js",
    "@angular/*": "node_modules/@angular/*"
}
...
```

结合 packages 设置，模块加载器将正确处理对 Angular 模块的依赖关系。

4. 应用配置选项

最后一步是将对象 paths 和 packages 传入 System.config 方法，该方法为模块加载器提供详细的配置信息。

```
...
System.config({ paths: paths, packages: packages });
...
```

试错：配置模块加载器

可能需要进行一些试错后才能最终找出可行的配置：使用浏览器的 F12 开发者工具查看浏览器请求了哪些文件，然后调整模块加载器的设置，让其知道如何在项目中找到这些文件。虽然并非所有的软件包都像 Angular 这般难以处理，但是许多软件包的打包或分发方式或多或少都存在一些怪异的行为。流行的模块加载器均提供了灵活的配置选项，足以应对大多数软件包。本节使用了 SystemJS 提供的两项功能，可以在 http://github.com/systemjs/systemjs 上完整看到各种选项。

当把新的软件包添加到项目中时，切记要检查浏览器请求了哪些文件，这是因为经常会发现应用程序在生产环境中请求的文件数量要多于它真正需要的文件数量，或者请求的文件是用于调试目的的未压缩版本。

11.2.6 更新 HTML 文档

最后一步是更新 HTML 文档，使其包含那些未作为模块传递的包以及模块加载器。代码清单 11-18 显示了对示例应用程序所要做的更改。

代码清单 11-18　在 index.html 文件中添加 JavaScript 包和模块加载器

```html
<!DOCTYPE html>
<html>
<head>
    <title></title>
    <meta charset="utf-8" />
    <script src="node_modules/classlist.js/classList.min.js"></script>
    <script src="node_modules/core-js/client/shim.min.js"></script>
    <script src="node_modules/zone.js/dist/zone.min.js"></script>
    <script src="node_modules/reflect-metadata/Reflect.js"></script>
    <script src="node_modules/systemjs/dist/system.src.js"></script>
    <script src="systemjs.config.js"></script>
    <script>
        System.import("app/main").catch(function(err){
            console.error(err); });
    </script>
    <link href="node_modules/bootstrap/dist/css/bootstrap.min.css"
        rel="stylesheet" />
</head>
<body class="m-a-1">
    <app></app>
</body>
</html>
```

并非 Angular 所需的所有 JavaScript 软件包都是作为 JavaScript 模块传递或加载的。代码清单 11-18 中的前 4 个 script 元素用于 classList.js、Core-JS、Zone.js 和 Reflect-Metadata 包，浏览器将按顺序加载和执行它们。

■ 提示：

要想查找哪个文件应该从包中加载，最可靠的方法来是查看项目的主页。例如，Core-JS 的主页是 https://github.com/zloirock/core-js，它描述了该包的各种不同使用方式，包括使用 client/shim.min.js 文件。

1. 应用 JavaScript 模块加载器

SystemJS 模块加载器需要 3 个单独的 script 元素。第 1 个 script 元素加载 SystemJS 库。

```
...
<script src="node_modules/systemjs/dist/system.src.js"></script>
...
```

下一步是加载配置文件。由于该文件是 JavaScript 代码(而不是 JSON)，因此可以使用 script 元素加载和执行该文件。

```
...
<script src="systemjs.config.js"></script>
...
```

最后这个 script 元素加载了由 TypeScript 编译器根据 Angular 引导文件创建的普通 JavaScript 文件。

```
...
<script>
    System.import("app/main").catch(function(err){ console.error(err); });
</script>
...
```

System.import 方法加载该文件并启动其依赖关系解析过程。在上述代码清单中，import 方法的实参是 app/main，systemjs.config.js 文件中的配置将其映射到 app/main.js 文件。任何错误都将写入浏览器的 JavaScript 控制台。

2. 内容样式化

代码清单 11-18 中的 link 元素加载了 Bootstrap CSS 软件包，本书中使用它来样式化示例中的 HTML 内容。Bootstrap 与 Angular 没有直接关系，但可对 HTML 文档中的静态内容以及从模板创建的动态内容进行样式化。这个 HTML 文档包含一个简单的 Bootstrap 样式，它被应用于 body 元素。

```
...
<body class="m-a-1">
...
```

把一个元素添加到 m-a-1 类，将为所有 4 条边添加外边距，从而在该元素与它周围的内容之间留出空白。代码清单 11-13 中给出的 template.html 文件中还有一些 Bootstrap 样式，它们被应用于 div 元素。

```
...
<div class="bg-info p-a-1">
...
```

把元素添加到 bg-info 类，将为元素应用背景色，其中 info 指的是一组标准化颜色(info、danger、success 等)之一。把元素添加到 p-a-1 类，将为元素的所有 4 条边添加内边距，从而在其内容与元素的边缘之间留出空白。

11.2.7 运行应用程序

将更改保存到代码清单 11-18 中的 index.html 文件时，所有构造块都已就绪，应用程序可以运行。浏览器加载 HTML 文档并处理其内容,包括用于模块加载器的一些 script 元素。

模块加载器加载 app/main.js 文件,并开始解析其依赖关系,它们是应用程序的根模块以及 Angular 框架的 JavaScript 模块文件之一。这些文件又都有自己的依赖关系,模块加载器遍历整个依赖关系链,通过其配置文件中的设置从服务器加载相应的文件。

一旦所有的文件都已加载,模块加载器就会执行 main.js 文件,该文件引导 Angular 应用程序。引导文件告诉 Angular 应用程序的根模块是 AppModule 类,并且其@NgModule 装饰器中的属性指定应用程序的根组件是 ProductComponent 类。Angular 会检查 ProductComponent 类的@Component 装饰器,并查找与该组件的 selector 配置属性对应的 HTML 文档元素。它将其 templateUrl 属性(包含在 app/template.html 文件中)指定的内容插入到 HTML 文档中,作为 selector 元素的内容。在处理模板时,Angular 会遇到表示数据绑定的{{和}}字符,并对其包含的表达式进行求值。

```
...
<div class="bg-info p-a-1">
    There are {{model.getProducts().length}} products in the model
</div>
...
```

model 属性的值由组件提供,该组件创建了一个新的 Model 对象。Angular 在 Model 对象上调用 getProducts 方法,并将结果的 length 属性的值插入到 HTML 文档中,产生如图 11-4 所示的结果。

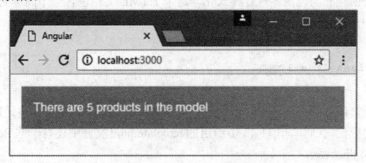

图 11-4　运行示例应用程序

用鼠标右键单击浏览器窗口中的内容,然后从弹出菜单中选择 Inspect 或 Inspect Element(具体的做法根据不同的浏览器有所不同,有可能直到打开 F12 开发者工具,窗口才显示)。如果检查浏览器的文档对象模型(DOM,HTML 文档的动态表示),就会看到应用程序中的构造块是如何组合在一起的,如下所示:

```
<html>
<head>
    <title></title>
    <meta charset="utf-8">
    <script src="node_modules/classlist.js/classList.min.js"></script>
    <script src="node_modules/core-js/client/shim.min.js"></script>
```

```html
        <script src="node_modules/zone.js/dist/zone.min.js"></script>
        <script src="node_modules/reflect-metadata/Reflect.js"></script>
        <script src="node_modules/systemjs/dist/system.src.js"></script>
        <script src="systemjs.config.js"></script>
        <script>
          System.import("app/main").catch(function(err){ console.error(err); });
        </script>
        <link href="node_modules/bootstrap/dist/css/bootstrap.min.css"
              rel="stylesheet">
</head>
<body class="m-a-1"><script id="__bs_script__">//<![CDATA[
    document.write("<script async src='/browser-sync/browser-syncclient.
    js?v=2.16.0'><\/script>".replace("HOST", location.hostname));
    //]]></script><script async="" src="/browser-sync/browser-sync
    client.js?v=2.16.0"></script>

<app>
    <div class="bg-info p-a-1">
        There are 5 products in the model
    </div>
</app>
</body>
</html>
```

引导加载器、Angular 模块、根组件、模板、数据绑定、数据模型和 Angular 框架本身都进行协作以生成浏览器窗口中显示的内容。虽然这可能不会给人留下深刻印象，毕竟其结果非常简单，但是通过手工创建这个项目，为理解后续章中更先进和更有趣的功能奠定了基础。

11.3 利用 @angular/cli 工具创建项目

@angular/cli 是 Angular 的配套命令行工具，随着 1.0 正式版的推出，其功能日趋成熟，已经成为自动创建 Angular 4 项目的首选方式。下面就来介绍如何使用这个功能强大且使用便捷的脚手架来创建示例项目。

11.3.1 创建示例项目

要创建示例项目，请选择一个方便的位置，并使用命令提示符运行以下命令，以创建一个名为 example 的新项目：

```
ng new example
```

ng 命令由 angular-cli 包提供，命令 ng new 启动一个新项目。该命令将创建一个名为 example 的文件夹，其中包含启动 Angular 开发所需的所有配置文件、启动开发的一些占位符文件以及开发、运行和部署 Angular 应用程序所需的 NPM 软件包。

11.3.2 创建包文件

NPM 使用一个名为 package.json 的文件来获取项目所需的软件包列表。作为项目设置的一部分，package.json 文件由 angular-cli 工具创建，但它只包含 Angular 开发所需的基本软件包。本章的示例应用程序需要 Bootstrap CSS 软件包，它并不是基本软件包集合的一部分。在 example 文件夹中编辑 package.json 文件以添加 Bootstrap 软件包，如代码清单 11-19 所示。

代码清单 11-19　向 example 文件夹的 package.json 文件中添加 Bootstrap 软件包

```
{
  "name": "todo",
  "version": "0.0.0",
  "license": "MIT",
  "scripts": {
    "ng": "ng",
    "start": "ng serve",
    "build": "ng build",
    "test": "ng test",
    "lint": "ng lint",
    "e2e": "ng e2e"
  },
  "private": true,
  "dependencies": {
    "@angular/common": "^4.0.0",
    "@angular/compiler": "^4.0.0",
    "@angular/core": "^4.0.0",
    "@angular/forms": "^4.0.0",
    "@angular/http": "^4.0.0",
    "@angular/platform-browser": "^4.0.0",
    "@angular/platform-browser-dynamic": "^4.0.0",
    "@angular/router": "^4.0.0",
    "core-js": "^2.4.1",
    "rxjs": "^5.1.0",
    "zone.js": "^0.8.4",
    "bootstrap": "4.0.0-alpha.4"
  },
  "devDependencies": {
    "@angular/cli": "1.0.0",
    "@angular/compiler-cli": "^4.0.0",
    "@types/jasmine": "2.5.38",
    "@types/node": "~6.0.60",
    "codelyzer": "~2.0.0",
    "jasmine-core": "~2.5.2",
    "jasmine-spec-reporter": "~3.2.0",
    "karma": "~1.4.1",
```

```
    "karma-chrome-launcher": "~2.0.0",
    "karma-cli": "~1.0.1",
    "karma-jasmine": "~1.1.0",
    "karma-jasmine-html-reporter": "^0.2.2",
    "karma-coverage-istanbul-reporter": "^0.2.0",
    "protractor": "~5.1.0",
    "ts-node": "~2.0.0",
    "tslint": "~4.5.0",
    "typescript": "~2.2.0"
  }
}
```

在 example 文件夹中运行以下命令来处理 package.json 文件，从而下载并安装该文件所指定的 Bootstrap 软件包：

```
npm install
```

11.3.3 启动服务器

一切就绪，现在可以测试一切是否正常工作。在 example 文件夹下面运行以下命令：

```
ng serve --port 3000 --open
```

这条命令启动 HTTP 开发服务器，angular-cli 安装了该软件并进行配置以配合其他 Angular 开发工具。

11.4 本章小结

本章创建了一个 Angular 开发项目，并用它来介绍一些简单应用程序的构造块，以及创建、编译和传递给客户端的过程。在下一章中，将开始深入细节，首先从 Angular 数据绑定开始。

第 12 章

使用数据绑定

上一章中的示例应用程序包含一个显示给用户的简单模板,其中有一个数据绑定用于显示数据模型中有多少对象。本章将介绍 Angular 提供的基本数据绑定,并演示如何使用它们来生成动态内容。在后续章中,还将介绍更多的高级数据绑定功能,并解释如何使用自定义功能来扩展 Angular 数据绑定系统。表 12-1 给出了数据绑定的背景。

表 12-1 数据绑定的背景

问题	答案
什么是数据绑定?	数据绑定是被嵌到模板中的表达式,经过求值后可在 HTML 文档中生成动态内容
数据绑定有什么作用?	数据绑定为 HTML 元素(位于 HTML 文档及模板文件中)与应用程序中的数据及代码之间提供联系
如何使用数据绑定?	数据绑定可用作 HTML 元素的属性或字符串中的特殊字符序列
数据绑定是否存在陷阱或限制?	数据绑定包含简单的 JavaScript 表达式,可以通过对该表达式进行求值来生成内容。主要的陷阱是在数据绑定中包含太多的逻辑,这是因为这些逻辑无法得到适当的测试,也不能在应用程序的其他地方使用。数据绑定表达式应尽可能简单,并依靠组件(以及其他 Angular 功能,例如管道)来提供复杂的应用程序逻辑
数据绑定是否存在替代方案?	没有。数据绑定是 Angular 开发的重要组成部分

表 12-2 给出了本章的内容摘要。

表 12-2 本章内容摘要

问题	解决办法	代码清单编号
在 HTML 文档中动态显示数据	定义数据绑定	1~4
配置 HTML 元素	使用标准属性绑定或元素属性绑定	5 和 8
设置元素的内容	使用字符串插入绑定	6 和 7
配置要赋给元素的 CSS 类	使用类绑定	9~13
配置应用到元素的个别样式	使用样式绑定	14~17
手动触发数据模型更新	使用浏览器的 JavaScript 控制台	18 和 19

12.1 准备示例项目

本章继续使用第 11 章的示例项目。为了准备这一章，向组件类中添加一个方法，如代码清单 12-1 所示。

> ■ 注意：
> 如果不想从头创建这个项目，那么可以从 apress.com 网站下载本章的示例项目。

代码清单 12-1　在 component.ts 文件中添加一个方法

```typescript
import { ApplicationRef, Component } from "@angular/core";
import { Model } from "./repository.model";

@Component({
    selector: "app",
    templateUrl: "template.html"
})
export class ProductComponent {
    model: Model = new Model();

    getClasses(): string {
        return this.model.getProducts().length == 5 ? "bg-success" :
            "bg-warning";
    }
}
```

可以在 example 文件夹中运行如下命令来启动 HTTP 开发服务器：

```
npm start
```

该命令将打开一个新的浏览器窗口并显示图 12-1 中所示内容。

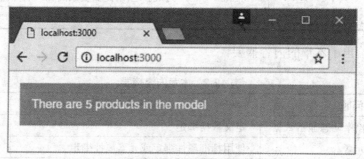

图 12-1　运行示例应用程序

12.2 理解单向数据绑定

单向数据绑定(one-way data binding)用于为用户生成内容，它是 Angular 模板的基本构造块。术语单向(one-way)是指数据在一个方向上流动,对于本章中描述的数据绑定而言,这意味着数据从数据模型流向组件,最后流入数据绑定,从而可以在模板中显示。

还有其他类型的 Angular 数据绑定,我们将在后续章中描述。事件绑定沿着另一个方向流动,即从模板中的元素流向应用程序的其余部分,并能够进行用户交互。双向绑定(two-way bindings)允许数据在两个方向上流动,最常用于表单。有关其他绑定的详细信息,请参见第 13 和第 14 章。

为了使用单向数据绑定,将模板的内容替换掉,如代码清单 12-2 所示。

代码清单 12-2　template.html 文件的内容

```
<div [ngClass]="getClasses()" >
    Hello, World.
</div>
```

把修改保存到模板,开发服务器将触发浏览器重新加载并显示图 12-2 中所示的输出结果。

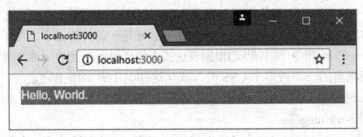

图 12-2　使用单向数据绑定

虽然这是一个简单的示例,但是它说明了数据绑定的基本结构,如图 12-3 所示。

图 12-3　数据绑定解剖图

数据绑定由 4 个部分组成:
- 宿主元素(host element)是将要受到绑定影响(通过改变元素的外观、内容或行为)的 HTML 元素。
- 方括号告诉 Angular 这是单向数据绑定。当 Angular 在数据绑定中看到方括号时,它将对表达式进行求值并把结果传递给绑定的目标,以修改宿主元素。
- 目标指定数据绑定将执行的操作。有两种不同类型的目标:指令或属性绑定。

- 表达式是一段 JavaScript 代码，它使用模板的组件提供的上下文进行求值，因此在表达式中可以访问组件的属性和方法，如示例绑定中的 getClasses 方法。

查看代码清单 12-2 中的绑定，可以看到宿主元素是一个 div 元素，因此它就是这个绑定要修改的元素。表达式调用组件的 getClasses 方法，在本章开头部分已经定义了这个方法。这个方法根据数据模型中对象的数量返回一个包含 Bootstrap CSS 类的字符串。

```
...
getClasses(): string {
    return this.model.getProducts().length == 5 ? "bg-success" : "bg-warning";
}
...
```

如果数据模型中有 5 个对象，那么该方法返回 bg-success，这是一个应用绿色背景样式的 Bootstrap 类。否则，该方法返回 bg-warning，这是一个应用琥珀色背景样式的 Bootstrap 类。

代码清单 12-2 中数据绑定的目标是一条指令(它是一个专门用于支持数据绑定的类)。Angular 自带一些有用的内置指令，开发者也可以创建自己的指令来提供自定义功能。内置指令的名称均以 ng 开头，因此这个 ngClass 目标就是一条内置指令。目标通常会指出该指令的作用，ngClass 指令(顾名思义)根据表达式求值结果所返回的名称，将宿主元素添加到求值结果所指定的一个或多个 CSS 类，或从这些类中删除宿主元素。

综上，代码清单 12-2 中的数据绑定将基于数据模型中的项数将 div 元素添加到 bg-success 或 bg-warning 类。

由于应用程序启动时模型中有 5 个对象(因为在第 11 章创建的 SimpleDataSource 类中把初始数据硬编码到了程序代码中)，因此 getClasses 方法返回 bg-success，并生成如图 12-2 所示的结果，即为 div 元素添加绿色的背景。

12.2.1 理解绑定目标

当 Angular 处理数据绑定的目标时，它将首先进行检查以确定是否匹配某条指令。大多数应用程序既使用 Angular 提供的内置指令，也使用自定义指令来提供应用程序特有的功能。通常可以判断出数据绑定的目标就是一条指令，这是因为指令的名字是独一无二的，而且能够提示指令的作用是什么。内置指令的标志是 ng 前缀。代码清单 12-2 中的绑定给出了一个暗示，即目标是一条与宿主元素的 CSS 类成员资格相关的内置指令。为了提供快速参考，表 12-3 介绍了基本的 Angular 内置指令以及本书中的具体描述章节(在后续章中还会描述其他指令，但这些是最简单也是最常用的指令)。

表 12-3 基本的 Angular 内置指令

名称	描述
ngClass	将宿主元素赋给 CSS 类，如 12.4 节"设置 CSS 类和样式"所述
ngStyle	设置单个样式，如 12.4 节"设置 CSS 类和样式"所述

(续表)

名称	描述
ngIf	当其表达式求值结果为 true 时将该指令的内容插入到 HTML 文档中,如第 13 章所述
ngFor	针对数据源中的每项数据将相同的内容插入到 HTML 文档中,如第 13 章所述
ngSwitch ngSwitchCase ngSwitchDefault	根据表达式的值从多个内容块中选择一个插入到 HTML 文档中,如第 13 章所述
ngTemplateOutlet	重复内容块,如第 13 章所述

理解属性绑定

如果绑定目标未对应到某条指令,那么 Angular 将检查目标能否用于创建属性绑定。有 5 种不同类型的属性绑定,表 12-4 列举了这些类型,同时给出了描述这些绑定的章节。

表 12-4 Angular 属性绑定

名称	描述
[property]	标准属性绑定,用于设置 JavaScript 对象(表示文档对象模型即 DOM 中的宿主元素)的某个属性,如 12.3 节"使用标准属性和属性绑定"所述
[attr.name]	元素属性绑定,对于那些没有对应 DOM 属性的 HTML 宿主元素属性,可使用该绑定来设置这些属性的值,如 12.3.3 节"使用元素属性绑定"所述
[class.name]	特殊的类属性绑定,用于配置宿主元素的 CSS 类成员资格,如 12.4.1 节"使用类绑定"所述
[style.name]	特殊的样式属性绑定,用于配置宿主元素的样式设置,如 12.4.2 节"使用样式绑定"所述

12.2.2 理解表达式

数据绑定中的表达式是一段 JavaScript 代码,经过求值为绑定目标提供数据值。表达式可以访问组件定义的属性和方法,代码清单 12-2 中的绑定能够调用 getClasses 方法,将宿主元素要加入的 CSS 类的名称提供给 ngClass 指令。

表达式不仅限于调用组件的方法或读取组件的属性,它们也可用于执行大多数标准 JavaScript 操作。例如,代码清单 12-3 给出了一个表达式,它把一个字面字符串值与 getClasses 方法的返回结果连接在一起。

代码清单 12-3　在 template.html 文件中的表达式中执行 JavaScript 操作

```
<div [ngClass]="'p-a-1 ' + getClasses()" >
    Hello, World.
</div>
```

由于我们已经使用双引号将该表达式引起来，因此必须使用单引号来定义字符串字面量。JavaScript 连接操作符是字符+，因此这个表达式的结果是将两个字符串组合起来，如下所示：

```
p-a-1 bg-success
```

这个表达式的效果就是，ngClass指令将宿主元素添加到两个CSS类：p-a-1(这个Bootstrap类会在元素内容的周围添加内边距)和bg-success(设置背景色)。图 12-4 显示了这两个CSS类的组合。

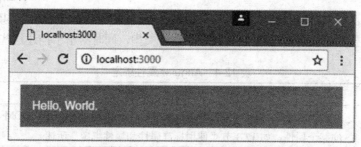

图 12-4　在 JavaScript 表达式中组合类

在编写表达式时稍不注意就会在模板中包含复杂的逻辑。这可能会导致问题，因为表达式不会接受 TypeScript 编译器的检查，而且也不易于进行单元测试，因此在部署应用程序之前，很有可能无法检测到某些错误。为了避免这个问题，表达式应尽可能保持简单，在理想情况下，仅用于从组件检索数据并进行格式化，然后用于显示。所有复杂的检索和处理逻辑都应该放在组件或模型中进行定义，这样就可以像普通组件或模型代码那样来编译和测试这些逻辑代码。

12.2.3　理解括号

方括号(字符[和])告诉 Angular，这是一个具有待求值表达式的单向数据绑定。如果省略方括号并且目标是一条指令，那么 Angular 仍然会处理绑定，但不会对表达式进行求值，而只是把引号之间的内容作为字面值传递给该指令。代码清单 12-4 又向模板中添加了另一个元素，它使用不带方括号的绑定。

代码清单 12-4　在 template.html 文件中忽略数据绑定中的方括号

```
<div [ngClass]="'p-a-1 ' + getClasses()" >
    Hello, World.
</div>
<div ngClass="'p-a-1 ' + getClasses()" >
```

```
    Hello, World.
</div>
```

如果在浏览器的 DOM 查看器中检查这个 HTML 元素(在浏览器窗口中用鼠标右键单击，然后从弹出菜单中选择 Inspect 或 Inspect Element)，就会看到其 class 属性已被设置为字面字符串，就像下面这样：

```
<div class="'p-a-1 ' + getClasses()">
```

浏览器将尝试处理宿主元素加入的 CSS 类，但该元素的外观将不会符合预期，这是因为它们并未对应到任何 Bootstrap 使用的类名。这是一种常见的错误做法，因此如果数据绑定没有实现预期的效果，那么首先要检查是否存在这种错误。

方括号并非 Angular 数据绑定中使用的唯一括号，表 12-5 给出了整套的括号描述，包括每种括号的含义以及使用场合，以供快速参考。

表 12-5 Angular 括号

名称	描述
[target]="expr"	方括号表示单向数据绑定：数据从表达式流向目标。这种绑定的不同形式是本章的主题
{{expression}}	这是字符串插入绑定，在 12.3.2 节"使用字符串插入绑定"中将进行描述
(target) ="expr"	圆括号表示单向绑定：数据从目标流向表达式指定的目的地。这是用于处理事件的绑定，如第 14 章所述
[(target)] ="expr"	这个括号组合(被称为"香蕉盒")表示双向绑定：数据在绑定目标与表达式指定的目的地之间双向流动，如第 14 章所述

12.2.4 理解宿主元素

宿主元素是数据绑定中最简单的部分。数据绑定可以应用于模板中的任何 HTML 元素，一个元素可以有多个绑定，每个绑定可以分别管理该元素的外观或行为的不同方面。在稍后的示例中，将会看到有些元素同时具有多个绑定。

12.3 使用标准属性和属性绑定

如果绑定的目标与任何指令都不匹配，那么 Angular 将尝试应用属性绑定。以下几节描述了最常见的属性绑定：标准属性绑定和元素属性绑定。

12.3.1 使用标准属性绑定

浏览器使用文档对象模型(DOM)来表示 HTML 文档。HTML 文档中的每个元素(包括宿主元素)都使用 DOM 中的一个 JavaScript 对象来表示。像所有 JavaScript 对象一样，用于表示 HTML 元素的对象也具有一些属性。这些属性用于管理元素的状态，比如，可以使用 value 属性来设置 input 元素的内容。当浏览器解析 HTML 文档时，每遇到一个新的 HTML 元素时，都会在 DOM 中创建一个对象来表示该元素，并使用该元素的属性来设置这个 DOM 对象属性的初始值。

利用标准属性绑定，可以使用表达式的结果来设置那个表示宿主元素的 JavaScript 对象的某个属性的值。例如，若把绑定的目标设置为 value，则会设置 input 元素的内容，如代码清单 12-5 所示。

代码清单 12-5　在 template.html 文件中使用标准属性绑定

```
<div [ngClass]="'p-a-1 ' + getClasses()" >
    Hello, World.
</div>
<div class="form-group m-t-1">
    <label>Name:</label>
    <input class="form-control" [value]="model.getProduct(1)?.name || 'None'"
    />
</div>
```

这个示例中的新绑定指定，应该将 value 属性绑定到一个表达式的结果，该表达式调用数据模型的一个方法，通过指定键从存储库中检索数据对象。该键对应的数据对象有可能并不存在，此时，这个存储库方法将返回 null。

为了防止对宿主元素的 value 属性使用 null 值,这个绑定使用模板空条件操作符(字符?)安全地浏览存储库方法返回的结果，如下所示：

```
...
<input class="form-control" [value]="model.getProduct(1)?.name || 'None'" />
The first product is {{getProduct(1)?.name || 'None'}}.
...
```

如果 getProduct 方法的结果不为 null，表达式将读取 name 属性的值并将其用作结果。但是，如果方法的结果为 null，则不会读取 name 属性，而是由 null 合并操作符(字符||)将结果设置为字符串 None。

了解 HTML 元素属性

在使用属性绑定时，可能需要花一些时间来确定需要设置哪个属性。在 HTML 规范中存在一些不一致的情况。大多数属性的名称与设置其初始值的元素属性的名称相匹配，因此，如果习惯于在 input 元素上设置 value 属性，那么可以通过设置 value 属性来实现相同的效果。一些属性的名称与对应的元素属性的名称不匹配，并且还有一些属性根本不是由元素属性进行配置的。

Mozilla Foundation 为 DOM 中用于表示 HTML 元素的所有对象提供了有用的参考(developer.mozilla.org/en-US/docs/Web/API)。对于每个元素，Mozilla 提供了所有可用属性以及每个属性的用途的摘要。首先是 HTMLElement(developer.mozilla.org/en-US/docs/Web/

API/HTMLElement)，它提供了所有元素共有的功能。然后，可以进入特定元素的对象，例如用于表示 input 元素的 HTMLInputElement。

把更改保存到模板，浏览器将重新加载并显示一个 input 元素，其内容是一个数据对象(在模型存储库中键为 1 的数据对象)的 name 属性，如图 12-5 所示。

图 12-5　使用标准属性绑定

12.3.2　使用字符串插入绑定

Angular 为标准属性绑定提供了一个特殊版本，名为字符串插入绑定(string interpolation binding)，用于将表达式的结果包含在宿主元素的文本内容中。要理解这个特殊绑定的用途，有必要看看当使用标准属性绑定时需要什么样的绑定。

textContent 属性用于设置 HTML 元素的内容，因此可以使用代码清单 12-6 所示的数据绑定来设置元素的内容。

代码清单 12-6　在 template.html 文件中设置元素的内容

```
<div [ngClass]="'p-a-1 ' + getClasses()"
    [textContent]="'Name: ' + (model.getProduct(1)?.name || 'None')" >
</div>
<div class="form-group m-t-1">
    <label>Name:</label>
    <input class="form-control" [value]="model.getProduct(1)?.name || 'None'"
    />
</div>
```

新绑定中的表达式将一个字面字符串与一个方法调用返回的结果相连接，以便设置 div 元素的内容。

这个例子中的表达式很难写，需要注意引号、空格和方括号，以确保输出中显示的结果符合预期。对于一些更加复杂的绑定，比如有多个动态值分散在不同的静态内容块中，这个问题会变得更加棘手。

字符串插入绑定让这个过程得以简化：可以在元素的内容中定义表达式片段，如代码清单 12-7 所示。

代码清单 12-7　在 template.html 文件中使用字符串插入绑定

```
<div [ngClass]="'p-a-1 ' + getClasses()">
    Name: {{model.getProduct(1)?.name || 'None'}}
</div>
<div class="form-group m-t-1">
    <label>Name:</label>
    <input class="form-control" [value]="model.getProduct(1)?.name || 'None'" />
</div>
```

字符串插入绑定使用一对大括号({{和}})表示。单个元素可以包含多个字符串插入绑定。

Angular 将 HTML 元素的内容与括号的内容相结合，为 textContent 属性创建一个绑定。最终结果与代码清单 12-6 相同，如图 12-6 所示，但是编写绑定的过程更简单，更不容易出错。

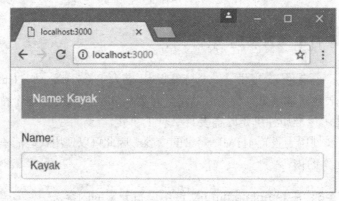

图 12-6　使用字符串插入绑定

12.3.3　使用元素属性绑定

在 HTML 和 DOM 规范中有一些奇怪的情况，即并不是所有的 HTML 元素属性在 DOM API 中都有对等的属性。因此，对于宿主元素的某些方面，无法使用标准属性绑定进行设置。

对于这些情况，Angular 提供了元素属性绑定，用于设置宿主元素的元素属性，而不是设置 DOM 中那个用来表示它的 JavaScript 对象的值。

最常遇到的没有相应 DOM 属性的元素属性是 colspan，它用于设置 td 元素在表格中占用的列数。代码清单 12-8 说明了如何根据数据模型中的对象数目使用元素属性绑定来设置 colspan 元素。

代码清单 12-8　在 template.html 文件中使用元素属性绑定

```
<div [ngClass]="'p-a-1 ' + getClasses()">
    Name: {{model.getProduct(1)?.name || 'None'}}
</div>
<div class="form-group m-t-1">
    <label>Name:</label>
    <input class="form-control" [value]="model.getProduct(1)?.name || 'None'" />
</div>
<table class="table table-sm table-bordered table-striped m-t-1">
    <tr>
        <th>1</th><th>2</th><th>3</th><th>4</th><th>5</th>
    </tr>
    <tr>
        <td [attr.colspan]="model.getProducts().length">
            {{model.getProduct(1)?.name || 'None'}}
        </td>
    </tr>
</table>
```

通过为属性名称加上 attr 前缀(attr 后跟一个句点符号.)的方式来定义一个目标，从而应用元素属性绑定。在这个代码清单中，使用元素属性绑定来设置表格中 td 元素的 colspan 元素的值，如下所示：

```
...
<td [attr.colspan]="model.getProducts().length">
...
```

Angular 将对表达式进行求值并将 colspan 属性的值设置为求值结果。由于数据模型初始时硬编码了 5 个数据对象，因此运行效果是这个 colspan 属性创建了一个横跨 5 列的表格单元格，如图 12-7 所示。

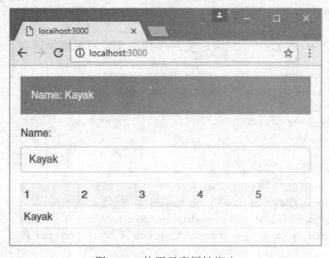

图 12-7　使用元素属性绑定

12.4 设置CSS类和样式

为了能够设置宿主元素的CSS类以及配置单个样式属性，Angular在属性绑定方面提供了一些特殊的支持。在下面几节中将描述这些绑定的细节，同时还会涉及 ngClass 和 ngStyle 指令，这是因为它们提供了密切相关的功能。

12.4.1 使用类绑定

在使用数据绑定来管理元素的CSS类成员资格时可采用3种不同的方式：标准属性绑定、特殊类绑定以及ngClass指令。表12-6描述了所有这3种方式，每种方式略有不同，使用场合也有所不同，如下面几节所述。

表 12-6 Angular 类绑定

示例	描述
<div [class]="expr"></div>	此绑定会对表达式进行求值并用求值结果替换任何现有的CSS类成员资格
<div [class.myClass]="expr"></div>	此绑定将对表达式进行求值并用求值结果设置元素的 myClass 成员资格
<div [ngClass]="map"></div>	此绑定使用映射对象中的数据设置多个CSS类的类成员资格

1. 使用标准属性绑定来设置元素的所有CSS类

标准属性绑定可用于一次性设置元素的所有CSS类，如果组件中的方法或属性使用单个字符串来返回元素所属的所有CSS类(各个CSS类的名称之间由空格隔开)，那么这种做法非常有用。代码清单12-9给出了组件的getClasses方法的修订版本，该方法根据Product对象的price属性的值返回不同的CSS类名称字符串。

代码清单 12-9　在 component.ts 文件中用单个字符串提供所有 CSS 类

```
import { Component } from "@angular/core";
import { Model } from "./repository.model";
@Component({
    selector: "app",
    templateUrl: "template.html"
})
export class ProductComponent {
    model: Model = new Model();
    getClasses(key: number): string {
        let product = this.model.getProduct(key);
        return "p-a-1 " + (product.price < 50 ? "bg-info" : "bg-warning");
    }
}
```

getClasses 方法的结果是所有 Product 对象都将包括 p-a-1 类，该类将在宿主元素内容的周围添加内边距。如果 price 属性的值小于 50，bg-info 类将包含在返回值中；而如果该值为 50 以上，将包含 bg-warning 类(这些 CSS 类用于设置不同的背景色)。

> **提示：**
> 必须确保不同 CSS 类的名称之间由空格隔开。

代码清单 12-10 说明了在模板中如何使用标准属性绑定来设置宿主元素的 class 属性(通过调用组件的 getClasses 方法)。

代码清单 12-10　在 template.html 中使用标准属性绑定来设置 CSS 类成员资格

```
<div [class]="getClasses(1)">
    The first product is {{model.getProduct(1).name}}.
</div>
<div [class]="getClasses(2)">
    The second product is {{model.getProduct(2).name}}
</div>
```

当使用标准属性绑定来设置 class 属性时，表达式的结果将替换宿主元素当前所属的所有 CSS 类，因此只有当绑定表达式返回宿主元素所需的所有 CSS 类时，才能使用该属性，比如这个示例，产生的结果如图 12-8 所示。

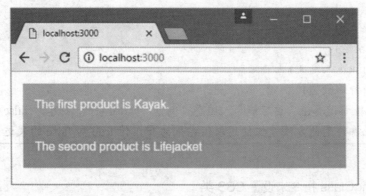

图 12-8　设置 CSS 类成员资格

2. 使用特殊类绑定来设置个别 CSS 类

这种特殊的类绑定提供比标准属性绑定更精细的控制，可以使用表达式来管理单个 CSS 类的成员资格。如果希望在宿主元素现有的 CSS 类成员身份基础之上进行控制，而不是完全替换它们，那么这将非常有用。代码清单 12-11 显示了这种特殊类绑定的用法。

代码清单 12-11　在 template.html 文件中使用特殊类绑定

```
<div [class]="getClasses(1)">
    The first product is {{model.getProduct(1).name}}.
</div>
```

```
<div class="p-a-1"
    [class.bg-success]="model.getProduct(2).price < 50"
    [class.bg-info]="model.getProduct(2).price >= 50">
        The second product is {{model.getProduct(2).name}}
</div>
```

特殊类绑定指定目标的方式如下：单词 class，后跟一个句点符号(.)，最后是要管理其成员资格的 CSS 类的名称。在这个代码清单中，有两个特殊类绑定，它们分别管理着 bg-success 和 bg-info 类的成员资格。

如果表达式的结果是真值(参阅下面的"了解真值和假值"段落)，那么特殊类绑定会将宿主元素添加到指定的 CSS 类中。在这里，如果 price 属性的值小于 50，宿主元素将成为 bg-success 类的成员；如果 price 属性的值为 50 或更大，宿主元素将成为 bg-info 类的成员。

这些绑定彼此独立起作用，不会干扰宿主元素所属的任何现有 CSS 类，例如 p-a-1 类(Bootstrap 用于在宿主元素内容的周围添加内边距)。

了解真值和假值

JavaScript 有一个奇怪的特性，表达的结果可以是真值或假值，一不小心就会掉入这个陷阱。以下结果总是假值：

——false(布尔值)

——0(数字值)

——空字符串(" ")

——null(空值)

——undefined(未定义)

——NaN(特殊数值)

所有其他值都是真值，这可能令人困惑。例如，"false"(一个内容为 false 的字符串)是真值。避免混淆的最佳方法是仅使用求值结果为布尔值 true 和 false 的表达式。

---

3. 使用 ngClass 指令来设置 CSS 类

ngClass 指令是一种比标准属性绑定和特殊属性绑定更灵活的替代方法，该方法基于表达式返回的数据类型改变行为方式，如表 12-7 所示。

表 12-7　ngClass 指令支持的表达式结果类型

名称	描述
字符串	把宿主元素添加到由字符串指定的 CSS 类。多个 CSS 类之间用空格隔开
数组	数组中的每个对象都是宿主元素要加入的 CSS 类的名称
对象	对象的每个属性均是一个或多个 CSS 类的名称(用空格隔开)。如果属性的值为真值，那么宿主元素将加入到该类

虽然字符串和数组功能非常有用，但正是由于能够使用对象(被称为映射)来创建复杂的类成员资格策略，才使得 ngClass 指令特别有用。代码清单 12-12 添加了一个返回映射对象的组件方法。

代码清单 12-12　在 component.ts 文件中返回 CSS 类映射对象

```
import { Component } from "@angular/core";
import { Model } from "./repository.model";
@Component({
    selector: "app",
    templateUrl: "template.html"
})
export class ProductComponent {
    model: Model = new Model();
    getClasses(key: number): string {
        let product = this.model.getProduct(key);
        return "p-a-1 " + (product.price < 50 ? "bg-info" : "bg-warning");
    }
    getClassMap(key: number): Object {
        let product = this.model.getProduct(key);
        return {
            "text-xs-center bg-danger": product.name == "Kayak",
            "bg-info": product.price < 50
        };
    }
}
```

getClassMap 方法返回一个对象，其属性的名称为一个或多个 CSS 类的名称，其值基于 Product 对象(该对象的键由方法实参指定)的属性值。例如，当键为 1 时，该方法返回如下对象：

```
{
    "text-xs-center bg-danger":true,
    "bg-info":false
}
```

第1个属性将宿主元素添加到text-xs-center类(Bootstrap用于将文本水平居中)和bg-danger类(设置元素的背景色)。第2个属性的求值结果为false，因此宿主元素不会被添加到bg-info类。指定一个并不会让元素加入某个CSS类的属性，这种做法可能看起来很奇怪，但是稍后将会看到，表达式的值会自动更新以反映应用程序状态的变化，因此能够按照这种方式定义一个指定CSS类成员资格的映射对象可能非常有用。

代码清单 12-13 给出了 getClassMap 方法调用，其返回的映射对象将被用作 ngClass 指令的数据绑定表达式。

代码清单 12-13　在 template.html 文件中使用 ngClass 指令

```
<div class="p-a-1" [ngClass]="getClassMap(1)">
```

```
        The first product is {{model.getProduct(1).name}}.
</div>
<div class="p-a-1" [ngClass]="getClassMap(2)">
        The second product is {{model.getProduct(2).name}}.
</div>
<div class="p-a-1" [ngClass]="{'bg-success': model.getProduct(3).price < 50,
                               'bg-info': model.getProduct(3).price >= 50}">
        The third product is {{model.getProduct(3).name}}
</div>
```

前两个 div 元素都有绑定用到了 getClassMap 方法。第 3 个 div 元素演示了另一种方法，即在模板中定义映射。对于这个元素，bg-info 和 bg-warning 类的成员资格与 Product 对象的 price 属性的值相关联，如图 12-9 所示。应该谨慎采用这种技术，这是因为表达式包含不便测试的 JavaScript 逻辑。

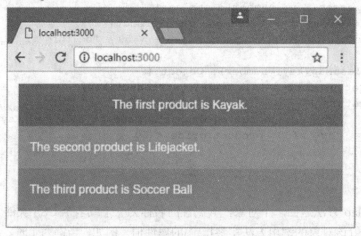

图 12-9　使用 ngClass 指令

12.4.2　使用样式绑定

在使用数据绑定来设置宿主元素的样式属性时，可以有 3 种不同的方式：标准属性绑定、特殊样式绑定和 ngStyle 指令。表 12-8 中描述了所有这 3 种方法，并在下面几节中分别进行说明。

表 12-8　Angular 样式绑定

示例	描述
<div [style.myStyle]="expr"></div>	这是标准属性绑定，用于将单个样式属性设置为表达式的结果
<div [style.myStyle.units]="expr"></div>	这是特殊样式绑定，可以将样式值的单位作为目标的一部分来指定
<div [ngStyle]="map"></div>	这个绑定使用映射对象中的数据来设置多个样式属性

1. 设置单个样式属性

标准属性绑定和特殊样式绑定用于设置单个样式属性的值。这些绑定之间的区别在于，标准属性绑定必须包含样式所需的单位，而特殊绑定允许将单位包含在绑定目标中。

为了演示二者的差异，代码清单 12-14 向组件添加了两个新的属性。

代码清单 12-14　在 component.ts 文件中添加属性

```
import { Component } from "@angular/core";
import { Model } from "./repository.model";
@Component({
    selector: "app",
    templateUrl: "template.html"
})
export class ProductComponent {
    model: Model = new Model();
    getClasses(key: number): string {
        let product = this.model.getProduct(key);
        return "p-a-1 " + (product.price < 50 ? "bg-info" : "bg-warning");
    }
    getClassMap(key: number): Object {
        let product = this.model.getProduct(key);
        return {
            "text-xs-center bg-danger": product.name == "Kayak",
            "bg-info": product.price < 50
        };
    }
    fontSizeWithUnits: string = "30px";
    fontSizeWithoutUnits: string= "30";
}
```

fontSizeWithUnits 属性返回一个包含数量及其表示单位的值：30 像素。fontSizeWithoutUnits 属性只返回数量，没有任何计量单位信息。代码清单 12-15 演示了这些属性如何与标准绑定和特殊绑定一起使用。

■ 警告：
在使用标准属性绑定时不要尝试以 style 属性为绑定目标来设置多个样式值。用于表示 DOM 宿主元素的 JavaScript 对象的 style 属性所返回的对象是只读的。一些浏览器忽略这一点，并允许进行更改，但结果是不可预测的，开发应用程序时不能依赖特殊情况。如果要设置多个样式属性，就要为每个样式属性创建一个绑定，或者使用 ngStyle 指令。

代码清单 12-15　在 template.html 文件中使用样式绑定

```
<div class="p-a-1 bg-warning">
    The <span [style.fontSize]="fontSizeWithUnits">first</span>
     product is {{model.getProduct(1).name}}.
</div>
```

```
<div class="p-a-1 bg-info">
   The <span [style.fontSize.px]="fontSizeWithoutUnits">second</span>
   product is {{model.getProduct(2).name}}
</div>
```

这个标准绑定的目标是 style.fontSize，它设置宿主元素内容所用字体的大小。这个绑定的表达式使用 fontSizeWithUnits 属性，其值包括设置字体大小所需的计量单位(px 表示像素)。

这个特殊绑定的目标是 style.fontSize.px，它告诉 Angular，表达式的值以像素为单位。这让该绑定使用组件的 fontSizeWithoutUnits 属性，它不包括计量单位。

■ 提示：
可以使用 JavaScript 属性名称格式([style.fontSize])或 CSS 属性名称格式([style.font-size])来指定样式属性。

两个绑定的结果是相同的：把 span 元素的字体大小设置为 30 像素，产生如图 12-10 所示的结果。

图 12-10　设置单个样式属性

2. 使用 ngStyle 指令设置样式

ngStyle 指令可以使用映射对象来设置多个样式属性，类似于 ngClass 指令的工作方式。代码清单 12-16 添加了一个组件方法，其返回值是一个包含样式设置的映射。

代码清单 12-16　在 component.ts 文件中创建样式映射对象

```
import { Component } from "@angular/core";
import { Model } from "./repository.model";
@Component({
selector: "app",
templateUrl: "template.html"
})
export class ProductComponent {
   model: Model = new Model();
   getClasses(key: number): string {
```

```
        let product = this.model.getProduct(key);
        return "p-a-1 " + (product.price < 50 ? "bg-info" : "bg-warning");
    }
    getStyles(key: number) {
        let product = this.model.getProduct(key);
        return {
            fontSize: "30px",
            "margin.px": 100,
            color: product.price > 50 ? "red" : "green"
        };
    }
}
```

由 getStyle 方法返回的映射对象说明，ngStyle 指令能够支持两种属性绑定格式：在值中包含单位或在属性名称中包含单位。以下是当 key 实参的值为 1 时 getStyles 方法生成的映射对象：

```
{
    "fontSize":"30px",
    "margin.px":100,
    "color":"red"
}
```

代码清单 12-17 给出了模板中使用 ngStyle 指令的数据绑定，其表达式调用 getStyles 方法。

代码清单 12-17　在 template.html 文件中使用 ngStyle 指令

```
<div class="p-a-1 bg-warning">
    The <span [ngStyle]="getStyles(1)">first</span>
     product is {{model.getProduct(1).name}}.
</div>
<div class="p-a-1 bg-info">
    The <span [ngStyle]="getStyles(2)">second</span>
     product is {{model.getProduct(2).name}}
</div>
```

结果是，每个 span 元素都收到一组根据传入 getStyles 方法的实参进行定制的样式，如图 12-11 所示。

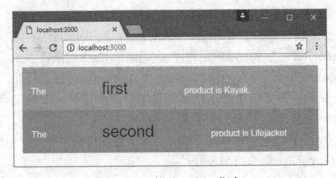

图 12-11　使用 ngStyle 指令

12.5 更新应用程序的数据

当开始使用 Angular 时,数据绑定的处理似乎比较棘手,要记住在不同情况下需要哪些绑定绝非易事。因此,可能很想知道是否值得付出努力。

了解绑定绝对物有所值,这是因为当绑定表达式所依赖的数据发生变化时,绑定表达式会重新求值。例如,如果使用字符串插入绑定来显示某个属性的值,那么当该属性的值变更时绑定将自动更新。

为了提供演示,下面将展示如何手动控制更新过程。虽然在普通 Angular 开发中并不需要用到这种技术,但它有力地证明了绑定的重要性。代码清单 12-18 给出了启用演示组件所需要做的一些更改。

代码清单 12-18 在 component.ts 文件中准备组件

```typescript
import { ApplicationRef, Component } from "@angular/core";
import { Model } from "./repository.model";
import { Product } from "./product.model";

@Component({
    selector: "app",
    templateUrl: "template.html"
})
export class ProductComponent {
    model: Model = new Model();
    constructor(ref: ApplicationRef) {
        (<any>window).appRef = ref;
        (<any>window).model = this.model;
    }
    getProductByPosition(position: number): Product {
        return this.model.getProducts()[position];
    }
    getClassesByPosition(position: number): string {
        let product = this.getProductByPosition(position);
        return "p-a-1 " + (product.price < 50 ? "bg-info" : "bg-warning");
    }
}
```

从@angular/core 模块导入了 ApplicationRef 类型。当 Angular 执行引导过程时,它将创建一个 ApplicationRef 对象来表示应用程序。代码清单 12-18 向组件添加了一个构造函数,该函数接收 ApplicationRef 对象作为实参,它使用 Angular 依赖注入特性,在第 19 章中将描述该特性。现在只作简要描述而不作详细说明:声明这样一个构造函数实参会告诉Angular,组件希望在创建新实例时接收 ApplicationRef 对象。

在构造函数中,有两条语句可以用于演示目的,但如果在实际项目中使用,则会损害使用 TypeScript 和 Angular 带来的诸多好处。

```
...
(<any>window).appRef = ref;
(<any>window).model = this.model;
...
```

这两条语句在全局命名空间中定义了一些变量,并将 ApplicationRef 和 Model 对象赋给它们。尽管让全局命名空间尽可能保持清晰是较好的做法,但是这里把这些对象暴露出来,这样就可以通过浏览器的 JavaScript 控制台进行操作,这对于这个示例很重要。

在该类中还添加了其他的方法,分别用来根据 Product 对象的位置(而不是键)从存储库中检索,以及基于 price 属性的值生成不同的 CSS 类映射。

代码清单 12-19 给出了对模板所做的相应更改,它使用 ngClass 指令设置 CSS 类成员资格,使用字符串插入绑定来显示 Product.name 属性的值。

代码清单 12-19　在 template.html 文件中准备修改

```html
<div [ngClass]="getClassesByPosition(0)">
    The first product is {{getProductByPosition(0).name}}.
</div>
<div [ngClass]="getClassesByPosition(1)">
    The second product is {{getProductByPosition(1).name}}
</div>
```

将更改保存到组件和模板。一旦浏览器重新加载页面,就在浏览器的 JavaScript 控制台中输入以下语句,然后按回车键:

```
model.products.shift()
```

该语句在模型中的 Product 对象数组上调用 shift 方法,它从数组中移除第一项并返回该项。此时不会看到任何变化,这是因为 Angular 不知道模型已被修改。要告诉 Angular 检查变更,请在浏览器的 JavaScript 控制台中输入以下语句,然后按回车键:

```
appRef.tick()
```

tick 方法启动 Angular 变更检测过程,Angular 查看应用程序中的数据和数据绑定中的表达式并对所有变更进行处理。模板中的数据绑定使用特定的数组索引来显示数据,既然已经从模型中移除一个对象,那么更新绑定以显示新值,如图 12-12 所示。

图 12-12　手动更新应用程序模型

值得花点时间思考一下在变更检测过程中发生了什么。Angular 重新对模板中的绑定表达式进行求值，并更新它们的值。接着，ngClass 指令和字符串插入绑定分别重新配置各自的宿主元素：更改 CSS 类成员资格，显示新的内容。

这一切都仰仗于 Angular 数据绑定是实时的，这意味着表达式、目标和宿主元素之间的关系在向用户显示初始内容之后继续存在，并动态地反映对应用程序状态的更改。诚然，当不必使用 JavaScript 控制台发起变更时，这个效果会更加令人印象深刻。在第 14 章中将解释 Angular 如何让用户能够使用事件和表单来触发变更。

12.6 本章小结

本章描述了 Angular 数据绑定的结构，并展示了如何使用它们在应用程序数据与显示给用户的 HTML 元素之间建立关联。本章还介绍了属性绑定，并描述了如何使用内置指令 ngClass 和 ngStyle。在下一章中，将解释其他内置指令的工作原理。

第 13 章

使用内置指令

本章将描述内置指令，它们实现了开发者在创建 Web 应用程序时最常用的一些功能：选择性地包含内容、在不同的内容片段之间进行选择以及重复内容。本章还将描述 Angular 对单向数据绑定中的表达式以及提供这些绑定的指令的一些限制。表 13-1 给出了内置模板指令的背景。

表 13-1　内置模板指令的背景

问题	答案
什么是内置指令？	本章中描述的内置指令负责选择性地包括内容、在多个内容片段之间进行选择以及为数组中的每一项重复内容。还包括第 12 章所述的设置元素样式和类成员资格的指令
内置指令有什么作用？	可以使用这些指令完成 Web 应用程序开发中最常见和最根本的任务，而且利用这些指令，开发者可以根据应用程序数据来调整要显示给用户的内容
如何使用内置指令？	这些指令被应用于模板中的 HTML 元素。本章(以及本书的其余部分)到处都有示例
内置指令是否存在陷阱或限制？	需要记住内置模板指令的语法：一些指令(包括 ngIf 和 ngFor)必须带有星号前缀，而其他指令(包括 ngClass、ngStyle 和 ngSwitch)必须用方括号括起来。尽管在 13.2.1 节 "使用 ngIf 指令" 中的 "理解微模板指令" 段落中解释了为什么需要这样做，但是很容易忘记这些语法并得到意想不到的结果
内置指令是否存在替代方案？	虽然可以编写自定义指令(在第 15 和第 16 章中将描述如何编写指令)，但是内置指令全都经过精心编写和全面测试。对于大多数应用程序而言，使用内置指令是最好的选择，除非它们不能提供所需的功能

表 13-2 给出了本章内容摘要。

表 13-2 本章内容摘要

问题	解决办法	代码清单编号
根据数据绑定表达式的值有条件地显示内容	使用 ngIf 指令	1~3
根据数据绑定表达式的值在不同内容之间选择	使用 ngSwitch 指令	4 和 5
为数据绑定表达式产生的每个对象生成内容片段	使用 ngFor 指令	6~12
重复内容块	使用 ngTemplateOutlet 指令	13 和 14
防止模板错误	避免由于数据绑定表达式存在副作用而导致应用程序状态被修改	15~19
避免上下文错误	确保数据绑定表达式只使用模板组件提供的属性和方法	20~22

13.1 准备示例项目

本章依赖在第 11 章中创建并在第 12 章中进行了修改的示例项目。为了准备本章的主题，代码清单 13-1 显示了对组件类所做的更改，将组件类中不再需要的功能删掉，并添加一些新的方法和一个属性。

代码清单 13-1 component.ts 文件中的修改

```
import { ApplicationRef, Component } from "@angular/core";
import { Model } from "./repository.model";
import { Product } from "./product.model";

@Component({
    selector: "app",
    templateUrl: "template.html"
})
export class ProductComponent {
    model: Model = new Model();

    constructor(ref: ApplicationRef) {
        (<any>window).appRef = ref;
        (<any>window).model = this.model;
    }

    getProductByPosition(position: number): Product {
        return this.model.getProducts()[position];
    }

    getProduct(key: number): Product {
```

```
        return this.model.getProduct(key);
    }

    getProducts(): Product[] {
        return this.model.getProducts();
    }

    getProductCount(): number {
        return this.getProducts().length;
    }

    targetName: string = "Kayak";
}
```

代码清单 13-2 显示了模板文件的内容，该文件通过调用组件的新方法 getProductCount 来显示数据模型中的产品数量。

代码清单 13-2　template.html 文件的内容

```
<div class="bg-info p-a-1">
    There are {{getProductCount()}} products.
</div>
```

打开命令行，在 example 文件夹中运行以下命令以启动 TypeScript 编译器和 HTTP 开发服务器：

```
npm start
```

该命令将打开一个新的浏览器窗口并从 example 文件夹加载 index.html 文件，显示如图 13-1 所示的内容。

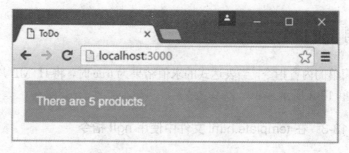

图 13-1　运行示例应用程序

13.2　使用内置指令

Angular 带有一组内置指令，它们提供了 Web 应用程序常用的一些功能，这样开发者就不必在自己的项目中另起炉灶。表 13-3 介绍了可用的内置指令，将在下面几节中逐一进行说明(在第 12 章中介绍的 ngClass 和 ngStyle 指令除外)。

表 13-3 内置指令

示例	描述
<div *ngIf="expr"></div>	如果表达式的求值结果为 true，那么 ngIf 指令将宿主元素及其内容包含在 HTML 文档中。指令名称前的星号表示这是一条微模板指令，如 13.2.1 节 "使用 ngIf 指令" 中的 "理解微模板指令" 段落所述
<div [ngSwitch]="expr"> <span *ngSwitchCase="expr"> </span> <span *ngSwitchDefault> </span> </div>	ngSwitch 指令根据表达式的结果(与使用 ngSwitchCase 指令定义的单个表达式的结果进行比较)在多个候选元素中选择一个元素，并将其包含在 HTML 文档中。如果没有 ngSwitchCase 值匹配，就选择 ngSwitchDefault 指令的宿主元素。ngSwitchCase 和 ngSwitchDefault 指令之前的星号表示它们是微模板指令，如 13.2.1 节 "使用 ngIf 指令" 中的 "理解微模板指令" 段落所述
<div *ngFor="#item of expr"></div>	ngFor 指令用于为数组中的每个对象生成同一组元素。指令名称前面的星号表示这是一条微模板指令，如 13.2.1 节 "使用 ngIf 指令" 中的 "理解微模板指令" 段落所述
<ng-template [ngTemplateOutlet]="myTempl"> </ng-template>	ngTemplateOutlet 指令用于重复模板中的内容块
<div ngClass="expr"></div>	ngClass 指令用于管理 CSS 类成员资格，如第 12 章所述
<div ngStyle="expr"></div>	ngStyle 指令用于管理直接应用于元素的样式(而不是通过 CSS 类来应用样式)，如第 12 章所述

13.2.1 使用 ngIf 指令

ngIf 是最简单的内置指令，当表达式的求值结果为 true 时，将 HTML 片段包含在文档中，如代码清单 13-3 所示。

代码清单 13-3 在 template.html 文件中使用 ngIf 指令

```
<div class="bg-info p-a-1 m-a-1">
    There are {{getProductCount()}} products.
</div>
<div *ngIf="getProductCount() > 4" class="bg-info p-a-1 m-t-1">
    There are more than 4 products in the model
</div>
<div *ngIf="getProductByPosition(0).name != 'Kayak'"
    class="bg-info p-a-1 m-t-1">
    The first product isn't a Kayak
</div>
```

ngIf 指令已被应用到两个 div 元素，它们的表达式分别检查模型中 Product 对象的数量以及第 1 个 Product 对象的名称是否为 Kayak。

第 1 个表达式的求值结果为 true，因此这个 div 元素及其内容将出现在 HTML 文档中。第 2 个表达式的求值结果为 false，因此第 2 个 div 元素将被排除在外。结果如图 13-2 所示。

■ 注意：

ngIf 指令会向 HTML 文档中添加元素，也会从中删除元素，并非只是显示或隐藏元素。如果希望将元素留在原处并控制其可见性，那么使用属性绑定或样式绑定(如第 12 章所述)，通过将元素属性 hidden 设置为 true 或将样式属性 display 设置为 none 即可实现。

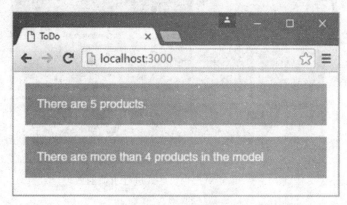

图 13-2　使用 ngIf 指令

使用微模板指令

一些指令(例如 ngFor、ngIf 以及与 ngSwitch 配套的嵌套指令)都带有一个星号，如 *ngFor、*ngIf 和*ngSwitchCase。星号是使用一类指令的简略式，这类指令依靠模板的一部分(被称为微模板，即 micro-template)来提供内容。使用微模板的指令被称为结构型指令 (structural directive)，在第 16 章中展示如何创建这些指令时，还将回顾这段描述。

代码清单 13-3 将 ngIf 指令应用于两个 div 元素，这些元素告诉该指令将 div 元素及其内容用作其处理的每个对象的微模板。在幕后，Angular 对微模板和指令进行了扩展，如下所示：

```
...
<ng-template ngIf="model.getProductCount() > 4">
    <div class="bg-info p-a-1 m-t-1">
        There are more than 4 products in the model
    </div>
</ng-template>
...
```

虽然可以在模板中使用其中任何一种语法，但是如果使用紧凑语法，那么必须记住使用星号。在第 16 章中将解释如何创建自己的微模板指令。

像所有指令一样，ngIf 指令的表达式将重新求值以反映数据模型的变化。在浏览器的 JavaScript 控制台中运行以下语句以移除第一个数据对象并运行变更检测过程：

```
model.products.shift()
appRef.tick()
```

修改模型带来的效果是删除第 1 个 div 元素(因为现在 Product 对象的数量太少)，同时添加第 2 个 div 元素(因为数组中第 1 个 Product 对象的 name 属性的值不再是 Kayak)。图 13-3 显示了这种变化。

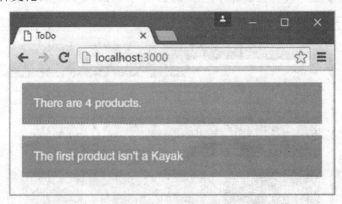

图 13-3　重新对指令表达式进行求值的效果

13.2.2　使用 ngSwitch 指令

ngSwitch 指令根据表达式结果从几个元素中选择其中一个，类似于 JavaScript 的 switch 语句。代码清单 13-4 给出了 ngSwitch 指令，根据模型中对象的数量来选择元素。

代码清单 13-4　在 template.html 文件中使用 ngSwitch 指令

```
<div class="bg-info p-a-1">
    There are {{getProductCount()}} products.
</div>
<div class="bg-info p-a-1 m-t-1" [ngSwitch]="getProductCount()">
    <span *ngSwitchCase="2">There are two products</span>
    <span *ngSwitchCase="5">There are five products</span>
    <span *ngSwitchDefault>This is the default</span>
</div>
```

ngSwitch 指令的语法用起来可能会让人感到困惑。应用了 ngSwitch 指令的宿主元素始终包含在 HTML 文档中，并且指令名称前缀不带星号。必须在方括号内指定该指令，如下所示：

```
...
<div class="bg-info p-a-1 m-t-1" [ngSwitch]="getProductCount()">
...
```

在这个例子中,每个内部元素(这里是 span 元素)都是一个微模板,而指定目标表达式结果的指令都有一个星号前缀,如下所示:

```
...
<span *ngSwitchCase="5">There are five products</span>
...
```

ngSwitchCase 指令用于指定一个特定的表达式结果。如果 ngSwitch 表达式的求值结果与指定结果相同,那么该元素及其内容将出现在 HTML 文档中。如果 ngSwitch 表达式的求值结果与指定结果不同,那么该元素及其内容将从 HTML 文档中排除。

ngSwitchDefault 指令等同于 JavaScript 的 switch 语句中的 default 标签:该指令指定了一个后备元素,如果表达式结果与 ngSwitchCase 指令指定的任何结果都不匹配,就把该元素包含在 HTML 文档中。

对于应用程序的初始数据,代码清单 13-4 中的指令将生成以下 HTML:

```
<div class="bg-info p-a-1 m-t-1" ng-reflect-ng-switch="5">
    <span>There are five products</span>
</div>
```

应用了 ngSwitch 指令的 div 元素始终出现在 HTML 文档中。对于模型中的初始数据,ngSwitchCase 指令求值结果为 5 的 span 元素也出现在 HTML 文档中,产生如图 13-4 左侧所示的结果。

ngSwitch 绑定响应数据模型中的变化,可以在浏览器的 JavaScript 控制台中执行以下语句进行测试:

```
model.products.shift()
appRef.tick()
```

这些语句从模型中移除第 1 项,并强制 Angular 运行变更检测过程。由于两条 ngSwitchCase 指令的结果都不匹配 getProductCount 表达式的结果,因此 ngSwitchDefault 元素出现在 HTML 文档中,如图 13-4 所示。

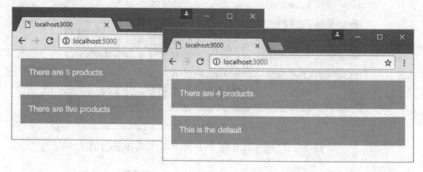

图 13-4　使用 ngSwitch 指令

避开字面值问题

当使用 ngSwitchCase 指令指定字面量字符串时,会出现一个常见问题,为了获得正确的效果，必须加以小心，如代码清单 13-5 所示。

代码清单 13-5　在 template.html 文件中切换组件和字符串字面值

```html
<div class="bg-info p-a-1">
    There are {{getProductCount()}} products.
</div>
<div class="bg-info p-a-1 m-t-1" [ngSwitch]="getProduct(1).name">
    <span *ngSwitchCase="targetName">Kayak</span>
    <span *ngSwitchCase="'Lifejacket'">Lifejacket</span>
    <span *ngSwitchDefault>Other Product</span>
</div>
```

赋给 ngSwitchCase 指令的这些值也是表达式，这意味着可以调用方法、执行简单的内联操作和读取属性值，就像对基本数据绑定一样。

举个例子，当 ngSwitch 表达式的求值结果与组件定义的 targetName 属性的值相匹配时，这个表达式可以让 Angular 包含应用了这个指令的 span 元素：

```
...
<span *ngSwitchCase="targetName">Kayak</span>
...
```

如果要将结果与特定字符串进行比较，那么必须使用双重引号，如下所示：

```
...
<span *ngSwitchCase="'Lifejacket'">Lifejacket</span>
...
```

此表达式告诉 Angular，当 ngSwitch 表达式的值等于字面字符串值 Lifejacket 时包含这个 span 元素，从而产生如图 13-5 所示的结果。

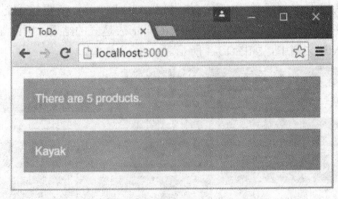

图 13-5　在 ngSwitch 指令中使用表达式和字面值

13.2.3　使用 ngFor 指令

ngFor 指令针对对象序列中的每个对象重复一段内容，提供相当于 foreach 循环的模板，并能够遍历对象集合。在代码清单 13-6 中，使用 ngFor 指令为模型中的每个 Product 对象生成一个表格行，从而填充一张表格。

代码清单 13-6　在 template.html 文件中使用 ngFor 指令

```html
<div class="bg-info p-a-1">
    There are {{getProductCount()}} products.
</div>
<table class="table table-sm table-bordered m-t-1">
    <tr><th>Name</th><th>Category</th><th>Price</th></tr>
    <tr *ngFor="let item of getProducts()">
        <td>{{item.name}}</td>
        <td>{{item.category}}</td>
        <td>{{item.price}}</td>
    </tr>
</table>
```

ngFor 指令的表达式要比其他内置指令的表达式更复杂，但是在明白各个部分如何组合在一起之后，它将开始变得更好理解。下面是示例中使用的指令：

```
...
<tr *ngFor="let item of getProducts()">
...
```

指令名称之前的星号是必需的，这是因为该指令使用的是微模板，如 13.2.1 节"使用 ngIf 指令"中的"理解微模板指令"段落所述。逐渐熟悉 Angular 后，你会更好地理解这些内容，首先只需要记住，该指令需要使用星号(我也经常会忘记带星号，直到看到在浏览器的 JavaScript 控制台中显示的错误，才会想起要带星号)。

表达式本身由两个不同的部分组成，通过 of 关键字结合在一起。表达式的右边部分提供可遍历的数据源。

```
...
<tr *ngFor="let item of getProducts()">
...
```

这个示例将组件的 getProducts 方法指定为数据源，这样可以为模型中的每个 Product 对象提供内容。右侧本身也是表达式，这意味着可以在模板中准备数据或执行简单的数据操纵。

ngFor 表达式的左侧定义了一个模板变量，由 let 关键字表示，这样就可以在 Angular 模板中的不同元素之间传递数据。

```
...
<tr *ngFor="let item of getProducts()">
...
```

ngFor 指令让变量指向数据源中的每个对象，以便它可供嵌套元素使用。示例中的局部模板变量称为 item，它可以让 td 元素访问 Product 对象的属性，如下所示：

```
...
<td>{{item.name}}</td>
...
```

综上，示例中的指令告诉 Angular，遍历组件的 getProducts 方法返回的所有对象，将每个对象赋给一个名为 item 的变量，然后生成一个 tr 元素及其 td 子元素，对它们包含的模板表达式进行求值。

对于代码清单 13-6 中的示例，结果是一张表格，其中使用 ngFor 指令来为模型中的每个 Product 对象生成表格行，每个表格行包含分别用来显示 Product 对象名称、类别和价格属性值的 td 元素，如图 13-6 所示。

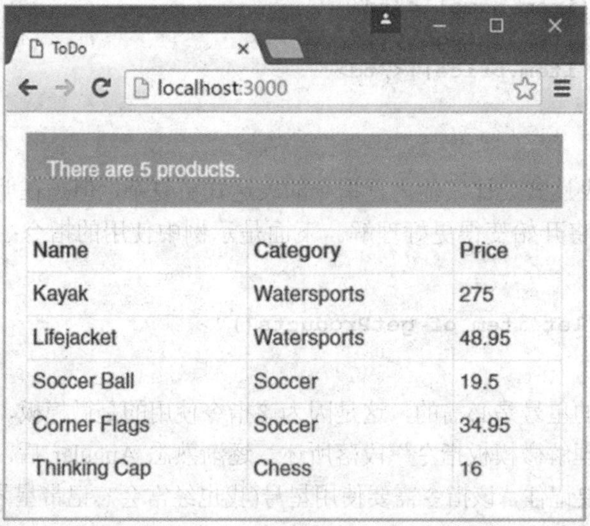

图 13-6　使用 ngFor 指令创建表格行

1. 使用其他模板变量

最重要的模板变量是指向正在处理的数据对象的变量，也就是上一个示例中的 item。ngFor 指令还支持其他一系列可赋给变量的值，可在嵌套 HTML 元素中引用这些值，如表 13-4 所述，下面几节中对此进行了说明。

表 13-4　ngFor 局部模板变量

名称	描述
index	这个数字值指向当前对象的位置
odd	如果当前对象在数据源中的位置为奇数，那么这个布尔值为 true
even	如果当前对象在数据源中的位置为偶数，那么这个布尔值为 true
first	如果当前对象是数据源的第一个对象，那么这个布尔值为 true
last	如果当前对象是数据源的最后一个对象，那么这个布尔值为 true

使用 index 值

index 值被设置为当前数据对象的位置，并且在遍历数据源中的对象时递增该值。代码清单13-7定义了一个表格，使用ngFor指令填充该表格，并将index值赋给一个名为i的局部模板变量，然后将其用于字符串插入绑定。

代码清单13-7 在template.html文件中使用index值

```
<div class="bg-info p-a-1">
    There are {{getProductCount()}} products.
</div>
<table class="table table-sm table-bordered m-t-1">
    <tr><th></th><th>Name</th><th>Category</th><th>Price</th></tr>
    <tr *ngFor="let item of getProducts(); let i = index">
        <td>{{i +1}}</td>
        <td>{{item.name}}</td>
        <td>{{item.category}}</td>
        <td>{{item.price}}</td>
    </tr>
</table>
```

在ngFor表达式中添加了一个新项，使用分号(字符;)与现有表达式隔开。新的表达式使用let关键字将index值赋给名为i的局部模板变量，如下所示：

```
...
<tr *ngFor="let item of getProducts(); let i = index">
...
```

在嵌套元素内可以使用绑定来访问该值，如下所示：

```
...
<td>{{i + 1}}</td>
...
```

index值从0开始，为该值加1以创建一个简单的计数器，产生如图13-7所示的结果。

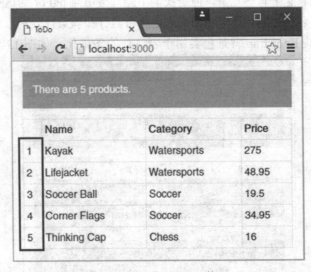

图13-7 使用index值

使用 odd 值和 even 值

当数据项的 index 值为奇数时，odd 值为 true。相反，当数据项的 index 值为偶数时，even 值为 true。一般来说，只需要使用 odd 值或 even 值，这是因为它们是布尔值，当 even 值为假时，odd 值为真，反之亦然。在代码清单 13-8 中，odd 值用于管理表中 tr 元素的 CSS 类成员资格。

代码清单 13-8 在 template.html 文件中使用 odd 值

```
<div class="bg-info p-a-1">
    There are {{getProductCount()}} products.
</div>
<table class="table table-sm table-bordered m-t-1">
    <tr><th></th><th>Name</th><th>Category</th><th>Price</th></tr>
    <tr *ngFor="let item of getProducts(); let i = index; let odd = odd"
        [class.bg-primary]="odd" [class.bg-info]="!odd">
        <td>{{i + 1}}</td>
        <td>{{item.name}}</td>
        <td>{{item.category}}</td>
        <td>{{item.price}}</td>
    </tr>
</table>
```

这里使用了一个分号，并向 ngFor 表达式添加了另一项，将 odd 值赋给一个名为 odd 的局部模板变量。

```
...
<tr *ngFor="let item of getProducts(); let i = index; let odd = odd"
    [class.bg-primary]="odd" [class.bg-info]="!odd">
...
```

这种写法可能看起来有些冗余，但是我们不能直接访问 ngFor 的这些值，而是必须使用局部变量，即使名称相同。这里使用类绑定将奇数行和偶数行分别添加到 bg-primary 类和 bg-info 类，这些 Bootstrap 背景色类用于表格行的条带化，如图 13-8 所示。

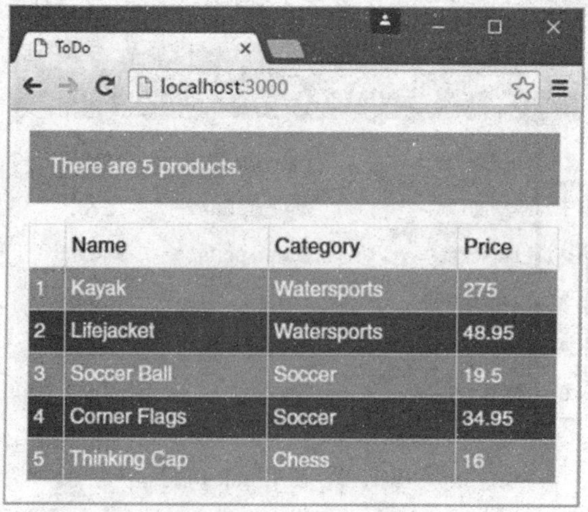

图 13-8 使用 odd 值

> **展开*ngFor 指令**
>
> 请注意，在代码清单 13-8 中，我们在一个 tr 元素中定义了一个模板变量，然后立即就可以在同一个 tr 元素的表达式中使用该变量。这之所以可行，是因为 ngFor 是一个微模板指令(由名称之前的*表示)，Angular 在后台展开 HTML，使其看起来像下面这样：
>
> ```
> ...
> <table class="table table-sm table-bordered m-t-1">
> <tr><th></th><th>Name</th><th>Category</th><th>Price</th></tr>
>    <ng-template ngFor let-item [ngForOf]="getProducts()"
>        let-i="index" let-odd="odd">
>      <tr [class.bg-primary]="odd" [class.bg-info]="!odd">
>        <td>{{i + 1}}</td>
>        <td>{{item.name}}</td>
>        <td>{{item.category}}</td>
>        <td>{{item.price}}</td>
>      </tr>
>    </ng-template>
> </table>
> ...
> ```
>
> 可以看到，ng-template 元素使用稍微笨拙的 let-<name>属性来定义变量，然后由其中的 tr 和 td 元素访问它们。这与 Angular 中的许多情形一样，在了解幕后发生的一切后，那些看似魔法的功能实际上都非常简单，在第 16 章中将详细解释这些功能。使用*ngFor 语法的一个很好的理由是它提供了一种更优雅的方式来表示指令表达式，特别是当有多个模板变量时。

使用 first 值和 last 值

只有对于数据源提供的序列中的第一个对象，first 值才为 true，对于所有其他对象为 false。相反，只有对于序列中的最后一个对象，last 值才为 true。代码清单 13-9 根据这些值采用与序列中其他对象不同的方式来处理第一个和最后一个对象。

代码清单 13-9　在 template.html 文件中使用 first 值和 last 值

```
<div class="bg-info p-a-1">
    There are {{getProductCount()}} products.
</div>
<table class="table table-sm table-bordered m-t-1">
    <tr><th></th><th>Name</th><th>Category</th><th>Price</th></tr>
    <tr *ngFor="let item of getProducts(); let i = index; let odd = odd;
        let first = first; let last = last"
        [class.bg-primary]="odd" [class.bg-info]="!odd"
        [class.bg-warning]="first || last">
      <td>{{i + 1}}</td>
      <td>{{item.name}}</td>
      <td>{{item.category}}</td>
      <td *ngIf="!last">{{item.price}}</td>
```

```
        </tr>
    </table>
```

ngFor 表达式中的新项将 first 值和 last 值赋给模板变量 first 和 last。然后由 tr 元素上的类绑定(当 first 和 last 二者之一为 true 时,该元素将加入 bg-warning 类)和 td 元素上的 ngIf 指令(将数据源中的最后一项排除)使用这些变量,这将产生如图 13-9 所示的效果。

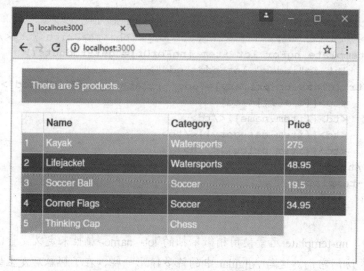

图 13-9 使用 first 值和 last 值

2. 最小化元素操作

当数据模型发生变化时,ngFor 指令会对其表达式进行求值并更新那些用来表示数据对象的元素。更新过程可能比较耗费资源,特别是在数据源被替换的情况下(虽然它们包含的数据完全相同,但是表示这些数据的对象并不相同)。替换数据源似乎是一件奇怪的事情,但是这在 Web 应用程序中经常发生,特别是当从 Web 服务中检索数据时(就像在第 24 章中描述的一样)。虽然数据值完全相同,但是由一个新对象表示,这会造成 Angular 执行效率问题。为了说明这个问题,下面在组件中添加一个方法,将数据模型中的一个 Product 对象替换掉,如代码清单 13-10 所示。

代码清单 13-10   在 repository.model.ts 文件中替换对象

```
import { Product } from "./product.model";
import { SimpleDataSource } from "./datasource.model";
export class Model {
    private dataSource: SimpleDataSource;
    private products: Product[];
    private locator = (p:Product, id:number) => p.id == id;
    constructor() {
        this.dataSource = new SimpleDataSource();
        this.products = new Array<Product>();
        this.dataSource.getData().forEach(p => this.products.push(p));
```

```
    }
    // ...other methods omitted for brevity...
    swapProduct() {
        let p = this.products.shift();
        this.products.push(new Product(p.id, p.name, p.category, p.price));
    }
}
```

swapProduct 方法从数组中移除第一个对象,并添加一个新对象,它的 id、name、category 和 price 属性的值与第一个对象完全相同。这就是一个用新对象表示"老"数据的例子。

使用浏览器的 JavaScript 控制台运行以下语句来修改数据模型并执行变更检测过程:

```
model.swapProduct()
appRef.tick()
```

当 ngFor 指令检查其数据源时,发现需要执行两个操作来反映数据的变更。第一个操作是销毁那个表示数组中第一个对象的 HTML 元素。第二个操作是创建一组新的 HTML 元素来表示数组末尾的新对象。

Angular 无法知道它正在处理的两个数据对象具有相同的值,本来可以通过简单地移动 HTML 文档中的现有元素,从而使其执行效率更高。

虽然在这个示例中,这个问题仅影响两个元素,但是当通过 Ajax 方式使用外部数据源来刷新应用程序中的数据时,这个问题会变得更加严重,所有数据模型对象都会被替换掉。由于不了解实际的变化,ngFor 指令必须销毁所有 HTML 元素并重新创建它们,这可能是一项代价很高且耗时的操作。

为了提高更新的效率,可以定义一个组件方法来帮助 Angular 确定两个不同对象是否代表相同的数据,如代码清单 13-11 所示。

代码清单 13-11 在 component.ts 文件中添加对象比较方法

```
import { ApplicationRef, Component } from "@angular/core";
import { Model } from "./repository.model";
import { Product } from "./product.model";
@Component({
    selector: "app",
    templateUrl: "template.html"
})
export class ProductComponent {
    model: Model = new Model();
    // ...constructor and methods omitted for brevity...
    getKey(index: number, product: Product) {
        return product.id;
    }
}
```

该方法必须定义两个参数:对象在数据源中的位置以及数据对象。该方法的返回结果唯一地标识一个对象,而如果两个对象产生相同的结果,则认为这两个对象相等。

如果两个 Product 对象具有相同的 id 值，它们将被视为相等。要想告诉 ngFor 表达式使用指定的比较方法，需要向表达式中添加一个 trackBy 项，如代码清单 13-12 所示。

代码清单 13-12　在 template.html 文件中提供一个相等方法

```
<div class="bg-info p-a-1">
    There are {{getProductCount()}} products.
</div>
<table class="table table-sm table-bordered m-t-1">
    <tr><th></th><th>Name</th><th>Category</th><th>Price</th></tr>
    <tr *ngFor="let item of getProducts(); let i = index; let odd = odd;
        let first = first; let last = last; trackBy:getKey"
        [class.bg-primary]="odd" [class.bg-info]="!odd"
        [class.bg-warning]="first || last">
    <td>{{i + 1}}</td>
    <td>{{item.name}}</td>
    <td>{{item.category}}</td>
    <td *ngIf="!last">{{item.price}}</td>
    </tr>
</table>
```

通过这项更改，ngFor 指令将知道使用代码清单 13-12 中定义的 swapProduct 方法从数组中删除的产品等同于添加到数组中的产品，虽然它们是不同的对象。现在不必删除和创建元素，而是可以移动现有元素，这涉及的任务更加简单，执行效率更快。

虽然仍然需要更改元素(例如，因为新对象将是数据源中的最后一项，所以将通过 ngIf 指令删除其中一个 td 元素)，但即使如此，也要比单独处理对象快得多。

测试相等方法

检查相等方法是否有效果有点棘手。我发现最好的方式是使用浏览器的 F12 开发者工具，在这里使用谷歌 Chrome 浏览器。

应用程序加载完毕后，用鼠标右键单击浏览器窗口中包含单词 Kayak 的 td 元素，然后从弹出菜单中选择 Inspect。这将打开"开发者工具(Developer Tools)"窗口并显示 Elements 面板。

单击左边空白中的省略号按钮(标记为"…")，然后从菜单中选择 Add Attribute。添加值为 old 的 id 属性。这将生成一个如下所示的元素：

```
<td id="old">Kayak</td>
```

添加 id 属性，使得可以使用 JavaScript 控制台来访问代表 HTML 元素的对象。切换到 Console 面板并输入以下语句：

```
window.old
```

单击回车键，浏览器将通过 id 属性值来定位该元素并显示如下结果：

```
<td id="old">Kayak</td>
```

接下来在 JavaScript 控制台中执行如下语句,在每行命令后面单击回车键:

```
model.swapProduct()
appRef.tick()
```

在数据模型更改处理完毕后,在 JavaScript 控制台中执行如下命令来确定那个添加 id 属性的 td 元素是否已经移动或销毁:

```
window.old
```

如果该元素已经移动,就会在控制台中看到该元素,如下所示:

```
<td id="old">Kayak</td>
```

如果该元素已被销毁,就不会存在 id 属性值为 old 的元素,浏览器将显示 undefined。

13.2.4 使用 ngTemplateOutlet 指令

ngTemplateOutlet 指令用于在指定的位置重复一个内容块,当需要在不同地方生成相同内容并且希望避免重复操作时,这个指令可能很有用。代码清单 13-13 给出了使用的指令。

代码清单 13-13 在 template.html 文件中使用 ngTemplateOutlet 指令

```
<ng-template #titleTemplate>
    <h4 class="p-a-1 bg-success">Repeated Content</h4>
</ng-template>
<ng-template [ngTemplateOutlet]="titleTemplate"></ng-template>
<div class="bg-info p-a-1 m-a-1">
    There are {{getProductCount()}} products.
</div>
<ng-template [ngTemplateOutlet]="titleTemplate"></ng-template>
```

第一步是定义模板,其中包含欲借助该指令进行重复的内容。具体做法是使用 ng-template 元素并使用引用变量(reference variable)为其赋予一个名称,如下所示:

```
...
<ng-template #titleTemplate let-title="title">
<h4 class="p-a-1 bg-success">{{title}}</h4>
</ng-template>
...
```

当 Angular 遇到一个引用变量时,会将该变量的值设置为定义它的元素(在这里是 ng-template 元素)。

第二步是使用 ngTemplateOutlet 指令将内容插入到 HTML 文档中,如下所示:

```
...
<ng-template [ngTemplateOutlet]="titleTemplate"></ng-template>
...
```

这个表达式是引用变量的名称，该变量指向应插入的内容。这个指令将宿主元素替换为指定的 ng-template 元素的内容。无论是包含重复内容的 ng-template 元素，还是绑定所在的宿主元素，都不包含在 HTML 文档中。图 13-10 显示了指令如何使用重复的内容。

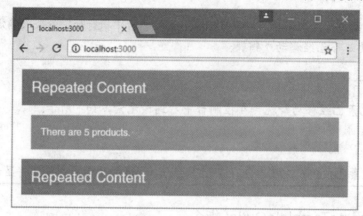

图 13-10　使用 ngTemplateOutlet 指令

提供上下文数据

ngTemplateOutlet 指令可用于为重复内容提供上下文对象，该对象可供 ng-template 元素内部定义的数据绑定使用，如代码清单 13-14 所示。

代码清单 13-14　在 template.html 文件中提供上下文数据

```
<ng-template #titleTemplate let-text="title">
    <h4 class="p-a-1 bg-success">{{text}}</h4>
</ng-template>
<ng-template [ngTemplateOutlet]="titleTemplate"
             [ngOutletContext]="{title: 'Header'}">
</ng-template>
<div class="bg-info p-a-1 m-a-1">
    There are {{getProductCount()}} products.
</div>
<ng-template [ngTemplateOutlet]="titleTemplate"
             [ngOutletContext]="{title: 'Footer'}">
</ng-template>
```

为接收上下文数据，在包含重复内容的 ng-template 元素中定义了一个 let-属性，用于指定变量名称，类似于用于 ngFor 指令的扩展语法。将使用表达式的值为这个 let-变量赋值，如下所示：

```
...
<ng-template #titleTemplate let-text="title">
...
```

在这里，let-属性创建一个名为 text 的变量，并通过对表达式 title 进行求值为其赋值。为了提供表达式求值所需的数据，ngTemplateOutlet 指令所在的 ng-template 宿主元素提供了一个映射对象，如下所示：

```
...
<ng-template [ngTemplateOutlet]="titleTemplate"
             [ngOutletContext]="{title: 'Footer'}">
</ng-template>
...
```

这个新绑定的目标是 ngOutletContext，它看起来像另一个指令，但实际上是一个输入属性的例子，有些指令使用输入属性来接收数据值，在第 15 章中将详细描述。这个绑定的表达式是一个映射对象，它的属性名称对应于另一个 ng-template 元素上的 let-属性。其结果是可以使用绑定来定制重复内容，如图 13-11 所示。

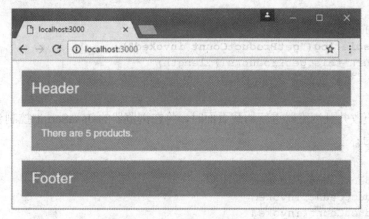

图 13-11　为重复内容提供上下文

使用简洁语法

ngTemplateOutlet 指令可以采用更加简洁的语法，就像下面这样：

```
...
<div *ngTemplateOutlet="titleTemplate"
     [ngOutletContext]="{title: 'Footer'}">
</div>
...
```

采用这种方式来应用 ngTemplateOutlet 指令几乎没有什么好处，这是因为该指令会将宿主元素从 HTML 文档中删除，并将其替换为 ng-template 元素的内容，因此该指令应用于哪个元素并不重要。

13.3　理解单向数据绑定的限制

尽管单向数据绑定和指令中使用的表达式看起来像 JavaScript 代码，但并非所有 JavaScript 或 TypeScript 语言特性都能使用。在下面的几节中将解释这些限制及其原因。

13.3.1 使用幂等表达式

单向数据绑定必须是幂等的，这意味着它们可以重复进行求值，而不会更改应用程序的状态。为了说明原因，向组件的 getProductCount 方法添加一条调试语句，如代码清单13-15 所示。

■ 注意：
Angular 确实支持修改应用程序状态，但必须使用第 14 章中描述的技术来完成。

代码清单 13-15　在 component.ts 文件中添加语句

```
...
getProductCount(): number {
    console.log("getProductCount invoked");
    return this.getProducts().length;
}
...
```

当保存更改并且浏览器重新加载页面时，将在浏览器的 JavaScript 控制台中看到一系列类似的消息：

```
...
getProductCount invoked
getProductCount invoked
getProductCount invoked
getProductCount invoked
...
```

如消息所示，Angular 在浏览器中显示内容之前曾经多次对绑定表达式进行求值。如果表达式修改应用程序的状态(例如从队列中删除对象)，那么等到向用户显示模板的时候，将无法获得预期的结果。为了避免这个问题，Angular 限制了表达式的使用方式。在代码清单 13-16 中，向组件添加一个 counter 属性来帮助演示。

代码清单 13-16　在 component.ts 文件中添加属性

```
import { ApplicationRef, Component } from "@angular/core";
import { Model } from "./repository.model";
import { Product } from "./product.model";
@Component({
    selector: "app",
    templateUrl: "template.html"
})
export class ProductComponent {
    model: Model = new Model();
    // ...constructor and methods omitted for brevity...
    targetName: string = "Kayak";
    counter: number = 1;
}
```

在代码清单 13-17 中，添加一个绑定，每次对该绑定的表达式进行求值时，将计数器加 1。

代码清单 13-17　在 template.html 文件中添加绑定

```html
<ng-template #titleTemplate let-text="title">
    <h4 class="p-a-1 bg-success">{{text}}</h4>
</ng-template>
<ng-template [ngTemplateOutlet]="titleTemplate"
             [ngOutletContext]="{title: 'Header'}">
</ng-template>
<div class="bg-info p-a-1 m-a-1">
    There are {{getProductCount()}} products.
</div>
<ng-template [ngTemplateOutlet]="titleTemplate"
             [ngOutletContext]="{title: 'Footer'}">
</ng-template>
<div class='bg-info p-a-1'>
    Counter: {{counter = counter + 1}}
</div>
```

当浏览器加载该页面时，将会在 JavaScript 控制台中看到一条错误消息，就像下面这样：

```
EXCEPTION: Template parse errors:
Parser Error: Bindings cannot contain assignments at column 11 in [
    Counter: {{counter = counter + 1}}
] in Products@17:27
```

如果数据绑定表达式中包含可用于数据的操作符，例如=、+=、-、+、++和--，那么 Angular 将报告错误消息。

另外，当 Angular 在开发模式下运行时，它会执行额外的检查，以确保在执行表达式求值之后，单向数据绑定未被修改。为了演示，代码清单 13-18 为组件添加了一个属性，该属性从模型数组中移除一个 Product 对象并将其返回。

■ 提示：
在第 10 章中演示了如何在开发模式(这是默认的模式)和生产模式之间切换。

代码清单 13-18　在 component.ts 文件中修改数据

```typescript
import { ApplicationRef, Component } from "@angular/core";
import { Model } from "./repository.model";
import { Product } from "./product.model";
@Component({
    selector: "app",
    templateUrl: "template.html"
})
export class ProductComponent {
    model: Model = new Model();
```

```
    // ...constructor and methods omitted for brevity...
    counter: number = 1;
    get nextProduct(): Product {
        return this.model.getProducts().shift();
    }
}
```

在代码清单 13-19 中,可以看到用来读取 nextProduct 属性的数据绑定。

代码清单 13-19 在 template.html 文件中绑定到属性

```
<ng-template #titleTemplate let-text="title">
    <h4 class="p-a-1 bg-success">{{text}}</h4>
</ng-template>
<ng-template [ngTemplateOutlet]="titleTemplate"
             [ngOutletContext]="{title: 'Header'}">
</ng-template>
<div class="bg-info p-a 1 m-a-1">
    There are {{getProductCount()}} products.
</div>
<ng-template [ngTemplateOutlet]="titleTemplate"
             [ngOutletContext]="{title: 'Footer'}">
</ng-template>
<div class='bg-info p-a-1'>
    Next Product is {{nextProduct.name}}
</div>
```

保存更改,Angular 处理模板,将会看到在数据绑定中试图修改应用程序数据时,在 JavaScript 控制台中会产生如下错误消息:

```
ORIGINAL EXCEPTION: Expression has changed after it was checked.
Previous value: 'There are 5 products.'.
Current value: 'There are 4 products.'
```

13.3.2 理解表达式上下文

当 Angular 对一个表达式进行求值时,它会在模板的组件的上下文中进行求值,因此模板能够访问组件的方法和属性,而不需要带任何类型的前缀,如下所示:

```
...
<div class="bg-info p-a-1">
    There are {{getProductCount()}} products.
</div>
...
```

当 Angular 处理这些表达式时,该组件提供 getProductCount 方法,Angular 会使用指定的实参进行调用,然后将结果合并到 HTML 文档中。也就是说,组件提供了模板的表达式上下文。

由于存在表达式上下文,因此表达式无法访问在模板组件外部定义的对象,特别是模板无法访问全局命名空间。全局命名空间用于定义常用实用程序,例如 console 对象,该对象定义了 log 方法,本书一直在使用该方法将调试信息写入浏览器的 JavaScript 控制台。全局命名空间还包括 Math 对象,它可以用于访问一些有用的算术方法,例如 min 和 max。

为了演示这个限制,代码清单 13-20 向模板中添加了一个字符串插入绑定,该绑定依赖 Math.floor 方法来将一个 number 值舍入到最接近的整数。

代码清单 13-20　在 template.html 文件中访问全局命名空间

```html
<ng-template #titleTemplate let-text="title">
    <h4 class="p-a-1 bg-success">{{text}}</h4>
</ng-template>
<ng-template [ngTemplateOutlet]="titleTemplate"
             [ngOutletContext]="{title: 'Header'}">
</ng-template>
<div class="bg-info p-a-1 m-a-1">
    There are {{getProductCount()}} products.
</div>
<ng-template [ngTemplateOutlet]="titleTemplate"
             [ngOutletContext]="{title: 'Footer'}">
</ng-template>
<div class='bg-info p-a-1'>
    The rounded price is {{Math.floor(getProduct(1).price)}}
</div>
```

当 Angular 处理该模板时,它会在浏览器的 JavaScript 控制台中产生以下错误:

```
EXCEPTION: TypeError: Cannot read property 'floor' of undefined
```

该错误消息没有具体提及全局命名空间。相反,Angular 尝试使用组件作为上下文对表达式进行求值,但找不到 Math 属性。

如果要访问全局命名空间中的功能,那么必须由组件提供,由它来代表模板进行访问。对于该例,虽然可以仅在组件中定义一个 Math 属性来指向这个全局对象,但是模板表达式应尽可能清晰简单,因此更好的做法是定义一个方法,向模板提供它需要的具体功能,如代码清单 13-21 所示。

代码清单 13-21　在 component.ts 文件中定义方法

```typescript
import { ApplicationRef, Component } from "@angular/core";
import { Model } from "./repository.model";
import { Product } from "./product.model";
@Component({
    selector: "app",
    templateUrl: "template.html"
})
export class ProductComponent {
    model: Model = new Model();
```

```
    // ...constructor and methods omitted for brevity...
    counter: number = 1;
    get nextProduct(): Product {
        return this.model.getProducts().shift();
    }
    getProductPrice(index: number): number {
        return Math.floor(this.getProduct(index).price);
    }
}
```

在代码清单 13-22 中,修改模板中的数据绑定,使用新定义的方法。

代码清单 13-22　在 template.html 文件中访问全局命名空间功能

```
<ng-template #titleTemplate let-text="title">
    <h4 class="p-a-1 bg-success">{{text}}</h4>
</ng-template>
<ng-template [ngTemplateOutlet]="titleTemplate"
             [ngOutletContext]="{title: 'Header'}">
</ng-template>
<div class="bg-info p-a-1 m-a-1">
    There are {{getProductCount()}} products.
</div>
<ng-template [ngTemplateOutlet]="titleTemplate"
             [ngOutletContext]="{title: 'Footer'}">
</ng-template>
<div class='bg-info p-a-1'>
    The rounded price is {{getProductPrice(1)}}
</div>
```

当 Angular 处理模板时,它将调用 getProductPrice 方法,间接利用全局命名空间中的 Math 对象,产生如图 13-12 所示的结果。

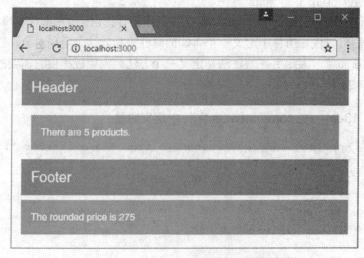

图 13-12　访问全局命名空间功能

13.4 本章小结

本章介绍了如何使用内置模板指令，展示了如何使用 ngIf 和 ngSwitch 指令选择内容，以及如何使用 ngFor 指令重复内容。本章还解释了为什么一些指令的名称有一个星号前缀，并描述了这些指令和单向数据绑定在使用模板表达式时受到的限制。在下一章中，将描述如何将数据绑定用于事件和表单元素。

第 14 章

使用事件和表单

本章将继续介绍 Angular 的基本功能，重点介绍响应用户交互的功能。本章将解释如何创建事件绑定以及如何使用双向绑定来管理模型和模板之间的数据流。在 Web 应用程序中，用户交互的主要形式之一是使用 HTML 表单，本章将解释如何使用事件和双向数据绑定来支持表单并验证用户提供的内容。表 14-1 给出了事件绑定和表单的背景。

表 14-1 事件绑定和表单的背景

问题	答案
什么是事件绑定？	事件绑定在事件触发(例如用户按下键、移动鼠标或提交表单)时进行表达式求值。在这个基础上构建更广泛的表单相关功能，创建自动验证的表单，以确保用户提供有用的数据
事件绑定有什么作用？	这些功能让用户能够更改应用程序的状态(更改或添加模型中的数据)
如何使用事件绑定？	每种功能的使用方式各不相同。有关详细信息，请参见示例
事件绑定是否存在陷阱或限制？	与所有 Angular 绑定一样，主要的陷阱是使用错误的括号来表示绑定。如果没有获得期望的结果，那么请密切注意本章中的示例，并检查应用绑定的方式
事件绑定是否存在替代方案？	没有。这些特性属于 Angular 的核心部分

表 14-2 给出了本章内容摘要。

表 14-2 本章内容摘要

问题	解决办法	代码清单编号
启用表单支持	向应用程序中添加@angular/forms 模块	1 和 2
响应事件	使用事件绑定	5~7
获取事件的详细信息	使用$event 对象	8
在模板中引用元素	定义模板变量	9
启用元素与组件之间的双向数据流	使用双向数据绑定	10 和 11
捕获用户输入	使用 HMTL 表单	12 和 13

(续表)

问题	解决办法	代码清单编号
验证用户提供的数据	执行表单验证	14~23
使用 JavaScript 代码定义验证信息	使用基于模型的表单	24~29
扩展内置表单验证功能	自定义表单验证类	30 和 31

14.1 准备示例项目

本章将继续使用在第 11 章中创建并在之后不断修改的示例项目。

14.1.1 添加表单模块

本章演示的功能依赖 Angular 表单模块,必须将其添加到应用程序中。第一步是将表单软件包添加到应用程序中,首先向 package.json 文件的 dependencies 节添加一个新的条目,如代码清单 14-1 所示。

代码清单 14-1　在 package.json 文件中添加表单软件包

```
{
  "name": "example",
  "version": "0.0.0",
  "license": "MIT",
  "scripts": {
    "ng": "ng",
    "start": "ng serve",
    "build": "ng build",
    "test": "ng test",
    "lint": "ng lint",
    "e2e": "ng e2e"
  },
  "private": true,
  "dependencies": {
    "@angular/common": "^4.0.0",
    "@angular/compiler": "^4.0.0",
    "@angular/core": "^4.0.0",
    "@angular/forms": "^4.0.0",
    "@angular/http": "^4.0.0",
    "@angular/platform-browser": "^4.0.0",
    "@angular/platform-browser-dynamic": "^4.0.0",
    "@angular/router": "^4.0.0",
    "core-js": "^2.4.1",
    "rxjs": "^5.1.0",
    "zone.js": "^0.8.4",
```

```
    "bootstrap": "4.0.0-alpha.4"
  },
  "devDependencies": {
    "@angular/cli": "1.0.0",
    "@angular/compiler-cli": "^4.0.0",
    "@types/jasmine": "2.5.38",
    "@types/node": "~6.0.60",
    "codelyzer": "~2.0.0",
    "jasmine-core": "~2.5.2",
    "jasmine-spec-reporter": "~3.2.0",
    "karma": "~1.4.1",
    "karma-chrome-launcher": "~2.0.0",
    "karma-cli": "~1.0.1",
    "karma-jasmine": "~1.1.0",
    "karma-jasmine-html-reporter": "^0.2.2",
    "karma-coverage-istanbul-reporter": "^0.2.0",
    "protractor": "~5.1.0",
    "ts-node": "~2.0.0",
    "tslint": "~4.5.0",
    "typescript": "~2.2.0"
  }
}
```

在 example 文件夹中运行如下命令，下载并安装表单软件包：

```
npm install
```

必须更新 Angular 模块才能声明应用程序依赖表单模块，如代码清单 14-2 所示。

代码清单 14-2 在 app.module.ts 文件中声明依赖关系

```
import { NgModule } from "@angular/core";
import { BrowserModule } from "@angular/platform-browser";
import { ProductComponent } from "./component";
import { FormsModule} from "@angular/forms";

@NgModule({
    imports: [BrowserModule, FormsModule],
    declarations: [ProductComponent],
    bootstrap: [ProductComponent]
})
export class AppModule { }
```

NgModule 装饰器的 imports 属性指定应用程序的依赖关系。将 FormsModule 添加到依赖关系列表中就可以启用表单功能，并使其可用于整个应用程序。

14.1.2 准备组件和模板

代码清单 14-3 从组件类中删除了构造函数和一些方法，以使代码尽可能简单。

代码清单 14-3 在 component.ts 文件中简化组件

```typescript
import { ApplicationRef, Component } from "@angular/core";
import { Model } from "./repository.model";
import { Product } from "./product.model";

@Component({
    selector: "app",
    templateUrl: "template.html"
})
export class ProductComponent {
    model: Model = new Model();
    getProduct(key: number): Product {
        return this.model.getProduct(key);
    }
    getProducts(): Product[] {
        return this.model.getProducts();
    }
}
```

代码清单 14-4 简化组件的模板，只保留使用 ngFor 指令生成的表格。

代码清单 14-4 在 template.html 文件中简化模板

```html
<table class="table table-sm table-bordered m-t-1">
    <tr><th></th><th>Name</th><th>Category</th><th>Price</th></tr>
    <tr *ngFor="let item of getProducts(); let i = index">
        <td>{{i + 1}}</td>
        <td>{{item.name}}</td>
        <td>{{item.category}}</td>
        <td>{{item.price}}</td>
    </tr>
</table>
```

为了启动开发服务器，打开一个命令提示符，导航到 example 文件夹，运行如下命令：

```
npm start
```

该命令将打开一个新的浏览器窗口或标签页，并显示图 14-1 所示表格。

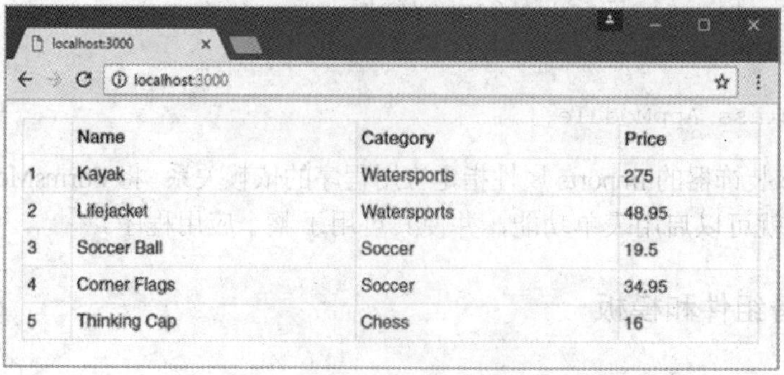

图 14-1 运行示例应用程序

14.2 使用事件绑定

事件绑定(event binding)用于响应宿主元素发送的事件。代码清单 14-5 演示了事件绑定，它让用户能够与 Angular 应用程序进行交互。

代码清单 14-5　在 template.html 文件中使用事件绑定

```
<div class="bg-info p-a-1">
    Selected Product: {{selectedProduct || '(None)'}}
</div>
<table class="table table-sm table-bordered m-t-1">
    <tr><th></th><th>Name</th><th>Category</th><th>Price</th></tr>
    <tr *ngFor="let item of getProducts(); let i = index">
        <td (mouseover)="selectedProduct=item.name">{{i + 1}}</td>
        <td>{{item.name}}</td>
        <td>{{item.category}}</td>
        <td>{{item.price}}</td>
    </tr>
</table>
```

将更改保存到模板时，可以通过将鼠标指针移到第一列(该列显示一系列数字)上来测试绑定。当鼠标指针在不同行之间移动时，在页面顶部将显示该行所显示产品的名称，如图 14-2 所示。

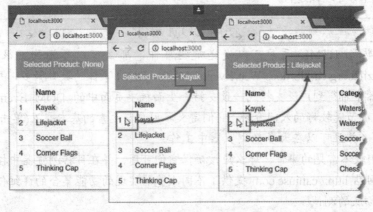

图 14-2　使用事件绑定

这是一个简单的示例，但它给出了事件绑定的结构，如图 14-3 所示。

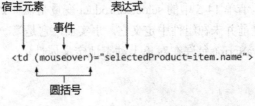

图 14-3　事件绑定的解剖图

事件绑定由 4 个部分组成：
- 宿主元素是绑定的事件源。
- 圆括号告诉 Angular 这是一个事件绑定，且是一种单向绑定形式——数据从元素流向应用程序的其余部分。
- 事件指定绑定的事件。
- 表达式在事件触发时进行求值。

查看代码清单 14-5 中的绑定，可以看到宿主元素是一个 td 元素，这意味着这个元素将是事件的来源。该绑定指定 mouseover 事件，当鼠标指针移到宿主元素占用的屏幕部分时触发该事件。

与单向绑定不同的是，事件绑定中的表达式可更改应用程序的状态，并且可以包含赋值操作符，例如=。该绑定的表达式将 item.name 的值赋值给变量 selectedProduct。变量 selectedProduct 用于模板顶部的字符串插入绑定，如下所示：

```
...
<div class="bg-info p-a-1">
    Selected Product: {{selectedProduct || '(None)'}}
</div>
...
```

请注意，当通过事件绑定更改 selectedProduct 变量的值时，将更新字符串插入绑定。这里不再需要使用 ApplicationRef.tick 方法来手工启动变更检测过程，这是因为本章中的绑定和指令会自动处理该过程。

使用 DOM 事件

如果不熟悉 HTML 元素可以发送哪些事件，那么可以参阅如下很好的摘要：developer.mozilla.org/en-US/docs/Web/Events。然而，DOM 事件的数目繁多，并非所有事件在所有浏览器中都得到广泛支持或一致支持。上面摘要页面中的 DOM Events 和 HTML DOM Events 小节是较好的入门资料，它们定义了用户与元素的基本交互(单击、移动指针、提交表单等)，并且可以在大多数浏览器中工作。

如果使用较不常见的事件，那么应该确保它们可用，并在目标浏览器中按预期方式工作。优秀的网站 http://caniuse.com 提供了不同浏览器实现的功能集合的详细信息，但是仍然应该进行彻底的测试。

14.2.1 理解动态定义的属性

你可能想知道代码清单 14-5 中的 selectedProduct 变量是在什么位置出现的，这是因为在模板中使用该变量之前并未在组件中定义它。事实上，它是第一次触发事件绑定时创建的属性，这是因为 JavaScript 允许在对象上动态地定义属性。

在这里，这个对象就是组件，这个示例给了我们一个有用的提醒：虽然在编写代码时，TypeScript 会添加静态的结构，但是 Angular 应用程序在运行时是普通的 JavaScript 代码。因此在需要的时候，可以利用 JavaScript 的动态特性。这同时也意味着如果稍不注意，就可能得到意想不到的结果，因此需要谨慎使用。

虽然可以动态地定义属性，但是更安全的做法是在组件中定义模板用到的所有属性，而且如果组件的其他方法和属性依赖这些属性，就必须这样做。否则，TypeScript 编译器将报告错误。在代码清单 14-6 中，已更新组件以跟踪所选产品，也就是定义 selectedProduct 属性(之前是动态创建的)。

代码清单 14-6 在 component.ts 文件中增强组件

```typescript
import { ApplicationRef, Component } from "@angular/core";
import { Model } from "./repository.model";
import { Product } from "./product.model";
@Component({
    selector: "app",
    templateUrl: "template.html"
})
export class ProductComponent {
    model: Model = new Model();
    getProduct(key: number): Product {
        return this.model.getProduct(key);
    }
    getProducts(): Product[] {
        return this.model.getProducts();
    }
    selectedProduct: string;
    getSelected(product: Product): boolean {
        return product.name == this.selectedProduct;
    }
}
```

除了 selectedProduct 属性之外，还有一个名为 getSelected 的新方法，它接受 Product 对象并将其名称与 selectedProduct 属性进行比较。在代码清单 14-7 中，类绑定使用 getSelected 方法来控制 bg-info 类(这个 Bootstrap 类为元素赋予背景色)的成员资格。

代码清单 14-7 在 template.html 文件中设置 CSS 类成员资格

```html
<div class="bg-info p-a-1">
    Selected Product: {{selectedProduct || '(None)'}}
</div>
<table class="table table-sm table-bordered m-t-1">
    <tr><th></th><th>Name</th><th>Category</th><th>Price</th></tr>
    <tr *ngFor="let item of getProducts(); let i = index"
        [class.bg-info]="getSelected(item)">
        <td (mouseover)="selectedProduct=item.name">{{i + 1}}</td>
        <td>{{item.name}}</td>
```

```
        <td>{{item.category}}</td>
        <td>{{item.price}}</td>
    </tr>
</table>
```

最终效果就是，当 selectedProduct 属性值(在触发 mouseover 事件时，事件绑定修改该值)与用于创建它们的 Product 对象的 name 属性匹配时，将 tr 元素添加到 bg-info 类中，如图 14-4 所示。

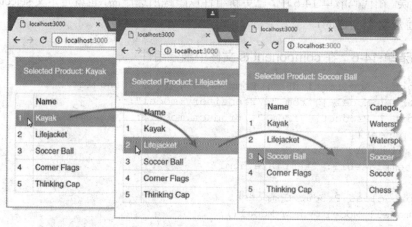

图 14-4 通过事件绑定实现表格行高亮显示

这个示例说明了用户交互如何将新数据传递到应用程序中并启动变更检测过程，从而让 Angular 重新对字符串插入绑定和类绑定所使用的表达式进行求值。这种数据流正是 Angular 应用程序如此生动的关键所在：在第 12 和第 13 章中描述的绑定和指令会动态地响应应用程序状态的变化，创建完全在浏览器中生成和管理的内容。

14.2.2 使用事件数据

上一个示例使用事件指令将组件提供的两个数据连接在一起：当 mouseover 事件被触发时，事件绑定使用由组件的 getProducts 方法提供给 ngFor 指令的数据值来设置组件的 selectedProduct 属性。

事件绑定也可使用事件自身向应用程序引入新数据。代码清单 14-8 向模板中添加一个 input 元素，并使用事件绑定来监听 input 事件(当 input 元素的内容变化时触发该事件)。

代码清单 14-8　在 template.html 文件中使用事件对象

```
<div class="bg-info p-a-1">
    Selected Product: {{selectedProduct || '(None)'}}
</div>
<table class="table table-sm table-bordered m-t-1">
    <tr><th></th><th>Name</th><th>Category</th><th>Price</th></tr>
    <tr *ngFor="let item of getProducts(); let i = index"
        [class.bg-info]="getSelected(item)">
```

```
        <td (mouseover)="selectedProduct=item.name">{{i + 1}}</td>
        <td>{{item.name}}</td>
        <td>{{item.category}}</td>
        <td>{{item.price}}</td>
    </tr>
</table>
<div class="form-group">
    <label>Product Name</label>
    <input class="form-control"
        (input)="selectedProduct=$event.target.value" />
</div>
```

当浏览器触发一个事件时,它将提供一个对象来描述该事件。对于不同类别的事件(鼠标事件、键盘事件、表单事件等),有不同类型的事件对象,但是所有事件对象都有表 14-3 中描述的 3 个属性。

表 14-3 所有 DOM 事件对象共有的属性

名称	描述
type	这个属性返回一个 string 值,用于标识已触发事件的类型
target	这个属性返回触发事件的对象,通常是表示 DOM 中 HTML 元素的对象
timeStamp	这个属性返回一个包含事件触发时间的 number 值,使用自 1970 年 1 月 1 日以来的毫秒数表示

事件对象被赋给一个名为$event 的模板变量,而代码清单 14-8 中新的绑定表达式使用该变量来访问事件对象的 target 属性。

input 元素在 DOM 中用 HTMLInputElement 对象表示,该对象定义了一个 value 属性,可用于获取和设置 input 元素的内容。

这个绑定表达式响应 input 事件——将组件的 selectedProduct 属性的值设置为 input 元素的 value 属性的值,如下所示:

```
...
<input class="form-control"
    (input)="selectedProduct=$event.target.value" />
...
```

当用户编辑 input 元素的内容时会触发 input 事件,因此在每次按键之后,组件的 selectedProduct 属性都将被更新为 input 元素的内容。当用户在 input 元素中键入内容时,通过字符串插入绑定,用户输入的文本将显示在浏览器窗口的顶部。

当 selectedProduct 属性与某一行所表示产品的名称相匹配时,tr 元素上的 ngClass 绑定将设置该行的背景色。既然 selectProduct 属性的值由 input 元素的内容驱动,那么输入产品的名称会使相应的表格行高亮显示,如图 14-5 所示。

综合运用不同的绑定机制是进行高效 Angular 开发的核心所在,这使得我们可以创建出能够即时响应用户交互和数据模型变化的应用程序。

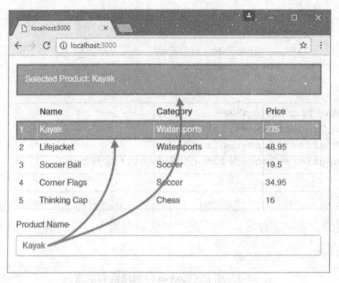

图 14-5　使用事件数据

14.2.3　使用模板引用变量

第 13 章解释了如何使用模板变量在模板中到处传递数据,比如在使用 ngFor 指令时定义一个指向当前对象的变量。模板引用变量(template reference variable)是模板变量的一种形式,可用于引用模板中的元素,如代码清单 14-9 所示。

代码清单 14-9　在 template.html 文件中使用模板变量

```
<div class="bg-info p-a-1">
    Selected Product: {{product.value || '(None)'}}
</div>
<table class="table table-sm table-bordered m-t-1">
    <tr><th></th><th>Name</th><th>Category</th><th>Price</th></tr>
    <tr *ngFor="let item of getProducts(); let i = index"
            (mouseover)="product.value=item.name"
            [class.bg-info]="product.value==item.name">
        <td>{{i + 1}}</td>
        <td>{{item.name}}</td>
        <td>{{item.category}}</td>
        <td>{{item.price}}</td>
    </tr>
</table>
<div class="form-group">
    <label>Product Name</label>
    <input #product class="form-control" (input)="false" />
</div>
```

定义引用变量的格式为:字符#后跟变量名。在这个代码清单中,我们定义了一个名为 product 的变量,如下所示:

```
...
<input #product class="form-control" (input)="false" />
...
```

当 Angular 在模板中遇到引用变量时，它将引用变量的值设置为引用变量所在的元素。对于这个例子，引用变量 product 指向 DOM 中表示上述 input 元素的那个对象，即 HTMLInputElement 对象。同一模板中的其他绑定可以使用这个引用变量。可以通过字符串插入绑定来演示这一点，该绑定也使用 product 变量，如下所示：

```
...
Selected Product: {{product.value || '(None)'}}
...
```

此绑定显示 product 变量所指的 HTMLInputElement 对象的 value 属性，如果 value 属性返回 null，则显示字符串 "(None)"。模板变量也可用于更改元素的状态，如以下绑定所示：

```
...
<tr *ngFor="let item of getProducts(); let i = index"
    (mouseover)="product.value=item.name"
    [class.bg-info]="product.value==item.name">
...
```

这个事件绑定在响应 mouseover 事件时，设置 HTMLInputElement 对象(已赋给变量 product)的 value 属性。其结果就是，将鼠标指针移动到其中一个 tr 元素上时，将会更新 input 元素的内容。

这个示例有一个地方稍微不太好理解，那就是 input 元素上 input 事件的绑定：

```
...
<input #product class="form-control" (input)="false" />
...
```

当用户编辑 input 元素的内容时，除非该元素上有事件绑定，否则 Angular 不会更新模板中的数据绑定。这里将绑定设置为 false，这会为 Angular 提供一些东西进行求值，从而启动更新过程并把 input 元素的当前内容分发到整个模板中。模板引用变量的这种用法稍微偏离了它的设计初衷，在大多数实际的项目中并不需要这样做。在后面的示例以及各章中将会看到，大多数数据绑定依赖模板组件定义的变量。

过滤按键事件

每当 input 元素中的内容发生变化时都会触发 input 事件。虽然这提供了一组即时和敏捷的变化，但并不是所有应用程序都需要这样做，特别是在更新应用程序状态时涉及昂贵操作的情况下。

事件绑定通过内置功能使得在绑定到键盘事件时更具针对性，这意味着仅当按下特定键时才执行更新。下面是一个响应每个击键动作的绑定：

```
...
<input #product class="form-control"
       (keyup)="selectedProduct=product.value" />
...
```

keyup事件是一个标准的DOM事件,结果是当用户在input元素输入时,释放每个键都会更新应用程序。通过在事件绑定中指定按键名称,可以更具体地指定感兴趣的按键事件,如下所示:

```
...
<input #product class="form-control"
       (keyup.enter)="selectedProduct=product.value" />
...
```

这个绑定按照如下方式指定要响应的按键事件:DOM事件名称后面附加一个句点(.),然后是按键的名称。这个绑定用于回车键(enter),其最终结果就是:除非按下回车键,否则input元素的变化将不会被分发到应用程序的其余部分。

14.3 使用双向数据绑定

可以对不同绑定进行组合以创建单个元素的双向数据流:让HTML文档在应用程序模型更改时能够做出响应,同时让应用程序在元素发送事件时做出响应,如代码清单14-10所示。

代码清单14-10 在template.html文件中创建双向绑定

```html
<div class="bg-info p-a-1">
    Selected Product: {{selectedProduct || '(None)'}}
</div>
<table class="table table-sm table-bordered m-t-1">
    <tr><th></th><th>Name</th><th>Category</th><th>Price</th></tr>
    <tr *ngFor="let item of getProducts(); let i = index"
        [class.bg-info]="getSelected(item)">
        <td (mouseover)="selectedProduct=item.name">{{i + 1}}</td>
        <td>{{item.name}}</td>
        <td>{{item.category}}</td>
        <td>{{item.price}}</td>
    </tr>
</table>
<div class="form-group">
    <label>Product Name</label>
    <input class="form-control"
           (input)="selectedProduct=$event.target.value"
           [value]="selectedProduct || ''" />
</div>
```

```
<div class="form-group">
    <label>Product Name</label>
    <input class="form-control"
           (input)="selectedProduct=$event.target.value"
           [value]="selectedProduct || ''" />
</div>
```

每个 input 元素都有两个绑定：事件绑定和属性绑定。事件绑定在响应 input 事件时更新组件的 selectedProduct 属性，而属性绑定将 selectedProduct 属性的值赋给元素的 value 属性。

运行结果是：两个 input 元素的内容是同步的，编辑其中一个 input 元素会导致另一个 input 元素的内容也被更新。而且由于模板中还有其他依赖 selectedProduct 属性的绑定，因此编辑 input 元素的内容也会更改字符串插入绑定显示的数据，并改变高亮显示的表格行，如图 14-6 所示。

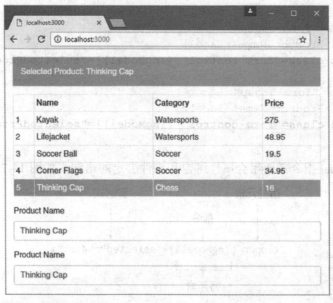

图 14-6　创建双向数据绑定

这是在浏览器中尝试的最有意义的一个示例。在其中一个 input 元素中输入一些文本，将看到在另一个 input 元素和 div 元素中显示相同的文本，这是因为它们的内容均由字符串插入绑定管理。如果将产品的名称(如 Kayak 或 Lifejacket)输入到其中一个 input 元素中，那么还将看到表格中相应的行被高亮显示。

mouseover 事件的事件绑定仍然生效，这意味着当把鼠标指针移动到表格中的第一行时，selectedProduct 属性值的变化将导致这些 input 元素显示对应产品的名称。

使用 ngModel 指令

ngModel 指令用于简化双向绑定，因此不必将事件绑定和属性绑定同时应用于同一元素。代码清单14-11演示了如何使用ngModel指令替换这些单独的绑定。

代码清单14-11 在template.html文件中使用ngModel指令

```
<div class="bg-info p-a-1">
    Selected Product: {{selectedProduct || '(None)'}}
</div>
<table class="table table-sm table-bordered m-t-1">
    <tr><th></th><th>Name</th><th>Category</th><th>Price</th></tr>
    <tr *ngFor="let item of getProducts(); let i = index"
            [class.bg-info]="getSelected(item)">
        <td (mouseover)="selectedProduct=item.name">{{i + 1}}</td>
        <td>{{item.name}}</td>
        <td>{{item.category}}</td>
        <td>{{item.price}}</td>
    </tr>
</table>
<div class="form-group">
    <label>Product Name</label>
    <input class="form-control" [(ngModel)]="selectedProduct" />
</div>
<div class="form-group">
    <label>Product Name</label>
    <input class="form-control" [(ngModel)]="selectedProduct" />
</div>
```

使用ngModel指令需要组合属性绑定和事件绑定的语法，如图14-7所示。

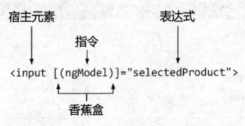

图14-7 双向数据绑定的解剖图

方括号和圆括号的组合用于表示双向数据绑定，圆括号放在方括号中：[(和)]。Angular开发团队将此称为"香蕉盒"，这是因为像"[()]"这样放置时，方括号和圆括号就像是放着香蕉的盒子。

这个绑定的目标是ngModel指令，利用Angular中的这项功能可以简化表单元素(例如这个示例中的input元素)上双向数据绑定的创建工作。

双向数据绑定的表达式是某个属性的名称，Angular在幕后使用该属性来设置各个绑定。当input元素的内容发生变化时，将用新内容更新selectedProduct属性的值。同样，当selectedProduct属性的值发生变化时，它将用于更新元素的内容。

ngModel指令知道标准HTML元素定义的事件和属性的组合。在幕后，有一个事件绑定被应用于input事件，还有一个属性绑定被应用于value属性。

■ 提示：

在进行 ngModel 绑定时，请务必使用方括号和圆括号。如果只使用圆括号(即 "(ngModel)")，就表示正在为一个名为 ngModel 的事件设置事件绑定，而实际上该事件并不存在。其结果就是不会更新元素，也不会更新应用程序的其余部分。虽然可以使用只有方括号的 ngModel 指令(即 "[ngModel]")，但 Angular 仍然会设置元素的初始值，但是不会侦听事件，因此用户所做的更改不会自动反映到应用程序模型中。

14.4 处理表单

大多数 Web 应用程序依赖表单从用户那里接收数据。上一节中描述的双向 ngModel 绑定为创建基本表单提供了基础，还可以添加更高级的功能。本节将创建一个表单，可以用来创建新产品并添加到应用程序的数据模型中，然后描述 Angular 提供的一些更高级的表单功能。

14.4.1 向示例应用程序添加表单

代码清单 14-12 给出了组件的一些增强功能(在创建表单时将使用这些功能)，并删除了不再需要的一些功能。

代码清单 14-12　在 component.ts 文件中增强组件

```typescript
import { ApplicationRef, Component } from "@angular/core";
import { Model } from "./repository.model";
import { Product } from "./product.model";
@Component({
    selector: "app",
    templateUrl: "template.html"
})
export class ProductComponent {
    model: Model = new Model();
    getProduct(key: number): Product {
        return this.model.getProduct(key);
    }
    getProducts(): Product[] {
        return this.model.getProducts();
    }
    newProduct: Product = new Product();
    get jsonProduct() {
        return JSON.stringify(this.newProduct);
    }
    addProduct(p: Product) {
        console.log("New Product: " + this.jsonProduct);
    }
}
```

这个代码清单添加了一个名为 newProduct 的新属性,用于存储用户输入的表单数据。还有一个带有读取器的 jsonProduct 属性,它返回 newProduct 属性的 JSON 表示形式,在模板中用它来演示双向绑定的效果。无法直接在模板中创建对象的 JSON 表示,这是因为 JSON 对象是在全局命名空间中定义的,而在第 13 章中曾经解释过,模板表达式无法直接访问全局命名空间。

最后添加的是 addProduct 方法,它将 jsonProduct 方法的返回值写入控制台。在本章后面添加对更新数据模型的支持之前,将使用这个方法来演示一些基本的表单相关功能。

在代码清单 14-13 中,将现有的模板内容替换成一组 input 元素(Product 类定义的每个属性对应一个 input 元素)。

代码清单 14-13　在 template.html 文件中添加 input 元素

```
<div class="bg-info p-a-1 m-b-1">Model Data: {{jsonProduct}}</div>
<div class="form-group">
    <label>Name</label>
    <input class="form-control" [(ngModel)]="newProduct.name" />
</div>
<div class="form-group">
    <label>Category</label>
    <input class="form-control" [(ngModel)]="newProduct.category" />
</div>
<div class="form-group">
    <label>Price</label>
    <input class="form-control" [(ngModel)]="newProduct.price" />
</div>
<button class="btn btn-primary"
        (click)="addProduct(newProduct)">Create</button>
```

每个 input 元素都与一个 label 元素组合在一起,并放到一个 div 元素中,同时使用 Bootstrap form-group 类对这个 div 元素进行样式化。为了管理布局和样式,将所有 input 元素都加入到 Bootstrap form-control 类。

为每个 input 元素都应用了 ngModel 绑定,以使用组件的 newProduct 对象的相应属性来创建双向绑定,如下所示:

```
...
<input class="form-control" [(ngModel)]="newProduct.name" />
...
```

还有一个 button 元素,它包含 click 事件绑定,用于调用组件的 addProduct 方法,并将 newProduct 值作为实参传入。

```
...
<button class="btn btn-primary"
        (click)= "addProduct(newProduct)">Create</button>
...
```

最后，利用字符串插入绑定，在模板顶部显示组件的 newProduct 属性的 JSON 表示形式，如下所示：

```
...
<div class="bg-info p-a-1 m-b-1">Model Data: {{jsonProduct}}</div>
...
```

如图 14-8 所示，整体结果是一组 input 元素，它们更新由组件管理的 Product 对象的属性，而这些属性会立即反映到 JSON 数据中。

图 14-8　使用表单元素在数据模型中创建新对象

单击 Create 按钮时，组件的 newProduct 属性的 JSON 表示形式将写入浏览器的 JavaScript 控制台，产生如下结果：

```
New Product: {"name":"Running Shoes",
              "category":"Running","price":"120.23"}
```

14.4.2　添加表单数据验证

目前，可以向表单的 input 元素中输入任何数据。数据验证在 Web 应用程序中至关重要，这是因为用户可能输入意外的数据值，有可能是错误的数据，也有可能是因为他们希望尽快完成填写过程以进入下个环节，因此随意输入一些值。

基于 HTML5 标准使用的方法，Angular 提供了一套可扩展的系统来验证表单元素的内容。总共可以向 input 元素添加 4 个属性，每个属性定义一条验证规则，如表 14-4 所示。

表 14-4　Angular 内置的验证属性

属性	描述
required	这个属性用于指定必须填写的值
minlength	这个属性用于指定最小字符数
maxlength	这个属性用于指定最大字符数。这种类型的验证不能直接应用于表单元素,这是因为它与同名的 HTML5 属性相冲突。它可以与基于模型的表单一起使用,这将在本章后面介绍
pattern	这个属性用于指定用户填写的值必须匹配正则表达式

这些属性你可能比较熟悉,这是因为它们属于 HTML 规范的一部分,但 Angular 在这些属性之上提供了一些额外功能。代码清单 14-14 删除一个 input 元素之外的所有内容,以尽可能简单地演示向表单添加验证的过程(在本章后面将还原被删掉的元素)。

代码清单 14-14　在 template.html 文件中添加表单验证

```
<div class="bg-info p-a-1 m-b-1">Model Data: {{jsonProduct}}</div>
<form novalidate (ngSubmit)="addProduct(newProduct)">
   <div class="form-group">
      <label>Name</label>
      <input class="form-control"
         name="name"
         [(ngModel)]="newProduct.name"
         required
         minlength="5"
         pattern="^[A-Za-z ]+$"/>
   </div>
   <button class="btn btn-primary" type="submit">
      Create
   </button>
</form>
```

Angular 要求正在验证的元素必须定义 name 属性(在验证系统中用于标识元素)。由于这个 input 元素用于捕获 Product.name 属性的值,因此该元素的 name 属性已被设置为 name。

这个代码清单还将 4 种验证属性中的 3 种添加到 input 元素。required 属性指定用户必须提供一个值,minlength 属性指定应至少包含 3 个字符,而 pattern 属性指定只允许使用字母字符和空格。

由于 Angular 使用的验证属性与 HTML5 规范使用的验证属性相同,因此这里向表单元素中添加 novalidate 属性,这个属性告诉浏览器不要使用原生验证功能(这些功能在不同浏览器中的实现不一致,一般会带来麻烦)。由于 Angular 提供验证功能,因而不必使用浏览器自己实现的这些功能。

最后,请注意已将 form 元素添加到模板中。虽然可以单独使用 input 元素,但是只有当存在 form 元素时,Angular 的验证功能才会起作用,而如果将 ngControl 指令添加到某个未纳入表单的元素，Angular 将报告错误。

当使用表单元素时，按照惯例为一个名为 ngSubmit 的特殊事件定义事件绑定，如下所示：

```
...
<form novalidate (ngSubmit)="addProduct(newProduct)">
...
```

ngSubmit 绑定处理表单元素的 submit 事件。如果愿意，通过表单中的单个 button 元素上的 click 事件绑定，也可以实现相同的效果。

1. 使用验证类样式化元素

保存代码清单 14-14 中的模板改动，浏览器重新加载 HTML，此时在浏览器窗口中用鼠标右键单击 input 元素，然后从弹出窗口中选择 Inspect 或 Inspect Element。浏览器将在 Developer Tools 窗口中显示元素的 HTML 表示形式，你将会看到 input 元素已加入到 3 个 CSS 类中，如下所示：

```
...
<input class="form-control ng-pristine ng-invalid ng-touched"
       minlength="5" name="name"
       pattern="^[A-Za-z ]+$" required="" ng-reflect-name="name">
...
```

input 元素加入的 CSS 类提供了有关其验证状态的详细信息。共有 3 对验证类，如表 14-5 所示。元素将始终是每对验证类之一的成员，因此共有 3 个 CSS 类。同样的 CSS 类也可应用于 form 元素，以显示其包含的所有元素的总体验证状态。随着 input 元素的状态发生变化，ngControl 指令会自动切换各个元素和表单元素的 CSS 类。

表 14-5 Angular 表单验证 CSS 类

名称	描述
ng-untouched ng-touched	如果一个元素尚未被用户访问(一般是通过制表键 Tab 来选择表单域)，就将其加入到 ng-untouched 类中。一旦用户访问了一个元素，就将其加入到 ng-touched 类中
ng-pristine ng-dirty	如果一个元素的内容尚未被用户改变，就将其加入到 ng-pristine 类中，否则将其加入到 ng-dirty 类中。一旦内容经过编辑，即使用户在后面将其恢复到先前的内容，该元素也仍然保留在 ng-dirty 类中
ng-valid ng-invalid	如果元素的内容满足该元素上的验证规则所定义的条件，就将其加入到 ng-valid 类中，否则将其加入到 ng-invalid 类中

这些类可以用于样式化表单元素，向用户提供验证反馈。代码清单 14-15 向模板添加了一个 style 元素并定义了一些样式，用来向用户指示输入的数据是无效的还是有效的。

■ 提示:

在实际应用程序中，应该在单独的样式表文件中定义样式，并通过 index.html 文件或者使用组件的装饰器设置(将在第 17 章中描述)将样式表包含在应用程序中。为了简单起见，将样式直接包含在模板中，但是这使得实际应用程序更难维护，这是因为当使用多个模板时，很难弄清哪些样式来自哪里。

代码清单 14-15　在 template.html 文件中提供验证反馈

```
<style>
    input.ng-dirty.ng-invalid { border: 2px solid #ff0000 }
    input.ng-dirty.ng-valid { border: 2px solid #6bc502 }
</style>

<div class="bg-info p-a-1 m-b-1">Model Data: {{jsonProduct}}</div>

<form novalidate (ngSubmit)="addProduct(newProduct)">
    <div class="form-group">
        <label>Name</label>
        <input class="form-control"
            name="name"
            [(ngModel)]="newProduct.name"
            required
            minlength="5"
            pattern="^[A-Za-z ]+$"/>
    </div>
    <button class="btn btn-primary" type="submit">
        Create
    </button>
</form>
```

这些样式分别为内容经过编辑且有效的 input 元素(属于 ng-dirty 和 ng-valid 类)以及内容无效的 input 元素(因此属于 ng-dirty 和 ng-invalid 类)设置了绿色和红色边框。使用 ng-dirty 类意味着元素的外观将一直保持不变，直到用户输入一些内容。

在每次按键或输入焦点变化后，Angular 将验证内容并更改 input 元素的 CSS 类成员资格。浏览器检测到元素的变更，并动态地应用样式，当用户向表单输入数据时为其提供验证反馈，如图 14-9 所示。

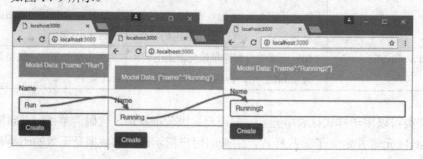

图 14-9　提供验证反馈

当开始键入时，input 元素显示为无效，这是因为没有足够的字符来满足 minlength 属性。一旦有 5 个字符，边框就变为绿色，表示数据有效。当键入字符 2 时，边框再次变红，这是因为 pattern 属性经过设置后仅允许输入字母和空格。

■ 提示：

如果查看图 14-9 中页面顶部的 JSON 数据，就会看到数据绑定仍在更新，但是数据值无效。验证与数据绑定功能同时运行，因此不应该在尚未检查整体表单是否有效(如 14.4.3 节 "验证整个表单" 所述)的情况下就采用表单数据进行操作。

2. 显示域级验证消息

虽然使用颜色提供验证反馈可以告诉用户存在一些错误，但无法提示用户应该做些什么。可以使用 ngModel 指令来访问宿主元素的验证状态，当存在验证错误时，可以使用该指令向用户显示指导性信息。代码清单 14-16 利用 ngModel 指令提供的功能为应用到 input 元素的每个验证属性添加验证消息。

代码清单 14-16　在 template.html 文件中添加验证消息

```
<style>
    input.ng-dirty.ng-invalid { border: 2px solid #ff0000 }
    input.ng-dirty.ng-valid { border: 2px solid #6bc502 }
</style>

<div class="bg-info p-a-1 m-b-1">Model Data: {{jsonProduct}}</div>

<form novalidate (ngSubmit)="addProduct(newProduct)">
    <div class="form-group">
    <label>Name</label>
    <input class="form-control"
        name="name"
         [(ngModel)]="newProduct.name"
        #name="ngModel"
        required
        minlength="5"
        pattern="^[A-Za-z ]+$"/>
    <ul class="text-danger list-unstyled"
        *ngIf="name.dirty && name.invalid">
        <li *ngIf="name.errors.required">
            You must enter a product name
        </li>
        <li *ngIf="name.errors.pattern">
            Product names can only contain letters and spaces
        </li>
        <li *ngIf="name.errors.minlength">
            Product names must be at least
            {{name.errors.minlength.requiredLength}} characters
        </li>
```

```
        </ul>
    </div>
    <button class="btn btn-primary" type="submit">
        Create
    </button>
</form>
```

要启用验证功能，必须创建一个模板引用变量来访问表达式中的验证状态，就像下面这样：

```
...
<input class="form-control" name="name" [(ngModel)]="newProduct.name"
       #name="ngModel" required minlength="5" pattern="^[A-Za-z ]+$"/>
...
```

创建一个名为 name 的模板引用变量，并将其值设置为 ngModel。这样使用 ngModel 值让人有点困惑：这是由 ngModel 指令提供的功能，用于访问验证状态。在阅读第 15 和第 16 章后，你就会理解这一点，届时将解释如何创建自定义指令以及如何访问其功能。对于本章，只需要知道为了显示验证消息，必须创建一个模板引用变量并将 ngModel 赋给它，以便访问 input 元素的验证数据。赋给模板引用变量的这个对象定义了表 14-6 中描述的属性。

表 14-6　验证对象属性

名称	描述
path	这个属性返回元素的名称
valid	如果元素的内容有效，这个属性返回 true，否则返回 false
invalid	如果元素的内容无效，这个属性返回 true，否则返回 false
pristine	如果元素的内容未被更改，这个属性返回 true
dirty	如果元素的内容已被更改，这个属性返回 true
touched	如果用户访问了元素，这个属性返回 true
untouched	如果用户没有访问元素，这个属性返回 true
errors	这个属性返回一个对象，它的每个属性分别对应于一个存在验证错误的验证属性
value	这个属性返回元素的 value 值，该值可用于自定义验证规则，如 14.6 节"创建自定义表单验证器"所述

代码清单 14-16 使用一个列表元素来显示验证消息。由于只有在至少存在一个验证错误时才会显示该列表，因此将 ngIf 指令应用于 ul 元素，并定义一个表达式，使用 dirty 和 invalid 属性进行求值，如下所示：

```
...
<ul class="text-danger list-unstyled" *ngIf="name.dirty && name.invalid">
...
```

在 ul 元素中，每个可能发生的验证错误均分别对应一个 li 元素。每个 li 元素都有一个 ngIf 指令，它使用表 14-6 中描述的 errors 属性，如下所示：

```
...
<li *ngIf="name.errors.required">You must enter a product name</li>
...
```

只有当元素的内容未通过 required 验证检查时才会定义 errors.required 属性，因此 li 元素的可见性取决于这个特定验证检查的结果。

在表单中使用安全导航属性

仅当存在验证错误时才会创建 errors 属性，这就是为什么在 ul 元素的表达式中要检查 invalid 属性值的原因。另一种方法是使用安全导航属性，在模板中使用该技术就可以安全地访问一系列属性，而不用担心其中一个返回 null 时生成错误。下面是代码清单 14-17 中模板的另一种定义方法，这里不检查 valid 属性而是使用安全导航属性：

```
...
<ul class="text-danger list-unstyled" *ngIf="name.dirty">
    <li *ngIf="name.errors?.required">
        You must enter a product name
    </li>
    <li *ngIf="name.errors?.pattern">
        Product names can only contain letters and spaces
    </li>
    <li *ngIf="name.errors?.minlength">
        Product names must be at least
        {{name.errors.minlength.requiredLength}} characters
    </li>
</ul>
...
```

在属性名称的后面附加一个字符?来告诉 Angular，如果一个属性为 null 或 undefined，那么不要尝试访问任何后续的属性或方法。在这个示例中，在 errors 属性后面应用了字符?，这表明如果未定义 errors 属性，那么 Angular 不会尝试读取 required、pattern 或 minlength 属性。

由 errors 对象定义的每个属性都分别返回一个对象，该对象的属性提供了有关为什么内容未能通过属性验证检查的详细信息，可用于为用户提供更有帮助的验证消息。表 14-7 说明了为每个验证属性提供的 errors 属性。

表 14-7　Angular 表单验证错误描述属性

名称	描述
required	如果 required 属性已被应用于 input 元素，此属性返回 true。这个属性不是特别有用，这是因为这一点可以从所需属性存在的事实推导出来
minlength.requiredLength	此属性返回满足 minlength 属性所需的字符数

(续表)

名称	描述
minlength.actualLength	此属性返回用户输入的字符数
pattern.requiredPattern	此属性返回使用 pattern 属性指定的正则表达式
pattern.actualValue	此属性返回元素的内容

这些属性并非用于直接向用户显示信息，这是因为用户不太可能理解包含正则表达式的错误消息，但是在开发过程中它们可用于查出验证问题。但是 minlength.requiredLength 属性是一个例外，在描述错误时可以使用它，从而避免重复给元素上的 minlength 属性赋具体值，如下所示：

```
...
<li *ngIf="name.errors.minlength">
    Product names must be at least {{name.errors.minlength.requiredLength}}
    characters
</li>
...
```

总体结果是一组验证消息，一旦用户开始编辑 input 元素，该消息就会显示出来，并且会随着用户每个新的按键动作而发生变化，如图 14-10 所示。

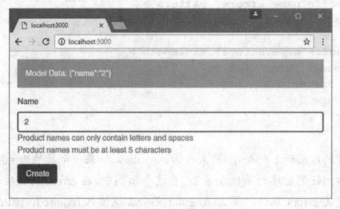

图 14-10　显示验证消息

3. 使用组件显示验证消息

在复杂的表单中，如果为所有可能的验证错误添加单独的元素，那么很快就会发现这种做法导致表单变得冗长乏味。更好的方法是在组件中添加一些逻辑，即在一个方法中准备验证消息，然后可以通过模板中的 ngFor 指令将其显示给用户。代码清单 14-17 给出了新增的这个组件方法，它接受 input 元素的验证状态并生成验证消息数组。

代码清单 14-17　在 component.ts 文件中生成验证消息

```
import { ApplicationRef, Component } from "@angular/core";
import { Model } from "./repository.model";
```

```typescript
import { Product } from "./product.model";
@Component({
    selector: "app",
    templateUrl: "template.html"
})
export class ProductComponent {
    model: Model = new Model();
    getProduct(key: number): Product {
        return this.model.getProduct(key);
    }
    getProducts(): Product[] {
        return this.model.getProducts();
    }
    newProduct: Product = new Product();
    get jsonProduct() {
        return JSON.stringify(this.newProduct);
    }
    addProduct(p: Product) {
        console.log("New Product: " + this.jsonProduct);
    }
    getValidationMessages(state: any, thingName?: string) {
        let thing: string = state.path || thingName;
        let messages: string[] = [];
        if(state.errors) {
           for(let errorName in state.errors) {
                switch(errorName) {
                    case "required":
                        messages.push(`You must enter a ${thing}`);
                        break;
                    case "minlength":
                        messages.push(`A ${thing} must be at least
                            ${state.errors['minlength'].requiredLength}
                            characters`);
                        break;
                    case "pattern":
                        messages.push(`The ${thing} contains
                            illegal characters`);
                        break;
                }
            }
        }
        return messages;
    }
}
```

getValidationMessages 方法使用表 14-6 中描述的属性为每种错误生成验证消息，将其放入字符串数组中返回。为了使这段代码尽可能广泛适用，这个方法接受一个字符串值，用来描述要通过该 input 元素从用户那里收集什么数据项，然后将该字符串值用于生成错误消息，如下所示：

```
...
messages.push(`You must enter a ${thing}`);
...
```

这是 JavaScript/ES6 字符串插入功能的一个例子：可将字符串定义为模板，而不必使用+操作符来包含数据值。模板字符串属于 JavaScript/ES6 标准的一部分，但是 TypeScript 编译器将它们转换为旧式 JavaScript 字符串，因此可以用于老版浏览器。请注意，模板字符串用反引号字符(字符 "`" 而不是常规 JavaScript 字符 "'")表示。

如果在调用该方法时未收到实参，那么 getValidationMessages 方法默认使用 path 属性作为描述性字符串，如下所示：

```
...
let thing: string = state.path || thingName;
...
```

代码清单 14-18 显示了如何在模板中使用 getValidationMessages 来为用户生成验证错误消息，而不需要为每个错误定义单独的元素和绑定。

代码清单 14-18　在 template.html 文件中从组件获取验证消息

```html
<style>
    input.ng-dirty.ng-invalid { border: 2px solid #ff0000 }
    input.ng-dirty.ng-valid { border: 2px solid #6bc502 }
</style>

<div class="bg-info p-a-1 m-b-1">Model Data: {{jsonProduct}}</div>

<form novalidate (ngSubmit)="addProduct(newProduct)">
    <div class="form-group">
        <label>Name</label>
        <input class="form-control" [(ngModel)]="newProduct.name"
            name="name"
            #name="ngModel"
            required
            minlength="5"
            pattern="^[A-Za-z ]+$"/>
        <ul class="text-danger list-unstyled"
            *ngIf="name.dirty && name.invalid">
            <li *ngFor="let error of getValidationMessages(name)">
                {{error}}
            </li>
        </ul>
    </div>
    <button class="btn btn-primary" type="submit">
        Create
    </button>
</form>
```

虽然没有看得见的变化,但是现在可以使用同一个方法为多个元素生成验证消息,这样就可以让模板变得更简单,便于阅读和维护。

14.4.3 验证整个表单

将各个字段的验证错误消息逐一显示给用户是一种有用的做法,这有助于向用户强调哪里有问题需要修复。但是验证整个表单也是有用的。务必注意在用户尝试提交表单之前不要向其显示大量的错误消息,此时给出所有问题的摘要可能有用。在准备过程中,代码清单 14-19 为组件添加了两个新成员。

代码清单 14-19　在 component.ts 文件中增强组件

```typescript
import { ApplicationRef, Component } from "@angular/core";
import { NgForm } from "@angular/forms";
import { Model } from "./repository.model";
import { Product } from "./product.model";
@Component({
    selector: "app",
    templateUrl: "template.html"
})
export class ProductComponent {
    model: Model = new Model();
    // ...other methods omitted for brevity...
    formSubmitted: boolean = false;
    submitForm(form: NgForm) {
        this.formSubmitted = true;
        if (form.valid) {
            this.addProduct(this.newProduct);
            this.newProduct = new Product();
            form.reset();
            this.formSubmitted = false;
        }
    }
}
```

formSubmitted 属性将用于指示表单是否已提交,并将用于在用户尝试提交之前阻止整个表单的验证。

当用户提交表单时将调用 submitForm 方法,并将 NgForm 对象作为实参传入。该对象表示表单并定义了一组验证属性,用于描述表单的总体验证状态。因此,举例来说,如果表单包含的任何元素存在验证错误,那么 invalid 属性为 true。除了验证属性之外,NgForm 还提供了 reset 方法,该方法重置表单的验证状态,并将其返回到最初的未访问状态。

最终效果就是,当用户执行提交时,将对整个表单进行验证。如果没有验证错误,就在数据模型中添加一个新对象,然后重新设置表单,以便可以再次使用该对象。

为了利用这些新功能并实现表单范围的验证，需要修改模板，如代码清单14-20所示。

代码清单14-20　在template.html文件中进行表单范围的验证

```
<style>
    input.ng-dirty.ng-invalid { border: 2px solid #ff0000 }
    input.ng-dirty.ng-valid { border: 2px solid #6bc502 }
</style>
<form novalidate #form="ngForm" (ngSubmit)="submitForm(form)">
    <div class="bg-danger p-a-1 m-b-1"
         *ngIf="formSubmitted && form.invalid">
        There are problems with the form
    </div>
    <div class="form-group">
        <label>Name</label>
        <input class="form-control"
            name="name"
            [(ngModel)]="newProduct.name"
            #name="ngModel"
            required
            minlength="5"
            pattern="^[A-Za-z ]+$"/>
        <ul class="text-danger list-unstyled"
            *ngIf="(formSubmitted || name.dirty) && name.invalid">
            <li *ngFor="let error of getValidationMessages(name)">
                {{error}}
            </li>
        </ul>
    </div>
    <button class="btn btn-primary" type="submit">
        Create
    </button>
</form>
```

form元素现在定义了一个名为form的引用变量，该变量已被赋值为ngForm。这就是访问ngForm指令功能的方式(通过在第15章中描述的一个过程)。然而，现在重要的是要知道可以通过form引用变量来访问整个表单的验证信息。

这个代码清单还会更改ngSubmit绑定的表达式，以便调用组件定义的submitForm方法，并传入模板变量，如下所示：

```
...
<form novalidate ngForm="productForm" #form="ngForm"
             (ngSubmit)="submitForm(form)">
...
```

submitForm方法接收的实参正是这个NgForm对象,它被用来检查表单的验证状态,并重新设置表单,以便再次使用。

代码清单14-20还添加了一个div元素,该元素使用组件的formSubmitted属性以及valid属性(由form模板变量提供),当表单包含无效数据且仅在表单提交后才会显示警告消息。

此外,对ngIf绑定进行了修改,以便在表单提交时显示域级验证消息,即使元素本身尚未经过编辑。最终结果是,仅当用户提交包含无效数据的表单时才显示验证摘要消息,如图14-11所示。

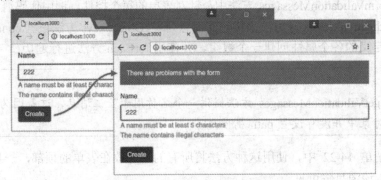

图14-11　显示验证摘要信息

1. 显示验证摘要消息

在复杂表单中,向用户显示验证摘要信息,告知所有必须解决的验证错误,这对用户是有好处的。

通过NgForm对象(已赋给模板引用变量form)的controls属性可以访问各个元素。此属性返回一个对象,表单中的各个元素在这个对象中分别对应一个属性。例如,在这个示例中,有一个name属性表示input元素,该属性指向一个表示该元素的对象,它为每个元素都定义了相同的验证属性。在代码清单14-21中,向组件添加一个方法,这个方法接收NgForm对象(已赋给表单元素的模板引用变量),并使用其controls属性生成整个表单的错误消息列表。

代码清单14-21　在component.ts文件中生成表单范围的验证消息

```
import { ApplicationRef, Component } from "@angular/core";
import { NgForm } from "@angular/forms";
import { Model } from "./repository.model";
import { Product } from "./product.model";
@Component({
    selector: "app",
    templateUrl: "template.html"
})
export class ProductComponent {
    model: Model = new Model();
    // ...other methods omitted for brevity...
    getFormValidationMessages(form: NgForm): string[] {
```

```
        let messages: string[] = [];
        Object.keys(form.controls).forEach(k => {
            this.getValidationMessages(form.controls[k], k)
                .forEach(m => messages.push(m));
        });
        return messages;
    }
}
```

在 getFormValidationMessages 方法中，针对表单的每个控件，调用代码清单 14-17 中定义的 getValidationMessages 方法来构建其消息列表。Object.keys 方法根据 controls 属性返回的对象所定义的各个属性创建一个数组，并使用 forEach 方法进行遍历。

> **提示：**
> 必须为 getValidationMessages 方法提供一个名称用于验证消息，这是因为在 controls 属性返回的对象中并没有设置 path 属性。

在代码清单 14-22 中，使用这种方法将所有的消息放在表单的顶部，一旦用户单击 Create 按钮，该消息将可见。

代码清单 14-22　在 template.html 文件中显示表单范围的验证消息

```html
<style>
    input.ng-dirty.ng-invalid { border: 2px solid #ff0000 }
    input.ng-dirty.ng-valid { border: 2px solid #6bc502 }
</style>
<form novalidate #form="ngForm" (ngSubmit)="submitForm(form)">
    <div class="bg-danger p-a-1 m-b-1"
        *ngIf="formSubmitted && form.invalid">
        There are problems with the form
        <ul>
            <li *ngFor="let error of getFormValidationMessages(form)">
                {{error}}
            </li>
        </ul>
    </div>
    <div class="form-group">
        <label>Name</label>
        <input class="form-control"
            name="name"
            [(ngModel)]="newProduct.name"
            #name="ngModel"
            required
            minlength="5"
            pattern="^[A-Za-z ]+$"/>
        <ul class="text-danger list-unstyled"
            *ngIf="(formSubmitted || name.dirty) && name.invalid">
            <li *ngFor="let error of getValidationMessages(name)">
```

```
            {{error}}
        </li>
    </ul>
</div>
<button class="btn btn-primary" type="submit">
    Create
</button>
</form>
```

最终结果是，一旦用户提交表单，验证消息将与 input 元素一起显示，这些消息会被收集起来显示在表单顶部，如图 14-12 所示。

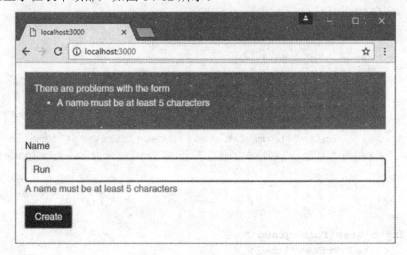

图 14-12　显示整体验证摘要

2. 禁用提交按钮

在本小节中进行最后的调整，在用户提交表单后禁用提交按钮，防止用户再次单击该按钮，直到所有验证错误都已得到纠正。这是一种常用的技术，虽然对应用程序几乎没有影响(如果表单中包含无效值，就不接受表单数据)，但是该技术为用户提供了有益的强化检查：除非所有验证问题都已经得到解决，否则用户无法继续进行。

在代码清单 14-23 中，在 button 元素上使用了属性绑定，此外还针对 price 属性添加了一个 input 元素，用来说明这个方法如何针对表单中的多个元素进行扩展。

代码清单 14-23　在 template.html 文件中禁用 button 元素并添加 input 元素

```
<style>
    input.ng-dirty.ng-invalid { border: 2px solid #ff0000 }
    input.ng-dirty.ng-valid { border: 2px solid #6bc502 }
</style>

<form novalidate [formGroup]="form" (ngSubmit)="submitForm(form)">

    <div class="bg-danger p-a-1 m-b-1"
```

```
            *ngIf="formSubmitted && form.invalid">
        There are problems with the form
        <ul>
            <li *ngFor="let error of getFormValidationMessages(form)">
                {{error}}
            </li>
        </ul>
    </div>

    <div class="form-group">
        <label>Name</label>
        <input class="form-control"
            name="name"
            [(ngModel)]="newProduct.name"
            #name="ngModel"
            required
            minlength="5"
            pattern="^[A-Za-z ]+$" />
        <ul class="text-danger list-unstyled"
                *ngIf="(formSubmitted || name.dirty) && name.invalid">
            <li *ngFor="let error of getValidationMessages(name)">
                {{error}}
            </li>
        </ul>
    </div>
    <div class="form-group">
        <label>Price</label>
        <input class="form-control" name="price"
            [(ngModel)]="newProduct.price"
            #price="ngModel" required pattern="^[0-9\.]+$"/>
        <ul class="text-danger list-unstyled"
                *ngIf="(formSubmitted || price.dirty) && price.invalid">
            <li *ngFor="let error of getValidationMessages(price)">
                {{error}}
            </li>
        </ul>
    </div>
    <button class="btn btn-primary" type="submit"
        [disabled]="formSubmitted && form.invalid"
        [class.btn-secondary]="formSubmitted && form.invalid">
            Create
    </button>
</form>
```

为了实现额外的强调效果,这里使用了类绑定:当表单被提交并且包含无效数据时,将 button 元素添加到 btn-secondary 类中。此类应用了 Bootstrap CSS 样式,如图 14-13 所示。

第 14 章 使用事件和表单

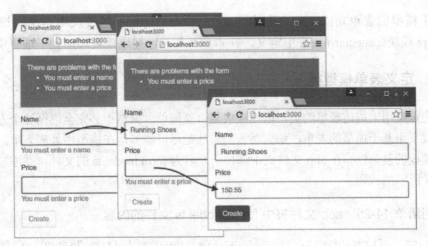

图 14-13 禁用提交按钮

14.5 使用基于模型的表单

前一节中的表单使用 HTML 元素和属性来定义构成表单的各个域并添加验证约束条件。这种方法的优点是该技术广为人知且比较简单,缺点是随着表单变得越来越大,表单变得复杂且难以维护,每个域都需要单独的内容块来管理其布局和验证需求以及显示验证消息。

Angular 还提供了另一种名为基于模型的表单(model-based form)的方法,在代码中定义表单及其验证细节,而不是在模板中定义。这种方法可以更好地扩展,但需要做一些前期的工作,结果并不像在模板中定义所有内容那样自然。在下面几节中,将设置并应用一个模型来描述表单以及所需的验证。

14.5.1 启用基于模型的表单功能

为支持基于模型的表单,需要在应用程序的 Angular 模块中声明新的依赖关系,如代码清单 14-24 所示。

代码清单 14-24 在 app.module.ts 文件中启用基于模型的表单

```
import { NgModule } from "@angular/core";
import { BrowserModule } from "@angular/platform-browser";
import { ProductComponent } from "./component";
import { FormsModule, ReactiveFormsModule } from "@angular/forms";

@NgModule({
    imports: [BrowserModule, FormsModule, ReactiveFormsModule],
    declarations: [ProductComponent],
    bootstrap: [ProductComponent]
})
export class AppModule {}
```

基于模型的表单功能在一个名为 ReactiveFormsModule 的模块中定义，该模块在 JavaScript 模块@angular/forms 中定义，在本章开头已经把该模块添加到了项目中。

14.5.2 定义表单模型类

首先定义用来描述表单的类，以使模板尽可能简单。虽然不必完全遵循这个方法，但是如果要采用基于模型的表单，那么明智的做法是尽可能多地在模型中处理表单，并尽可能减少模板的复杂性。在 app 文件夹中添加一个名为 form.model.ts 的文件，并添加代码清单 14-25 所示的代码。

代码清单 14-25　app 文件夹中 form.model.ts 文件的内容

```typescript
import { FormControl, FormGroup, Validators } from "@angular/forms";

export class ProductFormControl extends FormControl {
    label: string;
    modelProperty: string;

    constructor(label:string, property:string, value: any, validator: any) {
        super(value, validator);
        this.label = label;
        this.modelProperty = property;
    }
}

export class ProductFormGroup extends FormGroup {

    constructor() {
        super({
            name: new ProductFormControl("Name", "name", "",
                Validators.required),
            category: new ProductFormControl("Category", "category", "",
                Validators.compose([Validators.required,
                    Validators.pattern("^[A-Za-z ]+$"),
                    Validators.minLength(3),
                    Validators.maxLength(10)])),
            price: new ProductFormControl("Price", "price", "",
                Validators.compose([Validators.required,
                    Validators.pattern("^[0-9\.]+$")]))
        });
    }

    get productControls(): ProductFormControl[] {
        return Object.keys(this.controls)
            .map(k => this.controls[k] as ProductFormControl);
    }
}
```

在这个代码清单中定义的两个类分别继承自 Angular 用于幕后管理表单及其内容的两个类：FormControl 类用于表示表单中的单个元素(例如 input 元素)，而 FormGroup 类用于管理 form 元素及其内容。

新的子类添加了一些功能，从而更容易通过编程方式生成 HTML 表单。ProductFormControl 类继承自 FormControl 类，它的两个属性分别指定与 input 元素相关联的 label 元素的文本以及 input 元素将要表示的 Product 类的某个属性的名称。ProductControlGroup 类继承自 FormGroup 类，它的唯一属性用来表示表单中定义的一个 ProductFormControl 对象数组，在模板中将使用该数组并利用 ngFor 指令来生成内容。

这些类的重要部分是 ProductFormGroup 类的构造函数，它负责设置将要用于创建和验证表单的模型。FormGroup 类(它是 ProductFormGroup 的超类)的构造函数接受一个对象，该对象的各个属性的名称与模板中各个 input 元素的名称一一对应，每个属性都被赋予一个用来表示该 input 元素的 ProductFormControl 对象，该对象同时还指定 input 元素所需的验证检查。传给超类构造函数的对象的第一个属性最简单：

```
...
name: new ProductFormControl("Name", "name", "", Validators.required),
...
```

该属性名为 name，这告诉 Angular 该属性对应于模板中名为 name 的 input 元素。ProductFormControl 构造函数的实参指定：与 input 元素相关联的 label 元素的内容(Name)、input 元素绑定的 Product 类的某个属性的名称(name)、数据绑定的初始值(空字符串)以及所需的验证检查。Angular 在@angular/forms 模块中定义了一个名为 Validators 的类，它的属性实现了所有内置验证检查，如表 14-8 所示。

表 14-8 验证器属性

名称	描述
Validators.required	此属性对应于 required 属性，确保有输入值
Validators.minLength	此属性对应于 minlength 属性，确保最小数量的字符
Validators.maxLength	此属性对应于 maxlength 属性，确保最大数量的字符
Validators.pattern	此属性对应于 pattern 属性，匹配正则表达式

可以使用 Validators.compose 方法对多个验证器进行组合，以便在单个元素上执行多项检查，如下所示：

```
...
category: new ProductFormControl("Category", "category", "",
    Validators.compose([Validators.required,
        Validators.pattern("^[A-Za-z ]+$"),
        Validators.minLength(3),
        Validators.maxLength(10)])),
...
```

Validators.compose 方法接受一组验证器。由 pattern、minLength 和 maxLength 验证器定义的构造函数实参分别对应于相应的验证属性值。对于该元素而言，整体效果是：值必填，只能包含字母和空格，并且长度必须介于 3 到 10 个字符之间。

下一步是将生成验证错误消息的方法从组件移到新的表单模型类中，如代码清单14-26所示。这样就把所有与表单相关的代码放在了一起，有助于让组件尽可能简单。此外，还在 ProductFormControl 类的 getValidationMessages 方法中为 maxLength 验证器添加了验证消息支持。

代码清单 14-26 将生成验证消息的方法移到 form.model.ts 文件中

```
import { FormControl, FormGroup, Validators } from "@angular/forms";

export class ProductFormControl extends FormControl {
    label: string;
    modelProperty: string;

    constructor(label:string, property:string, value: any, validator: any) {
        super(value, validator);
        this.label = label;
        this.modelProperty = property;
    }

    getValidationMessages() {
        let messages: string[] = [];
        if(this.errors) {
            for(let errorName in this.errors) {
                switch(errorName) {
                    case "required":
                        messages.push(`You must enter a ${this.label}`);
                        break;
                    case "minlength":
                        messages.push(`A ${this.label} must be at least
                            ${this.errors['minlength'].requiredLength}
                            characters`);
                        break;
                    case "maxlength":
                        messages.push(`A ${this.label} must be no more than
                            ${this.errors['maxlength'].requiredLength}
                            characters`);
                        break;
                    case "pattern":
                        messages.push(`The ${this.label} contains
                            illegal characters`);
                        break;
                }
            }
        }
```

```
        return messages;
    }
}

export class ProductFormGroup extends FormGroup {

    constructor() {
        super({
            name: new ProductFormControl("Name", "name", "",
                Validators.required),
            category: new ProductFormControl("Category", "category", "",
                Validators.compose([Validators.required,
                    Validators.pattern("^[A-Za-z ]+$"),
                    Validators.minLength(3),
                    Validators.maxLength(10)])),
            price: new ProductFormControl("Price", "price", "",
                Validators.compose([Validators.required,
                    Validators.pattern("^[0-9\.]+$")]))
        });
    }

    get productControls(): ProductFormControl[] {
        return Object.keys(this.controls)
            .map(k => this.controls[k] as ProductFormControl);
    }

    getFormValidationMessages(form: any) : string[] {
        let messages: string[] = [];
        this.productControls.forEach(c => c.getValidationMessages()
            .forEach(m => messages.push(m)));
        return messages;
    }
}
```

验证消息的生成方式与之前相同,并稍作调整,以反映代码现在是表单模型而不是组件的一部分。

14.5.3 使用模型进行验证

现在我们已经有了一个表单模型,下面可以用它验证表单。代码清单 14-27 演示了如何更新组件类以启用基于模型的表单,并让表单模型类可用于模板。此外还删除了那些用于生成验证错误消息的方法,它们已被转移到代码清单 14-26 的表单模型类中。

代码清单 14-27 在 component.ts 文件中使用表单模型

```
import { ApplicationRef, Component } from "@angular/core";
import { NgForm } from "@angular/forms";
import { Model } from "./repository.model";
```

```
import { Product } from "./product.model";
import { ProductFormGroup } from "./form.model";

@Component({
    selector: "app",
    templateUrl: "template.html"
})
export class ProductComponent {
    model: Model = new Model();
    form: ProductFormGroup = new ProductFormGroup();

    getProduct(key: number): Product {
        return this.model.getProduct(key);
    }

    getProducts(): Product[] {
        return this.model.getProducts();
    }

    newProduct: Product = new Product();

    get jsonProduct() {
        return JSON.stringify(this.newProduct);
    }

    addProduct(p: Product) {
        console.log("New Product: " + this.jsonProduct);
    }

    formSubmitted: boolean = false;

    submitForm(form: NgForm) {
        this.formSubmitted = true;
        if(form.valid) {
            this.addProduct(this.newProduct);
            this.newProduct = new Product();
            form.reset();
            this.formSubmitted = false;
        }
    }
}
```

这个代码清单从 form.model 模块导入 ProductFormGroup 类，并使用它来定义一个名为 form 的属性，这样就可以在模板中使用自定义表单模型类。

代码清单 14-28 更新模板以使用基于模型的功能来处理验证，将模板中定义的基于属性的验证配置替换掉。

代码清单 14-28　在 template.html 文件中使用表单模型

```html
<style>
    input.ng-dirty.ng-invalid { border: 2px solid #ff0000 }
    input.ng-dirty.ng-valid { border: 2px solid #6bc502 }
</style>
<form novalidate [formGroup]="form" (ngSubmit)="submitForm(form)">

    <div class="bg-danger p-a-1 m-b-1"
         *ngIf="formSubmitted && form.invalid">
        There are problems with the form
        <ul>
            <li *ngFor="let error of form.getFormValidationMessages()">
                {{error}}
            </li>
        </ul>
    </div>

    <div class="form-group">
        <label>Name</label>
        <input class="form-control" name="name"
            [(ngModel)]="newProduct.name"
            formControlName="name" />
        <ul class="text-danger list-unstyled"
            *ngIf="(formSubmitted || form.controls['name'].dirty) &&
            form.controls['name'].invalid">
            <li *ngFor="let error of form.controls['name'].
                 getValidationMessages()">
                {{error}}
            </li>
        </ul>
    </div>
    <div class="form-group">
        <label>Category</label>
        <input class="form-control" name="category "
            [(ngModel)]="newProduct.category"
            formControlName="category" />
        <ul class="text-danger list-unstyled"
            *ngIf="(formSubmitted || form.controls['category'].dirty) &&
            form.controls['category'].invalid">
            <li *ngFor="let error of form.controls['category']
                 .getValidationMessages()">
                {{error}}
            </li>
        </ul>
    </div>
    <div class="form-group">
        <label>Price</label>
```

```
            <input class="form-control" name="price"
                [(ngModel)]="newProduct.price"
                formControlName="price" />
            <ul class="text-danger list-unstyled"
                *ngIf="(formSubmitted || form.controls['price'].dirty) &&
                form.controls['price'].invalid">
                <li *ngFor="let error of form.controls['price'].
                    getValidationMessages()">
                    {{error}}
                </li>
            </ul>
    </div>
    <button class="btn btn-primary" type="submit"
        [disabled]="formSubmitted && form.invalid"
        [class.btn-secondary]="formSubmitted && form.invalid">
        Create
    </button>
</form>
```

第一处更改是 form 元素。使用基于模型的验证需要 formGroup 指令，像下面这样：

```
...
<form novalidate [formGroup]="form" (ngSubmit)="submitForm(form)">
...
```

赋给 formGroup 指令的值是组件的 form 属性，它返回一个 ProductFormGroup 对象，该对象是所有表单验证信息的来源。

下一处更改是 input 元素。将各个验证属性以及曾经指向特殊 ngForm 对象的模板变量删除。添加一个新的 forControlName 属性，它用来向基于模型的表单系统指出 input 元素(使用在代码清单 14-25 的 ProductFormGroup 对象中所用的名称)。

```
...
<input class="form-control" name="name" [(ngModel)]="newProduct.name"
    formControlName="name" />
...
```

这个元素属性还可以让 Angular 添加和移除 input 元素的验证类。在这里，formControlName 属性已被设置为 name，它告诉 Angular，该元素应该使用特定的验证器进行验证。

```
...
name: new ProductFormControl("Name", "name", "", Validators.required),
...
```

可以通过组件的 form 属性来访问每个元素的验证信息，如下所示：

```
...
<li *ngFor="let error of form.controls['name'].getValidationMessages()">
    {{error}}
```

```
</li>
...
```

FormGroup 类提供了一个 controls 属性，它返回自己管理的 FormControl 对象集合，可以按名称进行索引。可以从集合检索单个 FormControl 对象，执行检查以获取验证状态，或者用于生成验证消息。

代码清单 14-28 中还有一处更改，即添加了 3 个 input 元素，用来获取创建新的 Product 对象所需的数据，每个元素都使用验证模型进行检查，如图 14-14 所示。

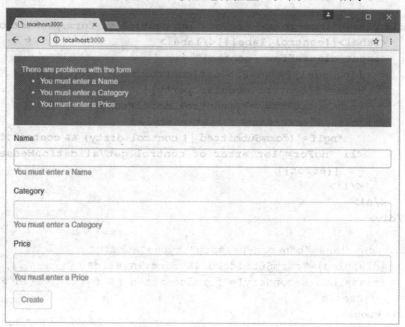

图 14-14　使用基于模型的表单验证

14.5.4　根据模型生成元素

代码清单 14-28 中有很多重复代码。验证属性已被转移到代码中，但每个 input 元素仍然需要一个支撑的内容框架来处理其布局并向用户显示其验证消息。

下一步是简化模板，使用表单模型来生成表单中的元素，而不仅仅是验证它们。代码清单 14-29 演示了如何将标准 Angular 指令与表单模型相结合，以编程方式生成表单。

代码清单 14-29　在 template.html 文件中使用模型来生成表单

```
<style>
    input.ng-dirty.ng-invalid { border: 2px solid #ff0000 }
    input.ng-dirty.ng-valid { border: 2px solid #6bc502 }
</style>

<form novalidate [formGroup]="form" (ngSubmit)="submitForm(form)">
```

```
    <div class="bg-danger p-a-1 m-b-1"
         *ngIf="formSubmitted && form.invalid">
        There are problems with the form
        <ul>
            <li *ngFor="let error of form.getFormValidationMessages()">
                {{error}}
            </li>
        </ul>
    </div>

    <div class="form-group" *ngFor="let control of form.productControls">
        <label>{{control.label}}</label>
        <input class="form-control"
            [(ngModel)]="newProduct[control.modelProperty]"
            name="{{control.modelProperty}}"
            formControlName="{{control.modelProperty}}" />
        <ul class="text-danger list-unstyled"
            *ngIf="(formSubmitted || control.dirty) && control.invalid">
            <li *ngFor="let error of control.getValidationMessages()">
                {{error}}
            </li>
        </ul>
    </div>

    <button class="btn btn-primary" type="submit"
        [disabled]="formSubmitted && form.invalid"
        [class.btn-secondary]="formSubmitted && form.invalid">
            Create
    </button>
</form>
```

这个代码清单利用 ProductFormControl 和 ProductFormGroup 模型类提供的描述信息并使用 ngFor 指令来创建表单元素。为每个元素配置的属性与代码清单 14-28 相同，但是它们的值均取自模型的描述信息，这使模板得以简化，并且依靠模型来定义表单元素及其验证。

一旦有一个基本的表单模型，就可以进行扩展，以反映应用程序的需要。例如，可以添加新元素；继承 FormControl 的子类，以包含额外的信息，例如 input 元素的 type 属性的值；为某些域生成 select 元素；提供占位符值以帮助指导用户填写。

14.6 创建自定义表单验证器

Angular 支持自定义表单验证器，可用于增强应用程序特定的验证策略，而不是内置验证器提供的通用验证。为了进行演示，在 app 文件夹中添加一个名为 limit.formvalidator.ts 的文件，并用它定义如代码清单 14-30 所示的类。

代码清单14-30 app 文件夹中 limit.formvalidator.ts 文件的内容

```typescript
import { FormControl } from "@angular/forms";

export class LimitValidator {

    static Limit(limit:number) {
        return (control:FormControl) : {[key: string]: any} => {
            let val = Number(control.value);
            if(val != NaN && val > limit) {
                return {"limit": {"limit": limit, "actualValue": val}};
            } else {
                return null;
            }
        }
    }
}
```

自定义验证器是创建验证函数的工厂。在这里，LimitValidator 类定义了 Limit 方法，它是一个静态方法，并且是一个返回验证函数的工厂。Limit 方法的实参是允许通过验证的最大值。

当 Angular 调用由 Limit 方法返回的验证函数时，它将提供一个 FormControl 对象作为实参。这个代码清单中的自定义验证函数使用 value 属性来获取用户输入的值，将其转换为数字，然后与允许的最大值进行比较。

对于有效值，验证函数返回 null；而对于无效值，则返回一个对象，该对象包含错误的详细信息。为了描述验证错误，这个对象定义了一个属性，该属性指出哪条验证规则失败(在这里是 limit)，并为该属性分配另一个对象来提供详细的错误信息。limit 属性返回一个对象，该对象的 limit 属性被设置为验证允许的最大值，而另一个属性 actualValue 被设置为用户输入的值。

应用自定义验证器

代码清单 14-31 演示了如何扩展表单模型以支持新的自定义验证器类，并将其应用于产品的 price 属性所对应的 input 元素。

代码清单14-31 在 form.model.ts 文件中应用自定义验证器

```typescript
import { FormControl, FormGroup, Validators } from "@angular/forms";
import { LimitValidator } from "./limit.formvalidator";

export class ProductFormControl extends FormControl {
    label: string;
    modelProperty: string;

    constructor(label:string, property:string, value: any, validator: any) {
        super(value, validator);
```

```
            this.label = label;
            this.modelProperty = property;
    }

    getValidationMessages() {
        let messages: string[] = [];
        if(this.errors) {
            for(let errorName in this.errors) {
                switch(errorName) {
                    case "required":
                        messages.push(`You must enter a ${this.label}`);
                        break;
                    case "minlength":
                        messages.push(`A ${this.label} must be at least
                            ${this.errors['minlength'].requiredLength}
                            characters`);
                        break;
                    case "maxlength":
                        messages.push(`A ${this.label} must be no more than
                            ${this.errors['maxlength'].requiredLength}
                            characters`);
                        break;
                    case "limit":
                        messages.push(`A ${this.label} cannot be more
                            than ${this.errors['limit'].limit}`);
                        break;
                    case "pattern":
                        messages.push(`The ${this.label} contains
                            illegal characters`);
                        break;
                }
            }
        }
        return messages;
    }
}

export class ProductFormGroup extends FormGroup {

    constructor() {
        super({
            name: new ProductFormControl("Name", "name", "",
                Validators.required),
            category: new ProductFormControl("Category", "category", "",
                Validators.compose([Validators.required,
                    Validators.pattern("^[A-Za-z ]+$"),
                    Validators.minLength(3),
                    Validators.maxLength(10)])),
            price: new ProductFormControl("Price", "price", "",
```

```
            Validators.compose([Validators.required,
                LimitValidator.Limit(100),
                Validators.pattern("^[0-9\.]+$")]))
        });
    }

    get productControls(): ProductFormControl[] {
        return Object.keys(this.controls)
            .map(k => this.controls[k] as ProductFormControl);
    }

    getFormValidationMessages(form: any) : string[] {
        let messages: string[] = [];
        this.productControls.forEach(c => c.getValidationMessages()
            .forEach(m => messages.push(m)));
        return messages;
    }
}
```

结果是输入到 Price 域中的值的上限被设置为 100，大于该值就会显示如图 14-15 所示的验证错误消息。

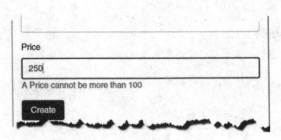

图 14-15　自定义验证消息

14.7　本章小结

本章介绍了 Angular 通过事件和表单支持用户交互的方式，内容涵盖如何创建事件绑定，如何创建双向绑定，以及如何使用 ngModel 指令进行简化。本章还描述了 Angular 为管理和验证 HTML 表单提供的支持。在下一章中，将介绍如何创建自定义指令。

第 15 章

创建属性指令

在本章中将描述如何使用自定义指令来补充 Angular 提供的内置功能。本章的重点是属性指令(attribute directive),它是开发者可以创建的最简单的指令类型,可以改变单个元素的外观或行为。在第 16 章中,将解释如何创建结构型指令(structural directive),这些指令用于改变 HTML 文档的布局。组件也是一种指令,将在第 17 章中解释它们的工作原理。

在这些章中,将通过重新实现一些内置指令提供的功能来描述自定义指令的工作原理。虽然在实际项目中并不需要执行这样的操作,但它提供了一个有用的基础,可以解释这个实现过程。表 15-1 介绍了属性指令的背景。

表 15-1 属性指令的背景

问题	答案
什么是属性指令?	属性指令是能够修改其宿主元素的行为或外观的类。在第 12 章中描述的样式绑定和类绑定就是属性指令的示例
属性指令有什么作用?	虽然内置指令涵盖了 Web 应用程序开发中所需的最常见任务,但是它们无法处理所有情况。自定义指令可用于定义应用程序特有的功能
如何使用属性指令?	属性指令是已应用@Directive 装饰器的类。在模板所属组件的 directives 属性中启用属性指令,并使用 CSS 选择器加以应用
属性指令是否存在陷阱或限制?	在创建自定义指令时遇到的主要陷阱是容易不当使用,比如一些任务本该使用诸如输入属性和输出属性以及宿主元素绑定等指令功能更好地处理,这类场合就不该使用属性指令
属性指令是否存在替代方案?	Angular 还支持其他两种类型的指令(结构型指令以及组件),它们可能更适合给定的任务。有时为了避免编写自定义代码,可以选择对多种内置指令进行组合来创建特定效果,但是最终结果可能并不稳定,并导致难以阅读和维护的复杂 HTML

表 15-2 给出了本章内容摘要。

表 15-2 本章内容摘要

问题	解决办法	代码清单编号
创建属性指令	向类添加@Directive	1~5
访问宿主元素的属性值	向构造函数参数添加@Attribute 装饰器	6~9

(续表)

问题	解决办法	代码清单编号
创建数据绑定的输入属性	向类属性添加@Input 装饰器	10 和 11
在数据绑定输入属性值改变时接收通知	实现 ngOnChanges 方法	12
定义事件	应用@Output 装饰器	13 和 14
在宿主元素上创建属性绑定或事件绑定	应用@HostBinding 或@HostListener 装饰器	15~19
导出指令的功能用于模板	使用@Directive 指令的 exportAs 属性	20 和 21

15.1 准备示例项目

与本书这一部分的前几章一样，这里将继续使用上一章的示例项目。为了准备本章，在模板中添加一个表格，用于显示数据模型中的产品，并删除表单级验证消息，如代码清单 15-1 所示。

代码清单 15-1　在 template.html 文件中准备模板

```html
<style>
    input.ng-dirty.ng-invalid { border: 2px solid #ff0000 }
    input.ng-dirty.ng-valid { border: 2px solid #6bc502 }
</style>

<div class="col-xs-6">
    <form novalidate [formGroup]="form" (ngSubmit)="submitForm(form)">
        <div class="form-group"
            *ngFor="let control of form.productControls">
            <label>{{control.label}}</label>
            <input class="form-control"
                [(ngModel)]="newProduct[control.modelProperty]"
                name="{{control.modelProperty}}"
                formControlName="{{control.modelProperty}}" />
            <ul class="text-danger list-unstyled"
                *ngIf="(formSubmitted || control.dirty) && control.invalid">
                <li *ngFor="let error of control.getValidationMessages()">
                    {{error}}
                </li>
            </ul>
        </div>
        <button class="btn btn-primary" type="submit"
            [disabled]="formSubmitted && !form.valid"
            [class.btn-secondary]="formSubmitted && form.invalid">
            Create
        </button>
```

```html
        </form>
</div>

<div class="col-xs-6">
    <table class="table table-sm table-bordered table-striped">
        <tr><th></th><th>Name</th><th>Category</th><th>Price</th></tr>
        <tr *ngFor="let item of getProducts(); let i = index">
            <td>{{i + 1}}</td>
            <td>{{item.name}}</td>
            <td>{{item.category}}</td>
            <td>{{item.price}}</td>
        </tr>
    </table>
</div>
```

这个代码清单使用 Bootstrap 网格布局把表单和表格并排安放。代码清单 15-2 删除 jsonProperty 属性，并更新组件的 addProduct 方法，用于向数据模型添加一个新对象。

代码清单 15-2　在 component.ts 文件中修改数据模型

```typescript
import { ApplicationRef, Component } from "@angular/core";
import { NgForm } from "@angular/forms";
import { Model } from "./repository.model";
import { Product } from "./product.model";
import { ProductFormGroup } from "./form.model";

@Component({
    selector: "app",
    templateUrl: "template.html"
})
export class ProductComponent {
    model: Model = new Model();
    form: ProductFormGroup = new ProductFormGroup();

    getProduct(key: number): Product {
        return this.model.getProduct(key);
    }

    getProducts(): Product[] {
        return this.model.getProducts();
    }

    newProduct: Product = new Product();

    addProduct(p: Product) {
        this.model.saveProduct(p);
    }

    formSubmitted: boolean = false;
```

```
    submitForm(form: NgForm) {
        this.formSubmitted = true;
        if(form.valid) {
            this.addProduct(this.newProduct);
            this.newProduct = new Product();
            form.reset();
            this.formSubmitted = false;
        }
    }
}
```

要启动应用程序,请导航到项目文件夹并运行以下命令:

```
npm start
```

该命令将启动 Web 开发服务器并打开一个新的浏览器窗口,该窗口将显示图 15-1 中的表单。提交表单时,数据将经过验证,然后要么显示错误消息,要么将新数据添加到数据模型中并在表格中显示。

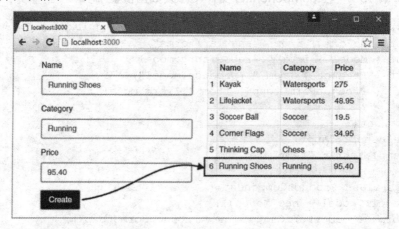

图 15-1　运行示例应用程序

15.2　创建简单的属性指令

最好的起步方法是立即着手创建一个指令,看看指令是如何工作的。在 app 文件夹中添加一个名为 attr.directive.ts 的文件,如代码清单 15-3 所示。这个文件的名称表明它包含一个指令。将文件名的第一部分设置为 attr,是为了表明这是属性指令的一个示例。

代码清单 15-3　app 文件夹中 attr.directive.ts 文件的内容

```
import { Directive, ElementRef } from "@angular/core";

@Directive({
    selector: "[pa-attr]"
```

```
})
export class PaAttrDirective {
    constructor(element: ElementRef) {
        element.nativeElement.classList.add("bg-success");
    }
}
```

指令是已应用@Directive 装饰器的类。装饰器要求设置 selector 属性，用于指定如何将指令应用于元素(使用标准 CSS 样式选择器来表示)。这里使用的选择器是"[pa-attr]"，它将匹配任何具有 pa-attr 属性的元素，而不管元素的类型或赋给该属性的具体值。

由于自定义指令具有独特的前缀，因此可以轻松地识别出它们。前缀可以是任何对自己的应用程序有意义的内容。这里为指令选择了前缀 Pa，即本书英文书名的首字母，并且该前缀被用于 selector 装饰器属性指定的属性和属性类的名称。前缀的大小写变化反映了它的使用场合，首字母小写用于选择器属性名称(pa-attr)，而首字母大写用于指令类的名称(PaAttrDirective)。

■ 注意：
前缀 Ng/ng 被保留用于内置 Angular 功能，因此不应使用。

这个指令的构造函数定义了单个 ElementRef 参数，Angular 在创建该指令的新实例时提供该实参，它表示宿主元素。

ElementRef 类定义了唯一的属性 nativeElement，它返回浏览器用来表示 DOM 元素的对象。该对象提供的方法和属性可用于操纵 DOM 元素及其内容，其中包括 classList 属性，该属性可用于管理元素的 CSS 类成员资格，如下所示：

```
...
element.nativeElement.classList.add("bg-success");
...
```

总而言之，PaAttrDirective 类是一个指令，将应用于那些具有 pa-attr 属性的元素，它把这些元素添加到 bg-success 类，而 Bootstrap CSS 库使用该类为这些元素指派背景色。

应用自定义指令

应用自定义指令包括两个步骤。第 1 步是更新模板，让一个或多个元素与指令所用的选择器相匹配。对于示例指令而言，这意味着将 pa-attr 属性添加到一个元素中，如代码清单 15-4 所示。

代码清单 15-4　在 template.html 文件中添加指令属性

```
...
<table class="table table-sm table-bordered table-striped">
    <tr><th></th><th>Name</th><th>Category</th><th>Price</th></tr>
    <tr *ngFor="let item of getProducts(); let i = index" pa-attr>
        <td>{{i + 1}}</td>
```

```
            <td>{{item.name}}</td>
            <td>{{item.category}}</td>
            <td>{{item.price}}</td>
        </tr>
</table>
...
```

该指令的选择器匹配任何具有该属性的元素，而不管该属性是否被赋值以及赋的是什么值。

应用指令的第 2 步是修改 Angular 模块的配置，如代码清单 15-5 所示。

代码清单 15-5　在 app.module.ts 文件中配置组件

```
import { NgModule } from "@angular/core";
import { BrowserModule } from "@angular/platform-browser";
import { ProductComponent } from "./component";
import { FormsModule, ReactiveFormsModule } from "@angular/forms";
import { PaAttrDirective } from "./attr.directive";
@NgModule({
    imports: [BrowserModule, FormsModule, ReactiveFormsModule],
    declarations: [ProductComponent, PaAttrDirective],
    bootstrap: [ProductComponent]
})
export class AppModule { }
```

NgModule 装饰器的 declarations 属性声明了应用程序将要使用的指令和组件。如果目前感觉指令和组件之间的关系和差异似乎比较让人困惑，那么不要担心，到了第 17 章，一切将会变得清楚。

一旦完成这两个步骤，最终的效果就是模板中为 tr 元素应用的 pa-attr 属性将触发自定义指令，它使用 DOM API 将元素添加到 bg-success 类。由于 tr 元素是 ngFor 指令使用的微模板的一部分，因此表格中的所有行都会受到影响，如图 15-2 所示。

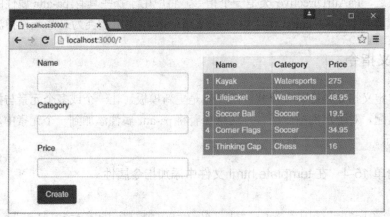

图 15-2　应用自定义指令

15.3 在指令中访问应用程序数据

虽然上一节中的示例演示了一个指令的基本结构,但是对于这个指令所能做的全部工作,实际上只需要在 tr 元素上使用 class 属性绑定即可实现。如果指令能够与宿主元素和应用程序的其他部分进行交互,那么指令就会变得更加有用。

15.3.1 读取宿主元素属性

让指令更有价值的最简单方法是利用宿主元素应用的各种属性来配置指令,这样就可以为指令的每个实例提供各自的配置信息并相应地调整其行为。

例如,代码清单 15-6 将指令应用于模板表中的某些 td 元素,并添加一个属性以指定宿主元素要加入的 CSS 类。这个指令的选择器表明它将匹配任何具有 pa-attr 属性的元素,而不管标签类型如何,它在 td 元素上也可以像 tr 元素上一样使用。

代码清单 15-6 在 template.html 文件中添加元素属性

```
...
<table class="table table-sm table-bordered table-striped">
    <tr><th></th><th>Name</th><th>Category</th><th>Price</th></tr>
    <tr *ngFor="let item of getProducts(); let i = index" pa-attr>
        <td>{{i + 1}}</td>
        <td>{{item.name}}</td>
        <td pa-attr pa-attr-class="bg-warning">{{item.category}}</td>
        <td pa-attr pa-attr-class="bg-info">{{item.price}}</td>
    </tr>
</table>
...
```

pa-attr 属性已被应用于两个 td 元素,此外还有一个名为 pa-attr-class 的新属性,该属性用于指定该指令应将宿主元素添加到哪个 CSS 类。代码清单 15-7 显示了如何修改指令来获取 pa-attr-class 属性的值并使用该值来改变宿主元素。

代码清单 15-7 在 attr.directive.ts 文件中读取元素属性

```
import { Directive, ElementRef, Attribute } from "@angular/core";
@Directive({
    selector: "[pa-attr]",
})
export class PaAttrDirective {
    constructor(element: ElementRef, @Attribute("pa-attr-class")
            bgClass: string) {
        element.nativeElement.classList.add(bgClass || "bg-success");
    }
}
```

为了接收 pa-attr-class 属性的值，这里添加了一个新的名为 bgClass 的构造函数形参，并为其应用了@Attribute 装饰器。这个装饰器在@angular/core 模块中定义，它指定一个属性的名称，当 Angular 创建指令类的新实例时应该使用该属性为构造函数形参提供值。Angular 为每个与选择器匹配的元素分别创建一个新的装饰器实例，并使用这些元素的属性为指令构造函数中那些带有@Attribute 装饰器的参数提供值。

在构造函数中，属性的值将被传入 classList.add 方法，同时为这个参数提供默认值，这样就可以将该指令应用于那些具有 pa-attr 属性但不包含 pa-attr-class 属性的元素。

其结果是现在可以使用一个属性来指定元素要加入的 CSS 类，产生如图 15-3 所示的结果。

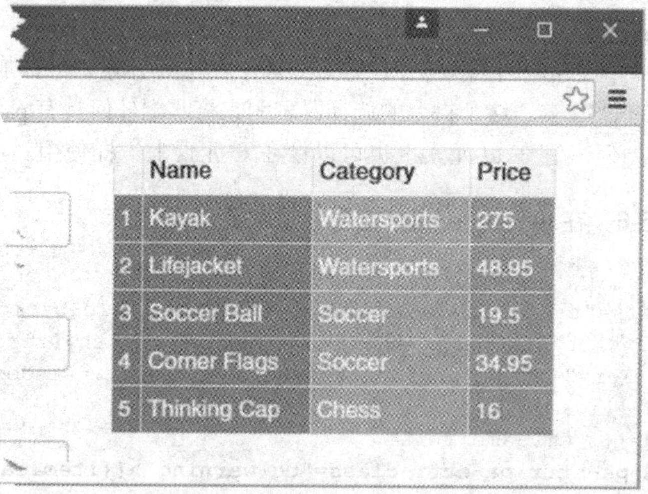

图 15-3 使用宿主元素属性配置指令

使用单个宿主元素属性

使用一个属性来应用指令，再使用另一个属性进行配置，这种做法显然是多余的。使用单个属性执行双重任务显然更加合理，如代码清单 15-8 所示。

代码清单 15-8 在 attr.directive.ts 文件中复用属性

```
import { Directive, ElementRef, Attribute } from "@angular/core";
@Directive({
    selector: "[pa-attr]",
})
export class PaAttrDirective {
    constructor(element: ElementRef, @Attribute("pa-attr") bgClass: string) {
        element.nativeElement.classList.add(bgClass || "bg-success");
    }
}
```

@Attribute 装饰器现在将 pa-attr 属性指定为 bgClass 参数值的来源。在代码清单 15-9 中，更新模板以反映这个双用途属性。

代码清单 15-9　在 template.html 文件中应用指令

```
...
<table class="table table-sm table-bordered table-striped">
    <tr><th></th><th>Name</th><th>Category</th><th>Price</th></tr>
    <tr *ngFor="let item of getProducts(); let i = index" pa-attr>
        <td>{{i + 1}}</td>
        <td>{{item.name}}</td>
        <td pa-attr="bg-warning">{{item.category}}</td>
        <td pa-attr="bg-info">{{item.price}}</td>
    </tr>
</table>
...
```

虽然这个示例生成的结果并没有任何可见的变化，但是它简化了在 HTML 模板中应用指令的方式。

15.3.2　创建数据绑定输入属性

采用@Attribute 读取属性的主要限制是元素属性值是静态的。Angular 指令的真正威力来自于对表达式的支持：表达式会随着应用程序状态的变化而更新，并且可以通过更改宿主元素进行响应。

指令使用数据绑定输入属性(也称为输入属性，或简称输入)来接收表达式。代码清单 15-10 修改应用程序的模板，在为 tr 和 td 元素应用的 pa-attr 属性中包含表达式，而不仅仅是静态的 CSS 类名称。

代码清单 15-10　在 template.html 文件中使用表达式

```
...
<table class="table table-sm table-bordered table-striped">
    <tr><th></th><th>Name</th><th>Category</th><th>Price</th></tr>
    <tr *ngFor="let item of getProducts(); let i = index"
        [pa-attr]="getProducts().length < 6 ? 'bg-success' : 'bg-warning'">
        <td>{{i + 1}}</td>
        <td>{{item.name}}</td>
        <td [pa-attr]="item.category == 'Soccer' ? 'bg-info' : null">
            {{item.category}}
        </td>
        <td [pa-attr]="'bg-info'">{{item.price}}</td>
    </tr>
</table>
...
```

这个代码清单中共有 3 个表达式。第 1 个被应用于 tr 元素，它使用组件的 getProducts 方法返回的对象数目来选择一个 CSS 类。

```
...
<tr *ngFor="let item of getProducts(); let i = index"
    [pa-attr]="getProducts().length < 6 ? 'bg-success' : 'bg-warning'">
...
```

第 2 个表达式被应用于 Category 列的 td 元素,它为 category 属性值等于 Soccer 的 Product 对象指定 bg-info 类,而对于所有其他返回值指定 null。

```
...
<td [pa-attr]="item.category == 'Soccer' ? 'bg-info' : null">
...
```

第 3 个也是最后一个表达式返回一个固定的字符串值,这里用单引号引起来,这是因为这是一个表达式而不是静态的元素属性值。

```
...
<td [pa-attr]="'bg-info'">{{item.price}}</td>
...
```

请注意,属性名称要用方括号括起来。这是因为要想在指令中接收表达式,就要创建数据绑定,就像在第 13 和第 14 章中描述的内置指令一样。

■ 提示:

忘记使用方括号是一种常见的错误。没有方括号,Angular 只会将表达式的原始文本传给指令而不进行求值。如果在应用自定义指令时遇到错误,那么首先就要检查是否遗忘了方括号。

要实现数据绑定,还需要在指令类中创建一个输入属性,以告诉 Angular 如何管理它的值,如代码清单 15-11 所示。

代码清单 15-11   在 attr.directive.ts 文件中定义输入属性

```
import { Directive, ElementRef, Attribute, Input } from "@angular/core";

@Directive({
    selector: "[pa-attr]"
})
export class PaAttrDirective {
    constructor(private element: ElementRef) {}

    @Input("pa-attr")
    bgClass: string;

    ngOnInit() {
        this.element.nativeElement.classList.add(this.bgClass ||
            "bg-success");
    }
}
```

输入属性的定义方式如下：将@Input 装饰器应用于属性，并使用它来指定包含表达式的属性的名称。这个代码清单只定义了一个输入属性，它告诉 Angular 将指令的 bgClass 属性的值设置为 pa-attr 属性中包含的表达式的值。

■ 提示：
如果属性的名称对应于宿主元素上属性的名称，就不需要为@Input 装饰器提供实参。因此，如果将@Input( )应用于一个名为 myVal 的属性，Angular 将在宿主元素上查找 myVal 属性。

在这个示例中，构造函数的作用发生了改变。当 Angular 创建指令类的一个新实例时，调用构造函数来创建一个新的指令对象，然后才设置输入属性的值。这意味着构造函数无法访问输入属性的值，这是因为在构造函数执行完毕且已经生成新的指令对象之后，Angular 才设置输入属性的值。为了解决这个问题，指令可以实现生命周期钩子方法(lifecycle hook method)，Angular 在创建指令之后以及应用程序运行期间为指令提供有用的信息，如表 15-3 所示。

表 15-3　指令生命周期钩子方法

名称	描述
ngOnInit	在 Angular 设置了指令声明的所有输入属性的初始值之后，调用此方法
ngOnChanges	当输入属性的值改变时调用此方法,此方法的调用发生在 ngOnInit 方法调用之前
ngDoCheck	当 Angular 运行变更检测过程时，将调用此方法，以便指令有机会更新与输入属性不直接关联的任何状态
ngAfterContentInit	在指令的内容经过初始化之后，将调用此方法。有关使用此方法的示例，请参见第 16 章中的 16.4.2 节"接收查询变更通知"
ngAfterContentChecked	在对该指令的内容进行检查(属于变更检测过程的一部分)后，将调用此方法
ngOnDestroy	此方法在 Angular 销毁指令之前立即调用

要在宿主元素上设置 CSS 类，代码清单 15-11 中的指令实现了 ngOnInit 方法，Angular 在设置 bgClass 属性的值后调用该方法。构造函数仍然需要接收 ElementRef 对象(用于访问宿主元素)，并将该对象赋给一个名为 element 的属性。

其结果是，Angular 将为每个 tr 元素创建一个指令对象，对 pa-attr 属性中指定的表达式进行求值，使用求值结果来设置输入属性的值，然后调用 ngOnInit 方法，这让指令可以响应新的输入属性值。

要查看效果，请使用表单将新产品添加到示例应用程序中。由于模型中最初有 5 项，因此 tr 元素的表达式将选择 bg-success 类。当添加一个新项时，Angular 将创建该指令类的另一个实例，并对该表达式进行求值以设置输入属性的值。由于模型中现在有 6 项，因此表达式将选择 bg-warning 类，为新行提供不同的背景色，如图 15-4 所示。

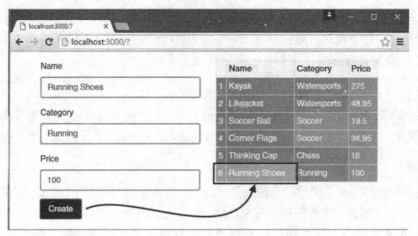

图 15-4　在自定义指令中使用输入属性

15.3.3　响应输入属性变化

在前面的例子中出现了一个奇怪的现象：添加新项仅影响新元素的外观，而不影响现有的元素。在幕后，Angular 已更新其创建的每个指令(表格列中的每个 td 元素)的 bgClass 属性的值，但是这些指令并没有注意到，这是因为更改属性值不会自动导致指令做出响应。

为了响应变化，指令必须实现 ngOnChanges 方法，这样才能在输入属性的值发生变化时接收到通知，如代码清单 15-12 所示。

代码清单 15-12　在 attr.directive.ts 文件中接收变化通知

```typescript
import { Directive, ElementRef, Attribute, Input,
    SimpleChange } from "@angular/core";
@Directive({
   selector: "[pa-attr]"
})
export class PaAttrDirective {
   constructor(private element: ElementRef) {}
   @Input("pa-attr")
   bgClass: string;
   ngOnChanges(changes: {[property: string]: SimpleChange }) {
      let change = changes["bgClass"];
      let classList = this.element.nativeElement.classList;
      if(!change.isFirstChange() &&
         classList.contains(change.previousValue)) {
          classList.remove(change.previousValue);
      }
      if(!classList.contains(change.currentValue) {
          classList.add(change.currentValue);
      }
   }
}
```

ngOnChanges 方法在 ngOnInit 方法之前被调用一次,然后每当指令的任何输入属性发生变化时再次被调用。ngOnChanges 的形参是一个对象,其属性的名称指向每个发生变化的输入属性,其值为 SimpleChange 对象(在@angular/core 模块中定义)。该数据结构采用 TypeScript 语言表示如下:

```
...
ngOnChanges(changes: {[property: string]: SimpleChange }) {
...
```

SimpleChange 类定义了表 15-4 所示的成员。

表 15-4 SimpleChange 类的属性和方法

名称	描述
previousValue	这个属性返回输入属性的前值
currentValue	这个属性返回输入属性的现值
isFirstChange( )	如果 ngOnChanges 调用发生在 ngOnInit 调用之前,那么这个方法返回 true

要想了解传入 ngOnChanges 方法的 changes 实参,最简单的方式是将该对象序列化为 JSON 后进行查看。

```
...
{
    "target": {
        "previousValue":"bg-success",
        "currentValue":"bg-warning"
    }
}
...
```

虽然 JSON 字符串中并没有包含 isFirstChange 方法,但它有助于说明实参对象中的每个属性如何指示某个输入属性的变化。

当响应输入属性值的变化时,指令必须确保撤消先前更新的影响。对于示例指令,这意味着从 previousValue 类中删除元素,并将元素添加到 currentValue 类。

isFirstChange 方法的使用非常重要,这样可以不撤销实际并未应用的值,这是因为 Angular 在首次将值赋给输入属性时也会调用 ngOnChanges 方法。

处理这些变化通知的结果就是,当 Angular 重新进行表达式求值并更新输入属性时,该指令将进行响应。现在,当向应用程序添加新产品时,所有 tr 元素的背景色都会得到更新,如图 15-5 所示。

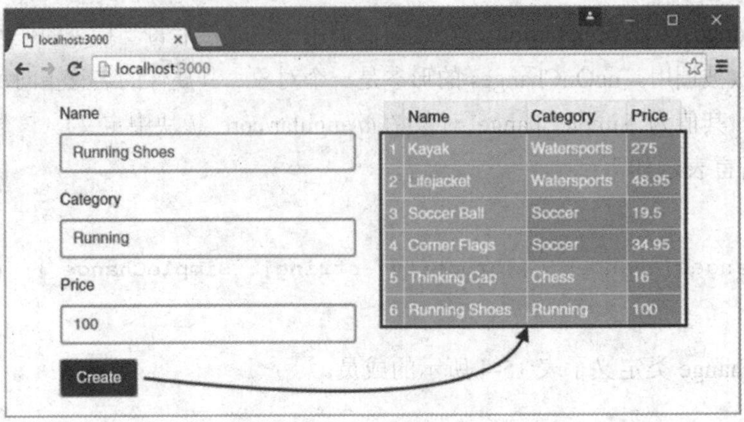

图 15-5　响应输入属性的变化

15.4　创建自定义事件

输出属性(output property)是一项可以让指令向宿主元素添加自定义事件的 Angular 特性，通过该特性可以将重要变化的详细信息发送到应用程序的其他地方。输出属性使用 @Output 装饰器(在@angular/core 模块中定义)定义，如代码清单 15-13 所示。

代码清单 15-13　在 attr.directive.ts 文件中定义输出属性

```typescript
import { Directive, ElementRef, Attribute, Input,
         SimpleChange, Output, EventEmitter } from "@angular/core";
import { Product } from "./product.model";
@Directive({
    selector: "[pa-attr]"
})
export class PaAttrDirective {
    constructor(private element: ElementRef) {
        this.element.nativeElement.addEventListener("click", e => {
            if(this.product != null) {
                this.click.emit(this.product.category);
            }
        });
    }
    @Input("pa-attr")
    bgClass: string;
    @Input("pa-product")
    product: Product;
    @Output("pa-category")
    click = new EventEmitter<string>();
    ngOnChanges(changes: {[property: string]: SimpleChange }) {
        let change = changes["bgClass"];
        let classList = this.element.nativeElement.classList;
        if(!change.isFirstChange() &&
```

```
            classList.contains(change.previousValue)) {
            classList.remove(change.previousValue);
        }
        if(!classList.contains(change.currentValue)) {
            classList.add(change.currentValue);
        }
    }
}
```

EventEmitter 类为 Angular 指令提供了事件机制。这个代码清单创建了一个 EventEmitter 对象，并将其赋给一个名为 click 的属性，如下所示：

```
...
@Output("pa-category")
click = new EventEmitter<string>();
...
```

string 类型的形参说明事件的侦听器将在触发事件时接收字符串。指令可以向其事件侦听器提供任何类型的对象，但通常的选择是 string 和 number 值、数据模型对象和 JavaScript Event 对象。

当在宿主元素上单击鼠标按键时，触发代码清单中定义的自定义事件，该事件将向其侦听器提供 Product 对象(ngFor 指令使用该对象创建表格行)的 category 属性。效果是该指令响应宿主元素上的 DOM 事件并生成自己的自定义事件。在指令类的构造函数中，使用浏览器的标准 addEventListener 方法来设置 DOM 事件的侦听器，如下所示：

```
...
constructor(private element: ElementRef) {
    this.element.nativeElement.addEventListener("click", e => {
        if(this.product != null) {
            this.click.emit(this.product.category);
        }
    });
}
...
```

该指令定义了一个输入属性来接收 Product 对象，在自定义事件中将发送该对象的 category 属性。该指令在构造函数中能够引用输入属性的值，这是因为 Angular 在调用负责处理 DOM 事件的函数之前已经设置该属性的值。

这个代码清单中最重要的语句是使用 EventEmitter 对象来发送事件，即调用 EventEmitter.emit 方法进行发送，表 15-5 提供了这个方法的快速参考。emit 方法的实参是希望事件侦听器接收的值(对于这个示例，就是 category 属性的值)。

表 15-5 EventEmitter 方法

名称	描述
emit(value)	这个方法触发与 EventEmitter 相关联的自定义事件，为侦听器提供对象或值(以方法实参的形式进行接收)

@Output 装饰器将这一切结合起来，它在指令类的 EventEmitter 属性与模板事件绑定中使用的事件名称之间建立映射，如下所示：

```
...
@Output("pa-category")
click = new EventEmitter<string>();
...
```

@Output 装饰器的实参指定属性名称，该名称将用于宿主元素的事件绑定。如果 TypeScript 属性名称同时也是自定义事件所需的名称，那么可以省略这个实参。在这个代码清单中，之所以指定 pa-category 这个事件名称，是因为虽然可以在指令类中使用 click 来引用该事件，但我们需要一个在外部看来更有意义的名称。

绑定到自定义事件

由于使用与 Angular 内置事件相同的绑定语法(如第 14 章所述)，因此在模板中绑定到自定义事件非常容易。代码清单 15-14 将 pa-product 属性添加到模板中的 tr 元素，为该指令提供它对应的 Product 对象，并为 pa-category 事件添加一个绑定。

代码清单 15-14   在 template.html 文件中绑定到自定义事件

```
...
<table class="table table-sm table-bordered table-striped">
    <tr><th></th><th>Name</th><th>Category</th><th>Price</th></tr>
    <tr *ngFor="let item of getProducts(); let i = index"
        [pa-attr]="getProducts().length < 6 ? 'bg-success' :
            'bg-warning'"
        [pa-product]="item" (pa-category)=
            "newProduct.category=$event">
      <td>{{i + 1}}</td>
      <td>{{item.name}}</td>
      <td [pa-attr]="item.category == 'Soccer' ? 'bg-info' : null">
          {{item.category}}
      </td>
      <td [pa-attr]="'bg-info'">{{item.price}}</td>
    </tr>
</table>
...
```

$event 用于访问指令传给 EventEmitter.emit 方法的值。因此在这个示例中，$event 将是一个包含产品类别的 string 值。从事件接收的值指向组件的 newProduct.category 属性，这会导致其中一个 input 元素的数据绑定被更新，因此单击表格中的一行将会在表单中显示该产品的类别，如图 15-6 所示。

第 15 章 ■ 创建属性指令

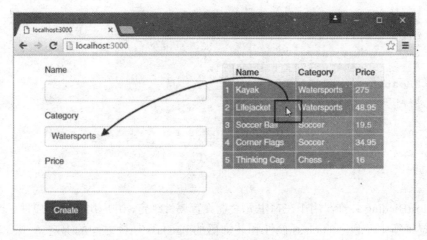

图 15-6　使用输出属性定义和接收自定义事件

15.5　创建宿主元素绑定

这个示例指令依赖浏览器的 DOM API 来操纵其宿主元素，既可以添加和删除 CSS 类成员资格，又可以接收 click 事件。虽然在 Angular 应用程序中使用 DOM API 是一种有用的方法，但这意味着该指令只能用于在 Web 浏览器中运行的应用程序。而 Angular 致力于在各种不同的执行环境中运行，因此不能假定它们都提供 DOM API。

即使确定指令可以访问 DOM，也可以使用标准 Angular 指令功能(属性绑定和事件绑定)以更优雅的方式实现相同的结果。不要使用 DOM 来添加和删除 CSS 类，而是可以在宿主元素上使用类绑定。不要使用 addEventListener 方法，而是可以使用事件绑定来处理鼠标单击事件。

在幕后，当在 Web 浏览器中使用该指令时，Angular 使用 DOM API 实现这些功能，而在其他不同环境中使用指令时，Angular 使用某种等效机制来实现。

宿主元素上的绑定使用两个装饰器@HostBinding 和@HostListener 来定义，它们都在@angular/core 模块中定义，如代码清单 15-15 所示。

代码清单 15-15　在 attr.directive.ts 文件中创建宿主绑定

```
import { Directive, ElementRef, Attribute, Input,
    SimpleChange, Output, EventEmitter, HostListener, HostBinding }
        from "@angular/core";
import { Product } from "./product.model";
@Directive({
    selector: "[pa-attr]"
})
export class PaAttrDirective {
    @Input("pa-attr")
    @HostBinding("class")
    bgClass: string;
```

```
@Input("pa-product")
product: Product;
@Output("pa-category")
click = new EventEmitter<string>();
@HostListener("click")
triggerCustomEvent() {
    if(this.product != null) {
        this.click.emit(this.product.category);
    }
}
```

@HostBinding 装饰器用于在宿主元素上设置属性绑定，并应用于指令属性。这个代码清单设置了宿主元素上的 class 属性和装饰器的 bgClass 属性之间的绑定。

■ 提示：
如果要管理元素的内容，那么可以使用@HostBinding 装饰器绑定到 textContent 属性。参见第 19 章中的示例。

@HostListener 装饰器用于在宿主元素上设置事件绑定，并应用于指令方法。这个代码清单为 click 事件创建了一个事件绑定，当按下并释放鼠标按键时调用 triggerCustomEvent 方法。顾名思义，triggerCustomEvent 方法使用 EventEmitter.emit 方法通过输出属性派发自定义事件。

使用宿主元素绑定意味着可以删除指令构造函数，这是因为不再需要通过 ElementRef 对象来访问 HTML 元素。相反，Angular 负责设置事件监听器，并通过属性绑定来设置元素的 CSS 类成员资格。

虽然指令代码要简单得多，但是指令的效果是相同的：单击表格行会设置其中一个 input 元素的值，而使用表单添加一个新项，可触发表格中所有不属于 Soccer 类别的产品所对应单元格的背景色发生改变。

15.6 在宿主元素上创建双向绑定

Angular 为创建支持双向绑定的指令提供了特殊的支持，因此它们可以采用 ngModel 使用的"香蕉盒"括号样式，并可以双向绑定到模型属性。

双向绑定功能依赖命名约定。为了演示它的工作原理，代码清单 15-16 在 template.html 文件中添加了一些新的元素和绑定。

代码清单 15-16　在 template.html 文件中应用指令

```
...
<div class="col-xs-6">
    <div class="form-group bg-info p-a-1">
        <label>Name:</label>
```

```
            <input class="bg-primary" [paModel]="newProduct.name"
                (paModelChange)="newProduct.name=$event" />
    </div>
    <table class="table table-sm table-bordered table-striped">
        <tr><th></th><th>Name</th><th>Category</th><th>Price</th></tr>
        <tr *ngFor="let item of getProducts(); let i = index"
                [pa-attr]="getProducts().length < 6 ? 'bg-success' :
                    'bg-warning'"
                [pa-product]="item" (pa-category)=
                    "newProduct.category=$event">
            <td>{{i + 1}}</td>
            <td>{{item.name}}</td>
            <td [pa-attr]="item.category == 'Soccer' ? 'bg-info' : null">
                {{item.category}}
            </td>
            <td [pa-attr]="'bg-info'">{{item.price}}</td>
        </tr>
    </table>
</div>
...
```

下面将创建一个支持两个单向绑定的指令。当 newProduct.name 属性的值变化时, 目标为 paModel 的那个绑定将被更新, 这提供从应用程序到指令的数据流, 并将用于更新 input 元素的内容。当用户更改 input 元素的内容时, 将触发自定义事件 paModelChange, 并将提供从指令到应用程序其余部分的数据流。

为了实现该指令, 在 app 文件夹中添加一个名为 twoway.directive.ts 的文件, 并用它定义代码清单 15-17 所示的指令。

代码清单 15-17 app 文件夹中 twoway.directive.ts 文件的内容

```
import { Input, Output, EventEmitter, Directive,
        HostBinding, HostListener, SimpleChange } from "@angular/core";
@Directive({
    selector: "input[paModel]"
})
export class PaModel {
    @Input("paModel")
    modelProperty: string;
    @HostBinding("value")
    fieldValue: string = "";
    ngOnChanges(changes: { [property: string]: SimpleChange }) {
        let change = changes["modelProperty"];
        if(change.currentValue != this.fieldValue) {
            this.fieldValue = changes["modelProperty"].currentValue || "";
        }
    }
    @Output("paModelChange")
    update = new EventEmitter<string>();
```

```
    @HostListener("input", ["$event.target.value"])
    updateValue(newValue: string) {
        this.fieldValue = newValue;
        this.update.emit(newValue);
    }
}
```

这个指令使用以前描述的那些功能。这个指令的 selector 属性指定它将匹配所有具有 paModel 属性的 input 元素。虽然内置的 ngModel 双向绑定指令支持一系列表单元素，并且知道每个元素使用哪些事件和属性，但是为了让这个例子尽量简单，这里将只支持 input 元素，它们定义了一个 value 属性，可用于获取和设置元素的内容。

paModel 绑定的实现使用输入属性和 ngOnChanges 方法，该方法响应表达式值的变化：通过 input 元素的 value 属性的宿主绑定来更新 input 元素的内容。

paModelChange 事件使用 input 事件的宿主监听器实现，然后通过输出属性发送更新。请注意，通过为@HostListener 装饰器指定一个额外的实参，该事件调用的方法能够接收事件对象，如下所示：

```
...
@HostListener("input", ["$event.target.value"])
updateValue(newValue: string) {
...
```

@HostListener 装饰器的第 1 个实参指定将由侦听器处理的事件的名称。第 2 个实参是一个数组，将用于为被装饰的方法提供实参。在这个示例中，input 事件将由侦听器处理，并且在调用 updateValue 方法时，其 newValue 实参将被设置为 Event 对象(使用$event 来引用该对象)的 target.value 属性。

为了启用该指令，将其添加到 Angular 模块中，如代码清单 15-18 所示。

代码清单 15-18　在 app.module.ts 文件中注册指令

```
import { NgModule } from "@angular/core";
import { BrowserModule } from "@angular/platform-browser";
import { ProductComponent } from "./component";
import { FormsModule, ReactiveFormsModule } from "@angular/forms";
import { PaAttrDirective } from "./attr.directive";
import { PaModel } from "./twoway.directive";
@NgModule({
    imports: [BrowserModule, FormsModule, ReactiveFormsModule],
    declarations: [ProductComponent, PaAttrDirective, PaModel],
    bootstrap: [ProductComponent]
})
export class AppModule { }
```

保存更改，浏览器重新加载后，将会看到一个新的 input 元素，它响应 model 属性的变化，并且在宿主元素的内容变化时更新 model 属性。绑定中的表达式指定的模型属性与 HTML 文档左侧表单中的 Name 域所使用的模型属性相同，这样可以方便地测试它们之间的关系，如图 15-7 所示。

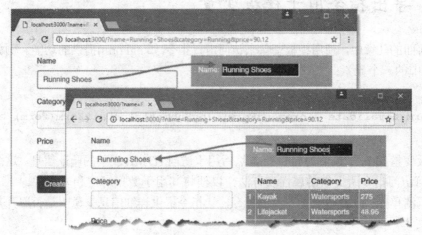

图 15-7　测试双向数据流

最后一步是简化绑定并应用"香蕉盒"样式的括号，如代码清单 15-19 所示。

代码清单 15-19　在 template.html 文件中简化绑定

```
...
<div class="col-xs-6">
    <div class="form-group bg-info p-a-1">
        <label>Name:</label>
        <input class="bg-primary" [(paModel)]="newProduct.name" />
    </div>
    <table class="table table-sm table-bordered table-striped">
        <tr><th></th><th>Name</th><th>Category</th><th>Price</th></tr>
        <tr *ngFor="let item of getProducts(); let i = index"
                [pa-attr]="getProducts().length < 6 ? 'bg-success' :
                    'bg-warning'"
                [pa-product]="item"
                (pa-category)="newProduct.category=$event">
            <td>{{i + 1}}</td>
            <td>{{item.name}}</td>
            <td [pa-attr]="item.category == 'Soccer' ? 'bg-info' : null">
                {{item.category}}
            </td>
            <td [pa-attr]="'bg-info'">{{item.price}}</td>
        </tr>
    </table>
</div>
...
```

当 Angular 遇到"[()]"括号时，它会展开绑定以匹配代码清单 15-16 中使用的格式，将目标设为 paModel 输入属性并设置 paModelChange 事件。只要指令将这些暴露给 Angular，就可以使用"香蕉盒"括号来定位该指令，从而产生更简单的模板语法。

15.7 导出指令用于模板变量

在前面的几章中,使用模板变量来访问内置指令(如 ngForm)提供的功能。例如,这是第 14 章中的一个元素:

```
...
<form novalidate #form="ngForm" (ngSubmit)="submitForm(form)">
...
```

模板变量 form 被赋值为 ngForm,然后用于访问 HTML 表单的验证信息。这个示例说明了如何访问指令所提供的属性和方法,以便将其用于数据绑定和表达式。

代码清单 15-20 修改了上一节的指令,让指令提供详细信息来说明是否展开其宿主元素中的文本。

代码清单 15-20 在 twoway.directive.ts 文件中导出指令

```
import { Input, Output, EventEmitter, Directive,
         HostBinding, HostListener, SimpleChange } from "@angular/core";
@Directive({
    selector: "input[paModel]",
    exportAs: "paModel"
})
export class PaModel {
    direction: string = "None";
    @Input("paModel")
    modelProperty: string;
    @HostBinding("value")
    fieldValue: string = "";
    ngOnChanges(changes: { [property: string]: SimpleChange }) {
        let change = changes["modelProperty"];
        if(change.currentValue != this.fieldValue) {
            this.fieldValue = changes["modelProperty"].currentValue || "";
            this.direction = "Model";
        }
    }
    @Output("paModelChange")
    update = new EventEmitter<string>();
    @HostListener("input", ["$event.target.value"])
        updateValue(newValue: string) {
        this.fieldValue = newValue;
        this.update.emit(newValue);
        this.direction = "Element";
    }
}
```

@Directive 装饰器的 exportAs 属性指定了一个名称,在模板变量中将使用该名称来引用指令。这个示例使用 paModel 作为 exportAs 属性的值,为了让使用者了解是由哪个指令提供的功能，应该仔细挑选这个名称。

这个代码清单添加了一个名为 direction 的属性，用于指示数据是从模型流向元素还是从元素流向模型。

当使用 exportAs 装饰器属性时，在模板表达式和数据绑定中可以使用指令定义的所有方法和属性。一些开发人员在那些不打算在指令之外使用的方法和属性的名称前面添加下画线(字符_)前缀或者应用 private 关键字。这向其他开发人员表明不应该使用这些方法和属性，但这个约定并不由 Angular 强制实施。

为了使用导出的指令功能，代码清单 15-21 创建一个模板变量，并在字符串插入绑定中使用它。

代码清单 15-21　在 template.html 文件中使用导出的指令功能

```
...
<div class="col-xs-6">
    <div class="form-group bg-info p-a-1">
        <label>Name:</label>
        <input class="bg-primary" [(paModel)]="newProduct.name"
               #paModel="paModel" />
        <div class="bg-primary">Direction: {{paModel.direction}}</div>
    </div>
    <table class="table table-sm table-bordered table-striped">
        <tr><th></th><th>Name</th><th>Category</th><th>Price</th></tr>
        <tr *ngFor="let item of getProducts(); let i = index"
              [pa-attr]="getProducts().length < 6 ? 'bg-success' :
                        'bg-warning'"
              [pa-product]="item"
              (pa-category)="newProduct.category=$event">
            <td>{{i + 1}}</td>
            <td>{{item.name}}</td>
            <td [pa-attr]="item.category == 'Soccer' ? 'bg-info' : null">
                {{item.category}}
            </td>
            <td [pa-attr]="'bg-info'">{{item.price}}</td>
        </tr>
    </table>
</div>
...
```

模板变量名为 paModel，而它的值是在指令的 exportAs 属性中使用的名称。

```
...
#paModel="paModel"
...
```

■ 提示：

虽然变量和指令不必使用相同的名称，但保持名称一致能够使功能的来源更加清晰。

一旦定义了模板变量，就可以用于字符串插入绑定或用作绑定表达式的一部分。这里选择字符串插入绑定，其表达式使用指令的 direction 属性的值。

```
...
<div class="bg-primary">Direction: {{paModel.direction}}</div>
...
```

其结果就是：可以看到同时向两个 input 元素(二者都绑定到 newProduct.name 模型属性)键入文本的效果。当向其中一个使用 ngModel 指令的 input 元素中键入时，字符串插入绑定将显示 Model。当在使用 paModel 指令的元素中键入时，字符串插入绑定将显示 Element，如图 15-8 所示。

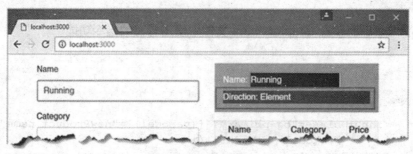

图 15-8　导出指令功能

15.8　本章小结

本章介绍了如何定义和使用属性指令，包括使用输入属性和输出属性以及宿主绑定。在下一章中，将解释结构型指令的工作原理以及如何使用它们来改变 HTML 文档的布局或结构。

第 16 章

创建结构型指令

结构型指令通过添加和删除元素来改变 HTML 文档的布局。结构型指令基于属性指令(已在第 15 章中描述)的核心功能,并额外支持微模板(在组件使用的模板中定义的小内容片段)。结构型指令的使用非常易于识别,这是因为其名称带有星号前缀(例如*ngIf 和*ngFor)。在本章中,将解释如何定义和应用结构型指令、它们的工作原理以及它们如何响应数据模型的变更。表 16-1 给出了结构型指令的背景。

表 16-1 结构型指令的背景

问题	答案
什么是结构型指令?	结构型指令使用微模板向 HTML 文档中添加内容
结构型指令有什么作用?	结构型指令允许基于表达式的结果有条件地添加内容,或者对数据源(例如数组)中的每个对象重复相同的内容
如何使用结构型指令?	结构型指令被应用于 ng-template 元素,该元素中包含构成微模板的内容和绑定。指令类使用 Angular 提供的对象来控制内容的包含与否以及内容的重复
结构型指令是否存在陷阱或限制?	稍不留心,结构型指令可能会对 HTML 文档进行大量不必要的更改,这可能会破坏 Web 应用程序的性能。重要的是只有在需要时才进行更改,如本章后面的 16.3.4 节 "处理集合级数据变更" 所述
结构型指令是否存在替代方案?	可以使用内置指令完成常见任务,而编写自定义结构型指令可以为应用程序定制行为

表 16-2 给出了本章内容摘要。

表 16-2 本章内容摘要

问题	解决办法	代码清单编号
创建结构型指令	向类应用@Directive 装饰器,通过该装饰器来接收视图容器和模板构造函数参数	1~6
创建迭代结构型指令	在结构型指令类中定义一个 ForOf 输入属性并在它的值上进行迭代	7~12
在结构型指令中处理数据变更	在 ngDoCheck 方法中使用差异器来检测变更	13~19
查询已应用结构型指令的宿主元素的内容	使用@ContentChild 或@ContentChildren 装饰器	20~25

16.1 准备示例项目

在本章中,继续使用在第 11 章中创建并一直在修改的示例项目。为了准备本章,对模板进行了简化,将表单删除,只留下如代码清单 16-1 所示的表格(在本章后面会重新添加表单)。

代码清单 16-1　在 template.html 文件中简化模板

```
<table class="table table-sm table-bordered table-striped">
    <tr><th></th><th>Name</th><th>Category</th><th>Price</th></tr>
    <tr *ngFor="let item of getProducts(); let i = index"
        [pa-attr]="getProducts().length < 6 ? 'bg-success' :
            'bg-warning'"
        [pa-product]="item"
        (pa-category)="newProduct.category=$event">
    <td>{{i + 1}}</td>
    <td>{{item.name}}</td>
    <td [pa-attr]="item.category == 'Soccer' ? 'bg-info' : null">
        {{item.category}}
    </td>
    <td [pa-attr]="'bg-info'">{{item.price}}</td>
    </tr>
</table>
```

在 example 文件夹中运行以下命令以启动开发服务器和 TypeScript 编译器,并在浏览器中加载 Angular 应用程序:

```
npm start
```

浏览器中显示的初始内容如图 16-1 所示。

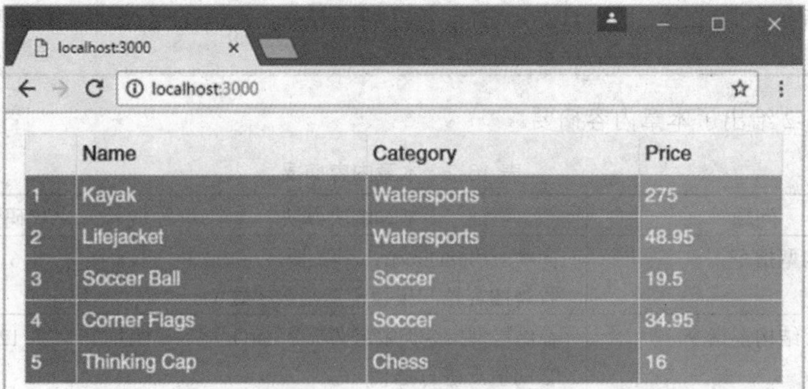

图 16-1　运行示例应用程序

16.2 创建简单的结构型指令

要了解结构型指令，最好从重建 ngIf 指令提供的功能开始，这是因为该指令相对简单，易于理解，为解释结构型指令的工作原理提供了良好的基础。

最好的起步方法是修改模板，然后回过头来编写支持它的代码。代码清单 16-2 显示了模板的变化。

代码清单 16-2　在 template.html 文件中应用结构型指令

```
<div class="checkbox">
    <label>
        <input type="checkbox" [(ngModel)]="showTable" />
        Show Table
    </label>
</div>
<ng-template [paIf]="showTable">
    <table class="table table-sm table-bordered table-striped">
        <tr><th></th><th>Name</th><th>Category</th><th>Price</th></tr>
        <tr *ngFor="let item of getProducts(); let i = index"
            [pa-attr]="getProducts().length < 6 ? 'bg-success' :
                'bg-warning'"
            [pa-product]="item"
            (pa-category)="newProduct.category=$event">
        <td>{{i + 1}}</td>
        <td>{{item.name}}</td>
        <td [pa-attr]="item.category == 'Soccer' ? 'bg-info' : null">
            {{item.category}}
        </td>
        <td [pa-attr]="'bg-info'">{{item.price}}</td>
        </tr>
    </table>
</ng-template>
```

这个代码清单使用完整模板语法，将指令应用于 ng-template 元素，该元素包含该指令将使用的内容。在这里，ng-template 元素包含 table 元素及其所有内容，包括绑定、指令和表达式。还有一种简洁语法，将在本章后面使用。

ng-template 元素具有标准的单向数据绑定，其目标是名为 paIf 的指令，如下所示：

```
...
<ng-template [paIf]="showTable">
...
```

这个绑定的表达式使用名为 showTable 的属性的值。同样这个属性还用于模板中另一个新的绑定，它已被应用于复选框，如下所示：

353

```
...
<input type="checkbox" checked="true" [(ngModel)]="showTable" />
...
```

本节的目标是创建一个结构型指令,当 showTable 属性为 true 时(勾选复选框),将会把 ng-template 元素的内容添加到 HTML 文档中;而当 showTable 属性为 false(未勾选复选框)时,将删除 ng-template 元素的内容。

16.2.1 实现结构型指令类

我们已经从模板中了解了该指令应该做什么。为了实现该指令,在 app 文件夹中添加一个名为 structure.directive.ts 的文件,并添加代码清单 16-3 所示的代码。

代码清单 16-3 app 文件夹中 structure.directive.ts 文件的内容

```
import {
    Directive, SimpleChange, ViewContainerRef, TemplateRef, Input
} from "@angular/core";
@Directive({
    selector: "[paIf]"
})
export class PaStructureDirective {
    constructor(private container: ViewContainerRef,
            private template: TemplateRef<Object>) { }
    @Input("paIf")
    expressionResult: boolean;
    ngOnChanges(changes: { [property: string]: SimpleChange }) {
        let change = changes["expressionResult"];
        if(!change.isFirstChange() && !change.currentValue) {
            this.container.clear();
        } else if(change.currentValue) {
            this.container.createEmbeddedView(this.template);
        }
    }
}
```

@Directive 装饰器的 selector 属性用于匹配具有 paIf 属性的宿主元素,与代码清单 16-1 中添加到模板的内容相对应。

这个指令类有一个名为 expressionResult 的输入属性,用于从模板中接收表达式的结果。该指令类实现 ngOnChanges 方法来接收变更通知,以便它可以响应数据模型中的变更。

能够表明这是一个结构型指令的第一个标志是其构造函数,它要求 Angular 使用一些新的类型来提供实参。

```
...
constructor(private container: ViewContainerRef,
    private template: TemplateRef<Object>) {}
...
```

ViewContainerRef 对象用于管理视图容器(view container)的内容，它属于 HTML 文档的一部分，也就是 ng-template 元素出现的地方，该指令负责这块内容。

顾名思义，视图容器负责管理视图(view)的集合。视图是包含指令、绑定和表达式的 HTML 元素区域，而视图的创建和管理是通过 ViewContainerRef 类提供的方法和属性来完成的，表 16-3 描述了其中最有用的一些方法和属性。

表 16-3 有用的 ViewContainerRef 方法和属性

名称	描述
element	这个属性返回表示容器元素的 ElementRef 对象
createEmbeddedView(template)	这个方法使用模板创建新的视图。详见表格后面的文字。这个方法还接受上下文数据(如 16.3 节"创建迭代结构型指令"中所述)和索引位置(指定应在哪里插入视图)作为可选实参。这个方法的返回结果是一个可以与表格中其他方法一起使用的 ViewRef 对象
clear( )	这个方法从容器中删除所有视图
length	这个属性返回容器中视图的数目
get(index)	这个方法返回表示指定索引处的视图的 ViewRef 对象
indexOf(view)	这个方法返回指定 ViewRef 对象的索引
insert(view, index)	这个方法在指定索引处插入视图
remove(Index)	这个方法删除并销毁指定索引处的视图
detach(index)	这个方法将视图从指定索引处分离，但不会销毁视图，这样以后可使用 insert 方法重新插入视图

在重建 ngIf 指令的功能时需要用到表 16-3 中的两种方法：使用 createEmbeddedView 方法向用户显示 ng-template 元素的内容，使用 clear 方法再次删除它。

createEmbeddedView 方法将视图添加到视图容器中。此方法的实参是一个 TemplateRef 对象，它表示 ng-template 元素的内容。

这个指令类的构造函数的第 2 个参数是 TemplateRef 对象，Angular 在创建该指令类的新实例时自动为其提供值。

将所有内容放在一起，就可以轻松了解 ngIf 指令的工作原理。当 Angular 处理 template.html 文件时，它会发现 ng-template 元素及其绑定，并确定需要创建 PaStructureDirective 类的新实例。Angular 检查 PaStructureDirective 构造函数，然后明白需要为其提供 ViewContainerRef 和 TemplateRef 对象。

```
...
constructor(private container: ViewContainerRef,
    private template: TemplateRef<Object>) {}
...
```

ViewContainerRef 表示 ng-template 元素在 HTML 文档中占用的地方，TemplateRef 表示 ng-template 元素的内容。Angular 将这些对象传给构造函数，并创建该指令类的一个新实例。

然后Angular开始处理表达式和数据绑定。如第15章所述，Angular会在初始化期间(在调用ngOnInit方法之前)调用ngOnChanges方法，并在指令的表达式的值发生变化时再次调用该方法。

PaStructureDirective类实现了ngOnChanges方法，使用它接收SimpleChange对象，根据表达式的当前值显示或隐藏ng-template元素的内容。当表达式为true时，ngIf指令将ng-template元素的内容添加到容器视图中，从而显示该内容。

```
...
this.container.createEmbeddedView(this.template);
...
```

当表达式的结果为false时，ngIf指令会清除视图容器，将元素从HTML文档中删除。

```
...
this.container.clear();
...
```

ngIf指令不对ng-template元素的内容进行任何处理，而是仅负责管理其可见性。

16.2.2 启用结构型指令

必须等到在Angular模块中启用paIf指令之后才能够使用它，如代码清单16-4所示。

代码清单16-4　在app.module.ts文件中启用指令

```
import { NgModule } from "@angular/core";
import { BrowserModule } from "@angular/platform-browser";
import { ProductComponent } from "./component";
import { FormsModule, ReactiveFormsModule } from "@angular/forms";
import { PaAttrDirective } from "./attr.directive";
import { PaModel } from "./twoway.directive";
import { PaStructureDirective } from "./structure.directive";

@NgModule({
    imports: [BrowserModule, FormsModule, ReactiveFormsModule],
    declarations:[ProductComponent, PaAttrDirective, PaModel,
                  PaStructureDirective],
    bootstrap: [ProductComponent]
})
export class AppModule { }
```

结构型指令的启用方式与属性指令相同，也是在模块的declarations数组中指定。

保存更改后，浏览器将重新加载HTML文档，可以看到新指令的效果：table元素(即ng-template元素的内容)将仅在复选框被勾选时显示，如图16-2所示。

第 16 章 创建结构型指令

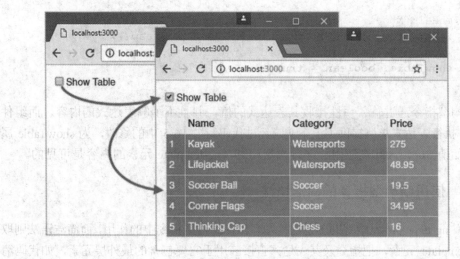

图 16-2 创建结构型指令

■ 注意：

ng-template 元素的内容会被销毁和重新创建，而不是简单地隐藏和显示。如果希望在显示或隐藏内容时不从 HTML 文档中删除内容，可以使用样式绑定来设置 display 或 visibility 属性。

设置初始表达式值

ng-template 元素的内容最初并没有显示，这是因为指令的表达式依赖以前从未定义的一个变量。

```
...
<ng-template [paIf]="showTable">
...
```

在用户勾选复选框元素之前，变量 showTable 并不存在，而在用户勾选时将创建一个值为 true 的变量。在第 14 章中曾经描述模板能够动态地创建 JavaScript 变量，这就是一个示例。之所以在这里再次提及，是因为很容易被某个变量是在哪里创建的这个问题搞糊涂。如果要为 showTable 变量定义初始值，那么必须在组件中执行此操作(如代码清单 16-5 所示)，而不是在结构型指令中。

代码清单 16-5 在 component.ts 文件中定义变量

```
import { ApplicationRef, Component } from "@angular/core";
import { Model } from "./repository.model";
import { Product } from "./product.model";
import { ProductFormGroup } from "./form.model";
@Component({
    selector: "app",
    templateUrl: "template.html"
})
export class ProductComponent {
```

```
    model: Model = new Model();
    form: ProductFormGroup = new ProductFormGroup();
    // ...other members omitted for brevity...
    showTable: boolean = true;
}
```

结构型指令通过输入属性接收其表达式的值，并且不了解表达式的内容，而组件为 Angular 执行表达式求值提供了上下文。经过代码清单 16-5 中的修改，为 showTable 属性赋予初始值 true，因此在应用程序首次启动时，ng-template 元素的内容是可见的。

16.2.3 使用结构型指令的简洁语法

使用 ng-template 元素有助于说明视图容器在结构型指令中的作用，而简洁语法则取消了 ng-template 元素，把指令及其表达式直接应用于它要包含的最外层元素，如代码清单 16-6 所示。

> ■ 提示：
> 虽然结构型指令的简洁语法旨在使代码更容易使用和阅读，但是使用哪种语法只是偏好问题。

代码清单 16-6　在 template.html 文件中使用结构型指令的简洁语法

```html
<div class="checkbox">
    <label>
        <input type="checkbox" [(ngModel)]="showTable" />
        Show Table
    </label>
</div>
<table *paIf="showTable"
       class="table table-sm table-bordered table-striped">
<tr><th></th><th>Name</th><th>Category</th><th>Price</th></tr>
<tr *ngFor="let item of getProducts(); let i = index"
    [pa-attr]="getProducts().length < 6 ? 'bg-success' : 'bg-warning'"
    [pa-product]="item" (pa-category)="newProduct.category=$event">
<td>{{i + 1}}</td>
<td>{{item.name}}</td>
<td [pa-attr]="item.category == 'Soccer' ? 'bg-info' : null">
    {{item.category}}
</td>
<td [pa-attr]="'bg-info'">{{item.price}}</td>
</tr>
</table>
```

ng-template 元素已被删除，并且 paIf 指令已被应用于 table 元素，如下所示：

```
...
<table *paIf="showTable" class="table table-sm table-bordered table-striped">
...
```

paIf 指令的名称有一个星号(字符*)前缀，这告诉 Angular 这个结构型指令使用简洁语法。当 Angular 解析 template.html 文件时，它会发现 paIf 指令和星号，并处理各个元素，就像文档中存在一个 ng-template 元素一样。指令类不用修改就可以支持简洁语法。

16.3 创建迭代结构型指令

Angular 为需要遍历数据源的指令提供特殊的支持。要演示这一点，最好的方法是重建另一个内置指令：ngFor。

为了准备新的指令，将 ngFor 指令从 template.html 文件中删除，插入一个 ng-template 元素，并应用一个新的指令属性和表达式，如代码清单 16-7 所示。

代码清单 16-7　在 template.html 文件中为新结构型指令进行准备

```
<div class="checkbox">
    <label>
    <input type="checkbox" [(ngModel)]="showTable" />
        Show Table
    </label>
</div>
<table *paIf="showTable"
       class="table table-sm table-bordered table-striped">
    <tr><th></th><th>Name</th><th>Category</th><th>Price</th></tr>
    <ng-template [paForOf]="getProducts()" let-item>
        <tr><td colspan="4">{{item.name}}</td></tr>
    </ng-template>
</table>
```

迭代结构型指令的完整语法看上去有点奇怪。在这个代码清单中，ng-template 元素有两个属性用于应用该指令。第 1 个是一个绑定到 paForOf 属性的标准绑定(其表达式获得指令所需的数据)。

```
...
<ng-template [paForOf]="getProducts()" let-item>
...
```

这个属性的名称非常重要。当使用 ng-template 元素时，数据源属性的名称必须以 Of 结尾，以便支持简洁语法，稍后介绍。

第 2 个属性用于定义隐式值(implicit value)，当指令遍历数据源时，在 ng-template 元素中使用该值来引用当前处理的对象。与其他模板变量不同，隐式变量未曾赋值，其目的仅在于定义变量名称。

```
...
<ng-template [paForOf]="getProducts()" let-item>
...
```

在这个例子中,使用 let-item 来告诉 Angular,想要把隐式值赋给一个名为 item 的变量,然后在一个字符串插入绑定中使用这个变量来显示当前数据项的 name 属性。

```
...
<td colspan="4">{{item.name}}</td>
...
```

查看 ng-template 元素,可以看到新指令的目的是遍历组件的 getProducts 方法的返回结果,并为每个 Product 对象生成一个表格行,用于显示 name 属性。为了实现这个功能,在 app 文件夹中创建一个名为 iterator.directive.ts 的文件,并定义代码清单 16-8 所示的指令。

代码清单 16-8　app 文件夹中 iterator.directive.ts 文件的内容

```
import { Directive, ViewContainerRef, TemplateRef,
         Input, SimpleChange } from "@angular/core";
@Directive({
    selector: "[paForOf]"
})
export class PaIteratorDirective {
    constructor(private container: ViewContainerRef,
            private template: TemplateRef<Object>) {}
    @Input("paForOf")
    dataSource: any;
    ngOnInit() {
        this.container.clear();
        for(let i = 0; i < this.dataSource.length; i++) {
            this.container.createEmbeddedView(this.template,
                new PaIteratorContext(this.dataSource[i]));
        }
    }
}
class PaIteratorContext {
    constructor(public $implicit: any) {}
}
```

@Directive 装饰器中的 selector 属性匹配那些具有 paForOf 属性的元素,paForOf 属性也是 dataSource 输入属性的数据来源,并提供待迭代的对象源。

一旦设置了输入属性的值,就会调用 ngOnInit 方法,并且该指令使用 clear 方法清空视图容器,同时使用 createEmbeddedView 方法为每个对象添加一个新的视图。

在调用 createEmbeddedView 方法时,该指令提供两个实参:通过构造函数接收的 TemplateRef 对象和一个上下文对象。TemplateRef 对象提供要插入到容器中的内容,而上下文对象为隐式值提供了数据(使用名为$implicit 的属性指定)。正是这个对象($implicit 属性)被赋给模板变量 item,并且正是这个对象被用于字符串插入绑定中。为了以类型安全的方式为模板提供上下文对象,这里定义了一个名为 PaIteratorContext 的类,它只有唯一的属性$implicit。

ngOnInit 方法揭示了使用视图容器的一些重要方面。首先,视图容器可以填充多个视图，在这里，数据源中的每个对象都有一个视图。ViewContainerRef 类提供在创建视图后对其进行管理所需的功能，你将在以下几节中看到。

其次，可以复用模板来创建多个视图。在这个示例中，ng-template 元素的内容将用于为数据源中的每个对象创建相同的 tr 和 td 元素。td 元素包含一个数据绑定，当创建各个视图时，Angular 将处理这个绑定，并根据数据对象进行内容定制。

最后，该指令不用特别了解正在使用的数据，也不知道正在生成的内容。Angular 负责从应用程序的其他地方提供指令所需的上下文：通过输入属性提供数据源，通过 TemplateRef 对象为每个视图提供内容。

启用该指令需要添加 Angular 模块，如代码清单 16-9 所示。

代码清单 16-9　在 app.module.ts 文件中添加自定义指令

```
import { NgModule } from "@angular/core";
import { BrowserModule } from "@angular/platform-browser";
import { ProductComponent } from "./component";
import { FormsModule, ReactiveFormsModule } from "@angular/forms";
import { PaAttrDirective } from "./attr.directive";
import { PaModel } from "./twoway.directive";
import { PaStructureDirective } from "./structure.directive";
import { PaIteratorDirective } from "./iterator.directive";
@NgModule({
    imports: [BrowserModule, FormsModule, ReactiveFormsModule],
    declarations: [ProductComponent, PaAttrDirective, PaModel,
        PaStructureDirective, PaIteratorDirective],
    bootstrap: [ProductComponent]
})
export class AppModule { }
```

其结果是，该指令遍历数据源中的对象，并使用 ng-template 元素的内容为每个对象创建一个视图，为表格提供表格行，如图 16-3 所示。

图 16-3　创建迭代结构型指令

16.3.1 提供额外的上下文数据

结构型指令可以为模板提供额外的值,以赋给模板变量并用于绑定。例如,ngFor 指令提供 odd、even、first 和 last 值。通过定义$implicit 属性的同一个对象来提供这些上下文值,在代码清单 16-10 中,重建了与 ngFor 所提供的相同的一组值。

代码清单 16-10 在 iterator.directive.ts 文件中提供上下文数据

```typescript
import { Directive, ViewContainerRef, TemplateRef,
         Input, SimpleChange } from "@angular/core";
@Directive({
   selector: "[paForOf]"
})
export class PaIteratorDirective {
   constructor(private container: ViewContainerRef,
       private template: TemplateRef<Object>) {}
   @Input("paForOf")
   dataSource: any;
   ngOnInit() {
      this.container.clear();
      for(let i = 0; i < this.dataSource.length; i++) {
         this.container.createEmbeddedView(this.template,
            new PaIteratorContext(this.dataSource[i],
               i, this.dataSource.length));
      }
   }
}
class PaIteratorContext {
   odd: boolean; even: boolean;
   first: boolean; last: boolean;
   constructor(public $implicit: any,
      public index: number, total: number ) {
      this.odd = index % 2 == 1;
      this.even = !this.odd;
      this.first = index == 0;
      this.last = index == total - 1;
   }
}
```

这个代码清单定义 PaIteratorContext 类中的其他属性,并扩展其构造函数,以便它接收额外的参数(用于设置属性值)。

添加这些代码的效果是上下文对象属性可用于创建模板变量,然后可以在绑定表达式中引用这些变量,如代码清单 16-11 所示。

代码清单 16-11 在 template.html 文件中使用结构型指令上下文数据

```html
<div class="checkbox">
   <label>
```

```
            <input type="checkbox" [(ngModel)]="showTable" />
            Show Table
        </label>
    </div>
    <table *paIf="showTable"
        class="table table-sm table-bordered table-striped">
        <tr><th></th><th>Name</th><th>Category</th><th>Price</th></tr>
        <ng-template [paForOf]="getProducts()" let-item let-i="index"
                let-odd="odd" let-even="even">
            <tr [class.bg-info]="odd" [class.bg-warning]="even">
                <td>{{i + 1}}</td>
                <td>{{item.name}}</td>
                <td>{{item.category}}</td>
                <td>{{item.price}}</td>
            </tr>
        </ng-template>
    </table>
```

使用 let-<name>属性语法创建模板变量,并分配一个上下文数据值。在这个代码清单中,使用 odd 和 even 上下文值来创建相同名称的模板变量,然后将它们用于 tr 元素的类绑定中,从而产生条带化的表格行,如图 16-4 所示。这个代码清单还添加了其他表格单元格以显示所有 Product 属性。

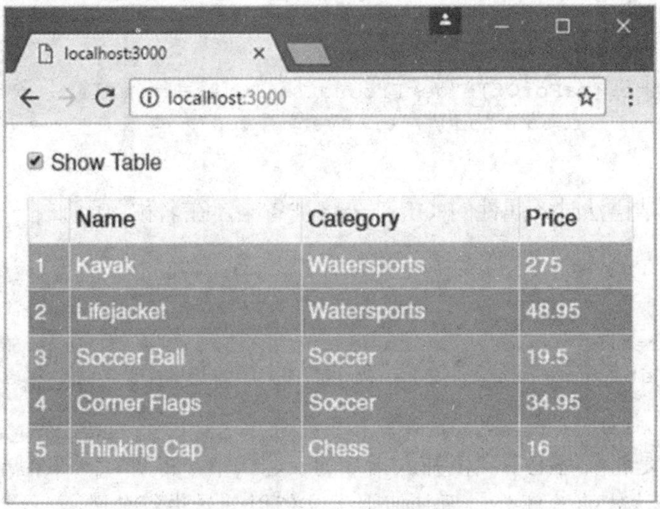

图 16-4　使用指令上下文数据

16.3.2　使用简洁的结构语法

迭代结构型指令支持简洁的语法,并且省略了 ng-template 元素,如代码清单 16-12 所示。

代码清单 16-12 在 template.html 文件中使用简洁语法

```html
<div class="checkbox">
    <label>
        <input type="checkbox" [(ngModel)]="showTable" />
        Show Table
    </label>
</div>
<table *paIf="showTable"
    class="table table-sm table-bordered table-striped">
    <tr><th></th><th>Name</th><th>Category</th><th>Price</th></tr>
    <tr *paFor="let item of getProducts(); let i = index; let odd = odd;
         let even = even" [class.bg-info]="odd" [class.bg-warning]="even">
        <td>{{i + 1}}</td>
        <td>{{item.name}}</td>
        <td>{{item.category}}</td>
        <td>{{item.price}}</td>
    </tr>
</table>
```

这比属性指令所需的修改更大。最大的变化是用来应用该指令的元素属性。当使用完整语法时，使用指令的选择器指定的属性(paForOf)将该指令应用到 ng-template 元素，如下所示：

```html
...
<ng-template [paForOf]="getProducts()" let-item let-i="index"
             let-odd="odd" let-even="even">
...
```

而当使用简洁语法时，属性的 Of 部分将被省略，在名称前面加上一个星号，并且省略括号。

```html
...
<tr *paFor="let item of getProducts(); let i = index; let odd = odd;
         let even = even" [class.bg-info]="odd" [class.bg-warning]="even">
...
```

另一处变化是将所有上下文值并入指令的表达式中，将所有的 let-属性替换掉。主数据值成为初始表达式的一部分，而其他上下文值以分号进行分隔。

该指令不用修改就可以支持简洁语法，其选择器和输入属性仍指定名为 paForOf 的属性。Angular 负责扩展简洁语法，而指令不知道也不关心是否使用 ng-template 元素。

16.3.3 处理属性级数据变更

迭代结构型指令使用的数据源可能会发生两种变更。当单个对象的属性改变时，会发生第 1 种变更。这对 ng-template 元素中包含的数据绑定有直接影响(要么直接通过隐式值的变更，要么间接通过指令提供的额外上下文值)。Angular 自动处理这些变更，在那些依赖上下文数据的绑定中反映上下文数据出现的任何变化。

为了演示，在代码清单 16-13 中，在上下文类的构造函数中添加对标准 JavaScript setInterval 函数的调用。传给 setInterval 的函数更改 odd 和 even 属性，并更改 Product 对象(用作隐式值)的 price 属性的值。

代码清单 16-13　在 iterator.directive.ts 文件中修改单个对象

```
...
class PaIteratorContext {
    odd: boolean; even: boolean;
    first: boolean; last: boolean;
    constructor(public $implicit: any,
            public index: number, total: number ) {
        this.odd = index % 2 == 1;
        this.even = !this.odd;
        this.first = index == 0;
        this.last = index == total - 1;
        setInterval(() => {
            this.odd = !this.odd; this.even = !this.even;
            this.$implicit.price++;
        }, 2000);
    }
}
...
```

每两秒进行一次更新，odd 和 even 属性的值被反转，price 值不断增大。当保存更改时，就会看到表格行的颜色发生变化，并且价格缓慢上升，如图 16-5 所示。

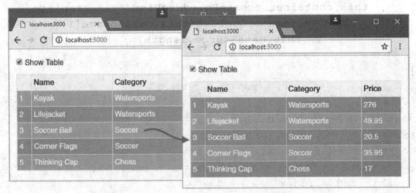

图 16-5　单个数据源对象的自动变更检测

16.3.4　处理集合级数据变更

当添加、删除或替换集合中的对象时，会发生第 2 种变更。Angular 不会自动检测到这种变更，因此迭代指令的 ngOnChanges 方法将没有机会得到调用。

要接收关于集合级数据变更的通知，必须实现 ngDoCheck 方法：无论哪里发生变更或发生什么样的变更，在应用程序中检测到数据变更时都会调用这个方法。ngDoCheck 方法可以让指令响应变更，即使 Angular 没有自动检测到这些变更。然而，实现 ngDoCheck 方法需要谨慎，这是因为它可能会破坏 Web 应用程序的性能。为了演示这个问题，代码清单 16-14 实现了 ngDoCheck 方法，以便在发生变更时让指令有机会更新它显示的内容。

代码清单 16-14　在 iterator.directive.ts 文件中实现 ngDoCheck 方法

```
import { Directive, ViewContainerRef, TemplateRef,
        Input, SimpleChange } from "@angular/core";
@Directive({
    selector: "[paForOf]"
})
export class PaIteratorDirective {
    constructor(private container: ViewContainerRef,
            private template: TemplateRef<Object>) {}
    @Input("paForOf")
    dataSource: any;
    ngOnInit() {
        this.updateContent();
    }
    ngDoCheck() {
        console.log("ngDoCheck Called");
        this.updateContent();
    }
    private updateContent() {
        this.container.clear();
        for(let i = 0; i < this.dataSource.length; i++) {
            this.container.createEmbeddedView(this.template,
                new PaIteratorContext(this.dataSource[i],
                    i, this.dataSource.length));
        }
    }
}
class PaIteratorContext {
    odd: boolean; even: boolean;
    first: boolean; last: boolean;
    constructor(public $implicit: any,
            public index: number, total: number ) {
        this.odd = index % 2 == 1;
        this.even = !this.odd;
        this.first = index == 0;
        this.last = index == total - 1;
        // setInterval(() => {
        //     this.odd = !this.odd; this.even = !this.even;
        //     this.$implicit.price++;
        // }, 2000);
    }
}
```

ngOnInit 和 ngDoCheck 方法都调用一个新的 updateContent 方法，它清除视图容器的内容，并为数据源中的每个对象生成新的模板内容。此外，还在 PaIteratorContext 类中将 setInterval 函数调用注释掉了。

为了说明集合级变更和 ngDoCheck 方法的问题，需要将之前删除的表单标记重新添加到组件的模板中，如代码清单 16-15 所示。

代码清单 16-15　在 template.html 文件中恢复 HTML 表单

```
<style>
    input.ng-dirty.ng-invalid { border: 2px solid #ff0000 }
    input.ng-dirty.ng-valid { border: 2px solid #6bc502 }
</style>
<div class="col-xs-4">
    <form novalidate [formGroup]="form" (ngSubmit)="submitForm(form)">
        <div class="form-group"
            *ngFor="let control of form.productControls">
            <label>{{control.label}}</label>
            <input class="form-control"
                [(ngModel)]="newProduct[control.modelProperty]"
                name="{{control.modelProperty}}"
                formControlName="{{control.modelProperty}}" />
            <ul class="text-danger list-unstyled"
                *ngIf="(formSubmitted || control.dirty) && !control.valid">
                <li *ngFor="let error of control.getValidationMessages()">
                    {{error}}
                </li>
            </ul>
        </div>
        <button class="btn btn-primary" type="submit"
            [disabled]="formSubmitted && !form.valid"
            [class.btn-secondary]="formSubmitted && !form.valid">
            Create
        </button>
    </form>
</div>
<div class="col-xs-8">
    <div class="checkbox">
        <label>
            <input type="checkbox" [(ngModel)]="showTable" />
            Show Table
        </label>
    </div>
    <table *paIf="showTable"
            class="table table-sm table-bordered table-striped">
        <tr><th></th><th>Name</th><th>Category</th><th>Price</th></tr>
        <tr *paFor="let item of getProducts(); let i = index; let odd = odd;
                let even = even"
            [class.bg-info]="odd" [class.bg-warning]="even">
```

```
            <td>{{i + 1}}</td>
            <td>{{item.name}}</td>
            <td>{{item.category}}</td>
            <td>{{item.price}}</td>
        </tr>
    </table>
</div>
```

将更改保存到模板时，HTML 表单将与产品表格一起显示，如图 16-6 所示。

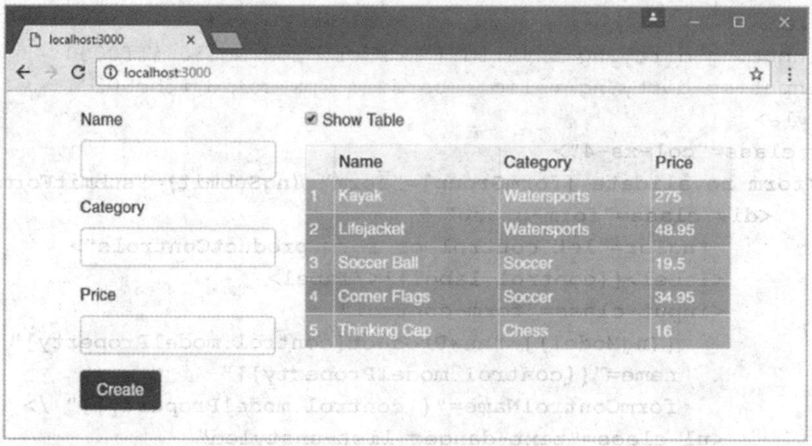

图 16-6　在模板中恢复表格

ngDoCheck 方法的问题在于：每当 Angular 在应用程序中的任何地方检测到变更时，都会调用 ngDoCheck 方法，并且这些变更发生的频率要比预期的更快。

为了说明数据变更发生的频率，在代码清单 16-14 中，在指令的 ngDoCheck 方法中调用 console.log 方法，这样每次调用 ngDoCheck 方法时都会在浏览器的 JavaScript 控制台中显示一条消息。

现在，使用 HTML 表单创建一个新的产品，然后查看已有多少消息写入浏览器的 JavaScript 控制台，每条消息都表示 Angular 检测到一次变更并导致调用 ngDoCheck 方法。

每次 input 元素获取焦点时，每次触发一个按键事件时，每次执行验证检查时，都会显示一条新消息，依此类推。我在进行一次快速测试(在 Running 类别中以$100 的价格添加 Running Shoes 产品)时发现系统中总共生成了 29 条消息，根据元素之间的导航方式、是否需要更正输入错误等因素的不同，最终看到的确切数字可能有所不同。

对于 29 次调用中的每次调用，结构型指令都会销毁内容并使用新的指令和绑定对象来重新创建内容，也就是生成新的 tr 和 td 元素。

虽然在示例应用程序中只有几行数据，但这些都是代价很高的操作，并且在实际的应用程序中，当重复销毁和重建内容时，可能会突然造成应用程序卡顿。这个问题的最糟糕的部分在于：除了一次变更以外所有其他操作都是不必要的，这是因为在将新的 Product 对象添加到数据模型之前，并不需要更新表格中的内容。对于其余 28 次调用，该指令销毁了其内容，然后又使用完全相同的替代内容进行重建。

鉴于此，Angular 提供了一些能更加有效管理更新的工具，使得只有在需要时才更新内容。对于应用程序中的所有变更，仍将调用 ngDoCheck 方法，但是该指令可以检查其数据，以查看是否发生了任何需要更新内容的变更，如代码清单 16-16 所示。

代码清单 16-16　在 iterator.directive.ts 文件中尽量减少内容变化

```typescript
import { Directive, ViewContainerRef, TemplateRef,
    Input, SimpleChange, IterableDiffer, IterableDiffers,
    ChangeDetectorRef, CollectionChangeRecord, DefaultIterableDiffer }
from "@angular/core";
@Directive({
    selector: "[paForOf]"
})
export class PaIteratorDirective {
    private differ: Default IterableDiffer<any>;
    constructor(private container: ViewContainerRef,
        private template: TemplateRef<Object>,
        private differs: IterableDiffers,
        private changeDetector: ChangeDetectorRef) {
    }
    @Input("paForOf")
    dataSource: any;
    ngOnInit() {
        this.differ = <DefaultIterableDiffer<any>>
    this.differs.find(this.dataSource).create(this.changeDetector);
    }
    ngDoCheck() {
        let changes = this.differ.diff(this.dataSource);
        if(changes != null) {
            console.log("ngDoCheck called, changes detected");
            changes.forEachAddedItem(addition => {
                this.container.createEmbeddedView(this.template,
                    new PaIteratorContext(addition.item,
                        addition.currentIndex, changes.length));
            });
        }
    }
}
class PaIteratorContext {
    odd: boolean; even: boolean;
    first: boolean; last: boolean;
    constructor(public $implicit: any,
        public index: number, total: number ) {
        this.odd = index % 2 == 1;
        this.even = !this.odd;
        this.first = index == 0;
        this.last = index == total - 1;
    }
}
```

代码的思路是找出集合中是不是添加、删除或移动了对象。因此，每次调用 ngDoCheck 方法时，该指令都必须做一些工作，以便在没有发生集合变更时避免不必要且代价高昂的 DOM 操作。

这个过程在构造函数中启动，该构造函数接收两个新的实参，当创建指令类的一个新实例时，这些实参的值将由 Angular 提供。在 ngOnInit 方法中，IterableDiffers 对象用于设置数据源集合变更检测，如下所示：

```
...
ngOnInit() {
    this.differ = <DefaultIterableDiffer<any>>
    this.differs.find(this.dataSource).create(this.changeDetector);
}
...
```

Angular 内置了一些叫做差异器(differ)的类，可以检测不同类型对象中发生的变更。IterableDiffers.find 方法接受一个对象并返回一个能够为该对象创建差异器的 IterableDifferFactory 对象。IterableDifferFactory 类定义了一个 create 方法，该方法返回一个 IterableDiffer 对象，该对象将执行实际的变更检测。

■ 提示：
IterableDifferFactory.create 方法接受一个可选实参，该参数指定变更跟踪函数，这正是 ngFor 指令实现其 trackBy 功能的方式，如第 13 章所述。

这套变更检测机制的重要部分是 IterableDiffer 对象，它被赋给一个名为 differ 的属性，以便在调用 ngDoCheck 方法时可以使用它。

```
...
ngDoCheck() {
    let changes = this.differ.diff(this.dataSource);
    if(changes != null) {
        console.log("ngDoCheck called, changes detected");
        changes.forEachAddedItem(addition => {
            this.container.createEmbeddedView(this.template,
                new PaIteratorContext(addition.item,
                    addition.currentIndex, changes.length));
        });
    }
}
...
```

IterableDiffer.diff 方法接受一个对象进行比较，并返回变更列表。如果没有变更，则返回 null。当应用程序的其他地方发生变更而调用 ngDoCheck 方法时，检查结果是否为 null 可以让该指令避免不必要的工作。IterableDiffer.diff 方法返回的对象提供了表 16-4 中描述的属性和方法，可使用这些属性和方法来处理变更。

表 16-4　IterableDiffer.diff 返回结果的方法和属性

名称	描述
collection	这个属性返回已检查是否变更的对象的集合
length	这个属性返回集合中的对象数
forEachItem(func)	这个方法针对集合中的每个对象调用指定的函数
forEachPreviousItem(func)	这个方法针对先前版本的集合中的每个对象调用指定的函数
forEachAddedItem(func)	这个方法针对集合中的每个新对象调用指定的函数
forEachMovedItem(func)	这个方法针对位置发生变更的每个对象调用指定的函数
forEachRemovedItem(func)	这个方法针对从集合中删除的每个对象调用指定的函数
forEachIdentityChange(func)	这个方法针对标识发生变更的每个对象调用指定的函数

表 16-4 描述的方法中有几个带有函数形参,这些函数都接收一个 IterableChangeRecord 对象,该对象使用表 16-5 中的属性来描述数据项以及数据如何变更。

表 16-5　IterableChangeRecord 属性

名称	描述
item	这个属性返回数据项
trackById	如果使用 trackBy 函数,那么这个属性返回标识值
currentIndex	这个属性返回集合中数据项的当前索引
previousIndex	这个属性返回集合中数据项的上一个索引

代码清单 16-16 中的代码只需要处理数据源中的新对象,因为这是应用程序其余部分唯一可以执行的变更类型。如果 IterableDiffer.diff 方法返回的结果不为 null,那么使用 forEachAddedItem 方法为已检测到的每个新对象调用胖箭头函数。针对每个新对象,调用一次这个函数,并使用表 16-5 中的属性在视图容器中创建新视图。

代码清单 16-16 中的更改包括一条新的控制台消息,只有在指令检测到数据变更时才会将其写入浏览器的 JavaScript 控制台。如果重复进行添加新产品的过程,那么将会看到该消息仅在应用程序首次启动时以及单击 Create 按钮时显示。ngDoCheck 方法仍然被调用,并且该指令每次都必须检查数据变更,因此仍然有不必要的工作要做。但是与销毁和重新创建 HTML 元素相比,这些操作的代价和耗时要低得多。

■ 提示:

Angular 还提供键/值对的变更跟踪,这样就可以监测 Map 对象以及使用属性作为映射键的对象。有关示例,请参见第 19 章。

跟踪视图

当处理新数据项的创建时,数据变更检测的处理非常简单。其他操作(例如对删除或修改的处理)更复杂,并且要求指令跟踪哪个视图与哪个数据对象相关联。

为了演示，下面将添加从数据模型中删除 Product 对象的功能。首先，代码清单 16-17 向组件添加一个根据产品键值删除产品的方法。虽然这不是一个必需的方法(这是因为模板可以通过组件的 model 属性来访问存储库)，但是如果所有数据都以相同的方式进行访问和使用，那么有助于让应用程序更容易理解。

代码清单 16-17　在 component.ts 文件中添加一个删除方法

```typescript
import { ApplicationRef, Component } from "@angular/core";
import { NgForm } from "@angular/forms";
import { Model } from "./repository.model";
import { Product } from "./product.model";
import { ProductFormGroup } from "./form.model";
@Component({
    selector: "app",
    templateUrl: "template.html"
})
export class ProductComponent {
    model: Model = new Model();
    form: ProductFormGroup = new ProductFormGroup();
    getProduct(key: number): Product {
        return this.model.getProduct(key);
    }
    getProducts(): Product[] {
        return this.model.getProducts();
    }
    newProduct: Product = new Product();
    addProduct(p: Product) {
        this.model.saveProduct(p);
    }
    deleteProduct(key: number) {
        this.model.deleteProduct(key);
    }
    formSubmitted: boolean = false;
    submitForm(form: NgForm) {
        this.formSubmitted = true;
        if(form.valid) {
            this.addProduct(this.newProduct);
            this.newProduct = new Product();
            form.reset();
            this.formSubmitted = false;
        }
    }
    showTable: boolean = true;
}
```

代码清单 16-18 更新了模板，使得结构型指令生成的内容包含一列 button 元素，该列将用于删除与该元素所在表格行相关联的数据对象。

代码清单 16-18　在 template.html 文件中添加 Delete 按钮

```html
...
<table *paIf="showTable"
    class="table table-sm table-bordered table-striped">
    <tr><th></th><th>Name</th><th>Category</th><th>Price</th><th></th></tr>
    <tr *paFor="let item of getProducts(); let i = index; let odd = odd;
            let even = even"
        [class.bg-info]="odd" [class.bg-warning]="even">
        <td style="vertical-align:middle">{{i + 1}}</td>
        <td style="vertical-align:middle">{{item.name}}</td>
        <td style="vertical-align:middle">{{item.category}}</td>
        <td style="vertical-align:middle">{{item.price}}</td>
        <td class="text-xs-center">
            <button class="btn btn-danger btn-sm"
                    (click)="deleteProduct(item.id)">
                Delete
            </button>
        </td>
    </tr>
</table>
...
```

button 元素具有 click 事件绑定，用于调用组件的 deleteProduct 方法。此外还在现有的 td 元素上设置了 CSS 样式属性 vertical-align 的值，使表格中的文本与按钮文本对齐。最后一步是在结构型指令中处理数据变更，当从数据源中删除对象时进行响应，如代码清单 16-19 所示。

代码清单 16-19　在 iterator.directive.ts 文件中响应被移除项

```typescript
import { Directive, ViewContainerRef, TemplateRef,
        Input, SimpleChange, IterableDiffer, IterableDiffers,
        ChangeDetectorRef, CollectionChangeRecord, ViewRef } from
            "@angular/core";
@Directive({
    selector: "[paForOf]"
})
export class PaIteratorDirective {
    private differ: IterableDiffer;
    private views: Map<any, PaIteratorContext> = new Map<any,
        PaIteratorContext>();
    constructor(private container: ViewContainerRef,
            private template: TemplateRef<Object>,
            private differs: IterableDiffers,
            private changeDetector: ChangeDetectorRef) {
    }
    @Input("paForOf")
    dataSource: any;
    ngOnInit() {
```

```
            this.differ = this.differs.
                find(this.dataSource).create(this.changeDetector);
    }
    ngDoCheck() {
        let changes = this.differ.diff(this.dataSource);
        if(changes != null) {
            changes.forEachAddedItem(addition => {
                let context = new PaIteratorContext(addition.item,
                    addition.currentIndex, changes.length);
                context.view = this.container.
                    createEmbeddedView(this.template, context);
                this.views.set(addition.trackById, context);
            });
            let removals = false;
            changes.forEachRemovedItem(removal => {
                removals = true;
                let context = this.views.get(removal.trackById);
                if(context != null) {
                    this.container.remove(this.
                        container.indexOf(context.view));
                    this.views.delete(removal.trackById);
                }
            });
            if(removals) {
                let index = 0;
                this.views.forEach(context =>
                    context.setData(index++, this.views.size));
            }
        }
    }
}
class PaIteratorContext {
    index: number;
    odd: boolean; even: boolean;
    first: boolean; last: boolean;
    view: ViewRef;
    constructor(public $implicit: any,
            public position: number, total: number ) {
        this.setData(position, total);
    }
    setData(index: number, total: number) {
        this.index = index;
        this.odd = index % 2 == 1;
        this.even = !this.odd;
        this.first = index == 0;
        this.last = index == total - 1;
    }
}
```

要处理被删除对象,需要完成两项任务。第 1 项任务是通过删除与 forEachRemovedItem 方法所提供数据项对应的视图来更新视图集。这意味着要跟踪数据对象及其视图之间的映射关系,在代码清单 16-19 中已经向 PaIteratorContext 类添加了一个 ViewRef 属性并使用一个 Map 对象来收集数据对象及其视图,还通过 CollectionChangeRecord.trackById 属性的值进行索引。

使用映射

Map 类是存储键/值对的集合,它属于 ES6 规范的一部分。如果键的类型是 string 或 number,那么 TypeScript 内置了键/值对的管理支持(对于这个示例没有用处)。在使用 Map 对象时,可以为键和值的类型提供 TypeScript 类型注解,如下所示:

```
...
private views: Map<any, PaIteratorContext> = new Map<any,
    PaIteratorContext>();
...
```

这个示例使用 any 类型,因此键可以是任何 JavaScript 对象,这样在 Map 对象中就可以使用项目跟踪 ID 来存储上下文对象。键/值对的设置通过 set 方法完成,如下所示:

```
...
this.views.set(addition.trackById, context);
...
```

通过 get 方法检索项,并使用 delete 方法从 Map 对象中删除项。

```
...
let context = this.views.get(removal.trackById);
...
this.views.delete(removal.trackById);
...
```

可以使用 forEach 方法处理 Map 对象的内容,该方法针对每个键/值对调用回调函数。如第 7 到第 10 章所述,Map 对象并不是理想的数据绑定数据源。

有关 Map 完整功能集的描述,请参考 https://developer.mozilla.org/en-US/docs/Web/JavaScript/Reference/Global_Objects/Map。旧版浏览器未提供对 Map 类的内置支持,必须使用第 11 章所述的兼容性库,例如 core-js。

在处理集合变更时,该指令处理每个被删除对象的方式如下:从 Map 中检索相应的 PaIteratorContext 对象,获取其 ViewRef 对象并将该对象传给 ViewContainerRef.remove 方法,从视图容器中删除与该对象相关联的内容。

第 2 项任务是更新那些剩余对象的上下文数据,使得那些依赖视图容器中视图位置的绑定得到正确的更新。该指令针对 Map 中的每个上下文对象调用 PaIteratorContext.setData 方法,更新视图在容器中的位置,并更新正在使用的视图的总数。如果没有这些更改,那么上下文对象提供的属性将无法准确反映数据模型,这意味着表格行的背景色不会被条带

375

化，而 Delete 按钮也不会对准正确的对象。

这些修改的效果是每个表格行都包含一个 Delete 按钮，它从数据模型中删除相应的对象，从而触发表格的更新，如图 16-7 所示。

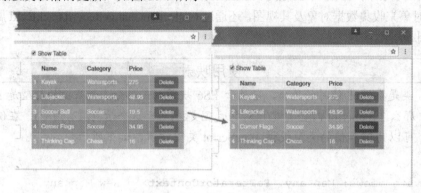

图 16-7　从数据模型中移除对象

16.4　查询宿主元素内容

指令可以查询其宿主元素的内容以访问其包含的指令，又称为子内容(content children)，这可以让多个指令协调一起工作。

■ **提示：**
多个指令之间也可以通过共享服务(将在第 19 章中介绍)来协同工作。

为了演示如何查询内容，将一个名为 cellColor.directive.ts 的文件添加到 app 文件夹中，并用它定义代码清单 16-20 所示的指令。

代码清单 16-20　app 文件夹中 cellColor.directive.ts 文件的内容

```
import { Directive, HostBinding } from "@angular/core";
@Directive({
    selector: "td"
})
export class PaCellColor {
    @HostBinding("class")
    bgClass: string = "";
    setColor(dark: Boolean) {
        this.bgClass = dark ? "bg-inverse" : "";
    }
}
```

PaCellColor 类定义了一个简单的属性指令，它对 td 元素进行操作，并绑定到宿主元素的 class 属性。setColor 方法接受一个布尔参数，当该参数的值为 true 时，将这个 class 属性设置为 bg-inverse，这是反转色的 Bootstrap 类(带浅色文本的深色背景)。

在这个示例中，PaCellColor 类将是嵌入到宿主元素内容中的指令。我们的目标是编写另一个指令，它将查询其宿主元素以找出内嵌的指令并调用其 setColor 方法。为此，在 app 文件夹中添加一个名为 cellColorSwitcher.directive.ts 的文件，并用它定义如代码清单 16-21 所示的指令。

代码清单 16-21　app 文件夹中 cellColorSwitcher.directive.ts 文件的内容

```typescript
import { Directive, Input, Output, EventEmitter,
         SimpleChange, ContentChild } from "@angular/core";
import { PaCellColor } from "./cellColor.directive";
@Directive({
   selector: "table"
})
export class PaCellColorSwitcher {
   @Input("paCellDarkColor")
   modelProperty: Boolean;
   @ContentChild(PaCellColor)
   contentChild: PaCellColor;
   ngOnChanges(changes: { [property: string]: SimpleChange }) {
      if(this.contentChild != null) {
         this.contentChild.setColor(changes["modelProperty"].
            currentValue);
      }
   }
}
```

PaCellColorSwitcher 类定义了一个对 table 元素进行操作的指令，并定义了一个名为 paCellDarkColor 的输入属性。该指令的重要部分是 contentChild 属性。

```typescript
...
@ContentChild(PaCellColor)
contentChild: PaCellColor;
...
```

@ContentChild 装饰器告诉 Angular，该指令需要查询宿主元素的内容，并将查询到的第一个结果赋给该属性。@ContentChild 装饰器的实参是一个或多个指令类。在这里，@ContentChild 装饰器的实参是 PaCellColor，它指示 Angular 找到包含在宿主元素内容中的第一个 PaCellColor 对象，并将其赋给被装饰的属性。

■ 提示：
还可以使用模板变量名称进行查询，比如，@ContentChild("myVariable")将找到已赋给 myVariable 的第一个指令。

通过查询结果，PaCellColorSwitcher 指令可以访问子组件，并允许它调用 setColor 方法来响应输入属性的变更。

> **提示：**
> 如果要在结果中包含子内容的后代，可以配置查询，如下所示：@ContentChild(PaCellColor, {descendants: true})。

在代码清单 16-22 中，向模板添加一个复选框，该模板使用 ngModel 指令来设置一个变量，该变量被绑定到 PaCellColorSwitcher 指令的输入属性。

代码清单 16-22　在 template.html 文件中应用指令

```html
...
<div class="col-xs-8">
    <div class="checkbox">
        <label>
            <input type="checkbox" [(ngModel)]="showTable" />
            Show Table
        </label>
    </div>
    <div class="checkbox">
        <label>
            <input type="checkbox" [(ngModel)]="darkColor" />
            Dark Cell Color
        </label>
    </div>
    <table *paIf="showTable" [paCellDarkColor]="darkColor"
           class="table table-sm table-bordered table-striped">
        <tr><th></th><th>Name</th><th>Category</th><th>Price</th><th>
            </th></tr>
        <tr *paFor="let item of getProducts(); let i = index; let odd = odd;
                    let even = even"
            [class.bg-info]="odd" [class.bg-warning]="even">
            <td style="vertical-align:middle">{{i + 1}}</td>
            <td style="vertical-align:middle">{{item.name}}</td>
            <td style="vertical-align:middle">{{item.category}}</td>
            <td style="vertical-align:middle">{{item.price}}</td>
            <td class="text-xs-center">
                <button class="btn btn-danger btn-sm"
                    (click)="deleteProduct(i)">
                    Delete
                </button>
            </td>
        </tr>
    </table>
</div>
...
```

最后一步是使用 Angular 模块的 declarations 属性注册新的指令，如代码清单 16-23 所示。

代码清单 16-23　在 app.module.ts 文件中注册新的指令

```
import { NgModule } from "@angular/core";
import { BrowserModule } from "@angular/platform-browser";
import { ProductComponent } from "./component";
import { FormsModule, ReactiveFormsModule } from "@angular/forms";
import { PaAttrDirective } from "./attr.directive";
import { PaModel } from "./twoway.directive";
import { PaStructureDirective } from "./structure.directive";
import { PaIteratorDirective } from "./iterator.directive";
import { PaCellColor } from "./cellColor.directive";
import { PaCellColorSwitcher } from "./cellColorSwitcher.directive";
@NgModule({
    imports: [BrowserModule, FormsModule, ReactiveFormsModule],
    declarations: [ProductComponent, PaAttrDirective, PaModel,
        PaStructureDirective, PaIteratorDirective,
        PaCellColor, PaCellColorSwitcher],
    bootstrap: [ProductComponent]
})
export class AppModule { }
```

保存更改后，将在表格上方看到一个新的复选框。当选中该复选框时，ngModel 指令将导致 PaCellColorSwitcher 指令的输入属性得到更新(调用借助@ContentChild 装饰器找到的 PaCellColor 指令对象上的 setColor 方法)。视觉效果不很明显，这是因为只有第一个 PaCellColor 指令受到影响，即在表格左上角显示数字 1 的那个单元格，如图 16-8 所示。

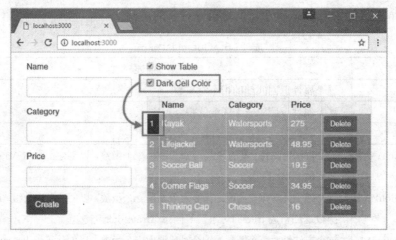

图 16-8　操作子内容

16.4.1　查询多个子内容

@ContentChild 装饰器找到第一个与实参匹配的指令对象，并将其赋给被装饰的属性。如果要接收所有与实参匹配的指令对象，那么可以使用@ContentChildren 装饰器，如代码清单 16-24 所示。

代码清单 16-24　在 cellColorSwitcher.directive.ts 文件中查询多个子内容

```
import { Directive, Input, Output, EventEmitter,
    SimpleChange, ContentChildren, QueryList } from "@angular/core";
import { PaCellColor } from "./cellColor.directive";
@Directive({
    selector: "table"
})
export class PaCellColorSwitcher {
    @Input("paCellDarkColor")
    modelProperty: Boolean;
    @ContentChildren(PaCellColor)
    contentChildren: QueryList<PaCellColor>;
    ngOnChanges(changes: { [property: string]: SimpleChange }) {
        this.updateContentChildren(changes["modelProperty"].currentValue);
    }
    private updateContentChildren(dark: Boolean) {
        if(this.contentChildren != null && dark != undefined) {
            this.contentChildren.forEach((child, index) => {
                child.setColor(index % 2 ? dark : !dark);
            });
        }
    }
}
```

当使用@ContentChildren 装饰器时，查询到的结果将通过 QueryList 提供，QueryList 使用表 16-6 中描述的方法和属性提供对指令对象的访问。

表 16-6　QueryList 成员

名称	描述
length	这个属性返回匹配的指令对象数
first	这个属性返回第一个匹配的指令对象
last	这个属性返回最后一个匹配的指令对象
map(function)	这个方法针对每个匹配的指令对象调用一个函数，以创建一个与 Array.map 方法相同的新数组
filter(function)	这个方法针对每个匹配的指令对象调用一个函数，以创建一个数组，该数组包含函数返回值为 true 的对象，等同于 Array.filter 方法
reduce(function)	这个方法针对每个匹配的指令对象调用一个函数，以创建等价于 Array.reduce 方法的单个值
forEach(function)	这个方法针对每个匹配的指令对象调用一个函数，相当于 Array.forEach 方法
some(function)	这个方法针对每个匹配的指令对象调用一个函数，如果该函数至少返回 true 一次，则返回 true，相当于 Array.some 方法
changes	这个属性用于监视变更的结果，如 16.4.2 节"接收查询变更通知"所述

在这个代码清单中，该指令通过调用 updateContentChildren 方法来响应输入属性值的变化，updateContentChildren 方法依次在 QueryList 结果上使用 forEach 方法，并在匹配查询且序号为偶数的指令上调用 setColor 方法。选择复选框时的效果如图 16-9 所示。

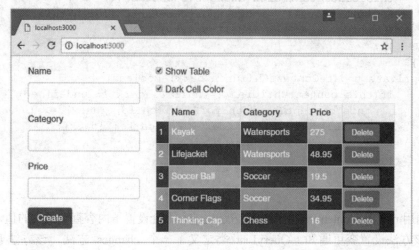

图 16-9　操作多个子内容

16.4.2　接收查询变更通知

内容查询的结果是实时的，这意味着它们会自动更新，以反映宿主元素内容中的添加、更改或删除变化。要想在查询结果发生变更时接收通知，就需要使用Observable接口，该接口由第11章中添加到项目中的Reactive Extensions程序包提供。Reactive Extensions程序包提供了在JavaScript应用程序中派发变更事件的功能。在第23章中将更详细地解释Observable对象的工作原理，而现在只需要知道在Angular内部它们被用于管理变更就足够了。

在代码清单 16-25 中，更新 PaCellColorSwitcher 指令，当 QueryList 中的子内容集合发生变更时会收到通知。

代码清单 16-25　在 cellColorSwitcher.directive.ts 文件中接收变更通知

```
import { Directive, Input, Output, EventEmitter,
    SimpleChange, ContentChildren, QueryList } from "@angular/core";
import { PaCellColor } from "./cellColor.directive";
@Directive({
    selector: "table"
})
export class PaCellColorSwitcher {
    @Input("paCellDarkColor")
    modelProperty: Boolean;
    @ContentChildren(PaCellColor)
    contentChildren: QueryList<PaCellColor>;
    ngOnChanges(changes: { [property: string]: SimpleChange }) {
```

```
        this.updateContentChildren(changes["modelProperty"].currentValue);
    }
    ngAfterContentInit() {
        this.contentChildren.changes.subscribe(() => {
            setTimeout(() =>this.updateContentChildren(this.
                    modelProperty), 0);
        });
    }
    private updateContentChildren(dark: Boolean) {
        if(this.contentChildren != null && dark != undefined) {
            this.contentChildren.forEach((child, index) => {
                child.setColor(index % 2 ? dark : !dark);
            });
        }
    }
}
```

在调用 ngAfterContentInit 生命周期方法之前，不会设置子内容查询属性的值，因此这里使用该方法设置变更通知。QueryList 类定义了一个 changes 方法，该方法返回一个 Reactive Extensions Observable 对象，该对象定义了一个 subscribe 方法。该方法接受一个函数参数，当 QueryList 的内容改变(这意味着@ContentChildren 装饰器的实参所匹配的指令集合发生了一些变化)时调用该函数。传给 subscribe 方法的函数将调用 updateContentChildren 方法来设置颜色，但这是在调用 setTimeout 函数的过程中进行的，这样做会延迟执行方法调用，直到 subscribe 回调函数完成。如果没有调用 setTimeout，那么 Angular 将报告一个错误，这是因为该指令尝试在当前更新尚未完成的情况下开始新的内容更新。这些更改的结果是，在使用 HTML 表单时，刚创建的新表格单元格会自动应用深色着色方案，如图 16-10 所示。

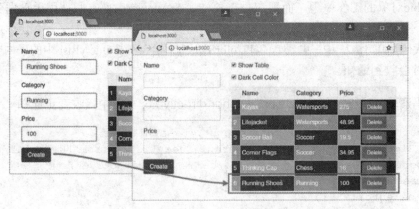

图 16-10　根据内容查询变更通知进行操作

16.5　本章小结

在本章中，通过重建内置指令 ngIf 和 ngFor 的功能来解释结构型指令的工作原理。本章解释了视图容器和模板的用法，描述了应用结构型指令的完整语法和简洁语法，并展示了如何创建指令来遍历数据对象集合，以及指令如何查询其宿主元素的内容。在下一章中，将介绍组件并解释它们与指令的区别。

第 17 章

理 解 组 件

组件是拥有自己的模板的指令，它们不依赖其他地方提供的内容。组件可以使用前面几章中描述的所有指令功能，并且仍然具有宿主元素，仍然可以定义输入属性和输出属性等，但组件还定义自己的内容。

虽然很容易低估模板的重要性，但是属性指令和结构型指令有其局限性。尽管指令可以完成有用的工作而且具备强大的功能，但是指令并不深入了解宿主元素。指令最大的用途是作为通用工具，比如 ngModel 指令可以应用于任何数据模型属性和任何表单元素，而不用考虑这些数据或元素的具体用途。

相反，组件与其模板的内容密切相关。组件提供的数据和逻辑由模板中 HTML 元素所应用的数据绑定使用，为数据绑定表达式的求值提供上下文，并充当指令与应用程序其余部分之间的粘合剂。组件还是一种可以将大型 Angular 项目分解成可管理的功能块的有用工具。

在本章中，将介绍组件的工作原理，并介绍如何通过引入额外的组件来重新组织应用程序。表 17-1 给出了组件的背景。

表 17-1 组件的背景

问题	答案
什么是组件？	组件是一种定义了自己的 HTML 内容和可选 CSS 样式的指令
组件有什么作用？	组件可用于定义自包容的功能块，这使得项目更易于管理，并让程序功能更容易得到复用
如何使用组件？	将@Component 装饰器应用于已在应用程序的 Angular 模块中注册过的类
组件是否存在陷阱或限制？	无。组件提供了指令的所有功能，并增加了自己的模板
组件是否存在替代方案？	一个 Angular 应用程序必须至少包含一个组件，该组件用于引导过程。虽然可以仅用一个组件包揽一切，但是最终的应用程序可能因此变得笨重且难以管理

表 17-2 给出了本章内容摘要。

表 17-2 本章内容摘要

问题	解决办法	代码清单编号
创建组件	向类应用@Component 指令	1~5
定义组件显示的内容	创建内联模板或外部模板	6~8
在模板中包含数据	在组件模板中使用数据绑定	9
在组件之间协调	使用输入属性或输出属性	10~16
在应用的组件中显示内容	投影宿主元素的内容	17~21
样式化组件内容	创建组件样式	22~30
查询组件模板中的内容	使用@ViewChildren 装饰器	31

17.1 准备示例项目

在本章中，继续使用在第 11 章中创建并一直在修改的示例项目。我们在为本章内容作准备时并不需要修改项目。

■ 提示：

可以从本书附带的免费源代码中找到该项目，可从网站 apress.com 下载。

要启动 TypeScript 编译器和 HTTP 开发服务器，请在 example 文件夹中运行以下命令：

```
npm start
```

HTTP 开发服务器将打开一个新的浏览器窗口，显示图 17-1 中的内容。

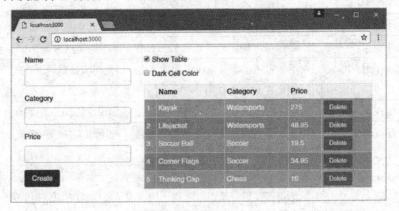

图 17-1 运行示例项目

17.2 使用组件来组织应用程序

目前，示例项目只包含一个组件和一个模板。Angular 应用程序至少需要一个名为根组件(root component)的组件，它是 Angular 模块中指定的入口点。

如果一个项目只有一个组件，就会带来一个问题：这个组件最终包含应用程序的所有功能所需的逻辑，而组件的模板则包含用户访问这些功能所需的所有标记。这样做的结果就是：单个组件及其模板负责处理大量的任务。示例应用程序中的组件负责以下任务：

- 作为根组件，为 Angular 提供应用程序的入口点
- 用于访问应用程序的数据模型，以便可以在数据绑定中使用数据模型
- 定义用于创建新产品的 HTML 表单
- 定义用于显示产品的 HTML 表格
- 定义包含表单和表格的布局
- 创建新产品时，检查表单数据是否有效
- 维护状态信息，旨在防止无效数据用于创建数据
- 维护状态信息，用于决定是否显示表格

对于这样一个简单的应用程序，要做的事情却有许多，而且不是所有这些任务都是相关的。随着开发的进行，这种效应往往不断增强，但这意味着由于不能有效隔离单个功能，因此应用程序将变得难以测试，并且由于代码和标记变得越来越复杂而难以改进和维护。

通过向应用程序中添加各种组件，能够将功能划分成若干个可在应用程序的不同部分重复使用的构造块。在下面几节中，将创建组件，将示例应用程序中包含的功能分解成可管理、可复用和自包容的单元。在这个过程中，将解释组件提供的一些不同的功能，这些功能已经超出指令所能提供的功能范围。为了准备这些修改，对现有组件的模板进行简化，如代码清单 17-1 所示。

代码清单 17-1　简化 template.html 文件的内容

```
<div class="col-xs-4 p-a-1 bg-success">
    Form will go here
</div>
<div class="col-xs-8 p-a-1 bg-primary">
    Table will go here
</div>
```

在把修改保存到模板时，将看到图 17-2 中的内容。在开发新组件并将其添加到应用程序中的过程中，占位符内容将被替换为应用程序功能。

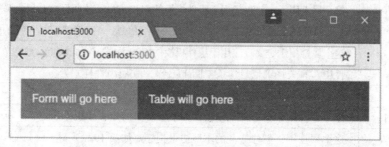

图 17-2　简化现有的模板

17.2.1 创建新组件

为了创建一个新的组件，在 app 文件夹中添加一个名为 productTable.component.ts 的文件，并用它定义代码清单 17-2 所示的组件。

代码清单 17-2 app 文件夹中 productTable.component.ts 文件的内容

```
import { Component } from "@angular/core";
@Component({
    selector: "paProductTable",
    template: "<div>This is the table component</div>"
})
export class ProductTableComponent {
}
```

组件是一个应用了 @Component 装饰器的类。这个组件应尽可能简单，它仅提供作为组件所需的最少功能，而没有做任何有用的事情。

用来定义组件的文件都遵循着一套命名约定：使用一个描述性强的名称来表达组件的用途，后跟一个英文句点(.)，最后是 component.ts。对于这个将用于生成产品表格的组件，将其文件命名为 productTable.component.ts。类的名字也应该同样具有描述性。该组件的类被命名为 ProductTableComponent。

@Component 装饰器用于描述和配置组件。表 17-3 描述了最有用的一些装饰器属性，其中还包括相关内容的具体章节信息(并非所有这些都在本章中介绍)。

表 17-3 @Component 装饰器的属性

名称	描述
animations	这个属性用于配置动画，如第 28 章所述
encapsulation	这个属性用于更改视图封装设置，它可以控制如何将组件样式与 HTML 文档的其余部分隔离。有关详细信息，请参阅 17.3.2 节"使用高级样式特性"
moduleId	这个属性用于指定在哪个模块中定义组件，并与 templateUrl 属性一起使用，如第 12 章所述
selector	这个属性用于指定用于匹配宿主元素的 CSS 选择器，稍后介绍
styles	这个属性用于定义仅应用于组件模板的 CSS 样式。这些样式是以内联方式定义的，属于 TypeScript 文件的一部分。有关详细信息，请参阅 17.3 节"使用组件样式"
styleUrls	这个属性用于定义仅应用于组件模板的 CSS 样式。样式的定义放在单独的 CSS 文件中。有关详细信息，请参阅 17.3 节"使用组件样式"
template	这个属性用于指定内联模板，如 17.2.2 节"定义模板"所述
templateUrl	这个属性用于指定外部模板，如 17.2.2 节"定义模板"所述
providers	这个属性用于创建服务的本地提供程序，如第 19 章所述
viewProviders	这个属性用于为仅可用于子视图的服务创建本地提供程序，如第 20 章所述

现在创建第 2 个组件，在 app 文件夹中创建一个名为 productForm.component.ts 的文件，并添加代码清单 17-3 所示的代码。

代码清单 17-3　app 文件夹中 productForm.component.ts 文件的内容

```typescript
import { Component } from "@angular/core";
@Component({
    selector: "paProductForm",
    template: "<div>This is the form component</div>"
})
export class ProductFormComponent {
}
```

这个组件同样简单，目前只是一个占位符。在本章的后面，将添加一些更有用的功能。要启用组件，必须在应用程序的 Angular 模块中声明它们，如代码清单 17-4 所示。

代码清单 17-4　在 app.module.ts 文件中启用新组件

```typescript
import { NgModule } from "@angular/core";
import { BrowserModule } from "@angular/platform-browser";
import { ProductComponent } from "./component";
import { FormsModule, ReactiveFormsModule } from "@angular/forms";
import { PaAttrDirective } from "./attr.directive";
import { PaModel } from "./twoway.directive";
import { PaStructureDirective } from "./structure.directive";
import { PaIteratorDirective } from "./iterator.directive";
import { PaCellColor } from "./cellColor.directive";
import { PaCellColorSwitcher } from "./cellColorSwitcher.directive";
import { ProductTableComponent } from "./productTable.component";
import { ProductFormComponent } from "./productForm.component";
@NgModule({
    imports: [BrowserModule, FormsModule, ReactiveFormsModule],
    declarations: [ProductComponent, PaAttrDirective, PaModel,
        PaStructureDirective, PaIteratorDirective,
        PaCellColor, PaCellColorSwitcher, ProductTableComponent,
        ProductFormComponent],
    bootstrap: [ProductComponent]
})
export class AppModule { }
```

使用 import 语句将组件类引入当前作用域，并将其添加到 NgModule 装饰器的 declarations 数组中。

最后一步是添加一个与组件的 selector 属性相匹配的 HTML 元素，如代码清单 17-5 所示，它将为组件提供宿主元素。

代码清单 17-5　在 template.html 文件中添加宿主元素

```html
<div class="col-xs-4 p-a-1 bg-success">
    <paProductForm></paProductForm>
```

```
  </div>
  <div class="col-xs-8 p-a-1 bg-primary">
    <paProductTable></paProductTable>
  </div>
```

在所有修改均已保存后，浏览器将显示如图 17-3 所示的内容，这说明 HTML 文档的一部分现在由新组件进行管理。

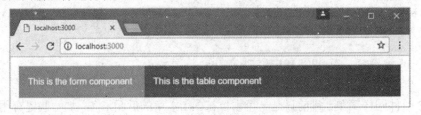

图 17-3　添加新组件

理解新的应用程序结构

这些新的组件已经改变了应用程序的结构。以前，根组件负责应用程序显示的所有 HTML 内容。然而，现在有 3 个组件，一些 HTML 内容的职责已经委托给新添加的功能块，如图 17-4 所示。

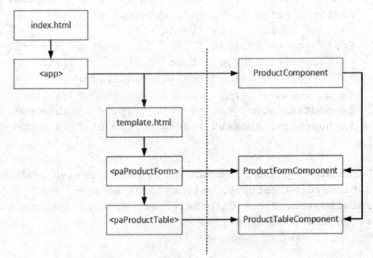

图 17-4　新的应用程序结构

当浏览器加载 index.html 文件时，Angular 引导过程启动，Angular 处理应用程序的模块，该模块提供应用程序需要的组件列表。Angular 检查其配置中每个组件的装饰器，包括 selector 属性的值(用于标识哪些是宿主元素)。

然后 Angular 开始处理 index.html 文件的正文，并找到由 ProductComponent 组件的 selector 属性指定的 app 元素。Angular 使用包含在 template.html 文件中的组件模板来填充 app 元素。Angular 检查 template.html 文件的内容，并找到 paProductForm 和 paProductTable 元素(分别与新添加的两个组件的 selector 属性相匹配)。Angular 使用各个组件的模板分别填充这些元素，生成占位符内容，如图 17-3 所示。

有一些重要的新的关系需要我们来理解。首先，浏览器窗口中显示的 HTML 内容现在由几个模板组成，每个模板各由一个组件分别进行管理。其次，ProductComponent 现在是 ProductFormComponent 和 ProductTableComponent 对象的父组件，这些新组件的宿主元素是在 template.html 文件(ProductComponent 的模板)中定义的，从而形成这样的父子关系。同样，这些新组件是 ProductComponent 的子组件。在 Angular 组件中，父子关系是一种重要的关系，在后面的几节中描述组件的工作原理时将会看到这一点。

17.2.2 定义模板

虽然应用程序中有几个新组件，但是它们目前没有产生太大影响，这是因为它们只是显示占位符内容。每个组件都有自己的模板，它们定义的内容将用于替换 HTML 文档中的宿主元素。定义模板有两种不同的方法：以内联方式在@Component 装饰器中定义，或者放在外部的 HTML 文件中。

到目前为止，在为新组件添加模板时都是采用直接将 HTML 片段赋给@Component 装饰器的 template 属性的方式，如下所示：

```
...
template: "<div>This is the form component</div>"
...
```

这种方式的优点是简单：组件和模板在同一个文件中定义，这样就不会混淆它们之间的关系。内联模板的缺点是：如果它们包含多个 HTML 元素，就可能导致混乱，并且难以阅读。

另一个问题是，编辑器会在开发者键入代码时高亮显示语法错误，而这项功能通常依赖文件扩展名来确定应执行哪种类型的语法检查。这些编辑器并不会意识到 template 属性的值为 HTML 内容，而是将其简单地视为普通字符串。

如果使用 TypeScript，那么可以使用多行字符串来使内联模板更具可读性。多行字符串用反引号字符(字符"`"，也叫做重音符)表示，可以让字符串扩展到多行，如代码清单 17-6 所示。

代码清单 17-6 在 productTable.component.ts 文件的内联模板中使用多行字符串

```
import { Component } from "@angular/core";
@Component({
    selector: "paProductTable",
    template: `<div class='bg-info p-a-1'>
            This is a multiline template
            </div>`
})
export class ProductTableComponent {
}
```

多行字符串让模板中的 HTML 元素的结构得以保留，这样可以让代码更容易阅读，在适度增加内联模板的大小的情况下,不至于因为包含的内容变得太大而无法管理。图17-5显示了代码清单17-6中模板的效果。

图17-5 使用多行内联模板

■ 提示：
对于包含两个或三个以上简单元素的模板,建议使用外部模板(下一节进行解释),主要是利用现代编辑器提供的 HTML 编辑和语法高亮显示功能,这可以在很大程度上减少运行应用程序时发现的错误数量。

1. 定义外部模板

外部模板的定义被放在一个不同于组件其余部分的文件中。这种方法的优点是代码和 HTML 没有混合在一起,这使得代码阅读和单元测试变得更容易,这也意味着在编写模板文件时,代码编辑器可以识别 HTML 内容,从而可以通过高亮显示错误来帮助减少编码时错误。

外部模板的缺点是必须在项目中管理更多的文件,并确保每个组件都与正确的模板文件相关联。要做到这一点,最好遵循一致的文件命名策略,使得每个文件包含哪个组件的模板一目了然。Angular 使用约定<componentname>.component.<type>来创建文件对。这样一来,当看到一个名为 productTable.component.ts 的文件时,就会知道该文件中有一个采用 TypeScript 编程语言编写的 ProductTable 组件；而当看到一个名为 productTable.component.html 的文件时,就会知道该文件中包含 ProductTable 组件的外部模板。

■ 提示：
这两种类型的模板的语法和功能是相同的,唯一的区别是内容的存放位置：是放在与组件代码相同的文件中,还是放在单独的文件中。

为了使用命名约定定义外部模板,在 app 文件夹中创建一个名为 productTable.component.html 的文件,并添加代码清单17-7所示的标记。

代码清单17-7 app 文件夹中 productTable.component.html 文件的内容

```
<div class="bg-info p-a-1">
    This is an external template
</div>
```

自第 12 章以来，根组件一直在使用这种模板。要指定外部模板，需要使用@Component 装饰器中的 templateURL 属性，如代码清单 17-8 所示。

代码清单 17-8　在 productTable.component.ts 文件中使用外部模板

```
import { Component } from "@angular/core";
@Component({
    selector: "paProductTable",
    templateUrl: "productTable.component.html"
})
export class ProductTableComponent {
}
```

请注意，这里要使用不同的属性：template 用于内联模板，而 templateUrl 用于外部模板。图 17-6 显示了使用外部模板的效果。

图 17-6　使用外部模板

2. 在组件模板中使用数据绑定

组件的模板可以包含各种数据绑定，并且使用已在应用程序的 Angular 模块中注册的任何内置指令和自定义指令。每个组件类都为其模板中数据绑定表达式的求值提供了上下文，并且在默认情况下，每个组件与其他组件隔离。这意味着组件可以自由使用与其他组件相同的属性和方法名称，并且可以依靠 Angular 来隔离不同的组件。例如，代码清单 17-9 把一个名为 model 的属性添加到表单子组件，如果组件之间没有进行隔离，那么这个属性将与根组件中的同名属性相冲突。

代码清单 17-9　在 productForm.component.ts 文件中添加属性和模型绑定表达式

```
import { Component } from "@angular/core";
@Component({
    selector: "paProductForm",
    template: "<div>{{model}}</div>"
})
export class ProductFormComponent {
    model: string = "This is the model";
}
```

组件类使用 model 属性来存储一条消息，在模板中使用字符串插入绑定来显示该消息。

结果如图 17-7 所示。

图 17-7　在子组件中使用数据绑定

3. 使用输入属性在组件之间进行协调

很少有孤立存在的组件，组件需要与应用程序的其他部分共享数据。组件可以定义输入属性，用于接收其宿主元素上数据绑定表达式的值。在父组件上下文中进行表达式求值，但把求值结果传给子组件的属性。

为了演示，代码清单 17-10 向表格组件添加一个输入属性，用于接收它应该显示的模型数据。

代码清单 17-10　在 productTable.component.ts 文件中定义输入属性

```
import { Component, Input } from "@angular/core";
import { Model } from "./repository.model";
import { Product } from "./product.model";
@Component({
    selector: "paProductTable",
    templateUrl: "productTable.component.html"
})
export class ProductTableComponent {
    @Input("model")
    dataModel: Model;
    getProduct(key: number): Product {
        return this.dataModel.getProduct(key);
    }
    getProducts(): Product[] {
        return this.dataModel.getProducts();
    }
    deleteProduct(key: number) {
        this.dataModel.deleteProduct(key);
    }
    showTable: boolean = true;
}
```

该组件现在定义一个输入属性，宿主元素上 model 属性的表达式值将被赋给该属性。getProduct、getProducts 和 deleteProduct 方法通过这个输入属性让组件模板(在代码清单 17-11 中进行了修改)中的绑定能够访问数据模型。在本章后面的代码清单 17-14 中改进模板时，将会用到 showTable 属性。

代码清单 17-11　在 productTable.component.html 文件中添加数据绑定

There are {{getProducts().length}} items in the model

向子组件提供所需的数据，意味着向其宿主元素添加绑定，而该元素在父组件的模板中定义，如代码清单 17-12 所示。

代码清单 17-12　在 template.html 文件中添加数据绑定

```
<div class="col-xs-4 p-a-1 bg-success">
   <paProductForm></paProductForm>
</div>
<div class="col-xs-8 p-a-1 bg-primary">
   <paProductTable [model]="model"></paProductTable>
</div>
```

此绑定的作用是让子组件访问父组件的 model 属性。这项功能可能让人感到困惑，这是因为它依赖如下事实：宿主元素在父组件的模板中定义，而输入属性由子组件定义，如图 17-8 所示。

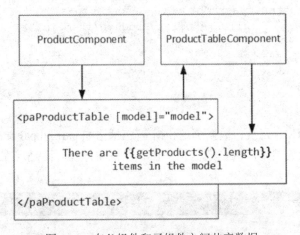

图 17-8　在父组件和子组件之间共享数据

子组件的宿主元素充当父组件和子组件之间的桥梁，而输入属性可以让组件为子组件提供其所需的数据，从而产生如图 17-9 所示的结果。

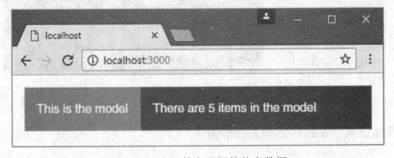

图 17-9　父组件向子组件共享数据

在子组件模板中使用指令

一旦定义了输入属性，子组件就可以使用各种数据绑定和指令，既可以使用通过父组件提供的数据，也可以定义自己的数据。在代码清单 17-13 中，恢复了前几章中使用的原始表格功能(显示数据模型中的 Product 对象列表)，还有一个复选框，用来决定是否显示该表格。这是先前由根组件及其模板管理的功能。

代码清单 17-13　在 productTable.component.html 文件中恢复表格功能

```html
<table class="table table-sm table-bordered table-striped">
    <tr><th></th><th>Name</th><th>Category</th><th>Price</th><th></th></tr>
    <tr *paFor="let item of getProducts(); let i = index; let odd = odd;
            let even = even"
        [class.bg-info]="odd" [class.bg-warning]="even">
        <td style="vertical-align:middle">{{i + 1}}</td>
        <td style="vertical-align:middle">{{item.name}}</td>
        <td style="vertical-align:middle">{{item.category}}</td>
        <td style="vertical-align:middle">{{item.price}}</td>
        <td class="text-xs-center">
            <button class="btn btn-danger btn-sm"
                    (click)="deleteProduct(item.id)">
                Delete
            </button>
        </td>
    </tr>
</table>
```

使用相同的 HTML 元素、数据绑定和指令(包括诸如 paIf 和 paFor 等自定义指令)，产生如图 17-10 所示的结果。关键的区别不在于表格的外观，而是现在采用专用组件进行管理。

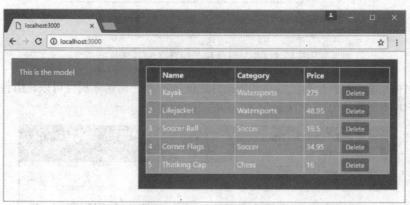

图 17-10　恢复表格显示

4. 使用输出属性在组件之间进行协调

子组件可以使用输出属性来定义表示重要变更的自定义事件，并让父组件可以在事件发生时做出响应。代码清单 17-14 向表单组件添加了一个输出属性,当用户创建一个新的 Product 对象时,该属性将被触发。

代码清单 17-14　在 productForm.component.ts 文件中定义输出属性

```typescript
import { Component, Output, EventEmitter } from "@angular/core";
import { Product } from "./product.model";
import { ProductFormGroup } from "./form.model";
@Component({
    selector: "paProductForm",
    templateUrl: "productForm.component.html"
})
export class ProductFormComponent {
    form: ProductFormGroup = new ProductFormGroup();
    newProduct: Product = new Product();
    formSubmitted: boolean = false;
    @Output("paNewProduct")
    newProductEvent = new EventEmitter<Product>();
    submitForm(form: any) {
        this.formSubmitted = true;
        if(form.valid) {
            this.newProductEvent.emit(this.newProduct);
            this.newProduct = new Product();
            this.form.reset();
            this.formSubmitted = false;
        }
    }
}
```

这个输出属性名为 newProductEvent,当调用 submitForm 方法时,组件将触发该事件。除了输出属性之外,这个代码清单添加的代码基于根控制器中的逻辑(以前曾用于管理表单)。此外还删除了内联模板,并在 app 文件夹中创建了一个名为 productForm.component.html 的文件,在这个文件中恢复 HTML 表单,如代码清单 17-15 所示。

代码清单 17-15　app 文件夹中 productForm.component.html 文件的内容

```html
<form novalidate [formGroup]="form" (ngSubmit)="submitForm(form)">
    <div class="form-group" *ngFor="let control of form.productControls">
        <label>{{control.label}}</label>
        <input class="form-control"
            [(ngModel)]="newProduct[control.modelProperty]"
            name="{{control.modelProperty}}"
            formControlName="{{control.modelProperty}}" />
        <ul class="text-danger list-unstyled"
            *ngIf="(formSubmitted || control.dirty) && !control.valid">
            <li *ngFor="let error of control.getValidationMessages()">
                {{error}}
            </li>
```

```
        </ul>
    </div>
    <button class="btn btn-primary" type="submit"
        [disabled]="formSubmitted && !form.valid"
        [class.btn-secondary]="formSubmitted && !form.valid">
        Create
    </button>
</form>
```

不需要修改用于定义表单的标记。与输入属性一样，子组件的宿主元素充当子组件与父组件之间的桥梁，可以注册感兴趣的自定义事件，如代码清单 17-16 所示。

代码清单 17-16　在 template.html 文件中注册自定义事件

```
<div class="col-xs-4 p-a-1">
    <paProductForm (paNewProduct)="addProduct($event)"></paProductForm>
</div>
<div class="col-xs-8 p-a-1">
    <paProductTable [model]="model"></paProductTable>
</div>
```

这个新的绑定在处理自定义事件时将事件对象传给 addProduct 方法。子组件负责管理表单元素并验证其内容。当数据通过验证时，触发自定义事件，并在父组件的上下文中对数据绑定表达式进行求值，父组件的 addProduct 方法将新对象添加到模型中。由于该模型已经通过表格子组件的输入属性与子组件共享，因此新数据将显示给用户，如图 17-11 所示。

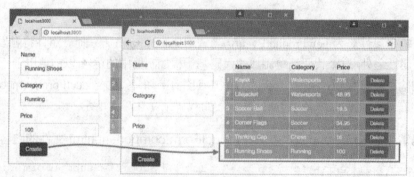

图 17-11　在子组件中使用自定义事件

5. 投影宿主元素内容

如果组件的宿主元素包含内容，那么可以使用特殊的 ng-content 元素将其包含在模板中。这被称为内容投影(content projection)，可以使用该技术来创建组件，将模板内容与宿主元素的内容相结合。为了演示，在 app 文件夹中添加一个名为 toggleView.component.ts 的文件，并用它定义代码清单 17-17 所示的组件。

代码清单 17-17   app 文件夹中 toggleView.component.ts 文件的内容

```typescript
import { Component } from "@angular/core";
@Component({
    selector: "paToggleView",
    templateUrl: "toggleView.component.html"
})
export class PaToggleView {
    showContent: boolean = true;
}
```

该组件定义了一个 showContent 属性，该属性将用于确定是否在模板中显示宿主元素的内容。为了提供模板，在 app 文件夹中添加一个名为 toggleView.component.html 的文件，并添加代码清单 17-18 所示的元素。

代码清单 17-18   app 文件夹中 toggleView.component.html 文件的内容

```html
<div class="checkbox">
    <label>
        <input type="checkbox" [(ngModel)]="showContent" />
        Show Content
    </label>
</div>
<ng-content *ngIf="showContent"></ng-content>
```

重要的元素是 ng-content，Angular 将其替换成宿主元素的内容。ngIf 指令已被应用于 ng-content 元素，只有当模板中的复选框选中时才会显示该元素。代码清单 17-19 使用 Angular 模块来注册这个组件。

代码清单 17-19   在 app.module.ts 文件中注册组件

```typescript
import { NgModule } from "@angular/core";
import { BrowserModule } from "@angular/platform-browser";
import { ProductComponent } from "./component";
import { FormsModule, ReactiveFormsModule } from "@angular/forms";
import { PaAttrDirective } from "./attr.directive";
import { PaModel } from "./twoway.directive";
import { PaStructureDirective } from "./structure.directive";
import { PaIteratorDirective } from "./iterator.directive";
import { PaCellColor } from "./cellColor.directive";
import { PaCellColorSwitcher } from "./cellColorSwitcher.directive";
import { ProductTableComponent } from "./productTable.component";
import { ProductFormComponent } from "./productForm.component";
import { PaToggleView } from "./toggleView.component";
@NgModule({
    imports: [BrowserModule, FormsModule, ReactiveFormsModule],
    declarations: [ProductComponent, PaAttrDirective, PaModel,
        PaStructureDirective, PaIteratorDirective,
        PaCellColor, PaCellColorSwitcher, ProductTableComponent,
```

```
        ProductFormComponent, PaToggleView],
    bootstrap: [ProductComponent]
})
export class AppModule { }
```

最后一步是在一个包含内容的宿主元素上应用这个新组件,如代码清单 17-20 所示。

代码清单 17-20 在 template.html 文件中添加带有内容的宿主元素

```
<div class="col-xs-4 p-a-1">
    <paProductForm (paNewProduct)="addProduct($event)"></paProductForm>
</div>
<div class="col-xs-8 p-a-1">
    <paToggleView>
        <paProductTable [model]="model"></paProductTable>
    </paToggleView>
</div>
```

paToggleView 是新组件的宿主元素,它包含 paProductTable 元素,该元素的组件用来创建产品表格。结果是使用一个复选框来控制表格的可见性,如图 17-12 所示。新组件不知道其宿主元素的内容,并且只能通过 ng-content 元素将其包含在模板中。

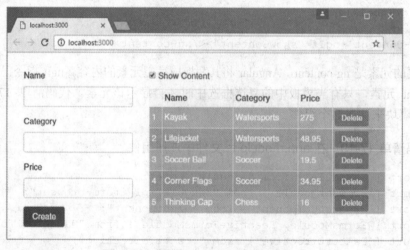

图 17-12 在模板中包含宿主元素的内容

17.2.3 完成组件的重组

那些曾经包含在根组件中的功能现已转移到新的子组件中。剩下的工作就是整理根组件以删除不再需要的代码,如代码清单 17-21 所示。

代码清单 17-21 移除 component.ts 文件中过时的代码

```
import { ApplicationRef, Component } from "@angular/core";
import { Model } from "./repository.model";
import { Product } from "./product.model";
```

```
import { ProductFormGroup } from "./form.model";
@Component({
    selector: "app",
    templateUrl: "template.html"
})
export class ProductComponent {
    model: Model = new Model();
    addProduct(p: Product) {
        this.model.saveProduct(p);
    }
}
```

根组件的许多职责已被转移到应用程序的其他位置。在本章开头所列的最初职责列表中，只有以下依旧是根组件的职责：

- 作为根组件，为 Angular 提供应用程序的入口点
- 用于访问应用程序的数据模型，并将其提供给数据绑定

子组件承担了其他职责，提供了更简单、更易于开发和维护的独立功能块，并可根据需要重复使用。

17.3 使用组件样式

组件可以定义仅适用于其模板中内容的样式，组件可以仅对其内容进行样式化，而不受其父组件或其他祖先组件定义的样式的影响，并且不影响其子组件和其他后代组件中的内容。可以使用@Component 装饰器的 styles 属性以内联方式定义样式，如代码清单 17-22 所示。

代码清单 17-22　在 productForm.component.ts 文件中定义内联样式

```
import { Component, Output, EventEmitter } from "@angular/core";
import { Product } from "./product.model";
import { ProductFormGroup } from "./form.model";
@Component({
    selector: "paProductForm",
    templateUrl: "productForm.component.html",
    styles: ["div { background-color: lightgreen"]
})
export class ProductFormComponent {
    form: ProductFormGroup = new ProductFormGroup();
    newProduct: Product = new Product();
    formSubmitted: boolean = false;
    @Output("paNewProduct")
    newProductEvent = new EventEmitter<Product>();
    submitForm(form: any) {
        this.formSubmitted = true;
        if(form.valid) {
```

```
            this.newProductEvent.emit(this.newProduct);
            this.newProduct = new Product();
            this.form.reset();
            this.formSubmitted = false;
        }
    }
}
```

styles 属性被设置为一个数组，其中每项包含一个 CSS 选择器和一个或多个属性。在这个代码清单中，指定把 div 元素的背景色设置为 lightgreen 样式。虽然在最后合并得到的 HTML 文档中也有其他 div 元素，但是这个样式只会影响到组件(在这里就是表单组件)模板中的元素，如图 17-13 所示。

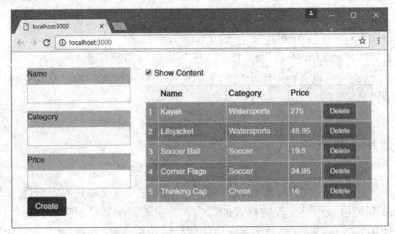

图 17-13　定义内联组件样式

■ 提示：
在 HTML 文档的 head 节中定义的样式仍然适用于所有元素，即使在组件定义了自己的样式时也是如此。这就是为什么这里的内容仍然使用 Bootstrap 样式的原因所在。

17.3.1　定义外部组件样式

内联样式的优点和缺点与内联模板相同：都非常简单，将所有内容保存在一个文件中，但可能难以阅读，难以管理，无法充分利用代码编辑器的语法检查功能。

另一种方法是在单独的文件中定义样式，并使用组件装饰器的 styleUrls 属性将样式与组件关联起来。外部样式文件遵循的命名约定与模板和代码文件相同。在 app 文件夹中添加一个名为 productForm.component.css 的文件，并使用它来定义代码清单 17-23 所示的样式。

代码清单 17-23　app 文件夹中 productForm.component.css 文件的内容

```
div {
    background-color: lightcoral;
}
```

这里定义的样式与内联定义的样式相同，但具有不同的颜色值，以确认这是组件使用的 CSS 样式。在代码清单 17-24 中，为了指定样式文件，已经修改过组件的装饰器。

代码清单 17-24　在 productForm.component.ts 文件中使用外部组件样式

```
import { Component, Output, EventEmitter } from "@angular/core";
import { Product } from "./product.model";
import { ProductFormGroup } from "./form.model";
@Component({
    selector: "paProductForm",
    templateUrl: "productForm.component.html",
    styleUrls: ["productForm.component.css"]
})
export class ProductFormComponent {
    // ...class members omitted for brevity...
}
```

styleUrls 属性被设置为一个字符串数组，每个字符串都指定一个 CSS 文件。添加外部样式文件后的效果如图 17-14 所示。

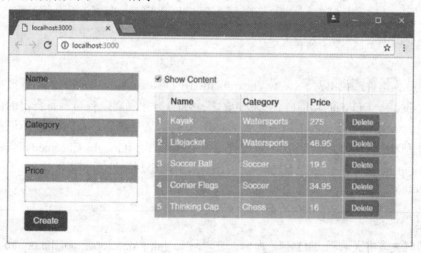

图 17-14　定义外部组件样式

17.3.2　使用高级样式特性

在组件中定义样式是一个有用的功能，但并非总能得到期望的结果。一些高级功能可以用来控制组件样式。

1．设置视图封装

默认情况下，组件专用样式的实现方式是：编写要应用于组件的 CSS，使其针对一些特殊属性，让 Angular 将这些属性添加到组件模板的所有顶级元素中。如果使用浏览器的 F12 开发者工具检查 DOM，将会看到代码清单 17-23 所示的外部 CSS 文件的内容已被添

加到 HTML 文档的 head 元素中,并且经过重写,如下所示:

```
...
<style>
div[_ngcontent-qsg-2] {
    background-color: lightcoral;
}
</style>
...
```

对选择器加以修改,使其能够匹配所有带有名为_ngcontentqsg-2 的属性的 div 元素,但是可能会在浏览器中看到不同的名称,这是因为该属性的名称是由 Angular 动态生成的。

为了确保 style 元素中的 CSS 仅影响组件管理的 HTML 元素,对模板中的元素进行修改,这样它们就具有相同的动态生成的属性,如下所示:

```
...
<div _ngcontent-qsg-2="" class="form-group">
    <label _ngcontent-qsg-2="">Name</label>
    <input _ngcontent-qsg-2=""
        class="form-control ng-untouched ng-pristine ng-invalid"
        ng-reflect-name="name" name="name">
</div>
...
```

这被称为组件的视图封装(view encapsulation)行为,Angular 正在做的是模拟被称为影子 DOM(shadow DOM)的功能:让 DOM 的各个部分彼此隔离,各自具有自己的范围,因此可以把 JavaScript、样式和模板应用到 HTML 文档的某一部分。Angular 之所以模拟这种行为,是因为它仅由少量浏览器实现(在撰写本书时,只有 Google Chrome 和最新版本的 Safari 和 Opera 支持影子 DOM 功能),但还有另外两个封装选项,可以使用@Component 装饰器中的 encapsulation 属性来设置这些选项。

■ 提示:
要了解更多有关影子 DOM 的内容,可以访问 http://developer.mozilla.org/en-US/docs/Web/Web_Components/Shadow_DOM。要想知道哪些浏览器支持影子 DOM,可访问 http://caniuse.com/#feat=shadowdom。

从ViewEncapsulation枚举中选择一个值赋给encapsulation属性,该枚举在@angular/core 模块中定义,它定义了表 17-4 中描述的值。

表 17-4 ViewEncapsulation 枚举中的值

名称	描述
Emulated	当指定此值时,Angular 将通过改写内容和样式来添加属性(如前所述),从而模拟影子 DOM。如果在@Component 装饰器中未指定 encapsulation 属性的值,那么这是默认行为

(续表)

名称	描述
Native	当指定此值时,Angular 将使用浏览器的影子 DOM 功能。这只有在浏览器实现影子 DOM 或者使用 polyfill 库时才有效
None	当指定此值时,Angular 会将未修改的 CSS 样式添加到 HTML 文档的 head 节中,并让浏览器设法使用正常的 CSS 优先级规则应用样式

应该谨慎使用 Native 和 None 值。浏览器对影子 DOM 功能的支持是非常有限的,只有在使用 polyfill 库(为其他浏览器提供兼容性)时,才能使用 Native 选项。虽然有多个可用的 polyfill 库(例如 http://github.com/webcomponents/webcomponentsjs),但是它们产生的结果并不一致,而且并非都能与 Angular 支持的所有浏览器一起使用。

选项 None 将组件定义的所有样式添加到 HTML 文档的 head 节中,并让浏览器设法应用它们。虽然这可以在所有浏览器中运行,但其结果是不可预测的,并且不同组件定义的样式之间没有隔离。

为了完整起见,代码清单 17-25 显示 encapsulation 属性被设置为 Emulated(默认值),它可以在 Angular 支持的所有浏览器中运行,而不需要借助 polyfill 库。

代码清单 17-25　在 productForm.component.ts 文件中设置视图封装

```
import { Component, Output, EventEmitter, ViewEncapsulation } from
"@angular/core";
import { Product } from "./product.model";
import { ProductFormGroup } from "./form.model";
@Component({
    selector: "paProductForm",
    templateUrl: "productForm.component.html",
    styleUrls: ["productForm.component.css"],
    encapsulation: ViewEncapsulation.Emulated
})
export class ProductFormComponent {
    form: ProductFormGroup = new ProductFormGroup();
    newProduct: Product = new Product();
    formSubmitted: boolean = false;
    @Output("paNewProduct")
    newProductEvent = new EventEmitter<Product>();
    submitForm(form: any) {
        this.formSubmitted = true;
        if (form.valid) {
            this.newProductEvent.emit(this.newProduct);
            this.newProduct = new Product();
            this.form.reset();
            this.formSubmitted = false;
        }
    }
}
```

2. 使用影子DOM CSS选择器

使用影子DOM意味着存在着一些边界，普通的CSS选择器不能跨越。为了帮助解决这个问题，这里有一些特殊的CSS选择器，当使用依赖影子DOM的样式(即使通过仿真实现)时，就会用到这些特殊的CSS选择器，如表17-5所示，将在下面几节中进行说明。

表17-5 影子DOM CSS选择器

名称	描述
:host	此选择器用于匹配组件的宿主元素
:host-context(classSelector)	此选择器用于匹配属于特定CSS类成员的宿主元素的祖先
/deep/或>>>	父组件使用此选择器来定义影响其子组件模板中元素的样式。只有当@Component装饰器的encapsulation属性被设置为emulated时，才应使用这个选择器，如前一小节中所述

选择宿主元素

组件的宿主元素出现在其模板之外，这意味着其样式中的选择器仅适用于宿主元素所包含的内部元素，而不适用于宿主元素本身。这个问题可以通过使用与宿主元素匹配的:host选择器来解决。代码清单17-26定义了仅当鼠标指针悬停在宿主元素上方时才应用的样式(通过组合:host和:hover选择器来指定)。

代码清单17-26　在productForm.component.css文件中匹配组件的宿主元素

```
div {
    background-color: lightcoral;
}
:host:hover {
    font-size: 25px;
}
```

当鼠标指针位于宿主元素的上方时，其font-size属性将被设置为25px，这将使表单中所有元素的文本大小增加到25点，如图17-15所示。

图17-15　在组件样式中选择宿主元素

选择宿主元素的祖先

:host-context 选择器用于根据宿主元素的祖先(它们位于模板之外)的 CSS 类成员资格对组件模板中的元素进行样式化。这是相比:host 更受限的选择器,不能用于指定除 CSS 类选择器以外的任何东西,而且不支持匹配标签类型、属性或任何其他选择器。代码清单 17-27 演示了如何使用:host-context 选择器。

代码清单 17-27　在 productForm.component.css 文件中选择宿主元素的祖先

```css
div {
    background-color: lightcoral;
}
:host:hover {
    font-size: 25px;
}
:host-context(.angularApp) input {
    background-color: lightgray;
}
```

只有在宿主元素的某个祖先元素是 CSS 类 angularApp 的成员时,代码清单中的选择器才将组件模板中 input 元素的 background-color 属性设置为 lightgrey。在代码清单 17-28 中,在 index.html 文件中将 app 元素(根组件的宿主元素)添加到了 angularApp 类中。

代码清单 17-28　在 index.html 文件中将根组件的宿主元素添加到 CSS 类中

```html
<!DOCTYPE html>
<html>
<head>
    <title></title>
    <meta charset="utf-8" />
    <script src="node_modules/classlist.js/classList.min.js"></script>
    <script src="node_modules/core-js/client/shim.min.js"></script>
    <script src="node_modules/zone.js/dist/zone.min.js"></script>
    <script src="node_modules/reflect-metadata/Reflect.js"></script>
    <script src="node_modules/systemjs/dist/system.src.js"></script>
    <script src="systemjs.config.js"></script>
    <script>
        System.import("app/main").catch(function(err){ console.
           error(err); });
    </script>
    <link href="node_modules/bootstrap/dist/css/bootstrap.min.css"
          rel="stylesheet" />
</head>
<body class="m-a-1">
    <app class="angularApp"></app>
</body>
</html>
```

图 17-16 显示了选择器在代码清单 17-28 中修改之前和修改之后的效果。

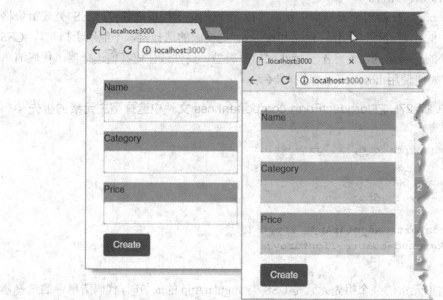

图 17-16　选择宿主元素的祖先

将样式放入子组件模板

由组件定义的样式不会被自动应用到子组件模板的元素中。作为演示，代码清单 17-29 为根组件的@Component 装饰器添加了一个样式。

代码清单 17-29　在 component.ts 文件中定义样式

```
import { ApplicationRef, Component } from "@angular/core";
import { Model } from "./repository.model";
import { Product } from "./product.model";
import { ProductFormGroup } from "./form.model";
@Component({
   selector: "app",
   templateUrl: "template.html",
   styles: ["div { border: 2px black solid; font-style:italic }"]
})
export class ProductComponent {
   model: Model = new Model();
   addProduct(p: Product) {
      this.model.saveProduct(p);
   }
}
```

选择器匹配所有 div 元素并应用边框，更改字体样式。结果如图 17-17 所示。

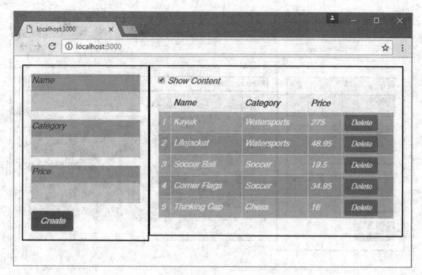

图 17-17 应用普通 CSS 样式

默认情况下，某些 CSS 样式属性(如 font-style)会被继承，这意味着在父组件中设置这样的属性会影响子组件模板中的元素，这是因为浏览器会自动应用样式。

而其他属性(如边框)默认情况下不会被继承，在父组件中设置这些属性对子组件模板没有影响，除非使用/deep/或>>>选择器，如代码清单 17-30 所示(这些选择器是彼此的别名，它们具有相同的效果)。

代码清单 17-30 在 component.ts 文件中将样式推入子组件模板

```
import { ApplicationRef, Component } from "@angular/core";
import { Model } from "./repository.model";
import { Product } from "./product.model";
import { ProductFormGroup } from "./form.model";
@Component({
    selector: "app",
    templateUrl: "template.html",
    styles: ["/deep/ div { border: 2px black solid; font-style:italic }"]
})
export class ProductComponent {
    model: Model = new Model();
    addProduct(p: Product) {
        this.model.saveProduct(p);
    }
}
```

样式选择器使用/deep/将样式推入子组件的模板，这意味着所有的 div 元素都被赋予一个边框，如图 17-18 所示。

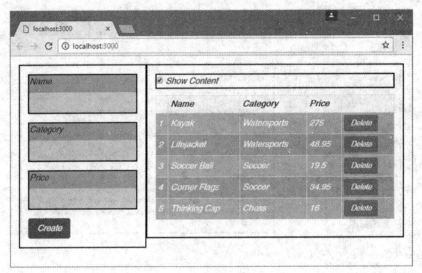

图 17-18 将样式推入子组件模板

17.4 查询模板内容

组件可以查询其模板的内容来定位指令或组件的实例,这些实例称为子视图(view children)。这些与第 16 章中描述的指令子内容查询类似,但有一些重要的区别。

在代码清单 17-31 中,向管理表格的组件添加了一些代码来查询 PaCellColor 指令(用于演示指令内容查询)。该指令仍然在 Angular 模块中注册并选择 td 元素,因此 Angular 将其应用于表格组件内容中的单元格。

代码清单 17-31　在 productTable.component.ts 文件中选择子视图

```
import { Component, Input, ViewChildren, QueryList } from "@angular/core";
import { Model } from "./repository.model";
import { Product } from "./product.model";
import { PaCellColor } from "./cellColor.directive";
@Component({
    selector: "paProductTable",
    templateUrl: "productTable.component.html"
})
export class ProductTableComponent {
    @Input("model")
    dataModel: Model;
    getProduct(key: number): Product {
        return this.dataModel.getProduct(key);
    }
    getProducts(): Product[] {
        return this.dataModel.getProducts();
    }
    deleteProduct(key: number) {
```

第 17 章 理解组件

```
        this.dataModel.deleteProduct(key);
    }
    showTable: boolean = true;
    @ViewChildren(PaCellColor)
    viewChildren: QueryList<PaCellColor>;
    ngAfterViewInit() {
        this.viewChildren.changes.subscribe(() => {
            this.updateViewChildren();
        });
        this.updateViewChildren();
    }
    private updateViewChildren() {
        setTimeout(() => {
            this.viewChildren.forEach((child, index) => {
                child.setColor(index % 2 ? true : false);
            })
        }, 0);
    }
}
```

有两个属性装饰器用于查询模板中定义的指令或组件，如表 17-6 所示。

表 17-6 子视图查询属性装饰器

名称	描述
@ViewChild(class)	这个装饰器告诉 Angular 查询指定类型的第一个指令或组件对象，并将其指派给该属性。类名可以替换为模板变量。如果有多个类或模板，那么可以用逗号分隔
@ViewChildren(class)	这个装饰器将指定类型的所有指令和组件对象指派给该属性。可以使用模板变量而不是 CSS 类。若有多个值，则可以用逗号分隔。结果在第 16 章中描述的 QueryList 对象中提供

在这个代码清单中，使用@ViewChildren 装饰器从组件的模板中选择所有 PaCellColor 对象。除了不同的属性装饰器之外，组件还有两种不同的生命周期方法，用于提供有关模板处理过程的信息，如表 17-7 所示。

表 17-7 额外的组件生命周期方法

名称	描述
ngAfterViewInit	当组件的视图已初始化时，将调用此方法。在调用此方法之前，设置视图查询的结果
ngAfterViewChecked	在组件视图经过检查(属于变更检测过程的一部分)之后调用此方法

在这个代码清单中实现了 ngAfterViewInit 方法，以确保 Angular 已经处理了组件的模板并设置了查询的结果。在该方法中，发起对 UpdateViewChildren 方法的初始调用，该方

法在 PaCellColor 对象上运行,并设置当查询结果发生变化时将调用的函数(使用 QueryList.changes 属性),如第 16 章所述。在调用 setTimeout 函数时更新子视图,如第 16 章所述。结果是处在每个偶数位置的表格单元格的颜色都被改变,如图 17-19 所示。

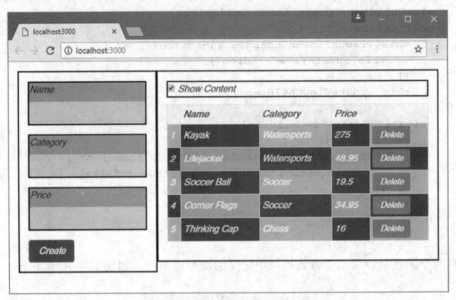

图 17-19　查询子视图

■ 提示:
　　如果使用 ng-content 元素,那么可能需要合并子视图和子内容查询。使用代码清单 17-31 所示的方法查询模板中定义的内容,但使用第 16 章中描述的子内容查询方法来查询项目内容(替换 ng-content 元素)。

17.5　本章小结

　　本章重新讨论了组件主题,并解释了如何将指令的全部功能与提供定制模板的能力相结合。本章解释了如何组织应用程序来创建小型模块化组件,以及组件之间如何使用输入属性和输出属性进行协调。本章还展示了如何为组件定义仅适用于其模板的 CSS 样式,而不影响应用程序的其他部分。在下一章中将介绍管道,它用于准备要在模板中显示的数据。

第 18 章

使用和创建管道

管道是小的代码片段,它们通过转换数据值,使得数据值可以在模板中向用户显示。管道可以将转换逻辑定义在自包容的类中,这样就能够在一个应用程序中以一致的方式应用管道。表 18-1 解释了管道的背景。

表 18-1 管道的背景

问题	答案
管道是什么?	管道是类,这些类可以用来准备那些显示给用户的数据
管道有什么作用?	管道可以在一个单独的类中定义预制的逻辑,这个类可以用于整个应用程序,确保数据以一致的形式表达
如何使用管道?	@Pipe 装饰器可以应用于类,并且可以指定一个名称,通过使用这个名称,可以在模板中使用这个管道
管道是否存在陷阱或限制?	管道应该简洁,关注如何准备数据。让管道完成其他构造块的职责,比如指令和组件,这是非常具有诱惑力的
管道是否存在替代方案?	可以使用指令或组件实现数据准备代码,但是这种替代方案很难在应用程序中的其他部分进行重用

表 18-2 给出了本章内容摘要。

表 18-2 本章内容摘要

问题	解决办法	代码清单编号
格式化包含在模板中的数据值	在数据绑定表达式中使用管道	1~8
创建一个自定义管道	为一个类应用 @Pipe 装饰器	9~11
使用多个管道格式化一个数据值	使用 "|" 字符将管道名链接起来	12
确定 Angular 应该何时重新对管道输出的值进行求值	使用 @Pipe 装饰器的 pure 属性	13~16
格式化数字值	使用 number 管道	17 和 18
格式化货币值	使用 currency 管道	19 和 20
格式化百分比值	使用 percent 管道	21~24
改变字符串的大小写	使用 uppercase 管道或 lowercase 管道	25

(续表)

问题	解决办法	代码清单编号
以 JSON 格式序列化对象	使用 json 管道	26
从一个数组中选择元素	使用 slice 管道	27

18.1 准备示例项目

我们将继续使用在本书第 11 章中首次创建的示例项目,这个项目在第 11 章之后的各章中得到了不断修改。在前一章的最后几个示例中,组件样式和子视图查询(view children queries)使得应用程序呈现了一种令人印象深刻的花哨外观,本章打算对此进行调整。代码清单 18-1 禁用了在表单元素中应用的外部组件样式。

代码清单 18-1　在 productForm.component.ts 文件中禁用 CSS 样式

```
import { Component, Output, EventEmitter, ViewEncapsulation } from
"@angular/core";
import { Product } from "./product.model";
import { ProductFormGroup } from "./form.model";
@Component({
    selector: "paProductForm",
    templateUrl: "productForm.component.html",
    //styleUrls: ["app/productForm.component.css"],
    //encapsulation: ViewEncapsulation.Emulated
})
export class ProductFormComponent {
    form: ProductFormGroup = new ProductFormGroup();
    newProduct: Product = new Product();
    formSubmitted: boolean = false;
    @Output("paNewProduct")
    newProductEvent = new EventEmitter<Product>();
    submitForm(form: any) {
        this.formSubmitted = true;
        if(form.valid) {
            this.newProductEvent.emit(this.newProduct);
            this.newProduct = new Product();
            this.form.reset();
            this.formSubmitted = false;
        }
    }
}
```

为了禁用表格单元格中的棋盘配色方案,修改 PaCellColor 指令的选择器,使之能够匹配当前尚未应用于 HTML 元素的一个属性,如代码清单 18-2 所示。

代码清单 18-2　修改 cellColor.directive.ts 文件中的选择器

```
import { Directive, HostBinding } from "@angular/core";
@Directive({
    selector: "td[paApplyColor]"
})
export class PaCellColor {
    @HostBinding("class")
    bgClass: string = "";
    setColor(dark: Boolean) {
        this.bgClass = dark ? "bg-inverse" : "";
    }
}
```

代码清单 18-3 禁用了根组件定义的 deep 样式。

代码清单 18-3　禁用 component.ts 文件中的 CSS 样式

```
import { ApplicationRef, Component } from "@angular/core";
import { Model } from "./repository.model";
import { Product } from "./product.model";
import { ProductFormGroup } from "./form.model";
@Component({
    selector: "app",
    templateUrl: "template.html",
    //styles: ["/deep/ div { border: 2px black solid; font-style:italic }"]
})
export class ProductComponent {
    model: Model = new Model();
    addProduct(p: Product) {
        this.model.saveProduct(p);
    }
}
```

下面修改示例应用程序中的已有代码，简化 ProductTableComponent 类，删除不再需要的方法和属性，如代码清单 18-4 所示。

代码清单 18-4　简化 productTable.component.ts 文件中的代码

```
import { Component, Input, ViewChildren, QueryList } from "@angular/core";
import { Model } from "./repository.model";
import { Product } from "./product.model";
@Component({
    selector: "paProductTable",
    templateUrl: "productTable.component.html"
})
export class ProductTableComponent {
    @Input("model")
    dataModel: Model;
    getProduct(key: number): Product {
```

```
        return this.dataModel.getProduct(key);
    }
    getProducts(): Product[] {
    return this.dataModel.getProducts();
    }
    deleteProduct(key: number) {
        this.dataModel.deleteProduct(key);
    }
}
```

最后，删除根组件模板的组件元素，从而禁用用来显示和隐藏表格的复选框，如代码清单 18-5 所示。

代码清单 18-5　简化 template.html 文件中的元素

```
<div class="col-xs-4 p-a-1">
    <paProductForm (paNewProduct)="addProduct($event)"></paProductForm>
</div>
<div class="col-xs-8 p-a-1">
    <paProductTable [model]="model"></paProductTable>
</div>
```

安装国际化 polyfill

Angular 提供的某些内置(built-in)管道依赖国际化(Internationalization)API，国际化 API 针对数值、日期、时间等内容，提供了与本地化相关(location-sensitive)的字符串比较和格式化功能。大多数最新的浏览器都支持这个 API，但是 Angular 支持的某些浏览器需要安装 polyfill 库，比如旧版的 Internet Explorer。在编写本书的时候，就国际化 API 而言，最完整的 polyfill 库是 Intl.js。

Angular 4 已经将所有与 polyfill 库相关的代码移到了 polyfills.ts 文件中，因此不需要再设置 package.json 文件。此时，package.json 文件中的代码内容如代码清单 18-6 所示。

代码清单 18-6　package.json 文件代码

```
{
  "name": "example",
  "version": "0.0.0",
  "license": "MIT",
  "scripts": {
    "ng": "ng",
    "start": "ng serve",
    "build": "ng build",
    "test": "ng test",
    "lint": "ng lint",
    "e2e": "ng e2e"
  },
  "private": true,
  "dependencies": {
```

```
    "@angular/common": "^4.0.0",
    "@angular/compiler": "^4.0.0",
    "@angular/core": "^4.0.0",
    "@angular/forms": "^4.0.0",
    "@angular/http": "^4.0.0",
    "@angular/platform-browser": "^4.0.0",
    "@angular/platform-browser-dynamic": "^4.0.0",
    "@angular/router": "^4.0.0",
    "core-js": "^2.4.1",
    "rxjs": "^5.1.0",
    "zone.js": "^0.8.4",
    "bootstrap": "4.0.0-alpha.4"
  },
  "devDependencies": {
    "@angular/cli": "1.0.0",
    "@angular/compiler-cli": "^4.0.0",
    "@types/jasmine": "2.5.38",
    "@types/node": "~6.0.60",
    "codelyzer": "~2.0.0",
    "jasmine-core": "~2.5.2",
    "jasmine-spec-reporter": "~3.2.0",
    "karma": "~1.4.1",
    "karma-chrome-launcher": "~2.0.0",
    "karma-cli": "~1.0.1",
    "karma-jasmine": "~1.1.0",
    "karma-jasmine-html-reporter": "^0.2.2",
    "karma-coverage-istanbul-reporter": "^0.2.0",
    "protractor": "~5.1.0",
    "ts-node": "~2.0.0",
    "tslint": "~4.5.0",
    "typescript": "~2.2.0"
  }
}
```

相应地，在使用 Angular 4 的情况下，index.html 文件的内容如代码清单 18-7 所示。

代码清单 18-7　index.html 文件的内容

```
<!DOCTYPE html>
<html>
<head>
    <title>Angular</title>
    <meta charset="utf-8" />
    <link href="node_modules/bootstrap/dist/css/bootstrap.min.css"
        rel="stylesheet" />
</head>
<body class="m-a-1">
    <app class="angularApp"></app>
</body>
</html>
```

在 example 文件夹中，运行以下命令，启动 TypeScript 编译器和 HTTP 开发服务器：

npm start

浏览器将打开一个新的标签页或窗口，然后显示如图 18-1 所示的内容。

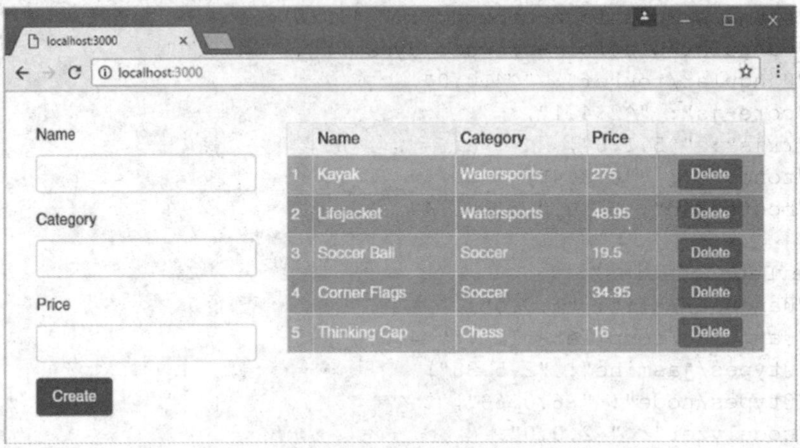

图 18-1　运行示例应用程序

18.2　理解管道

管道是用来对数据进行转换的类，转换发生在指令或组件收到数据之前。这似乎并不是一项重要工作，但是管道还可以执行某些最常见的开发任务，管道能轻松执行这些任务，而且能够确保一致性，而保持一致性是极其重要的。

为了快速讲解如何使用管道，代码清单 18-8 应用了一种内置管道来转换应用程序显示的表格中 Price 列的值。

代码清单 18-8　在 productTable.component.html 文件中使用管道

```
<table class="table table-sm table-bordered table-striped">
    <tr><th></th><th>Name</th><th>Category</th><th>Price</th><th></th></tr>
    <tr *paFor="let item of getProducts(); let i = index; let odd = odd;
            let even = even"
        [class.bg-info]="odd" [class.bg-warning]="even">
        <td style="vertical-align:middle">{{i + 1}}</td>
        <td style="vertical-align:middle">{{item.name}}</td>
        <td style="vertical-align:middle">{{item.category}}</td>
        <td style="vertical-align:middle">{{item.price |
            currency:"USD":true }}</td>
        <td class="text-xs-center">
            <button class="btn btn-danger btn-sm"
                (click)="deleteProduct(item.id)">
                Delete
            </button>
```

```
        </td>
    </tr>
</table>
```

应用管道的语法与命令提示符的风格类似，需要使用一个竖线符号("|"符号)来转换一个值。图 18-2 描述了包含一个管道的数据绑定的结构。

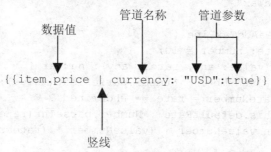

图 18-2　包含一个管道的数据绑定的解剖图

代码清单 18-8 中使用的管道的名称是 currency，可以将数字格式化为货币值。管道的参数是用冒号(":")分隔的。第一个管道参数指定了需要使用的货币代码，在这个示例中为 USD，表示美元。第二个管道参数是 true，用于指定显示货币符号还是货币代码。

Angular 处理表达式的时候，需要获得数据值，并将数据值传递给用来转换数据的管道。管道产生的结果随即可以作为数据绑定的表达式结果。在示例中，数据绑定执行了字符串插入，图 18-3 显示了处理结果。

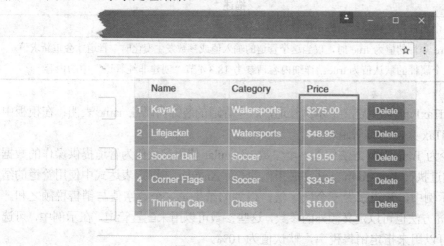

图 18-3　使用 currency 管道的效果

18.3　创建一个自定义管道

本章后面再继续介绍 Angular 内置管道。理解管道运作方式及管道功能的最佳方法是创建一个自定义管道类。在 app 文件夹中添加一个名为 addTax.pipe.ts 的文件，并在这个文件中定义管道类，如代码清单 18-9 所示。

代码清单 18-9　app 文件夹中 addTax.pipe.ts 文件的内容

```typescript
import { Pipe } from "@angular/core";
@Pipe({
    name: "addTax"
})
export class PaAddTaxPipe {
    defaultRate: number = 10;
    transform(value: any, rate?: any): number {
        let valueNumber = Number.parseFloat(value);
        let rateNumber = rate == undefined ?
            this.defaultRate : Number.parseInt(rate);
        return valueNumber + (valueNumber * (rateNumber / 100));
    }
}
```

管道是应用了@Pipe 装饰器的类，这个类实现了一个名为 transform 的方法。管道也可以实现一个名为 PipeTransform 的接口，但是因为具体实现哪些接口是可选的，因此本书中没有使用这个接口。@Pipe 装饰器定义了两个用来配置管道的属性，表 18-3 描述了这两个属性。

表 18-3　@Pipe 装饰器属性

名称	描述
name	这个属性指定在模板中应用的管道的名称
pure	pure 属性的值为 true 时，仅当这个管道的输入值或参数发生变化时，管道才会重新求值。这个属性的默认值为 true。详细内容请参考 18.3.4 节"创建非纯管道"中的内容

在 PaAddTaxPipe 类中定义了示例管道，这个管道的装饰器属性 name 表明：在模板中可以使用 addTax 来应用该管道。

必须至少为 Transform 方法传入一个参数，Angular 使用参数值为管道提供操作的数据值。管道是通过执行 Transform 方法完成工作的，而 Angular 在绑定表达式中使用管道的结果。在这个示例中，管道接受一个数字值，得到的结果是这个数字值与销售税额之和。

Transform 方法也可以定义额外的参数，这些参数可以用来配置管道。在示例中，可选的 rate 参数可以用来指定销售税率，默认值为 10%。

■ **警告：**

处理 transform 方法接收的参数时，要确保将参数值解析转换为需要的类型。程序运行时，不会强制执行 TypeScript 类型注解，Angular 可以传递其使用的任何数据值。

18.3.1 注册自定义管道

管道是使用 Angular 模块的 declarations 属性注册的，如代码清单 18-10 所示。

代码清单 18-10　在 app.module.ts 文件中注册自定义管道

```
import { NgModule } from "@angular/core";
import { BrowserModule } from "@angular/platform-browser";
import { ProductComponent } from "./component";
import { FormsModule, ReactiveFormsModule } from "@angular/forms";
import { PaAttrDirective } from "./attr.directive";
import { PaModel } from "./twoway.directive";
import { PaStructureDirective } from "./structure.directive";
import { PaIteratorDirective } from "./iterator.directive";
import { PaCellColor } from "./cellColor.directive";
import { PaCellColorSwitcher } from "./cellColorSwitcher.directive";
import { ProductTableComponent } from "./productTable.component";
import { ProductFormComponent } from "./productForm.component";
import { PaToggleView } from "./toggleView.component";
import { PaAddTaxPipe } from "./addTax.pipe";
@NgModule({
    imports: [BrowserModule, FormsModule, ReactiveFormsModule],
    declarations: [ProductComponent, PaAttrDirective, PaModel,
        PaStructureDirective, PaIteratorDirective,
        PaCellColor, PaCellColorSwitcher, ProductTableComponent,
        ProductFormComponent, PaToggleView, PaAddTaxPipe],
    bootstrap: [ProductComponent]
})
export class AppModule { }
```

18.3.2 应用自定义管道

一旦成功注册一个自定义管道，就可以在数据绑定表达式中使用这个管道了。在代码清单 18-11 中，针对表格中的 price 值应用了管道，并添加了一个可以用来指定税率的 select 元素。

代码清单 18-11　在 productTable.component.html 文件中应用自定义管道

```
<div>
    <label>Tax Rate:</label>
    <select [value]="taxRate || 0" (change)="taxRate=$event.target.value">
        <option value="0">None</option>
        <option value="10">10%</option>
        <option value="20">20%</option>
        <option value="50">50%</option>
    </select>
</div>
<table class="table table-sm table-bordered table-striped">
```

```
<tr><th></th><th>Name</th><th>Category</th><th>Price</th><th></th></tr>
<tr *paFor="let item of getProducts(); let i = index; let odd = odd;
    let even = even"
    [class.bg-info]="odd" [class.bg-warning]="even">
    <td style="vertical-align:middle">{{i + 1}}</td>
    <td style="vertical-align:middle">{{item.name}}</td>
    <td style="vertical-align:middle">{{item.category}}</td>
    <td style="vertical-align:middle">
        {{item.price | addTax:(taxRate || 0) }}
    </td>
    <td class="text-xs-center">
        <button class="btn btn-danger btn-sm"
            (click)="deleteProduct(item.id)">
            Delete
        </button>
    </td>
</tr>
</table>
```

出于多样化的目的，将税率完全定义在模板中。select 元素使用一个绑定，将一个名为 taxRate or 的组件变量设置为 value 属性值。如果没有定义 value 属性，那么这个 taxRate 变量的默认值为 0。event 绑定处理了 change 事件，并设置了 taxRate 属性的值。因为使用 ngModel 指令时无法指定一个后备值，所以将绑定拆分成两部分。

在应用自定义管道时，使用了竖线字符，然后紧跟一个由管道装饰器的 name 属性指定的值。管道名称的后面紧跟着一个冒号，后面跟着一个表达式，这个表达式的值为管道提供了参数。在这个例子中，taxRate 属性一旦定义即可使用，后备值为 0。

管道是 Angular 数据绑定的动态特性的组成部分，当底层的数据值发生变化时，或者当参数表达式发生变化时，可以调用管道的 transform 方法来获得一个更新后的值。管道的动态特性可以通过修改 select 元素显示的值观察，修改 select 元素值后，将会定义或修改 taxRate 属性，然后会更新自定义管道累加到 price 属性的值，如图 18-4 所示。

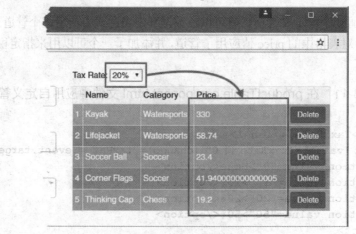

图 18-4　使用自定义管道

18.3.3 组合管道

addTax 管道应用了税率,但是计算所产生的小数部分不够美观,也没有太大意义,因为很少有税务部门会在意货币值小数点后 15 位的内容。

为了解决这个问题,可以为自定义管道增加根据货币格式来格式化数值的功能,但是这样做需要复制本章早先使用的内置 currency 管道的功能。更好的方法是组合两个管道的功能,这样,自定义的 addTax 管道的输出将作为内置 currency 管道的输入,最终生成向用户显示的值。

通过使用竖线字符,可以将多个管道链接起来,并且管道的名称是按照数据流动的顺序指定的,如代码清单 18-12 所示。

代码清单 18-12　在 productTable.component.html 文件中组合管道

```
...
<td style="vertical-align:middle">
    {{item.price | addTax:(taxRate || 0) | currency:"USD":true }}
</td>
...
```

item.price 属性的值被传递给 addTax 管道,addTax 管道累加了销售税,然后将结果值传递给 currency 管道,currency 管道将这个数值格式化为货币格式,如图 18-5 所示。

图 18-5　对管道的功能进行组合

18.3.4 创建非纯管道

使用 pure 装饰器属性可以让 Angular 知道应该在什么时候调用管道的 transform 方法。pure 属性的默认值是 true,表示只有当输入值(也即模板中竖线前面的数据值)发生改变,或者一个或多个参数值被修改时,Angular 才会使管道的 transform 方法产生一个新的值。这种管道被称为纯(pure)管道，因为这种管道没有独立的内部状态，这个管道使用的全部数据均可以使用 Angular 变更检测过程进行管理。

将 pure 装饰器属性设置为 false 会产生一种非纯(impure)管道，此时 Angular 会让管道拥有自己的状态数据，或者让 Angular 知道管道依赖这样的数据：当这些数据产生新的值时，Angular 变更检测过程无法检出这些变更。

当 Angular 执行变更检测过程时，它将非纯管道视为一个自主的数据源，并且会调用 transform 方法，即使数据值或参数没有发生变更。

非纯管道最常见的用法是处理数组元素发生变更的数组内容。正如第 16 章所示，Angular 无法自动检测到发生在数组内部的变更，因此无法在添加、编辑、删除数组元素的情况下调用纯管道的 transform 方法，因为 Angular 只能看到同一个数组对象被用作输入数据值。

■ 警告：
应节制使用非纯管道，因为无论应用程序中是否发生了数据变更或用户交互，Angular 都必须调用 transform 方法，以防管道生成一个不同的结果。如果创建了一个非纯管道，那么应尽可能地简化这个管道。执行复杂的操作，比如对一个数组进行排序，都会严重影响 Angular 应用程序的性能。

为了演示这项技术，在 app 文件夹中添加一个名为 categoryFilter.pipe.ts 的文件，并在文件中定义管道，如代码清单 18-13 所示。

代码清单 18-13　app 文件夹中 categoryFilter.pipe.ts 文件的内容

```
import { Pipe } from "@angular/core";
import { Product } from "./product.model";
@Pipe({
    name: "filter",
    pure: true
})
export class PaCategoryFilterPipe {
    transform(products: Product[], category: string): Product[] {
        return category == undefined ?
            products : products.filter(p => p.category == category);
    }
}
```

这个纯过滤器可以接受一个 Product 对象数组，只返回那些 category 属性能够与 category 参数相匹配的对象。代码清单 18-14 说明了如何在 Angular 模块中注册新管道。

代码清单 18-14　在 app.module.ts 文件中注册新管道

```
import { NgModule } from "@angular/core";
import { BrowserModule } from "@angular/platform-browser";
import { ProductComponent } from "./component";
import { FormsModule, ReactiveFormsModule } from "@angular/forms";
```

第 18 章 ■ 使用和创建管道

```
import { PaAttrDirective } from "./attr.directive";
import { PaModel } from "./twoway.directive";
import { PaStructureDirective } from "./structure.directive";
import { PaIteratorDirective } from "./iterator.directive";
import { PaCellColor } from "./cellColor.directive";
import { PaCellColorSwitcher } from "./cellColorSwitcher.directive";
import { ProductTableComponent } from "./productTable.component";
import { ProductFormComponent } from "./productForm.component";
import { PaToggleView } from "./toggleView.component";
import { PaAddTaxPipe } from "./addTax.pipe";
import { PaCategoryFilterPipe } from "./categoryFilter.pipe";
@NgModule({
    imports: [BrowserModule, FormsModule, ReactiveFormsModule],
    declarations: [ProductComponent, PaAttrDirective, PaModel,
        PaStructureDirective, PaIteratorDirective,
        PaCellColor, PaCellColorSwitcher, ProductTableComponent,
        ProductFormComponent, PaToggleView, PaAddTaxPipe,
        PaCategoryFilterPipe],
    bootstrap: [ProductComponent]
})
export class AppModule { }
```

代码清单 18-15 说明了如何在绑定表达式中应用新的管道，这个绑定表达式使用了 nfFor 指令和一个新的 select 元素来选择过滤器类别。

代码清单 18-15 在 productTable.component.html 文件中应用管道

```
<div>
    <label>Tax Rate:</label>
    <select [value]="taxRate || 0" (change)="taxRate=$event.target.value">
        <option value="0">None</option>
        <option value="10">10%</option>
        <option value="20">20%</option>
        <option value="50">50%</option>
    </select>
</div>
<div>
    <label>Category Filter:</label>
    <select [(ngModel)]="categoryFilter">
        <option>Watersports</option>
        <option>Soccer</option>
        <option>Chess</option>
    </select>
</div>
<table class="table table-sm table-bordered table-striped">
    <tr><th></th><th>Name</th><th>Category</th><th>Price</th><th></th></tr>
    <tr *paFor="let item of getProducts() | filter:categoryFilter;
            let i = index; let odd = odd; let even = even"
        [class.bg-info]="odd" [class.bg-warning]="even">
```

425

```
            <td style="vertical-align:middle">{{i + 1}}</td>
            <td style="vertical-align:middle">{{item.name}}</td>
            <td style="vertical-align:middle">{{item.category}}</td>
            <td style="vertical-align:middle">
                {{item.price | addTax:(taxRate || 0) | currency:"USD":true }}
            </td>
            <td class="text-xs-center">
                <button class="btn btn-danger btn-sm"
                        (click)="deleteProduct(item.id)">
                    Delete
                </button>
            </td>
        </tr>
</table>
```

为了说明问题，我们使用 select 元素来过滤表格中的产品，这样只有那些属于 Soccer 类别的产品才会显示出来。然后使用表单元素来创建 Soccer 类别中一个新的产品。单击 Create 按钮可以将产品添加到数据模型中，但是新产品仍然无法显示在表格中，如图 18-6 所示。

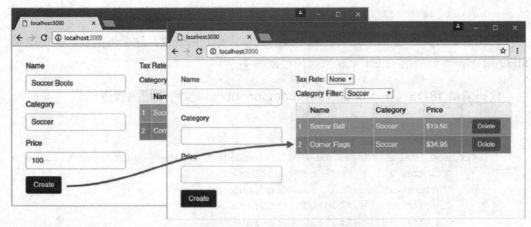

图 18-6　一个纯管道引发的问题

这个表格没有得到更新，因为就 Angular 而言，filter 管道的输入没有发生变化。组件的 getProducts 方法返回了同一个数组对象，categoryFilter 属性仍然被设置为 Soccer。因此，Angular 无法识别出 getProducts 方法返回的数组中是否包含一个新的对象。

为了解决这个问题，可以将管道的 pure 属性设置为 false，如代码清单 18-16 所示。

代码清单 18-16　在 categoryFilter.pipe.ts 文件中将管道设置为非纯管道

```
import { Pipe } from "@angular/core";
import { Product } from "./product.model";
@Pipe({
    name: "filter",
    pure: false
})
```

```
export class PaCategoryFilterPipe {
    transform(products: Product[], category: string): Product[] {
        return category == undefined ?
            products : products.filter(p => p.category == category);
    }
}
```

然后重新进行测试,可以看到新的产品能够正确地显示在表格中,如图 18-7 所示。

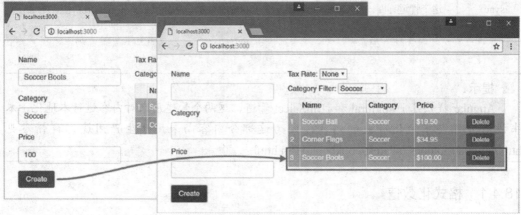

图 18-7　使用非纯管道

18.4　使用内置管道

Angular 包括一组可以执行常见任务的内置管道,表 18-4 描述了这些管道,后面各节给出了使用方法。

表 18-4　内置管道

名称	描述
number	这个管道针对数值执行本地化相关的格式化操作,详情请参见 18.4.1 节"格式化数值"的内容
currency	这个管道针对货币值执行本地化相关的格式化操作,详情请参见 18.4.2 节"格式化货币值"的内容
percent	这个管道针对百分比值执行本地化相关的格式化操作,详情请参见 18.4.3 节"格式化百分比"的内容
date	这个管道针对日期执行本地化相关的格式化操作,详情请参见 18.4.4 节"格式化日期"的内容
uppercase	这个管道可以将字符串中的全部字符转换为大写形式,详情请参见 18.4.5 节"改变字符串大小写"的内容
lowercase	这个管道可以将字符串中的全部字符转换为小写形式,详情请参见 18.4.5 节"改变字符串大小写"的内容

(续表)

名称	描述
json	这个管道将一个对象转换为一个 JSON 字符串，详情请参见 18.4.6 节"将数据序列化为 JSON 数据"的内容
slice	这个管道从一个数组中选择数据项，或者从一个字符串中选择字符，详情请参见 18.4.7 节"将数据数组切片"的内容
async	这个管道订阅一个 Observable 或一个 Promise 对象，并且显示其生成的最新值，第 23 章将介绍这个管道

■ 提示：

Angular 提供了 i18nPlural 和 i18nSelect 管道，这两个管道用来对内容进行本地化。本书没有介绍与本地化有关的内容，因为这部分内容尚未用于生产用途，详情参见 http://angular.io/docs/ts/latest/cookbook/i18n.html。

18.4.1 格式化数值

number 管道使用本地化相关的规则对数值进行了格式化，这需要国际化 API，为此，本章在开始部分添加了一个国际化 polyfill。代码清单 18-17 说明了如何使用 number 管道，还给出了用于指定数值格式的参数。我从模板中删除了自定义管道和相关的 select 元素。

代码清单 18-17　在 productTable.component.html 文件中使用 number 管道

```
<table class="table table-sm table-bordered table-striped">
    <tr><th></th><th>Name</th><th>Category</th><th>Price</th><th></th></tr>
    <tr *paFor="let item of getProducts(); let i = index; let odd = odd;
        let even = even" [class.bg-info]="odd" [class.bg-warning]="even">
        <td style="vertical-align:middle">{{i + 1}}</td>
        <td style="vertical-align:middle">{{item.name}}</td>
        <td style="vertical-align:middle">{{item.category}}</td>
        <td style="vertical-align:middle">{{item.price | number:
            "3.2-2" }}</td>
        <td class="text-xs-center">
            <button class="btn btn-danger btn-sm"
                (click)="deleteProduct(item.id)">
                Delete
            </button>
        </td>
    </tr>
</table>
```

number 管道接受一个单独的参数，这个参数指定格式化结果中包含的数字个数。参数格式如下(注意分隔了数值的句点和连字符，并且注意整个参数都被置于引号内部，就像一

个字符串那样):

`"<minIntegerDigits>.<minFactionDigits>-<maxFractionDigits>"`

表 18-5 描绘了格式化参数的每一个元素。

表 18-5 number 管道参数的元素

名称	描述
minIntegerDigits	这个值指定需要显示的整数值的最少位数,默认值为 1
minFractionDigits	这个值指定小数点后数字的最少位数,默认值为 0
maxFractionDigits	这个值指定小数点后数字的最大位数,默认值为 3

代码清单 18-17 中使用的参数为 "3.2-2",表示在显示数值的整数部分时,至少要显示三位数字,显示数值的小数部分时,则应显示两位数字,因此得到如图 18-8 所示的结果。

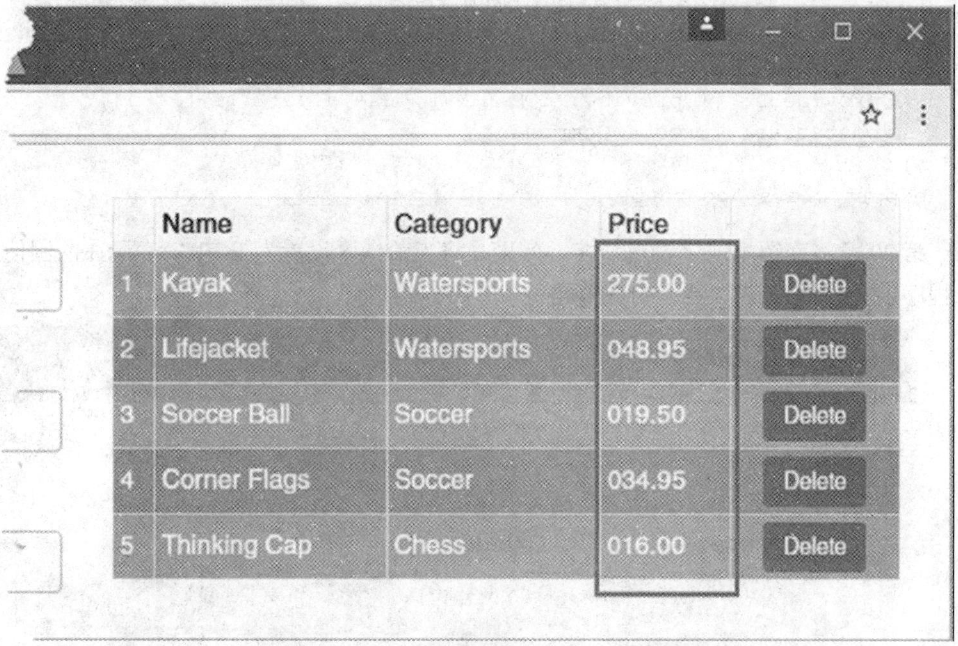

图 18-8 格式化数值

number 管道与所在地区有关,这表明同一个格式化参数会因为用户所处地区不同而产生不同的格式化结果。Angular 应用程序默认使用 en-US 地区,如果需要改变地区设置,需要在根模块中显式地定义该项内容,如代码清单 18-18 所示。

代码清单 18-18 在 pp.module.ts 文件中设置地区

```
import { NgModule } from "@angular/core";
import { BrowserModule } from "@angular/platform-browser";
import { ProductComponent } from "./component";
import { FormsModule, ReactiveFormsModule } from "@angular/forms";
```

```
import { PaAttrDirective } from "./attr.directive";
import { PaModel } from "./twoway.directive";
import { PaStructureDirective } from "./structure.directive";
import { PaIteratorDirective } from "./iterator.directive";
import { PaCellColor } from "./cellColor.directive";
import { PaCellColorSwitcher } from "./cellColorSwitcher.directive";
import { ProductTableComponent } from "./productTable.component";
import { ProductFormComponent } from "./productForm.component";
import { PaToggleView } from "./toggleView.component";
import { PaAddTaxPipe } from "./addTax.pipe";
import { PaCategoryFilterPipe } from "./categoryFilter.pipe";
import { LOCALE_ID } from "@angular/core";
@NgModule({
    imports: [BrowserModule, FormsModule, ReactiveFormsModule],
    declarations: [ProductComponent, PaAttrDirective, PaModel,
        PaStructureDirective, PaIteratorDirective,
        PaCellColor, PaCellColorSwitcher, ProductTableComponent,
        ProductFormComponent, PaToggleView, PaAddTaxPipe,
        PaCategoryFilterPipe],
    providers: [{ provide: LOCALE_ID, useValue: "fr-FR" }],
    bootstrap: [ProductComponent]
})
export class AppModule { }
```

第20章将介绍本地化设置功能，效果是将当前地区设置为fr-FR，表示在法国使用这个程序，并使用法语，显示的数值格式如图18-9所示。

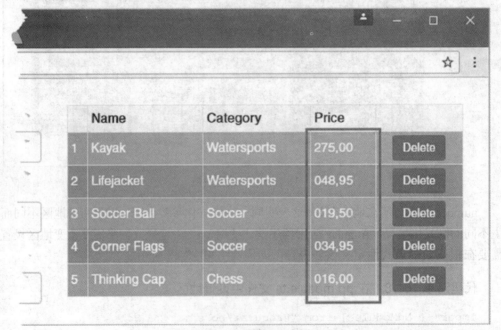

图18-9　本地化相关的格式

18.4.2 格式化货币值

currency 管道可以将 number 值格式化为货币量,代码清单 18-8 使用了 currency 管道。通过使用更多的数值格式,代码清单 18-19 介绍了 currency 管道的其他应用方式。

代码清单 18-19　在 productTable.component.html 文件中使用 currency 管道

```
<table class="table table-sm table-bordered table-striped">
    <tr><th></th><th>Name</th><th>Category</th><th>Price</th><th></th></tr>
    <tr *paFor="let item of getProducts(); let i = index; let odd = odd;
            let even = even"
        [class.bg-info]="odd" [class.bg-warning]="even">
    <td style="vertical-align:middle">{{i + 1}}</td>
    <td style="vertical-align:middle">{{item.name}}</td>
    <td style="vertical-align:middle">{{item.category}}</td>
    <td style="vertical-align:middle">
        {{item.price | currency:"USD":true:"2.2-2" }}
    </td>
    <td class="text-xs-center">
        <button class="btn btn-danger btn-sm"
                (click)="deleteProduct(item.id)">
            Delete
        </button>
    </td>
    </tr>
</table>
```

可以使用三个参数来配置 currency 管道,如表 18-6 所示。

表 18-6　Web 表单可以使用的 currency 管道参数

名称	描述
currencyCode	这个字符串参数使用 ISO 4217 代码指定货币种类。如果省略这个参数,那么默认值为 USD。网页 http://en.wikipedia.org/wiki/ISO_4217 上提供了代码清单
symbolDisplay	如果这个参数值为 true,那么将显示货币符号;如果这个参数值为 false,那么将显示 ISO 4217 货币代码。这个参数的默认值为 false
digitInfo	按照 18.4.1 节"格式化数值"中介绍的内容,这个字符串参数使用 number 管道支持的格式化参数指定数值的格式。

代码清单 18-19 中描述的参数要求管道使用美元符号作为货币符号(其 ISO 代码为 USD),输出应显示货币符号而非货币代码,并且格式化数值的结果应至少包含两位整数,并且只包含两位小数。

这个管道需要使用国际化 API 来获取货币详情,特别是货币符号,但是这个管道不会自动选择用户当前地区设置的默认货币。

因此,货币数值格式和货币符号格式是由应用程序的本地化设置决定的,与管道指定的货币设置无关。这个示例应用程序被配置使用了 fr-FR 代码,因此产生了如图 18-10 所示的结果。

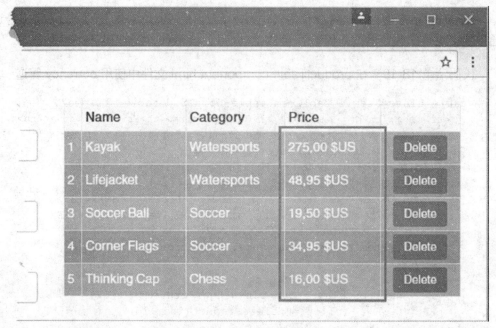

图 18-10 本地化相关的货币格式

为了改变默认的本地化设置,代码清单 18-20 从应用程序的根模块中删除了 fr-FR 设置。

代码清单 18-20 在 app.module.ts 文件中删除本地化设置

```
import { NgModule } from "@angular/core";
import { BrowserModule } from "@angular/platform-browser";
import { ProductComponent } from "./component";
import { FormsModule, ReactiveFormsModule } from "@angular/forms";
import { PaAttrDirective } from "./attr.directive";
import { PaModel } from "./twoway.directive";
import { PaStructureDirective } from "./structure.directive";
import { PaIteratorDirective } from "./iterator.directive";
import { PaCellColor } from "./cellColor.directive";
import { PaCellColorSwitcher } from "./cellColorSwitcher.directive";
import { ProductTableComponent } from "./productTable.component";
import { ProductFormComponent } from "./productForm.component";
import { PaToggleView } from "./toggleView.component";
import { PaAddTaxPipe } from "./addTax.pipe";
import { PaCategoryFilterPipe } from "./categoryFilter.pipe";
//import { LOCALE_ID } from "@angular/core";
@NgModule({
    imports: [BrowserModule, FormsModule, ReactiveFormsModule],
    declarations: [ProductComponent, PaAttrDirective, PaModel,
```

```
        PaStructureDirective, PaIteratorDirective,
        PaCellColor, PaCellColorSwitcher, ProductTableComponent,
        ProductFormComponent, PaToggleView, PaAddTaxPipe,
        PaCategoryFilterPipe],
    //providers: [{ provide: LOCALE_ID, useValue: "fr-FR" }],
    bootstrap: [ProductComponent]
})
export class AppModule { }
```

图 18-11 显示了结果。

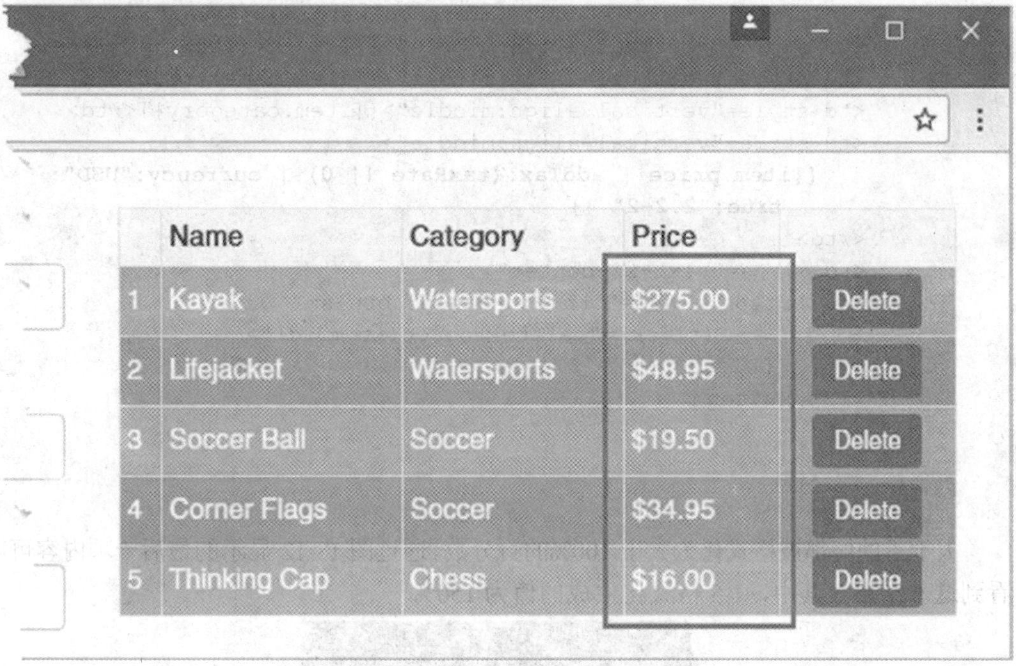

图 18-11　格式化货币值

18.4.3　格式化百分比

percent 管道将数字值格式化为百分比形式，将 0 到 1 之间的数值格式化为 0 到 100% 之间的数值。percent 管道提供了一个可选参数，这个参数使用与 number 管道相同的格式指定数值格式化选项。代码清单 18-21 再次引入自定义销售税过滤器，并且使用 option 元素填充相关的 select 元素。其中，option 元素的内容用百分比过滤器进行了格式化。

代码清单 18-21　在 productTable.component.html 文件中对百分比进行格式化

```
<div>
    <label>Tax Rate:</label>
    <select [value]="taxRate || 0" (change)="taxRate=$event.target.value">
        <option value="0">None</option>
        <option value="10">{{ 0.1 | percent }}</option>
```

```html
            <option value="20">{{ 0.2 | percent }}</option>
            <option value="50">{{ 0.5 | percent }}</option>
            <option value="150">{{ 1.5 | percent }}</option>
        </select>
    </div>
    <table class="table table-sm table-bordered table-striped">
        <tr><th></th><th>Name</th><th>Category</th><th>Price</th><th>
            </th></tr>
        <tr *paFor="let item of getProducts(); let i = index; let odd = odd;
                let even = even"
                [class.bg-info]="odd" [class.bg-warning]="even">
            <td style="vertical-align:middle">{{i + 1}}</td>
            <td style="vertical-align:middle">{{item.name}}</td>
            <td style="vertical-align:middle">{{item.category}}</td>
            <td style="vertical-align:middle">
                {{item.price | addTax:(taxRate || 0) | currency:"USD":
                    true:"2.2-2" }}
            </td>
            <td class="text-xs-center">
                <button class="btn btn-danger btn-sm"
                        (click)="deleteProduct(item.id)">
                    Delete
                </button>
            </td>
        </tr>
    </table>
```

大于 1 的值都被格式化为大于 100%的百分数。通过图 18-12 显示的最后一项内容可以看到这一结果。其中，1.5 格式化生成的值为 150%。

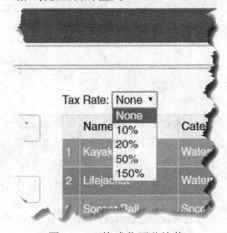

图 18-12　格式化百分比值

百分数的格式化与地区设置是相关的，尽管不同地区之间的区别很微妙。例如，en-US 地区的百分之十，百分号是紧随数字的，但是很多其他地区，包括 fr-FR，显示百分比的时候，在数字和百分号之间有一个空格。

18.4.4 格式化日期

date 管道可以完成与地区相关的日期的格式化。日期可以表达为 JavaScript 的 Date 对象,它是一个以毫秒为单位的 number 值,表示从 1970 年 1 月 1 日开始至 Data 对象表示的时刻为止所流逝的毫秒数;日期也可以表示为一个格式良好的字符串。代码清单 18-22 为 ProductTableComponent 类添加了三个属性,每个属性都使用 date 管道支持的格式对日期进行了编码。

代码清单 18-22 在 productTable.component.ts 文件中定义日期

```typescript
import { Component, Input, ViewChildren, QueryList } from "@angular/core";
import { Model } from "./repository.model";
import { Product } from "./product.model";
@Component({
    selector: "paProductTable",
    templateUrl: "productTable.component.html"
})
export class ProductTableComponent {
    @Input("model")
    dataModel: Model;
    getProduct(key: number): Product {
    return this.dataModel.getProduct(key);
    }
    getProducts(): Product[] {
        return this.dataModel.getProducts();
    }
    deleteProduct(key: number) {
        this.dataModel.deleteProduct(key);
    }
    dateObject: Date = new Date(2020, 1, 20);
    dateString: string = "2020-02-20T00:00:00.000Z";
    dateNumber: number = 1582156800000;
}
```

所有三个属性都描述了同一个日期,也就是 2020 年 2 月 20 日,但是没有指定时间。在代码清单 18-23 中,使用 date 管道来格式化全部三个属性。

代码清单 18-23 在 productTable.component.html 文件中对日期进行格式化

```html
<div class="bg-info m-a-1 p-a-1">
    <div>Date formatted from object: {{ dateObject | date }}</div>
    <div>Date formatted from string: {{ dateString | date }}</div>
    <div>Date formatted from number: {{ dateNumber | date }}</div>
</div>
<table class="table table-sm table-bordered table-striped">
    <tr><th></th><th>Name</th><th>Category</th><th>Price</th><th>
        </th></tr>
```

```
        <tr *paFor="let item of getProducts(); let i = index; let odd = odd;
            let even = even"
        [class.bg-info]="odd" [class.bg-warning]="even">
        <td style="vertical-align:middle">{{i + 1}}</td>
        <td style="vertical-align:middle">{{item.name}}</td>
        <td style="vertical-align:middle">{{item.category}}</td>
        <td style="vertical-align:middle">{{item.price | addTax:(taxRate || 0)
            | currency:"USD":true:"2.2-2" }}
        </td>
        <td class="text-xs-center">
            <button class="btn btn-danger btn-sm" (click)=
            "deleteProduct(item.id)">
                Delete
            </button>
        </td>
    </tr>
</table>
```

这个管道在处理对应的数据类型的过程中，首先解析获得一个日期值，然后对这个日期值进行格式化，如图 18-13 所示。

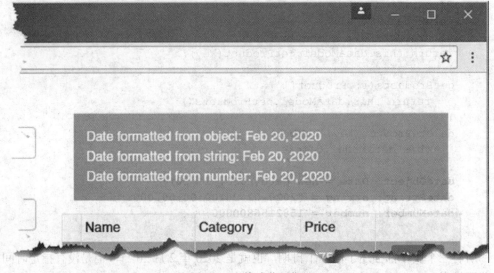

图 18-13　格式化日期

date 管道接受一个单独的参数，用来指定使用的日期格式。使用表 18-7 中描述的符号，可以输出日期的组成部分。

表 18-7　date 管道的格式化符号

名称	描述
y、yy	这些符号用来选择年份
M、MMM、MMMM	这些符号用来选择月份
d、dd	这些符号用来选择某日(作为数值)

(续表)

名称	描述
E、EE、EEEE	这些符号用来选择某日(作为名称)
j、jj	这些符号用来选择小时
h、hh、H、HH	这些符号分别用来以 12 小时制和 24 小时制选择小时
m、mm	这些符号用来选择分钟
s、ss	这些符号用来选择秒
Z	这个符号用来选择时区

表 18-7 给出的符号描述了如何用不同的简写形式来访问日期组件。如果需要在 en-US 地区表示二月份，那么 M 将返回 2，MM 将返回 02，MMM 将返回 Feb，而 MMMM 将返回 February。为了支持常用的日期组合，date 管道还支持预定义的日期格式，表 18-8 描述了这些日期格式。

表 18-8 预定义的 date 管道格式

名称	描述
short	这种格式等价于日期组成部分字符串 yMdjm。这种格式可以用一种比较简洁的格式表示日期，包含时间部分
medium	这种格式等价于日期组成部分字符串 yMMMdjms。这种格式可以用一种更为扩展的格式表示日期，包含时间部分
shortDate	这种格式等价于日期组成部分字符串 yMd。这种格式可以用一种比较简洁的格式表示日期，但是不包含时间部分
mediumDate	这种格式等价于日期组成部分字符串 yMMMd。这种格式可以用一种更为扩展的格式表示日期，但是不包含时间部分
longDate	这种格式等价于日期组成部分字符串 yMMMMd。这种格式可以表示日期，但是不包括时间部分
fullDate	这种格式等价于日期组成部分字符串 yMMMMEEEd。这种格式可以表示完整的日期，但是不包含时间部分
shortTime	这种格式等价于日期组成部分字符串 jm
mediumTime	这种格式等价于日期组成部分字符串 jms

代码清单 18-24 说明了如何使用预先定义的格式作为 date 管道的参数，从而用不同的方式呈现同一个日期。

代码清单 18-24　在 productTable.component.html 文件中格式化日期

```
...
<div class="bg-info m-a-1 p-a-1">
    <div>Date formatted as shortDate: {{ dateObject | date: "shortDate" }}
```

```
        </div>
        <div>Date formatted as mediumDate: {{ dateObject | date: "mediumDate" }}
        </div>
        <div>Date formatted as longDate: {{ dateObject | date:"longDate" }}</div>
    </div>
    ...
```

参数是用字面(literal)字符串指定的。注意格式字符串的大小写要正确，因为 shortDate 将按照表 18-8 中的定义被解释为一种预定义的格式，而 shortdate(注意此处是小写的字母 d)将按照表 18-7 中的定义被解释为一串字符，无法产生有意义的输出。

■ 警告：

日期解析和格式化是一个复杂且耗时的过程。因此，date 管道的 pure 属性值为 true；这样做产生的结果是，对 Date 对象的单个组成部分进行更新不会触发更新。对于绑定中包含的 date 管道所引用的 Date 对象来说，如果需要改变这个 Date 对象显示的日期格式，那么必须改变对这个 Date 对象的引用。

日期格式化与所在地区紧密相关，这表明在不同的地区可能会生成不同的日期组成部分。切勿想当然地认为在一个地区合法的日期格式在另一个地区也具有同样的含义。图 18-14 分别给出了在 en-US 地区和 fr-FR 地区进行了格式化的日期。

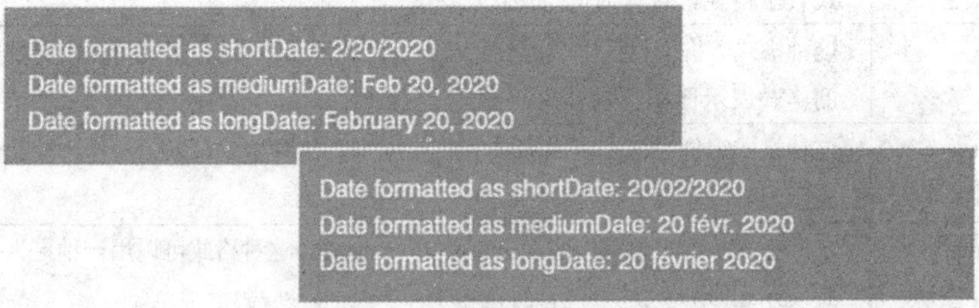

图 18-14　地区相关的日期格式化

18.4.5　改变字符串大小写

uppercase 和 lowercase 管道可以将字符串中的全部字符转换为大写格式或小写格式。代码清单 18-25 描述了如何在产品表格的单元格中应用这两种管道。

代码清单 18-25　在 productTable.component.html 文件中改变字符大小写

```
<table class="table table-sm table-bordered table-striped">
    <tr><th></th><th>Name</th><th>Category</th><th>Price</th><th>
        </th></tr>
    <tr *paFor="let item of getProducts(); let i = index; let odd = odd;
            let even = even"
        [class.bg-info]="odd" [class.bg-warning]="even">
        <td style="vertical-align:middle">{{i + 1}}</td>
        <td style="vertical-align:middle">{{item.name | uppercase }}</td>
```

```
            <td style="vertical-align:middle">{{item.category | lowercase }}
            </td>
            <td style="vertical-align:middle">
                {{item.price | addTax:(taxRate || 0) | currency:"USD":true:
                "2.2-2" }}
            </td>
            <td class="text-xs-center">
                <button class="btn btn-danger btn-sm"
                    (click)="deleteProduct(item.id)">
                        Delete
                </button>
            </td>
    </tr>
</table>
```

上述管道使用了标准的 JavaScript 字符串方法 toUpperCase 和 toLowerCase，这两个方法与本地化设置无关，如图 18-15 所示。

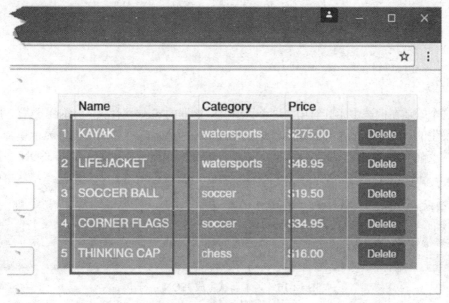

图 18-15　改变字符串大小写

18.4.6　将数据序列化为 JSON 数据

json 管道可以创建数据值的 JSON 表示。这个管道不需要参数，它使用浏览器的 JSON.stringify 方法来创建 JSON 字符串。代码清单 18-26 应用这个管道为数据模型中的对象创建了 JSON 格式的数据表示。

代码清单 18-26　在 productTable.component.html 文件中创建一个 JSON 字符串

```
<div class="bg-info m-a-1 p-a-1">
    <div>{{ getProducts() | json }}</div>
```

```
    </div>
    <table class="table table-sm table-bordered table-striped">
        <tr><th></th><th>Name</th><th>Category</th><th>Price</th><th>
            </th></tr>
        <tr *paFor="let item of getProducts(); let i = index; let odd = odd;
                let even = even"
            [class.bg-info]="odd" [class.bg-warning]="even">
            <td style="vertical-align:middle">{{i + 1}}</td>
            <td style="vertical-align:middle">{{item.name | uppercase }}</td>
            <td style="vertical-align:middle">{{item.category | lowercase }}
            </td>
            <td style="vertical-align:middle">
                {{item.price | addTax:(taxRate || 0) | currency:"USD":true:
                "2.2-2" }}
            </td>
            <td class="text-xs-center">
                <button class="btn btn-danger btn-sm"
                    (click)="deleteProduct(item.id)">
                    Delete
                </button>
            </td>
        </tr>
    </table>
```

这个管道在调试中尤其有用,这个管道的装饰器的 pure 属性值为 false。这样,应用程序中发生的任何变化都会导致调用管道的 transform 方法,这样就确保能够显示集合一级所发生的变化。图 18-16 显示了从示例应用程序的数据模型中的对象生成的 JSON 字符串。

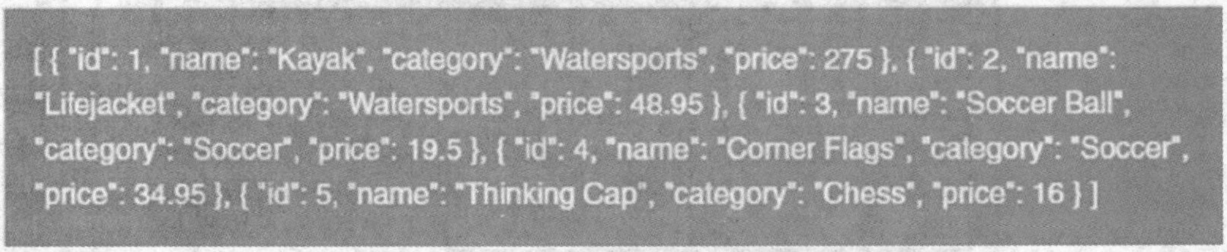

[{ "id": 1, "name": "Kayak", "category": "Watersports", "price": 275 }, { "id": 2, "name": "Lifejacket", "category": "Watersports", "price": 48.95 }, { "id": 3, "name": "Soccer Ball", "category": "Soccer", "price": 19.5 }, { "id": 4, "name": "Corner Flags", "category": "Soccer", "price": 34.95 }, { "id": 5, "name": "Thinking Cap", "category": "Chess", "price": 16 }]

图 18-16 为了调试生成 JSON 字符串

18.4.7 将数据数组切片

slice 管道可以操作一个数组或字符串,并且会返回这个数组或字符串中的一个元素子集或字符子集。slice 管道是一种非纯管道,这表明 slice 管道能够反映所操作的数据对象内部发生的任何变化,同时还表明,应用程序发生任何变化之后,切片操作都将会执行,即使应用程序发生的变化与源数据无关。

需要用两个参数指定 slice 管道选中的对象或字符,表 18-9 描述了这两个参数。

表 18-9 slice 管道参数

名称	描述
start	这个参数必须指定。如果这个参数为正值，那么返回的数组项的起始索引是从数组第一个位置开始计数的。如果这个参数为负值，那么管道是从数组末端开始反向计数的
end	这个参数是可选的，用来确定从 start 索引开始，在返回结果中可以返回直到哪一个索引位置的数据项。如果省略这个参数，那么 start 索引位置之后的全部数据项都将在结果中返回(在 start 参数为负值的情况下就是返回 start 索引位置之前的全部数据项)

代码清单 18-27 说明了如何将 slice 管道与一个 select 元素组合使用，从而确定在产品表格中能够显示多少项产品。

代码清单 18-27　在 productTable.component.html 文件中使用 slice 管道

```
<div>
    <label>Number of items:</label>
    <select [value]="itemCount || 1" (change)="itemCount=
      $event.target.value">
        <option *ngFor="let item of getProducts(); let i = index"
            [value]="i + 1">
            {{i + 1}}
        </option>
    </select>
</div>
<table class="table table-sm table-bordered table-striped">
    <tr><th></th><th>Name</th><th>Category</th><th>Price</th><th>
        </th></tr>
    <tr *paFor="let item of getProducts() | slice:0:(itemCount || 1);
        let i = index; let odd = odd; let even = even"
        [class.bg-info]="odd" [class.bg-warning]="even">
        <td style="vertical-align:middle">{{i + 1}}</td>
        <td style="vertical-align:middle">{{item.name | uppercase }}</td>
        <td style="vertical-align:middle">{{item.category | lowercase }}
        </td>
        <td style="vertical-align:middle">
            {{item.price | addTax:(taxRate || 0) | currency:"USD":true:
              "2.2-2" }}
        </td>
        <td class="text-xs-center">
            <button class="btn btn-danger btn-sm"
                (click)="deleteProduct(item.id)">
                Delete
            </button>
        </td>
    </tr>
</table>
```

select 元素是用 option 元素填充的,而 option 元素是用 ngFor 指令创建的。这个指令并不直接支持迭代特定的次数,因此使用 index 变量来生成需要使用的值。select 元素设置了一个名为 itemCount 的变量,用来充当 slice 管道的第二个参数,代码如下:

```
...
<tr *paFor="let item of getProducts() | slice:0:(itemCount || 1);
    let i = index; let odd = odd; let even = even"
    [class.bg-info]="odd" [class.bg-warning]="even">
...
```

执行上述代码将改变 select 元素所显示的值,从而改变产品表格中能够显示的产品项的数量,如图 18-17 所示。

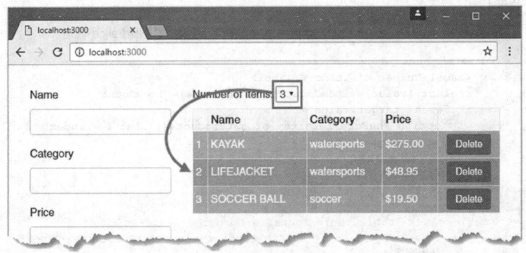

图 18-17 使用 slice 管道

18.5 小结

本章介绍了管道,解释了如何使用管道来转换数据值,从而使数据值能够按照模板格式呈现给用户。本章演示了创建自定义管道的过程,解释了为什么某些管道是纯管道,而某些管道是非纯管道,还演示了 Angular 用于处理常用任务的内置管道。下一章将介绍服务,服务可以用来简化 Angular 应用程序的设计,方便构造块之间的协同。

第 19 章

使用服务

服务(service)是提供了常用功能的对象,这些功能可以支持应用程序中的其他构造块,比如指令、组件以及管道。对于服务来说,最为重要的就是使用的方式,服务是通过一个名为依赖注入(dependency injection)的过程使用的。使用服务可以提高 Angular 应用程序的灵活性和可扩展性,但是依赖注入是一项比较难以理解的技术,包括工作原理和内在价值。为了讲解清楚,本章比较细致地解释了服务存在的问题,以及依赖注入如何解决这些问题,还介绍了依赖注入的工作方式,以及为什么应该在项目中使用服务。第 20 章将介绍 Angular 为服务提供的一些更先进功能。表 19-1 介绍了与服务有关的背景。

表 19-1 服务的背景

问题	答案
服务是什么?	服务是定义了其他构造块所需功能的对象,这些构造块包括组件或指令。服务与一般对象的不同之处在于:服务是通过一个外部提供程序被构造块使用的,而不是构造块用 new 关键词直接创建的,构造块也不能通过一个输入属性接收服务
服务有什么作用?	服务简化了应用程序的结构,方便了迁移或复用程序的功能,并且便于隔离构造块以进行有效的单元测试
如何使用服务?	通过使用构造函数参数,类声明了对服务的依赖,然后根据为应用程序配置的服务的集合,对构造函数的参数进行解析。服务是应用了 @Injectable 装饰器的类
服务是否存在陷阱或限制?	依赖注入是一种具有争论性的技术,并不是所有的开发人员都喜欢使用依赖注入。如果不打算进行单元测试,或者应用程序相对比较简单,那么为了实现依赖注入而付出的代价可能会超过从依赖注入获得的收益
服务是否存在替代方案?	服务和依赖注入是避免不了的,这是因为:Angular 使用服务和依赖注入为访问 Angular 内置功能提供了访问手段。但是我们不必为自己开发的自定义功能定义服务,即使喜欢这样做也不需要

表 19-2 给出了本章内容摘要。

表 19-2 本章内容摘要

问题	解决办法	代码清单编号
避免手动分发共享对象	使用服务	1~14、21~28
声明一个对某个服务的依赖	增加一个构造函数参数,参数类型为需要使用的服务类型	15~20

19.1 准备示例项目

本章将继续使用从第 11 章以来一直使用的示例项目。为了准备本章使用的示例项目,需要从产品表格的数据绑定表达式中删除大多数管道,还要删除用来确定显示产品种类数量的 select 元素,具体参见代码清单 19-1。

代码清单 19-1 从 productTable.component.html 文件中删除管道

```html
<table class="table table-sm table-bordered table-striped">
    <tr><th></th><th>Name</th><th>Category</th><th>Price</th><th>
        </th></tr>
    <tr *paFor="let item of getProducts(); let i = index;
                let odd = odd; let even = even"
        [class.bg-info]="odd" [class.bg-warning]="even">
        <td style="vertical-align:middle">{{i + 1}}</td>
        <td style="vertical-align:middle">{{item.name}}</td>
        <td style="vertical-align:middle">{{item.category}}</td>
        <td style="vertical-align:middle">
            {{item.price | currency:"USD":true }}
        </td>
        <td class="text-xs-center">
            <button class="btn btn-danger btn-sm"
                (click)="deleteProduct(item.id)">
                Delete
            </button>
        </td>
    </tr>
</table>
```

在 example 文件夹中运行以下命令,启动 TypeScript 编译器和 HTTP 开发服务器:

```
npm start
```

此时将打开一个新的浏览器标签页,显示如图 19-1 所示的内容。

第 19 章 ■ 使 用 服 务

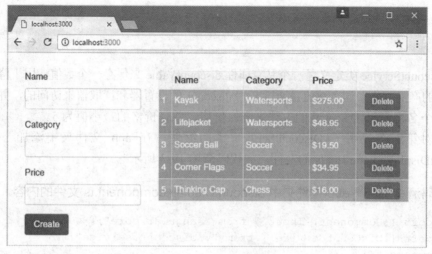

图 19-1　运行示例应用程序

19.2　理解对象分发问题

在第 17 章，为项目增加了组件，从而打破了应用程序的单体结构。为此，使用输入属性和输出属性将组件连接起来，使用宿主元素(host elements)在 Angular 的父组件和子组件之间搭起一座桥梁。第 17 章还说明了如何查询模板的内容来获得子视图(view children)，从而补充在第 16 章描述的子内容(content children)功能。

如果应用得当，这些用来协调指令和组件的技术是非常有用的，而且功能强大。这些技术最终也可以在应用程序中充当分发共享对象的通用工具，不过，也因此会导致应用程序的复杂性提高，使得组件被紧密绑定在一起。

19.2.1　问题的提出

为了说明这个问题，需要在项目中添加一个共享对象，以及两个使用此共享对象的组件。首先，在 app 文件夹中创建一个名为 discount.service.ts 的文件，并在文件中定义如代码清单 19-2 所示的类。本章后面将解释文件名中 service 部分的重要性。

代码清单 19-2　app 文件夹中 discount.service.ts 文件的内容

```
export class DiscountService {
    private discountValue: number = 10;
    public get discount(): number {
        return this.discountValue;
    }
    public set discount(newValue: number) {
        this.discountValue = newValue || 0;
    }
    public applyDiscount(price: number) {
```

445

```
        return Math.max(price - this.discountValue, 5);
    }
}
```

DiscountService 类定义了一个私有属性 discountValue 来保存一个数值，用于降低数据模型中的产品价格。这个数值是通过名为 discount 的设置器和读取器来访问的，并且可以通过一个名为 applyDiscount 的方法来降低价格，并且价格的最小值为 5。

针对第一个使用了 DiscountService 类的组件，在 app 文件夹中添加一个名为 discountDisplay.component.ts 的文件，如代码清单 19-3 所示。

代码清单 19-3　app 文件夹中 discountDisplay.component.ts 文件的内容

```
import { Component, Input } from "@angular/core";
import { DiscountService } from "./discount.service";
@Component({
    selector: "paDiscountDisplay",
    template: `<div class="bg-info p-a-1">
                The discount is {{discounter.discount}}
            </div>`
})
export class PaDiscountDisplayComponent {
    @Input("discounter")
    discounter: DiscountService;
}
```

DiscountDisplayComponent 使用一个内联的模板来显示折扣总额，折扣总额是从 DiscountService 对象获取的，而 DiscountService 对象是通过一个 input 属性接收的。

针对第二个使用了 DiscountService 类的组件，在 app 文件夹中添加一个名为 discountEditor.component.ts 的文件，并在此文件中添加如代码清单 19-4 所示的代码。

代码清单 19-4　app 文件夹中 discountEditor.component.ts 文件的内容

```
import { Component, Input } from "@angular/core";
import { DiscountService } from "./discount.service";
@Component({
    selector: "paDiscountEditor",
    template: `<div class="form-group">
                <label>Discount</label>
                <input [(ngModel)]="discounter.discount"
                    class="form-control" type="number" />
            </div>`
})
export class PaDiscountEditorComponent {
    @Input("discounter")
    discounter: DiscountService;
}
```

DiscountEditorComponent 使用了一个内联模板，这个模板包含一个 input 元素，可以用来编辑折扣总额。input 元素双向绑定了 DiscountService.discount 属性，这个属性的目标是 ngModel 指令。代码清单 19-5 给出了 Angular 模块中启用的新组件。

代码清单 19-5　在 app.module.ts 文件中启用组件

```
import { NgModule } from "@angular/core";
import { BrowserModule } from "@angular/platform-browser";
import { ProductComponent } from "./component";
import { FormsModule, ReactiveFormsModule } from "@angular/forms";
import { PaAttrDirective } from "./attr.directive";
import { PaModel } from "./twoway.directive";
import { PaStructureDirective } from "./structure.directive";
import { PaIteratorDirective } from "./iterator.directive";
import { PaCellColor } from "./cellColor.directive";
import { PaCellColorSwitcher } from "./cellColorSwitcher.directive";
import { ProductTableComponent } from "./productTable.component";
import { ProductFormComponent } from "./productForm.component";
import { PaAddTaxPipe } from "./addTax.pipe";
import { PaCategoryFilterPipe } from "./categoryFilter.pipe";
import { PaDiscountDisplayComponent } from "./discountDisplay.component";
import { PaDiscountEditorComponent } from "./discountEditor.component";
@NgModule({
    imports: [BrowserModule, FormsModule, ReactiveFormsModule],
    declarations: [ProductComponent, PaAttrDirective, PaModel,
        PaStructureDirective, PaIteratorDirective,
        PaCellColor, PaCellColorSwitcher, ProductTableComponent,
        ProductFormComponent, PaAddTaxPipe, PaCategoryFilterPipe,
        PaDiscountDisplayComponent, PaDiscountEditorComponent],
    bootstrap: [ProductComponent]
})
export class AppModule { }
```

为了让新组件工作，需要将其添加到父组件的模板中。我打算将新的内容放置到显示产品列表的表格的下方，因此需要按照代码清单 19-6 来编辑 productTable.component.html 文件。

代码清单 19-6　在 productTable.component.html 文件中添加组件元素

```
<table class="table table-sm table-bordered table-striped">
    <tr><th></th><th>Name</th><th>Category</th><th>Price</th><th>
        </th></tr>
    <tr *paFor="let item of getProducts(); let i = index;
            let odd = odd; let even = even"
        [class.bg-info]="odd" [class.bg-warning]="even">
        <td style="vertical-align:middle">{{i + 1}}</td>
        <td style="vertical-align:middle">{{item.name}}</td>
        <td style="vertical-align:middle">{{item.category}}</td>
        <td style="vertical-align:middle">
            {{item.price | currency:"USD":true }}
```

```
            </td>
            <td class="text-xs-center">
                <button class="btn btn-danger btn-sm"
                        (click)="deleteProduct(item.id)">
                    Delete
                </button>
            </td>
        </tr>
    </table>
    <paDiscountEditor [discounter]="discounter"></paDiscountEditor>
    <paDiscountDisplay [discounter]="discounter"></paDiscountDisplay>
```

这些元素对应于组件的 selector 属性，如代码清单 19-3 和代码清单 19-4 所示，并且使用数据绑定来设置输入属性的值。最后一步是在父组件中创建一个对象，用来为数据绑定表达式提供值，如代码清单 19-7 所示。

代码清单 19-7　在 productTable.component.ts 文件中创建共享对象

```
import { Component, Input, ViewChildren, QueryList } from "@angular/core";
import { Model } from "./repository.model";
import { Product } from "./product.model";
import { DiscountService } from "./discount.service";
@Component({
    selector: "paProductTable",
    templateUrl: "productTable.component.html"
})
export class ProductTableComponent {
    discounter: DiscountService = new DiscountService();
    @Input("model")
    dataModel: Model;
    getProduct(key: number): Product {
        return this.dataModel.getProduct(key);
    }
    getProducts(): Product[] {
        return this.dataModel.getProducts();
    }
    deleteProduct(key: number) {
        this.dataModel.deleteProduct(key);
    }
    dateObject: Date = new Date(2020, 1, 20);
    dateString: string = "2020-02-20T00:00:00.000Z";
    dateNumber: number = 1582156800000;
}
```

图 19-2 显示了来自新组件的内容。如果一个组件提供的 input 元素值发生变化，那么这个变化将反映到其他组件提供的字符串插入绑定中，这反映了共享的 DiscountService 对象的使用，还反映了其折扣属性的使用。

图 19-2　为示例应用程序添加组件

直到最后一步之前，添加新组件和共享对象的过程都是直接且合乎逻辑的。当必须创建和分发共享对象(也即 DiscountService 类的实例)时，问题就出现了。

因为 Angular 将组件彼此隔离开来，所以没有办法直接在 DiscountEditorComponent 和 DiscountDisplayComponent 之间共享 DiscountService 对象。每一个组件都可以创建自己的 DiscountService 对象，但是这样做会导致编辑器组件中的修改无法在显示组件中显示出来。

这就是为什么要在产品表格组件中创建 DiscountService 对象的原因，产品表格组件是折扣编辑器和显示组件的第一个共同祖先。这样可以让我们在产品表格组件的模板中分发 DiscountService 对象，从而确保一个对象能够在全体需要使用这个对象的组件之间共享。

但是这样做仍然存在不少问题。第一个问题是 ProductTableComponent 类并不真正需要或使用一个 DiscountService 对象来发布其自身功能。它只不过恰好是确实需要这个对象的组件的第一个共同祖先。在 ProductTableComponent 类中创建共享对象会导致这个类略微复杂，也会稍微提高测试的难度。虽然这里只是适度提高了复杂度，但是应用程序所需的每一个共享对象都会导致复杂度的提高，而一个复杂应用程序需要使用大量的共享对象。对于所有需要使用共享对象的组件来说，每一个共享对象都必须是这些组件的类的第一个共同祖先所创建的。

第一个共同祖先(first common ancestor)这个词也隐含了第二个问题。ProductTableComponent 类恰好是依赖 DiscountService 对象的两个类的父类，但是请想一下，如果打算移动 DiscountEditorComponent，使之显示在表单下方而非表格下方，那么会发生什么情况？此时，需要沿着组件树向上，直到找到一个共同祖先，这个共同祖先就是根组件。然后，再沿着组件树向下，添加输入属性并修改模板，这样每一个中间的组件都可以从其父组件接收 DiscountService 对象，并将 DiscountService 对象传递给这样的子孙组件，这些子孙组件的后代也需要使用 DiscountService 对象。同样的情况适用于那些需要依赖接收一个 DiscountService 对象的指令，任何模板中包含了目标是这个指令的数据绑定的组件都必须确保自己同样是分发链的组成部分。

这样产生的结果就是应用程序中的组件和指令都紧密绑定在一起。如果需要移动一个组件，或在应用程序的一个不同位置复用一个组件，那么就需要完成大量重构工作，并且导致输入属性和数据绑定无法管理。

19.2.2 利用依赖注入将对象作为服务分发

为了给依赖某个对象的类分发对象，还有一种更好的方法，也就是使用依赖注入(dependency injection)，此时对象是从一个外部源提供给类的。Angular 包含了一个内置的依赖注入系统，称为提供程序(provider)，提供程序可以提供来自外部的对象。在下面的各节中，改写了示例应用程序，为了提供 DiscountService 对象，不再需要使用组件层次结构作为对象分发机制。

1. 为服务作准备

通过依赖注入管理和分发的对象被称为服务(service)，这就是为什么给定义了共享对象的类选择名称 DiscountService 的原因，并且将这个类定义在名为 discount.service.ts 的文件中。Angular 使用装饰器@Injectable 来表示服务类，如代码清单 19-8 所示。@Injectable 装饰器没有定义任何配置属性。

代码清单 19-8　在 discount.service.ts 文件中准备一个充当服务的类

```
import { Injectable } from "@angular/core";
@Injectable()
export class DiscountService {
   private discountValue: number = 10;
   public get discount(): number {
      return this.discountValue;
   }
   public set discount(newValue: number) {
      this.discountValue = newValue || 0;
   }
   public applyDiscount(price: number) {
      return Math.max(price - this.discountValue, 5);
   }
}
```

2. 准备依赖组件

类使用构造函数声明了依赖关系。如果 Angular 需要创建类的一个实例，比如找到一个元素，这个元素可以匹配某个组件定义的 selector 属性，那么就检查该组件的构造函数，查看每个参数的类型。然后，Angular 使用已定义的服务来满足依赖关系。依赖注入这个术语的意思是：为了创建新的实例，每个依赖被注入(injected)到构造函数中。

第 19 章 ■ 使 用 服 务

对于示例应用程序来说，这意味着依赖 DiscountService 对象的组件再也不需要输入属性了，组件可以直接声明一个构造函数依赖。代码清单 19-9 在 DiscountDisplayComponent 类中给出了对应的修改。

代码清单 19-9　在 discountDisplay.component.ts 文件中声明一个依赖

```
import { Component, Input } from "@angular/core";
import { DiscountService } from "./discount.service";
@Component({
    selector: "paDiscountDisplay",
    template:`<div class="bg-info p-a-1">
                The discount is {{discounter.discount}}
              </div>`
})
export class PaDiscountDisplayComponent {
    constructor(private discounter: DiscountService) { }
}
```

同样的修改也适用于 DiscountEditorComponent 类。在代码清单 19-10 中，DiscountEditorComponent 类中的输入属性被替换为一个依赖，这个依赖是通过构造函数声明的。

代码清单 19-10　在 discountEditor.component.ts 文件中声明一个依赖

```
import { Component, Input } from "@angular/core";
import { DiscountService } from "./discount.service";
@Component({
    selector: "paDiscountEditor",
    template: `<div class="form-group">
                <label>Discount</label>
                <input [(ngModel)]="discounter.discount"
                    class="form-control" type="number" />
              </div>`
})
export class PaDiscountEditorComponent {
    constructor(private discounter: DiscountService) { }
}
```

这些修改工作量并不算大，但却避免了使用模板和输入属性来分发对象，因此可以得到更为灵活的应用程序。现在可以从产品表格组件中删除 DiscountService 对象了，如代码清单 19-11 所示。

代码清单 19-11　删除 productTable.component.ts 文件中的共享对象

```
import { Component, Input } from "@angular/core";
import { Model } from "./repository.model";
import { Product } from "./product.model";
import { DiscountService } from "./discount.service";
```

```
@Component({
    selector: "paProductTable",
    templateUrl: "productTable.component.html"
})
export class ProductTableComponent {
    //discounter: DiscountService = new DiscountService();
    // ...other methods and properties omitted for brevity...
}
```

因为父组件不再继续通过数据绑定来提供共享对象,所以可以将数据绑定从模型中删除,如代码清单 19-12 所示。

代码清单 19-12　删除 productTable.component.html 文件中的数据绑定

```
<table class="table table-sm table-bordered table-striped">
    <tr><th></th><th>Name</th><th>Category</th><th>Price</th><th>
        </th></tr>
    <tr *paFor="let item of getProducts(); let i = index;
            let odd = odd; let even = even"
        [class.bg-info]="odd" [class.bg-warning]="even">
        <td style="vertical-align:middle">{{i + 1}}</td>
        <td style="vertical-align:middle">{{item.name}}</td>
        <td style="vertical-align:middle">{{item.category}}</td>
        <td style="vertical-align:middle">
            {{item.price | currency:"USD":true }}
        </td>
        <td class="text-xs-center">
            <button class="btn btn-danger btn-sm"
                (click)="deleteProduct(item.id)">
                Delete
            </button>
        </td>
    </tr>
</table>
<paDiscountEditor></paDiscountEditor>
<paDiscountDisplay></paDiscountDisplay>
```

3. 注册服务

最后一项修改是配置依赖注入功能,以便向使用了 DiscountService 对象的组件提供这个对象。为了让整个应用程序都能够使用服务,需要在 Angular 模块中注册服务,如代码清单 19-13 所示。

代码清单 19-13　在 app.module.ts 文件中注册服务

```
import { NgModule } from "@angular/core";
import { BrowserModule } from "@angular/platform-browser";
import { ProductComponent } from "./component";
import { FormsModule, ReactiveFormsModule } from "@angular/forms";
```

```
import { PaAttrDirective } from "./attr.directive";
import { PaModel } from "./twoway.directive";
import { PaStructureDirective } from "./structure.directive";
import { PaIteratorDirective } from "./iterator.directive";
import { PaCellColor } from "./cellColor.directive";
import { PaCellColorSwitcher } from "./cellColorSwitcher.directive";
import { ProductTableComponent } from "./productTable.component";
import { ProductFormComponent } from "./productForm.component";
import { PaAddTaxPipe } from "./addTax.pipe";
import { PaCategoryFilterPipe } from "./categoryFilter.pipe";
import { PaDiscountDisplayComponent } from "./discountDisplay.component";
import { PaDiscountEditorComponent } from "./discountEditor.component";
import { DiscountService } from "./discount.service";
@NgModule({
    imports: [BrowserModule, FormsModule, ReactiveFormsModule],
    declarations: [ProductComponent, PaAttrDirective, PaModel,
        PaStructureDirective, PaIteratorDirective,
        PaCellColor, PaCellColorSwitcher, ProductTableComponent,
        ProductFormComponent, PaAddTaxPipe, PaCategoryFilterPipe,
        PaDiscountDisplayComponent, PaDiscountEditorComponent],
    providers: [DiscountService],
    bootstrap: [ProductComponent]
})
export class AppModule { }
```

@NgModule 装饰器的 providers 属性被设置为一个数组，这个数组的元素是用作服务的类。当前只需要使用一个服务，这个服务是由 DiscountService 类提供的。

将修改保存到应用程序中不会导致应用程序发生任何外观上的改变，但是依赖注入功能可以用来为组件提供它们所需的 DiscountService 对象。

4. 回顾依赖注入变更

Angular 将依赖注入无缝集成到了自身的功能集中。如果 Angular 遇到一个需要使用新构造块的元素，比如一个组件或一个管道，那么当实例化组件或管道时，Angular 会检查类的构造函数，找出已经声明的依赖，然后使用其服务来解析依赖。用来解析依赖的服务集合包括应用程序自定义的服务，例如在代码清单 19-13 中注册的 DiscountService 服务，还包括一组内置的服务，这些服务是由 Angular 提供的，后面章节将介绍这些服务。

利用依赖注入修改先前章节的内容并不会导致应用程序的工作方式发生巨大的变化，甚至不会导致发生任何可见的变化。但是应用程序的聚合方式却大有不同，因为这样做会使应用程序更为灵活。为了说明这一点，最好的方法就是在应用程序的不同位置添加使用了 DiscountService 服务的组件，如代码清单 19-14 所示。

代码清单 19-14　在 productForm.component.html 文件中添加组件

```
<form novalidate [formGroup]="form" (ngSubmit)="submitForm(form)">
    <div class="form-group" *ngFor="let control of form.productControls">
```

```
        <label>{{control.label}}</label>
        <input class="form-control"
          [(ngModel)]="newProduct[control.modelProperty]"
          name="{{control.modelProperty}}"
          formControlName="{{control.modelProperty}}" />
        <ul class="text-danger list-unstyled"
            *ngIf="(formSubmitted || control.dirty) && !control.valid">
          <li *ngFor="let error of control.getValidationMessages()">
            {{error}}
          </li>
        </ul>
    </div>
    <button class="btn btn-primary" type="submit"
      [disabled]="formSubmitted && !form.valid"
      [class.btn-secondary]="formSubmitted && !form.valid">
        Create
    </button>
</form>
<paDiscountEditor></paDiscountEditor>
<paDiscountDisplay></paDiscountDisplay>
```

这些新的元素复制了折扣显示和编辑器组件,因此这些组件可以显示在用于创建新产品的表单的下方,如图 19-3 所示。

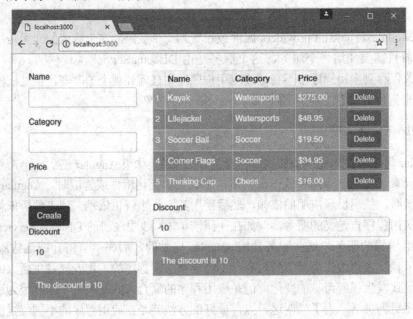

图 19-3 复制使用了依赖的组件

注意两点:首先,使用依赖注入可以简化向一个模板中添加元素的过程,不需要再修改祖先组件来提供一个使用输入属性的 DiscountService 对象。

其次,应用程序中所有声明了针对 DiscountService 的依赖的组件都会收到同一个对象。

如果在某个 input 元素中编辑了 DiscountService 的值，那么相应的修改都会反映到其他 input 元素和字符串插入绑定中，如图 19-4 所示。

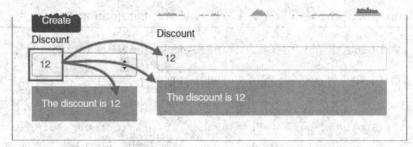

图 19-4　使用一个共享对象来查看依赖是否得到解析

19.2.3　在其他构造块中声明依赖

不仅组件可以声明构造函数依赖，实际上，如果定义了一个服务，那么这个服务还可以得到更为广泛的使用，包括在应用程序的其他构造块中得到应用，例如应用于管道和指令，后面将介绍这些内容。

1. 在管道中声明依赖

管道可以通过定义一个构造函数来声明对服务的依赖，这个构造函数可以用参数定义每一个需要的服务。为了说明这一点，在 app 文件夹中添加一个名为 discount.pipe.ts 的文件，并使用这个文件定义管道，如代码清单 19-15 所示。

代码清单 19-15　app 文件夹中 discount.pipe.ts 文件的内容

```
import { Pipe, Injectable } from "@angular/core";
import { DiscountService } from "./discount.service";
@Pipe({
    name: "discount",
    pure: false
})
export class PaDiscountPipe {
    constructor(private discount: DiscountService) { }
    transform(price: number): number {
        return this.discount.applyDiscount(price);
    }
}
```

PaDiscountPipe 类是一个管道，这个管道接收一个 price，并通过调用 DiscountService.applyDiscount 方法生成一个结果，而服务是通过构造函数接收的。@Pipe 装饰器中的 pure 属性被设置为 false，这表明当 DiscountService 所存储的值发生改变时，需要查询管道以便更新结果，因为 Angular 的变更检测过程无法识别 DiscountService 存储的值的变化。

> **提示：**
> 第 18 章解释过，此特性应该谨慎使用，因为这样会导致每次应用程序发生修改时都会调用 transform 方法，而不是当服务发生修改时才调用 transform 方法。

代码清单 19-16 给出了如何在应用程序的 Angular 模块中注册一个新的管道。

代码清单 19-16　在 app.module.ts 文件中注册一个管道

```typescript
import { NgModule } from "@angular/core";
import { BrowserModule } from "@angular/platform-browser";
import { ProductComponent } from "./component";
import { FormsModule, ReactiveFormsModule } from "@angular/forms";
import { PaAttrDirective } from "./attr.directive";
import { PaModel } from "./twoway.directive";
import { PaStructureDirective } from "./structure.directive";
import { PaIteratorDirective } from "./iterator.directive";
import { PaCellColor } from "./cellColor.directive";
import { PaCellColorSwitcher } from "./cellColorSwitcher.directive";
import { ProductTableComponent } from "./productTable.component";
import { ProductFormComponent } from "./productForm.component";
import { PaAddTaxPipe } from "./addTax.pipe";
import { PaCategoryFilterPipe } from "./categoryFilter.pipe";
import { PaDiscountDisplayComponent } from "./discountDisplay.component";
import { PaDiscountEditorComponent } from "./discountEditor.component";
import { DiscountService } from "./discount.service";
import { PaDiscountPipe } from "./discount.pipe";
@NgModule({
    imports: [BrowserModule, FormsModule, ReactiveFormsModule],
    declarations: [ProductComponent, PaAttrDirective, PaModel,
        PaStructureDirective, PaIteratorDirective,
        PaCellColor, PaCellColorSwitcher, ProductTableComponent,
        ProductFormComponent, PaAddTaxPipe, PaCategoryFilterPipe,
        PaDiscountDisplayComponent, PaDiscountEditorComponent,
        PaDiscountPipe],
    providers: [DiscountService],
    bootstrap: [ProductComponent]
})
export class AppModule { }
```

代码清单 19-17 给出了如何将新的管道应用到产品表格的 price 列中。

代码清单 19-17　在 productTable.component.html 文件中应用一个管道

```html
<table class="table table-sm table-bordered table-striped">
    <tr><th></th><th>Name</th><th>Category</th><th>Price</th><th></th></tr>
    <tr *paFor="let item of getProducts(); let i = index;
            let odd = odd; let even = even"
        [class.bg-info]="odd" [class.bg-warning]="even">
        <td style="vertical-align:middle">{{i + 1}}</td>
```

```
        <td style="vertical-align:middle">{{item.name}}</td>
        <td style="vertical-align:middle">{{item.category}}</td>
        <td style="vertical-align:middle">
            {{item.price | discount | currency:"USD":true }}
        </td>
        <td class="text-xs-center">
            <button class="btn btn-danger btn-sm"
                (click)="deleteProduct(item.id)">
                Delete
            </button>
        </td>
    </tr>
</table>
<paDiscountEditor></paDiscountEditor>
<paDiscountDisplay></paDiscountDisplay>
```

discount 管道在处理价格时应用了折扣，然后将价格传递给 currency 管道以完成格式化。通过在一个折扣的 input 元素中改变价格的值，可以看到在管道中使用服务所产生的效果，如图 19-5 所示。

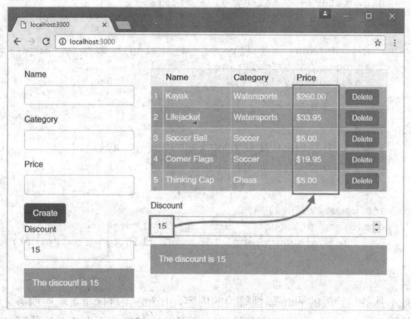

图 19-5　在管道中使用服务

2. 在指令中声明依赖

第 17 章讲过，指令也可以使用服务，组件就是带有模板的指令，所以在组件中能够工作的内容均可在指令中工作。

为了说明如何在一个指令中使用服务，在 app 文件夹中添加一个名为 discountAmount. directive.ts 的文件，并使用这个文件来定义指令，如代码清单 19-18 所示。

代码清单 19-18　app 文件夹中 discountAmount.directive.ts 文件的内容

```typescript
import { Directive, HostBinding, Input,
    SimpleChange, KeyValueDiffer, KeyValueDiffers,
    ChangeDetectorRef } from "@angular/core";
import { DiscountService } from "./discount.service";
@Directive({
    selector: "td[pa-price]",
    exportAs: "discount"
})
export class PaDiscountAmountDirective {
    private differ: KeyValueDiffer<any, any>;
    constructor(private keyValueDiffers: KeyValueDiffers,
        private changeDetector: ChangeDetectorRef,
        private discount: DiscountService) { }
    @Input("pa-price")
    originalPrice: number;
    discountAmount: number;
    ngOnInit() {
        this.differ = this.keyValueDiffers.
            find(this.discount).create(this.changeDetector);
    }
    ngOnChanges(changes: { [property: string]: SimpleChange }) {
        if(changes["originalPrice"] != null) {
            this.updateValue();
        }
    }
    ngDoCheck() {
        if(this.differ.diff(this.discount) != null) {
            this.updateValue();
        }
    }
    private updateValue() {
        this.discountAmount = this.originalPrice
            - this.discount.applyDiscount(this.originalPrice);
    }
}
```

指令并不具备与管道的 pure 属性等价的内容,指令必须直接负责响应服务之间传递的变更。某些服务,如第 24 章描述的内置 Http 服务,支持在变更发生时接收通知。其他的指令,例如这个示例使用的 DiscountService 服务,则需要由指令自身完成这项工作。

这个指令显示了一个产品打折之后的总价。选择器属性匹配的 td 元素包含一个 pa-price 属性,pa-price 属性也充当一个输入属性来接收需要打折的价格。该指令使用 exportAs 属性导出自己的功能,并提供一个名为 discountAmount 的属性,将该产品的折扣设置为 discountAmount 属性的值。

关于这个指令,必须指出两点:首先,discountService 对象并不是指令类中构造函数的唯一参数。

```
...
constructor(private keyValueDiffers: KeyValueDiffers,
            private changeDetector: ChangeDetectorRef,
            private discount: DiscountService) { }
...
```

当 Angular 创建指令类的一个新实例时，Angular 还需要解析 KeyValueDiffers 参数和 ChangeDetectorRef 参数这两个依赖。这些都是 Angular 提供的内置服务的示例，可以用来交付常用的功能。

其次，需要注意的内容是指令如何处理接收到的服务对象。使用 DiscountService 服务的组件和管道无须考虑如何跟踪更新，一方面是因为 Angular 能够对数据绑定表达式自动求值，并且当折扣发生变化时，更新表达式的值(针对组件)；另一方面是因为应用程序中的任何变化都会触发更新(针对非纯管道)。

这个指令的数据绑定是针对 price 属性的，如果 price 属性发生变化，就会触发一个更新，但是 DiscountService 类还定义了一个对 discount 属性的依赖。如果 discount 属性发生变化，那么使用通过构造函数获得的服务就可以检测到这个变化，这一点类似于第 16 章介绍的通过迭代序列跟踪变化的方法，但是现在我们使用的是键/值对(key/value pair)对象，例如 Map 对象，或是定义了这个属性的普通对象，如 DiscountService。当 Angular 调用 ngDoCheck 方法时，指令使用键/值对存在的差异之处，查看是否发生了变化(这种变化检测也可以通过跟踪指令类中发生的变化来处理)。指令还实现了 ngOnChanges 方法，这样就可以响应输入属性值发生的变化。两种类型的更新都需要调用 updateValue 方法来计算折扣价格，并将折扣价格赋予 discountAmount 属性。代码清单 19-19 在应用程序的 Angular 模块中注册了新的指令。

代码清单 19-19　在 app.module.ts 文件中注册一个指令

```
import { NgModule } from "@angular/core";
import { BrowserModule } from "@angular/platform-browser";
import { ProductComponent } from "./component";
import { FormsModule, ReactiveFormsModule } from "@angular/forms";
import { PaAttrDirective } from "./attr.directive";
import { PaModel } from "./twoway.directive";
import { PaStructureDirective } from "./structure.directive";
import { PaIteratorDirective } from "./iterator.directive";
import { PaCellColor } from "./cellColor.directive";
import { PaCellColorSwitcher } from "./cellColorSwitcher.directive";
import { ProductTableComponent } from "./productTable.component";
import { ProductFormComponent } from "./productForm.component";
import { PaAddTaxPipe } from "./addTax.pipe";
import { PaCategoryFilterPipe } from "./categoryFilter.pipe";
import { PaDiscountDisplayComponent } from "./discountDisplay.component";
import { PaDiscountEditorComponent } from "./discountEditor.component";
import { DiscountService } from "./discount.service";
import { PaDiscountPipe } from "./discount.pipe";
import { PaDiscountAmountDirective } from "./discountAmount.directive";
```

```
@NgModule({
    imports: [BrowserModule, FormsModule, ReactiveFormsModule],
    declarations: [ProductComponent, PaAttrDirective, PaModel,
        PaStructureDirective, PaIteratorDirective,
        PaCellColor, PaCellColorSwitcher, ProductTableComponent,
        ProductFormComponent, PaAddTaxPipe, PaCategoryFilterPipe,
        PaDiscountDisplayComponent, PaDiscountEditorComponent,
        PaDiscountPipe, PaDiscountAmountDirective],
    providers: [DiscountService],
    bootstrap: [ProductComponent]
})
export class AppModule { }
```

为了应用新的指令,代码清单 19-20 在表格中添加了新的一列,利用一个字符串插入绑定来访问指令提供的属性,并将其传递给 currency 管道。

代码清单 19-20　在 productTable.component.html 文件中创建新的一列

```
<table class="table table-sm table-bordered table-striped">
    <tr>
        <th></th><th>Name</th><th>Category</th><th>Price</th>
        <th>Discount</th><th></th>
    </tr>
    <tr *paFor="let item of getProducts(); let i = index;
        let odd = odd; let even = even" [class.bg-info]="odd"
        [class.bg-warning]="even">
        <td style="vertical-align:middle">{{i + 1}}</td>
        <td style="vertical-align:middle">{{item.name}}</td>
        <td style="vertical-align:middle">{{item.category}}</td>
        <td style="vertical-align:middle">
            {{item.price | discount | currency:"USD":true }}
        </td>
        <td style="vertical-align:middle" [pa-price]="item.price"
            #discount="discount">
            {{ discount.discountAmount | currency:"USD": true }}
        </td>
        <td class="text-xs-center">
            <button class="btn btn-danger btn-sm"
                (click)="deleteProduct(item.id)">
                Delete
            </button>
        </td>
    </tr>
</table>
<paDiscountEditor></paDiscountEditor>
<paDiscountDisplay></paDiscountDisplay>
```

指令可以为 textContent 属性创建一个宿主绑定来设置其宿主元素的内容,但是这样会导致无法使用 currency 管道。替代方法是将指令赋予 discount 模板变量,然后在字符串插入绑定中使用指令来访问并格式化 discountAmount 值。图 19-6 显示了这样做的结果。如果折扣编辑器中任何一个 input 元素的折扣值发生变化，那么都会反映到新的表格列中。

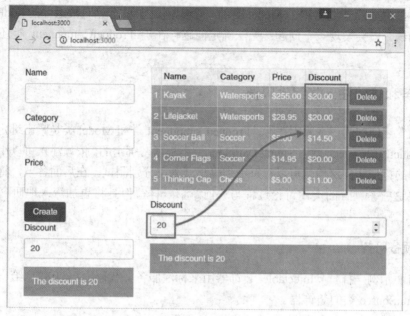

图 19-6　在一个指令中使用服务

19.3　理解测试隔离问题

示例应用程序包含一个可以利用服务和依赖注入解决的有关问题。考虑一下如何在根组件中创建 Model 类：

```
import { ApplicationRef, Component } from "@angular/core";
import { Model } from "./repository.model";
import { Product } from "./product.model";
import { ProductFormGroup } from "./form.model";
@Component({
    selector: "app",
    templateUrl: "template.html"
})
export class ProductComponent {
    model: Model = new Model();
    addProduct(p: Product) {
        this.model.saveProduct(p);
    }
}
```

根组件被定义为 ProductComponent 类，它通过创建一个 Model 类的实例为自己的 model 属性设置了一个值。这种方法确实管用，而且是一种完美、合法的对象创建方法，但是这种方法难以有效地执行单元测试。

单元测试只有在将程序的一个较小组成部分与应用程序隔离开来,并且集中关注这个较小组成部分的情况下,才会取得较好的效果。但是在创建 ProductComponent 类的一个实例时,也就隐式地创建了 Model 类的一个实例。如果打算对根组件的 addProduct 方法运行测试,就会发现一个问题:无法确定问题存在于 ProductComponent 类还是存在于 Model 类。

使用服务和依赖注入将组件隔离

出现上述问题的根本原因在于,ProductComponent 类和 Model 类是紧密绑定的,这就导致 ProductComponent 类与 SimpleDataSource 类是紧密绑定的。依赖注入可以用来分离应用程序中的构造块,这样就可以将每个类隔离开来,分别测试。在后面各节,将依次介绍如何分离这些紧耦合的类,讨论过程与先前章节一样,但是将更加深入地研究示例应用程序。

1. 预备服务

与前面示例一样,@Injectable 装饰器用来标注服务。代码清单 19-21 给出了应用于 SimpleDataSource 类的装饰器。

代码清单 19-21 在 datasource.model.ts 文件中注解一个服务

```
import { Injectable } from "@angular/core";
import { Product } from "./product.model";
@Injectable()
export class SimpleDataSource {
   private data:Product[];
   constructor() {
      this.data = new Array<Product>(
         new Product(1, "Kayak", "Watersports", 275),
         new Product(2, "Lifejacket", "Watersports", 48.95),
         new Product(3, "Soccer Ball", "Soccer", 19.50),
         new Product(4, "Corner Flags", "Soccer", 34.95),
         new Product(5, "Thinking Cap", "Chess", 16));
   }
   getData(): Product[] {
      return this.data;
   }
}
```

不用再做其他任何修改了。代码清单 19-22 给出了应用于数据仓库的同一个装饰器。因为这个类依赖 SimpleDataSource 类,所以它将 SimpleDataSource 声明为一个构造函数依赖,而不是直接创建一个 SimpleDataSource 实例。

代码清单19-22　在 repository.model.ts 文件中注解一个服务并声明一个依赖

```
import { Injectable } from "@angular/core";
import { Product } from "./product.model";
import { SimpleDataSource } from "./datasource.model";
@Injectable()
export class Model {
    //private dataSource: SimpleDataSource;
    private products: Product[];
    private locator = (p:Product, id:number) => p.id == id;
    constructor(private dataSource: SimpleDataSource) {
        //this.dataSource = new SimpleDataSource();
        this.products = new Array<Product>();
        this.dataSource.getData().forEach(p => this.products.push(p));
    }
    // ...other members omitted for brevity...
}
```

在上述代码清单中，重要之处在于：服务同样可以声明对其他服务的依赖。当 Angular 创建某个服务类的一个新的实例时，Angular 将检查构造函数，并且试图解析服务，方法与处理组件或指令时采用的方法是一样的。

2. 注册服务

服务必须进行注册，这样 Angular 才能知道如何解析对服务的依赖，如代码清单 19-23 所示。

代码清单19-23　在 app.module.ts 文件中注册服务

```
import { NgModule } from "@angular/core";
import { BrowserModule } from "@angular/platform-browser";
import { ProductComponent } from "./component";
import { FormsModule, ReactiveFormsModule } from "@angular/forms";
import { PaAttrDirective } from "./attr.directive";
import { PaModel } from "./twoway.directive";
import { PaStructureDirective } from "./structure.directive";
import { PaIteratorDirective } from "./iterator.directive";
import { PaCellColor } from "./cellColor.directive";
import { PaCellColorSwitcher } from "./cellColorSwitcher.directive";
import { ProductTableComponent } from "./productTable.component";
import { ProductFormComponent } from "./productForm.component";
import { PaAddTaxPipe } from "./addTax.pipe";
import { PaCategoryFilterPipe } from "./categoryFilter.pipe";
import { PaDiscountDisplayComponent } from "./discountDisplay.component";
import { PaDiscountEditorComponent } from "./discountEditor.component";
import { DiscountService } from "./discount.service";
import { PaDiscountPipe } from "./discount.pipe";
import { PaDiscountAmountDirective } from "./discountAmount.directive";
import { SimpleDataSource } from "./datasource.model";
```

```
import { Model } from "./repository.model";
@NgModule({
    imports: [BrowserModule, FormsModule, ReactiveFormsModule],
    declarations: [ProductComponent, PaAttrDirective, PaModel,
        PaStructureDirective, PaIteratorDirective,
        PaCellColor, PaCellColorSwitcher, ProductTableComponent,
        ProductFormComponent, PaAddTaxPipe, PaCategoryFilterPipe,
        PaDiscountDisplayComponent, PaDiscountEditorComponent,
        PaDiscountPipe, PaDiscountAmountDirective],
    providers: [DiscountService, SimpleDataSource, Model],
    bootstrap: [ProductComponent]
})
export class AppModule { }
```

3. 准备依赖组件

根组件并没有直接创建一个 Model 对象,而是声明一个构造函数依赖,应用程序启动时,Angular 使用依赖注入来解析这个依赖,如代码清单 19-24 所示。

代码清单 19-24　在 component.ts 文件中声明一个服务依赖

```
import { ApplicationRef, Component } from "@angular/core";
import { Model } from "./repository.model";
import { Product } from "./product.model";
import { ProductFormGroup } from "./form.model";
@Component({
    selector: "app",
    templateUrl: "template.html"
})
export class ProductComponent {
    //model: Model = new Model();
    constructor(private model: Model) { }
    addProduct(p: Product) {
        this.model.saveProduct(p);
    }
}
```

现在,Angular 必须解析一个依赖链。当应用程序启动时,Angular 模型指定 ProductComponent 类需要使用一个 Model 对象。Angular 检查 Model 类,发现它需要一个 SimpleDataSource 对象。Angular 检查 SimpleDataSource 对象后,发现它没有声明依赖,因此知道这就是依赖链的末端。Angular 创建一个 SimpleDataSource 对象,并将其当做一个参数传递给 Model 类的构造函数,创建一个 Model 对象,然后将这个 Model 对象传递给 ProductComponent 类的构造函数,从而创建一个作为根组件的对象。所有这些都是自动完成的,并且是基于每个类的构造函数的定义和@Injectable 装饰器的使用自动完成的。

这些改变并没有在应用程序运行过程中产生任何可见的变化,但是却为单元测试提供了一种完全不同的执行方式。ProductComponent 类需要使用一个 Model 对象充当构造函数的参数,因此提供了使用 mock 对象的机会。

19.4 完成服务的融入

一旦决定在应用程序中使用服务，使用过程就随即启动，而首要工作就是检查已创建的构造块之间的关系。引入服务的范围(可能是一小部分)则是个人偏好。

在根组件中使用 Model 类是一个比较好的例子。尽管组件实现了一个使用 Model 对象的方法，但这样做是因为组件需要处理来自子组件的自定义事件。根组件使用 Model 对象的唯一原因是需要通过模板将其传递给其他子组件，为此需要借助一个输入属性。

这种情况并不是什么大问题，你可能已经按照个人偏好在一个项目中实现了这样的关联。无论如何，为了进行单元测试，每一个组件都应该可以隔离开来，但是无论存在什么限制，组件之间的关联仍然具有实际意义。组件之间存在的关联才使得应用程序提供的功能具有实际意义。

另一方面，使用的服务越多，项目中的构造块就越容易成为自包容的可重用功能块，随着项目不断完善，它们可以使添加或修改功能的过程更为顺畅。

在这个问题上，没有绝对的正确或错误，必须选择对个人、团队、用户和客户而言最适合的平衡点，其中，最重要的是用户和客户。并不是所有人都愿意使用依赖注入，也不是所有人都会执行单元测试。

我比较喜欢使用依赖注入，并希望尽可能广泛地使用依赖注入。我发现应用程序的最终结构可能与启动新项目时设想的程序结构存在巨大区别，依赖注入提供的灵活性可以帮助我们避免不断地重构应用程序。因此，作为本章的最后一节，我打算推动 Model 服务在应用程序中的应用，打破根组件与其直接子孙组件之间的耦合。

19.4.1 更新根组件和模板

第一项修改是从根组件中删除 Model 对象，还要删除使用 Model 对象的方法，以及模板中将 Model 对象分发给某个子组件的输入属性。代码清单 19-25 给出了对组件类所做的修改。

代码清单 19-25 从 component.ts 文件中删除 Model 对象

```
import { Component } from "@angular/core";
//import { Model } from "./repository.model";
//import { Product } from "./product.model";
//import { ProductFormGroup } from "./form.model";
@Component({
    selector: "app",
    templateUrl: "/template.html"
```

```
})
export class ProductComponent {
    //model: Model = new Model();
    //constructor(private model: Model) { }
    //addProduct(p: Product) {
    // this.model.saveProduct(p);
    //}
}
```

修订后的根组件类没有定义任何功能,只是在自己的模板中提供顶层应用程序的内容。代码清单 19-26 给出了根模板中相应的修改——删除了自定义事件绑定和输入属性。

代码清单 19-26　删除 template.html 文件中的数据绑定

```
<div class="col-xs-4 p-a-1">
    <paProductForm></paProductForm>
</div>
<div class="col-xs-8 p-a-1">
    <paProductTable></paProductTable>
</div>
```

19.4.2　更新子组件

对于用来创建新的 Product 对象的表单来说,提供这个表单的组件依赖根组件来处理其自定义事件和更新模型。如果没有这样的支持,组件现在就必须声明一个 Model 依赖,并且自己完成更新,如代码清单 19-27 所示。

代码清单 19-27　在 productForm.component.ts 文件中直接处理 Model 对象

```
import { Component, Output, EventEmitter, ViewEncapsulation } from "@angular/core";
import { Product } from "./product.model";
import { ProductFormGroup } from "./form.model";
import { Model } from "./repository.model";
@Component({
    selector: "paProductForm",
    templateUrl: "productForm.component.html",
    //styleUrls: ["app/productForm.component.css"],
    //encapsulation: ViewEncapsulation.Emulated
})
export class ProductFormComponent {
    form: ProductFormGroup = new ProductFormGroup();
    newProduct: Product = new Product();
    formSubmitted: boolean = false;
    constructor(private model: Model) { }
    //@Output("paNewProduct")
    //newProductEvent = new EventEmitter<Product>();
    submitForm(form: any) {
```

```
        this.formSubmitted = true;
        if(form.valid) {
            //this.newProductEvent.emit(this.newProduct);
            this.model.saveProduct(this.newProduct);
            this.newProduct = new Product();
            this.form.reset();
            this.formSubmitted = false;
        }
    }
}
```

管理产品对象表格的组件使用一个输入属性从父组件接收一个 Model 对象，但是现在必须通过声明一个构造函数依赖来直接获取这个 Model 对象，如代码清单 19-28 所示。

代码清单 19-28 在 productTable.component.ts 文件中声明一个对 Model 对象的依赖

```
import { Component, Input } from "@angular/core";
import { Model } from "./repository.model";
import { Product } from "./product.model";
import { DiscountService } from "./discount.service";
@Component({
    selector: "paProductTable",
    templateUrl: "productTable.component.html"
})
export class ProductTableComponent {
    //discounter: DiscountService = new DiscountService();
    constructor(private dataModel: Model) { }
    //@Input("model")
    //dataModel: Model;
    getProduct(key: number): Product {
        return this.dataModel.getProduct(key);
    }
    getProducts(): Product[] {
        return this.dataModel.getProducts();
    }
    deleteProduct(key: number) {
        this.dataModel.deleteProduct(key);
    }
    dateObject: Date = new Date(2020, 1, 20);
    dateString: string = "2020-02-20T00:00:00.000Z";
    dateNumber: number = 1582156800000;
}
```

可以看到，在保存全部修改并且浏览器重新加载 Angular 应用程序后，在浏览器窗口中显示了同样的功能，但是功能之间的关联却发生了微妙的变化。现在，每一个组件都通过依赖注入功能获取自己所需的共享对象，而不再通过其父组件来获取自己所需的共享对象。

19.5 小结

本章解释了与依赖注入有关的问题,讲解并演示了使用依赖注入定义服务和使用服务的过程。本章描述了如何使用服务来提高应用程序结构的灵活性,还介绍了依赖注入如何使得隔离构造块成为可能,从而能够有效地提高单元测试的效率。在下一章,将描述 Angular 为使用服务而提供的高级特性。

第 20 章

使用服务提供程序

在前一章介绍了服务,并解释了如何使用依赖注入来分配服务。使用依赖注入时,用来对依赖进行解析的对象是用服务提供程序(service provider)创建的,服务提供程序更常见的称呼是提供程序(provider)。本章将解释提供程序是如何工作的,并描述不同类型的提供程序,演示如何在应用程序的不同部分创建提供程序以改变服务的行为方式。表 20-1 概要介绍了服务提供程序的背景。

表 20-1 服务提供程序的背景

问题	答案
服务提供程序是什么?	服务提供程序是创建服务对象的类。当 Angular 首次解析一个依赖时,服务提供程序将创建服务对象
服务提供程序有什么作用?	服务提供程序可以根据应用程序的需要来裁剪创建服务对象的过程。最简单的服务提供程序仅创建一个指定类的实例,但是其他的服务提供程序也可以用来裁剪创建和配置服务类的方式
如何使用服务提供程序?	服务提供程序是在 Angular 模块的装饰器的 providers 属性中定义的,服务提供程序还可以由组件和指令定义,这样就可以为组件和指令的后代提供服务,20.3 节"使用本地提供程序"讲述了这部分内容
服务提供程序是否存在陷阱或限制?	在使用本地提供程序的过程中,很容易发生无法预期的行为。如果遇到了问题,请检查所创建的本地提供程序的作用域,确保依赖和提供程序使用了同样的令牌(token)
服务提供程序是否存在替代方案?	许多应用程序只需要第 19 章描述的基本依赖注入功能。只有在基本功能无法构建应用程序,并且能够熟练掌握依赖注入的情况下,才需要使用本章介绍的功能

为什么应该考虑忽略本章?

依赖注入在开发人员中引发强烈的反响,产生了两种对立的观点。如果对依赖注入还不了解,并且尚未形成自己的观点,那么可以考虑忽略本章,仅使用第 19 章描述的特性。这是因为本章所描述的内容也是许多开发人员在使用依赖注入的过程中最担心的内容,因此对依赖注入形成了强烈的反对意见。

基本的 Angular 依赖注入功能很容易理解，对简化应用程序编写和维护工作具有直接且明显的优势。本章描述的功能针对依赖注入的工作细节提供了细粒度的控制，但是也有可能导致 Angular 应用程序的复杂度急剧提高，并且最终抵消依赖注入的基本功能所能带来的大多数好处。

如果决定学习全部细节，那么请继续读下去。不过，如果对依赖注入还陌生，那么可以忽略本章，除非第 19 章描述的基本功能无法满足需求。

表 20-2 给出了本章内容摘要。

表 20-2 本章内容摘要

问题	解决办法	代码清单编号
改变服务创建的方式	使用服务提供程序	1~3
使用类来指定服务	使用类提供程序	4~6、10~13
为服务定义任意令牌	使用 OpaqueToken 类	7~9
使用对象来指定服务	使用值提供程序	14~15
使用函数来指定服务	使用工厂提供程序	16~18
使用其他服务来指定服务	使用现有的服务提供程序	19
修改服务的作用范围	使用本地服务提供程序	20~28
对依赖的解析进行控制	使用@Host、@Optional 或@SkipSelf 装饰器	29 和 30

20.1 准备示例项目

与本书这一部分的其他章一样，我打算继续在第 11 章所创建项目的基础上讲解本章内容，前面在第 19 章结束后我们得到了这个项目的最新结果。为了准备本章内容，在 app 文件夹中添加一个名为 log.service.ts 的文件，并在这个文件中定义代码清单 20-1 所示的服务。

代码清单 20-1　app 文件夹中 log.service.ts 文件的内容

```
import { Injectable } from "@angular/core";
export enum LogLevel {
    DEBUG, INFO, ERROR
}
@Injectable()
export class LogService {
    minimumLevel: LogLevel = LogLevel.INFO;
    logInfoMessage(message: string) {
        this.logMessage(LogLevel.INFO, message);
    }
    logDebugMessage(message: string) {
```

```
        this.logMessage(LogLevel.DEBUG, message);
    }
    logErrorMessage(message: string) {
        this.logMessage(LogLevel.ERROR, message);
    }
    logMessage(level: LogLevel, message: string) {
        if(level >= this.minimumLevel) {
            console.log(`Message (${LogLevel[level]}): ${message}`);
        }
    }
}
```

这个服务向浏览器的 JavaScript 控制台输出日志消息，日志消息是根据问题的严重程度分级显示的。本章后面将注册并使用这个服务。

创建服务并保存修改后，在 example 文件夹中运行以下命令，启动 TypeScript 编译器和 HTTP 开发服务器：

```
npm start
```

此时将打开一个新的浏览器窗口，显示如图 20-1 所示的应用程序。

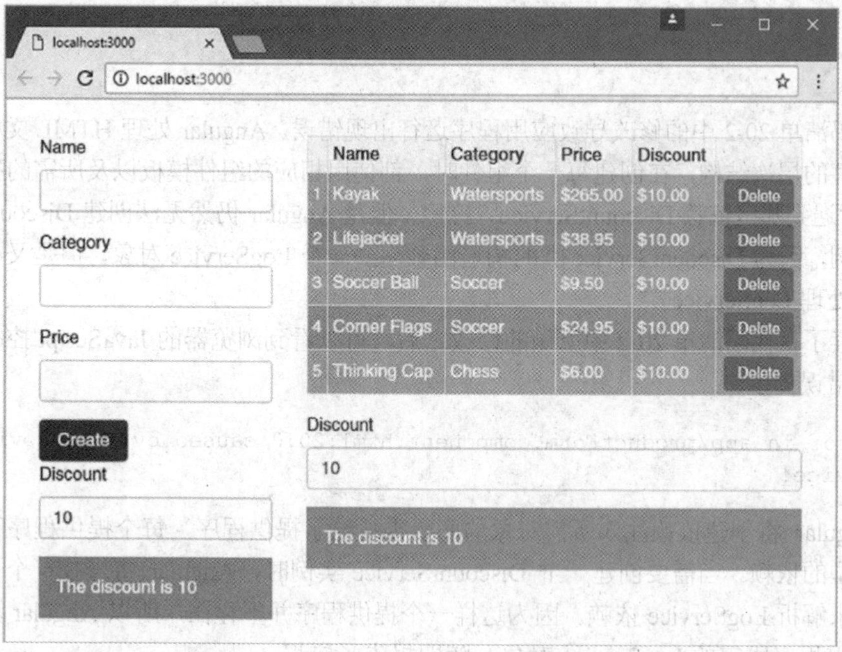

图 20-1 运行示例应用程序

20.2 使用服务提供程序

正如在先前章节中解释的那样，类使用构造函数的参数来声明针对服务的依赖。如果 Angular 需要创建一个类的新实例，首先会查看这个类的构造函数，使用内置服务和自定义服务的组合来解析每一个参数。在代码清单 20-2 中，对 DiscountService 类进行了更新，因此依赖前面章节中创建的 LogService 类。

代码清单 20-2　在 discount.service.ts 文件中创建一个依赖

```
import { Injectable } from "@angular/core";
import { LogService } from "./log.service";
@Injectable()
export class DiscountService {
    private discountValue: number = 10;
    constructor(private logger: LogService) { }
    public get discount(): number {
        return this.discountValue;
    }
    public set discount(newValue: number) {
        this.discountValue = newValue || 0;
    }
    public applyDiscount(price: number) {
        this.logger.logInfoMessage(`Discount ${this.discount}`
            + ` applied to price: ${price}`);
        return Math.max(price - this.discountValue, 5);
    }
}
```

代码清单 20-2 中的修改导致应用程序运行出现错误。Angular 处理 HTML 文档，开始创建组件的层次结构，在创建每一个组件时，都使用相应的组件模板以及所需的指令和绑定，最后遇到那些依赖 DiscountService 类的类。但是 Angular 仍然无法创建 DiscountService 类的实例，因为 DiscountService 类的构造函数需要一个 LogService 对象，但是又不知道应该如何处理 LogService 类。

保存了在代码清单 20-2 中所做的修改之后，可以看到浏览器的 JavaScript 控制台给出了以下错误提示：

```
Error in app/productForm.component.html:20:0 caused by: No provider for LogService!
```

Angular 将创建依赖注入所需对象的职责委托给了提供程序，每个提供程序管理单独一种类型的依赖。当需要创建一个 DiscountService 实例时，Angular 将查找一个合适的提供程序来解析 LogService 依赖。因为这样一个提供程序并不存在，所以 Angular 无法创建启动应用程序所需的 LogService 对象，随即报告了错误。

为了创建一个提供程序，最简单的方法就是将服务类添加到赋予了 Angular 模块的 providers 属性的数组中，如代码清单 20-3 所示。

代码清单 20-3　在 app.module.ts 文件中创建一个提供程序

```
import { NgModule } from "@angular/core";
import { BrowserModule } from "@angular/platform-browser";
```

```
import { ProductComponent } from "./component";
import { FormsModule, ReactiveFormsModule } from "@angular/forms";
import { PaAttrDirective } from "./attr.directive";
import { PaModel } from "./twoway.directive";
import { PaStructureDirective } from "./structure.directive";
import { PaIteratorDirective } from "./iterator.directive";
import { PaCellColor } from "./cellColor.directive";
import { PaCellColorSwitcher } from "./cellColorSwitcher.directive";
import { ProductTableComponent } from "./productTable.component";
import { ProductFormComponent } from "./productForm.component";
import { PaAddTaxPipe } from "./addTax.pipe";
import { PaCategoryFilterPipe } from "./categoryFilter.pipe";
import { PaDiscountDisplayComponent } from "./discountDisplay.component";
import { PaDiscountEditorComponent } from "./discountEditor.component";
import { DiscountService } from "./discount.service";
import { PaDiscountPipe } from "./discount.pipe";
import { PaDiscountAmountDirective } from "./discountAmount.directive";
import { SimpleDataSource } from "./datasource.model";
import { Model } from "./repository.model";
import { LogService } from "./log.service";
@NgModule({
    imports: [BrowserModule, FormsModule, ReactiveFormsModule],
    declarations: [ProductComponent, PaAttrDirective, PaModel,
        PaStructureDirective, PaIteratorDirective,
        PaCellColor, PaCellColorSwitcher, ProductTableComponent,
        ProductFormComponent, PaAddTaxPipe, PaCategoryFilterPipe,
        PaDiscountDisplayComponent, PaDiscountEditorComponent,
        PaDiscountPipe, PaDiscountAmountDirective],
    providers: [DiscountService, SimpleDataSource, Model, LogService],
    bootstrap: [ProductComponent]
})
export class AppModule { }
```

保存修改后，我们定义了 Angular 用来处理 LogService 依赖的提供程序，这时可以看到浏览器的 JavaScript 控制台中显示了如下消息：

```
Message (INFO): Discount 10 applied to price: 16
```

你可能会觉得奇怪，为什么必须执行代码清单 20-3 中的配置步骤。毕竟 Angular 在第一次需要使用 LogService 对象的情况下才需要创建一个新的 LogService 对象。

实际上，Angular 提供了一组不同的提供程序，每个提供程序使用一种不同的方式来创建对象，从而可以控制服务的创建过程。表 20-3 描述了可以使用的一组提供程序，后面各节将介绍这些提供程序。

表 20-3　Angular 提供程序

名称	描述
类提供程序	这个提供程序是用一个类配置的。对服务的依赖是通过一个类的实例来解析的，而这个类是由 Angular 创建的
值提供程序	这个提供程序是用一个对象配置的，这个对象用来解析对服务的依赖
工厂提供程序	这个提供程序是用一个函数配置的。对服务的依赖是用一个对象解析的，这个对象是通过调用函数创建的
已有服务提供程序	这个提供程序是用其他服务的名称配置的，并且允许待创建的服务使用别名

20.2.1　使用类提供程序

类提供程序是最常用的提供程序，其功能是将类名添加到模块的 providers 属性中，如代码清单 20-3 所示。但这是一种简写语法(shorthand syntax)，还有一种字面量语法(literal syntax)，可以获得同样的结果，如代码清单 20-4 所示。

代码清单 20-4　在 app.module.ts 文件中使用类提供程序的字面量语法

```
...
@NgModule({
    imports: [BrowserModule, FormsModule, ReactiveFormsModule],
    declarations: [ProductComponent, PaAttrDirective, PaModel,
        PaStructureDirective, PaIteratorDirective,
        PaCellColor, PaCellColorSwitcher, ProductTableComponent,
        ProductFormComponent, PaAddTaxPipe, PaCategoryFilterPipe,
        PaDiscountDisplayComponent, PaDiscountEditorComponent,
        PaDiscountPipe, PaDiscountAmountDirective],
    providers: [DiscountService, SimpleDataSource, Model,
                { provide: LogService, useClass: LogService }],
    bootstrap: [ProductComponent]
})
...
```

提供程序被定义为类，但是也可以用 JavaScript 对象字面量格式来指派和配置，方法如下：

```
...
{
    provide: LogService,
    useClass: LogService
}
...
```

类提供程序支持三个属性，表 20-4 介绍了这三个属性，后面各节将解释这三个属性。

表 20-4 类提供程序的属性

名称	描述
provider	这个属性用于指定令牌，令牌用于标识提供程序和待解析的依赖，请查看"1. 理解令牌"小节的内容
useClass	这个属性用于指定一个类，这个类在实例化之后可以解析提供程序给出的依赖，请查看"2. 理解 useClass 属性"小节的内容
multi	这个属性可以用来传递一个服务对象数组以解析依赖，请查看"3. 解析带有多个对象的依赖"小节的内容

1. 理解令牌

所有的提供程序都依赖令牌(Token)，依赖注入系统使用令牌来标识提供程序能够解析的依赖。最简单的方法就是使用一个类作为令牌，这就是在代码清单 20-4 中使用的方法。

然而，任何对象都可以充当令牌，这是因为依赖和对象的类型是允许分开的。这样做可以提高依赖注入配置的灵活性，因为这样做允许提供程序提供不同类型的对象。对于某些更为高级的提供程序来说，这样做很有用，本章后面将描述这一点。

代码清单 20-5 使用类提供程序来注册日志服务，日志服务是在本章开始位置创建的，使用字符串作为日志消息。

代码清单 20-5 在 app.module.ts 文件中使用令牌来注册服务

```
...
@NgModule({
    imports: [BrowserModule, FormsModule, ReactiveFormsModule],
    declarations: [ProductComponent, PaAttrDirective, PaModel,
        PaStructureDirective, PaIteratorDirective,
        PaCellColor, PaCellColorSwitcher, ProductTableComponent,
        ProductFormComponent, PaAddTaxPipe, PaCategoryFilterPipe,
        PaDiscountDisplayComponent, PaDiscountEditorComponent,
        PaDiscountPipe, PaDiscountAmountDirective],
    providers: [DiscountService, SimpleDataSource, Model,
        { provide: "logger", useClass: LogService }],
    bootstrap: [ProductComponent]
})
...
```

在上述代码清单中，新的提供程序中的 provide 属性被设置为 logger。Angular 将自动匹配那些令牌为类的提供程序，但是对于其他令牌类型来说，需要额外的帮助信息。代码清单 20-6 显示了更新后的 DiscountService 类。现在，DiscountService 类依赖日志服务，并且需要用 logger 令牌来访问日志服务。

代码清单 20-6　在 discount.service.ts 文件中使用字符串提供程序令牌

```
import { Injectable, Inject } from "@angular/core";
import { LogService } from "./log.service";
@Injectable()
export class DiscountService {
    private discountValue: number = 10;
    constructor(@Inject("logger") private logger: LogService) { }
    public get discount(): number {
        return this.discountValue;
    }
    public set discount(newValue: number) {
        this.discountValue = newValue || 0;
    }
    public applyDiscount(price: number) {
        this.logger.logInfoMessage(`Discount ${this.discount}`
            + ` applied to price: ${price}`);
        return Math.max(price - this.discountValue, 5);
    }
}
```

@Inject 装饰器被应用于构造函数参数，用来指定提供程序令牌应该用于解析依赖。如果 Angular 需要创建 DiscountService 类的一个实例，那么 Angular 将检查构造函数，并使用@Inject 装饰器参数来选择用于解析依赖的提供程序。

使用 Opaque 令牌

使用简单类型充当提供程序令牌时，有可能发生这样的情况：应用程序的两个不同部分试图使用同一个令牌来标识不同的服务，这可能会导致使用错误类型的对象来解析依赖，导致错误发生。

为了解决这个问题，Angular 提供了 OpaqueToken 类，这个类提供了一个对象包装器，通过包装一个 string 值，这个包装器可以用来创建一个唯一的令牌值。在代码清单 20-7 中，使用 OpaqueToken 类来创建一个令牌，并使用这个令牌来标识对 LogService 类的依赖。

代码清单 20-7　在 log.service.ts 文件中使用 OpaqueToken 类来创建一个令牌

```
import { Injectable, OpaqueToken } from "@angular/core";
export const LOG_SERVICE = new OpaqueToken("logger");
export enum LogLevel {
    DEBUG, INFO, ERROR
}
@Injectable()
export class LogService {
    minimumLevel: LogLevel = LogLevel.INFO;
    // ...methods omitted for brevity...
}
```

OpaqueToken 类的构造函数可以接收一个 string 值，这个 string 值描述了服务，但是

OpaqueToken 对象本身就是一个令牌。声明依赖时，必须基于用来在模块中创建提供程序的同一个 OpaqueToken 来声明依赖。这就是为什么创建令牌时必须使用 const 关键字的原因，这样就能够保证对象不会被修改。代码清单 20-8 给出了使用新令牌的提供程序配置。

代码清单 20-8　在 app.module.ts 文件中使用 OpaqueToken 创建一个提供程序

```
import { NgModule } from "@angular/core";
import { BrowserModule } from "@angular/platform-browser";
import { ProductComponent } from "./component";
import { FormsModule, ReactiveFormsModule } from "@angular/forms";
import { PaAttrDirective } from "./attr.directive";
import { PaModel } from "./twoway.directive";
import { PaStructureDirective } from "./structure.directive";
import { PaIteratorDirective } from "./iterator.directive";
import { PaCellColor } from "./cellColor.directive";
import { PaCellColorSwitcher } from "./cellColorSwitcher.directive";
import { ProductTableComponent } from "./productTable.component";
import { ProductFormComponent } from "./productForm.component";
import { PaAddTaxPipe } from "./addTax.pipe";
import { PaCategoryFilterPipe } from "./categoryFilter.pipe";
import { PaDiscountDisplayComponent } from "./discountDisplay.component";
import { PaDiscountEditorComponent } from "./discountEditor.component";
import { DiscountService } from "./discount.service";
import { PaDiscountPipe } from "./discount.pipe";
import { PaDiscountAmountDirective } from "./discountAmount.directive";
import { SimpleDataSource } from "./datasource.model";
import { Model } from "./repository.model";
import { LogService, LOG_SERVICE } from "./log.service";
@NgModule({
    imports: [BrowserModule, FormsModule, ReactiveFormsModule],
    declarations: [ProductComponent, PaAttrDirective, PaModel,
        PaStructureDirective, PaIteratorDirective,
        PaCellColor, PaCellColorSwitcher, ProductTableComponent,
        ProductFormComponent, PaAddTaxPipe, PaCategoryFilterPipe,
        PaDiscountDisplayComponent, PaDiscountEditorComponent,
        PaDiscountPipe, PaDiscountAmountDirective],
    providers: [DiscountService, SimpleDataSource, Model,
        { provide: LOG_SERVICE, useClass: LogService }],
    bootstrap: [ProductComponent]
})
export class AppModule { }
```

最后，代码清单 20-9 给出了更新后的 DiscountService 类，这个类使用 OpaqueToken 声明了一个依赖，而没有再使用 string 来声明依赖。

代码清单 20-9　在 discount.service.ts 文件中使用 OpaqueToken 声明依赖

```
import { Injectable, Inject } from "@angular/core";
import { LogService, LOG_SERVICE } from "./log.service";
```

```
@Injectable()
export class DiscountService {
    private discountValue: number = 10;
    constructor( @Inject(LOG_SERVICE) private logger: LogService) { }
    public get discount(): number {
        return this.discountValue;
    }
    public set discount(newValue: number) {
        this.discountValue = newValue || 0;
    }
    public applyDiscount(price: number) {
        this.logger.logInfoMessage(`Discount ${this.discount}`
            + ` applied to price: ${price}`);
        return Math.max(price - this.discountValue, 5);
    }
}
```

就应用程序提供的功能而言，二者并无不同，但是使用 OpaqueToken 可以保证两个服务之间不会产生混淆。

2. 理解 useClass 属性

类提供程序的 useClass 属性指定这个类只有在初始化之后才能够解析依赖。可以用任何类来配置提供程序。这表明可以通过修改提供程序配置来改变一个服务的实现。然而，使用这种方法时必须加以小心，因为服务对象的接收者总是期待服务对象应该是某种特定类型的对象，因此一旦出现类型无法匹配，那么只有当应用程序在浏览器中运行时，类型无法匹配的问题才会暴露出来(强制使用 TypeScript 类型对依赖注入是无效的，因为问题发生在运行时刻，远远晚于 TypeScript 编译器处理类型注解的时刻)。

如果需要改变类，那么最常用的方法是使用不同的子类。在代码清单 20-10 中，扩展了 LogService 类，并创建了一个可以向浏览器的 JavaScript 控制台写入不同格式消息的服务。

代码清单 20-10　在 log.service.ts 文件中创建一个子类服务

```
import { Injectable, OpaqueToken } from "@angular/core";
export const LOG_SERVICE = new OpaqueToken("logger");
export enum LogLevel {
    DEBUG, INFO, ERROR
}
@Injectable()
export class LogService {
    minimumLevel: LogLevel = LogLevel.INFO;
    logInfoMessage(message: string) {
        this.logMessage(LogLevel.INFO, message);
    }
    logDebugMessage(message: string) {
        this.logMessage(LogLevel.DEBUG, message);
```

```
    logErrorMessage(message: string) {
        this.logMessage(LogLevel.ERROR, message);
    }
    logMessage(level: LogLevel, message: string) {
        if(level >= this.minimumLevel) {
            console.log(`Message (${LogLevel[level]}): ${message}`);
        }
    }
}
@Injectable()
export class SpecialLogService extends LogService {
    constructor() {
        super()
        this.minimumLevel = LogLevel.DEBUG;
    }
    logMessage(level: LogLevel, message: string) {
        if(level >= this.minimumLevel) {
            console.log(`Special Message (${LogLevel[level]}): ${message}`);
        }
    }
}
```

SpecialLogService 类扩展了 LogService 类，提供了自己的 logMessage 方法的实现。代码清单 20-11 更新了提供程序配置，这样 useClass 属性就指定了新的服务。

代码清单 20-11　在 app.module.ts 文件中配置提供程序

```
import { NgModule } from "@angular/core";
import { BrowserModule } from "@angular/platform-browser";
import { ProductComponent } from "./component";
import { FormsModule, ReactiveFormsModule } from "@angular/forms";
import { PaAttrDirective } from "./attr.directive";
import { PaModel } from "./twoway.directive";
import { PaStructureDirective } from "./structure.directive";
import { PaIteratorDirective } from "./iterator.directive";
import { PaCellColor } from "./cellColor.directive";
import { PaCellColorSwitcher } from "./cellColorSwitcher.directive";
import { ProductTableComponent } from "./productTable.component";
import { ProductFormComponent } from "./productForm.component";
import { PaAddTaxPipe } from "./addTax.pipe";
import { PaCategoryFilterPipe } from "./categoryFilter.pipe";
import { PaDiscountDisplayComponent } from "./discountDisplay.component";
import { PaDiscountEditorComponent } from "./discountEditor.component";
import { DiscountService } from "./discount.service";
import { PaDiscountPipe } from "./discount.pipe";
import { PaDiscountAmountDirective } from "./discountAmount.directive";
import { SimpleDataSource } from "./datasource.model";
import { Model } from "./repository.model";
```

```
import { LogService, LOG_SERVICE, SpecialLogService } from "./log.service";
@NgModule({
    imports: [BrowserModule, FormsModule, ReactiveFormsModule],
    declarations: [ProductComponent, PaAttrDirective, PaModel,
        PaStructureDirective, PaIteratorDirective,
        PaCellColor, PaCellColorSwitcher, ProductTableComponent,
        ProductFormComponent, PaAddTaxPipe, PaCategoryFilterPipe,
        PaDiscountDisplayComponent, PaDiscountEditorComponent,
        PaDiscountPipe, PaDiscountAmountDirective],
    providers: [DiscountService, SimpleDataSource, Model,
        { provide: LOG_SERVICE, useClass: SpecialLogService }],
    bootstrap: [ProductComponent]
})
export class AppModule { }
```

令牌和类的组合表明,对不透明令牌LOG_SERVICE的依赖可以使用SpecialLogService对象来解析。保存修改时,可以看到浏览器的JavaScript控制台中显示了以下信息,表明使用了派生的服务:

```
Special Message (INFO): Discount 10 applied to price: 275
```

通过设置useClass属性来指定依赖类期待的某种类型时,必须加以小心。指定一个子类是安全的选择,因为基类的功能始终是可用的。

3. 解析带有多个对象的依赖

通过配置类提供程序,使之能够传递一个对象数组,可以得到一个带有多个对象的依赖。如果需要提供一组相关的服务,而这些服务的配置方式又存在区别,那么这种方法很有用。为了提供一个数组,可以将多个类提供程序配置为使用同一个令牌,并将 multi 属性设置为true,如代码清单 20-12 所示。

代码清单 20-12　在 app.module.ts 文件中配置多个服务对象

```
...
@NgModule({
    imports: [BrowserModule, FormsModule, ReactiveFormsModule],
    declarations: [ProductComponent, PaAttrDirective, PaModel,
        PaStructureDirective, PaIteratorDirective,
        PaCellColor, PaCellColorSwitcher, ProductTableComponent,
        ProductFormComponent, PaAddTaxPipe, PaCategoryFilterPipe,
        PaDiscountDisplayComponent, PaDiscountEditorComponent,
        PaDiscountPipe, PaDiscountAmountDirective],
    providers: [DiscountService, SimpleDataSource, Model,
        { provide: LOG_SERVICE, useClass: LogService, multi: true },
        { provide: LOG_SERVICE, useClass: SpecialLogService, multi: true }],
    bootstrap: [ProductComponent]
})
...
```

通过创建 LogService 和 SpecialLogService 对象，Angular 的依赖注入系统可以根据 LOG_SERVICE 令牌来解析依赖，并将上述对象置于一个数组中，然后再将此数组传递给依赖这两个服务的类的构造函数。收到服务的类必须准备好处理一个数组，如代码清单 20-13 所示。

代码清单 20-13 在 discount.service.ts 文件中接收多个服务

```
import { Injectable, Inject } from "@angular/core";
import { LogService, LOG_SERVICE, LogLevel } from "./log.service";
@Injectable()
export class DiscountService {
    private discountValue: number = 10;
    private logger: LogService;
    constructor(@Inject(LOG_SERVICE) loggers: LogService[]) {
        this.logger = loggers.find(l => l.minimumLevel == LogLevel.DEBUG);
    }
    public get discount(): number {
        return this.discountValue;
    }
    public set discount(newValue: number) {
        this.discountValue = newValue || 0;
    }
    public applyDiscount(price: number) {
        this.logger.logInfoMessage(`Discount ${this.discount}`
            + ` applied to price: ${price}`);
        return Math.max(price - this.discountValue, 5);
    }
}
```

构造函数接收到的服务是以数组形式存在的。构造函数使用数组的 find 方法来定位第一个 minimumLevel 属性值为 LogLevel.Debug 的日志，并将这个日志赋给 logger 属性。applyDiscount 方法调用服务的 logDebugMessage 方法，后者在浏览器的 JavaScript 控制台中显示了以下消息：

```
Special Message (INFO): Discount 10 applied to price: 275
```

20.2.2 使用值提供程序

如果不打算使用类提供程序创建服务对象，而是打算自己负责创建服务对象，那么可以使用值提供程序(value provider)。如果服务是简单数据类型，比如是 string 或 number 值，那么值提供程序会很有用，这也是一种访问公共配置设置的方法。可以通过使用一个字面量对象来应用值提供程序，值提供程序支持表 20-5 中描述的属性。

表 20-5 值提供程序的属性

名称	描述
provide	这个属性定义了服务令牌，本章前面 20.2.1 节的 "1. 理解令牌" 小节描述了这个属性
useValue	这个属性指定了用来解析依赖的对象
multi	这个属性可以用来将多个提供程序组合起来，构成一个对象数组，这个对象数组可以基于令牌来解析一个依赖。本章前面 20.2.1 节的 "2. 解析带有多个对象的依赖" 小节给出了这个属性的示例

值提供程序在配置时并没有使用类型，而是使用了对象，除此之外，值提供程序的工作方式与类提供程序是一样的。代码清单 20-14 描述了如何使用值提供程序创建 LogService 类的一个实例，并使用一个特定的属性值完成了配置。

代码清单 20-14 在 app.module.ts 文件中使用值提供程序

```
import { NgModule } from "@angular/core";
import { BrowserModule } from "@angular/platform-browser";
import { ProductComponent } from "./component";
import { FormsModule, ReactiveFormsModule } from "@angular/forms";
import { PaAttrDirective } from "./attr.directive";
import { PaModel } from "./twoway.directive";
import { PaStructureDirective } from "./structure.directive";
import { PaIteratorDirective } from "./iterator.directive";
import { PaCellColor } from "./cellColor.directive";
import { PaCellColorSwitcher } from "./cellColorSwitcher.directive";
import { ProductTableComponent } from "./productTable.component";
import { ProductFormComponent } from "./productForm.component";
import { PaAddTaxPipe } from "./addTax.pipe";
import { PaCategoryFilterPipe } from "./categoryFilter.pipe";
import { PaDiscountDisplayComponent } from "./discountDisplay.component";
import { PaDiscountEditorComponent } from "./discountEditor.component";
import { DiscountService } from "./discount.service";
import { PaDiscountPipe } from "./discount.pipe";
import { PaDiscountAmountDirective } from "./discountAmount.directive";
import { SimpleDataSource } from "./datasource.model";
import { Model } from "./repository.model";
import { LogService, LOG_SERVICE, SpecialLogService, LogLevel } from
"./log.service";
let logger = new LogService();
logger.minimumLevel = LogLevel.DEBUG;
@NgModule({
    imports: [BrowserModule, FormsModule, ReactiveFormsModule],
    declarations: [ProductComponent, PaAttrDirective, PaModel,
        PaStructureDirective, PaIteratorDirective,
```

```
        PaCellColor, PaCellColorSwitcher, ProductTableComponent,
        ProductFormComponent, PaAddTaxPipe, PaCategoryFilterPipe,
        PaDiscountDisplayComponent, PaDiscountEditorComponent,
        PaDiscountPipe, PaDiscountAmountDirective],
    providers: [DiscountService, SimpleDataSource, Model,
        { provide: LogService, useValue: logger }],
    bootstrap: [ProductComponent]
})
export class AppModule { }
```

这个值提供程序被配置为使用一个特定的对象并基于 LogService 令牌来解析依赖,而这个特定对象是在模块类之外创建和配置的。

实际上,值提供程序和其他所有提供程序一样,可以使用任意对象充当令牌,这一点前面已经描述过。但是最后仍然使用类型作为令牌,因为使用类型作为令牌是最常用的技术,并且能够与 TypeScript 构造函数参数类型很好地共同工作。代码清单 20-15 给出了对 DiscountService 所做的相应修改——使用一个带有类型的构造函数参数声明一个依赖。

代码清单 20-15　在 discount.service.ts 文件中使用类型来声明依赖

```
import { Injectable, Inject } from "@angular/core";
import { LogService, LOG_SERVICE, LogLevel } from "./log.service";
@Injectable()
export class DiscountService {
    private discountValue: number = 10;
    constructor(private logger: LogService) { }
    public get discount(): number {
        return this.discountValue;
    }
    public set discount(newValue: number) {
        this.discountValue = newValue || 0;
    }
    public applyDiscount(price: number) {
        this.logger.logInfoMessage(`Discount ${this.discount}`
            + ` applied to price: ${price}`);
        return Math.max(price - this.discountValue, 5);
    }
}
```

20.2.3　使用工厂提供程序

工厂提供程序(factory provider)使用函数来创建解析依赖所需的对象。工厂提供程序支持表 20-6 中描述的属性。

表 20-6 工厂提供程序的属性

名称	描述
provide	这个属性定义了服务令牌，参见本章前面 20.2.1 节的 "1. 理解令牌" 小节
deps	这个属性指定了一个由提供程序令牌组成的数组，提供程序令牌被解析后，将被传递给由 useFactory 属性指定的函数
useFactory	这个属性指定了创建服务对象的函数。创建对象时，需要解析 deps 属性指定的令牌，这个对象将以参数方式传递给函数。函数返回的结果被用作服务对象
multi	这个属性可以用来设置允许组合多个提供程序以生成一个对象数组，并根据令牌来解析依赖，参见本章前面 20.2.1 节的 "3. 解析带有多个对象的依赖" 小节中给出的示例

在创建服务对象方面，工厂提供程序能够提供最大的灵活性，因为这种提供程序可以根据应用程序的需求来定义函数。代码清单 20-16 给出了一个创建 LogService 对象的工厂函数。

代码清单 20-16　在 app.module.ts 文件中使用工厂提供程序

```
...
@NgModule({
    imports: [BrowserModule, FormsModule, ReactiveFormsModule],
    declarations: [ProductComponent, PaAttrDirective, PaModel,
        PaStructureDirective, PaIteratorDirective,
        PaCellColor, PaCellColorSwitcher, ProductTableComponent,
        ProductFormComponent, PaAddTaxPipe, PaCategoryFilterPipe,
        PaDiscountDisplayComponent, PaDiscountEditorComponent,
        PaDiscountPipe, PaDiscountAmountDirective],
    providers: [DiscountService, SimpleDataSource, Model,
        {
            provide: LogService, useFactory: () => {
                let logger = new LogService();
                logger.minimumLevel = LogLevel.DEBUG;
                return logger;
            }
        }],
    bootstrap: [ProductComponent]
})
...
```

这个示例中的函数很简单：这个函数不需要接收任何参数，只是创建了一个新的 LogService 对象。使用 deps 属性时，这个提供程序的灵活性就会体现出来，因为此时允许创建对其他服务的依赖。在代码清单 20-17 中定义了一个令牌，这个令牌指定了调试等级。

代码清单 20-17　在 log.service.ts 文件中定义日志等级服务

```
import { Injectable, OpaqueToken } from "@angular/core";
export const LOG_SERVICE = new OpaqueToken("logger");
```

```
export const LOG_LEVEL = new OpaqueToken("log_level");
export enum LogLevel {
    DEBUG, INFO, ERROR
}
@Injectable()
export class LogService {
    minimumLevel: LogLevel = LogLevel.INFO;
    // ...methods omitted for brevity...
}
@Injectable()
export class SpecialLogService extends LogService {
    // ...methods omitted for brevity...
}
```

在代码清单 20-18 中定义了一个值提供程序，使用 LOG_LEVEL 令牌创建一个服务，并在创建了 LogService 对象的工厂函数中使用这个服务。

代码清单 20-18　在 app.module.ts 文件中使用工厂依赖

```
import { NgModule } from "@angular/core";
import { BrowserModule } from "@angular/platform-browser";
import { ProductComponent } from "./component";
import { FormsModule, ReactiveFormsModule } from "@angular/forms";
import { PaAttrDirective } from "./attr.directive";
import { PaModel } from "./twoway.directive";
import { PaStructureDirective } from "./structure.directive";
import { PaIteratorDirective } from "./iterator.directive";
import { PaCellColor } from "./cellColor.directive";
import { PaCellColorSwitcher } from "./cellColorSwitcher.directive";
import { ProductTableComponent } from "./productTable.component";
import { ProductFormComponent } from "./productForm.component";
import { PaAddTaxPipe } from "./addTax.pipe";
import { PaCategoryFilterPipe } from "./categoryFilter.pipe";
import { PaDiscountDisplayComponent } from "./discountDisplay.component";
import { PaDiscountEditorComponent } from "./discountEditor.component";
import { DiscountService } from "./discount.service";
import { PaDiscountPipe } from "./discount.pipe";
import { PaDiscountAmountDirective } from "./discountAmount.directive";
import { SimpleDataSource } from "./datasource.model";
import { Model } from "./repository.model";
import { LogService, LOG_SERVICE, SpecialLogService,
        LogLevel, LOG_LEVEL} from "./log.service";
@NgModule({
    imports: [BrowserModule, FormsModule, ReactiveFormsModule],
    declarations: [ProductComponent, PaAttrDirective, PaModel,
        PaStructureDirective, PaIteratorDirective,
        PaCellColor, PaCellColorSwitcher, ProductTableComponent,
        ProductFormComponent, PaAddTaxPipe, PaCategoryFilterPipe,
        PaDiscountDisplayComponent, PaDiscountEditorComponent,
```

```
        PaDiscountPipe, PaDiscountAmountDirective],
    providers: [DiscountService, SimpleDataSource, Model,
        { provide: LOG_LEVEL, useValue: LogLevel.DEBUG },
        { provide: LogService,
        deps: [LOG_LEVEL],
        useFactory: (level) => {
            let logger = new LogService();
            logger.minimumLevel = level;
            return logger;
        }
        }],
    bootstrap: [ProductComponent]
})
export class AppModule { }
```

一个值提供程序使用 LOG_LEVEL 令牌定义了一个简单值作为服务。工厂提供程序在其 deps 数组中指定了这个令牌，依赖注入系统解析这个令牌，并将其作为一个参数提供给工厂函数，工厂函数使用这个令牌来设置一个新的 LogService 对象的 minimumLevel 属性。

20.2.4 使用已有服务提供程序

这类提供程序可以用来创建服务的别名，这样可以使用多个令牌来使用服务，为此可以使用表 20-7 中所示的属性。

表 20-7 属于已有服务提供程序的属性

名称	描述
provide	这个属性定义了服务令牌，参见本章前面 20.2.1 节的 "1. 理解令牌"
useExisting	这个属性用来指定另一个提供程序的令牌，其服务对象将被用来解析对这个服务的依赖
multi	使用这个属性可以将多个提供程序组合在一起，从而提供一个对象数组，可以使用这个对象数组基于令牌来解析依赖，参见本章前面 20.2.1 节的 "3. 解析带有多个对象的依赖" 小节中给出的示例

如果需要重构提供程序的集合，但是为了避免重构应用程序的其他部分又不想清除全部过时的令牌，那么已有服务提供程序将非常有用。代码清单 20-19 说明了如何使用这种服务提供程序。

代码清单 20-19 在 app.module.ts 文件中创建一个服务别名

```
...
@NgModule({
    imports: [BrowserModule, FormsModule, ReactiveFormsModule],
    declarations: [ProductComponent, PaAttrDirective, PaModel,
        PaStructureDirective, PaIteratorDirective,
```

```
      PaCellColor, PaCellColorSwitcher, ProductTableComponent,
      ProductFormComponent, PaAddTaxPipe, PaCategoryFilterPipe,
      PaDiscountDisplayComponent, PaDiscountEditorComponent,
      PaDiscountPipe, PaDiscountAmountDirective],
    providers: [DiscountService, SimpleDataSource, Model,
      { provide: LOG_LEVEL, useValue: LogLevel.DEBUG },
      { provide: "debugLevel", useExisting: LOG_LEVEL },
      { provide: LogService,
        deps: ["debugLevel"],
        useFactory: (level) => {
         let logger = new LogService();
         logger.minimumLevel = level;
         return logger;
        }
      }],
    bootstrap: [ProductComponent]
})
...
```

新服务所用的令牌为字符串 debugLevel,这个令牌就是 LOG_LEVEL 令牌所表示的提供程序的别名。无论使用哪一个令牌,都用同一个值解析依赖。

20.3 使用本地提供程序

Angular 在为某个类创建一个新实例时,将会使用注入器(injector)来解析这个类的全部依赖。注入器负责检查类的构造函数,判断声明了哪些依赖,并使用可用的提供程序来解析这些依赖。

迄今为止,所有的依赖注入示例都依赖在应用程序的 Angular 模块中配置的提供程序。但是 Angular 依赖注入系统更为复杂,它使用一个注入器层次结构,对应于应用程序的组件和指令树。每个组件和指令都可以拥有自己的注入器,每个注入器都可以被配置为使用自己的提供程序集合,而这些提供程序集合被称为本地提供程序(local provider)。

解析依赖时,Angular 根据组件或指令的距离来应用注入器。注入器首先试图使用自己的本地提供程序集合来解析依赖。如果没有设置本地提供程序,或者不存在能够解析这种特定依赖的提供程序,那么注入器就要询问父组件的注入器。上述过程重复执行,父组件的注入器试图使用自己的本地提供程序集来解析依赖。如果存在一个合适的提供程序,那么就用这个提供程序提供解析依赖所需的服务对象。如果不存在合适的提供程序,那么请求将被传递给层次结构中的下一个层次,也就是原始注入器的祖父。层次结构的顶端是 Angular 根模块,其提供程序为最后解决方案,如果仍然无法解决问题,那么就会报错。

在 Angular 模块中定义提供程序,意味着应用程序中基于一个令牌的全部依赖都要使用同一个对象进行解析。后面将解释说明,沿着注入器层次结构向下,在下层注册提供程序,就可以改变这种行为,并且可以改变创建和使用服务的方法。

20.3.1 理解单个服务对象的限制

一个单独的服务对象已经能够提供强大的功能,可以让处于应用程序不同位置的构造块共享数据并响应用户的交互,但是仍然存在某些服务无法广泛共享。例如,代码清单 20-20 为在第 18 章中创建的管道添加了一个对 LogService 服务的依赖。

代码清单 20-20　在 discount.pipe.ts 文件中添加一个服务依赖

```
import { Pipe, Injectable } from "@angular/core";
import { DiscountService } from "./discount.service";
import { LogService } from "./log.service";
@Pipe({
    name: "discount",
    pure: false
})
export class PaDiscountPipe {
    constructor(private discount: DiscountService,
        private logger: LogService) { }
    transform(price: number): number {
        if(price > 100) {
            this.logger.logInfoMessage(`Large price discounted: ${price}`);
        }
        return this.discount.applyDiscount(price);
    }
}
```

管道的 transform 方法使用了一个 LogService 对象,这个对象是作为一个构造函数参数传入的,当转换的价格大于 100 时,将生成日志消息。

问题是：这些信息可能会被 DiscountService 对象产生的消息所淹没,因为每次出现折扣时,DiscountService 都会生成消息。显而易见的办法是当模块提供程序的工厂函数创建 LogService 对象时,便改变 LogService 对象的消息最低等级,如代码清单 20-21 所示。

代码清单 20-21　在 app.module.ts 文件中改变日志记录等级

```
...
@NgModule({
    imports: [BrowserModule, FormsModule, ReactiveFormsModule],
    declarations: [ProductComponent, PaAttrDirective, PaModel,
        PaStructureDirective, PaIteratorDirective,
        PaCellColor, PaCellColorSwitcher, ProductTableComponent,
        ProductFormComponent, PaAddTaxPipe, PaCategoryFilterPipe,
        PaDiscountDisplayComponent, PaDiscountEditorComponent,
        PaDiscountPipe, PaDiscountAmountDirective],
    providers: [DiscountService, SimpleDataSource, Model,
        { provide: LOG_LEVEL, useValue: LogLevel.ERROR },
        { provide: "debugLevel", useExisting: LOG_LEVEL },
        {
```

```
            provide: LogService,
            deps: ["debugLevel"],
            useFactory: (level) => {
            let logger = new LogService();
            logger.minimumLevel = level;
            return logger;
        }
    }],
    bootstrap: [ProductComponent]
})
...
```

当然，这样做并不能产生满意的效果，因为整个应用程序都使用同一个 LogService 对象，而过滤 DiscountService 消息就意味着管道消息也都被过滤掉了。

通过加强 DiscountService 类，可以为不同的日志消息源设置不同的过滤器，但是这样做也会导致应用程序的复杂性迅速提高。为此，采用的问题解决方式是创建一个本地提供程序，这样应用程序中可以存在多个 LogService 对象，每一个对象都可以独立配置。

20.3.2 在一条指令中创建本地提供程序

指令使用 providers 属性定义了本地提供程序，使用的提供程序和语法已经在本章起始处进行了描述。如果 Angular 需要为指令或指令内容的子内容解析依赖(也就是在指令宿主元素内部包含的指令或管道)，那么就可以使用本地提供程序。代码清单 20-22 给出了一个由指令创建的本地提供程序。

代码清单 20-22　在 cellColorSwitches.directive.ts 文件中创建一个本地提供程序

```
import {
    Directive, Input, Output, EventEmitter,
    SimpleChange, ContentChildren, QueryList
} from "@angular/core";
import { PaCellColor } from "./cellColor.directive";
import { LogService } from "./log.service";
@Directive({
    selector: "table",
    providers: [LogService]
})
export class PaCellColorSwitcher {
    @Input("paCellDarkColor")
    modelProperty: Boolean;
    @ContentChildren(PaCellColor)
    contentChildren: QueryList<PaCellColor>;
    ngOnChanges(changes: { [property: string]: SimpleChange }) {
        this.updateContentChildren(changes["modelProperty"].currentValue);
    }
    ngAfterContentInit() {
        this.contentChildren.changes.subscribe(() => {
            setTimeout(() => this.updateContentChildren
```

```
                (this.modelProperty), 0);
        });
    }
    private updateContentChildren(dark: Boolean) {
        if(this.contentChildren != null && dark != undefined) {
            this.contentChildren.forEach((child, index) => {
                child.setColor(index % 2 ? dark : !dark);
            });
        }
    }
}
```

前面章节已经介绍过,这个指令通过与其他指令协同工作,负责修改表格单元格的颜色。在这个位置创建一个本地提供程序是比较奇怪的,但是注入器的层次结构符合应用程序的结构,而这个指令操作的是 table 元素。因此,拥有 LogService 依赖的管道对象是指令的宿主元素的子内容。

如果 Angular 需要创建一个新的管道对象,那么 Angular 会检测对 LogService 的依赖,并且开始向上遍历应用程序的层次结构,检查找到的每一个组件和指令,判断它们是否存在可用于解析依赖的提供程序。PaCellColorSwitcher 指令拥有一个 LogService 提供程序,可以用来创建用于解析管道依赖的服务。这说明应用程序中存在两个 LogService 对象,每个 LogService 对象都可以单独配置,如图 20-2 所示。

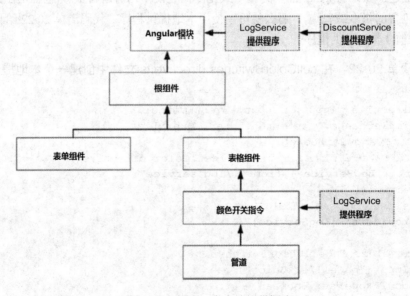

图 20-2 创建一个本地提供程序

颜色开关指令的提供程序创建的 LogService 对象使用其 minimumLevel 属性的默认值,并可以显示 LogLevel.INFO 消息。模块创建的 LogService 对象将用于解析应用程序中的所有其他依赖,包括 DiscountService 类声明的依赖。LogService 对象被配置为仅仅显示 LogLevel.ERROR 消息。保存修改后,可以看到来自管道的日志消息(管道是从指令接收到服务的)，但是看不到来自 DiscountService 的日志消息(DiscountService 对象是从模块接收到服务的)。

20.3.3 在组件中创建本地提供程序

在组件内部创建本地提供程序稍微复杂一些，因为需要决定所创建服务的可见性。为了创建本地提供程序，组件支持两个装饰器属性，具体参见表 20-8。

表 20-8 本地提供程序的组件装饰器属性

名称	描述
providers	这个属性用于创建一个提供程序，这个提供程序用来解析子视图和子内容的依赖
viewProviders	这个属性用于创建一个提供程序，这个提供程序用来解析子视图的依赖

为了演示如何使用这些属性，下面在 app 文件夹中添加一个名为 valueDisplay.directive.ts 的文件，并在这个文件中定义代码清单 20-23 中的指令。

代码清单 20-23 app 文件夹中 valueDisplay.directive.ts 文件的内容

```
import { Directive, OpaqueToken, Inject, HostBinding} from "@angular/core";
export const VALUE_SERVICE = new OpaqueToken("value_service");
@Directive({
    selector: "[paDisplayValue]"
})
export class PaDisplayValueDirective {
    constructor( @Inject(VALUE_SERVICE) serviceValue: string) {
        this.elementContent = serviceValue;
    }
    @HostBinding("textContent")
    elementContent: string;
}
```

非透明令牌 VALUE_SERVICE 将用于定义一个基于值的服务，上述代码清单中的指令基于这个令牌声明了一个依赖，这样就可以在宿主元素的内容中显示这个依赖。代码清单 20-24 显示了定义的服务以及注册到 Angular 模块中的指令，为了简单起见，代码简化了模块中的 LogService 提供程序。

代码清单 20-24 在 app.module.ts 文件中注册指令和服务

```
import { NgModule } from "@angular/core";
import { BrowserModule } from "@angular/platform-browser";
import { ProductComponent } from "./component";
import { FormsModule, ReactiveFormsModule } from "@angular/forms";
import { PaAttrDirective } from "./attr.directive";
import { PaModel } from "./twoway.directive";
import { PaStructureDirective } from "./structure.directive";
```

```
import { PaIteratorDirective } from "./iterator.directive";
import { PaCellColor } from "./cellColor.directive";
import { PaCellColorSwitcher } from "./cellColorSwitcher.directive";
import { ProductTableComponent } from "./productTable.component";
import { ProductFormComponent } from "./productForm.component";
import { PaAddTaxPipe } from "./addTax.pipe";
import { PaCategoryFilterPipe } from "./categoryFilter.pipe";
import { PaDiscountDisplayComponent } from "./discountDisplay.component";
import { PaDiscountEditorComponent } from "./discountEditor.component";
import { DiscountService } from "./discount.service";
import { PaDiscountPipe } from "./discount.pipe";
import { PaDiscountAmountDirective } from "./discountAmount.directive";
import { SimpleDataSource } from "./datasource.model";
import { Model } from "./repository.model";
import { LogService, LOG_SERVICE, SpecialLogService,
    LogLevel, LOG_LEVEL} from "./log.service";
import { VALUE_SERVICE, PaDisplayValueDirective} from
   "./valueDisplay.directive";
@NgModule({
    imports: [BrowserModule, FormsModule, ReactiveFormsModule],
    declarations: [ProductComponent, PaAttrDirective, PaModel,
        PaStructureDirective, PaIteratorDirective,
        PaCellColor, PaCellColorSwitcher, ProductTableComponent,
        ProductFormComponent, PaAddTaxPipe, PaCategoryFilterPipe,
        PaDiscountDisplayComponent, PaDiscountEditorComponent,
        PaDiscountPipe, PaDiscountAmountDirective, PaDisplayValueDirective],
    providers: [DiscountService, SimpleDataSource, Model, LogService,
        { provide: VALUE_SERVICE, useValue: "Apples" }],
    bootstrap: [ProductComponent]
})
export class AppModule { }
```

提供程序为 VALUE_SERVICE 服务设置了一个为 Apples 的值。下一步将应用新的指令，这样可以获得一个组件的子视图实例和一个子内容实例。代码清单 20-25 设置了内容子实例。

代码清单 20-25　在 template.html 文件中应用一个子内容指令

```
<div class="col-xs-4 p-a-1">
    <paProductForm>
        <span paDisplayValue></span>
    </paProductForm>
</div>
<div class="col-xs-8 p-a-1">
    <paProductTable></paProductTable>
</div>
```

代码清单 20-26 给出了宿主元素的内容并添加了新指令的一个子视图实例。

代码清单 20-26 在 productForm.component.html 文件中添加指令

```html
<form novalidate [formGroup]="form" (ngSubmit)="submitForm(form)">
    <div class="form-group" *ngFor="let control of form.productControls">
        <label>{{control.label}}</label>
        <input class="form-control"
                [(ngModel)]="newProduct[control.modelProperty]"
                name="{{control.modelProperty}}"
                formControlName="{{control.modelProperty}}" />
        <ul class="text-danger list-unstyled"
            *ngIf="(formSubmitted || control.dirty) && !control.valid">
            <li *ngFor="let error of control.getValidationMessages()">
                {{error}}
            </li>
        </ul>
    </div>
    <button class="btn btn-primary" type="submit"
            [disabled]="formSubmitted && !form.valid"
            [class.btn-secondary]="formSubmitted && !form.valid">
        Create
    </button>
</form>
<div class="bg-info m-t-1 p-a-1">
    View Child Value: <span paDisplayValue></span>
</div>
<div class="bg-info m-t-1 p-a-1">
    Content Child Value: <ng-content></ng-content>
</div>
```

保存修改后，可以看到如图 20-3 所示的新元素，这两个新元素都显示了同样的值，因为模块中定义了唯一一个使用 VALUE_SERVICE 令牌的提供程序。

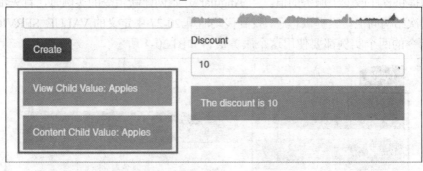

图 20-3 子视图和子内容指令

1. 为全部子组件创建一个本地提供程序

@Component 装饰器的 providers 属性用来定义解析服务依赖的提供程序，提供程序对全部子组件都是可用的，无论提供程序是在模板中(子视图)定义的，还是从宿主元素(子内容)投影而来的。代码清单 20-27 在父组件中为两个新的指令实例定义了一个

VALUE_SERVICE 提供程序。

> **代码清单 20-27　在 productForm.component.ts 文件中定义一个提供程序**

```
import { Component, Output, EventEmitter, ViewEncapsulation } from "@angular/core";
import { Product } from "./product.model";
import { ProductFormGroup } from "./form.model";
import { Model } from "./repository.model";
import { VALUE_SERVICE } from "./valueDisplay.directive";
@Component({
    selector: "paProductForm",
    templateUrl: "productForm.component.html",
    providers: [{ provide: VALUE_SERVICE, useValue: "Oranges" }]
})
export class ProductFormComponent {
    form: ProductFormGroup = new ProductFormGroup();
    newProduct: Product = new Product();
    formSubmitted: boolean = false;
    constructor(private model: Model) { }
    submitForm(form: any) {
        this.formSubmitted = true;
        if(form.valid) {
            this.model.saveProduct(this.newProduct);
            this.newProduct = new Product();
            this.form.reset();
            this.formSubmitted = false;
        }
    }
}
```

新的提供程序改变了服务的值。当 Angular 开始创建新指令的实例时，首先沿着应用程序的层次结构向上搜索提供程序，找到代码清单 20-27 中定义的 VALUE_SERVICE 提供程序。指令的两个实例都要使用这个服务值，如图 20-4 所示。

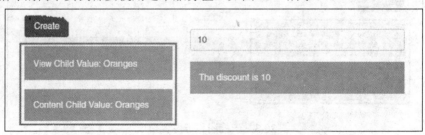

图 20-4　为组件中的所有子组件定义提供程序

2. 为子视图创建提供程序

viewProviders 属性定义了用来为子视图解析依赖的提供程序，但是这个提供程序并不为子内容解析依赖。代码清单 20-28 使用 viewProviders 属性为 VALUE_SERVICE 定义了一个提供程序。

代码清单 20-28 在 productForm.component.ts 文件中定义一个子视图提供程序

```
import { Component, Output, EventEmitter, ViewEncapsulation } from "@angular/core";
import { Product } from "./product.model";
import { ProductFormGroup } from "./form.model";
import { Model } from "./repository.model";
import { VALUE_SERVICE } from "./valueDisplay.directive";
@Component({
    selector: "paProductForm",
    templateUrl: "productForm.component.html",
    viewProviders: [{ provide: VALUE_SERVICE, useValue: "Oranges" }]
})
export class ProductFormComponent {
    // ...methods and properties omitted for brevity...
}
```

Angular 为子视图解析依赖时，需要使用这个提供程序，但是为子内容解析依赖时并不使用这个提供程序。这表明对子内容的依赖是通过应用程序的层次结构向上引用的，即使组件没有定义提供程序，也要遵循这条原则。在示例中，这表明子视图将收到组件提供程序创建的服务，而子内容将收到模块提供程序创建的服务，如图 20-5 所示。

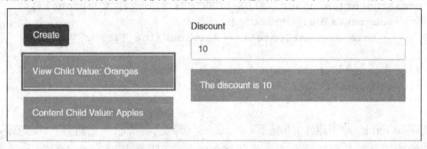

图 20-5 为子视图定义一个提供程序

■ 警告：
Angular 为同一个服务定义提供程序时，不支持同时使用 providers 和 viewProviders 属性。如果同时使用了 providers 和 viewProviders 属性，那么子视图和子内容将同时收到 viewProviders 提供程序创建的服务。

20.3.4 控制依赖解析

为了控制如何解析依赖，Angular 提供了三种装饰器作为控制指令，表 20-9 描述了这三种装饰器，稍后解释这些内容。

表 20-9 依赖解析装饰器

名称	描述
@Host	这个装饰器限制搜索提供程序的范围，将搜索范围限制为距离最近的组件
@Optional	在无法解析依赖时，这个装饰器可以禁止 Angular 报告错误消息
@SkipSelf	这个装饰器排除那些正在解析依赖的组件/指令所定义的提供程序

1. 限制提供程序搜索范围

@Host 装饰器限制提供程序的搜索范围，这时一旦 Angular 找到距离最近的组件，搜索随即就停止。这个装饰器与@Optional 组合使用，可以避免 Angular 在无法解析服务依赖的情况下抛出异常。代码清单 20-29 用一个示例解释了如何在指令中添加上述两个装饰器。

代码清单 20-29　在 valueDisplay.directive.ts 文件中添加依赖装饰器

```
import { Directive, OpaqueToken, Inject,
    HostBinding, Host, Optional} from "@angular/core";
export const VALUE_SERVICE = new OpaqueToken("value_service");
@Directive({
    selector: "[paDisplayValue]"
})
export class PaDisplayValueDirective {
    constructor( @Inject(VALUE_SERVICE) @Host() @Optional()
        serviceValue: string) {
            this.elementContent = serviceValue || "No Value";
    }
    @HostBinding("textContent")
    elementContent: string;
}
```

在使用@Optional 装饰器的情况下，必须确保在无法解析服务的时候，比如在没有定义表示服务的构造函数参数的情况下，类仍然能够正常工作。距离最近的组件为自己的子视图定义了一个服务，但是没有为子内容定义服务，因此指令的一个实例将收到一个服务对象，而其他实例则不会收到服务对象，如图 20-6 所示。

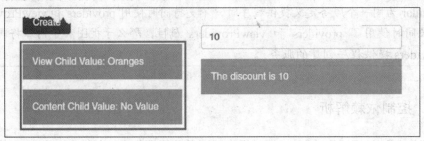

图 20-6　控制依赖的解析方式

2. 忽略自定义提供程序

默认情况下，一个组件或指令定义的提供程序可以用来解析自己的依赖，@SkipSelf 装饰器可以应用于构造函数参数，告诉 Angular 可以忽略本地提供程序，并且应该在应用程序层次结构的下一个层次级别开始搜索，这表明本地提供程序将仅用于为子组件解析依赖。代码清单 20-30 为 VALUE_SERVICE 提供程序添加了一个依赖，这个提供程序用 @SkipSelf 进行了装饰。

代码清单 20-30　在 productForm.component.ts 文件中忽略本地提供程序

```
import { Component, Output, EventEmitter, ViewEncapsulation,
    Inject, SkipSelf } from "@angular/core";
import { Product } from "./product.model";
import { ProductFormGroup } from "./form.model";
import { Model } from "./repository.model";
import { VALUE_SERVICE } from "./valueDisplay.directive";
@Component({
    selector: "paProductForm",
    templateUrl: "productForm.component.html",
    viewProviders: [{ provide: VALUE_SERVICE, useValue: "Oranges" }]
})
export class ProductFormComponent {
    form: ProductFormGroup = new ProductFormGroup();
    newProduct: Product = new Product();
    formSubmitted: boolean = false;
    constructor(private model: Model,
        @Inject(VALUE_SERVICE) @SkipSelf() private serviceValue: string) {
            console.log("Service Value: " + serviceValue);
    }
    submitForm(form: any) {
        this.formSubmitted = true;
        if(form.valid) {
            this.model.saveProduct(this.newProduct);
            this.newProduct = new Product();
            this.form.reset();
            this.formSubmitted = false;
        }
    }
}
```

保存修改并重新加载页面后，可以看到浏览器的 JavaScript 控制台中显示了以下消息，表明本地定义的服务值(Oranges)已经被忽略，Angular 模块可以解析依赖。

```
Service Value: Apples
```

20.4 小结

本章解释了提供程序在依赖注入中充当的角色，还解释了如何使用提供程序改变使用服务解析依赖的方法。本章描述了不同类型的提供程序，这些提供程序可以用来创建服务对象。本章还演示了指令和组件如何定义自己的提供程序来解析它们自身及其子内容的依赖。下一章将描述模块，模块是 Angular 应用程序的最后一种构造块。

第 21 章

使用和创建模块

本章描述最后一种 Angular 构造块：模块。本章的前半部分描述根模块，每个 Angular 应用程序都要使用根模块来描述 Angular 应用程序的配置。本章后半部分描述功能模块（feature module），功能模块用来为应用程序添加结构，这样才能使应用程序的相关功能组合为一个单独的单元。表 21-1 描述了模块的背景。

表 21-1 模块的背景

问题	答案
模块是什么？	模块为 Angular 提供了配置信息
模块有什么作用？	根模块为 Angular 描述了应用程序，设置了应用程序的基本功能，如组件和服务。如果需要在复杂项目中添加结构，那么功能模块很有用，因为这样可以方便管理和维护项目
如何使用模块？	模块是应用了 @NgModule 装饰器的类。@NgModule 装饰器使用的属性对于根模块和功能模块具有不同的含义
模块是否存在陷阱或限制？	不存在单个模块专用的提供程序，这表明：由功能模块定义的提供程序在全部模块中都是可用的，就好像是在根模块中定义的一样
模块是否存在替代方案？	每个应用程序都必须有一个根模块，但功能模块完全是可选的。然而，如果不使用功能模块，那么你会发现很难管理应用程序中的文件

表 21-2 给出了本章内容摘要。

表 21-2 本章内容摘要

问题	解决办法	代码清单编号
描述一个应用程序和这个应用程序中包含的构造块	使用根模块	1~7
将相关的功能组织在一起	创建功能模块	8~27

21.1 准备示例项目

与本书这一部分的其他章一样，仍打算使用在本书第 11 章中创建的示例项目，这个项目在第 12 章至第 20 章中得到了不断扩展和延伸。

■ 注意:
如果不打算自己从头创建这个项目，那么可以从 apress.com 网站下载与本书每章代码相同的源代码。

为了准备讲解本章内容，从组件模板中删除某些功能。代码清单 21-1 给出了产品表格的模板，将模板中的折扣编辑器和显示组件等元素都注释掉。

代码清单 21-1 productTable.component.html 文件的内容

```
<table class="table table-sm table-bordered table-striped">
    <tr>
        <th></th><th>Name</th><th>Category</th><th>Price</th>
        <th>Discount</th><th></th>
    </tr>
    <tr *paFor="let item of getProducts(); let i = index;
            let odd = odd; let even = even"
        [class.bg-info]="odd" [class.bg-warning]="even">
        <td style="vertical-align:middle">{{i + 1}}</td>
        <td style="vertical-align:middle">{{item.name}}</td>
        <td style="vertical-align:middle">{{item.category}}</td>
        <td style="vertical-align:middle">
            {{item.price | discount | currency:"USD":true }}
        </td>
        <td style="vertical-align:middle" [pa-price]="item.price"
            #discount="discount">
            {{ discount.discountAmount | currency:"USD": true }}
        </td>
        <td class="text-xs-center">
            <button class="btn btn-danger btn-sm"
                (click)="deleteProduct(item.id)">
                Delete
            </button>
        </td>
    </tr>
</table>
<!--<paDiscountEditor></paDiscountEditor>-->
<!--<paDiscountDisplay></paDiscountDisplay>-->
```

代码清单 21-2 给出了产品表单组件的模板，其中，第 20 章引入的用于显示子视图提供程序和子内容提供程序之间差别的元素已经被注释掉了。

代码清单 21-2 productForm.component.html 文件的内容

```
<form novalidate [formGroup]="form" (ngSubmit)="submitForm(form)">
    <div class="form-group" *ngFor="let control of form.productControls">
        <label>{{control.label}}</label>
        <input class="form-control"
            [(ngModel)]="newProduct[control.modelProperty]"
```

```
                name="{{control.modelProperty}}"
                formControlName="{{control.modelProperty}}" />
        <ul class="text-danger list-unstyled"
            *ngIf="(formSubmitted || control.dirty) && !control.valid">
            <li *ngFor="let error of control.getValidationMessages()">
                {{error}}
            </li>
        </ul>
    </div>
    <button class="btn btn-primary" type="submit"
            [disabled]="formSubmitted && !form.valid"
            [class.btn-secondary]="formSubmitted && !form.valid">
        Create
    </button>
</form>
<!--<div class="bg-info m-t-1 p-a-1">
    View Child Value: <span paDisplayValue></span>
</div>
<div class="bg-info m-t-1 p-a-1">
    Content Child Value: <ng-content></ng-content>
</div>-->
```

在 example 文件夹中运行以下命令，启动 TypeScript 编译器和 HTTP 开发服务器：

```
npm start
```

此时将打开一个新的浏览器窗口或标签页，可以看到如图 21-1 所示的内容。

图 21-1　运行示例应用程序

21.2　理解根模块

一个 Angular 应用程序至少要有一个模块，称为根模块。习惯上，根模块的定义位于 app 文件夹下一个名为 app.module.ts 的文件中，并包含一个应用了 @NgModule 装饰器的类。代码清单 21-3 给出了示例应用程序的根模块。

代码清单 21-3　app.module.ts 文件中的根模块

```
import { NgModule } from "@angular/core";
import { BrowserModule } from "@angular/platform-browser";
import { ProductComponent } from "./component";
import { FormsModule, ReactiveFormsModule } from "@angular/forms";
import { PaAttrDirective } from "./attr.directive";
import { PaModel } from "./twoway.directive";
import { PaStructureDirective } from "./structure.directive";
import { PaIteratorDirective } from "./iterator.directive";
import { PaCellColor } from "./cellColor.directive";
import { PaCellColorSwitcher } from "./cellColorSwitcher.directive";
import { ProductTableComponent } from "./productTable.component";
import { ProductFormComponent } from "./productForm.component";
import { PaAddTaxPipe } from "./addTax.pipe";
import { PaCategoryFilterPipe } from "./categoryFilter.pipe";
import { PaDiscountDisplayComponent } from "./discountDisplay.component";
import { PaDiscountEditorComponent } from "./discountEditor.component";
import { DiscountService } from "./discount.service";
import { PaDiscountPipe } from "./discount.pipe";
import { PaDiscountAmountDirective } from "./discountAmount.directive";
import { SimpleDataSource } from "./datasource.model";
import { Model } from "./repository.model";
import { LogService, LOG_SERVICE, SpecialLogService,
    LogLevel, LOG_LEVEL} from "./log.service";
import { VALUE_SERVICE, PaDisplayValueDirective} from
"./valueDisplay.directive";
@NgModule({
    imports: [BrowserModule, FormsModule, ReactiveFormsModule],
    declarations: [ProductComponent, PaAttrDirective, PaModel,
        PaStructureDirective, PaIteratorDirective,
        PaCellColor, PaCellColorSwitcher, ProductTableComponent,
        ProductFormComponent, PaAddTaxPipe, PaCategoryFilterPipe,
        PaDiscountDisplayComponent, PaDiscountEditorComponent,
        PaDiscountPipe, PaDiscountAmountDirective, PaDisplayValueDirective],
    providers: [DiscountService, SimpleDataSource, Model, LogService,
        { provide: VALUE_SERVICE, useValue: "Apples" }],
    bootstrap: [ProductComponent]
})
export class AppModule { }
```

一个项目中可能存在多个模块，但根模块是在 bootstrap 文件中使用的模块，习惯上这个 bootstrap 文件名为 main.ts，定义在 app 文件夹中。代码清单 21-4 显示了示例项目中的 main.ts 文件。

代码清单 21-4　main.ts 文件中的 Angular Bootstrap

```
import { platformBrowserDynamic } from
    '@angular/platform-browser-dynamic';
```

```
import { AppModule } from './app.module';
platformBrowserDynamic().bootstrapModule(AppModule);
```

Angular 模块与 Javascript 模块的对比

Angular 应用程序中存在两类模块：Angular 模块和 JavaScript 模块。Angular 模块是一个应用了 @NgModule 装饰器的类。每一个应用程序都包含一个根 Angular 模块，而且 Angular 模块是通过根组件的 imports 属性添加到应用程序中的。在代码清单 21-3 中，FormsModule 模块被包含在根模块的 imports 属性中，从而启用了 FormsModule 模块的功能。

```
...
imports: [BrowserModule, FormsModule, ReactiveFormsModule],
...
```

浏览器需要加载 Angular 模块中的代码，这时就需要发挥 JavaScript 包的作用了。为了在作用域内使用 FormsModule 类型，app.module.ts 文件包含了下面这条 import 语句：

```
...
import { FormsModule, ReactiveFormsModule } from "@angular/forms";
...
```

@angular/forms 引用表明这是一个 JavaScript 模块。所以，即便在 Angular 应用程序中术语模块(module)具有两种不同的含义，这两种含义也是相关的。Angular 模块是能够访问 Angular 功能的类，并且是在 JavaScript 模块中打包发送到浏览器的。

Angular 应用程序可以在不同环境下运行，例如 Web 浏览器和原生应用程序容器。bootstrap 文件的任务就是选择平台，并识别出根模块。platformBrowserDynamic 方法用于创建浏览器运行时(runtime)，bootstrapModule 方法用于指定模块，在代码清单 21-3 中，这个模块就是 AppModule 类。

定义根模块时，要使用表21-3中描述的装饰器属性。本章后面将描述其他的装饰器属性。

表 21-3　@NgModule 装饰器根模块属性

名称	描述
imports	这个属性用于指定支持应用程序中的指令、组件、管道所需的 Angular 模块
declarations	这个属性用于指定应用程序中使用的指令、组件、管道
providers	这个属性定义模块注入器使用的服务提供程序。这些提供程序在整个应用程序范围内都是可用的。当一个服务不存在可用的本地提供程序时，也可使用这些提供程序。第 20 章描述了这个属性
bootstrap	这个属性指定应用程序的根组件

21.2.1 理解 imports 属性

imports 属性用来列出应用程序所需的其他模块。在示例应用程序中，这些模块都是 Angular 框架提供的所有模块。

```
...
imports: [BrowserModule, FormsModule, ReactiveFormsModule],
...
```

BrowserModule 模块提供了在 Web 浏览器中运行 Angular 应用程序所需的功能。其他两个模块为使用 HTML 表单和基于模型的表单提供了支持，这些内容已经在本书第 14 章介绍过。后面的章还将介绍其他的 Angular 模块。

imports 属性还可以用来声明对自定义模块的依赖，自定义模块可以用于管理复杂的 Angular 应用程序，以及创建可重用的功能单元。21.3 节"创建功能模块"中将解释如何定义自定义模块。

21.2.2 理解 declarations 属性

declarations 属性用来为 Angular 应用程序提供所需的指令、组件、管道的列表。这些类统称为可声明类(declarable classes)。示例项目中根模块的 declarations 属性包含一个很长的类列表，因为在 declarations 属性中声明了这些类，所以这些类都可以只用于应用程序的其他某处。

```
...
declarations: [ProductComponent, PaAttrDirective, PaModel,
    PaStructureDirective, PaIteratorDirective,
    PaCellColor, PaCellColorSwitcher, ProductTableComponent,
    ProductFormComponent, PaAddTaxPipe, PaCategoryFilterPipe,
    PaDiscountDisplayComponent, PaDiscountEditorComponent,
    PaDiscountPipe, PaDiscountAmountDirective, PaDisplayValueDirective],
...
```

注意内置的可声明类不包含在根模块的 declarations 属性中，比如第 13 章描述的指令和第 18 章描述的管道。原因是这些类是由 BrowserModule 管理的，如果在 imports 属性中添加一个模块，那么在应用程序中这个模块的可声明类将自动可用。

21.2.3 理解 providers 属性

providers 属性用于定义服务提供程序，服务提供程序用于在无法找到合适的本地提供程序的情况下解析依赖。第 19 和第 20 章详细解释了如何使用服务提供程序。

21.2.4 理解 bootstrap 属性

bootstrap 属性指定应用程序的根组件或根组件集合。Angular 处理主 HTML 文档时，需要检查根组件,并使用@Component 装饰器中的 selector 属性值来应用根组件。一般来说,主 HTML 文档是一个名为 index.html 的文件。

> **提示:**
> 在 bootstrap 属性中列出的组件必须同时包含在 declarations 列表中。

下面给出了示例项目中根模块的 bootstrap 属性:

```
...
bootstrap: [ProductComponent]
...
```

ProductComponent 类提供了根组件,它的 selector 属性指定了 app 元素,如代码清单 21-5 所示。

代码清单 21-5　component.ts 文件中的根组件

```
import { Component } from "@angular/core";
@Component({
    selector: "app",
    templateUrl: "template.html"
})
export class ProductComponent {
}
```

在第 11 章开始引入的示例项目中,根组件包含了大量的功能。但是随着不断引入新的组件,根组件的功能逐渐减少,现在根组件仅仅充当一个占位符,让 Angular 将 app/template.html 文件的内容投影到 HTML 文档中的 app 元素,这样就可以加载应用程序中那些完成实际工作的组件。

这种方法并没有什么错误,但是这样做会导致应用程序中的根组件没有什么事可做。如果感觉这样的冗余方案显得不够条理,那么还可以在根模块中指定多个根组件,所有的根组件都可以在 HTML 文档中找到对应的目标元素。为了说明如何使用这项工作,从根模块的 bootstrap 属性中删除现有的根组件,并将其替换为负责产品表单和产品表格的组件类,如代码清单 21-6 所示。

代码清单 21-6　在 app.module.ts 文件中指定多个根组件

```
...
@NgModule({
    imports: [BrowserModule, FormsModule, ReactiveFormsModule],
    declarations: [ProductComponent, PaAttrDirective, PaModel,
        PaStructureDirective, PaIteratorDirective,
        PaCellColor, PaCellColorSwitcher, ProductTableComponent,
        ProductFormComponent, PaAddTaxPipe, PaCategoryFilterPipe,
        PaDiscountDisplayComponent, PaDiscountEditorComponent,
        PaDiscountPipe, PaDiscountAmountDirective, PaDisplayValueDirective],
```

```
        providers: [DiscountService, SimpleDataSource, Model, LogService,
            { provide: VALUE_SERVICE, useValue: "Apples" }],
        bootstrap: [ProductFormComponent, ProductTableComponent]
})
export class AppModule { }
...
```

代码清单21-7给出了主HTML文档中修改的根组件的元素。

代码清单21-7　在index.html文件中修改根组件元素

```
<!DOCTYPE html>
<html>
<head>
    <title></title>
    <meta charset="utf-8" />
    <script src="node_modules/classlist.js/classList.min.js"></script>
    <script src="node_modules/core-js/client/shim.min.js"></script>
    <script src="node_modules/intl/dist/Intl.complete.js"></script>
    <script src="node_modules/zone.js/dist/zone.min.js"></script>
    <script src="node_modules/reflect-metadata/Reflect.js"></script>
    <script src="node_modules/systemjs/dist/system.src.js"></script>
    <script src="systemjs.config.js"></script>
    <script> System.import("app/main").
        catch(function(err){ console.error(err); });
    </script>
    <link href="node_modules/bootstrap/dist/css/bootstrap.min.css"
        rel="stylesheet" />
</head>
<body class="m-a-1">
    <div class="col-xs-8 p-a-1">
        <paProductTable></paProductTable>
    </div>
    <div class="col-xs-4 p-a-1">
        <paProductForm></paProductForm>
    </div>
</body>
</html>
```

与先前的示例相比，组件出现的顺序被逆转了，目的是在应用程序的布局中创建一个可检测到的变更。保存全部变更后，浏览器重新加载了页面，可以看到此时页面中显示了新的根组件，如图21-2所示。

模块的服务提供程序用来为全部根组件解析依赖。这表明，在示例应用程序中存在一个单独的Model服务对象，在整个应用程序范围内共享这个对象，因此在HTML表单中创建的产品可以自动显示在表格中，即使这些组件已经被提升为根组件。

第 21 章 ▊ 使用和创建模块

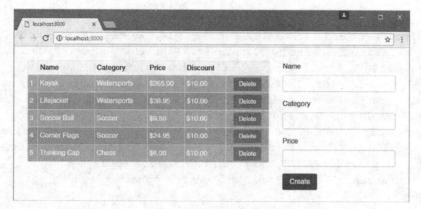

图 21-2 使用多个根组件

21.3 创建功能模块

前面介绍了示例应用程序的不同功能，根模块越来越复杂，需要用一长串 import 语句来加载 JavaScript 模块，并且需要在@NgModule 装饰器的 declararations 属性中用好几行代码声明一些类，如代码清单 21-8 所示。

代码清单 21-8　app.module.ts 文件的内容

```
import { NgModule } from "@angular/core";
import { BrowserModule } from "@angular/platform-browser";
import { ProductComponent } from "./component";
import { FormsModule, ReactiveFormsModule } from "@angular/forms";
import { PaAttrDirective } from "./attr.directive";
import { PaModel } from "./twoway.directive";
import { PaStructureDirective } from "./structure.directive";
import { PaIteratorDirective } from "./iterator.directive";
import { PaCellColor } from "./cellColor.directive";
import { PaCellColorSwitcher } from "./cellColorSwitcher.directive";
import { ProductTableComponent } from "./productTable.component";
import { ProductFormComponent } from "./productForm.component";
import { PaAddTaxPipe } from "./addTax.pipe";
import { PaCategoryFilterPipe } from "./categoryFilter.pipe";
import { PaDiscountDisplayComponent } from "./discountDisplay.component";
import { PaDiscountEditorComponent } from "./discountEditor.component";
import { DiscountService } from "./discount.service";
import { PaDiscountPipe } from "./discount.pipe";
import { PaDiscountAmountDirective } from "./discountAmount.directive";
import { SimpleDataSource } from "./datasource.model";
import { Model } from "./repository.model";
import { LogService, LOG_SERVICE, SpecialLogService,
    LogLevel, LOG_LEVEL} from "./log.service";
import { VALUE_SERVICE, PaDisplayValueDirective} from
    "./valueDisplay.directive";
```

```
@NgModule({
    imports: [BrowserModule, FormsModule, ReactiveFormsModule],
    declarations: [ProductComponent, PaAttrDirective, PaModel,
        PaStructureDirective, PaIteratorDirective,
        PaCellColor, PaCellColorSwitcher, ProductTableComponent,
        ProductFormComponent, PaAddTaxPipe, PaCategoryFilterPipe,
        PaDiscountDisplayComponent, PaDiscountEditorComponent,
        PaDiscountPipe, PaDiscountAmountDirective, PaDisplayValueDirective],
    providers: [DiscountService, SimpleDataSource, Model, LogService,
        { provide: VALUE_SERVICE, useValue: "Apples" }],
    bootstrap: [ProductFormComponent, ProductTableComponent]
})
export class AppModule { }
```

功能模块(feature module)用来对相关的功能进行分组，这样就可以将相关的功能当做单独的实体来使用，就好像是 Angular 模块。例如，如果需要使用操作表单的功能，那么就不需要为每一个单独的指令、组件或管道添加 import 语句和 declarations 项。此时，只需要在装饰器的 imports 属性中添加 BrowserModule 即可，BrowserModule 包含的全部功能即可在应用程序中使用。

如果创建了一个功能模块，那么可以选择关注应用程序的某一项功能，或选择将应用程序基础设施中的一组相关联的构造块分组在一起。在后面的几节中，将会完成全部两种方法，因为这两种方法的工作方式仅存在微小的差别，但是要考虑的问题却大为不同。功能模块同样使用@NgModule 装饰器，但是使用一个叠加的配置属性集，其中某些配置属性是新增的，某些则与在根模块中的使用方式相同，但是具有不同的效果。后面几节将解释如何使用这些属性，表 21-4 总结了这些功能，供以后快速参考。

表 21-4 功能模块的@NgModule 装饰器属性

名称	描述
imports	这个属性用于导入模块中的类所需要的模块
providers	这个属性用于定义模块的提供程序。加载功能模块时，提供程序的集合与根模块中的提供程序组合在一起，因此功能模块的服务在整个应用程序中都是可用的(而不仅限于在模块中使用)
declarations	这个属性用于指定模块中的指令、组件和管道。这个属性必须包含模块内部使用的类，还包括模块中可以由应用程序其他部分使用的类
exports	这个属性用于定义模块对外界公开导出的内容，除了包含部分或全部来自 declarations 属性的指令、组件、管道外，还包括部分或全部来自 imports 属性的模块

21.3.1 创建模型模块

术语模型模块(model module)读起来颇为拗口，但是在使用功能模块来重构应用程序时，模型模块却是一个很好的起点，因为应用程序中的所有其他构造块都要依赖模型。

第一步是创建一个包含模块的文件夹。模块文件夹是在 app 文件夹中定义的，可以为它起一个有意义的名称。针对这个模块，创建一个 app/model 文件夹。

Angular 文件的命名规范便于我们移动或删除多个文件。在 example 文件夹中运行以下命令可以移动文件(这些命令可以在 Windows PowerShell、Linux、Mac OS 中运行)：

```
mv app/*.model.ts app/model/
mv app/limit.formvalidator.ts app/model/
```

移动了全部文件之后，需要在 example 文件夹中运行以下命令来删除对应的 JavaScript 文件：

```
rm app/*.model.js
rm app/limit.formvalidator.js
```

结果就是表 21-5 中的全部文件都被移到了 model 文件夹中。

表 21-5　为了模块而移动的文件

文件	新的位置
app/datasource.model.ts	app/model/datasource.model.ts
app/form.model.ts	app/model/form.model.ts
app/limit.formvalidator.ts	app/model/limit.formvalidator.ts
app/product.model.ts	app/model/product.model.ts
app/repository.model.ts	app/model/repository.model.ts

完成文件的移动和删除操作后，TypeScript 编译器将列出编译器错误，因为某些关键的可声明类是不可用的，而浏览器也会报告错误，因为浏览器无法找到那些已经删除的 JavaScript 文件。后面的章节将解决这些问题。

1. 创建模块定义

下一步是定义一个模块，这个模块将所有移动到新文件夹中的文件的功能汇总起来，在 app/model 文件夹中添加一个名为 model.module.ts 的文件，定义如代码清单 21-9 所示的模块。

代码清单 21-9　app/model 文件夹中 model.module.ts 文件的内容

```
import { NgModule } from "@angular/core";
import { SimpleDataSource } from "./datasource.model";
import { Model } from "./repository.model";
@NgModule({
    providers: [Model, SimpleDataSource]
})
export class ModelModule { }
```

这个模块虽然很简单，但是却包含一些必须理解的重要特性，因为功能模块的目标就是有选择性地向应用程序的其他部分暴露模块文件夹的内容。

这个模块的@NgModule 装饰器仅仅使用 providers 属性为 Model 和 SimpleDataSource 服务定义类提供程序。如果在一个功能模块中使用提供程序,那么提供程序需要随根模块的注入器一并注册,这表明提供程序在整个应用程序范围内都是可用的,这也正是示例应用程序对数据模型的要求。

> ■ 提示:
> 有一种常见的错误观点,这种观点认为在一个模块中定义的服务只能由这个模块中的类访问。但是在 Angular 中不存在模块作用域。当使用由功能模块定义的提供程序时,这些提供程序就好像是由根模块定义的一样。由功能模块中的指令和组件定义的本地提供程序对于它们的子视图和子内容都是可用的,即使它们是在其他模块中定义的。

2. 更新应用程序中的其他类

将类移动到 model 文件夹中破坏了应用程序中其他部分的 import 语句,这些语句或者依赖 Product 类,或者依赖 ProductFormGroup 类。下一步要更新这些 import 语句,使之指向新的模块。现在,有四个文件受到了影响,分别是 attr.directive.ts、categoryFilter.pipe.ts、productForm.component.ts、productTable.component.ts。代码清单 21-10 给出了针对 attr.directive.ts 文件所做的修改。

代码清单 21-10　在 attr.directive.ts 文件中更新 import 引用

```
import { Directive, ElementRef, Attribute, Input,
    SimpleChange, Output, EventEmitter, HostListener, HostBinding }
from "@angular/core";
import { Product } from "./model/product.model";
@Directive({
    selector: "[pa-attr]"
})
export class PaAttrDirective {
// ...statements omitted for brevity...
}
```

唯一必须完成的更改是修改 import 语句中使用的路径,因为需要反映代码文件的新位置。代码清单 21-11 给出了针对 categoryFilter.pipe.ts 文件所做的修改。

代码清单 21-11　在 categoryFilter.pipe.ts 文件中更新 import 引用

```
import { Pipe } from "@angular/core";
import { Product } from "./model/product.model";
@Pipe({
    name: "filter",
    pure: false
})
export class PaCategoryFilterPipe {
```

```
transform(products: Product[], category: string): Product[] {
    return category == undefined ?
        products : products.filter(p => p.category == category);
}
}
```

代码清单 21-12 更新了 productForm.component.ts 文件中的 import 语句。

代码清单 21-12　在 productForm.component.ts 文件中更新 import 路径

```
import { Component, Output, EventEmitter, ViewEncapsulation,
    Inject, SkipSelf } from "@angular/core";
import { Product } from "./model/product.model";
import { ProductFormGroup } from "./model/form.model";
import { Model } from "./model/repository.model";
import { VALUE_SERVICE } from "./valueDisplay.directive";
@Component({
    selector: "paProductForm",
    templateUrl: "productForm.component.html",
    viewProviders: [{ provide: VALUE_SERVICE, useValue: "Oranges" }]
})
export class ProductFormComponent {
    // ...statements omitted for brevity...
}
```

代码清单 21-13 更新了最后一个文件(也就是 productTable.component.ts 文件)中的路径。

代码清单 21-13　在 productTable.component.ts 文件中更新 import 路径

```
import { Component, Input, ViewChildren, QueryList } from "@angular/core";
import { Model } from "./model/repository.model";
import { Product } from "./model/product.model";
import { DiscountService } from "./discount.service";
@Component({
    selector: "paProductTable",
    templateUrl: "productTable.component.html"
})
export class ProductTableComponent {
    // ...statements omitted for brevity...
}
```

3. 更新根模块

最后一步是更新根模块，这样定义在功能模块中的服务就可以在整个应用程序中使用了。代码清单 21-14 给出了必要的修改内容。

代码清单 21-14　在 app.module.ts 文件中更新根模块

```
import { NgModule } from "@angular/core";
import { BrowserModule } from "@angular/platform-browser";
```

```
import { ProductComponent } from "./component";
import { FormsModule, ReactiveFormsModule } from "@angular/forms";
import { PaAttrDirective } from "./attr.directive";
import { PaModel } from "./twoway.directive";
import { PaStructureDirective } from "./structure.directive";
import { PaIteratorDirective } from "./iterator.directive";
import { PaCellColor } from "./cellColor.directive";
import { PaCellColorSwitcher } from "./cellColorSwitcher.directive";
import { ProductTableComponent } from "./productTable.component";
import { ProductFormComponent } from "./productForm.component";
import { PaAddTaxPipe } from "./addTax.pipe";
import { PaCategoryFilterPipe } from "./categoryFilter.pipe";
import { PaDiscountDisplayComponent } from "./discountDisplay.component";
import { PaDiscountEditorComponent } from "./discountEditor.component";
import { DiscountService } from "./discount.service";
import { PaDiscountPipe } from "./discount.pipe";
import { PaDiscountAmountDirective } from "./discountAmount.directive";
import { ModelModule } from "./model/model.module";
import {
    LogService, LOG_SERVICE, SpecialLogService,
    LogLevel, LOG_LEVEL
} from "./log.service";
import { VALUE_SERVICE, PaDisplayValueDirective } from
    "./valueDisplay.directive";
@NgModule({
    imports: [BrowserModule, FormsModule, ReactiveFormsModule, ModelModule],
    declarations: [ProductComponent, PaAttrDirective, PaModel,
        PaStructureDirective, PaIteratorDirective,
        PaCellColor, PaCellColorSwitcher, ProductTableComponent,
        ProductFormComponent, PaAddTaxPipe, PaCategoryFilterPipe,
        PaDiscountDisplayComponent, PaDiscountEditorComponent,
        PaDiscountPipe, PaDiscountAmountDirective, PaDisplayValueDirective],
    providers: [DiscountService, LogService,
        { provide: VALUE_SERVICE, useValue: "Apples" }],
    bootstrap: [ProductFormComponent, ProductTableComponent]
})
export class AppModule { }
```

上述代码清单导入功能模块并将其添加到根模块的导入列表中。因为功能模块为Model 和 SimpleDataSource 定义了提供程序，因此从根模块的提供程序列表中删除了对应的项，并删除了相关联的导入语句。

将修改保存到根模块之后，浏览器将重新加载应用程序。根模块将加载模型功能模块，功能模块提供对模型服务的访问，应用程序将正确启动。

21.3.2 创建实用工具功能模块

模型模块是一个很好的起点，因为模型模块显示了一个功能模块的基本结构，还说明了一个功能模块与根模块的关系。使用模型模块对应用程序的影响很小，也没有过多地简化应用程序。

下一个复杂问题是实用工具(utility)功能模块，这个模块可以将应用程序中所有的常用功能集合在一起，比如管道和指令。在一个实际项目中，可以将这些类型的构造块组织在一起，将其组织为几个模块，每个模块都包含类似的功能，而关于如何组织构造块，可以有更多的选择方式。对于示例应用程序来说，我们打算将所有的管道、指令、服务都迁移到一个单独的模块中。

1. 创建模块文件夹并移动文件

与前面的模块类似，我们要完成的第一项任务是创建文件夹。针对新的模块，创建一个名为 app/common 的文件夹。在 example 文件夹中运行以下命令，可以将管道和指令的 TypeScript 文件移动到 app/common 文件夹中：

```
mv app/*.pipe.ts app/common/
mv app/*.directive.ts app/common/
```

这些命令可以在 Windows PowerShell、Linux、Mac OS 中执行。应用程序中的某些指令和管道依赖 DiscountService 类和 LogServices 类，这两个类可以通过依赖注入提供给指令和管道。在 app 文件夹中运行以下命令，可以将服务的 TypeScript 文件移动到模块文件夹中：

```
mv app/*.service.ts app/common/
```

成功移动 TypeScript 文件后，应该删除对应的 JavaScript 文件。为此，可以在 example 文件夹中运行以下命令：

```
rm app/*.pipe.js
rm app/*.directive.js
rm app/*.service.js
```

命令成功运行后，表 21-6 中列出的全部文件都被移动到模块文件夹中。

表 21-6　将以下文件移动到模块文件夹中

文件	新的位置
app/addTax.pipe.ts	app/common/addTax.pipe.ts
app/attr.directive.ts	app/common/attr.directive.ts
app/categoryFilter.pipe.ts	app/common/categoryFilter.pipe.ts
app/cellColor.directive.ts	app/common/cellColor.directive.ts
app/cellColorSwitcher.directive.ts	app/common/cellColorSwitcher.directive.ts
app/discount.pipe.ts	app/common/discount.pipe.ts
app/discountAmount.directive.ts	app/common/discountAmount.directive.ts
app/iterator.directive.ts	app/common/iterator.directive.ts

(续表)

文件	新的位置
app/structure.directive.ts	app/common/structure.directive.ts
app/twoway.directive.ts	app/common/twoway.directive.ts
app/valueDisplay.directive.ts	app/common/valueDisplay.directive.ts
app/discount.service.ts	app/common/discount.service.ts
app/log.service.ts	app/common/log.service.ts

2. 更新新模块中的类

某些移动到新文件夹的类中包含的 import 语句必须进行更新，更新的目的是反映模型模块的新路径。代码清单 21-15 显示了在 attr.directive.ts 文件中所做的修改。

代码清单 21-15　在 attr.directive.ts 文件中更新导入的内容

```
import {
    Directive, ElementRef, Attribute, Input,
    SimpleChange, Output, EventEmitter, HostListener, HostBinding
}
    from "@angular/core";
import { Product } from "../model/product.model";
@Directive({
    selector: "[pa-attr]"
})
export class PaAttrDirective {
    // ...statements omitted for brevity...
}
```

代码清单 21-16 显示了 categoryFilter.pipe.ts 文件中对应的修改。

代码清单 21-16　在 categoryFilfer.pipe.ts 文件中更新导入的内容

```
import { Pipe } from "@angular/core";
import { Product } from "../model/product.model";
@Pipe({
    name: "filter",
    pure: false
})
export class PaCategoryFilterPipe {
    transform(products: Product[], category: string): Product[] {
        return category == undefined ?
            products : products.filter(p => p.category == category);
    }
}
```

3. 创建模块定义

下一步是定义一个模块，这个模块可以将移动到新文件夹的全部文件中的功能集合到一起。在 app/common 文件夹中添加一个名为 common.module.ts 的文件，代码清单 21-17 定义了这个模块的内容。

代码清单 21-17　app/common 文件夹中 common.module.ts 文件的内容

```
import { NgModule } from "@angular/core";
import { PaAddTaxPipe } from "./addTax.pipe";
import { PaAttrDirective } from "./attr.directive";
import { PaCategoryFilterPipe } from "./categoryFilter.pipe";
import { PaCellColor } from "./cellColor.directive";
import { PaCellColorSwitcher } from "./cellColorSwitcher.directive";
import { PaDiscountPipe } from "./discount.pipe";
import { PaDiscountAmountDirective } from "./discountAmount.directive";
import { PaIteratorDirective } from "./iterator.directive";
import { PaStructureDirective } from "./structure.directive";
import { PaModel } from "./twoway.directive";
import { VALUE_SERVICE, PaDisplayValueDirective} from 
"./valueDisplay.directive";
import { DiscountService } from "./discount.service";
import { LogService } from "./log.service";
import { ModelModule } from "../model/model.module";
@NgModule({
    imports: [ModelModule],
    providers: [LogService, DiscountService,
        { provide: VALUE_SERVICE, useValue: "Apples" }],
    declarations: [PaAddTaxPipe, PaAttrDirective, PaCategoryFilterPipe,
        PaCellColor, PaCellColorSwitcher, PaDiscountPipe,
        PaDiscountAmountDirective, PaIteratorDirective, PaStructureDirective,
        PaModel, PaDisplayValueDirective],
    exports: [PaAddTaxPipe, PaAttrDirective, PaCategoryFilterPipe,
        PaCellColor, PaCellColorSwitcher, PaDiscountPipe,
        PaDiscountAmountDirective, PaIteratorDirective, PaStructureDirective,
        PaModel, PaDisplayValueDirective]
})
export class CommonModule { }
```

这个模块比数据模型模块更为复杂。在下面各小节中，将描述每一个装饰器属性使用的值。

理解导入

模块中的某些指令和管道依赖在 model 模块中定义的服务，这些服务在本章前面已经创建完成。为了确保这个模块中的功能可用，需要将这些功能添加到常用模块的 imports 属性中。

理解提供程序

providers 属性可以确保功能模块中的指令和管道能够访问到指令和管道所需访问的服务。这就要求添加类提供程序来创建 LogService 和 DiscountService 服务。当加载模块时，这两个服务将被添加到根模块的提供程序中。服务不仅对 common 模块中的指令和管道来说是可用的，而且在整个应用程序中都是可用的。

理解声明

declarations 属性用于为 Angular 在模块中提供一个指令和管道的列表(如果存在组件，那么也包括组件)。在功能模块中，使用这个属性有两个目的：其一，启用可声明类，使之可用于模块中所包含的任何模板；其二，使一个模块中的可声明类在该模块之外也是可用的。本章后面将创建一个包含模板内容的模块，但是对于这个模块来说，为了通过 exports 属性导出这个模块，必须先使用 declarations 属性声明这个模块，下一小节将解释这一点。

理解导出

对于一个包含了指令和管道的模块来说，如果打算在应用程序的其他位置使用这些指令和管道，那么 exports 属性就是这个模块的 @NgModule 装饰器中最为重要的属性。这是因为，对于那些在应用程序中某处导入且由模块提供的指令、组件、管道，只有通过 exports 属性定义了这些指令、组件、管道，它们才能够被应用程序的其他部分使用。exports 属性可以包含单独的类和模块类型，当然，这些类和模块类型必须已经包含在 declarations 或 imports 属性中。导入这个模块时，模块中列出的类型就好像已经被添加到导入模块的 declarations 属性中一样。

4. 更新应用程序中的其他类

既然我们已经定义了模块，下面就可以更新应用程序中包含了 import 语句的其他文件，这些文件利用 import 语句导入属于 common 模块组成部分的类型。代码清单 21-18 给出对 discountDisplay.component.ts 文件所需要做的修改。

代码清单 21-18　在 discountDisplay.component.ts 文件中更新导入引用

```
import { Component, Input } from "@angular/core";
import { DiscountService } from "./common/discount.service";
@Component({
    selector: "paDiscountDisplay",
    template: `<div class="bg-info p-a-1">
                The discount is {{discounter.discount}}
            </div>`
})
export class PaDiscountDisplayComponent {
    constructor(private discounter: DiscountService) { }
}
```

代码清单 21-19 给出了在 discountEditor.component.ts 文件中所做的修改。

代码清单 21-19 在 discountEditor.component.ts 文件中更新导入引用

```
import { Component, Input } from "@angular/core";
import { DiscountService } from "./common/discount.service";
@Component({
    selector: "paDiscountEditor",
    template: `<div class="form-group">
                    <label>Discount</label>
                    <input [(ngModel)]="discounter.discount"
                        class="form-control" type="number" />
                </div>`
})
export class PaDiscountEditorComponent {
    constructor(private discounter: DiscountService) { }
}
```

代码清单 21-20 给出了在 discountEditor.component.ts 文件中所做的修改。

代码清单 21-20 在 productForm.component.ts 文件中更新导入引用

```
import { Component, Output, EventEmitter, ViewEncapsulation,
    Inject, SkipSelf } from "@angular/core";
import { Product } from "./model/product.model";
import { ProductFormGroup } from "./model/form.model";
import { Model } from "./model/repository.model";
import { VALUE_SERVICE } from "./common/valueDisplay.directive";
@Component({
    selector: "paProductForm",
    templateUrl: "productForm.component.html",
    viewProviders: [{ provide: VALUE_SERVICE, useValue: "Oranges" }]
})
export class ProductFormComponent {
    // ...statements omitted for brevity...
}
```

最后要修改的是 productTable.component.ts 文件,如代码清单 21-21 所示。

代码清单 21-21 在 productTable.component.ts 文件中更新导入引用

```
import { Component, Input, ViewChildren, QueryList } from "@angular/core";
import { Model } from "./model/repository.model";
import { Product } from "./model/product.model";
import { DiscountService } from "./common/discount.service";
@Component({
    selector: "paProductTable",
    templateUrl: "productTable.component.html"
})
export class ProductTableComponent {
    // ...statements omitted for brevity...
}
```

5. 更新根模块

最后一步就是更新根模块，这样，为了访问 common 模块中的指令和管道，根模块可以加载 common 模块，参见代码清单 21-22。

代码清单 21-22　在 app.module.ts 文件中导入一个功能模块

```
import { NgModule } from "@angular/core";
import { BrowserModule } from "@angular/platform-browser";
import { ProductComponent } from "./component";
import { FormsModule, ReactiveFormsModule } from "@angular/forms";
import { ProductTableComponent } from "./productTable.component";
import { ProductFormComponent } from "./productForm.component";
import { PaDiscountDisplayComponent } from "./discountDisplay.component";
import { PaDiscountEditorComponent } from "./discountEditor.component";
import { ModelModule } from "./model/model.module";
import { CommonModule } from "./common/common.module";
@NgModule({
    imports: [BrowserModule, FormsModule, ReactiveFormsModule,
        ModelModule, CommonModule],
    declarations: [ProductComponent, ProductTableComponent,
        ProductFormComponent, PaDiscountDisplayComponent,
            PaDiscountEditorComponent],
    bootstrap: [ProductFormComponent, ProductTableComponent]
})
export class AppModule { }
```

创建 common 模块可以极大地简化根模块，common 模块已经被添加到 imports 列表中。所有与指令和管道对应的单独的类都被从 declarations 列表中移除，与其相关联的 import 语句也被从文件中移除。导入 common 模块时，在 common 模块的 exports 属性中列出的全部类型都将被添加到根模块的 declarations 属性中。

21.3.3　用组件创建一个功能模块

下面创建的最后一个模块将包含应用程序的组件，这样就可以演示如何处理外部模板。创建模块的基本过程与前面给出的示例是一样的，后面将再次描述这个过程。

1. 创建模块文件夹并移动文件

我们将此模块命名为 components，并创建一个 app/components 文件夹来保存所有文件。在 example 文件夹中运行以下命令，可以将指令 TypeScript 文件、HTML 文件、CSS 文件移动到新的文件夹中，并删除对应的 JavaScript 文件：

```
mv app/*.component.ts app/components/
mv app/*.component.html app/components/
mv app/*.component.css app/components/
rm app/*.component.js
```

上述命令的执行结果就是将指令代码文件移到了新的文件夹中，如表 21-7 所示。

表 21-7　创建组件模块需要移动的文件

文件	新位置
app/discountDisplay.component.ts	app/component/discountDisplay.component.ts
app/discountEditor.component.ts	app/component/discountEditor.component.ts
app/productForm.component.ts	app/component/productForm.component.ts
app/productTable.component.ts	app/component/productTable.component.ts

2. 更新模板 URL

新模块中的两个组件使用了外部模板，外部模板的位置是由 @Component 装饰器的 templateUrl 属性指定的。既然已经移动了文件，这些 URL 就已经不能准确反映 HTML 文件的位置，因为这些 URL 引用的是 HTML 文件的原先位置。有两种办法解决此问题，最简单的方法就是更新 templateUrl 属性的值，这样，templateUrl 属性的值就能够反映 HTML 文件的新位置，如代码清单 21-23 所示，此代码清单还同时更新了 import 语句中其他模块的路径。

代码清单 21-23　在 productTable.component.ts 文件中更新模板位置

```
import { Component, Input } from "@angular/core";
import { Model } from "../model/repository.model";
import { Product } from "../model/product.model";
import { DiscountService } from "../common/discount.service";
@Component({
    selector: "paProductTable",
    templateUrl: "components/productTable.component.html"
})
export class ProductTableComponent {
    // ...statements omitted for brevity...
}
```

这种方法比较简单，但是这样做需要在将应用程序重构为不同模块的过程中修改模板 URL。

3. 更新模块引用

对于移动到新模块中的两个类，必须更新针对这两个类的 import 语句，这样才能将路径反映给应用程序中的其他模块。代码清单 21-24 给出了在 discountDisplay.component.ts 文件必须完成的修改。

代码清单 21-24　更新 discountDisplay.component.ts 文件中的路径

```
import { Component, Input } from "@angular/core";
import { DiscountService } from "./common/discount.service";
@Component({
```

```
    selector: "paDiscountDisplay",
    template: `<div class="bg-info p-a-1">
                    The discount is {{discounter.discount}}
                </div>`
})
export class PaDiscountDisplayComponent {
    constructor(private discounter: DiscountService) { }
}
```

代码清单 21-25 给出了应用于 discountEditor.component.ts 文件的修改。

代码清单 21-25　更新 discountEditor.component.ts 文件中的路径

```
import { Component, Input } from "@angular/core";
import { DiscountService } from "../common/discount.service";
@Component({
    selector: "paDiscountEditor",
    template: `<div class="form-group">
                    <label>Discount</label>
                    <input [(ngModel)]="discounter.discount"
                        class="form-control" type="number" />
                </div>`
})
export class PaDiscountEditorComponent {
    constructor(private discounter: DiscountService) { }
}
```

4. 创建模块定义

为了创建模块，在 app/components 文件夹中添加一个名为 components.module.ts 的文件，并添加如代码清单 21-26 所示的语句。

代码清单 21-26　app/components 文件夹中 components.module.ts 文件的内容

```
import { NgModule } from "@angular/core";
import { BrowserModule } from "@angular/platform-browser";
import { CommonModule } from "../common/common.module";
import { FormsModule, ReactiveFormsModule } from "@angular/forms";
import { PaDiscountDisplayComponent } from "./discountDisplay.component";
import { PaDiscountEditorComponent } from "./discountEditor.component";
import { ProductFormComponent } from "./productForm.component";
import { ProductTableComponent } from "./productTable.component";
@NgModule({
    imports: [BrowserModule, FormsModule, ReactiveFormsModule, CommonModule],
    declarations: [PaDiscountDisplayComponent, PaDiscountEditorComponent,
        ProductFormComponent, ProductTableComponent],
    exports: [ProductFormComponent, ProductTableComponent]
})
export class ComponentsModule { }
```

这个模块导入了BrowserModule和CommonModule这两个模块，目的是保证指令能够访问其所需的服务和可声明类。这个模块导出了ProductFormComponent和ProductTableComponent组件，这两个组件是在根组件的bootstrap属性中使用的。其他的组件是模块私有的。

5. 更新根模块

最后一步是更新根模块，删除对单个文件的过时引用，并导入新的模块，如代码清单21-27所示。

代码清单 21-27　在 app.module.ts 文件中导入一个功能模块

```
import { NgModule } from "@angular/core";
import { BrowserModule } from "@angular/platform-browser";
import { ProductComponent } from "./component";
import { FormsModule, ReactiveFormsModule } from "@angular/forms";
import { ProductTableComponent } from 
    "./components/productTable.component";
import { ProductFormComponent } from "./components/productForm.component";
import { ModelModule } from "./model/model.module";
import { CommonModule } from "./common/common.module";
import { ComponentsModule } from "./components/components.module";
@NgModule({
    imports: [BrowserModule, FormsModule, ReactiveFormsModule,
        ModelModule, CommonModule, ComponentsModule],
    bootstrap: [ProductFormComponent, ProductTableComponent]
})
export class AppModule { }
```

通过在应用程序中添加模块，可以极大地简化根模块，并且可以在自包容的构造块中定义相关的功能,这些功能可以在与应用程序其他功能相对隔离的情况下进行修改或扩展。

21.4　小结

本章描述了最后一种 Angular 构造块——模块，解释了根模块的角色，演示了如何通过创建功能模块在应用程序中添加结构。本书的下一部分将描述 Angular 如何使用构造块生成复杂且响应灵敏的应用程序。

第 22 章

创建示例项目

在本书前一部分的章节中，为了演示不同的 Angular 功能，在示例项目中添加了类和其他相关内容。然后，在第 21 章引入了功能模块，为项目添加了一些结构。这样我们就得到了一个带有大量冗余功能和未使用功能的项目。在本书这一部分的章节中，我们打算开始一个新的项目，这个项目从早先的章节中提取了某些核心功能，后面章节的内容将提供更为清晰的基础。

> ■ 提示：
> 可以从本书的配套网站 apress.com 下载完整项目的免费源代码。

22.1 启动示例项目

为了将本章使用的项目与前面的示例项目区分开来，创建一个名为 exampleApp 的文件夹，将这个文件夹作为项目的根文件夹。然后在这个文件夹中添加一组子文件夹，用于保存应用程序代码和某些功能模块，如表 22-1 所示。

> ■ 注意：
> 在本章没有描述添加到项目中的文件的结构或功能。关于如何创建一个 Angular 项目，参见本书第 11 章的详细解释。

表 22-1 为示例应用程序创建的文件夹

名称	描述
exampleApp	这是根文件夹，里面包含项目中的全部文件
exampleApp/src/app	这个文件夹包含全部 Angular 代码文件、模块、组件和模板
exampleApp/src/app/model	这个文件夹包含一个功能模块，这个功能模块包含了数据模型
exampleApp/src/app/core	这个文件夹包含一个功能模块，这个功能模块包含了提供应用程序核心功能的组件
exampleApp/src/app/messages	这个文件夹包含一个功能模块，这个功能模块可以向用户显示消息和错误信息

22.2 添加和配置包

我们首先要在 exampleApp 文件夹中添加一个名为 package.json 的文件，这个文件在列表中定义了项目使用的包。文件内容如代码清单 22-1 所示。

代码清单 22-1　exampleApp 文件夹中 package.json 文件的内容

```
{
  "name": "example-app",
  "version": "0.0.0",
  "license": "MIT",
  "scripts": {
    "ng": "ng",
    "start": "ng serve",
    "build": "ng build",
    "test": "ng test",
    "lint": "ng lint",
    "e2e": "ng e2e"
  },
  "private": true,
  "dependencies": {
    "@angular/common": "^4.0.0",
    "@angular/compiler": "^4.0.0",
    "@angular/core": "^4.0.0",
    "@angular/forms": "^4.0.0",
    "@angular/http": "^4.0.0",
    "@angular/platform-browser": "^4.0.0",
    "@angular/platform-browser-dynamic": "^4.0.0",
    "@angular/router": "^4.0.0",
    "core-js": "^2.4.1",
    "rxjs": "^5.1.0",
    "zone.js": "^0.8.4",
    "bootstrap": "4.0.0-alpha.4"
  },
  "devDependencies": {
    "@angular/cli": "1.0.0",
    "@angular/compiler-cli": "^4.0.0",
    "@types/jasmine": "2.5.38",
    "@types/node": "~6.0.60",
    "codelyzer": "~2.0.0",
    "jasmine-core": "~2.5.2",
    "jasmine-spec-reporter": "~3.2.0",
    "karma": "~1.4.1",
    "karma-chrome-launcher": "~2.0.0",
    "karma-cli": "~1.0.1",
    "karma-jasmine": "~1.1.0",
    "karma-jasmine-html-reporter": "^0.2.2",
    "karma-coverage-istanbul-reporter": "^0.2.0",
```

```
    "protractor": "~5.1.0",
    "ts-node": "~2.0.0",
    "tslint": "~4.5.0",
    "typescript": "~2.2.0"
  }
}
```

22.2.1 配置 TypeScript

在 NPM 下载安装包并成功安装之后，可以在 exampleApp 文件夹中运行代码清单 22-2 中的命令，这样就添加了 TypeScript 编译器使用的类型信息。

代码清单 22-2 添加 TypeScript 编译器使用的类型信息

```
npm install --save @type/core-js
npm install --save @type/node
```

TypeScript 还需要为其编译器提供一个配置文件，这样才能生成可以在 Angular 应用程序中工作的代码。创建一个名为 tsconfig.json 的文件，并按照代码清单 22-3 中的内容添加配置属性。

代码清单 22-3 exampleApp 文件夹中 tsconfig.json 文件的内容

```
{
  "compileOnSave": false,
  "compilerOptions": {
    "outDir": "./dist/out-tsc",
    "baseUrl": "src",
    "sourceMap": true,
    "declaration": false,
    "moduleResolution": "node",
    "emitDecoratorMetadata": true,
    "experimentalDecorators": true,
    "target": "es5",
    "typeRoots": [
      "node_modules/@types"
    ],
    "lib": [
      "es2016",
      "dom"
    ]
  }
}
```

22.2.2 配置 HTTP 开发服务器

为了准备 HTTP 服务器 lite-server 使用的 BrowserSync 包，在 exampleApp 文件夹中创

建一个名为 bs-config.js 的文件,并使用这个文件定义配置,如代码清单 22-4 所示。

代码清单 22-4　exampleApp 文件夹中 bs-config.js 文件的内容

```
module.exports = {
    ghostMode: false,
    reloadDelay: 1000,
    reloadDebounce: 1000,
    injectChanges: false,
    minify: false
}
```

22.3　创建模型模块

第一个功能模块包含项目的数据模型,它类似于本书第二部分使用的功能模块,但是这个功能模块不包含表单验证逻辑。表单验证逻辑将在其他部分进行处理。

22.3.1　创建产品数据类型

为了定义应用程序所需的基础数据类型,需要在exampleApp/src/app/model文件夹中添加一个名为product.model.ts的文件,并定义代码清单 22-5 所示的类。

代码清单 22-5　exampleApp/src/app/model 文件夹中 product.model.ts 文件的内容

```
export class Product {
    constructor(public id?: number,
                public name?: string,
                public category?: string,
                public price?: number) {}
}
```

22.3.2　创建数据源和存储库

为了给应用程序提供初始数据,在 exampleApp/src/app/model 文件夹中创建一个名为 static.datasource.ts 的文件,并定义如代码清单 22-6 所示的服务。这个类充当第 22 章到第 24 章的数据源,第 24 章将解释如何使用异步 HTTP 请求从 Web 服务请求数据。

■ 提示:
在一个功能模块中创建文件时,让文件名符合 Angular 命名约定会让开发工作轻松一些。如果开发人员能够很容易就从模块名称推测出模块功能,那么效果会更好。

代码清单 22-6 exampleApp/src/app/model 文件夹中 static.datasource.ts 文件的内容

```typescript
import { Injectable } from "@angular/core";
import { Product } from "./product.model";
@Injectable()
export class StaticDataSource {
    private data: Product[];
    constructor() {
        this.data = new Array<Product>(
            new Product(1, "Kayak", "Watersports", 275),
            new Product(2, "Lifejacket", "Watersports", 48.95),
            new Product(3, "Soccer Ball", "Soccer", 19.50),
            new Product(4, "Corner Flags", "Soccer", 34.95),
            new Product(5, "Thinking Cap", "Chess", 16));
    }
    getData(): Product[] {
        return this.data;
    }
}
```

下一步是定义存储库(Repository)，应用程序的其他部分可以通过存储库访问到模型数据。在 exampleApp/src/app/model 文件夹中创建一个名为 repository.model.ts 的文件，并使用这个文件定义代码清单 22-7 中所示的类。

代码清单 22-7 exampleApp/src/app/model 文件夹中 repository.model.ts 文件的内容

```typescript
import { Injectable } from "@angular/core";
import { Product } from "./product.model";
import { StaticDataSource } from "./static.datasource";
@Injectable()
export class Model {
    private products: Product[];
    private locator = (p: Product, id: number) => p.id == id;
    constructor(private dataSource: StaticDataSource) {
        this.products = new Array<Product>();
        this.dataSource.getData().forEach(p => this.products.push(p));
    }
    getProducts(): Product[] {
        return this.products;
    }
    getProduct(id: number): Product {
        return this.products.find(p => this.locator(p, id));
    }
    saveProduct(product: Product) {
        if(product.id == 0 || product.id == null) {
            product.id = this.generateID();
            this.products.push(product);
        } else {
            let index = this.products
                .findIndex(p => this.locator(p, product.id));
```

```
            this.products.splice(index, 1, product);
        }
    }
    deleteProduct(id: number) {
        let index = this.products.findIndex(p => this.locator(p, id));
        if(index > -1) {
            this.products.splice(index, 1);
        }
    }
    private generateID(): number {
        let candidate = 100;
        while(this.getProduct(candidate) != null) {
            candidate++;
        }
        return candidate;
    }
}
```

22.3.3 完成模型模块

为了完成数据模型，需要定义模块。在 exampleApp/src/app/model 文件夹中创建一个名为 model.module.ts 的文件，并使用这个文件定义如代码清单 22-8 所示的 Angular 模块。

代码清单 22-8 exampleApp/src/app/model 文件夹中 model.module.ts 文件的内容

```
import { NgModule } from "@angular/core";
import { StaticDataSource } from "./static.datasource";
import { Model } from "./repository.model";
@NgModule({
    providers: [Model, StaticDataSource]
})
export class ModelModule { }
```

22.4 创建核心模块

核心模块包含应用程序的主要功能，核心模块构建在本书第二部分所介绍功能的基础之上，为用户提供模型中的产品列表，并提供创建和编辑产品的功能。

22.4.1 创建共享状态服务

为了让核心模块中的组件能够协同工作，我们打算添加一个能够记录当前模式的服务，这个服务可以记录用户当前正在编辑产品还是正在新建产品。在 exampleApp/src/app/core 文件夹中添加一个名为 sharedState.model.ts 的文件，定义一个枚举和一个类，内容如代码清单 22-9 所示。

■ 提示：

使用的文件名是 model.ts，而没有使用文件名 service.ts，这是因为这个类的角色在后面的章节中将会发生变化。显然此处破坏了命名约定，但是我们现在暂且这样做。

代码清单 22-9　exampleApp/src/app/core 文件夹中 sharedState.model.ts 文件的内容

```
export enum MODES {
    CREATE, EDIT
}
export class SharedState {
    mode: MODES = MODES.EDIT;
    id: number;
}
```

SharedState 类包含两个属性，它们反映了应用程序当前所处的模式和当前操作的数据模型 ID。

22.4.2　创建表格组件

表格组件可以用一个列出应用程序中全部产品的表格向用户展示全部产品，这也是应用程序的重点，通过在其他功能区域提供按钮，提供了对创建对象、编辑对象和删除对象等功能的访问支持。代码清单 22-10 显示了 table.component.ts 文件的内容，这个文件是在 exampleApp/src/app/core 文件夹中创建的。

代码清单 22-10　exampleApp/src/app/core 文件夹中 table.component.ts 文件的内容

```
import { Component } from "@angular/core";
import { Product } from "../model/product.model";
import { Model } from "../model/repository.model";
import { MODES, SharedState } from "./sharedState.model";
@Component({
    selector: "paTable",
    moduleId: module.id,
    templateUrl: "table.component.html"
})
export class TableComponent {
    constructor(private model: Model, private state: SharedState) { }
    getProduct(key: number): Product {
        return this.model.getProduct(key);
    }
    getProducts(): Product[] {
        return this.model.getProducts();
    }
    deleteProduct(key: number) {
        this.model.deleteProduct(key);
    }
    editProduct(key: number) {
```

```
        this.state.id = key;
        this.state.mode = MODES.EDIT;
    }
    createProduct() {
        this.state.id = undefined;
        this.state.mode = MODES.CREATE;
    }
}
```

这个组件新增了 editProduct 方法和 createProduct 方法，所实现的基本功能与本书第二部分实现的基本功能是一样的。当用户打算编辑或创建一个产品时，这两个方法更新共享状态服务。

创建表格组件模板

为了给表格组件提供一个模板，在 exampleApp/src/app/core 文件夹中添加一个名为 table.component.html 的 HTML 文件，并添加代码清单 22-11 中所示的标记。

代码清单 22-11　exampleApp/src/app/core文件夹中table.component.html文件的内容

```html
<table class="table table-sm table-bordered table-striped">
    <tr>
        <th>ID</th><th>Name</th><th>Category</th><th>Price</th><th></th>
    </tr>
    <tr *ngFor="let item of getProducts()">
        <td style="vertical-align:middle">{{item.id}}</td>
        <td style="vertical-align:middle">{{item.name}}</td>
        <td style="vertical-align:middle">{{item.category}}</td>
        <td style="vertical-align:middle">
            {{item.price | currency:"USD":true }}
        </td>
        <td class="text-xs-center">
            <button class="btn btn-danger btn-sm"
                    (click)="deleteProduct(item.id)">
                Delete
            </button>
            <button class="btn btn-warning btn-sm"
                    (click)="editProduct(item.id)">
                Edit
            </button>
        </td>
    </tr>
</table>
<button class="btn btn-primary" (click)="createProduct()">
    Create New Product
</button>
```

这个模板使用 ngFor 指令为数据模型中的每一项产品在一个表格中创建行，行中包括调用 deleteProduct 和 editProduct 方法的按钮。在表格外部还有一个 button 元素，单击这个按钮时，可以调用组件的 createProduct 方法。

22.4.3 创建表单组件

对于本项目来说，打算创建一个表单组件来管理 HTML 表单，从而能够创建新的产品和修改已有的产品。为了定义这个组件，在 exampleApp/src/app/core 文件夹中添加一个名为 form.component.ts 的文件，并添加代码清单 22-12 所示的代码。

代码清单 22-12　exampleApp/src/app/core 文件夹中 form.component.ts 文件的内容

```typescript
import { Component } from "@angular/core";
import { NgForm } from "@angular/forms";
import { Product } from "../model/product.model";
import { Model } from "../model/repository.model";
import { MODES, SharedState } from "./sharedState.model";
@Component({
    selector: "paForm",
    moduleId: module.id,
    templateUrl: "form.component.html",
    styleUrls: ["form.component.css"]
})
export class FormComponent {
    product: Product = new Product();
    constructor(private model: Model,
        private state: SharedState) { }
    get editing(): boolean {
        return this.state.mode == MODES.EDIT;
    }
    submitForm(form: NgForm) {
        if(form.valid) {
            this.model.saveProduct(this.product);
            this.product = new Product();
            form.reset();
        }
    }
    resetForm() {
        this.product = new Product();
    }
}
```

同样的组件和表单可以用来创建新产品和编辑已有的产品，因此与本书第二部分给出的对等组件相比，我们还需要添加一些新的功能。editing 属性可以用在视图中，提示共享状态服务的当前设置。resetForm 是另一个新增加的方法，用于重置为表单提供数据值的对象。submitForm 方法没有变化，仍然需要根据数据模型判断传递给 saveProduct 方法的对象在模型中是一个新对象，还是一个替换了现有对象的对象。

1. 创建表单组件模板

为了给组件提供模板，在 exampleApp/src/app/core 文件夹中添加一个名为 form.component.html 的 HTML 文件，并添加如代码清单 22-13 所示的标记。

代码清单 22-13　exampleApp/src/app/core 文件夹中 form.component.html 文件的内容

```html
<div class="bg-primary p-a-1" [class.bg-warning]="editing">
    <h5>{{editing ? "Edit" : "Create"}} Product</h5>
</div>
<form novalidate #form="ngForm" (ngSubmit)="submitForm(form)"
              (reset)="resetForm()" >
    <div class="form-group">
        <label>Name</label>
        <input class="form-control" name="name"
            [(ngModel)]="product.name" required />
    </div>
    <div class="form-group">
        <label>Category</label>
        <input class="form-control" name="category"
            [(ngModel)]="product.category" required />
    </div>
    <div class="form-group">
        <label>Price</label>
        <input class="form-control" name="price"
            [(ngModel)]="product.price"
            required pattern="^[0-9\.]+$" />
    </div>
    <button type="submit" class="btn btn-primary"
            [class.btn-warning]="editing" [disabled]="form.invalid">
        {{editing ? "Save" : "Create"}}
    </button>
    <button type="reset" class="btn btn-secondary">Cancel</button>
</form>
```

在这个模板中，最重要的部分就是表单，表单包含了用来创建或编辑一个产品的名称、分类、价格等属性的 input 元素。模板顶端的头部和表单中提交按钮的内容及外观都发生了变化，这种变化是根据应用程序当前所处的编辑模式而产生的，这样就区分了不同的操作。

2. 创建表单组件样式

为了让示例尽可能简单，使用的基本表单验证没有提供任何错误消息。采取的方法是利用被应用于 Angular 验证类的 CSS 样式。为此在 exampleApp/src/app/core 文件夹中添加一个名为 form.component.css 的文件，并定义了如代码清单 22-14 所示的样式。

代码清单 22-14　exampleApp/src/app/core 文件夹中 table.component.ts 文件的内容

```css
input.ng-dirty.ng-invalid { border: 2px solid #ff0000 }
input.ng-dirty.ng-valid { border: 2px solid #6bc502 }
```

22.4.4 完成核心模块

为了定义包含组件的模块，需要在 exampleApp/src/app/core 文件夹中添加一个名为 core.module.ts 的文件，并创建如代码清单 22-15 所示的 Angular 模块。

代码清单 22-15　exampleApp/src/app/core 文件夹中 core.module.ts 文件的内容

```
import { NgModule } from "@angular/core";
import { BrowserModule } from "@angular/platform-browser";
import { FormsModule } from "@angular/forms";
import { ModelModule } from "../model/model.module";
import { TableComponent } from "./table.component";
import { FormComponent } from "./form.component";
import { SharedState } from "./sharedState.model";
@NgModule({
    imports: [BrowserModule, FormsModule, ModelModule],
    declarations: [TableComponent, FormComponent],
    exports: [ModelModule, TableComponent, FormComponent],
    providers: [SharedState]
})
export class CoreModule { }
```

核心模块导入了三个模块，用于访问 Angular 核心功能、Angular 表单功能以及本章先前创建的应用程序的数据模型。核心模块还为 SharedState 服务设置了一个提供程序。

22.5 创建消息模块

消息模块包含一个用于报告消息或错误的服务,这个服务用于向用户显示必要的消息,还包含一个用于展示消息或错误的组件。整个应用程序都需要使用这个功能，这个功能并不真正属于其他两个模块中的任何一个模块。

22.5.1 创建消息模型和服务

为了向用户显示必要的消息，在 exampleApp/src/app/messages 文件夹中添加一个名为 message.model.ts 的文件，并且在这个文件中添加如代码清单 22-16 所示的代码。

代码清单 22-16　exampleApp/src/app/messages 文件夹中 message.model.ts 文件的内容

```
export class Message {
    constructor(private text: string,
        private error: boolean = false) { }
}
```

Message 类定义了用于展示文本的属性,无论消息内容是不是错误消息,这些文本都将显示给用户。下一步将在 exampleApp/src/app/messages 文件夹中创建一个名为 message.service.ts 的文件,并使用这个文件定义如代码清单 22-17 所示的服务,这个服务用来注册那些应该显示给用户的消息。

代码清单 22-17　exampleApp/src/app/messages 文件夹中 message.service.ts 文件的内容

```typescript
import { Injectable } from "@angular/core";
import { Message } from "./message.model";
@Injectable()
export class MessageService {
    private handler: (m: Message) => void;
    reportMessage(msg: Message) {
        if(this.handler != null) {
            this.handler(msg);
        }
    }
    registerMessageHandler(handler: (m: Message) => void) {
        this.handler = handler;
    }
}
```

对于应用程序中产生和接收错误消息的组成部分来说,这个服务充当它们之间的中介。第 23 章将改进这个服务的工作方式,届时将引入 Reactive Extensions 包的功能来完成改进工作。

22.5.2　创建组件和模板

现在已经获得了消息源,下面就可以创建一个组件来向用户显示消息。为此,在 exampleApp/src/app/messages 文件夹中创建一个名为 message.component.ts 的文件,并定义如代码清单 22-18 所示的组件。

代码清单 22-18　exampleApp/src/app/messages 文件夹中文件 message.component.ts 的内容

```typescript
import { Component } from "@angular/core";
import { MessageService } from "./message.service";
import { Message } from "./message.model";
@Component({
    selector: "paMessages",
    moduleId: module.id,
    templateUrl: "message.component.html",
})
export class MessageComponent {
    lastMessage: Message;
```

```
    constructor(messageService: MessageService) {
        messageService.registerMessageHandler(m => this.lastMessage = m);
    }
}
```

组件可以通过其构造函数的参数接收一个 MessageService 对象，并使用这个 MessageService 对象来注册一个处理函数。当服务收到一条消息时，即调用此处理函数，将最新的消息赋予一个名为 lastMessage 的属性。为了给组件提供一个模板，在 exampleApp/src/app/messages 文件夹中创建一个名为 message.component.html 的文件，并在文件中添加如代码清单 22-19 所示的标记，用于向用户显示消息。

代码清单 22-19　exampleApp/src/app/messages 文件夹中文件 message.component.html 的内容

```html
<div *ngIf="lastMessage"
    class="bg-info p-a-1 text-xs-center"
    [class.bg-danger]="lastMessage.error">
    <h4>{{lastMessage.text}}</h4>
</div>
```

22.5.3　完成消息模块

在 exampleApp/src/app/messages 文件夹中添加一个名为 message.module.ts 的文件，并在代码清单 22-20 中定义这个模块的内容。

代码清单 22-20　exampleApp/src/app/messages 文件夹中文件 message.module.ts 的内容

```typescript
import { NgModule } from "@angular/core";
import { BrowserModule } from "@angular/platform-browser";
import { MessageComponent } from "./message.component";
import { MessageService } from "./message.service";
@NgModule({
    imports: [BrowserModule],
    declarations: [MessageComponent],
    exports: [MessageComponent],
    providers: [MessageService]
})
export class MessageModule { }
```

22.6　完成项目

为了实现项目中的根模块，在 exampleApp/src/app 文件夹中添加一个名为 app.module.ts 的文件，并使用这个文件定义如代码清单 22-21 所示的 Angular 模块。

代码清单 22-21 exampleApp/src/app 文件夹中 app.module.ts 文件的内容

```typescript
import { NgModule } from "@angular/core";
import { BrowserModule } from "@angular/platform-browser";
import { ModelModule } from "./model/model.module";
import { CoreModule } from "./core/core.module";
import { TableComponent } from "./core/table.component";
import { FormComponent } from "./core/form.component";
import { MessageModule } from "./messages/message.module";
import { MessageComponent } from "./messages/message.component";
@NgModule({
    imports: [BrowserModule, ModelModule, CoreModule, MessageModule],
    bootstrap: [TableComponent, FormComponent, MessageComponent]
})
export class AppModule { }
```

这个模块导入了本章创建的功能模块,还导入了 BrowserModule 模块,BrowserModule 模块用于访问核心 Angular 功能。这个模块指定了三个根组件,其中两个定义在 CoreModule 模块中,第三个定义在 MessageModule 模块中。这些模块可以显示产品表格和表单,还可以显示所有的消息或错误信息。

22.6.1 创建 Angular 引导程序

为了引导应用程序,在 exampleApp/src/app 文件夹中创建一个名为 main.ts 的文件,并添加如代码清单 22-22 所示的语句。

代码清单 22-22 exampleApp/src/app 文件夹中 main.ts 文件的内容

```typescript
import { platformBrowserDynamic } from
    '@angular/platform-browser-dynamic';
import { AppModule } from './app.module';
platformBrowserDynamic().bootstrapModule(AppModule);
```

一旦调用 bootstrapModule 方法,Angular 就知道应该使用定义在代码清单 22-22 中的类作为应用程序的根模块。

22.6.2 创建 HTML 文档

为了完成应用程序,在 exampleApp 文件夹中添加一个名为 index.html 的文件。index.html 文件的内容如代码清单 22-23 所示。

代码清单 22-23 exampleApp 文件夹中 index.html 文件的内容

```html
<!doctype html>
<html>
<head>
  <meta charset="utf-8">
```

```
<title>ExampleApp</title>
<base href="/">
<meta name="viewport" content="width=device-width, initial-scale=1">
<link href="node_modules/bootstrap/dist/css/bootstrap.min.css"
      rel="stylesheet" />
</head>
<body class="m-a-1">
  <paMessages></paMessages>
  <div class="col-xs-8 p-a-1">
    <paTable></paTable>
  </div>
  <div class="col-xs-4 p-a-1">
    <paForm></paForm>
  </div>
</body>
</html>
```

paTable和paForm元素对应于定义在核心功能模块中的组件的选择器,并且与Bootstrap CSS类肩并肩地排列在一起。paMessages元素应用了来自消息模块的组件。

22.7 运行示例项目

为了启动 TypeScript 编译器和 HTTP 开发服务器,可以在 exampleApp 文件夹中运行以下命令:

```
npm start
```

TypeScript 代码被编译为 JavaScript 代码,而开发服务器将打开一个新的浏览器标签页或浏览器窗口,内容如图 22-1 所示。

图 22-1 运行示例应用程序

但是,应用程序中的各项内容并没有在此时一起运行。可以通过单击 Create New

Product 和 Edit 按钮在两种不同操作模式下切换，但是你会发现，编辑功能并不工作。后面的章节将完成核心功能并添加新的功能。

22.8 小结

本章创建了一个示例项目，本书后面将使用这个项目。这个项目的基本结构与先前章节中使用的示例项目是相同的，但是与先前章节中展示功能的示例项目不同的是，这个示例项目没有冗余代码和标记。下一章将引入 Reactive Extensions 包，用来处理 Angular 应用程序中的更新。

第 23 章

使用Reactive Extensions

Angular 提供了多种功能，但是最吸引人的功能是数据变更在应用程序中的传播方式，填写一个表单字段或单击一个按钮都将引发应用程序状态的即时更新。但是 Angular 在检测变更方面存在限制，并且某些特性需要直接与 Angular 用来在整个应用程序中分发更新的库打交道，这个库被称为 Reactive Extensions，也称为 RxJS。

本章解释为什么高级的 Angular 项目必须使用 Reactive Extensions，介绍 Reactive Extensions 的核心功能(称为 Observer 和 Observable)，并使用这些功能增强应用程序，从而使用户可以编辑模型中已有的对象，并可以创建新的对象。

表 23-1 描述了 Reactive Extensions 库的背景。

■ 注意：

本章的重点是 RxJS 功能，RxJS 功能在 Angular 项目中极为有用。RxJS 包提供了大量的功能，如果需要了解更多与 RxJS 功能有关的信息，可以参考项目主页：https://github.com/Reactive-Extensions/RxJS。

表 23-1 Reactive Extensions 库的背景

问题	答案
RxJS 是什么？	Reactive Extensions 库提供了一种异步事件分发机制，被广泛应用于 Angular 内部，用于实现变更检测和事件传播
RxJS 有什么作用？	对于应用程序中那些未使用标准 Angular 变更检测过程的组成部分，RxJS 为这些程序组成部分接收重要事件通知并做出适当响应提供了支持。为了使用 Angular，必须使用 RxJS，所以可以轻易获取 RxJS 的功能
如何使用 RxJS？	首先创建一个收集事件的 Observer，然后通过一个 Observable 将事件分发给订阅者。为了做到这一点，最简单的方法是创建一个 Subject，这个 Subject 可以同时提供 Observer 和 Observable 的功能，可以通过一组操作符来管理流向订阅者的事件流
RxJS 是否存在陷阱或限制？	一旦掌握基本内容，使用RxJS包就成为一件很容易的事。当然，RxJS包提供了大量的功能，为了获得特定的输出，需要做一些试验才能找到有效的组合方式
RxJS 是否存在替代方案？	为了访问某些 Angular 功能，比如子组件更新、子视图查询、异步 HTTP 请求，必须使用 RxJS

表 23-2 给出了本章内容摘要。

表 23-2 本章内容摘要

问题	解决方法	代码清单编号
在应用程序中分发事件	使用 Reactive Extensions	1~5
在模板中等待异步结果	使用 async 管道	6~9
使用事件来启用组件之间的协作	使用 Observable	10~12
管理事件流	使用 filter 或 map 等操作符	13~18

23.1 准备示例项目

本章使用在第 22 章中创建的 exampleApp 项目作为示例,并且不用修改。在 exampleApp 文件夹中运行以下命令,启动 TypeScript 编译器和 HTTP 开发服务器:

```
npm start
```

此时将打开一个新的浏览器标签页或浏览器窗口,显示如图 23-1 所示的内容。

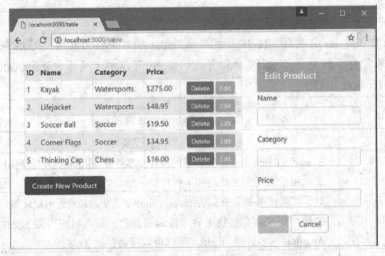

图 23-1　运行示例应用程序

■ 提示:

如果不打算一步步创建示例项目,那么可以从 apress.com 网站下载本书的免费源代码。源代码中包含本章及其他章的项目。

23.2 理解问题

Angular 在检测数据绑定表达式变更方面具有优势。在这方面,Angular 能够高效无缝地完成检测任务，从而使得 Angular 成为易于创建动态应用程序的框架。在示例应用程序中，通过单击 Create New Product 按钮即可看到变更检测发生。提供共享状态信息的服务是由表格组件进行更新的，更新随即在控制元素外观的数据绑定中反映出来，而这些元素是由表单组件管理的，如图 23-2 所示。单击 Create New Product 按钮时，表单中的标题和按钮的颜色马上会发生变化。

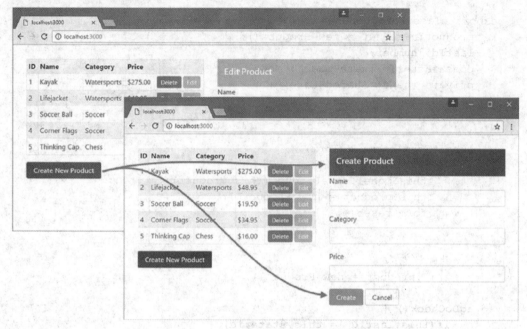

图 23-2　更新数据绑定表达式

随着应用程序中对象数量的不断增加，变更检测可能发生失控，严重影响到应用程序的性能，特别是在性能有限的设备上影响尤其大，例如手机或平板电脑。针对变更检测，Angular 没有采用跟踪应用程序中全部对象的做法，而是关注数据绑定，特别是在属性值发生变更的情况下，完成变更检测。

这样就产生了一个问题：虽然 Angular 自动管理 HTML 元素的绑定，但是并没有为响应组件内部服务变更提供任何支持。

只要单击表格中的某个 Edit 按钮，马上就可以看到组件因为没有发生变更而产生的结果。虽然数据绑定马上得到了更新，但是在单击 Edit 按钮之后，组件并没有得到通知，因此组件也就不知道需要更新属性，而这些属性可以用来在编辑时填充表单元素。

组件无法及时更新表明：表单组件需要退而求其次，采用本书第 15 章描述的 ngDoCheck 方法，利用这个方法来判定是否发生了重要的变更，如代码清单 23-1 所示。

代码清单 23-1　在 form.component.ts 文件中监视服务变化

```
import { Component } from "@angular/core";
import { NgForm } from "@angular/forms";
import { Product } from "../model/product.model";
import { Model } from "../model/repository.model"
```

```
import { MODES, SharedState } from "./sharedState.model";
@Component({
    selector: "paForm",
    moduleId: module.id,
    templateUrl: "form.component.html",
    styleUrls: ["form.component.css"]
})
export class FormComponent {
    product: Product = new Product();
    lastId: number;
    constructor(private model: Model,
        private state: SharedState) { }
    get editing(): boolean {
        return this.state.mode == MODES.EDIT;
    }
    submitForm(form: NgForm) {
        if(form.valid) {
            this.model.saveProduct(this.product);
            this.product = new Product();
            form.reset();
        }
    }
    resetForm() {
        this.product = new Product();
    }
    ngDoCheck() {
        if(this.lastId != this.state.id) {
            this.product = new Product();
            if(this.state.mode == MODES.EDIT) {
                Object.assign(this.product, this.model.
                    getProduct(this.state.id));
            }
            this.lastId = this.state.id;
        }
    }
}
```

为了查看这些修改产生的结果，单击表格中的一个 Edit 按钮，表单随即被数据填充，并可以编辑数据。结束对表单数据的编辑后，单击 Save 按钮，数据模型即得到更新，从而反映了在表格中完成了哪些修改，如图 23-3 所示。

上述代码存在的问题是：Angular 只要检测到应用程序中发生任何变化，就必须调用 ngDoCheck 方法。至于发生了什么事，在哪里发生的，这并不重要：Angular 必须调用 ngDoCheck 方法，为组件提供更新自身的机会。虽然我们可以尽量减少 ngDoCheck 方法所完成的任务，但是随着应用程序中的指令和组件不断增加，变更事件的数量和 ngDoCheck 方法的调用次数也在增加，最终会降低应用程序的性能。

第 23 章 使用 Reactive Extensions

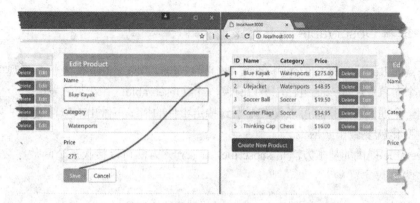

图 23-3 更新产品

正确处理变更检测的难度远远超出想象。举例来说，使用示例应用程序编辑一项产品，单击 Save 按钮来保存模型中的修改，然后针对同一个产品再次单击 Edit 按钮，此时什么都没有发生。在实现 ngDoCheck 方法的过程中，这是一个常见错误，即使组件本身触发了一个修改并调用了 ngDoCheck 方法，也会因为 ngDoCheck 方法中的检测代码试图避免无效操作而导致检测失灵。

总之，这个方法不够可靠，代价较高，并且不便于扩展。

23.3 使用 Reactive Extensions 解决问题

在 Angular 应用程序中，Reactive Extensions 库非常有用。其原因是：它提供了一种简单而又清晰的系统来发送和接收通知。虽然这看起来并不是什么巨大的成就，但是它成为大多数 Angular 内置功能的基础，应用程序也可以直接使用它来避免因使用 ngDoCheck 方法实现变更检测而产生的问题。为了直接使用 Reactive Extensions，代码清单 23-2 定义了一个非透明令牌(opaque token)，可用于提供一个服务，这个服务使用 Reactive Extensions 来分发更新并修改 SharedState 类，并定义了一个构造函数。这些变化会临时破坏应用程序，因为 Angular 无法在初始化 SharedState 类的时候为其构造函数提供值，而 Angular 初始化 SharedState 类实例的目的是将其作为一个服务使用。一旦 Reactive Extensions 所需的变更完成后，应用程序就将再次开始工作。

代码清单 23-2 在 sharedState.model.ts 文件中定义一个提供程序令牌

```
import { OpaqueToken } from "@angular/core";
export enum MODES {
    CREATE, EDIT
}
export class SharedState {
    constructor(public mode: MODES, public id?: number) { }
}
export const SHARED_STATE = new OpaqueToken("shared_state");
```

23.3.1 理解 Observable

最关键的 Reactive Extensions 构造块是 Observable，Observable 代表一个可观察的事件序列。一个对象，比如一个组件，可以订阅一个 Observable，并在每次发生一个事件的情况下收到一个通知，这样就可以仅在观察到特定事件的情况下做出响应，而不是只要应用程序发生变化就要做出响应。

Observable 提供的基本方法是 subscribe，subscribe 方法可以接收三个函数参数，表 23-3 描述了这些参数。

表 23-3 Web 表单代码块的类型

名称	描述
onNext	当一个新事件发生时，调用这个函数
onError	当一个错误发生时，调用这函数
onCompleted	当一个事件序列结束时，调用这个函数

为了订阅一个 Observable，在上面的函数参数中，只有 onNext 函数是必需的。当然，一般来说，更好的做法是实现其他两个函数，完成错误处理工作，以及在事件序列执行完毕时做出响应。对于这个示例来说，事件并没有终止，但是对于 Observable 的其他应用场合来说，比如处理 HTTP 响应，知道事件序列何时能够结束等，其他两个函数参数更为有用。代码清单 23-3 修订了表单组件，这样就可以声明对一个 Observable 服务的依赖。

代码清单 23-3 在 form.component.ts 文件中使用 Observable

```
import { Component, Inject } from "@angular/core";
import { NgForm } from "@angular/forms";
import { Product } from "../model/product.model";
import { Model } from "../model/repository.model";
import { MODES, SharedState, SHARED_STATE } from "./sharedState.model";
import { Observable } from "rxjs/Observable";
@Component({
    selector: "paForm",
    moduleId: module.id,
    templateUrl: "form.component.html",
    styleUrls: ["form.component.css"]
})
export class FormComponent {
    product: Product = new Product();
    constructor(private model: Model,
        @Inject(SHARED_STATE) private stateEvents: Observable<SharedState>) {
        stateEvents.subscribe((update) => {
            this.product = new Product();
            if (update.id != undefined) {
                Object.assign(this.product, this.model.getProduct(update.id));
```

```
            }
            this.editing = update.mode == MODES.EDIT;
        });
    }
    editing: boolean = false;
    submitForm(form: NgForm) {
        if(form.valid) {
            this.model.saveProduct(this.product);
            this.product = new Product();
            form.reset();
        }
    }
    resetForm() {
        this.product = new Product();
    }
}
```

Reactive Extensions NPM 包为自己提供的每一种类型都提供了一个单独的 JavaScript 模块，因此可以从 rxjs/Observable 模块中导入 Observable 类型。

为了接收通知，组件声明了一个对 SHARED_STATE 服务的依赖，这个依赖被当做一个 Observable<SharedState>对象而接收。这个对象是一个 Observerable，其通知则是 SharedState 对象，代表由用户发起的编辑或创建操作。组件调用了 Observable.subscribe 方法，提供了一个函数来接收每一个 SharedState 对象，并使用这个 SharedState 对象来更新组件状态。

Promise 怎么样？

你可能已经习惯于使用 Promise 来表示异步活动。Observable 可以执行同样的基本角色，但是更为灵活，而且功能更多。Angular 为使用 Promise 提供了支持，如果在迁移到 Angular 的时候需要使用依赖 Promise 的库(例如 jQuery)，那么这一点非常重要。

Reactive Extensions 提供了 Observable.fromPromise 方法来创建 Observable，使用 Promise 作为事件源。如果已经拥有 Observable，同时还因为某种原因而需要 Promise，那么 Reactive Extensions 还提供了 Observable.toPromise 方法。

此外，某些 Angular 功能允许选择使用哪种技术，比如，第 27 章描述的守卫功能可以同时支持两种异步活动。

但 Reactive Extensions 库是 Angular 的一个重要组成部分，你会经常在本书这一部分的各章中遇到这个概念。推荐在遇到 Observable 的情况下使用 Reactive Extensions，尽量少用 Promise。

23.3.2 理解 Observer

Reactive Extensions 的 Observer 提供了一种机制来创建更新，为此，使用表 23-4 中描述的方法。

表 23-4　Observer 方法

名称	描述
next(value)	这个方法使用指定的 value 参数创建一个新的事件
error(errorObject)	这个方法报告一个由参数描述的错误，参数可以是任意对象
complete( )	这个方法结束序列，表明不会再继续发送事件

代码清单 23-4 更新了表格组件，这样，当用户单击 Create New Product 或 Edit 按钮时，表格组件可以使用一个 Observer 来发送事件。

代码清单 23-4　在 table.component.ts 文件中使用 Observer

```typescript
import { Component, Inject } from "@angular/core";
import { Product } from "../model/product.model";
import { Model } from "../model/repository.model";
import { MODES, SharedState, SHARED_STATE } from "./sharedState.model";
import { Observer } from "rxjs/Observer";
@Component({
   selector: "paTable",
   moduleId: module.id,
   templateUrl: "table.component.html"
})
export class TableComponent {
   constructor(private model: Model,
      @Inject(SHARED_STATE) private observer: Observer<SharedState>) { }
   getProduct(key: number): Product {
      return this.model.getProduct(key);
   }
   getProducts(): Product[] {
      return this.model.getProducts();
   }
   deleteProduct(key: number) {
      this.model.deleteProduct(key);
   }
   editProduct(key: number) {
      this.observer.next(new SharedState(MODES.EDIT, key));
   }
   createProduct() {
      this.observer.next(new SharedState(MODES.CREATE));
   }
}
```

组件声明了一个对 SHARED_STATE 服务的依赖，SHARED_STATE 服务是作为一个 Observer<SharedState>对象接收的，这表明一个 Observer 将会发送使用 SharedState 对象描述的事件。editProduct 和 createProduct 方法已经更新过，因此可以调用 Observer 的 next 方法来通知状态变化。

23.3.3 理解 Subject

表格组件和表单组件都使用令牌 SHARED_STATE 声明对服务的依赖，但是它们期待不同的类型：表格组件希望收到一个 Observer<SharedState>对象，表单组件则希望得到一个 Observable<SharedState>对象。

Reactive Extensions 库提供了 Subject 类，这个类同时实现了 Observer 和 Observable 功能。因此很容易创建这样一个服务：这个服务可以用一个单独的对象生产和消费事件。在代码清单 23-5 中，修改了在@NgModule 装饰器的 providers 属性中声明的服务，以使用一个 Subject 对象。

代码清单 23-5　在 core.module.ts 文件中修改服务

```
import { NgModule } from "@angular/core";
import { BrowserModule } from "@angular/platform-browser";
import { FormsModule } from "@angular/forms";
import { ModelModule } from "../model/model.module";
import { TableComponent } from "./table.component";
import { FormComponent } from "./form.component";
import { SharedState, SHARED_STATE } from "./sharedState.model";
import { Subject } from "rxjs/Subject";
@NgModule({
    imports: [BrowserModule, FormsModule, ModelModule],
    declarations: [TableComponent, FormComponent],
    exports: [ModelModule, TableComponent, FormComponent],
    providers: [{ provide: SHARED_STATE, useValue:
        new Subject<SharedState>() }]
})
export class CoreModule { }
```

基于值的提供程序告诉 Angular 使用一个 Subject<SharedState>对象来解析对 SHARED_STATE 令牌的依赖，这个令牌可以为组件提供协作所需的功能。

结果就是改变了共享服务，这样 Subject 就允许表格组件发送不同的事件，而这些事件由表单组件接收并更新了组件状态，而不必使用笨重且开销巨大的 ngDoCheck 方法。而且，这样还无须区分哪些变化由本地组件产生，而哪些变化则来自其他位置，这是因为：订阅了一个 Observable 的组件知道其所接收的全部事件肯定都来自 Observer。这样，无法两次编辑同一个产品之类的琐碎问题都消失无踪了，如图 23-4 所示。

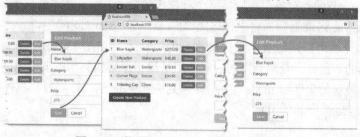

图 23-4　使用 Reactive Extensions 的效果

> **不同类型的 Subject**
>
> 代码清单 23-5 使用了 Subject 类，如果需要创建一个既是 Observer 对象又是 Observable 对象的对象，那么这是最简单的方法。这种方法的主要限制是：当使用 subscribe 方法创建一个新的订阅者时，直到下一次调用 next 方法之前，它都不会收到一个事件。如果需要动态创建组件实例或指令实例，并且需要在创建组件实例或指令实例后马上为其提供某些上下文数据，那么这种方法不起作用。
>
> Reactive Extensions 库包含了 Subject 类的某些特定实现，这些实现可以用来解决这个问题。BehaviorSubject 类可以跟踪其所处理的最新事件，并且可以在新的订阅者调用 subscribe 方法时，马上将事件发送给订阅者。ReplaySubject 类可以完成某些类似的工作，唯一的不同之处在于：ReplaySubject 类记录它的所有事件，并将全部事件发送给新的订阅者，这样订阅者就可以获取自己在订阅事件之前发生的事件。

23.4 使用 async 管道

Angular 还包括了 async 管道，async 管道可以用来直接在一个视图中消费 Observable 对象，还可以从事件序列中选择收到的最后一个对象。正如第 18 章描述的那样，这个管道是一个非纯管道，因为 async 管道的变化是由使用管道的视图的外界驱动的，这说明需要经常调用管道的 transform 方法，即使没有从 Observable 收到一个新的事件，也需要经常调用管道的 transform 方法。代码清单 23-6 说明了如何将 async 管道添加到表单组件所管理的视图中。

代码清单 23-6　在 form.component.html 文件中使用 async 管道

```
<div class="bg-primary p-a-1" [class.bg-warning]="editing">
   <h5>{{editing ? "Edit" : "Create"}} Product</h5>
   Last Event: {{ stateEvents | async | json }}
</div>
<form novalidate #form="ngForm" (ngSubmit)="submitForm(form)"
            (reset)="resetForm()" >
...elements omitted for brevity...
</form>
```

字符串插入绑定表达式从组件获得了 stateEvents 属性，这个属性是一个 Observable<SharedState>对象，然后将这个对象传递给 async 管道，async 管道跟踪接收到的最新事件。async 过滤器随即将事件传递给 json 管道，json 管道创建了一个 JSON 格式的事件对象。这样就可以跟踪表单组件接收到的事件了，如图 23-5 所示。

上面显示的数据并不是最有用的内容，但是给出了某些有用的调试用的内部信息。在这个例子中，最新的事件的 mode 值为 1，它对应于 Edit 模式；同时，事件的 id 值为 4，这正是 Corner Flags 产品的 ID。

图 23-5　显示 Observable 事件

与自定义管道一起使用 async 管道

async 管道可以与自定义管道同时使用，并以一种对用户更为友好的方式表达事件数据。为了说明这一点，在 exampleApp/src/app/core 文件夹中添加一个名为 state.pipe.ts 的文件，并使用这个文件定义代码清单 23-7 中所示的管道。

代码清单 23-7　exampleApp/src/app/core 文件夹中 state.pipe.ts 文件的内容

```typescript
import { Pipe } from "@angular/core";
import { SharedState, MODES } from "./sharedState.model";
import { Model } from "../model/repository.model";
@Pipe({
    name: "formatState",
    pure: true
})
export class StatePipe {
    constructor(private model: Model) { }
    transform(value: any): string {
        if(value instanceof SharedState) {
            let state = value as SharedState;
            return MODES[state.mode] + (state.id != undefined
                ? ` ${this.model.getProduct(state.id).name}` : "");
        } else {
            return "<No Data>"
        }
    }
}
```

在代码清单 23-8 中，将管道添加到核心模块所声明的集合中。

■ 提示：

TypeScript 枚举有一个很有用的功能，利用这个功能可以获取一个值的名称。举例来说，表达式 MODES[1]可以返回 EDIT，因为这正是 MODES 枚举在索引位置 1 的名称。代码清单 23-7 中的管道使用了这个功能，为用户展示状态更新。

代码清单 23-8　在 core.module.ts 文件中注册管道

```
import { NgModule } from "@angular/core";
import { BrowserModule } from "@angular/platform-browser";
import { FormsModule } from "@angular/forms";
import { ModelModule } from "../model/model.module";
import { TableComponent } from "./table.component";
import { FormComponent } from "./form.component";
import { SharedState, SHARED_STATE } from "./sharedState.model";
import { Subject } from "rxjs/Subject";
import { StatePipe } from "./state.pipe";
@NgModule({
    imports: [BrowserModule, FormsModule, ModelModule],
    declarations: [TableComponent, FormComponent, StatePipe],
    exports: [ModelModule, TableComponent, FormComponent],
    providers: [{ provide: SHARED_STATE, useValue: new
        Subject<SharedState>() }]
})
export class CoreModule { }
```

代码清单 23-9 展示了一个新管道，这个管道用于替换由表单组件管理的模板中的内置 json 管道。

代码清单 23-9　在 form.component.html 文件中应用一个自定义管道

```
<div class="bg-primary p-a-1" [class.bg-warning]="editing">
    <h5>{{editing ? "Edit" : "Create"}} Product</h5>
    Last Event: {{ stateEvents | async | formatState }}
</div>
<form novalidate #form="ngForm" (ngSubmit)="submitForm(form)"
            (reset)="resetForm()" >
    ...elements omitted for brevity...
</form>
```

这个示例展示了从 Observable 对象接收到的事件可以像任何其他对象一样进行处理和转换，如图 23-6 所示。图 23-6 中说明了一个自定义管道如何构建在 async 管道提供的核心功能之上。

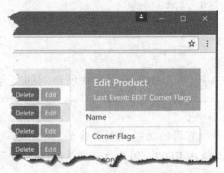

图 23-6　对通过一个 Observable 序列收到的值进行格式化

23.5 扩展应用程序功能模块

同样的 Reactive Extensions 构造块可以用在应用程序中的任何位置，因此便于构造块之间的协作。虽然 Reactive Extensions 在使用时并没有向应用程序中所有的协作部件暴露自己，但是仍然支持构造块之间的协作。作为演示示例，代码清单 23-10 展示了如何在 MessageService 类中增加一个 Subject，用来分发需要显示给用户的消息。

代码清单 23-10　在 message.service.ts 文件中使用一个 Subject

```
import { Injectable } from "@angular/core";
import { Message } from "./message.model";
import { Observable } from "rxjs/Observable";
import { Subject } from "rxjs/Subject";
@Injectable()
export class MessageService {
    private subject = new Subject<Message>();
    reportMessage(msg: Message) {
        this.subject.next(msg);
    }
    get messages(): Observable<Message> {
        return this.subject;
    }
}
```

对于需要显示给用户的消息来说，前面的消息服务的实现仅支持一个消息接收者。虽然可以通过添加代码来管理多个消息接收者，但是，如果应用程序已经使用了 Reactive Extensions，那么将这项工作委托给 Subject 类是一种简单得多的做法。如果在应用程序中存在多个订阅者，那么这种方法容易扩展，不需要任何额外代码和测试工作。

针对向用户显示最新消息的消息组件，代码清单 23-11 给出了在消息组件中发生的相应修改。

代码清单 23-11　在 message.component.ts 文件中观察消息

```
import { Component } from "@angular/core";
import { MessageService } from "./message.service";
import { Message } from "./message.model";
import { Observable } from "rxjs/Observable";
@Component({
    selector: "paMessages",
    moduleId: module.id,
    templateUrl: "message.component.html",
})
export class MessageComponent {
    lastMessage: Message;
    constructor(messageService: MessageService) {
```

```
        messageService.messages.subscribe(m => this.lastMessage = m);
    }
}
```

最后一步是生成一些需要显示的消息。在代码清单 23-12 中，修改核心功能模块的配置，这样 SHARED_STATE 提供程序就将使用一个工厂函数来创建 Subject 对象，这个 Subject 对象用来分发状态改变的事件。这个 Subject 对象还用来添加一个订阅，这个订阅可以将事件发送给消息服务。

代码清单 23-12　在 core.module.ts 文件中加入消息服务

```typescript
import { NgModule } from "@angular/core";
import { BrowserModule } from "@angular/platform-browser";
import { FormsModule } from "@angular/forms";
import { ModelModule } from "../model/model.module";
import { TableComponent } from "./table.component";
import { FormComponent } from "./form.component";
import { SharedState, SHARED_STATE } from "./sharedState.model";
import { Subject } from "rxjs/Subject";
import { StatePipe } from "./state.pipe";
import { MessageModule } from "../messages/message.module";
import { MessageService } from "../messages/message.service";
import { Message } from "../messages/message.model";
import { Model } from "../model/repository.model";
import { MODES } from "./sharedState.model";
@NgModule({
    imports: [BrowserModule, FormsModule, ModelModule, MessageModule],
    declarations: [TableComponent, FormComponent, StatePipe],
    exports: [ModelModule, TableComponent, FormComponent],
    providers: [{
        provide: SHARED_STATE,
        deps: [MessageService, Model],
        useFactory: (messageService, model) => {
            let subject = new Subject<SharedState>();
            subject.subscribe(m => messageService.reportMessage(
                new Message(MODES[m.mode] + (m.id != undefined
                    ? ` ${model.getProduct(m.id).name}` : ""))));
            );
            return subject;
        }
    }]
})
export class CoreModule { }
```

代码有些杂乱，但结果是表格组件发送的每个状态变化事件都由消息组件显示出来，如图 23-7 所示。Reactive Extensions 使得应用程序的各个组成部分容易连接起来，上述代码清单如此复杂的原因是：代码还使用 Model 服务在数据模型中查找事件名称，使得事件易于阅读。

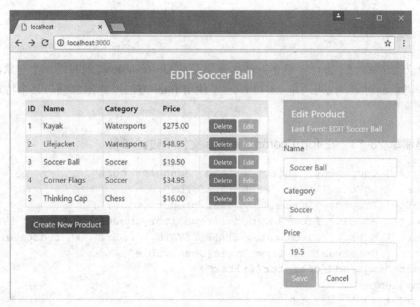

图 23-7　在消息服务中使用 Reactive Extensions

23.6　基础之上更进一步

先前各节中的示例涵盖了 Observable、Observer、Subject 的基本使用方法。然而，在复杂、高级的应用程序中使用 Reactive Extensions 时，还可以利用 Reactive Extensions 提供的更多功能。http://github.com/Reactive-Extensions/RxJS 给出了 Reactive Extensions 的全部操作，但是本章仅仅展示了最可能在 Angular 应用程序中用到的一小部分 Reactive Extensions 功能，具体参见表 23-5。在表 23-5 中描述的方法可以用来控制从一个 Observable 对象中接收事件的方式。

表 23-5　在选择事件时有用的 Reactive Extensions 方法

名称	描述
filter	这个方法调用一个函数，检查每一个从 Observable 接收到的事件，忽略那些函数返回了 false 的事件
map	这个方法调用一个函数，转换每一个从 Observable 接收到的事件，并传递给函数返回的对象
distinctUntilChanged	这个方法忽略事件，直到事件对象发生变化
skipWhile	这个方法过滤事件，直到满足一个特定条件为止，然后将事件转发给订阅者
takeWhile	这个方法将事件传递给订阅者，直到满足一个特定条件为止，之后的事件都被过滤掉

23.6.1 过滤事件

filter方法接收一个方法，这个方法用来检查从Observable收到的每一个对象，并且仅选择那些需要的对象。代码清单23-13演示了使用filter方法过滤出那些与某个特定产品相关的事件。

代码清单23-13 在form.component.ts文件中过滤事件

```typescript
import { Component, Inject } from "@angular/core";
import { NgForm } from "@angular/forms";
import { Product } from "../model/product.model";
import { Model } from "../model/repository.model";
import { MODES, SharedState, SHARED_STATE } from "./sharedState.model";
import { Observable } from "rxjs/Observable";
import "rxjs/add/operator/filter";
@Component({
    selector: "paForm",
    moduleId: module.id,
    templateUrl: "form.component.html",
    styleUrls: ["form.component.css"]
})
export class FormComponent {
    product: Product = new Product();
    constructor(private model: Model,
        @Inject(SHARED_STATE) private stateEvents: Observable<SharedState>) {
            stateEvents
                .filter(state => state.id != 3)
                .subscribe((update) => {
                    this.product = new Product();
                    if(update.id != undefined) {
                        Object.assign(this.product,
                            this.model.getProduct(update.id));
                    }
                    this.editing = update.mode == MODES.EDIT;
                });
    }
    editing: boolean = false;
    submitForm(form: NgForm) {
        if(form.valid) {
            this.model.saveProduct(this.product);
            this.product = new Product();
            form.reset();
        }
    }
    resetForm() {
        this.product = new Product();
    }
}
```

为了使用表 23-5 中描述的方法，需要使用 import 语句来导入 rxjs 包中的对应文件，方法如下：

```
...
import "rxjs/add/operator/filter";
...
```

node_modules/add/operator 文件夹提供了这些方法的定义，这个文件夹中还包括了方法的类型信息，以便在 TypeScript 中使用。当 TypeScript 需要解析一个引用时，TypeScript 编译器始终要在 node_modules 文件夹中查找这些信息，因此在 import 语句中省略了这个文件夹。

在示例中，rxjs/add/operator/filter.ts 文件扩展了 Observable 的定义，添加了一个名为 filter 的方法。通过调用一个 Observable 对象的 filter 方法，可以针对使用 subscribe 方法提供的函数，从传递给函数的事件中选择事件。

通过单击 Edit 按钮，可以看到针对 Soccer Ball 产品的执行结果，Soccer Ball 产品的 ID 是由 filter 方法筛选的。async 管道显示：已经通过共享服务发送了一个 EDIT 事件，但是 filter 方法禁止组件的 subscribe 方法接收这个事件。结果，表单无法反应状态的变化，无法用选中的产品信息填充表单内容，如图 23-8 所示。

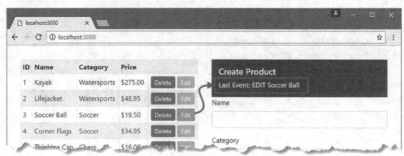

图 23-8　筛选事件

23.6.2　转换事件

map 方法用来转换从 Observable 对象接收到的对象。可以使用这个方法用各种方式来转换事件对象，函数的结果将替换事件对象。代码清单 23-14 使用 map 方法修改了事件对象属性的值。

代码清单 23-14　在 form.component.ts 文件中转换事件

```
import { Component, Inject } from "@angular/core";
import { NgForm } from "@angular/forms";
import { Product } from "../model/product.model";
import { Model } from "../model/repository.model";
import { MODES, SharedState, SHARED_STATE } from "./sharedState.model";
import { Observable } from "rxjs/Observable";
import "rxjs/add/operator/filter";
```

```
import "rxjs/add/operator/map";
@Component({
    selector: "paForm",
    moduleId: module.id,
    templateUrl: "form.component.html",
    styleUrls: ["form.component.css"]
})
export class FormComponent {
    product: Product = new Product();
    constructor(private model: Model,
        @Inject(SHARED_STATE) private stateEvents: Observable<SharedState>) {
        stateEvents
            .map(state => new SharedState(state.mode, state.id == 5 ? 1 : state.id))
            .filter(state => state.id != 3)
            .subscribe((update) => {
                this.product = new Product();
                if(update.id != undefined) {
                    Object.assign(this.product,
                        this.model.getProduct(update.id));
                }
                this.editing = update.mode == MODES.EDIT;
            });
    }
    editing: boolean = false;
    submitForm(form: NgForm) {
        if(form.valid) {
            this.model.saveProduct(this.product);
            this.product = new Product();
            form.reset();
        }
    }
    resetForm() {
        this.product = new Product();
    }
}
```

在这个示例中，传递给 map 方法的函数查找那些 id 值为 5 的 SharedState 对象，找到这样的 SharedState 对象后，将其 id 修改为 1。结果是：在针对 Thinking Cap 产品单击 Edit 按钮，然后选中 Kayak 产品进行编辑后，可以看到如图 23-9 所示的内容。

■ **警告：**
使用 map 方法时，不要修改作为函数的参数所接收到的对象。这个对象是按照顺序传递给全部订阅者的，对这个对象进行任何修改都会影响到后面的订阅者。这表明某些订阅者会收到没有修改过的对象，而某些订阅者收到的则是 map 方法返回的对象。代码清单 23-14 创建了一个新的对象。

第 23 章 使用 Reactive Extensions

注意，针对那些用来准备和创建一个针对 Observable 对象的订阅的方法，可以将这些方法链接起来。在这个示例中，map 方法的执行结果可以用作 filter 方法的输入，而 filter 方法的结果可以传递给 subscribe 方法。通过将所有的方法链接起来，可以为事件处理和事件接收创建复杂的规则。

图 23-9 转换事件

使用不同的事件对象

map 方法可以用来生成任何对象，不仅限于改变其所接收到的对象的属性值。在代码清单 23-15 中，使用 map 方法生成了一个数值，这个数值对应用了 map 方法的操作及对象进行编码。

代码清单 23-15 在 form.component.ts 文件中投影一个不同的类型

```
...
constructor(private model: Model,
    @Inject(SHARED_STATE) private stateEvents: Observable<SharedState>) {
    stateEvents
        .map(state => state.mode == MODES.EDIT ? state.id : -1)
        .filter(id => id != 3)
        .subscribe((id) => {
            this.editing = id != -1;
            this.product = new Product();
            if(id != -1) {
                Object.assign(this.product, this.model.getProduct(id))
            }
        });
}
...
```

为一个简单数据类型指定表达方式和操作，并且指定其转换目标，并没有很大的用处。

557

实际上，一般来说，上面的做法还会导致问题，因为组件总是假定在模型中不存在 id 属性值为-1 的对象。但是上面给出的简单示例说明了 map 方法是如何映射不同类型的数据的，并且说明了这些类型是如何沿着 Reactive Extensions 的方法链传递的，这意味着 map 方法生成的 number 值被 filter 方法接收，filter 方法对接收到的值进行了处理，处理的结果被依次传递给 subscribe 方法。为此，两个方法都进行了更新以便处理新的数据值。

23.6.3 只接收不同的事件

distinctUntilChanged 方法对事件序列进行了过滤，只有那些不同的事件才能被传递给订阅者。为了观察这个方法能够解决的问题类型，可以针对 Kayak 产品单击 Edit 按钮，然后改变 Category 字段的值。在不单击 Save 按钮的情况下，再次单击 Kayak 产品的 Edit 按钮，就可以看到先前所做的编辑都已经被废弃了。在代码清单 23-16 中，在方法链中添加了 distinctUntilChanged 方法，这样这个方法就可以使用 map 方法生成的 number 值。只有不同的值才能被转发给 filter 和 subscribe 方法。

代码清单 23-16　在 form.component.ts 文件中避免重复的事件

```
import { Component, Inject } from "@angular/core";
import { NgForm } from "@angular/forms";
import { Product } from "../model/product.model";
import { Model } from "../model/repository.model";
import { MODES, SharedState, SHARED_STATE } from "./sharedState.model";
import { Observable } from "rxjs/Observable";
import "rxjs/add/operator/filter";
import "rxjs/add/operator/map";
import "rxjs/add/operator/distinctUntilChanged";
@Component({
    selector: "paForm",
    moduleId: module.id,
    templateUrl: "form.component.html",
    styleUrls: ["form.component.css"]
})
export class FormComponent {
    product: Product = new Product();
    constructor(private model: Model,
        @Inject(SHARED_STATE) private stateEvents: Observable<SharedState>) {
        stateEvents
          .map(state => state.mode == MODES.EDIT ? state.id : -1)
          .distinctUntilChanged()
          .filter(id => id != 3)
          .subscribe((id) => {
            this.editing = id != -1;
            this.product = new Product();
            if(id != -1) {
                Object.assign(this.product, this.model.getProduct(id))
            }
```

```
        });
    }
    editing: boolean = false;
    submitForm(form: NgForm) {
        if(form.valid) {
            this.model.saveProduct(this.product);
            this.product = new Product();
            form.reset();
        }
    }
    resetForm() {
        this.product = new Product();
    }
}
```

重复 Kayak 产品的编辑过程,可以发现:单击正在编辑的产品的 Edit 按钮时,更新不会再被丢弃。这是因为这样会产生与前一个事件相同的值。但是,编辑不同的产品会导致 map 方法生成一个不同的 number 值,这个值将被传递给 distinctUntilChanged 方法。

使用一个自定义等价检查器

distinctUntilChanged 方法可以很方便地对数值之类的简单数据类型进行比较,但是 distinctUntilChanged 方法并不知道如何比较对象,distinctUntilChanged 方法总是假定任何两个对象都是不同的。为了解决这个问题,可以指定一个比较函数,用来检查事件是否相同,如代码清单 23-17 所示。

代码清单 23-17 在 form.component.ts 文件中使用一个等价检查器

```
...
constructor(private model: Model,
    @Inject(SHARED_STATE) private stateEvents: Observable<SharedState>) {
    stateEvents
        .distinctUntilChanged((firstState, secondState) =>
            firstState.mode == secondState.mode && firstState.id ==
                secondState.id)
        .subscribe(update => {
            this.product = new Product();
            if(update.id != undefined) {
                Object.assign(this.product,
                    this.model.getProduct(update.id));
            }
            this.editing = update.mode == MODES.EDIT;
        });
}
...
```

在上述代码清单中删除了 map 和 filter 方法,并且为 distinctUntilChanged 方法提供了一个能够比较 SharedState 对象的函数。这个函数需要比较 SharedState 对象的 mode 属性和

id 属性。只有不同的对象才能被传递给 subscribe 方法获得的函数。

23.6.4 获取和忽略事件

skipWhile 方法用来指定那些导致事件被过滤掉的条件，takeWhile 方法用来指定那些导致事件被发送给订阅者的条件。使用这两个方法时，必须加以小心，因为指定的条件很容易将订阅者订阅的事件永久性地过滤掉。代码清单 23-18 中的代码使用 skipWhile 方法来过滤事件，直到用户单击 Create New Product 按钮之后，事件才能被传递给订阅者。

代码清单 23-18　在 form.component.ts 文件中忽略事件

```
import { Component, Inject } from "@angular/core";
import { NgForm } from "@angular/forms";
import { Product } from "../model/product.model";
import { Model } from "../model/repository.model";
import { MODES, SharedState, SHARED_STATE } from "./sharedState.model";
import { Observable } from "rxjs/Observable";
import "rxjs/add/operator/filter";
import "rxjs/add/operator/map";
import "rxjs/add/operator/distinctUntilChanged";
import "rxjs/add/operator/skipWhile";
@Component({
    selector: "paForm",
    moduleId: module.id,
    templateUrl: "form.component.html",
    styleUrls: ["form.component.css"]
})
export class FormComponent {
    product: Product = new Product();
    constructor(private model: Model,
        @Inject(SHARED_STATE) private stateEvents: Observable<SharedState>) {
        stateEvents
            .skipWhile(state => state.mode == MODES.EDIT)
            .distinctUntilChanged((firstState, secondState) =>
                firstState.mode == secondState.mode
                    && firstState.id == secondState.id)
            .subscribe(update => {
                this.product = new Product();
                if(update.id != undefined) {
                    Object.assign(this.product,
                        this.model.getProduct(update.id));
                }
                this.editing = update.mode == MODES.EDIT;
            });
    }
    editing: boolean = false;
    submitForm(form: NgForm) {
        if(form.valid) {
```

```
            this.model.saveProduct(this.product);
            this.product = new Product();
            form.reset();
        }
    }
    resetForm() {
        this.product = new Product();
    }
}
```

在表格中单击 Edit 按钮时，仍然会生成事件，此时事件是由 async 管道显示的。Subject 订阅了事件，没有做任何过滤，也没有忽略任何事件。但是表单组件并没有收到这些事件，如图 23-10 所示，因为 skipWhile 方法已经对订阅进行了过滤，直到收到一个 mode 属性不再是 MODES.EDIT 的事件为止。单击 Create New Product 按钮会生成一个结束忽略的事件，此后，表单组件将接收全部事件。

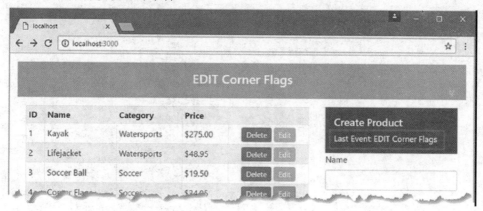

图 23-10　忽略事件

23.7　小结

本章介绍了 Reactive Extensions 包，并解释了如何使用 Reactive Extensions 包处理应用程序部件中那些不受 Angular 变更检测进程管理的变更。本章演示了如何在应用程序中使用 Observable、Observer、Subject 对象来分发事件，说明了内置的 async 管道如何工作，并就如何控制向订阅者发送事件，介绍了 Reactive Extensions 库提供的某些最有用的操作。下一章将解释如何在应用程序中使用异步 HTTP 请求，还将解释如何消费 RESTful Web 服务。

第 24 章

生成异步HTTP请求

从第 11 章开始,所有的示例都依赖静态数据,这些数据都是硬联到应用程序中的。本章将演示如何使用异步 HTTP 请求,也就是人们常说的 Ajax 请求。Ajax 请求可以与 Web 服务进行交互,为应用程序获取真实的数据。表 24-1 总结了异步 HTTP 请求的背景。

表 24-1 异步 HTTP 请求的背景

问题	答案
什么是异步 HTTP 请求?	异步 HTTP 请求是由浏览器代表应用程序发出的 HTTP 请求。异步是指浏览器在等待服务器响应的过程中,应用程序没有停止运行
异步 HTTP 请求有什么作用?	异步 HTTP 请求可以让 Angular 应用程序与 Web 服务进行交互,从而能够持续为应用程序加载持久化数据,对数据所做的修改也可以发送到服务器,并保存在服务器上
如何使用异步 HTTP 请求?	请求是用 Http 类生成的,并且是作为服务通过依赖注入进行传递的。Http 类提供了一个 Angular 友好的包装器,这个包装器包装了浏览器的 XMLHttpRequest 功能
异步 HTTP 请求是否存在陷阱或限制?	为了使用 Angular 的 HTTP 功能,需要使用 Reactive Extensions 的 Observable 对象,第 23 章已经讨论过 Observable 对象
异步 HTTP 请求是否存在替代方案?	如果愿意,可以直接使用浏览器的 XMLHttpRequest 对象,某些应用程序不需要处理持久化数据,这类应用程序可以完全不使用 HTTP 请求

HTTP 服务器存在的问题

本书第 1 版介绍了一个名为 Deployd 的包,这个包提供 RESTful Web 服务。但是这个选择并不好,因为有些读者反映这个包无法正常工作。最后,本书第 2 版替换了某些章节,这些章节使用一种商业化的 API 托管平台 parse.com(这个平台的拥有者是 Facebook)。我曾经认为这个平台是一个可以长期使用的可靠平台,但是 Facebook 最近声称打算关闭 parse.com。

所以,在本书第 2 版中,我采用了一种非常优秀的包,这个包就是 json-server,只要使用代码清单 24-1 中列出的包的版本,应该就不会再出问题。

如果仍然遇到问题，那么请查看 apress.com 网站是否提供了替换章节，就像为本书第 1 版所写的替换章节那样。如果没有找到替换章节，或者需要某些额外的帮助来完成某些工作，那么请给我发电子邮件，邮箱为 adam@adam-freeman.com，我将尽力提供帮助。

表 24-2 给出了本章内容摘要。

表 24-2 本章内容摘要

问题	解决方案	代码清单编号
在 Angular 应用程序中发送 HTTP 请求	使用 Http 服务	1~7
执行 REST 操作	使用 HTTP 方法和 URL 来指定一个操作和这个操作的目标	8~10
实现跨域请求	Http 服务自动支持 CORS，但是也支持 JSONP 请求	11~12
在请求中包含头部	在 Request 对象中设置 headers 属性	13~14
响应 HTTP 错误	创建一个错误处理类	15~18

24.1 准备示例项目

本章描述的功能依赖 Angular HTTP 模块，因此必须将 Angular HTTP 模块添加到应用程序中。代码清单 24-1 说明了如何将 Angular JavaScript 模块添加到包列表中。

代码清单 24-1 在 package.json 文件中添加包和脚本

```
{
  "name": "example-app",
  "version": "0.0.0",
  "license": "MIT",
  "scripts": {
    "ng": "ng",
    "start": "ng serve",
    "build": "ng build",
    "test": "ng test",
    "lint": "ng lint",
    "e2e": "ng e2e",
    "json": "json-server --p 3500 restData.js"
  },
  "private": true,
  "dependencies": {
    "@angular/animations": "^4.0.0",
    "@angular/common": "^4.0.0",
    "@angular/compiler": "^4.0.0",
    "@angular/core": "^4.0.0",
    "@angular/forms": "^4.0.0",
    "@angular/http": "^4.0.0",
```

```
    "@angular/platform-browser": "^4.0.0",
    "@angular/platform-browser-dynamic": "^4.0.0",
    "@angular/router": "^4.0.0",
    "core-js": "^2.4.1",
    "rxjs": "^5.1.0",
    "zone.js": "^0.8.4",
    "bootstrap": "4.0.0-alpha.4"
  },
  "devDependencies": {
    "@angular/cli": "1.0.0",
    "@angular/compiler-cli": "^4.0.0",
    "@types/jasmine": "2.5.38",
    "@types/node": "~6.0.60",
    "codelyzer": "~2.0.0",
    "jasmine-core": "~2.5.2",
    "jasmine-spec-reporter": "~3.2.0",
    "karma": "~1.4.1",
    "karma-chrome-launcher": "~2.0.0",
    "karma-cli": "~1.0.1",
    "karma-jasmine": "~1.1.0",
    "karma-jasmine-html-reporter": "^0.2.2",
    "karma-coverage-istanbul-reporter": "^0.2.0",
    "protractor": "~5.1.0",
    "ts-node": "~2.0.0",
    "tslint": "~4.5.0",
    "typescript": "~2.2.0",
    "concurrently": "2.2.0",
    "json-server": "0.8.21"
  }
}
```

名为@angular/http的JavaScript模块提供了本章所需的功能，需要将该模块添加到package.json文件的dependencies一节中。此外还需要在package.json文件中添加json-server包和一个运行脚本。这个json-server包便于创建Web服务，从而提供一个后端(back end)，本章示例可以向这个后端发送HTTP请求。

24.1.1 配置模型功能模块

JavaScript 模块@angular/http 包含一个名为 HttpModule 的 Angular 模块，必须在根模块或某个功能模块中将这个 Angular 模块导入应用程序。只有在数据模型中才需要使用HTTP 功能，代码清单 24-2 给出了对 exampleApp/src/app/model 文件夹中 model.module.ts 文件所做的修改。

代码清单 24-2　在 model.module.ts 文件中导入一个模块

```
import { NgModule } from "@angular/core";
import { HttpModule, JsonpModule } from "@angular/http"
```

```
import { RestDataSource, REST_URL } from "./rest.datasource";
import { Model } from "./repository.model";
@NgModule({
    imports: [HttpModule, JsonpModule],
    providers: [Model, RestDataSource,
        { provide: REST_URL, useValue:
            `http://${location.hostname}:3500/products` }]
})
export class ModelModule { }
```

在代码清单 24-1 中，scripts 一节中的 json 项要求 json-server 包在端口 3500 侦听 HTTP 请求，并且需要从一个名为 restData.js 的文件中获取数据。为了提供数据，在 exampleApp 文件夹中添加一个名为 restData.js 的文件，并且添加如代码清单 24-3 所示的代码。

代码清单 24-3   exampleApp 文件夹中 restData.js 文件的内容

```
module.exports = function () {
  var data = {
    products: [
      { id: 1, name: "Kayak", category: "Watersports", price: 275 },
      { id: 2, name: "Lifejacket", category: "Watersports",
          price: 48.95 },
      { id: 3, name: "Soccer Ball", category: "Soccer", price: 19.50 },
      { id: 4, name: "Corner Flags", category: "Soccer", price: 34.95 },
      { id: 5, name: "Stadium", category: "Soccer", price: 79500 },
      { id: 6, name: "Thinking Cap", category: "Chess", price: 16 },
      { id: 7, name: "Unsteady Chair", category: "Chess", price: 29.95 },
      { id: 8, name: "Human Chess Board", category: "Chess", price: 75 },
      { id: 9, name: "Bling Bling King", category: "Chess", price: 1200 }
    ]
  }
  return data
}
```

json-server 包既可以处理 JSON 文件，也可以处理 JavaScript 文件。如果使用了一个 JSON 文件，那么必须修改这个文件的内容，以便能够反映客户端所做的修改请求。我使用了 JavaScript 文件，这样可以通过编程来产生数据，还能够保证 process 重启时返回到最初的数据。

24.1.2 更新表单组件

在第 23 章，我配置了用于管理 HTML 表单的组件，忽略了表格组件所生成的事件，直到第一次单击 Create New Product 按钮为止。为了避免结果混淆，代码清单 24-4 禁用了被应用于 Observable 的 skipWhile 和 distinctUntilChanged 方法。

代码清单 24-4　在 form.component.ts 文件中禁止忽略事件

```
...
constructor(private model: Model,
    @Inject(SHARED_STATE) private stateEvents: Observable<SharedState>) {
    stateEvents
        //.skipWhile(state => state.mode == MODES.EDIT)
        //.distinctUntilChanged((firstState, secondState) =>
        // firstState.mode == secondState.mode
        // && firstState.id == secondState.id)
        .subscribe(update => {
            this.product = new Product();
            if(update.id != undefined) {
                Object.assign(this.product,
                    this.model.getProduct(update.id));
            }
            this.editing = update.mode == MODES.EDIT;
        });
}
...
```

24.1.3　运行示例项目

保存修改并在 exampleApp 文件夹中运行以下命令,就可以下载并安装 Angular 的 Http 模块和 json-server 包:

```
npm install
```

完成更新后,运行以下命令,启动 TypeScript 编译器和 HTTP 开发服务器以及 RESTful Web 服务:

```
npm start
```

此时将打开一个新的浏览器窗口或浏览器标签页,并在其中显示图 24-1 所示的内容。

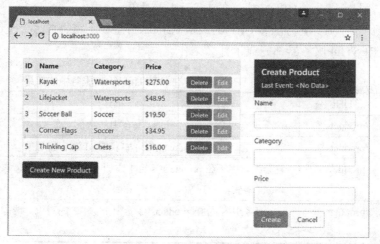

图 24-1　运行示例应用程序

为了测试 RESTful Web 服务，在浏览器窗口中请求以下 URL：

`http://localhost:3500/products/2`

服务器响应了以下数据：

`{ "id": 2, "name": "Lifejacket", "category": "Watersports", "price": 48.95 }`

24.2 理解 RESTful Web 服务

为了向一个应用程序传递数据，最常用的方法是使用表现层状态转换(Representational State Transfer)模式，也就是 REST，来创建一个数据 Web 服务。REST 没有详细规范，因而导致 RESTful 旗下涌现了大量不同的方法。然而，RESTful 的某些基本思路在 Web 应用程序开发中是非常有用的。

RESTful Web服务的核心思路是利用HTTP的特点。因此，请求方法，也就是动词(verb)，可以为服务器指定一个需要执行的操作，请求URL则为操作指定一个或多个即将使用的数据对象。

作为一个示例，下面给出的 URL 指向示例程序中一个特定的产品：

`http://localhost:3500/products/2`

URL 的第一段，也就是 products，用于指定被操作对象的集合，它可以让一台单独的服务器提供多个服务，每一个服务都带有自己的数据。URL 的第二段，也就是 2，可以在 products 集合中选择单个对象。在示例中，就是 id 属性的值，该值唯一标识了一个对象，因此可以用于 URL，在这个示例中，指定的是 Lifejacket 对象。

这个请求中的 HTTP 方法或动词要求 RESTful 服务器针对特定的对象执行操作。当测试上一节的 RESTful 服务器时，浏览器将发送一个 HTTP GET 请求，服务器把这个请求解释为一个指令，这个指令可以获取指定的对象，并将这个对象发送给客户。正是因为这个原因，浏览器显示了一个 JSON 格式的 Lifejacket 对象。

表 24-3 给出了 HTTP 方法和 URL 的最常见组合，并解释了将每种组合发送给 RESTful 服务器时，RESTful 服务器都完成了什么工作。

表 24-3 常用的 HTTP 动词及其在 RESTful Web 服务中的效果

动词	URL	描述
GET	/products	这个组合可以获取 products 集合中的全部对象
GET	/products/2	这个组合可以从 products 集合中获取 id 为 2 的对象
POST	/products	这个组合用于在 products 集合中添加一个新的对象。请求体中包含一个 JSON 格式的新对象
PUT	/products/2	这个组合用于替换 products 集合中 id 为 2 的对象。请求体中包含一个 JSON 格式的替换对象

(续表)

动词	URL	描述
PATCH	/products/2	这个组合用于更新 products 集合中 id 为 2 的对象的一个属性子集。请求体中包含一个 JSON 格式的待更新属性以及新的属性值
DELETE	/products/2	这个组合用于删除 products 集合中 id 为 2 的产品

此处必须加以小心，因为不同的 RESTful Web 服务的工作方式可能存在极大的差别，这是因为创建不同 RESTful Web 服务的框架存在差别，而且不同开发团队的偏好也有所不同。确认一个 Web 服务如何使用动词，以及为了执行某个操作应该让 URL 和请求体包含哪些内容，是非常重要的。

某些常见的变体包含的 Web 服务不接受任何包含 id 值的请求体(为了保证这些 id 值由服务器的数据存储唯一生成)，而某些 Web 服务则不能支持所有的动词(常见的做法是忽略 PATCH 请求，只接受使用 PUT 动词的更新)。

24.3 替换静态数据源

开始学习 HTTP 请求的最佳方式是将示例应用程序中的静态数据源替换为从 RESTful Web 服务中获取数据。这样可以为描述 Angular 如何支持 HTTP 请求以及如何将 HTTP 请求集成到应用程序中提供良好基础。

24.3.1 创建新的数据源服务

为了创建一个新的数据源，在 exampleApp/src/app/model 文件夹中添加一个名为 rest.datasource.ts 的文件，并添加代码清单 24-5 中的语句。

代码清单 24-5　exampleApp/src/app/model 文件夹中 rest.datasource.ts 文件的内容

```typescript
import { Injectable, Inject, OpaqueToken } from "@angular/core";
import { Http } from "@angular/http";
import { Observable } from "rxjs/Observable";
import { Product } from "./product.model";
import "rxjs/add/operator/map";
export const REST_URL = new OpaqueToken("rest_url");
@Injectable()
export class RestDataSource {
    constructor(private http: Http,
        @Inject(REST_URL) private url: string) { }
    getData(): Observable<Product[]> {
        return this.http.get(this.url).map(response => response.json());
    }
}
```

这个类看起来很简单，但是这个类包含了一些重要的功能，后面各节将介绍这些功能。

1. 设置 HTTP 请求

Angular 提供了通过 Http 类来完成异步 HTTP 请求的功能，Http 类定义在@angular/http JavaScript 模块中，并且在 HttpModule 功能模块中作为服务对外提供。数据源使用构造函数声明了一个对 Http 类的依赖，方法如下：

```
...
constructor(private http: Http, @Inject(REST_URL) private url: string) { }
...
```

通过使用其他构造函数参数，可以不必再将发送请求的 URL 硬联到数据源中。在配置功能模块时，将使用 REST_URL 非透明令牌创建一个提供程序。从构造函数接收到的 Http 对象可以用来在数据源的 getData 方法中生成一个 HTTP GET 请求，方法如下：

```
...
getData(): Observable<Product[]> {
    return this.http.get(this.url).map(response => response.json());
}
...
```

Http 类定义了一组方法，使用这些方法可以生成 HTTP 请求，每一个方法都使用了一种不同的 HTTP 动词，表 24-4 描绘了这些方法。

■ 提示：
表 24-4 中的方法接受一个可选的配置对象，具体参见 24.6 节"配置请求头"中的介绍。

表 24-4　Http 方法

名称	描述
get(url)	这个方法向指定的 URL 发送一个 GET 请求
post(url, body)	这个方法使用指定的对象作为请求体，向指定的 URL 发送一个 POST 请求
put(url, body)	这个方法使用指定的对象作为请求体，向指定的 URL 发送一个 PUT 请求
patch(url, body)	这个方法使用指定的对象作为请求体，向指定的 URL 发送一个 PATCH 请求
delete(url)	这个方法向指定的 URL 发送一个 DELETE 请求
head(url)	这个方法发送一个 HEAD 请求，效果等同于发送一个 GET 请求，唯一不同之处在于服务器仅返回请求头，并不返回请求体
options(url)	这个方法向指定的 URL 发送一个 OPTIONS 请求
request(request)	这个方法可以发送一个带有任何动词的请求，具体参见 24.4 节"加强 HTTP 请求"中的内容

2. 处理响应

表 24-4 中描述的方法返回一个 Reactive Extensions 对象 Observable<Response[]>，根据第 23 章的描述，当收到来自服务器的响应时，这个对象将发送一个事件。

Response 类也是在 @angular/http JavaScript 模块中定义的，可以用来表示来自服务器的响应。表 24-5 描述了 Response 类定义中最有用的方法和属性。

表 24-5　有用的响应方法和属性

名称	描述
ok	如果响应状态代码是 200 和 299 之间的一个值，那么这个 boolean 属性的值为 true，表示一个成功的请求
status	这个 number 属性返回响应的状态代码
statusText	这个 string 属性返回来自响应的描述性状态代码
url	这个 string 属性返回请求的 URL
totalBytes	这个 number 属性返回响应的预期大小
headers	这个属性返回一个 Headers 对象，通过这个对象可以访问响应头。详情参见 24.6 节"配置请求头"中关于 Headers 类的内容
json( )	这个方法按照 JSON 格式处理响应数据，对响应数据按照 JSON 格式进行解析并创建 JavaScript 对象
text( )	这个方法以 string 格式返回响应数据
blob( )	这个方法以二进制对象格式返回响应数据
arrayBuffer( )	这个方法以数组缓存格式返回响应数据

RESTful Web 服务器返回 JSON 数据，JSON 格式已经成为实际上的 Web 服务标准，json 方法可以解析响应并创建一个 JavaScript 对象数组。

```
...
getData(): Observable<Product[]> {
    return this.http.get(this.url).map(response => response.json());
}
...
```

上述代码的执行结果就是 Http.get 方法返回的 Observable<Response> 被转换为一个 Observable<Product[]>，这个转换是由 Observable.map 和 Response.json 方法组合完成的。最后，对象数组被发送给 Observer 对象的订阅者。

■ 警告：

表 24-4 中的方法可以准备生成一个 HTTP 请求，但是在调用 Observer 对象的 subscribe 方法之前，这个 HTTP 请求没有被发送给服务器。此时必须小心，因为每次调用 subscribe 方法都会发送一次请求，因此很容易导致同一个请求在不经意间被发送多次。

24.3.2 配置数据源

下一步要为新的数据源配置一个提供程序，还要创建一个基于值的提供程序，并使用一个 URL 来配置这个值提供程序，后面将发送请求到这个 URL。代码清单 24-6 给出了对 model.module.ts 文件所做的修改。

代码清单 24-6　在 model.module.ts 文件中配置数据源

```
import { NgModule } from "@angular/core";
import { HttpModule } from "@angular/http"
//import { StaticDataSource } from "./static.datasource";
import { Model } from "./repository.model";
import { RestDataSource, REST_URL } from "./rest.datasource";
@NgModule({
    imports: [HttpModule],
    providers: [Model, RestDataSource,
        { provide: REST_URL, useValue:
            `http://${location.hostname}:3500/products` }]
})
export class ModelModule { }
```

这两个新的提供程序将 RestDataSource 类视为一个服务，并且使用非透明令牌 REST_URL 为 Web 服务配置 URL。为 StaticDataSource 类删除提供程序，因为不再需要使用这个类。

为单元测试隔离数据源

在单元测试中，执行网络请求的数据源是很难隔离的，因为很难对数据源类的行为和网络及服务器引发的非预期效果进行区分。

为了模拟 HTTP 请求使用本地定义的数据，可以使用一个 NPM 包，这个 NPM 包提供驻留内存的 API 服务来模拟 HTTP 请求使用本地定义的数据。这样就提供了一种隔离数据源类的方法，从而可以确保仅仅测试数据源类的行为。这个包名为 angular-in-memory-web-api，网页 https://github.com/angular/in-memory-web-api 给出了详细描述。

24.3.3 使用 REST 数据源

最后一步是更新存储库类，为存储库类声明一个针对新数据源的依赖，并使用这个类获取应用程序数据，如代码清单 24-7 所示。

代码清单 24-7　在 repository.model.ts 文件中使用新的数据源

```
import { Injectable } from "@angular/core";
import { Product } from "./product.model";
//import { StaticDataSource } from "./static.datasource";
import { Observable } from "rxjs/Observable";
```

```typescript
import { RestDataSource } from "./rest.datasource";
@Injectable()
export class Model {
    private products: Product[] = new Array<Product>();
    private locator = (p: Product, id: number) => p.id == id;
    constructor(private dataSource: RestDataSource) {
        //this.products = new Array<Product>();
        //this.dataSource.getData().forEach(p => this.products.push(p));
        this.dataSource.getData().subscribe(data => this.products = data);
    }
    getProducts(): Product[] {
        return this.products;
    }
    getProduct(id: number): Product {
        return this.products.find(p => this.locator(p, id));
    }
    saveProduct(product: Product) {
        if(product.id == 0 || product.id == null) {
            product.id = this.generateID();
            this.products.push(product);
        } else {
            let index = this.products
                .findIndex(p => this.locator(p, product.id));
            this.products.splice(index, 1, product);
        }
    }
    deleteProduct(id: number) {
        let index = this.products.findIndex(p => this.locator(p, id));
        if(index > -1) {
            this.products.splice(index, 1);
        }
    }
    private generateID(): number {
        let candidate = 100;
        while(this.getProduct(candidate) != null) {
            candidate++;
        }
        return candidate;
    }
}
```

因为代码中的构造函数依赖发生了变化，所以存储库可以在创建一个 RestDataSource 对象时，接收这个 RestDataSource 对象。在构造函数内部，调用数据源的 getData 方法，使用 subscribe 方法接收从服务器返回的数据对象，并处理数据对象。

保存修改，浏览器将重新加载应用程序，并使用新的数据源。一个异步 HTTP 请求被发送给 RESTful Web 服务，这个 Web 服务将返回较大的数据对象集，如图 24-2 所示。

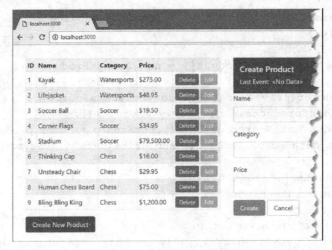

图 24-2　获取应用程序数据

24.3.4　保存和删除数据

数据源可以从服务器获取数据，但是也需要以其他方式发送数据，将用户对模型中对象所做的修改持久化，并保存新创建的对象。代码清单 24-8 为数据源类添加了方法，可以使用 Angular 的 Http 类发送 HTTP 请求来保存或更新对象。

代码清单 24-8　在 rest.datasource.ts 文件中发送数据

```
import { Injectable, Inject, OpaqueToken } from "@angular/core";
import { Http } from "@angular/http";
import { Observable } from "rxjs/Observable";
import { Product } from "./product.model";
import "rxjs/add/operator/map";
export const REST_URL = new OpaqueToken("rest_url");
@Injectable()
export class RestDataSource {
    constructor(private http: Http,
        @Inject(REST_URL) private url: string) { }
    getData(): Observable<Product[]> {
        return this.http.get(this.url)
            .map(response => response.json());
    }
    saveProduct(product: Product): Observable<Product> {
        return this.http.post(this.url, product)
            .map(response => response.json());
    }
    updateProduct(product: Product): Observable<Product> {
        return this.http.put(`${this.url}/${product.id}`, product)
            .map(response => response.json());
    }
    deleteProduct(id: number): Observable<Product> {
```

```
        return this.http.delete(`${this.url}/${id}`)
            .map(response => response.json());
    }
}
```

saveProduct、updateProduct 和 deleteProduct 方法具有相同的模式：这三个方法都要调用一个 Http 方法，使用 map 方法来处理 HTTP 请求所生成的 Response 对象，并返回一个 Observable<Product>对象作为结果。这些方法的不同之处在于请求所发送的 URL。

保存新的对象时，服务器需要创建新的对象 ID，这样对象可以得到一个唯一的 ID，客户端就不会无意间使用具有相同 ID 的不同对象。在这种情况下，使用的是 POST 方法，请求被发送到/products URL。

当更新或删除一个已有的对象时，ID 是已知的，需要向一个 URL 发送一个 PUT 请求，这个 URL 包含了 ID。因此，举例来说，我们可以将一个对 ID 为 2 的对象进行更新的请求发送给 URL 为/products/2 的地址。与此类似，为了删除对象，需要向同一个 URL 发送一个 DELETE 请求。

这些方法的共同之处在于：服务器是权威的数据存储，来自服务器的响应包含对象的正式版本，这些对象都保存在服务器上。这些方法的执行结果是：返回的对象都是以 Observable<Product>形式返回的。

代码清单 24-9 给出了存储库类中对应的修改，存储库类利用了新的数据源功能。

代码清单 24-9　在 repository.model.ts 文件中使用数据功能

```
import { Injectable } from "@angular/core";
import { Product } from "./product.model";
import { Observable } from "rxjs/Observable";
import { RestDataSource } from "./rest.datasource";
@Injectable()
export class Model {
    private products: Product[] = new Array<Product>();
    private locator = (p: Product, id: number) => p.id == id;
    constructor(private dataSource: RestDataSource) {
        this.dataSource.getData().subscribe(data => this.products = data);
    }
    getProducts(): Product[] {
        return this.products;
    }
    getProduct(id: number): Product {
        return this.products.find(p => this.locator(p, id));
    }
    saveProduct(product: Product) {
        if(product.id == 0 || product.id == null) {
            this.dataSource.saveProduct(product)
                .subscribe(p => this.products.push(p));
        } else {
            this.dataSource.updateProduct(product).subscribe(p => {
                let index = this.products
```

```
                .findIndex(item => this.locator(item, p.id));
            this.products.splice(index, 1, p);
        });
    }
}
deleteProduct(id: number) {
    this.dataSource.deleteProduct(id).subscribe(() => {
        let index = this.products.findIndex(p => this.locator(p, id));
        if (index > -1) {
            this.products.splice(index, 1);
        }
    });
}
```

修改后的代码使用数据源向服务器发送更新，并使用更新结果来更新本地保存的数据，这样应用程序的其他部分就可以显示更新后的数据。为了测试修改，针对 Kayak 产品单击 Edit 按钮，将产品名称修改为 Green Kayak。单击 Save 按钮，浏览器将向服务器发送一个 HTTP PUT 请求，服务器随即返回一个修改后的对象，这个对象被添加到存储库的 products 数组中，并在表格中显示出来，如图 24-3 所示。

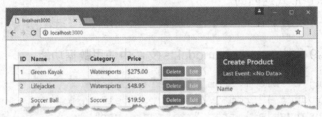

图 24-3　向服务器发送一个 PUT 请求

通过使用浏览器请求http://localhost/products/1，可以检查服务器是否已经保存了修改结果。此时会生成以下对象内容：

```
{
    "id": 1,
    "name": "Green Kayak",
    "category": "Watersports",
    "price": 275
}
```

24.4　加强 HTTP 请求

数据源类中的每一个方法都具有相同的基本模式：首先发送一个 HTTP 请求，然后解析来自服务器的 JSON 响应。这表明对生成 HTTP 请求的方式所做的任何修改都将在四个位置重复发生，从而确保使用 GET、POST、PUT、DELETE 动词的请求都能够全部得到正确更新。

Http 类定义了 request 方法，这个方法可以将 HTTP 动词指定为一个参数。代码清单 24-10 使用 request 方法来加强 HTTP 请求，能够删除数据源类中的重复内容。

代码清单 24-10　在 rest.datasource.ts 文件中加强 HTTP 请求

```
import { Injectable, Inject, OpaqueToken } from "@angular/core";
import { Http, Request, RequestMethod } from "@angular/http";
import { Observable } from "rxjs/Observable";
import { Product } from "./product.model";
import "rxjs/add/operator/map";
export const REST_URL = new OpaqueToken("rest_url");
@Injectable()
export class RestDataSource {
   constructor(private http: Http,
   @Inject(REST_URL) private url: string) { }
   getData(): Observable<Product[]> {
      return this.sendRequest(RequestMethod.Get, this.url);
   }
   saveProduct(product: Product): Observable<Product> {
      return this.sendRequest(RequestMethod.Post, this.url, product);
   }
   updateProduct(product: Product): Observable<Product> {
      return this.sendRequest(RequestMethod.Put,
         `${this.url}/${product.id}`, product);
   }
   deleteProduct(id: number): Observable<Product> {
      return this.sendRequest(RequestMethod.Delete, `${this.url}/${id}`);
   }
   private sendRequest(verb: RequestMethod,
                 url: string, body?: Product): Observable<Product> {
      return this.http.request(new Request({
         method: verb,
         url: url,
         body: body
      })).map(response => response.json());
   }
}
```

request 方法可以接受一个 Request 对象，这个 Request 对象描述了需要发送的 HTTP 请求。创建 Request 对象的过程有一点奇怪，因为这个过程依赖一个名为 RequestArgs 的接口来定义配置属性，这个接口可以表达为一个对象字面量，充当 Request 方法的参数，内容如下：

```
...
return this.http.request(new Request({
   method: verb,
   url: url,
   body: body
```

```
})).map(response => response.json());
...
```

表 24-6 描述了可以用来配置请求的属性。

表 24-6 RequestArgs 属性

名称	描述
method	这个属性设置 HTTP 动词/方法,这些 HTTP 动词/方法可以用于请求,被指定为一个字符串或一个来自 RequestMethod 枚举的值
url	这个属性指定要将请求发送到的 URL
headers	这个属性返回一个 Headers 对象,这个对象可以指定请求的头,在 24.6 节"配置请求头"中将描述这个属性
body	这个属性用于设置请求体。发送请求时,指派给这个属性的对象将以 JSON 格式进行序列化
withCredentials	如果这个属性的值为 true,那么在生成跨站(cross-site)请求时,这个属性将包括身份验证 cookie。这个设置必须仅用于这类服务器:这类服务器在响应中包含 Access-Control-Allow-Credentials 头作为跨域资源共享(Cross-Origin Resource Sharing, CORS)规范的组成部分。详情参见 24.5 节"生成跨域请求"中的内容

在代码清单 24-10 中,使用 method、url、body 属性来配置所有需要使用的请求,在一个单独的方法中加强 Http 对象的使用。

24.5 生成跨域请求

默认情况下,JavaScript 代码在生成异步 HTTP 请求时,浏览器执行的安全策略只允许请求与包含请求的文档在同一个域(origin)中。这个策略的目的在于减少跨站脚本(Cross-Site Scripting, CSS)攻击的风险,在发生跨站脚本攻击时,浏览器被欺骗去执行恶意代码。本书不打算讲解这种攻击的细节,关于这个主题,读者可以参考 http://en.wikipedia.org/wiki/Cross-site_scripting 上给出的一篇极好的介绍性文章。

对于 Angular 开发人员来说,在使用 Web 服务时,这种同域策略会产生问题,因为典型的 Web 服务都位于应用程序的 JavaScript 代码所在域之外。如果两个 URL 使用同一个协议、主机、端口,那么这两个 URL 就处于同一个域中,否则,这两个 URL 就处于不同的域中。包含示例应用程序代码的 HTML 文件所代表的 URL 是 http://localhost:3000/index.html。针对这个 URL,表 24-7 对不同的 URL 进行了比较,总结了相似的 URL 具有相同域或不同域的情况。

表 24-7 URL 及其域

URL	域比较
http://localhost:3000/otherfile.html	同一个域
http://localhost:3000/app/main.js	同一个域
https://localhost:3000/index.html	不同的域，协议不同
http://localhost:3500/products	不同的域，端口不同
http://angular.io/index.html	不同的域，主机不同

表 24-7 说明，对于 URL 为 http://localhost:3500/products 的 RESTful Web 服务来说，它存在于一个不同的域中，因为它使用一个与主应用程序不同的端口。

当使用 Angular Http 类生成 HTTP 请求时，Angular 自动使用跨域资源共享(Cross-Origin Resource Sharing，CORS)向不同的域发送请求。利用 CORS，浏览器在异步 HTTP 请求头中为服务器提供了 JavaScript 代码的域。来自服务器的响应所包含的头则告知浏览器是否打算接受这个请求。本书不打算介绍 CORS 的细节，网址 https://en.wikipedia.org/wiki/Cross-origin_resource_sharing 上为这个主题提供了非常好的介绍，http://www.w3.org/TR/cors 上则给出了 CORS 规范。

对于 Angular 开发人员来说，只要接收异步 HTTP 请求的服务器支持 CORS 规范，那么 CORS 就是能够自动处理的任务。为示例提供 RESTful Web 服务的 json-server 包支持 CORS，所以支持来自任何域的请求，这就是为什么示例应用程序能够正常工作的原因。

如果打算观察 CORS 的工作方式，那么当编辑或创建一个产品时，可以使用浏览器的 F12 开发者工具来观察如何生成网络请求。你可能会看到一个用 OPTIONS 动词生成的请求，这个请求也称为预检请求(preflight request)，浏览器使用这个请求来检查是否允许生成 POST 或 PUT 请求并发送给服务器。这个请求及后续发送数据给服务器的请求将包含一个 Origin 头，而响应则包含一个或多个 Access-Control-Allow 头，通过 Access-Control-Allow 头，服务器可以指明它希望从客户端接受什么样的请求。

所有这些过程都是自动发生的，唯一需要的配置选项是表 24-6 中描述的 withCredentials 属性。如果将这个属性设置为 true，那么浏览器将包含身份验证 cookies，而来自域的头将被包含在发送给服务器的请求中。

使用 JSONP 请求

只有当接收请求的服务器支持 CORS 时，CORS 才是可用的。对于那些没有实现 CORS 的服务器来说，Angular 还提供了对 JSONP 的支持，JSONP 支持一种受限的跨域请求。

为了使用JSONP，需要在文档对象模型中添加一个script元素，这个文档对象模型在其src属性中指定了跨域服务器。浏览器向服务器发送一个GET请求，服务器返回的JavaScript代码在执行时，为应用程序提供所需的数据。本质上，JSONP是一个针对浏览器同域安全策略的hack，但是只能用于生成GET请求，与CORS相比，安全风险要高得多。所以，JSONP只能用于无法使用CORS的情况。

Angular 对 JSONP 提供的支持被定义在一个名为 JsonpModule 的功能模块中，这个功能模块定义在@angular/http JavaScript 模块中。为了启用 JSONP，代码清单 24-11 在导入的功能模块集合中添加了 JsonpModule。

代码清单 24-11　在 model.module.ts 文件中启用 JSONP

```
import { NgModule } from "@angular/core";
import { HttpModule, JsonpModule } from "@angular/http"
import { Model } from "./repository.model";
import { RestDataSource, REST_URL } from "./rest.datasource";
@NgModule({
    imports: [HttpModule, JsonpModule],
    providers: [Model, RestDataSource,
        { provide: REST_URL, useValue:
            `http://${location.hostname}:3500/products` }]
})
export class ModelModule { }
```

Angular 是通过一个 Jsonp 服务为 JSONP 提供支持的，Jsonp 服务定义在@angular/http 模块中。这个服务关注于管理 JSONP HTTP 请求和处理响应，这是一个乏味且易于出错的过程。代码清单 24-12 描述了一种数据源，它使用 JSONP 来请求应用程序的初始数据。

> ■ 提示：
> Jsonp 类定义的方法集与 Http 类是一样的，但是仅仅支持 GET 请求。如果试图发送其他类型的请求，就会产生一个错误。

代码清单 24-12　在 rest.datasource.ts 文件中生成一个 JSONP 请求

```
import { Injectable, Inject, OpaqueToken } from "@angular/core";
import { Http, Request, RequestMethod, Jsonp } from "@angular/http";
import { Observable } from "rxjs/Observable";
import { Product } from "./product.model";
import "rxjs/add/operator/map";
export const REST_URL = new OpaqueToken("rest_url");
@Injectable()
export class RestDataSource {
    constructor(private http: Http, private jsonp: Jsonp,
        @Inject(REST_URL) private url: string) { }
    getData(): Observable<Product[]> {
        return this.jsonp.get(this.url + "?callback=JSONP_CALLBACK")
            .map(response => response.json());
    }
    saveProduct(product: Product): Observable<Product> {
        return this.sendRequest(RequestMethod.Post, this.url, product);
    }
    updateProduct(product: Product): Observable<Product> {
        return this.sendRequest(RequestMethod.Put,
            `${this.url}/${product.id}`, product);
```

```
    }
    deleteProduct(id: number): Observable<Product> {
        return this.sendRequest(RequestMethod.Delete,
            `${this.url}/${id}`);
    }
    private sendRequest(verb: RequestMethod,
        url: string, body?: Product): Observable<Product> {
        return this.http.request(new Request({
            method: verb,
            url: url,
            body: body
        })).map(response => response.json());
    }
}
```

使用 JSONP 时，请求的 URL 必须包含一个 callback 参数，而这个 callback 参数必须被设置为 JSONP_CALLBACK，详见以下代码：

```
...
return this.jsonp.get(this.url + "?callback=JSONP_CALLBACK")
    .map(response => response.json());
...
```

Angular 生成 HTTP 请求时，需要将 JSONP_CALLBACK 替换为一个动态生成的函数的名称。如果查看浏览器发出的网络请求，可以看到初始请求被发送给一个与以下 URL 相似的 URL：

```
http://localhost:3500/products?callback=__ng_jsonp__.__req0.finished
```

服务器使用 callback 参数的值生成一个 JavaScript 文件，这个 JavaScript 文件调用指定了名称的函数，并将来自模型的数据传递给这个函数，例如：

```
typeof __ng_jsonp__.__req0.finished === 'function'
    && __ng_jsonp__.__req0.finished([
 { "id": 1, "name": "Green Kayak", "category": "Watersports", "price": 275 },
 { "id": 2,"name": "Lifejacket", "category": "Watersports", "price": 48.95 },
 { ...other objects omitted for brevity... }
]);
```

浏览器加载服务器生成的 JavaScript 文件，并执行一个函数，Angular 使用这个函数为应用程序接收数据。对于执行跨域请求来说，JSONP 是一种受到更多限制的方法，而且与 CORS 不同，JSONP 绕过了浏览器的安全策略，但是在必要的情况下，JSONP 也是一种降级的解决方案。

24.6 配置请求头

如果使用商业版的 RESTful Web 服务，那么可能常常不得不设置一个请求头来提供一个 API 键，这样服务器可以将请求与应用程序进行关联，从而完成访问控制和计费功能。通过配置传递给 request 方法的 RequestArgs 配置对象，可以设置这类请求头的信息，甚至任何请求头的信息。具体请看代码清单 24-13。针对全部请求，这段代码重新使用了 Http 类，而没有使用 JSONP。

代码清单 24-13　在 rest.datasource.ts 文件中设置请求头

```
import { Injectable, Inject, OpaqueToken } from "@angular/core";
import { Http, Request, RequestMethod, Headers } from "@angular/http";
import { Observable } from "rxjs/Observable";
import { Product } from "./product.model";
import "rxjs/add/operator/map";
export const REST_URL = new OpaqueToken("rest_url");
@Injectable()
export class RestDataSource {
    constructor(private http: Http,
        @Inject(REST_URL) private url: string) { }
    getData(): Observable<Product[]> {
        return this.sendRequest(RequestMethod.Get, this.url);
    }
    saveProduct(product: Product): Observable<Product> {
        return this.sendRequest(RequestMethod.Post, this.url, product);
    }
    updateProduct(product: Product): Observable<Product> {
        return this.sendRequest(RequestMethod.Put,
            `${this.url}/${product.id}`, product);
    }
    deleteProduct(id: number): Observable<Product> {
        return this.sendRequest(RequestMethod.Delete,
            `${this.url}/${id}`);
    }
    private sendRequest(verb: RequestMethod,
        url: string, body?: Product): Observable<Product> {
        return this.http.request(new Request({
            method: verb,
            url: url,
            body: body,
            headers: new Headers({
                "Access-Key": "<secret>",
                "Application-Name": "exampleApp"
            })
        })).map(response => response.json());
    }
}
```

headers 属性被设置为一个 Headers 对象，这个 Headers 对象可以用一个 map 对象创建，这些对象是对应了头名称和相应值的属性。

如果使用浏览器的 F12 开发者工具查看异步 HTTP 请求，那么可以看到在代码清单中指定的两个请求头都被发送给了服务器，同时还包含浏览器创建的标准头，内容如下：

```
...
Accept:*/*
Accept-Encoding:gzip, deflate, sdch, br
Accept-Language:en-US,en;q=0.8
access-key:<secret>
application-name:exampleApp
Connection:keep-alive
...
```

头名称是用小写字符发送的，但 HTTP 头名称是不区分大小写字符的。如果对请求头有更为复杂的要求，那么还可以使用 Headers 类定义的方法，详见表 24-8。

表 24-8 Headers 类的方法

名称	描述
get(name)	为指定的头返回第一个值
getAll(name)	为指定的头返回全部的值
has(name)	如果集合中包含指定的头，那么返回 true
set(header, value)	将指定的头中全部已有的值替换为一个单独的值
set(header, values)	将指定的头中全部已有的值替换为一个数组的值
append(name, value)	为指定的头的值列表扩展一个值
delete(name)	从集合中删除指定的头
toJson( )	以 JSON 格式返回所有的头和值

HTTP 头可以拥有多个值，这就是为什么有一些方法可以为 HTTP 头扩展更多的值，而有一些方法可以替换集合中的全部值的原因。代码清单 24-14 创建一个空的 Headers 对象，并使用拥有多个值的头来填充这个对象。

代码清单 24-14 在 rest.datasource.ts 文件中设置多个头值

```
...
private sendRequest(verb: RequestMethod,
    url: string, body?: Product): Observable<Product> {
  let headers = new Headers();
  headers.set("Access-Key", "<secret>");
  headers.set("Application-Names", ["exampleApp", "proAngular"]);
  return this.http.request(new Request({
      method: verb,
      url: url,
      body: body,
      headers: headers
  })).map(response => response.json());
}
...
```

当浏览器向服务器发送请求时，请求将包含以下头：

```
...
Accept:*/*
Accept-Encoding:gzip, deflate, sdch, br
Accept-Language:en-US,en;q=0.8
access-key:<secret>
application-names:exampleApp,proAngular
Connection:keep-alive
...
```

24.7 处理错误

到目前为止，应用程序并没有提供错误处理的功能，这意味着当一个 HTTP 请求出现问题时，Angular 并不知道应该如何处理。为了便于生成一个错误，在产品表格中添加一个按钮，单击这个按钮时，会发出一个 HTTP 请求，要求在服务器上删除一个并不存在的对象，请见代码清单 24-15。

代码清单 24-15　在 table.component.html 文件中添加一个 Error 按钮

```html
<table class="table table-sm table-bordered table-striped">
    <tr>
        <th>ID</th><th>Name</th><th>Category</th><th>Price</th><th></th>
    </tr>
    <tr *ngFor="let item of getProducts()">
        <td style="vertical-align:middle">{{item.id}}</td>
        <td style="vertical-align:middle">{{item.name}}</td>
        <td style="vertical-align:middle">{{item.category}}</td>
        <td style="vertical-align:middle">
            {{item.price | currency:"USD":true }}
        </td>
        <td class="text-xs-center">
            <button class="btn btn-danger btn-sm"
                    (click)="deleteProduct(item.id)">
                Delete
            </button>
            <button class="btn btn-warning btn-sm"
                    (click)="editProduct(item.id)">
                Edit
            </button>
        </td>
    </tr>
</table>
<button class="btn btn-primary" (click)="createProduct()">
    Create New Product
</button>
<button class="btn btn-danger" (click)="deleteProduct(-1)">
```

```
Generate HTTP Error
</button>
```

这个 button 元素使用参数-1 调用组件的 deleteProduct 方法。组件要求从存储库中删除这个对象，这将导致一个 HTTP DELETE 请求被发送给/products/-1，但是这个对象并不存在。如果打开浏览器的 JavaScript 控制台，单击新增加的 Generate HTTP Error 按钮，那么可以看到来自服务器的响应，内容如下：

```
EXCEPTION: Response with status: 404 Not Found for
   URL: http://localhost:3500/products/-1
```

针对上述问题进行改进，实现以下功能：当这样的一个错误发生时，可以检测到这个错误，并将其通知用户，用户无须专门查看 JavaScript 控制台。一个实际的应用程序可能还需要通过将错误记入日志以便将来分析错误。但是现在打算把问题简化，仅仅显示错误信息。

24.7.1 生成用户可以使用的消息

处理错误的第一步是将 HTTP 异常转换为可以向用户显示的内容。默认情况下，错误信息被写入 JavaScript 控制台，但是对于用户来说，这样的错误信息包含过多的信息。用户不需要了解请求发送的 URL，用户只需要知道发生的问题类型就已经足够。

转换错误信息的最佳方式是使用 Observable 类定义的 catch 和 throw 方法。catch 方法用于接收一个序列中发生的任何错误，而 throw 方法则用于创建一个新的 Observable 对象，这个 Observable 对象包含了错误。代码清单 24-16 针对数据源同时应用了这两个方法。

> **提示：**
> 注意，throw 方法是从 rxjs/add/observable 导入的。

代码清单 24-16　在 rest.datasource.ts 文件中转换错误

```
import { Injectable, Inject, OpaqueToken } from "@angular/core";
import { Http, Request, RequestMethod, Headers, Response } from
"@angular/http";
import { Observable } from "rxjs/Observable";
import { Product } from "./product.model";
import "rxjs/add/operator/map";
import "rxjs/add/operator/catch";
import "rxjs/add/observable/throw";
export const REST_URL = new OpaqueToken("rest_url");
@Injectable()
export class RestDataSource {
    constructor(private http: Http,
        @Inject(REST_URL) private url: string) { }
    getData(): Observable<Product[]> {
        return this.sendRequest(RequestMethod.Get, this.url);
```

```
    }
    saveProduct(product: Product): Observable<Product> {
        return this.sendRequest(RequestMethod.Post, this.url, product);
    }
    updateProduct(product: Product): Observable<Product> {
        return this.sendRequest(RequestMethod.Put,
            `${this.url}/${product.id}`, product);
    }
    deleteProduct(id: number): Observable<Product> {
        return this.sendRequest(RequestMethod.Delete, `${this.url}/${id}`);
    }
    private sendRequest(verb: RequestMethod,
        url: string, body?: Product): Observable<Product> {
        let headers = new Headers();
        headers.set("Access-Key", "<secret>");
        headers.set("Application-Names", ["exampleApp", "proAngular"]);
        return this.http.request(new Request({
            method: verb,
            url: url,
            body: body,
            headers: headers
        }))
        .map(function(response) {
            console.log("++++++++++ " + response);
            return response.json();
        })
        .catch(function(error) {
            return Promise.reject(`Network Error:
                ${error.statusText} (${error.status})`);
        })
    }
}
```

当出现一个错误时,程序即调用传递给 catch 方法的函数,并收到描述输出的 Response 对象。Observable.throw 方法创建一个新的 Observable 对象,这个 Observable 对象包含一个错误对象。在这个例子中,这个错误对象用于生成一条错误消息,这条错误消息包含来自响应的 HTTP 状态编码和状态文本。

如果保存修改,然后单击 Generate HTTP Error 按钮,那么错误消息仍然将被写入浏览器的 JavaScript 控制台,但是错误消息的格式将变为 catch/throw 方法所生成的格式:

```
EXCEPTION: Network Error: Not Found (404)
```

24.7.2 处理错误

转换完错误消息之后,错误并没有得到处理,这就是为什么浏览器的 JavaScript 控制台仍然报告异常信息的原因。

可以使用两种方法处理错误。第一种方法是为 Http 对象创建的 Observable 对象的

subscribe 方法提供一个错误处理函数。这种方法能够有效地将错误局部化，为存储库提供重新执行操作的机会，并且可以使用某些其他方式令程序恢复正常。

第二种方法是替换 Angular 内置的错误处理功能。Angular 内置的错误处理功能对应用程序中任何未处理的错误都会有所响应，并且在默认情况下，将这些错误写入控制台。在前面的章节中显示了这个功能是如何将消息写入控制台的。

对于示例应用程序来说，打算用一种使用消息服务的方法来重写默认的错误处理程序。在 exampleApp/src/app/messages 文件夹中创建一个名为 errorHandler.ts 的文件，并使用这个文件定义代码清单 24-17 中的类。

代码清单 24-17　exampleApp/src/app/messages 文件夹中 errorHandler.ts 文件的内容

```
import { ErrorHandler, Injectable } from "@angular/core";
import { MessageService } from "./message.service";
import { Message } from "./message.model";
@Injectable()
export class MessageErrorHandler implements ErrorHandler {
    constructor(private messageService: MessageService) {
    }
    handleError(error) {
        let msg = error instanceof Error ? error.message : error.toString();
        setTimeout(() => this.messageService
            .reportMessage(new Message(msg, true)), 0);
    }
}
```

ErrorHandler 类定义在@angular/core 模块中，并且通过 handleError 方法来响应发生的错误。上述代码清单中的类将这个方法的默认实现替换为使用 MessageService 来报告错误。setTimeout 函数可以确保向用户显示消息，采用的方法与 Angular 处理更新的方法是一样的。

为了替换默认的 ErrorHandler，在消息模块中使用一个类提供程序，如代码清单 24-18 所示。

代码清单 24-18　在 message.module.ts 文件中替换默认的错误处理程序

```
import { NgModule, ErrorHandler } from "@angular/core";
import { BrowserModule } from "@angular/platform-browser";
import { MessageComponent } from "./message.component";
import { MessageService } from "./message.service";
import { MessageErrorHandler } from "./errorHandler";
@NgModule({
    imports: [BrowserModule],
    declarations: [MessageComponent],
    exports: [MessageComponent],
    providers: [MessageService,
        { provide: ErrorHandler, useClass: MessageErrorHandler }]
})
export class MessageModule { }
```

错误处理函数使用 MessageService 向用户报告一条错误消息。保存修改后，单击 Generate HTTP Error 按钮，此时将生成一个用户可以看到的错误，如图 24-4 所示。

图 24-4　处理一个 HTTP 错误

24.8　小结

本章解释了如何在 Angular 应用程序中生成异步 HTTP 请求，除了介绍 RESTful Web 服务外，还介绍了 Angular 的 Http 类提供的方法，这些方法可以与 RESTful Web 服务进行交互。本章还解释了浏览器如何将请求限制在不同的域，以及 Angular 如何通过支持 CORS 和 JSONP 在应用程序的域外生成请求。在下一章，将介绍 URL 路由功能，利用 URL 路由功能，可以在复杂的应用程序中导航。

第 25 章

路由和导航：第1部分

通过响应浏览器中 URL 的变化，Angular 路由功能可以让应用程序修改显示给用户的组件和模板。这样就可以在创建复杂的应用程序时，使应用程序展示的复杂内容以一种开放灵活的方式展示出来，并且尽可能减少编码工作量。为了支持这种功能，可以使用数据绑定和服务来修改浏览器的 URL，从而可以使用户在应用程序中顺利导航。

随着项目的复杂性不断提高，路由显得非常重要。这是因为：利用路由，可以在定义应用程序结构时，使应用程序结构与组件和指令隔离开来，这意味着对应用程序结构的修改可以在路由配置中完成，不会涉及单个组件。

本章演示基本路由系统是如何工作的，并且解释如何将基本路由系统应用于示例应用程序。第 26 和第 27 章将解释更高级的路由功能，表 25-1 解释了路由和导航的背景。

表 25-1 路由和导航的背景

问题	答案
路由是什么？	路由使用浏览器的 URL 来管理向用户显示的内容
路由有什么作用？	路由可以使应用程序结构与应用程序中的组件和模板分离。对应用程序结构的修改可以在路由配置中完成，无须修改单个组件和指令
如何使用路由？	路由配置被定义为一组代码集合，用于匹配浏览器的 URL，并且可以用来选择一个组件，这个组件的模板被显示为一个 HTML 元素(称为 router-outlet)的内容
路由是否存在陷阱或限制？	路由配置可能会变得难以管理，特别是在 URL 模式(schema)是在某个临时性基础之上不断进行增量定义的情况下
路由是否存在替代方案？	路由功能不是必须使用的。通过创建一个组件，而这个组件的视图可以通过 ngIf 或 ngSwitch 指令来选择向用户显示哪些内容，也可以获得相似的效果。当然，因为这个方法会导致应用程序的规模和复杂性都有所提高，所以这个方法比使用路由要难一些

表 25-2 给出了本章内容摘要。

表 25-2 本章内容摘要

问题	解决方案	代码清单编号
使用 URL 导航来选择向用户显示的内容	使用 URL 路由	1~8
使用一个 HTML 元素进行导航	应用 routerLink 属性	9~11
响应路由变更	使用路由服务来接收通知	12
在 URL 中包含信息	使用路由参数	13~19
使用代码进行导航	使用 Router 服务	20
接收路由活动的通知	处理路由事件	21 和 22

25.1 准备示例项目

本章使用的功能依赖 Angular 4 的 Router 模块,因此必须将此模块添加到应用程序中。代码清单 25-1 说明了如何将此模块添加到包列表中。

代码清单 25-1 在 package.json 文件中添加 router 包

```
{
  "name": "example-app",
  "version": "0.0.0",
  "license": "MIT",
  "scripts": {
    "ng": "ng",
    "start": "ng serve",
    "build": "ng build",
    "test": "ng test",
    "lint": "ng lint",
    "e2e": "ng e2e",
    "json": "json-server --p 3500 restData.js"
  },
  "private": true,
  "dependencies": {
    "@angular/common": "^4.0.0",
    "@angular/compiler": "^4.0.0",
    "@angular/core": "^4.0.0",
    "@angular/forms": "^4.0.0",
    "@angular/http": "^4.0.0",
    "@angular/platform-browser": "^4.0.0",
    "@angular/platform-browser-dynamic": "^4.0.0",
    "@angular/router": "^4.0.0",
    "core-js": "^2.4.1",
    "rxjs": "^5.1.0",
    "zone.js": "^0.8.4",
    "bootstrap": "4.0.0-alpha.4"
```

```
  },
  "devDependencies": {
    "@angular/cli": "1.0.0",
    "@angular/compiler-cli": "^4.0.0",
    "@types/jasmine": "2.5.38",
    "@types/node": "~6.0.60",
    "codelyzer": "~2.0.0",
    "jasmine-core": "~2.5.2",
    "jasmine-spec-reporter": "~3.2.0",
    "karma": "~1.4.1",
    "karma-chrome-launcher": "~2.0.0",
    "karma-cli": "~1.0.1",
    "karma-jasmine": "~1.1.0",
    "karma-jasmine-html-reporter": "^0.2.2",
    "karma-coverage-istanbul-reporter": "^0.2.0",
    "protractor": "~5.1.0",
    "ts-node": "~2.0.0",
    "tslint": "~4.5.0",
    "typescript": "~2.2.0",
    "concurrently": "2.2.0",
    "json-server": "0.8.21"
  }
}
```

> ■ 提示：
> 可以从网站 apress.com 下载本书所有章节的配套项目。

禁用状态变更事件的显示

针对那些从表格组件发送给产品组件的状态变更事件，应用程序被配置为在两个地方显示这些状态变更事件：一个是通过消息服务，另一个是在表单组件的模板中。这些消息以后就没有什么用处了，所以代码清单 25-2 从组件的模板中删除了事件显示功能。

代码清单 25-2　从 form.component.html 文件中删除事件显示功能

```
<div class="bg-primary p-a-1" [class.bg-warning]="editing">
    <h5>{{editing ? "Edit" : "Create"}} Product</h5>
    <!--Last Event: {{ stateEvents | async | formatState }}-->
</div>
<form novalidate #form="ngForm" (ngSubmit)="submitForm(form)"
                 (reset)="resetForm()" >
    <div class="form-group">
        <label>Name</label>
        <input class="form-control" name="name"
               [(ngModel)]="product.name" required />
    </div>
    <div class="form-group">
        <label>Category</label>
```

```html
            <input class="form-control" name="category"
                  [(ngModel)]="product.category" required />
        </div>
        <div class="form-group">
            <label>Price</label>
            <input class="form-control" name="price"
                  [(ngModel)]="product.price"
                  required pattern="^[0-9\.]+$" />
        </div>
        <button type="submit" class="btn btn-primary"
              [class.btn-warning]="editing" [disabled]="form.invalid">
            {{editing ? "Save" : "Create"}}
        </button>
        <button type="reset" class="btn btn-secondary">Cancel</button>
</form>
```

代码清单 25-3 禁用了将状态变化事件推送到消息服务中的代码。

代码清单 25-3　在 core.model.ts 文件中禁用状态变更事件

```typescript
import { NgModule } from "@angular/core";
import { BrowserModule } from "@angular/platform-browser";
import { FormsModule } from "@angular/forms";
import { ModelModule, Model } from "model/module";
import { TableComponent } from "./table.component";
import { FormComponent } from "./form.component";
import { Product } from "model/module";
import { SharedState, SHARED_STATE } from "./sharedState.model";
import { Subject } from "rxjs/Subject";
import { StatePipe } from "./state.pipe";
import { MessageModule, MessageService, Message } from "messages/module";
import { MODES } from "./sharedState.model";
@NgModule({
    imports: [BrowserModule, FormsModule, ModelModule, MessageModule],
    declarations: [TableComponent, FormComponent, StatePipe],
    exports: [ModelModule, TableComponent, FormComponent],
    providers: [{
        provide: SHARED_STATE,
        deps: [MessageService, Model],
        useFactory: (messageService, model) => {
            return new Subject<SharedState>();
            //subject.subscribe(m => messageService.reportMessage(
            //  new Message(MODES[m.mode] + (m.id != undefined
            //  ? ` ${model.getProduct(m.id).name}` : "")))
            //);
            //return subject;
        }
    }]
})
export class CoreModule { }
```

保存修改，然后在 exampleApp 文件夹中运行以下命令，下载并安装 Angular 模块：

npm install

更新结束后，在 exampleApp 文件夹中运行以下命令，启动 TypeScript 编译器和 HTTP 开发服务器以及 RESTful Web 服务：

npm start

此时将打开一个新的浏览器窗口或浏览器标签页，可以看到如图 25-1 所示的内容。

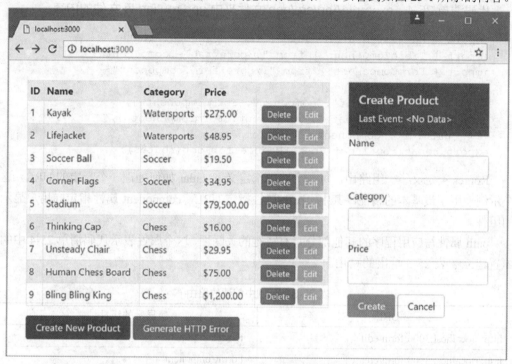

图 25-1　运行示例应用程序

25.2　开始学习路由

迄今为止，应用程序中的全部内容对用户始终都是可见的。对于示例应用程序来说，这表明表格和表单始终是可见的，并且对于用户来说，为了完成每一项任务，要自己跟踪需要使用应用程序的哪一部分内容。

对于简单的应用程序来说，这样做毫无问题。但是对于复杂的项目来说，开发工作很容易变得无法管理。因为复杂项目可能包含多个功能区域，如果同时显示全部这些功能，可能会导致十分混乱。

通过为 Web 应用程序提供一种自然而又易于理解的形式，URL 路由为应用程序提供了结构上的支持。本节通过在一个示例应用程序中应用 URL 路由来讲解这项内容，从而在表格或表单可见的条件下，根据用户的动作选择活动的组件。本节内容为解释路由如何工作打下了良好的基础，并且可以作为讲解更多高级功能的基础。

25.2.1 创建路由配置

应用路由的第一步是定义路由(route)，这是 URL 和向用户显示的组件之间的映射。习惯上，路由配置定义在 app 文件夹中一个名为 app.routing.ts 的文件中，我们现在创建这个文件，并添加代码清单 25-4 所示的语句。

代码清单 25-4　exampleApp/src/app 文件夹中 app.routing.ts 文件的内容

```
import { Routes, RouterModule } from "@angular/router";
import { TableComponent } from "./core/table.component";
import { FormComponent } from "./core/form.component";
const routes: Routes = [
    { path: "form/edit", component: FormComponent },
    { path: "form/create", component: FormComponent },
    { path: "", component: TableComponent }]
export const routing = RouterModule.forRoot(routes);
```

Routes 类定义了一组路由，每一个路由都定义 Angular 如何处理一个特定的 URL。这个示例使用了最基本的属性，其中，path 属性指定 URL，component 属性指定向用户显示的组件。

path 属性与应用程序的其他部分具有特定的关联性，这个属性表示代码清单 25-4 中的配置建立了表 25-3 给出的路由。

表 25-3　示例中创建的路由

URL	显示的组件
http://localhost:3000/form/edit	FormComponent
http://localhost:3000/form/create	FormComponent
http://localhost:3000/	TableComponent

利用 RouterModule.forRoot 方法，路由被封装到一个模块中。forRoot 方法生成了一个包含路由服务的模块。另外还有一个 forChild 方法，但是这个方法不包含路由服务，forChild 方法将在第 27 章介绍，第 27 章将介绍如何为功能模块创建路由。

定义路由时，path 和 component 是最常用的属性，但是还可以使用多种额外的属性来定义具有高级功能的路由。表 25-4 描述了这些属性，并且说明了将在哪一章详细介绍这些属性。

表 25-4　用于定义路由的路由属性

名称	描述
path	这个属性指定路由的路径
component	激活的 URL 与 path 属性匹配时，这个属性指定选中的组件

(续表)

名称	描述
pathMatch	Angular 使用这个属性来确定如何将激活的 URL 与 path 属性进行匹配。这个属性可以取两个值：取值为 full 时，要求 path 属性与 URL 完全匹配；取值为 prefix 时，即使 URL 中包含其他不属于 path 属性的段内容，path 属性也能够匹配 URL。使用 redirectTo 属性时，必须使用 pathMatch 属性，第 26 章将介绍这项内容
redirectTo	这个属性用于创建一个能够将浏览器重定向到一个已激活的、具有不同 URL 的路径，第 26 章将详细介绍这项内容
children	这个属性用于指定子路由，子路由可以在嵌套的 router-outlet 元素中显示附加的组件，router-outlet 元素包含在活动元素的模板中，第 26 章将详细介绍这项内容
outlet	这个属性用于支持多个 outlet 元素，第 27 章将介绍这项内容
resolve	这个属性用于定义在激活一个路由之前必须完成的工作，第 27 章将介绍这项内容
canActivate	这个属性用于控制何时可以激活一个路由，第 27 章将介绍这项内容
canActivateChild	这个属性用于控制是否可以激活一个子路由，第 27 章将介绍这项内容
canDeactivate	这个属性用于控制是否可以停用一个路由，以便激活另一个路由，第 27 章将介绍这项内容
loadChildren	这个属性用于配置一个仅在需要的情况下才加载的模块，第 27 章将介绍这项内容
canLoad	这个属性用于控制是否可以加载一个按需加载的模块

理解路由顺序

路由的定义顺序非常重要。针对浏览器导航过的 URL，Angular 使用 path 属性依次比较每一个路由，直到发现一个匹配的路由。这表明必须首先定义最具体的路由，然后按照具体程度递减规律依次定义其他路由。对于代码清单 25-4 中的路由来说，这并不是什么大问题，但是在使用路由参数(本章将在 25.3.2 节"使用路由参数"中介绍路由参数)的情况下，以及在添加子路由的情况下(第 26 章将介绍子路由)，这就是一个重要问题了。

如果发现路由配置并没有产生预期行为，那么首先就要检查路由定义的顺序。

25.2.2 创建路由组件

使用路由时，根组件专门管理应用程序中不同部分之间的导航。在 exampleApp/ src/app 文件夹中添加一个名为 app.component.ts 的文件，并在其中定义代码清单 25-5 中显示的组件。

代码清单 25-5 exampleApp/src/app 文件夹中 app.component.ts 文件的内容

```
import { Component } from "@angular/core";
@Component({
```

```
    selector: "app",
    templateUrl: "app.component.html"
})
export class AppComponent { }
```

这个组件展示了它的模板。通过在 exampleApp/src/app 文件夹中创建一个名为 app.component.html 的文件,并在这个文件中添加如代码清单 25-6 中所示的元素,可以创建这个组件的模板。

代码清单 25-6　exampleApp/src/app 文件夹中 app.component.html 文件的内容

```
<paMessages></paMessages>
<router-outlet></router-outlet>
```

paMessages 元素显示了应用程序中的全部消息和错误信息。为了完成路由,router-outlet 元素具有重要的作用,因为 Angular 使用这个元素来确定与路由配置相匹配的组件的显示位置。其中,router-outlet 元素也称为出口(outlet)。

25.2.3　更新根模块

下一步是更新根模块,这样可以使用新的根组件来引导应用程序,如代码清单 25-7 所示。在代码清单 25-7 中还导入了包含路由配置的模块。

代码清单 25-7　在 app.module.ts 文件中启用路由

```
import { NgModule } from "@angular/core";
import { BrowserModule } from "@angular/platform-browser";
import { ModelModule } from "./model/model.module";
import { CoreModule } from "./core/core.module";
import { TableComponent } from "./core/table.component";
import { FormComponent } from "./core/form.component";
import { MessageModule } from "./messages/message.module";
import { MessageComponent } from "./messages/message.component";
import { routing } from "./app.routing";
import { AppComponent } from "./app.component";
@NgModule({
    imports: [BrowserModule, CoreModule, MessageModule, routing],
    declarations: [AppComponent],
    bootstrap: [AppComponent]
})
export class AppModule { }
```

25.2.4　完成配置

在应用程序中应用路由的最后一步是更新 index.html 文件,如代码清单 25-8 所示。

代码清单 25-8   在 index.html 文件中配置路由

```
<!doctype html>
<html>
<head>
  <meta charset="utf-8">
  <title>ExampleApp</title>
  <base href="/">
  <meta name="viewport" content="width=device-width, initial-scale=1">
  <link href="node_modules/bootstrap/dist/css/bootstrap.min.css"
        rel="stylesheet" />
</head>
<body class="m-a-1">
  <app></app>
</body>
</html>
```

其中，base 元素是根据代码清单 25-4 中应用的路由路径来设置 URL 的。为 app 元素应用了新的根组件，它的模板包含了 router-outlet 元素。

保存修改后，浏览器重新加载应用程序，就可以看到如图 25-2 所示的产品表格。应用程序的默认 URL 是 http://localhost:3000，对应于显示产品表格的路径。

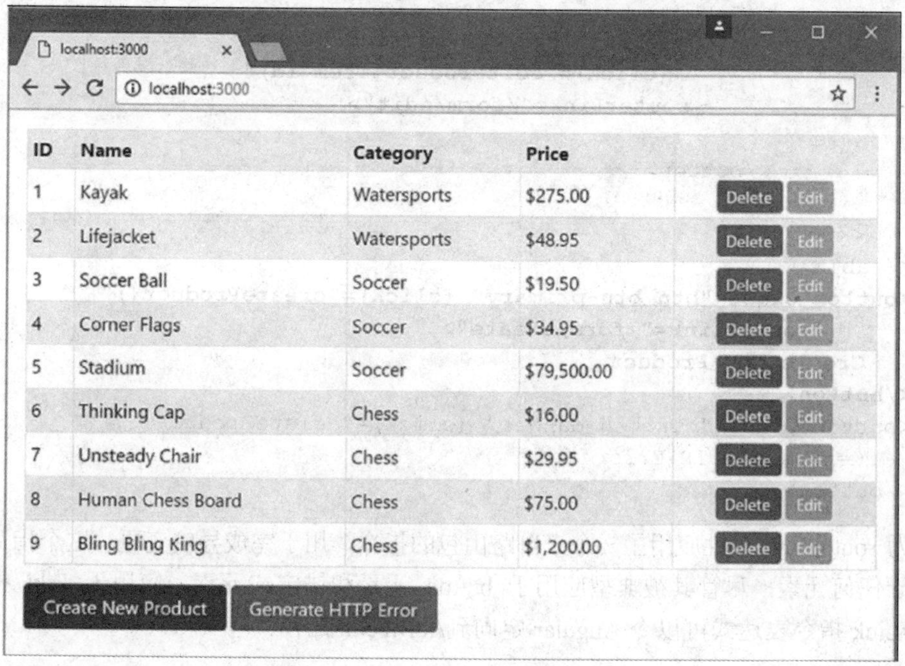

图 25-2   使用路由向用户显示组件

25.2.5   添加导航链接

现在，基本的路由配置已经就位，但是我们仍然无法在应用程序中导航：当单击 Create

New Product 和 Edit 按钮时，什么都没有发生。

下一步需要为应用程序添加改变浏览器URL的链接，为此需要触发一个路由变更，这样才能向用户显示一个不同的组件。代码清单25-9在表格组件的模板中添加了这些链接。

代码清单 25-9 在 table.component.html 文件中添加导航链接

```
<table class="table table-sm table-bordered table-striped">
    <tr>
        <th>ID</th><th>Name</th><th>Category</th><th>Price</th><th></th>
    </tr>
    <tr *ngFor="let item of getProducts()">
        <td style="vertical-align:middle">{{item.id}}</td>
        <td style="vertical-align:middle">{{item.name}}</td>
        <td style="vertical-align:middle">{{item.category}}</td>
        <td style="vertical-align:middle">
           {{item.price | currency:"USD":true }}
        </td>
        <td class="text-xs-center">
           <button class="btn btn-danger btn-sm"
                (click)="deleteProduct(item.id)">
              Delete
           </button>
           <button class="btn btn-warning btn-sm"
                (click)="editProduct(item.id)"
                routerLink="/form/edit">
              Edit
           </button>
        </td>
    </tr>
</table>
<button class="btn btn-primary" (click)="createProduct()"
       routerLink="/form/create">
    Create New Product
</button>
<button class="btn btn-danger" (click)="deleteProduct(-1)">
    Generate HTTP Error
</button>
```

为 routerLink 属性应用了一个来自路由包的指令，用于完成导航变更。这个指令可以应用于任何元素，尽管其被典型应用于 button 元素和锚定(a)元素。应用于 Edit 按钮的 routerLink 指令表达式可以令 Angular 定向到/form/edit 路由：

```
...
<button class="btn btn-warning btn-sm" (click)="editProduct(item.id)"
       routerLink="/form/edit">
    Edit
</button>
...
```

应用于 Create New Product 按钮的同一个指令可以使 Angular 定向到 /form/create 路由：

```
...
<button class="btn btn-primary" (click)="createProduct()"
        routerLink="/form/create">
   Create New Product
</button>
...
```

添加到表格组件模板中的路由链接可以帮助用户导航到表单。此外，代码清单 25-10 还在表单组件模板中添加了 Cancel 按钮，用户可以使用 Cancel 按钮再次导航返回。

代码清单 25-10　在 form.component.html 文件中添加一个导航链接

```
<div class="bg-primary p-a-1" [class.bg-warning]="editing">
    <h5>{{editing ? "Edit" : "Create"}} Product</h5>
</div>
<form novalidate #form="ngForm" (ngSubmit)="submitForm(form)"
               (reset)="resetForm()" >
    <div class="form-group">
       <label>Name</label>
       <input class="form-control" name="name"
            [(ngModel)]="product.name" required />
    </div>
    <div class="form-group">
       <label>Category</label>
       <input class="form-control" name="category"
            [(ngModel)]="product.category" required />
    </div>
    <div class="form-group">
       <label>Price</label>
       <input class="form-control" name="price"
            [(ngModel)]="product.price"
         required pattern="^[0-9\.]+$" />
    </div>
    <button type="submit" class="btn btn-primary"
         [class.btn-warning]="editing" [disabled]="form.invalid">
       {{editing ? "Save" : "Create"}}
    </button>
    <button type="reset" class="btn btn-secondary"
         routerLink="/">Cancel</button>
</form>
```

指派给 routerLink 属性的值的目标是显示产品表格的路由。代码清单 25-11 更新了包含模板的功能模块，这样它就可以导入 RouterModule，而 RouterModule 是包含了用来选择 routerLink 属性的指令的 Angular 模块。

代码清单 25-11　在 core.module.ts 文件中启用路由指令

```
import { NgModule } from "@angular/core";
import { BrowserModule } from "@angular/platform-browser";
import { FormsModule } from "@angular/forms";
import { ModelModule } from "../model/model.module";
import { TableComponent } from "./table.component";
import { FormComponent } from "./form.component";
import { SharedState, SHARED_STATE } from "./sharedState.model";
import { Subject } from "rxjs/Subject";
import { StatePipe } from "./state.pipe";
import { MessageModule } from "../messages/message.module";
import { MessageService } from "../messages/message.service";
import { Message } from "../messages/message.model";
import { Model } from "../model/repository.model";
import { MODES } from "./sharedState.model";
import { RouterModule } from "@angular/router";
@NgModule({
    imports: [BrowserModule, FormsModule, ModelModule, MessageModule,
        RouterModule],
    declarations: [TableComponent, FormComponent, StatePipe],
    exports: [ModelModule, TableComponent, FormComponent],
    providers: [{
        provide: SHARED_STATE,
        deps: [MessageService, Model],
        useFactory: (messageService, model) => {
            return new Subject<SharedState>();
        }
    }]
})
export class CoreModule { }
```

25.2.6　理解路由的效果

保存全部修改之后，就可以使用 Edit、Create New Product、Cancel 等按钮在应用程序中导航了，如图 25-3 所示。

但是，并不是说现在应用程序中的所有功能都可以正常工作了。现在我们正好要探索如何在应用程序中添加路由。输入应用程序的根 URL(http://localhost:3000)，然后单击 Create New Product 按钮。此时 Angular 路由系统将浏览器显示的 URL 改变为：

http://localhost:3000/form/create

如果在转换过程中观察 HTTP 开发服务器的输出，就会注意到，针对新的内容，服务器没有收到新的请求。这种变化完全是在 Angular 应用程序内部完成的，并且不会生成任何新的 HTTP 请求。

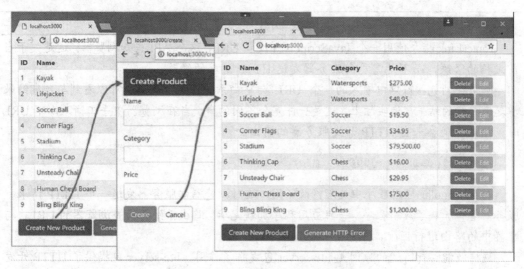

图 25-3　使用路由在应用程序中导航

新的 URL 是由 Angular 路由系统处理的，Angular 路由系统可以将新的 URL 与这个来自 app.routing.ts 文件的路由进行匹配。

```
...
{ path: "form/create", component: FormComponent },
...
```

当路由系统将 URL 与一个路由进行匹配时，路由系统考虑了 index.html 文件中的 base 元素。如果 URL 为/form/create，那么在配置 base 元素时，就要使用一个值为 "/" 的 href 标记与路由中的 path 属性进行组合，之后再进行匹配。

component 属性要求 Angular 路由系统向用户显示 FormComponent。此时将创建 FormComponent 类的一个新实例，并且使用 FormComponent 类的模板内容作为根组件的模板中 router-outlet 元素的内容。

如果单击表单下方的 Cancel 按钮，那么这个过程将再次执行，但是这次浏览器返回到应用程序的根 URL，因此匹配路径组件为空字符串的路由：

```
{ path: "", component: TableComponent }
```

这个路由要求 Angular 向用户显示 TableComponent。此时将创建 TableComponent 类的一个新实例，并且使用 TableComponent 类的模板内容作为根组件的模板中 router-outlet 元素的内容，将模型数据显示给用户。

这就是路由的本质：浏览器的 URL 发生了变化，引发路由系统查询自身的配置来判断需要向用户显示哪个组件。我们可以使用多种选项和功能，但是只要牢记上面讲述的路由核心目标，就不会犯错。

> **手工修改 URL 存在的风险**
>
> routerLink 指令使用一个 JavaScript API 设置 URL,这个 API 告知浏览器:这是关于当前文档的修改,而不是需要向服务器发送 HTTP 请求的修改。

如果在浏览器窗口中输入的一个 URL 与路由系统匹配,那么就可以看到与预期结果看起来一样的结果,但实际上,这是一件完全不同的事。当在浏览器中手工输入以下 URL 时,请认真观察来自 HTTP 开发服务器的输出:

```
http://localhost:3000/form/create
```

与在 Angular 应用程序中处理修改不同,这时浏览器向服务器发送一个 HTTP 请求,服务器重新加载了应用程序。一旦应用程序加载完毕,路由系统将检查浏览器的 URL,与配置中的路由进行匹配,然后显示 FormComponent。

这样做能够行得通的原因是 lite-server 包发挥了作用,lite-server 包提供了 HTTP 开发服务器的功能:针对那些找不到磁盘文件的 URL,返回 index.html 文件的内容。例如,如果请求以下 URL:

```
http://localhost:3000/this/does/not/exist
```

那么浏览器会显示错误信息,因为这个请求为浏览器提供了 index.html 文件的内容,而浏览器已经使用这个文件的内容,加载并启动示例 Angular 应用程序。当路由系统检查 URL 时,会发现找不到匹配的路由,因此生成错误。

必须注意三点内容:首先,当测试应用程序的路由配置时,应该关注浏览器生成的 HTTP 请求,因为有时候看到的正确结果其实是由错误引发的。在一台运行速度较快的机器上,甚至可能没有意识到浏览器重新加载并重新启动了应用程序。

其次,还必须记住:必须使用 routerLink 指令(或者使用路由模块提供的类似功能之一)来修改 URL,而不应该通过浏览器的 URL 地址栏来手工修改 URL。

最后,因为用户并不知道以编程方式改变 URL 和以手工方式改变 URL 之间的区别,所以路由配置必须能够处理那些没有对应路由的 URL,这部分内容将在第 26 章介绍。

25.3 完成路由实现

为应用程序添加路由是一个很好的开端,但是仍然有大量应用程序的功能还无法工作。例如,单击 Edit 按钮可以显示表单,但是表单内容并没有得到填充,也没有显示出当前处于编辑状态的颜色提示。在后面的章节中,将使用路由系统提供的功能完成应用程序的编写任务,最终让应用程序能够按照预期正常工作。

25.3.1 在组件中处理路由变化

表单组件无法正常工作的原因是:表单组件没有得到用户单击 Edit 按钮后要求编辑一

个产品的通知。这个问题产生的原因是：路由系统仅在需要的时候才会创建组件类的新实例，也就是说，只有在单击 Edit 按钮之后才能创建 FormComponent 对象。如果单击表单下方的 Cancel 按钮，然后在这个表单中再次单击 Edit 按钮，那么就会创建 FormComponent 的第二个实例。

这样，产品组件和表单组件之间的通信方式就会产生一个时序问题，而产品组件和表单组件之间的通信是通过 Reactive Extensions 的 Subject 完成的。一个 Subject 只能向调用 subscribe 方法后到达的订阅者传递事件。引入路由意味着：只有在描述编辑操作的事件已经发送之后，才能创建 FormComponent 对象。

这个问题可以通过将 Subject 替换为 BehaviorSubject 来解决，当订阅者调用订阅方法时，BehaviorSubject 可以向订阅者发送最近的事件。但是更为优雅的一种方法是使用 URL 在组件之间进行协同，特别是在本章讨论路由系统的情况下，这种方法更为合适。

Angular 提供了一个服务，组件可以接收这个服务以获取当前路由的详情。服务和服务提供的访问类型之间的关系似乎非常复杂，但是通过观察示例内部和路由的不同使用方式，就可以发现其中的意义。

组件依赖的类名为 ActivatedRoute。为了解释本节内容，在这个类中定义了一个重要的属性 snapshot，表 25-5 描述了这个属性。本章后面还描述了其他属性，但是现在可以先不考虑它们。

表 25-5　ActivatedRoute 属性

名称	描述
snapshot	这个属性返回一个 ActivatedRouteSnapshot 对象，这个对象描述了当前路由

snapshot 属性返回 ActivatedRouteSnapshot 类的一个实例，这个实例提供一个路由的信息，这个路由使用表 25-6 描述的属性向用户显示当前组件。

表 25-6　基本的 ActivatedRouteSnapshot 属性

名称	描述
url	这个属性返回一个由 UrlSegment 对象组成的数组，数组中的每个 UrlSegment 对象都描述了能够匹配当前路由的 URL 中一个单独的段
params	这个属性返回一个 Params 对象，这个 Params 对象描述了基于名称索引得到的 URL 参数
queryParams	这个属性返回一个 Params 对象，这个 Params 对象描述了基于名称索引得到的 URL 查询参数
fragment	这个属性返回一个包含了 URL 片段的字符串

url 属性是这个示例中最重要的属性之一，因为这个属性可以帮助组件检查当前 URL 中的段，并且从当前 URL 中提取执行操作所需的信息。url 属性返回一个 UrlSegment 对象数组，这些对象提供表 25-7 中描述的属性。

表 25-7 URLSegment 属性

名称	描述
path	这个属性返回一个包含了段值的字符串
parameters	这个属性返回参数的一个索引集合，25.3.2 节"使用路由参数"中将描述这个属性

为了确定用户激活了哪个路径，表单组件可以声明一个对 ActivatedRoute 的依赖，然后使用它接收到的对象来检查 URL 的段，如代码清单 25-12 所示。

代码清单 25-12　在 form.component.ts 文件中检查活动路由

```
import { Component, Inject } from "@angular/core";
import { NgForm } from "@angular/forms";
import { Product } from "../model/product.model";
import { Model } from "../model/repository.model";
//import { MODES, SharedState, SHARED_STATE } from "./sharedState.model";
//import { Observable } from "rxjs/Observable";
//import "rxjs/add/operator/filter";
//import "rxjs/add/operator/map";
//import "rxjs/add/operator/distinctUntilChanged";
//import "rxjs/add/operator/skipWhile";
import { ActivatedRoute } from "@angular/router";
@Component({
    selector: "paForm",
    templateUrl: "form.component.html",
    styleUrls: ["form.component.css"]
})
export class FormComponent {
    product: Product = new Product();
    constructor(private model: Model, activeRoute: ActivatedRoute) {
        this.editing = activeRoute.snapshot.url[1].path == "edit";
    }
    editing: boolean = false;
    submitForm(form: NgForm) {
        if(form.valid) {
            this.model.saveProduct(this.product);
            this.product = new Product();
            form.reset();
        }
    }
    resetForm() {
        this.product = new Product();
    }
}
```

组件不再使用 Reactive Extensions 来接收事件。现在，组件检查活动路由的 URL 的第二段内容，并设置 editing 属性的值。editing 属性确定显示的是创建模式还是编辑模式。如果单击表格中的 Edit 按钮，那么就可以看到对应的域显示出正确的颜色，如图 25-4 所示。

第 25 章 ■ 路由和导航：第 1 部分

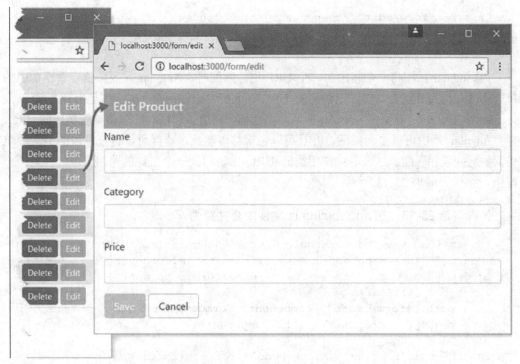

图 25-4　在一个组件中使用活动路由

理解 URL 输入问题

本书使用的 HTTP 开发服务器是 lite-server，它提供了一个功能，当浏览器无法匹配项目中的任何一个文件时，可以返回 index.html 文件的内容。与浏览器自动重新加载功能相结合，就可以使应用程序在一个特定 URL 位置启动。例如，当单击先前示例中的某个 Edit 按钮时，浏览器将导航到/form/edit。如果修改了一个文件，那么就会自动重新加载浏览器，询问 HTTP 服务器并请求/form/edit，而这个 URL 并不对应于文件夹中的任何文件。因此，HTTP 服务器将以 index.html 文件的内容作为响应。

这个功能很有用，因为当应用程序导航到一个未能实现的路由时，利用这个功能，可以避免发生"404 - Not Found"错误。但是这个功能也可能引发问题，因为应用程序还没有从根 URL 遍历导航步骤的序列，而为了建立浏览器跳转路由所必需的状态数据，这个遍历过程是必需的。

第 27 章将解释如何使用名为路由守卫(route guarding)的功能来避免这种行为，在此之前，某些示例无法按照预期正常工作，除非事先以显式方式请求 URL http://localhost:3000，然后使用应用程序布局中的按钮完成导航。

25.3.2　使用路由参数

设置应用程序的路由配置时，定义了两个路由，它们的访问目标为表单组件：

...

605

```
{ path: "form/edit", component: FormComponent },
{ path: "form/create", component: FormComponent },
...
```

当 Angular 试图将一个路由与一个 URL 进行匹配时，Angular 需要依次查看路由中的每一个段，检查其能否与待导航访问的 URL 相匹配。上面两个 URL 都是由静态段(static segment)构成的，这表明在 Angular 激活路由之前，路由必须精确匹配待导航访问的 URL。

Angular 路由可以更为灵活，并且可以包括路由参数，这样可以将任意段的值与导航访问的对应段相匹配。这表明：使用类似 URL 来访问同一个组件的路由可以合并为一个路由，如代码清单 25-13 所示。

代码清单 25-13　在 app.routing.ts 文件中合并路由

```
import { Routes, RouterModule } from "@angular/router";
import { TableComponent } from "./core/table.component";
import { FormComponent } from "./core/form.component";
const routes: Routes = [
    { path: "form/:mode", component: FormComponent },
    { path: "", component: TableComponent }
]
export const routing = RouterModule.forRoot(routes);
```

在修改后的 URL 中，第二个段定义了一个路由参数，用一个冒号(":")后面跟一个名称来表示。在这个示例中，路由参数名为 mode。这个路由可以匹配任意存在两个段并且第一个段为 form 的 URL，表 25-8 总结了如何使用路由参数来匹配 URL。第二个段的内容可以被指派给一个名为 mode 的参数。

表 25-8　使用路由参数来匹配 URL

URL	结果
http://localhost:3000/form	不匹配——段太少
http://localhost:3000/form/create	匹配，将 create 赋予 mode 参数
http://localhost:3000/form/london	匹配，将 london 赋予 mode 参数
http://localhost:3000/product/edit	不匹配——第一个段不是 form
http://localhost:3000/form/edit/1	不匹配——段太多

利用路由参数，可以通过编程方式来简化处理路由，因为参数值可以通过其名称获取，详见代码清单 25-14。

代码清单 25-14　在 form.component.ts 文件中读取一个路由参数

```
import { Component, Inject } from "@angular/core";
import { NgForm } from "@angular/forms";
import { Product } from "../model/product.model";
import { Model } from "../model/repository.model";
```

```
import { ActivatedRoute } from "@angular/router";
@Component({
    selector: "paForm",
    templateUrl: "form.component.html",
    styleUrls: ["form.component.css"]
})
export class FormComponent {
    product: Product = new Product();
    constructor(private model: Model, activeRoute: ActivatedRoute) {
        this.editing = activeRoute.snapshot.params["mode"] == "edit";
    }
    // ...methods and property omitted for brevity...
}
```

为了获取所需的信息，组件并不需要掌握URL的结构，而是可以使用ActivatedRouteSnapshot类提供的params属性来获取一组参数值的集合，而这个参数值的集合是用名称作为索引的。组件可以获取mode参数的值，并且使用该值来设置editing属性。

1. 使用多路由参数

当用户单击 Edit 按钮时，为了告诉表单组件用户选中了哪个产品，需要使用第二个路由参数。因为 Angular 需要基于 URL 所包含的段数来匹配 URL，所以需要再次对定向到表单组件的路由进行分割，如代码清单 25-15 所示。随着应用程序的功能越来越多，包含在路由的 URL 中的信息量不断增加，由路由合并和随后发生的路由扩展构成的这个迭代过程，是项目开发的典型过程。

代码清单 25-15　在 app.routing.ts 文件中添加一个路由

```
import { Routes, RouterModule } from "@angular/router";
import { TableComponent } from "./core/table.component";
import { FormComponent } from "./core/form.component";
const routes: Routes = [
    { path: "form/:mode/:id", component: FormComponent },
    { path: "form/:mode", component: FormComponent },
    { path: "", component: TableComponent }]
export const routing = RouterModule.forRoot(routes);
```

新的路由可以匹配任何有三个段且第一个段是 form 的 URL。为了创建可以访问这个路由的 URL，需要为模板中的 routerLink 表达式使用一种不同的处理方法，因为需要为产品表格中的每一个 Edit 按钮动态地创建第三个段，如代码清单 25-16 所示。

代码清单 25-16　在 table.component.html 文件中生成动态 URL

```
<table class="table table-sm table-bordered table-striped">
    <tr>
        <th>ID</th><th>Name</th><th>Category</th><th>Price</th><th></th>
    </tr>
    <tr *ngFor="let item of getProducts()">
```

```html
                <td style="vertical-align:middle">{{item.id}}</td>
                <td style="vertical-align:middle">{{item.name}}</td>
                <td style="vertical-align:middle">{{item.category}}</td>
                <td style="vertical-align:middle">
                    {{item.price | currency:"USD":true }}
                </td>
                <td class="text-xs-center">
                    <button class="btn btn-danger btn-sm"
                           (click)="deleteProduct(item.id)">
                        Delete
                    </button>
                    <button class="btn btn-warning btn-sm"
                           (click)="editProduct(item.id)"
                           [routerLink]="['/form', 'edit', item.id]">
                        Edit
                    </button>
                </td>
            </tr>
    </table>
    <button class="btn btn-primary" (click)="createProduct()"
            routerLink="/form/create">
        Create New Product
    </button>
    <button class="btn btn-danger" (click)="deleteProduct(-1)">
        Generate HTTP Error
    </button>
```

routerLink 属性被封闭到一对方括号中,告诉 Angular 需要将这个属性的值当做一个数据绑定表达式。这个表达式被设置为一个数组,每个数组元素都包含一个段的值。头两个段是字面字符串,无须修改即可纳入目标 URL。第三个段需要进行求值,以获得 id 属性的值,为由 ngIf 指令处理的当前 Product 对象提供 id,这一点与模板中的其他表达式是类似的。routerLink 指令可以将单个的段组合起来,创建诸如 "/form/edit/2" 的 URL。

代码清单 25-17 说明了表单组件如何获取新的路由参数并使用路由参数选择待编辑的产品。

代码清单 25-17　在 form.component.ts 文件中使用新的路由参数

```typescript
import { Component, Inject } from "@angular/core";
import { NgForm } from "@angular/forms";
import { Product } from "../model/product.model";
import { Model } from "../model/repository.model";
import { ActivatedRoute } from "@angular/router";
@Component({
    selector: "paForm",
    templateUrl: "form.component.html",
    styleUrls: ["form.component.css"]
})
export class FormComponent {
```

```
    product: Product = new Product();
    constructor(private model: Model, activeRoute: ActivatedRoute) {
        this.editing = activeRoute.snapshot.params["mode"] == "edit";
        let id = activeRoute.snapshot.params["id"];
        if(id != null) {
            Object.assign(this.product, model.getProduct(id) || new
                Product());
        }
    }
    // ...methods and property omitted for brevity...
}
```

用户单击 Edit 按钮时,被激活的路由 URL 通知表单组件需要执行编辑操作,并告知表单组件需要编辑哪个产品,这样就可以正确地填充表单数据,如图 25-5 所示。

■ 提示:

注意,为了确认能够从代码清单 25-17 的数据模型中检索到一个 Product 对象,需要执行一次检查,如果未能检索到这个对象,就创建一个新的 Product 对象。这一点很重要,因为模型中的数据是异步获取的,当用户直接请求 URL 时,表单组件在显示数据的那个时刻,数据可能尚未到达。在开发过程中这个问题同样存在:应用程序代码的变化会触发一次重新编译,随后重新加载在修改代码之前打算导航访问的 URL。这样做的结果会产生一个错误:因为 Angular 试图直接导航访问一个原先打算访问的路由,但是直到填充数据模型之前,这个路由是无法请求访问的。第 27 章将解释如何停止激活路由,直到某个特定条件为真,比如数据到达条件为真。

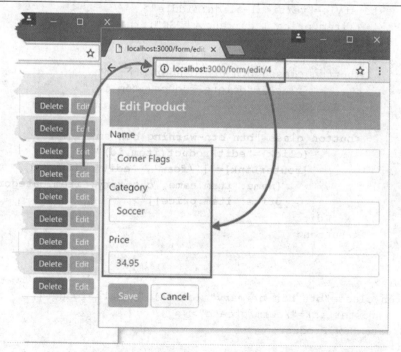

图 25-5 使用 URL 段来提供信息

2. 使用可选路由参数

可选路由参数可以让 URL 包含附加信息,从而可以为应用程序的其他部分提供提示信息或指导信息,但是可选路由参数对于应用程序正常工作并不是至关重要的。

这类路由参数可以使用 URL 矩阵注释来表达,虽然这并不是 URL 规范的组成部分,但是浏览器仍然为此提供了支持。下面这个 URL 示例给出了可选路由参数:

```
http://localhost:3000/form/edit/2;name=Lifejacket;price=48.95
```

可选路由参数是用分号(";")分隔的,这个 URL 包含名为 name 和名为 price 的两个可选参数。

为了说明如何使用可选参数,代码清单 25-18 给出了添加一个可选路由参数的代码,这个可选路由参数是 URL 的组成部分,里面包含待编辑的对象。这个信息并不是至关重要的,因为表单组件可以从模型获取数据,但是通过路由 URL 获取数据可以避免某些工作。

代码清单 25-18 在 table.component.html 文件中使用一个可选路由参数

```html
<table class="table table-sm table-bordered table-striped">
    <tr>
        <th>ID</th><th>Name</th><th>Category</th><th>Price</th><th></th>
    </tr>
    <tr *ngFor="let item of getProducts()">
        <td style="vertical-align:middle">{{item.id}}</td>
        <td style="vertical-align:middle">{{item.name}}</td>
        <td style="vertical-align:middle">{{item.category}}</td>
        <td style="vertical-align:middle">
          {{item.price | currency:"USD":true }}
        </td>
        <td class="text-xs-center">
            <button class="btn btn-danger btn-sm"
                (click)="deleteProduct(item.id)">
                Delete
            </button>
            <button class="btn btn-warning btn-sm"
                (click)="editProduct(item.id)"
                [routerLink]="['/form', 'edit', item.id,
                    {name: item.name, category: item.category,
                    price: item.price}]">
                Edit
            </button>
        </td>
    </tr>
</table>
<button class="btn btn-primary" (click)="createProduct()"
        routerLink="/form/create">
    Create New Product
</button>
<button class="btn btn-danger" (click)="deleteProduct(-1)">
```

```
Generate HTTP Error
</button>
```

可选值被表示为字面量对象，其属性名标识了可选参数。这个示例中包含 name、category、price 属性，并且用 ngIf 指令处理的对象设置了这些属性的值。可选参数会生成类似以下格式的 URL：

```
http://localhost:3000/form/edit/5;name=Stadium;category=Soccer;price=79500
```

代码清单 25-19 说明了表单组件如何检查可选参数是否存在。如果可选参数已经被包含在 URL 中，那么就使用参数值来避免请求数据模型的数据。

代码清单 25-19　在 form.component.ts 文件中接收可选参数

```
...
constructor(private model: Model, activeRoute: ActivatedRoute) {
    this.editing = activeRoute.snapshot.params["mode"] == "edit";
    let id = activeRoute.snapshot.params["id"];
    if(id != null) {
        let name = activeRoute.snapshot.params["name"];
        let category = activeRoute.snapshot.params["category"];
        let price = activeRoute.snapshot.params["price"];
        if(name != null && category != null && price != null) {
            this.product.id = id;
            this.product.name = name;
            this.product.category = category;
            this.product.price = Number.parseFloat(price);
        } else {
            Object.assign(this.product, model.getProduct(id) || new
                Product());
        }
    }
}
...
```

可选路由参数的访问方式与必选参数的访问方式是相同的，而检查可选路由参数是否存在，以及检查可选参数是不是URL的组成部分，则是组件的责任。在这个示例中，如果URL并不包含组件所查找的可选参数，那么组件可以回头查询数据模型。

25.3.3　在代码中导航

使用 routerLink 属性可以很方便地在模板中设置导航，但是应用程序常常需要代表用户在组件或命令中初始化导航。

为了让指令和组件等构造块访问路由系统，Angular 提供了 Router 类。Router 类可以通过依赖注入充当服务，表 25-9 描述了 Router 类中最有用的方法和属性。

表 25-9 Router 类的方法和属性

名称	描述
navigated	当存在至少一个导航事件时，这个 boolean 属性将返回 true，否则返回 false
url	这个属性返回活动的 URL
isActive(url, exact)	如果指定的 URL 是由活动路由定义的，那么这个方法返回 true。通过指定 exact 参数的值，可以确定被指定 URL 中的每一个段是不是必须匹配当前 URL，如果是，该方法返回 true
events	这个属性返回一个 Observable<Event>，可以用于监视导航变化。详情见 25.3.4 节"接收导航事件"中的内容
navigateByUrl (url, extras)	这个方法导航访问指定的 URL，该方法的执行结果为一个 Promise。当导航成功时，这个 Promise 解析为 true；否则为 false，表明发生了一个错误，导航被拒绝
navigate (commands, extras)	这个方法在导航时使用一个由段组成的数组。Extras 对象可以用于指定 URL 的变化是否与当前路由有关。这个方法的执行结果是一个 Promise，当导航成功时，这个 Promise 被解析为 true；否则为 false，表明发生了一个错误，导航被拒绝

navigate 和 navigateByUrl 方法使得在组件之类的构造块内部执行导航成为一件很容易的事。代码清单 25-20 说明了在创建或更新一个产品之后，如何在表单组件中使用 Router 将应用程序重定向返回到表格。

代码清单 25-20 在 form.component.ts 文件中通过编程进行导航

```
import { Component, Inject } from "@angular/core";
import { NgForm } from "@angular/forms";
import { Product } from "../model/product.model";
import { Model } from "../model/repository.model";
import { ActivatedRoute, Router } from "@angular/router";
@Component({
    selector: "paForm",
    templateUrl: "form.component.html",
    styleUrls: ["form.component.css"]
})
export class FormComponent {
    product: Product = new Product();
    constructor(private model: Model, activeRoute: ActivatedRoute,
            private router: Router) {
        this.editing = activeRoute.snapshot.params["mode"] == "edit";
        let id = activeRoute.snapshot.params["id"];
        if(id != null) {
            let name = activeRoute.snapshot.params["name"];
            let category = activeRoute.snapshot.params["category"];
            let price = activeRoute.snapshot.params["price"];
            if(name != null && category != null && price != null) {
```

```
            this.product.id = id;
            this.product.name = name;
            this.product.category = category;
            this.product.price = Number.parseFloat(price);
        } else {
            Object.assign(this.product, model.getProduct(id) || new
                Product());
        }
    }
}
editing: boolean = false;
submitForm(form: NgForm) {
    if(form.valid) {
        this.model.saveProduct(this.product);
        //this.product = new Product();
        //form.reset();
        this.router.navigateByUrl("/");
    }
}
resetForm() {
    this.product = new Product();
}
```

组件收到作为构造函数参数的一个 Router 对象,并在 submitForm 方法中使用这个 Router 对象导航返回应用程序的根 URL。代码清单 25-20 的 submitForm 方法中被注释掉的两条语句已经不再需要了,因为路由系统可以在无须再显示表单组件的情况下销毁表单组件。这表明无须重置表单的状态。

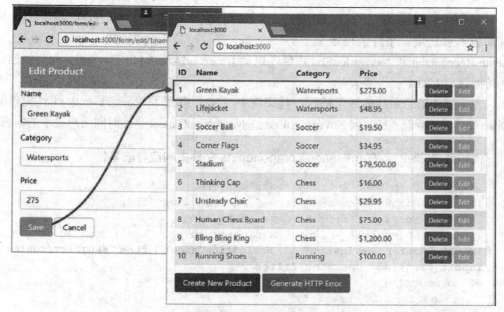

图 25-6 以编程方式导航

613

结果是，在表单中单击 Save 或 Create 按钮将导致应用程序显示如图 25-6 所示的产品表格界面。

25.3.4 接收导航事件

在很多应用程序中，存在一些并不直接参与应用程序导航的组件或指令，但是这些组件或指令仍然需要知道导航何时会发生。在示例应用程序的消息组件中包含一个示例，可以向用户显示通知和错误信息。这个组件显示的始终是最新的消息，即使这个消息已经过时，不太可能对用户有什么帮助，也是如此。为了观察这个问题，请单击 Generate HTTP Error 按钮，然后单击 Create New Product 按钮或某个 Edit 按钮，可以发现：即使已经导航进入应用程序的其他部分，错误消息也仍然会保持显示状态。

Router 类定义的 events 属性返回了一个 Observable<Event>，这个 Observable<Event>发送了一个 Event 对象序列，这个 Event 对象序列描述了来自路由系统的变化。通过 Observer，可以提供五类事件，如表 25-10 所示。

表 25-10 Router.events Observer 提供的事件类型

名称	描述
NavigationStart	导航过程开始时，发送这个事件
RoutesRecognized	路由系统在将 URL 与一个路径匹配时，发送这个事件
NavigationEnd	导航过程成功完成时，发送这个事件
NavigationError	导航过程产生一个错误时，发送这个事件
NavigationCancel	导航过程取消时，发送这个事件

所有的事件类都定义了一个 id 属性，这个属性返回一个数值，并且每次导航时这个属性的值都会递增。事件类还定义了另一个 url 属性，这个属性可以返回目标 URL。RoutesRecognized 和 NavigationEnd 事件还定义了一个 urlAfterRedirects 属性，可以返回已经访问过的 URL。

为了强调消息系统的这个问题，代码清单 25-21 订阅了 Router.events 属性提供的 Observer，并且清理了在收到 NavigationEnd 或 NavigationCancel 事件时向用户显示的消息。

代码清单 25-21　在 message.component.ts 文件中响应导航事件

```
import { Component } from "@angular/core";
import { MessageService } from "./message.service";
import { Message } from "./message.model";
import { Observable } from "rxjs/Observable";
import { Router, NavigationEnd, NavigationCancel } from "@angular/router";
import "rxjs/add/operator/filter";
@Component({
    selector: "paMessages",
    templateUrl: "message.component.html",
})
```

```
export class MessageComponent {
    lastMessage: Message;
    constructor(messageService: MessageService, router: Router) {
        messageService.messages.subscribe(m => this.lastMessage = m);
        router.events
            .filter(e => e instanceof NavigationEnd || e instanceof
              NavigationCancel)
            .subscribe(e => { this.lastMessage = null; });
    }
}
```

filter 方法用来选择来自 Observer 的一类事件。subscribe 方法更新了 lastMessage 属性，这个属性最终会清理组件显示的消息。代码清单 25-22 为消息模块导入了路由功能。为了使应用程序正常工作，这样做并非必需的，因为根模块已经导入了路由功能，但是让每个模块导入这个模块所需的全部功能是一种良好的实践。

代码清单 25-22　在 message.module.ts 文件中导入路由模块

```
import { NgModule, ErrorHandler } from "@angular/core";
import { BrowserModule } from "@angular/platform-browser";
import { MessageComponent } from "./message.component";
import { MessageService } from "./message.service";
import { MessageErrorHandler } from "./errorHandler";
import { RouterModule } from "@angular/router";
@NgModule({
    imports: [BrowserModule, RouterModule],
    declarations: [MessageComponent],
    exports: [MessageComponent],
    providers: [MessageService,
        { provide: ErrorHandler, useClass: MessageErrorHandler }]
})
export class MessageModule { }
```

上述修改的结果是：只有当下一个导航事件发生时，才会将消息显示给用户，如图 25-7 所示。

25.3.5　删除事件绑定和支持代码

使用路由系统的好处之一是路由系统可以简化应用程序，替换事件绑定及其在导航发生变化的情况下应用程序调用的方法。完成路由实现的最后修改工作是删除前面用于在组件之间进行协同所采用机制的痕迹。代码清单 25-23 注释掉了表格组件模板中的事件绑定代码，这部分代码用于在用户单击 Create New Product 或 Edit 按钮的情况下做出响应(仍然需要 Delete 按钮的事件绑定)。

Angular 5 高级编程(第 2 版)

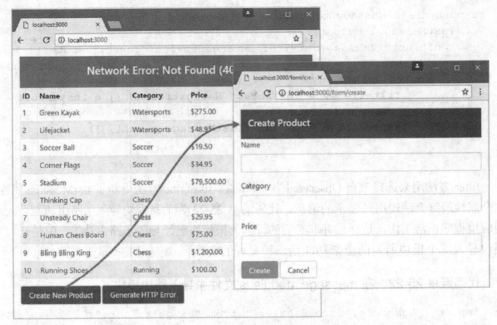

图 25-7　响应导航事件

代码清单 25-23　在 table.component.html 文件中删除事件绑定

```html
<table class="table table-sm table-bordered table-striped">
   <tr>
      <th>ID</th><th>Name</th><th>Category</th><th>Price</th><th></th>
   </tr>
   <tr *ngFor="let item of getProducts()">
      <td style="vertical-align:middle">{{item.id}}</td>
      <td style="vertical-align:middle">{{item.name}}</td>
      <td style="vertical-align:middle">{{item.category}}</td>
      <td style="vertical-align:middle">
         {{item.price | currency:"USD":true }}
      </td>
      <td class="text-xs-center">
         <button class="btn btn-danger btn-sm"
               (click)="deleteProduct(item.id)">
            Delete
         </button>
         <button class="btn btn-warning btn-sm"
               [routerLink]="['/form', 'edit', item.id,
                 {name: item.name, category: item.category,
                  price: item.price}]">
            Edit
         </button>
      </td>
   </tr>
</table>
<button class="btn btn-primary" routerLink="/form/create">
```

```
    Create New Product
</button>
<button class="btn btn-danger" (click)="deleteProduct(-1)">
    Generate HTTP Error
</button>
```

代码清单 25-24 给出了组件中对应的修改——删除事件绑定调用的方法，以及对编辑或创建产品时用来发出通知的服务的依赖。

代码清单 25-24　在 table.component.ts 文件中删除事件处理

```
import { Component, Inject } from "@angular/core";
import { Product } from "../model/product.model";
import { Model } from "../model/repository.model";
//import { MODES, SharedState, SHARED_STATE } from "./sharedState.model";
//import { Observer } from "rxjs/Observer";
@Component({
    selector: "paTable",
    templateUrl: "table.component.html"
})
export class TableComponent {
    constructor(private model: Model,
        /*@Inject(SHARED_STATE) private observer: Observer<SharedState>*/) { }
    getProduct(key: number): Product {
        return this.model.getProduct(key);
    }
    getProducts(): Product[] {
        return this.model.getProducts();
    }
    deleteProduct(key: number) {
        this.model.deleteProduct(key);
    }
    //editProduct(key: number) {
    //    this.observer.next(new SharedState(MODES.EDIT, key));
    //}
    //createProduct() {
    //    this.observer.next(new SharedState(MODES.CREATE));
    //}
}
```

组件用来进行协同的服务已经不再需要，代码清单 25-25 从核心模块中禁用了该服务。

代码清单 25-25　在 core.module.ts 中删除共享状态服务

```
import { NgModule } from "@angular/core";
import { BrowserModule } from "@angular/platform-browser";
import { FormsModule } from "@angular/forms";
import { ModelModule } from "../model/model.module";
import { TableComponent } from "./table.component";
import { FormComponent } from "./form.component";
```

```
//import { SharedState, SHARED_STATE } from "./sharedState.model";
import { Subject } from "rxjs/Subject";
import { StatePipe } from "./state.pipe";
import { MessageModule } from "../messages/message.module";
import { MessageService } from "../messages/message.service";
import { Message } from "../messages/message.model";
import { Model } from "../model/repository.model";
//import { MODES } from "./sharedState.model";
import { RouterModule } from "@angular/router";
@NgModule({
    imports: [BrowserModule, FormsModule, ModelModule, MessageModule,
              RouterModule],
    declarations: [TableComponent, FormComponent, StatePipe],
    exports: [ModelModule, TableComponent, FormComponent],
    //providers: [{
    // provide: SHARED_STATE,
    // deps: [MessageService, Model],
    // useFactory: (messageService, model) => {
    // return new Subject<SharedState>();
    // }
    //}]
})
export class CoreModule { }
```

结果是，表格组件和表单组件之间的协同完全由路由系统进行处理。现在，路由系统负责显示组件，并且负责管理组件之间的导航。

25.4 小结

本章介绍了 Angular 路由功能，演示了如何在应用程序中通过导航到一个 URL 来向用户显示某些内容。本章还说明了如何在模板中创建导航链接，如何在组件或指令中执行导航，以及如何通过编程来响应导航变化。下一章将继续讨论 Angular 路由系统。

第 26 章

路由与导航：第2部分

前一章介绍了 Angular 的 URL 路由系统，并解释了如何使用 URL 路由系统来控制向用户显示组件。路由系统提供了大量功能，本章和第 27 章将继续描述这些内容。本章关注如何创建更为复杂的路由，包括可以匹配任何 URL 的路由、将浏览器重定向到其他 URL 的路由、在组件内部导航的路由以及可以选择多个组件的路由。表 26-1 给出了本章内容摘要。

表 26-1　本章内容摘要

问题	解决方案	代码清单编号
用单个路由匹配多个 URL	使用路由通配符	1~10
将一个 URL 重定向到另一个 URL	使用重定向路由	11
在一个组件中导航	使用相对 URL	12
当激活的 URL 发生变化时，接收通知	使用 ActivatedRoute 类提供的 Observable 对象	13
当一个特定路由处于活动状态时，设置一个元素的样式	使用 routerLinkActive 属性	14~17
使用路由系统来显示嵌套的组件	定义子路由，并使用 router-outlet 元素	18~22

26.1　准备示例项目

本章将继续使用在第22章中创建的exampleApp项目，这个项目在随后各章进行了多次修改。为了准备本章要讲解的内容，需要为存储库类添加两个方法，如代码清单26-1所示。

■ 提示：
如果不打算自己创建这个项目，那么可以从 apress.com 给出的本书配套免费源代码中获取示例应用程序，包括 Reactive Extensions 模块。

代码清单 26-1　在 repository.model.ts 文件中添加方法

```
import { Injectable } from "@angular/core";
import { Product } from "./product.model";
import { Observable } from "rxjs/Observable";
```

```typescript
import { RestDataSource } from "./rest.datasource";
@Injectable()
export class Model {
    private products: Product[] = new Array<Product>();
    private locator = (p: Product, id: number) => p.id == id;
    constructor(private dataSource: RestDataSource) {
        this.dataSource.getData().subscribe(data => this.products = data);
    }
    getProducts(): Product[] {
        return this.products;
    }
    getProduct(id: number): Product {
        return this.products.find(p => this.locator(p, id));
    }
    getNextProductId(id: number): number {
        let index = this.products.findIndex(p => this.locator(p, id));
        if(index > -1) {
            return this.products[this.products.length > index + 2
                ? index + 1 : 0].id;
        } else {
            return id || 0;
        }
    }
    getPreviousProductid(id: number): number {
        let index = this.products.findIndex(p => this.locator(p, id));
        if(index > -1) {
            return this.products[index > 0
                ? index - 1 : this.products.length - 1].id;
        } else {
            return id || 0;
        }
    }
    saveProduct(product: Product) {
        if(product.id == 0 || product.id == null) {
            this.dataSource.saveProduct(product)
                .subscribe(p => this.products.push(p));
        } else {
            this.dataSource.updateProduct(product).subscribe(p => {
                let index = this.products
                    .findIndex(item => this.locator(item, p.id));
                this.products.splice(index, 1, p);
            });
        }
    }
    deleteProduct(id: number) {
        this.dataSource.deleteProduct(id).subscribe(() => {
            let index = this.products.findIndex(p => this.locator(p, id));
            if(index > -1) {
                this.products.splice(index, 1);
```

新的方法接收一个 ID 值，找到这个 ID 对应的产品，然后在存储库用来保存数据模型对象的数组中，返回这个产品对象的前一个对象和后一个对象的 ID。本章后面还将使用这个功能来帮助用户对数据模型中的对象实现翻页功能。

为了简化示例，代码清单 26-2 删除了表单组件中的一些语句，这些语句可以接收产品的详情并使用可选路由参数完成编辑操作。

代码清单 26-2　在 form.component.ts 文件中删除可选的路由参数

```typescript
import { Component, Inject } from "@angular/core";
import { NgForm } from "@angular/forms";
import { Product } from "../model/product.model";
import { Model } from "../model/repository.model";
import { ActivatedRoute, Router } from "@angular/router";
@Component({
    selector: "paForm",
    //moduleId: module.id,
    templateUrl: "form.component.html",
    styleUrls: ["form.component.css"]
})
export class FormComponent {
    product: Product = new Product();
    constructor(private model: Model, activeRoute: ActivatedRoute,
        private router: Router) {
        this.editing = activeRoute.snapshot.params["mode"] == "edit";
        let id = activeRoute.snapshot.params["id"];
        if(id != null) {
            Object.assign(this.product, model.getProduct(id) || new
                Product());
        }
    }
    editing: boolean = false;
    submitForm(form: NgForm) {
        if(form.valid) {
            this.model.saveProduct(this.product);
            this.router.navigateByUrl("/");
        }
    }
    resetForm() {
        this.product = new Product();
    }
}
```

代码清单 26-3 从表格组件的模板中删除了可选参数，这样这些参数就不会包含在 Edit

按钮的导航 URL 中。

代码清单 26-3　在 table.component.html 文件中删除可选路由参数

```html
<table class="table table-sm table-bordered table-striped">
    <tr>
        <th>ID</th><th>Name</th><th>Category</th><th>Price</th><th></th>
    </tr>
    <tr *ngFor="let item of getProducts()">
        <td style="vertical-align:middle">{{item.id}}</td>
        <td style="vertical-align:middle">{{item.name}}</td>
        <td style="vertical-align:middle">{{item.category}}</td>
        <td style="vertical-align:middle">
            {{item.price | currency:"USD":true }}
        </td>
        <td class="text-xs-center">
            <button class="btn btn-danger btn-sm"
                    (click)="deleteProduct(item.id)">
                Delete
            </button>
            <button class="btn btn-warning btn-sm"
                [routerLink]="['/form', 'edit', item.id]">
                Edit
            </button>
        </td>
    </tr>
</table>
<button class="btn btn-primary" routerLink="/form/create">
    Create New Product
</button>
<button class="btn btn-danger" (click)="deleteProduct(-1)">
    Generate HTTP Error
</button>
```

在项目中添加组件

为了演示本章讲解的某些功能，需要在应用程序中添加某些组件。这些组件很简单，因为我们着重关注路由系统，并不关心如何为应用程序添加有用的功能。在 exampleApp/src/app/core 文件夹中创建一个名为 productCount.component.ts 的文件，并使用这个文件来定义组件，内容参见代码清单 26-4。

> ■ 提示：
> 如果仅仅打算通过路由系统显示一个组件，那么可以省略@Component 装饰器的 selector 属性。但是无论如何，我仍然倾向于添加@Component 装饰器的 selector 属性，进而同样可以使用一个 HTML 元素来应用这个组件。

代码清单 26-4 exampleApp/src/app/core 文件夹中 productCount.component.ts 文件的内容

```typescript
import { Component, KeyValueDiffer,
         KeyValueDiffers, ChangeDetectorRef } from "@angular/core";
import { Model } from "../model/repository.model";
@Component({
    selector: "paProductCount",
    template: `<div class="bg-info p-a-1">There are {{count}} products</div>`
})
export class ProductCountComponent {
    private differ: KeyValueDiffer<any, any>;;
    count: number = 0;
    constructor(private model: Model,
        private keyValueDiffers: KeyValueDiffers,
        private changeDetector: ChangeDetectorRef) {}
    ngOnInit() {
        this.differ = this.keyValueDiffers
            .find(this.model.getProducts())
            .create(this.changeDetector);
    }
    ngDoCheck() {
        if(this.differ.diff(this.model.getProducts()) != null) {
            this.updateCount();
        }
    }
    private updateCount() {
        this.count = this.model.getProducts().length;
    }
}
```

这个组件使用一个内联模板来显示数据模型中的产品数量，产品数量是在数据模型发生变化时进行更新的。下一步，在 exampleApp/src/app/core 文件夹中添加一个名为 categoryCount.component.ts 的文件，并在这个文件中定义如代码清单 26-5 所示的组件。

代码清单 26-5 exampleApp/src/app/core 文件夹中 categoryCount.component.ts 文件的内容

```typescript
import { Component, KeyValueDiffer,
         KeyValueDiffers, ChangeDetectorRef } from "@angular/core";
import { Model } from "../model/repository.model";
@Component({
    selector: "paCategoryCount",
    template: `<div class="bg-primary p-a-1">There are {{count}} categories
        </div>`
})
export class CategoryCountComponent {
    private differ: KeyValueDiffer;
```

```
      count: number = 0;
      constructor(private model: Model,
         private keyValueDiffers: KeyValueDiffers,
         private changeDetector: ChangeDetectorRef) { }
      ngOnInit() {
         this.differ = this.keyValueDiffers
            .find(this.model.getProducts())
            .create(this.changeDetector);
      }
      ngDoCheck() {
         if(this.differ.diff(this.model.getProducts()) != null) {
            this.count = this.model.getProducts()
               .map(p => p.category)
               .filter((category, index, array) => array.indexOf(category) ==
                   index)
               .length;
         }
      }
}
```

这个组件使用一个 differ 来跟踪数据模型中的修改，并且对不同的产品类别进行计数，将计数结果用一个简单的内联模板显示出来。针对最后一个组件，在 exampleApp/src/app/core 文件夹中添加一个名为 notFound.component.ts 的文件，并使用这个文件定义代码清单 26-6 中的组件。

代码清单 26-6　exampleApp/src/app/core 文件夹中 notFound.component.ts 文件的内容

```
import { Component } from "@angular/core";
@Component({
   selector: "paNotFound",
   template: `<h3 class="bg-danger p-a-1">Sorry, something went wrong</h3>
              <button class="btn btn-primary" routerLink="/">Start Over
              </button>`
})
export class NotFoundComponent {}
```

这个组件显示了一条静态消息，当路由系统发生错误时，将显示这条静态消息。代码清单 26-7 在核心模块中添加了新的组件。

代码清单 26-7　在 core.module.ts 文件中声明组件

```
import { NgModule } from "@angular/core";
import { BrowserModule } from "@angular/platform-browser";
import { FormsModule } from "@angular/forms";
import { ModelModule } from "../model/model.module";
import { TableComponent } from "./table.component";
import { FormComponent } from "./form.component";
```

```
import { Subject } from "rxjs/Subject";
import { StatePipe } from "./state.pipe";
import { MessageModule } from "../messages/message.module";
import { MessageService } from "../messages/message.service";
import { Message } from "../messages/message.model";
import { Model } from "../model/repository.model";
import { RouterModule } from "@angular/router";
import { ProductCountComponent } from "./productCount.component";
import { CategoryCountComponent } from "./categoryCount.component";
import { NotFoundComponent } from "./notFound.component";
@NgModule({
    imports: [BrowserModule, FormsModule, ModelModule, MessageModule,
          RouterModule],
    declarations: [TableComponent, FormComponent, StatePipe,
        ProductCountComponent, CategoryCountComponent, NotFoundComponent],
    exports: [ModelModule, TableComponent, FormComponent]
})
export class CoreModule { }
```

保存上面做出的修改，在 exampleApp 文件夹中运行以下命令，启动 TypeScript 编译器、HTTP 开发服务器以及 RESTful Web 服务：

```
npm start
```

此时将打开一个新的浏览器窗口或标签页，可以看到如图 26-1 所示的内容：

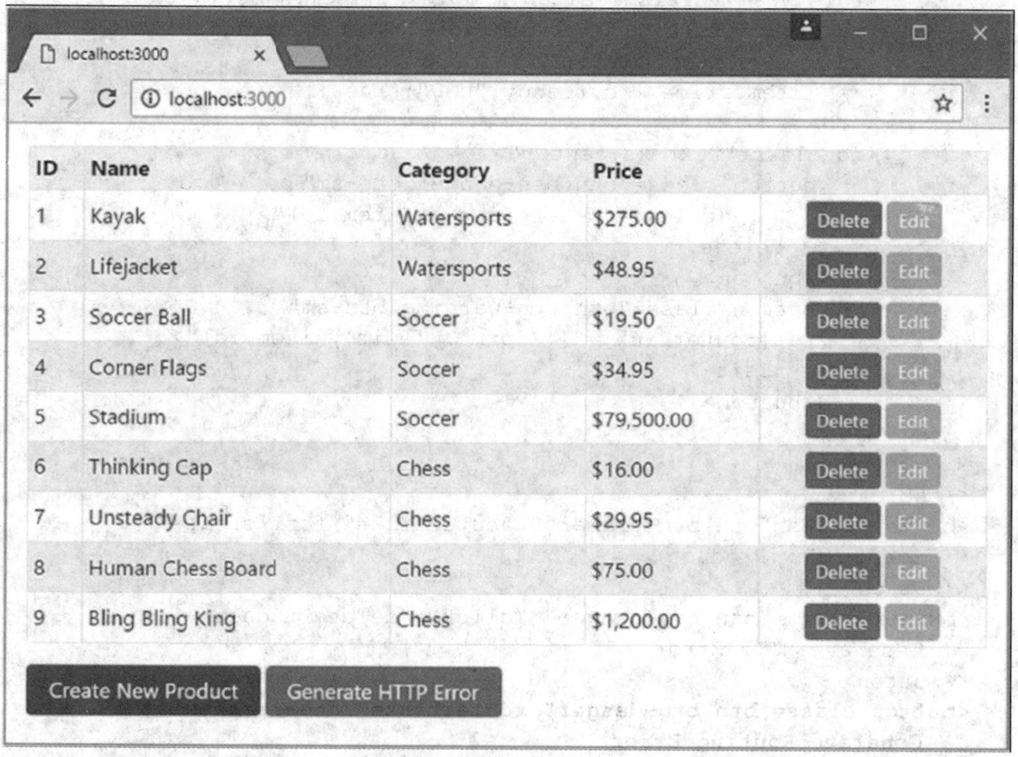

图 26-1　运行示例应用程序

26.2 使用通配符和重定向

在应用程序中,路由配置可能很快会变得越来越复杂,为了满足应用程序的结构而不得不包含冗余和奇特的内容。Angular提供了两个有用的工具来简化路由,这些工具还可以在路由出现问题的情况下处理问题。下面两个小节将介绍这些内容。

26.2.1 在路由中使用通配符

Angular 路由系统支持一种特殊的路径,这种路径用两个星号表示(**),可以匹配任意URL。通配符路径的基本使用方法是处理那些若不处理就会发生路由错误的导航。代码清单 26-8 在表格组件的模板中添加了一个按钮,可以导航到一个应用程序的路由配置没有定义的路由。

代码清单 26-8 在 table.component.html 文件中添加一个可以生成错误的按钮

```html
<table class="table table-sm table-bordered table-striped">
    <tr>
        <th>ID</th><th>Name</th><th>Category</th><th>Price</th><th></th>
    </tr>
    <tr *ngFor="let item of getProducts()">
        <td style="vertical-align:middle">{{item.id}}</td>
        <td style="vertical-align:middle">{{item.name}}</td>
        <td style="vertical-align:middle">{{item.category}}</td>
        <td style="vertical-align:middle">
            {{item.price | currency:"USD":true }}
        </td>
        <td class="text-xs-center">
            <button class="btn btn-danger btn-sm"
                    (click)="deleteProduct(item.id)">
                Delete
            </button>
            <button class="btn btn-warning btn-sm"
                    [routerLink]="['/form', 'edit', item.id]">
                Edit
            </button>
        </td>
    </tr>
</table>
<button class="btn btn-primary" routerLink="/form/create">
    Create New Product
</button>
<button class="btn btn-danger" (click)="deleteProduct(-1)">
    Generate HTTP Error
</button>
<button class="btn btn-danger" routerLink="/does/not/exist">
    Generate Routing Error
</button>
```

单击该按钮会使应用程序导航进入 URL /does/not/exist，但是我们并没有为这个 URL 配置路由。如果 URL 无法匹配，那么就会抛出一个错误，这个错误将被错误处理类捕获并进行处理，因此消息组件会显示一个警告，如图 26-2 所示。

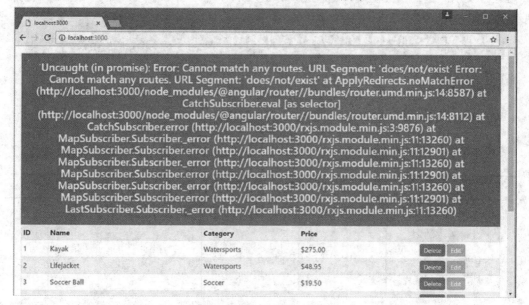

图 26-2　默认的导航错误

在处理未知路由时，这并不是一种有用的方法，因为用户并不知道真实的路由，因此可能没有意识到应用程序尝试访问存在问题的 URL。

更好的方法是使用通配符路由来处理那些访问未定义 URL 的导航，并选择一个能够向用户提示更为有用消息的组件。代码清单 26-9 解释了这种方法。

代码清单 26-9　在 app.routing.ts 文件中添加一个通配符路由

```
import { Routes, RouterModule } from "@angular/router";
import { TableComponent } from "./core/table.component";
import { FormComponent } from "./core/form.component";
import { NotFoundComponent } from "./core/notFound.component";
const routes: Routes = [
    { path: "form/:mode/:id", component: FormComponent },
    { path: "form/:mode", component: FormComponent },
    { path: "", component: TableComponent },
    { path: "**", component: NotFoundComponent }
]
export const routing = RouterModule.forRoot(routes);
```

代码清单 26-9 中的新路由使用通配符来选择 NotFoundComponent，当单击 Generate Routing Error 按钮时，NotFoundComponent 组件显示的消息如图 26-3 所示。

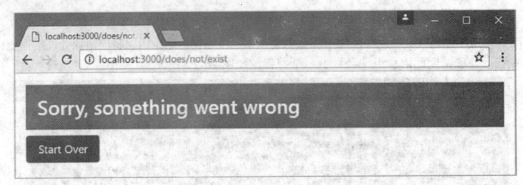

图 26-3　使用通配符路由

单击 Start Over 按钮会导航到"/" URL，并且会选择表格组件来完成显示。

空路径与通配符的对比

就代码清单 26-9 中的两种路由来说，人们很容易产生混淆。

```
...
{ path: "", component: TableComponent },
{ path: "**", component: NotFoundComponent }
...
```

第一个路由使用空路径(empty path)，可以匹配一个单独的空段。仅当这个段为空的情况下，这个路由才能匹配。对于这个路由来说，它只能匹配URL http://localhost:3000/。但是本章后面还会给出使用空路径的其他示例，这些空路径可以匹配更为复杂的URL中的段。

第二个路由使用通配符路径(wildcard path)，可以匹配任意 URL。路由的顺序很重要，因为 Angular 是根据路由定义的顺序来求值的。通配符路径必须始终用于路由定义的最后一个路由，因为一旦发生匹配，后面的路由就都无法到达了。

这些路径很容易发生混淆，必须牢记：能够与空路径匹配的内容是很严格的(一个单独的空段)，而通配符路径是字面量，可以与任意数量的段相匹配，无论这些段包含什么内容。

26.2.2　在路由中使用重定向

路由并不一定要选择组件，可以将路由当做一个别名，利用这个别名将浏览器重定向到一个不同的 URL。重定向是用路由中的 redirectTo 属性定义的，如代码清单 26-10 所示。

代码清单 26-10　在 app.routing.ts 文件中使用路由重定向

```
import { Routes, RouterModule } from "@angular/router";
import { TableComponent } from "./core/table.component";
import { FormComponent } from "./core/form.component";
import { NotFoundComponent } from "./core/notFound.component";
const routes: Routes = [
    { path: "form/:mode/:id", component: FormComponent },
    { path: "form/:mode", component: FormComponent },
```

```
    { path: "does", redirectTo: "/form/create", pathMatch: "prefix" },
    { path: "table", component: TableComponent },
    { path: "", redirectTo: "/table", pathMatch: "full" },
    { path: "**", component: NotFoundComponent }
]
export const routing = RouterModule.forRoot(routes);
```

redirectTo 属性可以用来指定浏览器重定向的 URL。定义重定向时，必须使用表 26-2 中的一个值来指定 pathMatch 属性。

表 26-2 pathMatch 属性的值

名称	描述
prefix	使用这个值配置的路由可以匹配那些以指定路径开始的 URL，并忽略后面的段
full	使用这个值配置的路由仅匹配 path 属性指定的 URL

在代码清单 26-10 中添加的第一个路由指定 pathMatch 属性的值为 prefix，路径的值为 does，这表明可以匹配任何首段为 does 的 URL，例如，通过单击 Generate Routing Error 按钮即可导航访问的/does/not/exist 就满足要求。当浏览器导航进入前缀为 does 的 URL 时，路由系统将其重定向到/form/create URL，如图 26-4 所示。

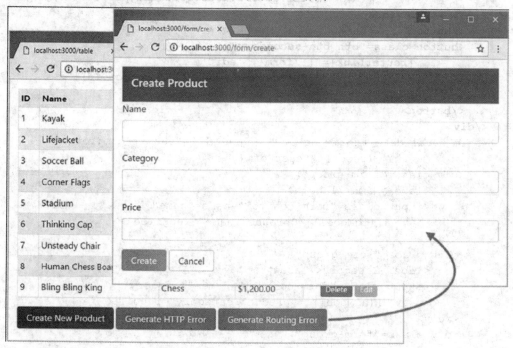

图 26-4 执行路由重定向

代码清单 26-10 中的其他路由将空路径重定向到/table URL，这个 URL 显示了表格组件。为了让 URL 模式更为明显，这是一种常见的技术，因为它可以匹配默认的 URL(http://localhost:3000/)，并将此 URL 重定向到更有意义并且对用户来说更容易记忆的内容(http://localhost:3000/table)。在这个例子中,pathMatch 属性的值为 full,当然这样做没有什么作用,因为已经应用了空路径。

26.3 在组件内部导航

前面章节中的导航示例都是在不同的组件之间导航,因此在表格组件中单击一个按钮会导航到表单组件,反之亦然。

这并不是唯一一种可用的导航,还可以在组件内部导航。为了说明这一点,代码清单26-11 为表单组件添加了按钮,可以帮助用户编辑前一个数据对象和后一个数据对象。

代码清单 26-11　在 form.component.html 文件中添加按钮

```
<div class="bg-primary p-a-1" [class.bg-warning]="editing">
    <h5>{{editing ? "Edit" : "Create"}} Product</h5>
</div>
<div *ngIf="editing" class="p-t-1">
    <button class="btn btn-secondary"
            [routerLink]="['/form', 'edit',
                    model.getPreviousProductid(product.id)]">
        Previous
    </button>
    <button class="btn btn-secondary"
            [routerLink]="['/form', 'edit',
                    model.getNextProductId(product.id)]">
        Next
    </button>
</div>
<form novalidate #form="ngForm" (ngSubmit)="submitForm(form)"
            (reset)="resetForm()" >
    <div class="form-group">
        <label>Name</label>
        <input class="form-control" name="name"
            [(ngModel)]="product.name" required />
    </div>
    <div class="form-group">
        <label>Category</label>
        <input class="form-control" name="category"
            [(ngModel)]="product.category" required />
    </div>
    <div class="form-group">
        <label>Price</label>
        <input class="form-control" name="price"
            [(ngModel)]="product.price"
            required pattern="^[0-9\.]+$" />
    </div>
    <button type="submit" class="btn btn-primary"
```

```
            [class.btn-warning]="editing" [disabled]="form.invalid">
        {{editing ? "Save" : "Create"}}
    </button>
    <button type="reset" class="btn btn-secondary"
            routerLink="/">Cancel</button>
</form>
```

这些按钮都提供对 routerLink 指令的绑定，这些绑定使用了可以导航访问数据模型中前一个对象和后一个对象的表达式。因此，举例来说，如果单击表格中 Lifejacket 产品的 Edit 按钮，那么单击 Next 按钮将导航到可以编辑 Soccer Ball 的 URL，而单击 Previous 按钮则会导航到编辑 Kayak 的 URL。

26.3.1 响应正在发生的路由变化

现在，单击用于新增产品的按钮，不会产生任何效果。Angular 试图提高导航的效率，也知道 Previous 和 Next 按钮导航进入的 URL 是由当前向用户显示内容的同一个组件处理的。因此，Angular 只是简单地告知组件：当前选中的路由已经发生了变化，并没有再次创建一个新的组件实例。

这样就出现了一个问题：因为表单组件没有被设置为接收变化通知，表单组件的构造函数接收一个 ActivatedRoute 对象，Angular 使用这个 ActivatedRoute 对象提供当前路由的详情，但是仅用了这个对象的 snapshot 属性。当 Angular 更新 ActivatedRoute 中的值时，组件的构造函数已经执行了多时，因此表单组件无法收到通知。如果把应用程序配置为每当用户需要创建或编辑产品时，就创建一个新的表单组件，那么这样就可以解决问题，但是这样做已经不能满足需求了。

好在 ActivatedRoute 类定义了一组属性，对路由变化感兴趣的有关方面可以使用这组属性通过 Reactive Extensions 的 Observable 对象来接收通知。这些属性对应于 snapshot 属性返回的 ActivatedRouteSnapshot 对象所提供的属性(第 25 章介绍了 ActivatedRouteSnapshot 对象提供的属性)，但是如果随后发生了任何变化，都将会发送新的事件，如表 26-3 所示。

表 26-3 ActivatedRoute 类的 Observable 属性

名称	描述
url	这个属性返回一个 Observable<UrlSegment[]>，返回值中保存了每次路由发生变化时 URL 中段的集合
params	这个属性返回一个 Observable<Params>，返回值中保存了每次路由发生变化时的 URL 参数
queryParams	这个属性返回一个 Observable<Params>，返回值中保存了每次路由发生变化时的 URL 查询参数
fragment	这个属性返回一个 Observable<string>，返回值中保存了每次路由发生变化时的 URL 片段

这些属性可以由这样的组件使用：这些组件需要处理导航变化，同时导航变化又不会产生一个需要显示给用户的不同组件。具体详见代码清单 26-12。

■ 提示：
如果需要将来自路由的不同数据元素组合起来，比如同时使用段和参数，那么可以针对一个数据元素订阅 Observer，并且使用 snapshot 属性获取所需数据的其他部分。

代码清单 26-12　在 form.component.ts 文件中观察路由变化

```typescript
import { Component, Inject } from "@angular/core";
import { NgForm } from "@angular/forms";
import { Product } from "../model/product.model";
import { Model } from "../model/repository.model";
import { ActivatedRoute, Router } from "@angular/router";
@Component({
    selector: "paForm",
    //moduleId: module.id,
    templateUrl: "form.component.html",
    styleUrls: ["form.component.css"]
})
export class FormComponent {
    product: Product = new Product();
    constructor(private model: Model, activeRoute: ActivatedRoute,
        private router: Router) {
        activeRoute.params.subscribe(params => {
            this.editing = params["mode"] == "edit";
            let id = params["id"];
            if(id != null) {
                Object.assign(this.product, model.getProduct(id) || new
                    Product());
            }
        })
    }
    editing: boolean = false;
    submitForm(form: NgForm) {
        if(form.valid) {
            this.model.saveProduct(this.product);
            this.router.navigateByUrl("/");
        }
    }
    resetForm() {
        this.product = new Product();
    }
}
```

组件订阅了 Observable<Params>，每当活动路由发生改变时，Observable<Params>就向订阅者发送一个新的 Params 对象。调用订阅方法时，ActivatedRoute 属性返回的 Observer 对象会发送最近路由变化的细节，从而确保组件的构造函数不会漏掉引起调用构造函数的初始导航。

结果就是：组件可以对没有引发 Angular 创建新组件的路由变化做出反应，这意味着单击 Next 或 Previous 按钮都会改变被选中编辑的产品，如图 26-5 所示。

> **提示：**
> 当激活的路由改变向用户显示的组件时，导航的效果是很明显的。但是如果仅仅是数据发生了改变，那么导航的效果就不是那么明显了。Angular 可以应用动画来加强导航的效果。使用动画的详情参见本书第 28 章的内容。

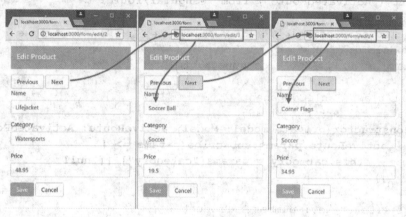

图 26-5　响应路由变化

26.3.2　为活动路由设置不同样式的链接

路由系统的一种常见用法是显示多个导航元素及其选中的内容。为了说明这一点，我们在代码清单 26-13 中为应用程序添加一个新的路由，可以让表格组件显示一个包含了类别过滤器(category filter)的 URL。

代码清单 26-13　在 app.routing.ts 文件中定义一个路由

```
import { Routes, RouterModule } from "@angular/router";
import { TableComponent } from "./core/table.component";
import { FormComponent } from "./core/form.component";
import { NotFoundComponent } from "./core/notFound.component";
const routes: Routes = [
    { path: "form/:mode/:id", component: FormComponent },
    { path: "form/:mode", component: FormComponent },
    { path: "does", redirectTo: "/form/create", pathMatch: "prefix" },
    { path: "table/:category", component: TableComponent },
    { path: "table", component: TableComponent },
    { path: "", redirectTo: "/table", pathMatch: "full" },
    { path: "**", component: NotFoundComponent }
]
export const routing = RouterModule.forRoot(routes);
```

代码清单 26-14 更新了 TableComponent 类,这样可以使用路由系统获取活动路由的详情,并将 category 路由参数的值指派给 category 属性,而 category 属性是可以在模板中访问的。category 属性被用于 getProducts 方法,可以过滤数据模型中的对象。

代码清单 26-14　在 table.component.ts 文件中添加类别过滤器支持

```
import { Component, Inject } from "@angular/core";
import { Product } from "../model/product.model";
import { Model } from "../model/repository.model";
import { ActivatedRoute } from "@angular/router";
@Component({
    selector: "paTable",
    moduleId: module.id,
    templateUrl: "table.component.html"
})
export class TableComponent {
    category: string = null;
    constructor(private model: Model, activeRoute: ActivatedRoute) {
        activeRoute.params.subscribe(params => {
            this.category = params["category"] || null;
        })
    }
    getProduct(key: number): Product {
        return this.model.getProduct(key);
    }
    getProducts(): Product[] {
        return this.model.getProducts()
        .filter(p => this.category == null || p.category == this.category);
    }
    get categories(): string[] {
        return this.model.getProducts()
        .map(p => p.category)
        .filter((category, index, array) => array.indexOf(category) == index);
    }
    deleteProduct(key: number) {
        this.model.deleteProduct(key);
    }
}
```

在模板中还使用了一个新的 categories 属性,这个属性可以生成用于过滤的类别集合。最后一步是在模板中添加 HTML 元素,帮助用户应用一个过滤器,如代码清单 26-15 所示。

代码清单 26-15　在 table.component.html 文件中添加过滤器元素

```
<div class="col-xs-3">
    <button class="btn btn-secondary btn-block"
            routerLink="/" routerLinkActive="active">
        All
    </button>
```

```
    <button *ngFor="let category of categories"
            class="btn btn-secondary btn-block"
            [routerLink]="['/table', category]" routerLinkActive="active">
        {{category}}
    </button>
</div>
<div class="col-xs-9">
    <table class="table table-sm table-bordered table-striped">
        <tr>
            <th>ID</th><th>Name</th><th>Category</th><th>Price</th><th></th>
        </tr>
        <tr *ngFor="let item of getProducts()">
            <td style="vertical-align:middle">{{item.id}}</td>
            <td style="vertical-align:middle">{{item.name}}</td>
            <td style="vertical-align:middle">{{item.category}}</td>
            <td style="vertical-align:middle">
                {{item.price | currency:"USD":true }}
            </td>
            <td class="text-xs-center">
                <button class="btn btn-danger btn-sm"
                        (click)="deleteProduct(item.id)">
                    Delete
                </button>
                <button class="btn btn-warning btn-sm"
                        [routerLink]="['/form', 'edit', item.id]">
                    Edit
                </button>
            </td>
        </tr>
    </table>
</div>
<div class="col-xs-12 p-t-1">
    <button class="btn btn-primary" routerLink="/form/create">
        Create New Product
    </button>
    <button class="btn btn-danger" (click)="deleteProduct(-1)">
        Generate HTTP Error
    </button>
    <button class="btn btn-danger" routerLink="/does/not/exist">
        Generate Routing Error
    </button>
</div>
```

这个示例的重要之处在于如何使用 routerLinkActive 属性，routerLinkActive 属性用于指定一个 CSS 类，当 routerLink 属性指定的 URL 与活动路由匹配时，可以将这个 CSS 类赋予元素。

代码清单 26-15 指定了一个名为 active 的 CSS 类，这个 CSS 类是 Bootstrap CSS 框架的类，可以用来设置按钮的活动状态。与添加到代码清单 26-14 中的组件功能结合后，这个类会生成一组能够帮助用户在一个单独的类别中查看产品的按钮，如图 26-6 所示。

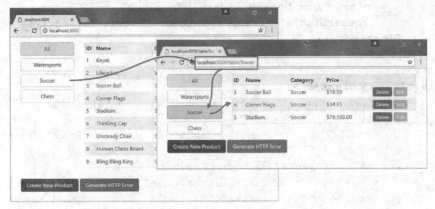

图 26-6　过滤产品

单击 Soccer 按钮时，应用程序可以导航到/table/Soccer，表格将仅显示那些属于 Soccer 类别的产品。Soccer 按钮还可以高亮显示，因为 routerLinkActive 属性表明 Angular 将把 button 元素添加到 Bootstrap active 类中。

26.3.3　修复 All 按钮

导航按钮揭示了一个常见问题：All 按钮始终被添加到 active 类中，即使用户已经过滤了表格以显示特定类别，All 按钮也仍然被添加到 active 类中。

之所以发生这种情况，是因为 routerLinkActive 属性默认对活动 URL 进行了部分匹配。在示例中，URL "/" 总是导致 All 按钮被激活，因为它位于所有 URL 的起始位置。这个问题可以通过配置 routerLinkActive 指令来解决，如代码清单 26-16 所示。

代码清单 26-16　在 table.component.html 文件中配置指令

```
...
<div class="col-xs-3">
    <button class="btn btn-secondary btn-block"
            routerLink="/table" routerLinkActive="active"
            [routerLinkActiveOptions]="{exact: true}">
        All
    </button>
    <button *ngFor="let category of categories"
            class="btn btn-secondary btn-block"
            [routerLink]="['/table', category]" routerLinkActive="active">
        {{category}}
    </button>
</div>
...
```

配置工作是通过使用一个针对 routerLinkActiveOptions 属性的绑定来完成的，routerLinkActiveOptions 属性接受一个字面量对象。exact 属性是唯一可用的配置设置，用来控制匹配的活动路由 URL。如果将 exact 属性设置为 true，那么只有在精确匹配活动路由 URL 的情况下，才能将元素添加到 routerLinkActive 属性指定的类中。代码修改完毕后，只有在所有产品都显示出来的情况下，All 按钮才能高亮显示，如图 26-7 所示。

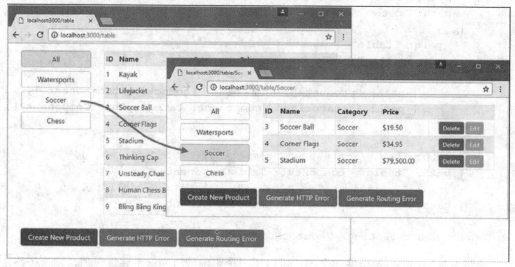

图 26-7　解决 All 按钮存在的问题

26.4　创建子路由

利用子路由，组件可以响应 URL 的一部分组成内容，因此需要将 router-outlet 元素嵌入到子路由的模板中，从而创建更为复杂的内容布局。我打算使用本章开始处创建的简单组件来说明子路由是如何工作的。这些组件可以显示在产品表格的上方，显示的组件可以用表 26-4 中的 URL 显示。

表 26-4　URL 及其选中的组件

URL	组件
/table/products	将显示 ProductCountComponent
/table/categories	将显示 CategoryCountComponent
/table	两个组件都不显示

代码清单 26-17 描述了如何修改应用程序的路由配置来实现表格中的路由策略。

代码清单 26-17　在 app.routing.ts 文件中配置路由

```
import { Routes, RouterModule } from "@angular/router";
import { TableComponent } from "./core/table.component";
import { FormComponent } from "./core/form.component";
import { NotFoundComponent } from "./core/notFound.component";
import { ProductCountComponent } from "./core/productCount.component";
```

```
import { CategoryCountComponent } from "./core/categoryCount.component";
const routes: Routes = [
    { path: "form/:mode/:id", component: FormComponent },
    { path: "form/:mode", component: FormComponent },
    { path: "does", redirectTo: "/form/create", pathMatch: "prefix" },
    {
        path: "table",
        component: TableComponent,
        children: [
            { path: "products", component: ProductCountComponent },
            { path: "categories", component: CategoryCountComponent },
        ]
    },
    { path: "table/:category", component: TableComponent },
    { path: "table", component: TableComponent },
    { path: "", redirectTo: "/table", pathMatch: "full" },
    { path: "**", component: NotFoundComponent }
]
export const routing = RouterModule.forRoot(routes);
```

子路由是用 children 属性定义的,可以用一个路由数组为这个属性赋值,定义子路由的方法与定义顶层路由的方法是相同的。

当 Angular 使用完整的 URL 来匹配一个拥有子路由的路由时,只有当浏览器访问的 URL 所包含的某个段能够同时与顶层段和某个子路由指定的段匹配时,才算是匹配成功。

这两个子路由使用 path 和 component 属性来定义与 URL 段匹配的路由,并选中一个新的组件。

■ 提示:

注意是在路径为 "table/:category" 的路由之前添加子路由。在匹配路由时,Angular 试图按照路由的定义顺序来匹配路由。路径 "table/:category" 既可以匹配 URL "/table/products",也可以匹配 URL "/table/categories",从而使表格组件过滤掉并不存在的产品类别。通过首先指定更为具体的路由,URL "/table/products" 和 "/table/categories" 就可以在 "table/:category" 路径之前得到匹配。

26.4.1 创建子路由出口

子路由选中的组件都显示在一个 router-outlet 元素中,这个 router-outlet 元素定义在父路由选中的组件的模板中。在示例中,这表明子路由的目标是表格组件模板中的一个元素,如代码清单 26-18 所示,在代码清单 26-18 中还添加了可以导航到新路由的元素。

代码清单 26-18 在 table.component.html 文件中添加出口和导航

```
<div class="col-xs-3">
    <button class="btn btn-secondary btn-block"
        routerLink="/" routerLinkActive="active"
```

```
            [routerLinkActiveOptions]="{exact: true}">
        All
    </button>
    <button *ngFor="let category of categories"
            class="btn btn-secondary btn-block"
         [routerLink]="['/table', category]" routerLinkActive="active">
        {{category}}
    </button>
</div>
<div class="col-xs-9">
    <div class="m-b-1">
        <button class="btn btn-info" routerLink="/table/products">
            Count Products
        </button>
        <button class="btn btn-primary" routerLink="/table/categories">
            Count Categories
        </button>
        <button class="btn btn-secondary" routerLink="/table">
            Count Neither
        </button>
        <div class="m-t-1">
            <router-outlet></router-outlet>
        </div>
    </div>
    <table class="table table-sm table-bordered table-striped">
        <tr>
            <th>ID</th><th>Name</th><th>Category</th><th>Price</th><th></th>
        </tr>
        <tr *ngFor="let item of getProducts()">
            <td style="vertical-align:middle">{{item.id}}</td>
            <td style="vertical-align:middle">{{item.name}}</td>
            <td style="vertical-align:middle">{{item.category}}</td>
            <td style="vertical-align:middle">
                {{item.price | currency:"USD":true }}
            </td>
            <td class="text-xs-center">
                <button class="btn btn-danger btn-sm"
                        (click)="deleteProduct(item.id)">
                    Delete
                </button>
                <button class="btn btn-warning btn-sm"
                        [routerLink]="['/form', 'edit', item.id]">
                    Edit
                </button>
            </td>
        </tr>
    </table>
</div>
<div class="col-xs-12 p-t-1">
```

```
    <button class="btn btn-primary" routerLink="/form/create">
        Create New Product
    </button>
    <button class="btn btn-danger" (click)="deleteProduct(-1)">
        Generate HTTP Error
    </button>
    <button class="btn btn-danger" routerLink="/does/not/exist">
        Generate Routing Error
    </button>
</div>
```

button 元素有一个 routerLink 属性，用它可以指定表 26-4 中列出的 URL。button 元素还有一个 router-outlet 元素，可以用于显示选中的组件，如图 26-8 所示。如果浏览器导航到/table URL，那么就不显示组件。

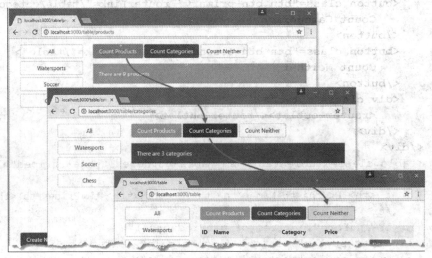

图 26-8　使用子路由

26.4.2　从子路由访问参数

子路由可以使用顶层路由的全部可用功能，包括定义路由参数，甚至可以拥有自己的子路由。考虑到 Angular 将子路由与其父路由进行隔离的方式，子路由中的路由参数值得特别关注。本节将添加针对表 26-5 中描述的 URL 的支持。

表 26-5　示例应用程序支持的新的 URL

名称	描述
/table/:category/products	这个路由将过滤表格内容，选中 ProductCountComponent
/table/:category/categories	这个路由将过滤表格内容，选中 CategoryCountComponent

代码清单 26-19 定义了支持表 26-5 中 URL 的路由。

代码清单 26-19　在 app.routing.ts 文件中添加路由

```
import { Routes, RouterModule } from "@angular/router";
import { TableComponent } from "./core/table.component";
import { FormComponent } from "./core/form.component";
import { NotFoundComponent } from "./core/notFound.component";
import { ProductCountComponent } from "./core/productCount.component";
import { CategoryCountComponent } from "./core/categoryCount.component";
const childRoutes: Routes = [
    { path: "products", component: ProductCountComponent },
    { path: "categories", component: CategoryCountComponent },
    { path: "", component: ProductCountComponent }
];
const routes: Routes = [
    { path: "form/:mode/:id", component: FormComponent },
    { path: "form/:mode", component: FormComponent },
    { path: "does", redirectTo: "/form/create", pathMatch: "prefix" },
    { path: "table", component: TableComponent, children: childRoutes },
    { path: "table/:category", component: TableComponent,
      children: childRoutes },
    { path: "", redirectTo: "/table", pathMatch: "full" },
    { path: "**", component: NotFoundComponent }
]
export const routing = RouterModule.forRoot(routes);
```

children 属性的类型是一个 Routes 对象，因此，如果需要在 URL 模式的不同部分应用同样的子路由集合，那么很容易就可以在路由配置中尽可能减少其副本的数量。在代码清单 26-19 中，在一个名为 childRoutes 的 Routes 对象中定义了子路由，并使用这个子路由充当两个不同的顶层路由的 children 属性值。

■ 提示：

注意已经修改了代码清单 26-19 中的空路径子路由，这样就可以选中 ProductCountComponent。在编写本书时，Angular 存在一个缺陷：如果导航在被用于显示一个组件时，没有为出口选中一个组件，那么就会引发一个错误。为了简单起见，选择 ProductCountComponent，但是如果确实不打算向用户显示任何内容，那么可以创建一个带有空模板的组件并选择。

为了访问这些新的路由，代码清单 26-20 修改了在表格上方显示的按钮的目标，因此这些按钮可以导航访问基于当前 URL 的相对 URL。已经删除了 Count Neither 按钮，因为当空路径子路由匹配 URL 时，ProductCountComponent 组件将会被显示出来。

代码清单 26-20　在 table.component.html 文件中使用相对 URL

```
...
<div class="m-b-1">
    <button class="btn btn-info" routerLink="products">Count Products
    </button>
    <button class="btn btn-primary" routerLink="categories">Count Categories
    </button>
    <div class="m-t-1">
    <router-outlet></router-outlet>
    </div>
</div>
...
```

Angular 匹配路由时，针对那些通过 ActivatedRoute 对象选中的组件，Angular 为这些组件提供的信息被隔离开来，这样每个组件只能收到选中这个组件的路由部分的详情。

针对那些添加到代码清单 26-20 中的路由，这意味着 ProductCountComponent 和 CategoryCountComponent 组件会收到一个 ActivatedRoute 对象，这个 ActivatedRoute 对象仅描述了选中这些组件的子路由，这些子路由分别带有单独的段/products 和/categories。同样，TableComponent 组件收到一个 ActivatedRoute 对象，这个 ActivatedRoute 对象并不包含用来匹配子路由的段。

好在 ActivatedRoute 提供了一些属性，可以用来访问路由的其余部分，让父路由和子路由访问路由信息的其余内容，如表 26-6 所示。

表 26-6　子路由/父路由信息的 ActivatedRoute 属性

名称	描述
pathFromRoot	这个属性返回一个由 ActivatedRoute 对象组成的数组，这个数组代表所有用于匹配当前 URL 的路由
parent	这个属性返回一个 ActivatedRoute 对象，代表选中组件的路由的父路由
firstChild	这个属性返回一个 ActivatedRoute 对象，代表用于匹配当前 URL 的第一个子路由
children	这个属性返回一个由 ActivatedRoute 对象组成的数组，代表所有用于匹配当前 URL 的子路由

代码清单 26-21 说明了 ProductCountComponent 组件如何访问更为广泛的路由集合，这些路由集合可以用来匹配当前 URL，为类别路由参数获取一个值，并在针对一个类别筛选表格内容后，修改输出内容。

代码清单 26-21　在 productCount.component.ts 文件中访问祖先路由

```
import {
    Component, KeyValueDiffer,
    KeyValueDiffers, ChangeDetectorRef
} from "@angular/core";
import { Model } from "../model/repository.model";
```

```
import { ActivatedRoute } from "@angular/router";
@Component({
    selector: "paProductCount",
    template: `<div class="bg-info p-a-1">There are {{count}} products
            </div>`
})
export class ProductCountComponent {
    private differ: KeyValueDiffer;
    count: number = 0;
    private category: string;
    constructor(private model: Model,
            private keyValueDiffers: KeyValueDiffers,
            private changeDetector: ChangeDetectorRef,
            activeRoute: ActivatedRoute) {
        activeRoute.pathFromRoot.forEach(route =>
            route.params.subscribe(params => {
                if(params["category"] != null) {
                    this.category = params["category"];
                    this.updateCount();
                }
            }))
    }
    ngOnInit() {
        this.differ = this.keyValueDiffers
            .find(this.model.getProducts())
            .create(this.changeDetector);
    }
    ngDoCheck() {
        if(this.differ.diff(this.model.getProducts()) != null) {
            this.updateCount();
        }
    }
    private updateCount() {
        this.count = this.model.getProducts()
         .filter(p => this.category == null || p.category == this.category)
         .length;
    }
}
```

pathFromRoot 属性特别有用，因为这个属性可以让一个组件检查所有用于匹配 URL 的路由。Angular 尽可能减少了处理导航所需的路由更新，这表明：一个被子路由选中的组件，在只有其父路由发生变化时，是无法通过其 ActivatedRoute 对象接收一个变更通知的。正是因为这个原因，订阅 pathFromRoot 属性返回的全部 ActivatedRoute 对象的更新，从而确保组件始终能够检测到 category 路由参数的值所发生的变化。

为了观察结果，可以保存修改结果，单击 Watersports 按钮以筛选表格内容，然后单击 Count Products 按钮，此时将选中 ProductCountComponent。组件报告的产品数量对应表格中的行数，如图 26-9 所示。

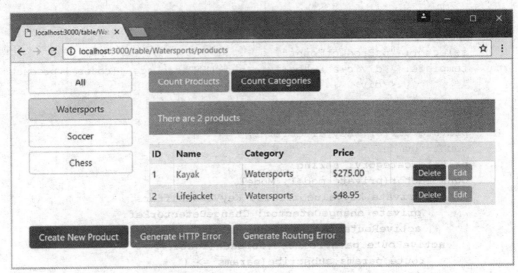

图 26-9　访问其他用于匹配一个 URL 的路由

26.5　小结

本章继续描述了 Angular 路由系统的功能，这些内容的难度高于先前章节中介绍的基本功能。本章解释了如何创建通配符路由和重定向路由，如何创建导航到相对于当前 URL 的路由，以及如何创建子路由来显示嵌套组件。下一章，我们将介绍 URL 路由系统的全部剩余内容，并关注那些最高级的功能。

第 27 章

路由与导航：第3部分

本章继续描述 Angular 的 URL 路由系统，关注最高级的功能。本章解释如何控制路由激活，如何动态加载功能模块，以及如何在一个模板中使用多个 outlet 元素。表 27-1 给出了本章内容摘要。

表 27-1　本章内容摘要

问题	解决方案	代码清单编号
推迟导航，直到一项任务完成	使用路由解析器	1~7
避免路由激活	使用激活守卫	8~14
防止用户导航离开当前内容	使用失活(deactivation)守卫	15~19
推迟加载一个功能模块，直到确实需要使用这个功能模块时才真正加载	创建一个动态加载的模块	20~25
控制何时使用动态加载模块	使用加载守卫	26~28
使用路由来管理多个路由出口	在同一个模板中使用命名出口	29~34

27.1　准备示例项目

本章将继续使用在第 22 章中创建的 exampleApp 项目作为示例，exampleApp 项目在随后各章不断得到了修改。为了准备本章内容，按照代码清单 27-1 中的配置简化路由配置。

■ 提示：

本章示例依赖在第 22 章中创建的 Reactive Extensions 包。如果不打算自己创建项目，那么可以从本书配套网站 apress.com 下载免费源代码，即可获得示例应用程序，包括 Reactive Extensions 模块。

代码清单 27-1　简化 app.routing.ts 文件中的路由

```
import { Routes, RouterModule } from "@angular/router";
import { TableComponent } from "./core/table.component";
import { FormComponent } from "./core/form.component";
import { NotFoundComponent } from "./core/notFound.component";
```

```
import { ProductCountComponent } from "./core/productCount.component";
import { CategoryCountComponent } from "./core/categoryCount.component";
const childRoutes: Routes = [
    { path: "products", component: ProductCountComponent },
    { path: "categories", component: CategoryCountComponent },
    { path: "", component: ProductCountComponent }
];
const routes: Routes = [
    { path: "form/:mode/:id", component: FormComponent },
    { path: "form/:mode", component: FormComponent },
    { path: "table", component: TableComponent, children: childRoutes },
    { path: "table/:category", component: TableComponent,
      children: childRoutes },
    { path: "", redirectTo: "/table", pathMatch: "full" },
    { path: "**", component: NotFoundComponent }
]
export const routing = RouterModule.forRoot(routes);
```

保存修改，在 exampleApp 文件夹中运行以下命令，启动 TypeScript 编译器、HTTP 开发服务器以及 RESTful Web 服务：

```
npm start
```

此时将打开一个新的浏览器标签页或浏览器窗口，可以看到如图 27-1 所示的内容。

图 27-1　运行示例应用程序

27.2 守卫路由

现在，用户可以随时导航访问应用程序的任意功能。但是现在这样做并不好，一方面是因为应用程序的某些部分可能尚未实现，另一方面是因为应用程序的某些部分仍然需要执行特定动作之后才能访问。为了控制导航的使用，Angular 提供了守卫(guard)功能，守卫作为路由配置的一部分，可以使用 Routes 类定义的属性，表 27-2 描述了这些属性。

表 27-2 针对守卫的路由属性

名称	描述
resolve	这个属性用于指定能够推迟激活路由的守卫。直到某个操作执行完毕，例如完成一个从服务器加载数据的操作，才能激活路由
canActivate	这个属性用于指定能够激活一个路由的守卫
canActivateChild	这个属性用于指定能够激活一个子路由的守卫
canDeactivate	这个属性用于指定能够令一个活动路由失活的守卫
canLoad	这个属性用于守卫动态加载功能模块的路由，在本章 27.3.2 节"动态加载模块"中将描述这个属性

27.2.1 使用解析器推迟导航

守卫路由的一个常见原因是：要确保在一个路由被激活之前，应用程序收到了所需的数据。示例应用程序从 RESTful Web 服务异步加载数据，因此请求浏览器发送 HTTP 请求的时刻与服务器收到响应并且数据获得处理的时刻之间可能存在延迟。在学习这些示例应用程序时，可能没有注意到这个延迟，因为浏览器和 Web 服务运行在同一台机器上。在正式部署的应用程序中，很可能因为网络拥塞、较高的服务器负载以及多种其他因素导致发生延迟。

为了模拟网络拥塞，代码清单 27-2 修改了 RESTful 数据源类，引入了一个延迟，这个延迟发生在从 Web 服务收到响应之后。

代码清单 27-2 在 rest.datasource.ts 文件中添加一个延迟

```
import { Injectable, Inject, OpaqueToken } from "@angular/core";
import { Http, Request, RequestMethod, Headers, Response } from
    "@angular/http";
import { Observable } from "rxjs/Observable";
import { Product } from "./product.model";
import "rxjs/add/operator/map";
import "rxjs/add/operator/catch";
import "rxjs/add/observable/throw";
import "rxjs/add/operator/delay";
export const REST_URL = new OpaqueToken("rest_url");
```

```
@Injectable()
export class RestDataSource {
    constructor(private http: Http,
        @Inject(REST_URL) private url: string) { }
    // ...other methods omitted for brevity...
    private sendRequest(verb: RequestMethod,
        url: string, body?: Product): Observable<Product> {
        let headers = new Headers();
        headers.set("Access-Key", "<secret>");
        headers.set("Application-Names", ["exampleApp", "proAngular"]);
        return this.http.request(new Request({
            method: verb,
            url: url,
            body: body,
            headers: headers
        })).delay(5000)
        .map(response => response.json())
        .catch((error: Response) => Observable.throw(
            `Network Error: ${error.statusText} (${error.status})`));
    }
}
```

延迟是用 Reactive Extensions 的 delay 方法添加的,并且创建了一个五秒钟的延迟。为了创建一个可以引起用户注意的停顿,但是又不至于在加载应用程序的过程中让用户因等待时间过长而感受不佳,这个延迟是合适的。如果需要改变延迟时间,那么提高或降低 delay 方法的参数值即可,注意时间单位为毫秒。

使用延迟的效果是:当应用程序等待加载数据时,用户看到的是不完整且混乱的布局,如图 27-2 所示。

■ **注意:**
延迟被应用于所有的 HTTP 请求,因此如果创建、编辑或删除产品,那么所做的修改无法在五秒钟内反映到产品表格中。

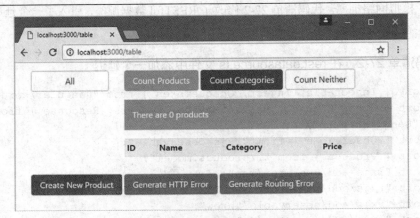

图 27-2 等待加载数据

1. 创建一个解析器服务

解析器(resolver)用于确保一个任务在一个路由可以激活之前执行。为了创建一个解析器，在 exampleApp/src/app/model 文件夹中添加一个名为 model.resolver.ts 的文件，并定义如代码清单 27-3 所示的类。

代码清单 27-3　exampleApp/src/app/model 文件夹中 model.resolver.ts 文件的内容

```typescript
import { Injectable } from "@angular/core";
import { ActivatedRouteSnapshot, RouterStateSnapshot } from
    "@angular/router";
import { Observable } from "rxjs/Observable";
import { Model } from "./repository.model"
import { RestDataSource } from "./rest.datasource";
import { Product } from "./product.model";
@Injectable()
export class ModelResolver {
    constructor(
        private model: Model,
        private dataSource: RestDataSource) { }
    resolve(route: ActivatedRouteSnapshot,
        state: RouterStateSnapshot): Observable<Product[]> {
        return this.model.getProducts().length == 0
            ? this.dataSource.getData() : null;
    }
}
```

解析器是定义了一个 resolve 方法的类，这个方法可以接收两个参数。第一个参数是一个 ActivatedRouteSnapshot 对象，这个对象使用第 25 章描述的属性，描述了正在导航的路由；第二个参数是一个 RouterStateSnapshot 对象，这个对象只有一个名为 url 的属性，描述了当前路由。这两个参数可以帮助解析器更好地适应即将执行的导航，但是代码清单 27-3 中的解析器并没有使用这两个参数，而是使用同样的行为，并且不考虑导航进入的路由和导航离开的路由。

■ 注意：
本章描述的所有守卫都可以实现 @angular/router 模块中定义的接口。例如，解析器可以实现一个名为 Resolve 的接口。这些接口是可选的，本章没有使用这些接口。

resolve 方法可以返回三种不同类型的结果，表 27-3 描述了这三种结果类型。

表 27-3　Resolve 方法返回的结果类型

结果类型	描述
Observable<any>	当 Observer 产生一个事件时，浏览器可以激活新的路由
Promise<any>	当 Promise 解析时，浏览器可以激活新的路由
任何其他结果	当 resolve 方法生成一个结果时，浏览器马上激活新的路由

当处理诸如使用一个 HTTP 请求来请求数据等的异步操作时，Observable 和 Promise 结果是很有用的。Angular 会持续等待，直到异步操作完成，才会激活新的路由。任何其他结果都被视为来自一个同步操作的结果，Angular 随即激活新的路由。

代码清单 27-3 中的解析器使用自己的构造函数，通过依赖注入来接收 Model 和 RestDataSource 对象。调用 resolve 方法时，resolve 方法检查数据模型中的对象数量，判断针对 RESTful Web 服务的 HTTP 请求是否已经完成。如果数据模型中不存在对象，那么 resolve 方法就从 RestDataSource 返回 Observable。

getData 方法在 HTTP 请求结束后可以产生一个事件。Angular 可以订阅 Observable，然后推迟激活新的路由，直到 Observable 产生一个事件。如果数据模型中存在对象，那么 resolve 方法将返回 null，而 null 既不是 Observable，也不是 Promise，所以 Angular 会马上激活新的路由。

■ 提示：
将异步 HTTP 请求与同步 HTTP 请求组合，表明解析器可以推迟导航，直到 HTTP 请求结束并填充数据模型。这一点很重要，因为每次应用程序试图导航到一个应用了解析器的路由时，都会调用 resolve 方法。

2. 注册解析器服务

下一步是将解析器在其功能模块中注册为一个服务，如代码清单 27-4 所示。

代码清单 27-4　在 model.module.ts 文件中将解析器注册为一个服务

```
import { NgModule } from "@angular/core";
import { HttpModule, JsonpModule } from "@angular/http"
import { Model } from "./repository.model";
import { RestDataSource, REST_URL } from "./rest.datasource";
import { ModelResolver } from "./model.resolver";
@NgModule({
    imports: [HttpModule, JsonpModule],
    providers: [Model, RestDataSource, ModelResolver,
        { provide: REST_URL, useValue: "http://localhost:3500/products" }]
})
export class ModelModule { }
```

3. 应用解析器

通过使用 resolve 属性，可以将解析器应用于路由，如代码清单 27-5 所示。

代码清单 27-5　在 app.routing.ts 文件中应用解析器

```
import { Routes, RouterModule } from "@angular/router";
import { TableComponent } from "./core/table.component";
import { FormComponent } from "./core/form.component";
```

```
import { NotFoundComponent } from "./core/notFound.component";
import { ProductCountComponent } from "./core/productCount.component";
import { CategoryCountComponent } from "./core/categoryCount.component";
import { ModelResolver } from "./model/model.resolver";
const childRoutes: Routes = [
    { path: "",
        children: [{ path: "products", component: ProductCountComponent },
                   { path: "categories", component: CategoryCountComponent },
                   { path: "", component: ProductCountComponent }],
        resolve: { model: ModelResolver }
    }
];
const routes: Routes = [
    { path: "form/:mode/:id", component: FormComponent },
    { path: "form/:mode", component: FormComponent },
    { path: "table", component: TableComponent, children: childRoutes },
    { path: "table/:category", component: TableComponent,
        children: childRoutes },
    { path: "", redirectTo: "/table", pathMatch: "full" },
    { path: "**", component: NotFoundComponent }
]
export const routing = RouterModule.forRoot(routes);
```

resolve 属性接受一个 map 对象,而这个 map 对象的属性值就是应用于路由的解析器类。属性名称并不重要。我打算将解析器应用于所有显示产品表格的视图,因此为了避免重复,使用 resolve 属性创建一个无组件的路由,并使用这个属性充当现有子路由的父路由。

4. 显示占位符内容

在激活任何已经应用过解析器的路由之前,Angular仍然会使用解析器,因为这样可以避免用户在使用来自RESTful Web服务的数据填充模型之前,先看到产品表格。但是,这意味着在浏览器等待服务器响应的过程中,用户看到的是一个空白窗口。为了说明这一点,代码清单 27-6 改进了解析器,使用消息服务告知用户在数据加载过程中发生了什么情况。

代码清单 27-6　在 model.resolver.ts 文件中显示一条消息

```
import { Injectable } from "@angular/core";
import { ActivatedRouteSnapshot, RouterStateSnapshot } from
    "@angular/router";
import { Observable } from "rxjs/Observable";
import { Model } from "./repository.model"
import { RestDataSource } from "./rest.datasource";
import { Product } from "./product.model";
import { MessageService } from "../messages/message.service";
import { Message } from "../messages/message.model";
```

```
@Injectable()
export class ModelResolver {
    constructor(
        private model: Model,
        private dataSource: RestDataSource,
        private messages: MessageService) { }
    resolve(route: ActivatedRouteSnapshot,
        state: RouterStateSnapshot): Observable<Product[]> {
        if(this.model.getProducts().length == 0) {
            this.messages.reportMessage(new Message("Loading data..."));
            return this.dataSource.getData();
        }
    }
}
```

显示来自服务的消息的组件在收到 NavigationEnd 事件时，会清空自己的内容，这表明加载数据后，占位符将被删除，如图 27-3 所示。

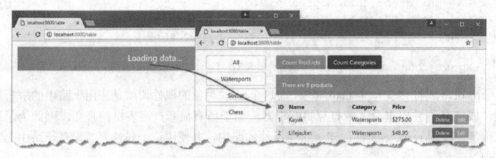

图 27-3　使用解析器以确保数据被加载

5. 使用解析器防止出现 URL 进入问题

第 25 章曾经解释过，当 HTTP 开发服务器收到一个针对不存在对应文件的 URL 请求时，可以返回 index.html 文件的内容。将浏览器自动重载功能与此功能相结合，可以很容易地修改项目，使得浏览器可以重新加载这样一个 URL：这个 URL 导致应用程序跳转到一个特定的 URL，同时不需要执行应用程序期待执行的导航步骤，也不需要设置请求的状态数据。

就这个问题，我们观察一个实际示例。单击产品表格中的某个 Edit 按钮，然后重载浏览器页面。浏览器将请求一个 URL，比如 http://localhost:3000/form/edit/1，但是这样并没有得到我们期望的效果，因为被激活路由的组件试图在收到来自 RESTful 服务器的 HTTP 响应之前，从模型中提取一个对象。结果是，表单仍然是空白的，如图 27-4 所示。

为了解决这个问题，我们可以更为广泛地应用解析器，令解析器保护其他路由，如代码清单 27-7 所示。

第 27 章 ■ 路由与导航：第 3 部分

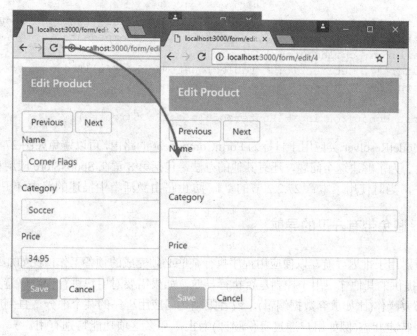

图 27-4　重新加载任意一个 URL 的效果

代码清单 27-7　在 app.routing.ts 文件中将解析器应用于其他路由

```
import { Routes, RouterModule } from "@angular/router";
import { TableComponent } from "./core/table.component";
import { FormComponent } from "./core/form.component";
import { NotFoundComponent } from "./core/notFound.component";
import { ProductCountComponent } from "./core/productCount.component";
import { CategoryCountComponent } from "./core/categoryCount.component";
import { ModelResolver } from "./model/model.resolver";
const childRoutes: Routes = [
{
    path: "",
    children: [{ path: "products", component: ProductCountComponent },
        { path: "categories", component: CategoryCountComponent },
        { path: "", component: ProductCountComponent }],
    resolve: { model: ModelResolver }
    }
];
const routes: Routes = [
{
    path: "form/:mode/:id", component: FormComponent,
    resolve: { model: ModelResolver }
},
{
    path: "form/:mode", component: FormComponent,
    resolve: { model: ModelResolver }
},
```

653

```
{ path: "table", component: TableComponent, children: childRoutes },
{ path: "table/:category", component: TableComponent,
    children: childRoutes },
{ path: "", redirectTo: "/table", pathMatch: "full" },
{ path: "**", component: NotFoundComponent }
]
export const routing = RouterModule.forRoot(routes);
```

将 ModelResolver 类应用于目标为 FormComponent 的路由，可以避免如图 27-4 所示的问题发生。为了解决这个问题，还有其他的办法，包括第 8 章在 SportsStore 应用程序中使用的方法，当时使用了本章 27.2.2 节的"1. 防止路由激活"中描述的路由守卫功能。

27.2.2 避免带有守卫的导航

解析器用于推迟导航，以便应用程序执行某些必须完成的预备工作，比如加载数据。Angular 提供的其他守卫用于控制是否执行导航，如果需要对用户进行预警以避免执行潜在的不必要操作(比如放弃数据编辑)，或者限制访问应用程序的某个部分，直到应用程序处于某个特定状态(例如用户通过身份验证)为止，那么这项功能特别有用。

路由守卫的许多用法都引入了额外的用户交互，有的要求显式获取操作许可，有的要求获得额外的数据，例如身份验证凭据。本章打算通过扩展消息服务来处理这类交互，这样消息就可以请求用户输入。在代码清单 27-8 中，在 Message 模型类中添加一个名为 responses 的构造函数可选参数/属性，它可以让消息包含用户提示及回调函数。当用户选中某条提示时，即可调用对应的回调函数。responses 属性是一个由 TypeScript 元组组成的数组，在这个元组中，第一个值是向用户呈现的响应的名称，第二个值是回调函数，函数名称被作为参数传递给自身。

代码清单 27-8 在 message.model.ts 文件中添加响应

```
export class Message {
    constructor(private text: string,
    private error: boolean = false,
    private responses?: [[string, (string) => void]]) { }
}
```

为了完成这项功能，其他唯一修改工作就是向用户呈现响应选项。代码清单 27-9 在消息文本的下方为每一个 response 添加一个 button 元素。单击这个按钮将调用回调函数。

代码清单 27-9 在 message.component.html 文件中呈现响应

```
<div *ngIf="lastMessage"
    class="bg-info p-a-1 text-xs-center"
    [class.bg-danger]="lastMessage.error">
        <h4>{{lastMessage.text}}</h4>
</div>
<div class="text-xs-center m-b-1">
```

```
<button *ngFor="let resp of lastMessage?.responses; let i = index"
        (click)="resp[1](resp[0])"
        class="btn btn-primary m-a-1" [class.btn-secondary]="i > 0">
    {{resp[0]}}
</button>
</div>
```

1. 防止路由激活

守卫可以用来避免激活一个路由，从而保护应用程序不会进入一个不希望进入的状态，或者可以针对一个操作可能产生的影响，向用户报警。为了说明这一点，我打算守卫/form/create URL，以防止用户启动创建新产品的过程，除非用户同意应用程序的条款和条件。

定义了 canActivate 方法的类可以充当路由守卫，这些类与解析器一样，也可以接收同样的 ActivatedRouteSnapshot 和 RouterStateSnapshot 参数作为解析器。canActivate 方法可以实现为返回三种不同的结果类型，如表 27-4 所示。

表 27-4　canActivate 方法可以返回的结果类型

结果类型	描述
boolean	当执行同步检查来查看是否可以激活路由时，这类结果很有用。当结果为 true 时，将激活路由；当结果为 false 时，不激活路由，在效果上等同于忽略导航请求
Observable<boolean>	当执行异步检查来查看是否可以激活路由时，这类结果很有用。Angular 将一直等待，直到 Observable 产生一个值，这个值可以用于判断路由是否被激活。在使用这类结果时，通过调用 complete 方法来结束 Observable 是非常重要的，否则，Angular 将一直等待下去
Promise<boolean>	当执行异步检查来查看是否可以激活路由时，这类结果很有用。Angular 将一直等待，直到 Promise 被解析。如果 Promise 产生的结果为 true，那么将激活路由；如果 Promise 产生的结果为 false，不激活路由，在效果上等同于忽略导航请求

首先在 exampleApp/src/app 文件夹中添加一个名为 terms.guard.ts 的文件，并定义如代码清单 27-10 所示的类。

代码清单 27-10　exampleApp/src/app 文件夹中 terms.guard.ts 文件的内容

```
import { Injectable } from "@angular/core";
import {
    ActivatedRouteSnapshot, RouterStateSnapshot,
    Router
} from "@angular/router";
import { MessageService } from "./messages/message.service";
import { Message } from "./messages/message.model";
@Injectable()
export class TermsGuard {
```

```
constructor(private messages: MessageService,
            private router: Router) { }
canActivate(route: ActivatedRouteSnapshot,
            state: RouterStateSnapshot):
    Promise<boolean> | boolean {
    if(route.params["mode"] == "create") {
        return new Promise<boolean>((resolve, reject) => {
            let responses: [[string, (string) => void]] = [
                ["Yes", () => { resolve(true) }],
                ["No", () => {
                    this.router.navigateByUrl(this.router.url);
                    resolve(false);
                }]
            ];
            this.messages.reportMessage(
                new Message("Do you accept the terms & conditions?",
                    false, responses));
        });
    else {
        return true;
    }
}
```

canActivate 方法可以返回两类不同的结果。一种是 boolean 类型的结果，可以让守卫马上响应那些无须保护的路由，在这个例子中，就是那些不带值为 create 的 mode 参数的路由。如果路由匹配的 URL 不包含 mode 参数，那么 canActivate 方法将返回 true，并要求 Angular 激活路由。这一点非常重要，因为编辑功能和创建功能都依赖同样的路由，而守卫不应该干涉编辑操作。

另一种结果类型是 Promise<boolean>，为了保证多样性，用 Promise<boolean>代替 Observable<true>。Promise 使用消息服务的修改版本，需要从用户获取一个响应，以确认用户已经认可(未指定)的条款和条件。用户可能给出两种响应。如果用户单击 Yes 按钮，那么 Promise 会解析并产生结果 true，这就要求 Angular 激活路由，显示用来创建一个新产品的表单。如果用户单击 No 按钮，那么 Angular 将忽略导航请求。

理解路由激活方案

代码清单 27-10 中有一条值得特别关注的语句。当用户单击 No 按钮时调用的代码块中，这条语句将被高亮显示：

```
...
["No", () => {
    this.router.navigateByUrl(this.router.url);
    resolve(false);
}]
...
```

当取消路由激活时，Angular 不允许再次激活路由。这是在本书编写期间最新版本的 Angular 所做的行为变更。这表明，一旦用户单击 No 按钮，再次单击 Create New Product 按钮将是无效操作。为了解决这个问题，高亮语句导航到当前的 URL，而这个 URL 除了确保先前取消激活的路由可以再次尝试激活外，别无他用。阅读本章内容时，这个行为可能会再次发生改变，因此你在自己的项目中可能并不需要这条语句。

代码清单 21-11 将 TermsGuard 注册为一个服务，这样就可以在应用程序的路由配置中使用 TermsGuard 了。

代码清单 27-11　在 app.module.ts 文件中将 TermsGuard 注册为一个服务

```
import { NgModule } from "@angular/core";
import { BrowserModule } from "@angular/platform-browser";
import { ModelModule } from "./model/model.module";
import { CoreModule } from "./core/core.module";
import { TableComponent } from "./core/table.component";
import { FormComponent } from "./core/form.component";
import { MessageModule } from "./messages/message.module";
import { MessageComponent } from "./messages/message.component";
import { routing } from "./app.routing";
import { AppComponent } from "./app.component";
import { TermsGuard } from "./terms.guard"
@NgModule({
    imports: [BrowserModule, CoreModule, MessageModule, routing],
    declarations: [AppComponent],
    providers: [TermsGuard],
    bootstrap: [AppComponent]
})
export class AppModule { }
```

最后，代码清单 27-12 在路由配置中应用了守卫。通过使用 canActivate 属性并将一个守卫服务数组赋予这个 canActivate 属性，就可以将激活守卫应用于一个路由。在 Angular 激活路由之前，所有守卫的 canActivate 方法必须返回 true(或者返回一个能够最终生成结果 true 的 Observable 或 Promise)。

代码清单 27-12　在 app.routing.ts 文件中将守卫应用于路由

```
import { Routes, RouterModule } from "@angular/router";
import { TableComponent } from "./core/table.component";
import { FormComponent } from "./core/form.component";
import { NotFoundComponent } from "./core/notFound.component";
import { ProductCountComponent } from "./core/productCount.component";
import { CategoryCountComponent } from "./core/categoryCount.component";
import { ModelResolver } from "./model/model.resolver";
import { TermsGuard } from "./terms.guard";
const childRoutes: Routes = [
    {
```

```
            path: "",
            children: [{ path: "products", component: ProductCountComponent },
                       { path: "categories", component: CategoryCountComponent },
                       { path: "", component: ProductCountComponent }],
            resolve: { model: ModelResolver }
        }
    ];
const routes: Routes = [
    {
        path: "form/:mode/:id", component: FormComponent,
        resolve: { model: ModelResolver }
    },
    {
        path: "form/:mode", component: FormComponent,
        resolve: { model: ModelResolver },
        canActivate: [TermsGuard]
    },
    { path: "table", component: TableComponent, children: childRoutes },
    { path: "table/:category", component: TableComponent,
      children: childRoutes },
    { path: "", redirectTo: "/table", pathMatch: "full" },
    { path: "**", component: NotFoundComponent }
]
export const routing = RouterModule.forRoot(routes);
```

创建和应用激活守卫的效果是：用户可以在单击 Create New Product 按钮时得到提示，如图 27-5 所示。如果用户通过单击 Yes 按钮作为响应，那么导航请求随即结束，Angular 将激活选择表单组件的路由，这样会创建一个新的产品。如果用户单击 No 按钮，那么导航请求将被取消。在这两种情况下，路由系统都会生成一个事件，向用户显示消息的组件可以接收这个事件，组件随即清除显示的内容，以确保用户不会看到过时的消息。

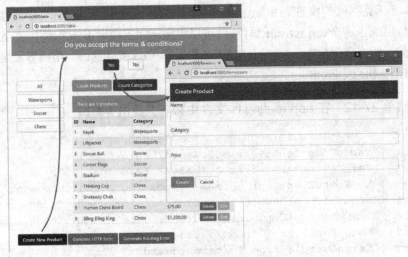

图 27-5　守卫路由激活

2. 加强子路由守卫

可以使用一个子路由守卫来守卫一组子路由的激活情况，路由守卫是一个定义了 canActivateChild 方法的类。路由守卫在应用程序的配置中被应用于父路由，无论打算激活哪个子路由，都会调用 canActivateChild 方法。所有路由守卫的 canActivateChild 方法都会接收同样的 ActivatedRouteSnapshot 和 RouterStateSnapshot 对象，返回的结果类型集合如表 27-4 所示。

在这个示例中，通过在实现 canActivateChild 方法之前修改配置，守卫更容易实现，如代码清单 27-13 所示。

代码清单 27-13　在 app.routing.ts 文件中守卫子路由

```typescript
import { Routes, RouterModule } from "@angular/router";
import { TableComponent } from "./core/table.component";
import { FormComponent } from "./core/form.component";
import { NotFoundComponent } from "./core/notFound.component";
import { ProductCountComponent } from "./core/productCount.component";
import { CategoryCountComponent } from "./core/categoryCount.component";
import { ModelResolver } from "./model/model.resolver";
import { TermsGuard } from "./terms.guard";
const childRoutes: Routes = [
    {
        path: "",
        canActivateChild: [TermsGuard],
        children: [{ path: "products", component: ProductCountComponent },
            { path: "categories", component: CategoryCountComponent },
            { path: "", component: ProductCountComponent }],
        resolve: { model: ModelResolver }
    }
];
const routes: Routes = [
    {
        path: "form/:mode/:id", component: FormComponent,
        resolve: { model: ModelResolver }
    },
    {
        path: "form/:mode", component: FormComponent,
        resolve: { model: ModelResolver },
        canActivate: [TermsGuard]
    },
    { path: "table", component: TableComponent, children: childRoutes },
    { path: "table/:category", component: TableComponent,
        children: childRoutes },
    { path: "", redirectTo: "/table", pathMatch: "full" },
    { path: "**", component: NotFoundComponent }
]
export const routing = RouterModule.forRoot(routes);
```

通过使用 canActivateChild 属性，子路由守卫可以被应用于一个路由，而这个路由则被指派给一个实现了 canActivateChild 方法的服务类型数组。Angular 在激活任何路由的子路由之前，都会调用这个方法。代码清单 27-14 在前面章节实现的守卫类中添加了 canActivateChild 方法。

代码清单 27-14 在 terms.guard.ts 文件中实现子路由守卫

```
import { Injectable } from "@angular/core";
import {
    ActivatedRouteSnapshot, RouterStateSnapshot,
    Router
} from "@angular/router";
import { MessageService } from "./messages/message.service";
import { Message } from "./messages/message.model";
@Injectable()
export class TermsGuard {
    constructor(private messages: MessageService,
            private router: Router) { }
    canActivate(route: ActivatedRouteSnapshot,
            state: RouterStateSnapshot):
        Promise<boolean> | boolean {
        if(route.params["mode"] == "create") {
            return new Promise<boolean>((resolve, reject) => {
                let responses: [[string, (string) => void]] = [
                    ["Yes", () => { resolve(true) }],
                    ["No", () => {
                        this.router.navigateByUrl(this.router.url);
                        resolve(false);
                    }]
                ];
                this.messages.reportMessage(
                    new Message("Do you accept the terms & conditions?",
                        false, responses));
            });
        } else {
            return true;
        }
    }
    canActivateChild(route: ActivatedRouteSnapshot,
            state: RouterStateSnapshot):
        Promise<boolean> | boolean {
        if(route.url.length > 0
                && route.url[route.url.length - 1].path == "categories") {
            return new Promise<boolean>((resolve, reject) => {
                let responses: [[string, (string) => void]] = [
                    ["Yes", () => { resolve(true) }],
                    ["No ", () => {
                        this.router.navigateByUrl(state.url.replace("categories",
                            "products"));
```

```
            resolve(false);
        }]
    ];
    this.messages.reportMessage(
        new Message("Do you want to see the categories component?",
            false, responses));
    });
} else {
    return true;
}
```

守卫只能保护 categories 子路由，针对其他路由则马上返回 true。守卫用消息服务提示用户，但是如果用户单击 No 按钮，那么守卫会做些其他的工作。除了拒绝活动路由外，守卫还使用 Router 服务导航进入一个不同的 URL，而 Router 服务是作为构造函数的一个参数接收到的。对于身份验证来说，这是一种常用模式。当用户重定向到一个需要使用强制安全身份验证的组件并试图执行具有权限限制的操作时，可以采用这种模式。这种情况下的示例很简单：守卫导航到一条显示了不同组件的兄弟路径(可以观察第 9 章的 SportsStore 应用程序中一个使用了路由守卫的示例)。

为了观察守卫的效果，可以单击 Count Categories 按钮，效果如图 27-6 所示。通过单击 Yes 按钮来响应提示，可以看到 CategoryCountComponent，这个组件显示了表格中的类别数量。单击 No 按钮则会拒绝活动路由并导航进入一个显示了 ProductCountComponent 的路由。

■ **注意：**
仅当活动路由发生变化时才能应用守卫。例如，如果在/table URL 处于活动状态时单击 Count Categories 按钮，那么就可以看到提示，并且单击 Yes 按钮即可改变活动路由。但是，如果再次单击 Count Categories 按钮，那么什么都不会发生，因为当目标路由和活动路由相同时，Angular 并不会触发一个路由变化。

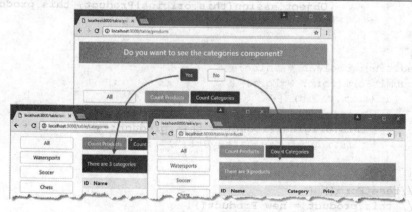

图 27-6　守卫子路由

3. 防止路由失活

一开始学习使用路由时，往往会关注路由激活来响应导航，以及如何将新的内容呈现给用户。但是与此同样重要的是路由失活(deactivation)：当应用程序导航离开一个路由时，路由就发生了失活。

最常见的失活守卫是在未保存被编辑数据的情况下，防止用户导航离开。本节将创建一个守卫，当编辑产品数据的用户打算放弃未保存的修改时，这个守卫可以向用户提出告警信息。为了准备这项工作，代码清单 27-15 修改了 FormComponent 类，以简化守卫所承担的任务。

代码清单 27-15　在 form.component.ts 文件中准备守卫

```typescript
import { Component, Inject } from "@angular/core";
import { NgForm } from "@angular/forms";
import { Product } from "../model/product.model";
import { Model } from "../model/repository.model";
import { ActivatedRoute, Router } from "@angular/router";
@Component({
    selector: "paForm",
    moduleId: module.id,
    templateUrl: "form.component.html",
    styleUrls: ["form.component.css"]
})
export class FormComponent {
    product: Product = new Product();
    originalProduct = new Product();
    constructor(private model: Model, activeRoute: ActivatedRoute,
        private router: Router) {
            activeRoute.params.subscribe(params => {
                this.editing = params["mode"] == "edit";
                let id = params["id"];
                if(id != null) {
                    Object.assign(this.product, model.getProduct(id) || new
                        Product());
                    Object.assign(this.originalProduct, this.product);
                }
            })
    }
    editing: boolean = false;
    submitForm(form: NgForm) {
        if(form.valid) {
            this.model.saveProduct(this.product);
            this.originalProduct = this.product;
            this.router.navigateByUrl("/");
        }
    }
    //resetForm() {
    // this.product = new Product();
    //}
}
```

组件在开始编辑时会创建一个 Product 对象的副本,并将这个副本赋给 originalProduct 属性。这个副本来自数据模型。失活守卫可以使用 originalProduct 属性,以便查看是否存在未保存的编辑工作。为了避免守卫干扰保存操作,submitForm 方法将 originalProduct 属性赋予处于编辑状态的 Product 对象,而这一切都发生在导航请求之前。

模板也需要完成相应的修改,这样 Cancel 按钮就不会调用表单的重置事件处理程序,如代码清单 27-16 所示。

代码清单 27-16　在 form.component.html 文件中禁用表单重置

```html
<div class="bg-primary p-a-1" [class.bg-warning]="editing">
    <h5>{{editing ? "Edit" : "Create"}} Product</h5>
</div>
<div *ngIf="editing" class="p-t-1">
    <button class="btn btn-secondary"
            [routerLink]="['/form', 'edit',
                model.getPreviousProductid(product.id)]">
        Previous
    </button>
    <button class="btn btn-secondary"
            [routerLink]="['/form', 'edit',
                model.getNextProductId(product.id)]">
        Next
    </button>
</div>
<!--<form novalidate #form="ngForm" (ngSubmit)="submitForm(form)"
                  (reset)="resetForm()" >-->
<form novalidate #form="ngForm" (ngSubmit)="submitForm(form)" >
    <div class="form-group">
        <label>Name</label>
        <input class="form-control" name="name"
            [(ngModel)]="product.name" required />
    </div>
    <div class="form-group">
        <label>Category</label>
        <input class="form-control" name="category"
            [(ngModel)]="product.category" required />
    </div>
    <div class="form-group">
        <label>Price</label>
        <input class="form-control" name="price"
            [(ngModel)]="product.price"
            required pattern="^[0-9\.]+$" />
    </div>
    <button type="submit" class="btn btn-primary"
            [class.btn-warning]="editing" [disabled]="form.invalid">
        {{editing ? "Save" : "Create"}}
    </button>
```

```html
<button type="button" class="btn btn-secondary"
    routerLink="/">Cancel</button>
</form>
```

为了创建守卫,在 exampleApp/src/app/core 文件夹中添加一个名为 unsaved.guard.ts 的文件,并且定义代码清单 27-17 中的类。

代码清单 27-17　exampleApp/src/app/core 文件夹中 unsaved.guard.ts 文件的内容

```typescript
import { Injectable } from "@angular/core";
import {
    ActivatedRouteSnapshot, RouterStateSnapshot,
    Router
} from "@angular/router";
import { Observable } from "rxjs/Observable";
import { Subject } from "rxjs/Subject";
import { MessageService } from "../messages/message.service";
import { Message } from "../messages/message.model";
import { FormComponent } from "./form.component";
@Injectable()
export class UnsavedGuard {
    constructor(private messages: MessageService,
        private router: Router) { }
    canDeactivate(component: FormComponent, route: ActivatedRouteSnapshot,
        state: RouterStateSnapshot): Observable<boolean> | boolean {
        if(component.editing) {
            if(["name", "category", "price"]
                .some(prop => component.product[prop]
                    != component.originalProduct[prop])) {
                let subject = new Subject<boolean>();
                let responses: [[string, (string) => void]] = [
                    ["Yes", () => {
                        subject.next(true);
                        subject.complete();
                    }],
                    ["No", () => {
                        this.router.navigateByUrl(this.router.url);
                        subject.next(false);
                        subject.complete();
                    }]
                ];
                this.messages.reportMessage(new Message("Discard Changes?",
                    true, responses));
                return subject;
            }
        }
        return true;
    }
}
```

失活守卫定义了一个名为 canDeactivate 的方法，这个 canDeactivate 方法可以接收三个参数，分别是：将要失活的组件、ActivatedRouteSnapshot 对象和 RouteStateSnapshot 对象。这个守卫检查组件中是否存在未保存的编辑数据，如果存在这样的数据，就提示用户。为了保证多样性，这个守卫使用了 Observable<true>(用 Subject<true>实现)，而没有使用 Promise<true>，用于根据用户选择的响应结果通知 Angular 是否应该激活路由。

■ 提示：

注意，在调用 next 方法后调用了 Subject 的 complete 方法。Angular 将无限期等待，直到调用了 complete 方法，在效果上等同于冻结了应用程序。

下一步是将守卫注册为包含这个守卫的模块中的一个服务，如代码清单 27-18 所示。

代码清单 27-18　在 core.module.ts 文件中将守卫注册为一个服务

```
import { NgModule } from "@angular/core";
import { BrowserModule } from "@angular/platform-browser";
import { FormsModule } from "@angular/forms";
import { ModelModule } from "../model/model.module";
import { TableComponent } from "./table.component";
import { FormComponent } from "./form.component";
import { Subject } from "rxjs/Subject";
import { StatePipe } from "./state.pipe";
import { MessageModule } from "../messages/message.module";
import { MessageService } from "../messages/message.service";
import { Message } from "../messages/message.model";
import { Model } from "../model/repository.model";
import { RouterModule } from "@angular/router";
import { ProductCountComponent } from "./productCount.component";
import { CategoryCountComponent } from "./categoryCount.component";
import { NotFoundComponent } from "./notFound.component";
import { UnsavedGuard } from "./unsaved.guard";
@NgModule({
    imports: [BrowserModule, FormsModule, ModelModule, MessageModule,
        RouterModule],
    declarations: [TableComponent, FormComponent, StatePipe,
        ProductCountComponent, CategoryCountComponent, NotFoundComponent],
    providers: [UnsavedGuard],
    exports: [ModelModule, TableComponent, FormComponent]
})
export class CoreModule { }
```

最后，代码清单 27-19 在应用程序的路由配置中应用了守卫。通过使用 canDeactivate 属性，并将 canDeactivate 属性设置为一个守卫服务数组，可以将失活守卫应用于路由。

代码清单 27-19 在 app.routing.ts 文件中应用守卫

```
import { Routes, RouterModule } from "@angular/router";
import { TableComponent } from "./core/table.component";
import { FormComponent } from "./core/form.component";
import { NotFoundComponent } from "./core/notFound.component";
import { ProductCountComponent } from "./core/productCount.component";
import { CategoryCountComponent } from "./core/categoryCount.component";
import { ModelResolver } from "./model/model.resolver";
import { TermsGuard } from "./terms.guard";
import { UnsavedGuard } from "./core/unsaved.guard";
const childRoutes: Routes = [
    {
        path: "",
        canActivateChild: [TermsGuard],
        children: [{ path: "products", component: ProductCountComponent },
            { path: "categories", component: CategoryCountComponent },
            { path: "", component: ProductCountComponent }],
        resolve: { model: ModelResolver }
    }
];
const routes: Routes = [
    {
        path: "form/:mode/:id", component: FormComponent,
        resolve: { model: ModelResolver },
        canDeactivate: [UnsavedGuard]
    },
    {
        path: "form/:mode", component: FormComponent,
        resolve: { model: ModelResolver },
        canActivate: [TermsGuard]
    },
    { path: "table", component: TableComponent, children: childRoutes },
    { path: "table/:category", component: TableComponent,
      children: childRoutes },
    { path: "", redirectTo: "/table", pathMatch: "full" },
    { path: "**", component: NotFoundComponent }
]
export const routing = RouterModule.forRoot(routes);
```

为了查看守卫的效果，单击表格中的某个 Edit 按钮，在一个文本字段中编辑数据，然后单击 Cancel、Next 或 Previous 按钮。在允许 Angular 激活选中的路由之前，守卫会给出提示，如图 27-7 所示。

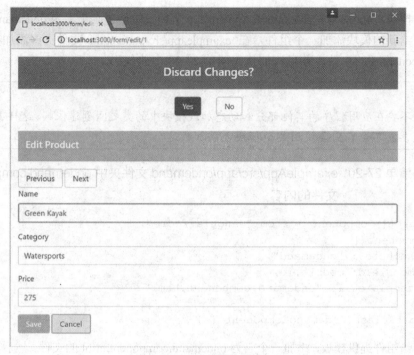

图 27-7　守卫路由失活

27.3　动态加载功能模块

Angular 支持仅在需要的情况下加载功能模块，这个特点被称为动态加载(dynamic loading)或惰性加载(lazy loading)。对于那些不太可能被全体用户使用的功能来说，这个特性很有用。在下一小节，将创建一个简单的功能模块，并演示如何配置应用程序以使 Angular 仅在导航访问某个特定 URL 的情况下才加载这个模块。

■ 注意：

动态加载模块是一种折中。对于大多数用户来说，这样做可以使应用程序的规模足够小，而且下载速度也足够快，这样就改善了用户的整体体验。但是对于需要动态加载功能的用户来说，他们就不得不继续等待，直到 Angular 获得所需的模块及其依赖为止。这样产生的效果相当不好，因为用户不知道某些功能已经加载，而某些功能并未加载。创建动态加载模块时，需要在改善部分用户体验和劣化部分用户体验之间做出平衡。因此，必须认真考虑一下用户属于哪些类型，注意不要让最有价值用户和最重要用户的使用体验劣化。

27.3.1　创建一个简单的功能模块

动态加载的模块所包含的功能一定不是全体用户都需要使用的功能。不能使用现有的模块，因为现有的模块提供了应用程序的核心功能。因此，为了讲解本章内容，需要实现一个新的模块。为此,首先在 exampleApp/src/app 文件夹中创建一个名为 ondemand 的文件夹。为了给新的模块添加一个组件,在 exampleapp/src/ondemand 文件夹中添加一个名为 first.component.ts 的文件,并且添加代码清单 27-20 中的代码。

■ **警告:**
一定不要在应用程序的其他部分和动态加载模块中的类之间创建依赖,这样 JavaScript 模块加载器就不会在需要使用某个模块之前加载这个模块。

代码清单 27-20　exampleApp/src/app/ondemand 文件夹中 ondemand.component.ts 文件的内容

```
import { Component } from "@angular/core";
@Component({
    selector: "ondemand",
    moduleId: module.id,
    templateUrl: "ondemand.component.html"
})
export class OndemandComponent { }
```

为了给组件提供模板,添加一个名为 ondemand.component.html 的文件,然后添加代码清单 27-21 中的内容。

代码清单 27-21　exampleApp/src/app/ondemand 文件夹中 ondemand.component.html 文件的内容

```
<div class="bg-primary p-a-1">This is the ondemand component</div>
<button class="btn btn-primary m-t-1" routerLink="/" >Back</button>
```

这个模板包含一条消息,用来提醒用户已经选中了这个组件。该模板还包含一个 button 元素,单击这个按钮时会导航返回应用程序的根 URL。

为了定义模块,添加一个名为 ondemand.module.ts 的文件,并且在文件中添加代码清单 27-22 中的代码。

代码清单 27-22　exampleApp/src/app/ondemand 文件夹中 ondemand.module.ts 文件的内容

```
import { NgModule } from "@angular/core";
import { CommonModule } from "@angular/common";
import { OndemandComponent } from "./ondemand.component";
@NgModule({
    imports: [CommonModule],
    declarations: [OndemandComponent],
    exports: [OndemandComponent]
})
export class OndemandModule { }
```

这个模块导入了 CommonModule 的功能，替换了与特定浏览器相关的 BrowserModule 功能，以访问按需加载的功能模块中的内建指令。

27.3.2 动态加载模块

以动态方式加载模块需要两个步骤。第一步是在功能模块内部设置一个路由配置，确定在加载模块时 Angular 选择组件的规则。代码清单 27-23 为功能模块添加了一个单独的路由。

代码清单 27-23　在 ondemand.module.ts 文件中定义一个路由配置

```
import { NgModule } from "@angular/core";
import { CommonModule } from "@angular/common";
import { OndemandComponent } from "./ondemand.component";
import { RouterModule } from "@angular/router";
let routing = RouterModule.forChild([
    { path: "", component: OndemandComponent }
]);
@NgModule({
    imports: [CommonModule, routing],
    declarations: [OndemandComponent],
    exports: [OndemandComponent]
})
export class OndemandModule { }
```

在动态加载模块中定义的路由所使用的属性与在应用程序主体中定义的路由所使用的属性一样，并且可以使用全部相同的功能，包括子组件、守卫、重定向。代码清单 27-23 中定义的路由与空路径匹配，并选中 OndemandComponent 用于显示。

一个重要的区别在于用来生成包含路由信息的模块的方法，即以下代码：

```
...
let routing = RouterModule.forChild([
    { path: "", component: OndemandComponent }
]);
...
```

在创建应用程序范围的路由配置时，使用了 RouterModule.forRoot 方法。这个方法用于在应用程序的根模块中设置路由。创建动态加载模块时，必须使用 RouterModule.forChild 方法；这个方法创建了一个路由配置，当加载模块时，这个路由配置可以合并到总的路由系统中。

1. 创建一个路由来动态加载模块

设置动态加载模块的第二步是在应用程序的主体部分创建一个路由，从而向 Angular 提供模块的位置，如代码清单 27-24 所示。

代码清单 27-24　在 app.routing.ts 文件中创建一个按需路由(On-Demand Route)

```typescript
import { Routes, RouterModule } from "@angular/router";
import { TableComponent } from "./core/table.component";
import { FormComponent } from "./core/form.component";
import { NotFoundComponent } from "./core/notFound.component";
import { ProductCountComponent } from "./core/productCount.component";
import { CategoryCountComponent } from "./core/categoryCount.component";
import { ModelResolver } from "./model/model.resolver";
import { TermsGuard } from "./terms.guard";
import { UnsavedGuard } from "./core/unsaved.guard";
const childRoutes: Routes = [
    {
        path: "",
        canActivateChild: [TermsGuard],
        children: [{ path: "products", component: ProductCountComponent },
                { path: "categories", component: CategoryCountComponent },
                { path: "", component: ProductCountComponent }],
        resolve: { model: ModelResolver }
    }
];
const routes: Routes = [
    {
        path: "ondemand",
        loadChildren: "app/ondemand/ondemand.module#OndemandModule"
    },
    {
        path: "form/:mode/:id", component: FormComponent,
        resolve: { model: ModelResolver },
        canDeactivate: [UnsavedGuard]
    },
    {
        path: "form/:mode", component: FormComponent,
        resolve: { model: ModelResolver },
        canActivate: [TermsGuard]
    },
    { path: "table", component: TableComponent, children: childRoutes },
    { path: "table/:category", component: TableComponent,
        children: childRoutes },
    { path: "", redirectTo: "/table", pathMatch: "full" },
    { path: "**", component: NotFoundComponent }
]
export const routing = RouterModule.forRoot(routes);
```

loadChildren 属性可以用来为 Angular 提供如何加载模块的详细信息。这个属性的值就是包含了模块的 JavaScript 文件所在的路径(省略了文件扩展名)，路径后面紧跟一个"#"字符，然后是 module 类的名称。Angular 使用代码清单 27-24 中的值从 app/ondemand/ondemand.module.js 文件加载 OndemandModule 类。

2. 使用动态加载模块

剩下的全部工作就是为导航到可以为按需加载模块激活路由的 URL 添加支持,如代码清单 27-25 所示,这些代码在模板中为表格组件添加了一个按钮。

代码清单 27-25　在 table.component.html 文件中添加导航

```
<div class="col-xs-3">
    <button class="btn btn-secondary btn-block"
        routerLink="/" routerLinkActive="active"
        [routerLinkActiveOptions]="{exact: true}">
      All
    </button>
    <button *ngFor="let category of categories"
          class="btn btn-secondary btn-block"
        [routerLink]="['/table', category]" routerLinkActive="active">
      {{category}}
    </button>
</div>
<div class="col-xs-9">
    < !-- ...elements omitted for brevity... -->
</div>
<div class="col-xs-12 p-t-1">
    <button class="btn btn-primary" routerLink="/form/create">
        Create New Product
    </button>
    <button class="btn btn-danger" (click)="deleteProduct(-1)">
        Generate HTTP Error
    </button>
    <button class="btn btn-danger" routerLink="/does/not/exist">
        Generate Routing Error
    </button>
    <button class="btn btn-danger" routerLink="/ondemand">
        Load Module
    </button>
</div>
```

为了访问一个加载模块的路由,不需要采取任何特殊的措施,代码清单 27-25 中的 Load Module 按钮使用标准的 routerLink 属性来导航进入在代码清单 27-24 中添加的路由所指定的 URL。

为了观察动态模块加载是如何工作的,可以使用浏览器的 F12 开发者工具来观察应用程序启动后加载的文件列表。除非单击 Load Module 按钮,否则看不到任何对按需加载模块中文件的请求。单击 Load Module 按钮后,Angular 使用路由配置来加载模块,检查其路由配置,然后选中打算显示给用户的组件,如图 27-8 所示。

图 27-8　动态加载模块

27.3.3　守卫动态模块

可以通过守卫动态加载模块来确保这些模块仅在应用程序处于某个特定状态的情况下进行加载，或者在用户明确同意等待 Angular 执行加载的情况下进行加载。后一种情况的典型应用场景是管理功能，此时我们认为用户了解应用程序的结构。

用于模块的守卫必须在应用程序的主体部分定义，因此在 exampleApp/src/app 文件夹中添加一个名为 load.guard.ts 的文件，并且定义如代码清单 27-26 所示的类。

代码清单 27-26　exampleApp/src/app 文件夹中 load.guard.ts 文件的内容

```
import { Injectable } from "@angular/core";
import { Route, Router } from "@angular/router";
import { MessageService } from "./messages/message.service";
import { Message } from "./messages/message.model";
@Injectable()
export class LoadGuard {
  private loaded: boolean = false;
  constructor(private messages: MessageService,
              private router: Router) { }
  canLoad(route: Route): Promise<boolean> | boolean {
    return this.loaded || new Promise<boolean>((resolve, reject) => {
      let responses: [[string, (string) => void]] = [
        ["Yes", () => {
          this.loaded = true;
          resolve(true);
        }],
        ["No", () => {
```

```
                this.router.navigateByUrl(this.router.url);
                resolve(false);
            }]
        ];
        this.messages.reportMessage(
          new Message("Do you want to load the module?",
            false, responses));
    });
  }
}
```

动态加载守卫是实现了一个名为 canLoad 的方法的类。当 Angular 需要激活这个守卫所应用的路由时，将调用此方法，并且在调用此方法时需要为其提供一个描述了路由的 Route 对象。

只有先激活了加载模块的 URL 时，才需要守卫，因此守卫定义了一个 loaded 属性，当模块加载成功时，这个属性被设置为 true。这样随后发生的请求都能够马上通过。否则，这个守卫将遵循先前的示例模式，返回一个 Promise，而当用户单击消息服务显示的一个按钮后，会解析这个 Promise。

代码清单 27-27 将守卫注册为根模块中的一个服务。

代码清单 27-27　在 app.module.ts 文件中将守卫注册为一个服务

```
import { NgModule } from "@angular/core";
import { BrowserModule } from "@angular/platform-browser";
import { ModelModule } from "./model/model.module";
import { CoreModule } from "./core/core.module";
import { TableComponent } from "./core/table.component";
import { FormComponent } from "./core/form.component";
import { MessageModule } from "./messages/message.module";
import { MessageComponent } from "./messages/message.component";
import { routing } from "./app.routing";
import { AppComponent } from "./app.component";
import { TermsGuard } from "./terms.guard";
import { LoadGuard } from "./load.guard";
@NgModule({
    imports: [BrowserModule, CoreModule, MessageModule, routing],
    declarations: [AppComponent],
    providers: [TermsGuard, LoadGuard],
    bootstrap: [AppComponent]
})
export class AppModule { }
```

应用动态加载守卫

通过使用 canLoad 属性，动态加载守卫可以被应用于路由，canLoad 属性接收一个守卫类型的数组。代码清单 27-28 将 LoadGuard 类应用于动态加载模块的路由，而 LoadGuard 类定义在代码清单 27-26 中。

代码清单 27-28　在 app.routing.ts 文件中守卫路由

```typescript
import { Routes, RouterModule } from "@angular/router";
import { TableComponent } from "./core/table.component";
import { FormComponent } from "./core/form.component";
import { NotFoundComponent } from "./core/notFound.component";
import { ProductCountComponent } from "./core/productCount.component";
import { CategoryCountComponent } from "./core/categoryCount.component";
import { ModelResolver } from "./model/model.resolver";
import { TermsGuard } from "./terms.guard";
import { UnsavedGuard } from "./core/unsaved.guard";
import { LoadGuard } from "./load.guard";
const childRoutes: Routes = [
    {
        path: "",
        canActivateChild: [TermsGuard],
        children: [{ path: "products", component: ProductCountComponent },
                   { path: "categories", component: CategoryCountComponent },
                   { path: "", component: ProductCountComponent }],
        resolve: { model: ModelResolver }
    }
];
const routes: Routes = [
    {
        path: "ondemand",
        loadChildren: "app/ondemand/ondemand.module#OndemandModule",
        canLoad: [LoadGuard]
    },
    {
        path: "form/:mode/:id", component: FormComponent,
        resolve: { model: ModelResolver },
        canDeactivate: [UnsavedGuard]
    },
    {
        path: "form/:mode", component: FormComponent,
        resolve: { model: ModelResolver },
        canActivate: [TermsGuard]
    },
    { path: "table", component: TableComponent, children: childRoutes },
    { path: "table/:category", component: TableComponent,
      children: childRoutes },
    { path: "", redirectTo: "/table", pathMatch: "full" },
    { path: "**", component: NotFoundComponent }
]
export const routing = RouterModule.forRoot(routes);
```

结果是用户得到提示，判断当 Angular 第一次试图激活路由时是否加载模块，如图 27-9 所示。

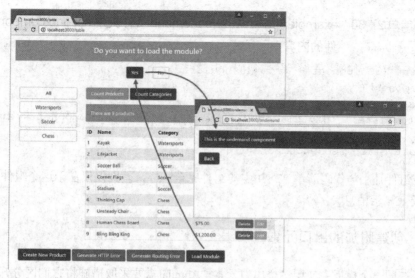

图 27-9 守卫动态加载

27.4 指定命名出口

一个模板可以包含多个 router-outlet 元素，这样可以使用一个单独的 URL 来选择多个元素并向用户显示。

为了演示这个功能，需要为 ondemand 模块添加两个新的组件。首先在 exampleApp/src/app/ondemand 文件夹中创建一个名为 first.component.ts 的文件，并使用这个文件定义组件，如代码清单 27-29 所示。

代码清单 27-29　exampleApp/src/app/ondemand 文件夹中 first.component.ts 文件的内容

```
import { Component } from "@angular/core";
@Component({
    selector: "first",
    template: `<div class="bg-primary p-a-1">First Component</div>`
})
export class FirstComponent { }
```

这个组件使用一个内联的模板来显示一条消息，用于提示路由系统选中了哪个组件。下一步，在 exampleApp/src/app/ondemand 文件夹中创建一个名为 second.component.ts 的文件，并创建如代码清单 27-30 所示的组件。

代码清单27-30   exampleApp/src/app/ondemand 文件夹中 second.component.ts 文件的内容

```typescript
import { Component } from "@angular/core";
@Component({
    selector: "second",
    template: `<div class="bg-info p-a-1">Second Component</div>`
})
export class SecondComponent { }
```

这个组件几乎与代码清单 27-29 中的组件完全一样，差别仅仅在于这个组件是通过其内联模板来显示消息。

27.4.1 创建附加的出口元素

为了在同一个模板中使用多个出口元素，Angular 需要采取措施将它们区分开来。为此可以使用 name 属性。name 属性可以将一个出口唯一地标识出来，如代码清单 27-31 所示。

代码清单 27-31   在 ondemand.component.html 文件中添加命名的出口元素

```html
<div class="bg-primary p-a-1">This is the ondemand component</div>
<div class="col-xs-12 m-t-1">
    <router-outlet></router-outlet>
</div>
<div class="col-xs-6">
    <router-outlet name="left"></router-outlet>
</div>
<div class="col-xs-6">
    <router-outlet name="right"></router-outlet>
</div>
<button class="btn btn-primary m-t-1" routerLink="/" >Back</button>
```

新的元素创建了三个新的出口。最多只允许存在一个不带名称的 router-outlet 元素，这个元素称为主出口(primary outlet)。这是因为省略 name 属性与为 name 属性赋一个 primary 值的效果是一样的。迄今为止，所有的路由示例都依赖主出口来向用户显示组件。

所有其他 router-outlet 元素都必须有一个带有唯一名称的 name 属性。在代码清单 27-31 中使用的名称是 left 和 right，这是因为：被应用于包含了出口的 div 元素的类都使用 CSS 来将这两个出口的位置并列摆放在一起。

下一步是创建一个包含细节的路由，这些细节是应该在每个出口元素中显示哪个组件，如代码清单 27-32 所示。如果 Angular 找不到一个匹配某个特定出口的路由，那么这个元素中就不会显示任何内容。

代码清单 27-32   在 ondemand.module.ts 文件中指定命名出口

```typescript
import { NgModule } from "@angular/core";
import { CommonModule } from "@angular/common";
import { OndemandComponent } from "./ondemand.component";
```

```
import { RouterModule } from "@angular/router";
import { FirstComponent } from "./first.component";
import { SecondComponent } from "./second.component";
let routing = RouterModule.forChild([
    {
        path: "",
        component: OndemandComponent,
        children: [
            { path: "",
              children: [
                { outlet: "primary", path: "", component: FirstComponent, },
                { outlet: "left", path: "", component: SecondComponent, },
                { outlet: "right", path: "", component: SecondComponent, },
              ]},
        ]
    },
]);
@NgModule({
    imports: [CommonModule, routing],
    declarations: [OndemandComponent, FirstComponent, SecondComponent],
    exports: [OndemandComponent]
})
export class OndemandModule { }
```

outlet 属性用来指定路由应用的出口元素。代码清单 27-32 中的路由配置为全部三个出口都匹配了空路径，并且为三个出口选择了新创建的组件：主出口显示 FirstComponent，left 和 right 出口则显示 SecondComponent，如图 27-10 所示。为了查看修改效果，可以单击 Load Module 按钮，并在看到提示后，单击 Yes 按钮。

■ 提示：
如果省略 outlet 属性，那么 Angular 将假定路由选择的是主出口。我倾向于将 outlet 属性包含在所有的路由中，这样可以强调是哪个路由匹配了一个出口元素。

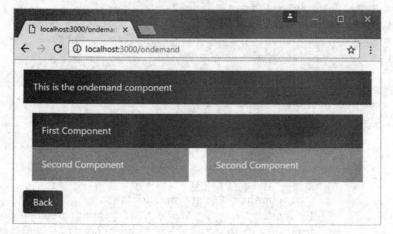

图 27-10　使用多路由出口

Angular 激活路由时，将为每一个出口查找匹配的路由。所有三个新的出口都拥有匹配空路径的路由，因此 Angular 可以按照图 27-10 中的方式呈现组件。

27.4.2 在使用多个出口的情况下导航

修改每个出口显示的组件意味着要创建一个新的路由集合，然后导航到包含这些路由的 URL。代码清单 27-33 设置了一个路由，这个路由可以匹配路径/ondemand/swap，并交换三个出口所显示的组件。

简化命名出口

本节介绍的设置路由的方式以及在应用程序中导航的方式并不是唯一的，但是这种方式很可靠，可以用于动态加载模块。

另一种替代方式是导航到包含所有出口的路径的 URL，例如：

```
http://localhost:3000/ondemand/primarypath(left:leftpath//right:rightpath)
```

URL 的主体部分目标是主 URL，括号中的内容则确定了 left 和 right 出口。问题是：Angular 并不总是查找目标是命名出口的路由，而且很可能会创建一个无法按照预期工作或根本不能正常工作的路由配置。

本章使用的方式存在一些不合理的成分，因为目标是无组件路由，这些路由所拥有的子路由关注的是命名出口。这就导致路由配置更为复杂，需要为每一种需要用到的组件和出口组合创建路由集合。但是，另一方面，这种方式也比较容易理解，并且可以依赖行为，甚至在使用了动态加载模块的情况下也可以使用。

代码清单 27-33　在 ondemand.module.ts 文件中为命名出口设置路由

```typescript
import { NgModule } from "@angular/core";
import { CommonModule } from "@angular/common";
import { OndemandComponent } from "./ondemand.component";
import { RouterModule } from "@angular/router";
import { FirstComponent } from "./first.component";
import { SecondComponent } from "./second.component";
let routing = RouterModule.forChild([
    {
        path: "",
        component: OndemandComponent,
        children: [
            {
                path: "",
                children: [
                    { outlet: "primary", path: "",
                      component: FirstComponent, },
                    { outlet: "left", path: "", component: SecondComponent, },
                    { outlet: "right", path: "", component: SecondComponent, },
                ]
```

```
                },
                {
                    path: "swap",
                    children: [
                      { outlet: "primary", path: "",
                        component: SecondComponent, },
                      { outlet: "left", path: "", component: FirstComponent, },
                      { outlet: "right", path: "", component: FirstComponent, },
                    ]
                },
            ]
        },
    ]);
@NgModule({
    imports: [CommonModule, routing],
    declarations: [OndemandComponent, FirstComponent, SecondComponent],
    exports: [OndemandComponent]
})
export class OndemandModule { }
```

代码清单 27-34 为组件的模板添加了 button 元素,单击按钮可以导航到代码清单 27-33 中的两个路由集合,从而改变向用户显示的组件集合。

代码清单 27-34　在 ondemand.component.html 文件中导航到多个出口

```
<div class="bg-primary p-a-1">This is the ondemand component</div>
<div class="col-xs-12 m-t-1">
    <router-outlet></router-outlet>
</div>
<div class="col-xs-6">
    <router-outlet name="left"></router-outlet>
</div>
<div class="col-xs-6">
    <router-outlet name="right"></router-outlet>
</div>
<button class="btn btn-secondary m-t-1"
        routerLink="/ondemand">Normal</button>
<button class="btn btn-secondary m-t-1"
        routerLink="/ondemand/swap">Swap</button>
<button class="btn btn-primary m-t-1" routerLink="/">Back</button>
```

结果是,当单击 Swap 或 Normal 按钮时,应用程序导航到的路由的子路由会告知 Angular 每一个出口元素将显示哪一个组件,如图 27-11 所示。

图 27-11　使用导航找到多个出口元素

27.5　小结

至此，已介绍完 Angular 提供的 URL 路由功能，本章解释了如何通过守卫路由来控制何时激活一个路由，如何仅在需要的情况下才加载模块，以及如何使用多个出口元素向用户显示组件。在下一章，将介绍如何在 Angular 应用程序中应用动画功能。

第 28 章

使用动画

本章描述 Angular 动画系统,通过使用数据绑定,Angular 动画系统能够以动画方式显示 HTML 元素,从而反映应用程序状态的变化。从广义上说,动画在 Angular 应用程序中充当两个角色:一是强调内容的变化;二是平滑地显示内容。

当内容发生的变化对于用户来说不是那么明显时,加强变化是很重要的。在示例应用程序中,当使用 Previous 和 Next 按钮编辑一项产品导致数据域发生变化,但是又没有发生任何其他可见的变化时,就会产生用户难以察觉的变化。此时,动画就可以用来吸引用户注意力,帮助用户注意到动作的结果。

将内容发生的变化以平滑的方式显示出来,可以使应用程序使用起来更为愉悦。当用户单击 Edit 按钮来编辑产品时,示例应用程序显示的内容在切换过程中显得不够和谐。利用动画,可以减缓变化速度,因此内容切换具有上下文内容的连续展示效果,从而减少了突兀感。本章解释动画系统的工作原理,还解释如何使用动画来吸引用户注意力,减少突发性状态改变的突兀感。

浏览器对动画的支持

Angular 动画功能依赖 Web Animations API,仅 Chrome 和 Mozilla 浏览器为这组 API 提供了可靠的实现。其他浏览器或者根本没有实现这组 API,或者没有实现全部功能。为了在旧版浏览器中使用 Angular 动画,使用一个 polyfill 库来添加对旧版浏览器的基本支持,但是某些功能仍然无法工作。

这种情况会随着时间推移而不断改进,但是必须小心测试以便确保项目使用的浏览器能够处理项目使用的动画功能。

如果需要得到本章示例给出的预期效果,就必须使用 Chrome。

表 28-1 介绍了 Angular 动画的背景。

表 28-1 Angular 动画的背景

问题	答案
Angular 动画是什么?	动画系统可以改变 HTML 元素的外观,从而反映应用程序状态的变化
Angular 动画有什么作用?	如果使用得当,动画可以让应用程序的使用过程充满乐趣

(续表)

问题	答案
如何使用 Angular 动画?	定义动画需要使用 @angular/core 模块中定义的函数。通过使用 @Component 装饰器中的动画属性,可以注册这个模块,并且通过数据绑定来应用这个模块
Angular 动画是否存在陷阱或限制?	对于 Angular 动画来说,主要的限制是只有极少数浏览器才能为动画提供完整的支持,结果就是 Angular 动画不是在所有的浏览器中都能正常工作,即使 Angular 支持这种浏览器完成 Angular 的其他功能
Angular 动画是否存在替代方案?	唯一的替代方案就是在应用程序中不使用动画

表 28-2 给出了本章内容摘要。

表 28-2 本章内容摘要

问题	解决方案	代码清单编号
让用户关注某个元素的状态迁移	应用动画	1~9
将元素状态发生改变的情况用动画表示出来	使用元素过渡	10~15
并行执行动画	使用动画组	16
在多个动画中使用同样的样式	使用公共样式	17
以动画方式表达元素的位置或大小	使用元素变形(transformation)	18
使用动画来应用 CSS 框架样式	使用 DOM 和 CSS API	19 和 20
接收与动画有关的通知	接收动画事件	21 和 22

28.1 准备示例项目

本章继续使用在本书第 22 章中创建的 exampleApp 项目作为示例。创建这个示例后,我们对其进行了修改。在下面的各节中所做的修改为介绍本章内容准备好了示例应用程序。

28.1.1 添加动画 polyfill

Angular 动画功能依赖一个 JavaScript API,而且只有最新的浏览器才支持这个 JavaScript API。为了使旧版浏览器也支持动画,需要使用动画 polyfill。代码清单 28-1 将这个 polyfill 添加到示例应用程序的包集合中。

代码清单 28-1 在 package.json 文件中添加动画 polyfill

```
{
  "name": "example-app",
  "version": "0.0.0",
  "license": "MIT",
```

```
  "scripts": {
    "ng": "ng",
    "start": "ng serve",
    "build": "ng build",
    "test": "ng test",
    "lint": "ng lint",
    "e2e": "ng e2e",
    "json": "json-server --p 3500 restData.js"
  },
  "private": true,
  "dependencies": {
    "@angular/animations": "^4.0.0",
    "@angular/common": "^4.0.0",
    "@angular/compiler": "^4.0.0",
    "@angular/core": "^4.0.0",
    "@angular/forms": "^4.0.0",
    "@angular/http": "^4.0.0",
    "@angular/platform-browser": "^4.0.0",
    "@angular/platform-browser-dynamic": "^4.0.0",
    "@angular/router": "^4.0.0",
    "core-js": "^2.4.1",
    "rxjs": "^5.1.0",
    "zone.js": "^0.8.4",
    "bootstrap": "4.0.0-alpha.4"
  },
  "devDependencies": {
    "@angular/cli": "1.0.0",
    "@angular/compiler-cli": "^4.0.0",
    "@types/jasmine": "2.5.38",
    "@types/node": "~6.0.60",
    "codelyzer": "~2.0.0",
    "jasmine-core": "~2.5.2",
    "jasmine-spec-reporter": "~3.2.0",
    "karma": "~1.4.1",
    "karma-chrome-launcher": "~2.0.0",
    "karma-cli": "~1.0.1",
    "karma-jasmine": "~1.1.0",
    "karma-jasmine-html-reporter": "^0.2.2",
    "karma-coverage-istanbul-reporter": "^0.2.0",
    "protractor": "~5.1.0",
    "ts-node": "~2.0.0",
    "tslint": "~4.5.0",
    "typescript": "~2.2.0",
    "concurrently": "2.2.0",
    "json-server": "0.8.21"
  }
}
```

为了在旧版浏览器中使用动画，Angular 团队建议使用 web-animations-js 包。在

exampleApp 文件夹中运行以下命令，下载 polyfill 包：

```
npm install
```

当基于 Angular 4 实现动画功能时，由于 polyfill 的配置位于 exampleApp/src/polyfills.ts 文件中，因此当采用 IE10、IE11、Firefox 等浏览器时，需要在这个文件中加入以下代码：

```
import 'web-animations-js';   // Run `npm install --save web-animations-js`.
```

此时，index.html 文件的内容如代码清单 28-2 所示。

代码清单 28-2　index.html 文件的内容

```html
<!doctype html>
<html>
<head>
  <meta charset="utf-8">
  <title>ExampleApp</title>
  <base href="/">
  <meta name="viewport" content="width=device-width, initial-scale=1">
  <link href="node_modules/bootstrap/dist/css/bootstrap.min.css"
        rel="stylesheet" />
</head>
<body class="m-a-1">
    <app></app>
</body>
</html>
```

为了启用动画功能，必须在根模块 app.module.ts 文件中导入新的模块，代码如下：

```
import { NgModule } from "@angular/core";
import { BrowserModule } from "@angular/platform-browser";
import { ModelModule } from "./model/model.module";
import { CoreModule } from "./core/core.module";
import { TableComponent } from "./core/table.component";
import { FormComponent } from "./core/form.component";
import { MessageModule } from "./messages/message.module";
import { MessageComponent } from "./messages/message.component";
import { routing } from "./app.routing";
import { AppComponent } from "./app.component";
import { TermsGuard } from "./terms.guard"10

import { LoadGuard } from "./load.guard";
import { BrowserAnimationsModule } from
    "@angular/platform-browser/animations";
@NgModule({
imports: [BrowserModule, CoreModule, MessageModule, routing,
    BrowserAnimationsModule],
declarations: [AppComponent],
providers: [TermsGuard, LoadGuard],
```

```
bootstrap: [AppComponent]
})
export class AppModule { }
```

28.1.2 禁用 HTTP 延迟

为了学习本章内容，第二项准备工作是禁用添加到异步 HTTP 请求中的延迟，如代码清单 28-3 所示。

> **提示：**
> 可以从 apress.com 网站下载与本书配套的完整的免费项目代码。

代码清单 28-3　在 rest.datasource.ts 文件中禁用延迟

```
import { Injectable, Inject, OpaqueToken } from "@angular/core";
import { Http, Request, RequestMethod, Headers, Response } from
    "@angular/http";
import { Observable } from "rxjs/Observable";
import { Product } from "./product.model";
import "rxjs/add/operator/map";
import "rxjs/add/operator/catch";
import "rxjs/add/observable/throw";
import "rxjs/add/operator/delay";
export const REST_URL = new OpaqueToken("rest_url");
@Injectable()
export class RestDataSource {
    constructor(private http: Http,
        @Inject(REST_URL) private url: string) { }
    // ...other methods omitted for brevity...
    private sendRequest(verb: RequestMethod,
        url: string, body?: Product): Observable<Product> {
        let headers = new Headers();
        headers.set("Access-Key", "<secret>");
        headers.set("Application-Names", ["exampleApp", "proAngular"]);
        return this.http.request(new Request({
            method: verb,
            url: url,
            body: body,
            headers: headers
        }))
        //.delay(5000)
        .map(response => response.json())
        .catch((error: Response) => Observable.throw(
            `Network Error: ${error.statusText} (${error.status})`));
    }
}
```

28.1.3 简化表格模板和路由配置

本章的许多示例所关注的是产品表格中的元素。要为本章所做的最后一项预备工作是为表格组件简化模板，这样我们就可以集中关注代码清单中的一小部分内容。

代码清单 28-4 给出了简化后的模板，在模板中删除了生成 HTTP 和路由错误的按钮，还删除了用于对类别或产品进行计数的按钮和出口元素，以及用于对表格根据类别进行过滤的按钮。

代码清单 28-4　在 table.component.html 文件中简化模板

```
<table class="table table-sm table-bordered table-striped">
    <tr>
        <th>ID</th><th>Name</th><th>Category</th><th>Price</th><th></th>
    </tr>
    <tr *ngFor="let item of getProducts()">
        <td style="vertical-align:middle">{{item.id}}</td>
        <td style="vertical-align:middle">{{item.name}}</td>
        <td style="vertical-align:middle">{{item.category}}</td>
        <td style="vertical-align:middle">
            {{item.price | currency:"USD":true }}
        </td>
        <td class="text-xs-center">
            <button class="btn btn-danger btn-sm"
                    (click)="deleteProduct(item.id)">
                Delete
            </button>
            <button class="btn btn-warning btn-sm"
                    [routerLink]="['/form', 'edit', item.id]">
                Edit
            </button>
        </td>
    </tr>
</table>
<div class="col-xs-12 p-t-1">
    <button class="btn btn-primary" routerLink="/form/create">
        Create New Product
    </button>
</div>
```

代码清单 28-5 更新了应用程序的 URL 路由配置，这样路由就不会将从表格组件模板中删除的出口元素作为目标。

代码清单 28-5　更新 app.routing.ts 文件中的路由配置

```
import { Routes, RouterModule } from "@angular/router";
import { TableComponent } from "./core/table.component";
import { FormComponent } from "./core/form.component";
```

```typescript
import { NotFoundComponent } from "./core/notFound.component";
import { ProductCountComponent } from "./core/productCount.component";
import { CategoryCountComponent } from "./core/categoryCount.component";
import { ModelResolver } from "./model/model.resolver";
import { TermsGuard } from "./terms.guard";
import { UnsavedGuard } from "./core/unsaved.guard";
import { LoadGuard } from "./load.guard";
const routes: Routes = [
    {
        path: "form/:mode/:id", component: FormComponent,
        canDeactivate: [UnsavedGuard]
    },
    { path: "form/:mode", component: FormComponent,
      canActivate: [TermsGuard] },
    { path: "table", component: TableComponent },
    { path: "table/:category", component: TableComponent },
    { path: "", redirectTo: "/table", pathMatch: "full" },
    { path: "**", component: NotFoundComponent }
]
export const routing = RouterModule.forRoot(routes);
```

在 exampleApp 文件夹中运行以下命令，启动 RESTful Web 服务、TypeScript 编译器以及 HTTP 开发服务器：

```
npm start
```

此时将打开一个新的浏览器标签页或浏览器窗口，并显示如图 28-1 所示的内容。

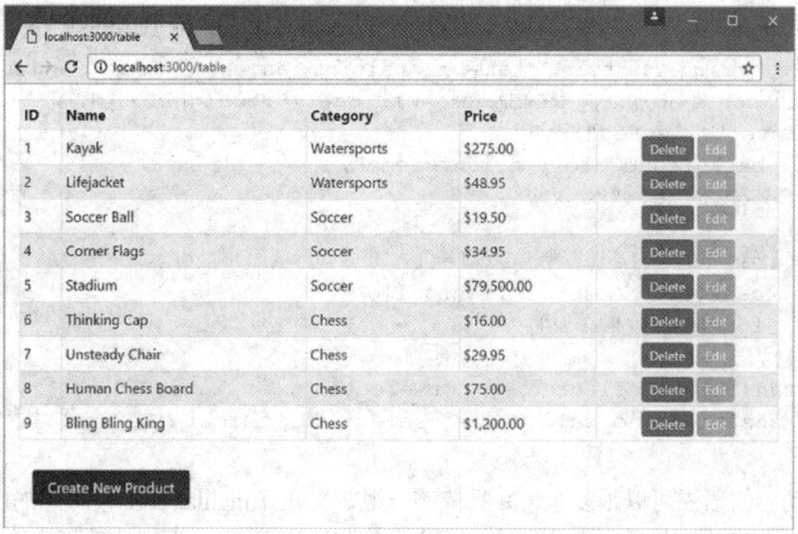

图 28-1 运行示例应用程序

28.2 开始学习 Angular 动画

与学习大多数 Angular 功能一样，学习 Angular 动画最好也从一个示例开始。通过示例我们可以掌握动画的工作原理，并且知道如何将动画纳入 Angular 的其他功能中。在后面的各节中，将创建一个基本动画，这个动画会影响到产品表格中的行。一旦掌握动画基本功能的工作原理，就可以深入研究不同配置选项的细节，并深入了解其工作机理。

在开始之前，需要在应用程序中添加一个 select 元素，以帮助用户选择一个类别。选中一个类别后，该类别产品对应的表格中的行便可以一种或两种样式显示出来，如表 28-3 所示。

表 28-3 动画示例的样式

描述	样式
产品属于被选中的类别	表格中被选中的行将以绿色背景和大字体文本显示
产品不属于被选中的类别	表格中被选中的行将以红色背景和小字体文本显示

28.2.1 创建动画

首先，在 exampleApp/src/app/core 文件夹中创建一个名为 table.animations.ts 的文件，并添加代码清单 28-6 中的代码。

代码清单 28-6 exampleApp/src/app/core 文件夹中 table.animations.ts 文件的内容

```
import { trigger, style, state, transition, animate } from "@angular/core";
export const HighlightTrigger = trigger("rowHighlight", [
    state("selected", style({
        backgroundColor: "lightgreen",
        fontSize: "20px"
    })),
    state("notselected", style({
        backgroundColor: "lightsalmon",
        fontSize: "12px"
    })),
    transition("selected => notselected", animate("200ms")),
    transition("notselected => selected", animate("400ms"))
]);
```

定义动画的语法可以很复杂，并且依赖一组定义在 @angular/core 模块中的函数。在下面的各节中，将首先从顶层开始介绍，逐步讲解代码清单 28-6 中每个动画构造块的细节。

■ 提示：
如果觉得无法马上理解下面各节所介绍的构造块，不要担心，在动画领域，只有在了解了所有各个组成部分是如何共同工作的，才能理解各个构造块的意义。

1. 定义样式分组

动画系统的核心是样式分组，这是一组被应用于一个 HTML 元素的 CSS 样式属性和样式值。样式分组是使用 style 函数定义的，可以接受一个 JavaScript 对象字面量，从而提供属性名称和属性值之间的映射，请看以下代码：

```
...
style({
    backgroundColor: "lightgreen",
    fontSize: "20px"
})
...
```

这个样式分组告诉 Angular 将背景颜色设置为 lightgreen(浅绿色)，并将字体大小设置为 20 个像素。

CSS 属性命名约定

当使用 style 函数时，可以使用两种方法来指定 CSS 属性。可以使用 JavaScript 属性命名约定，这时可以将一个元素的背景色设置为 backgroundColor(这是一个完整的单词，没有连字符，并且第二个单词的首字母大写)。这就是在代码清单 28-6 中使用的命名约定：

```
...
style({
    backgroundColor: "lightgreen",
    fontSize: "20px"
})),
...
```

另外，也可以使用 CSS 约定。在 CSS 约定中，可以将一个元素的背景色设置为 background-color(全小写，带一个连字符)。如果使用 CSS 格式，那么必须将属性名纳入一对双引号中，以防止 JavaScript 将连字符解释为算术操作符，方法如下：

```
...
state("green", style({
    "background-color": "lightgreen",
    "font-size": "20px"
})),
...
```

采用哪一种命名约定并不重要，重要的是保持一致。在编写本书时，如果混合搭配使用属性命名约定，那么 Angular 将无法正确应用样式。为了保证一致性，应该统一采纳一种命名约定，然后在整个应用程序中，针对全体样式属性应用这种命名约定。

---

2. 定义元素状态

Angular 需要知道何时为一个元素应用一组样式，通过定义元素状态就可以完成这项任务。元素状态提供了一个名称,通过这个名称可以引用样式集合。可以使用state函数来创建元素状态,这个函数接收状态名称以及与之关联的样式集合。这正是在代码清单 28-6 中定义的两个元素状态之一:

```
...
state("selected", style({
    backgroundColor: "lightgreen",
    fontSize: "20px"
})),
...
```

上述代码中给出了两个状态,分别称为 selected 和 notselected,分别对应表格行中描述的产品是否属于用户选中的类别。

3. 定义状态迁移

当一个 HTML 元素处于用 state 函数创建的某个状态时,Angular 将在该状态的样式分组中应用 CSS 属性。transition 函数用于告知 Angular 应该如何应用新的 CSS 属性。代码清单 28-6 中给出了两种迁移:

```
...
transition("selected => notselected", animate("200ms")),
transition("notselected => selected", animate("400ms"))
...
```

传递给 transition 函数的第一个参数告知 Angular 这个指令被应用于哪些状态。这个参数是一个字符串,它指定了两个状态和一个箭头,这个箭头表达了两个状态之间的关系。可以使用两种箭头,表 28-4 描述了这两种箭头。

表 28-4 动画迁移箭头类型

箭头	示例	描述
=>	selected => notselected	这个箭头指定从一个状态到另一个状态的单向迁移,例如元素从 selected 状态迁移到 notselected 状态
<=>	selected <=> notselected	这个箭头指定从一个状态到另一个状态的双向迁移,例如元素既可以从 selected 状态迁移到 notselected 状态,也可以从 noselected 状态迁移到 selected 状态

在代码清单 28-6 中定义的迁移使用单向箭头告诉 Angular:当一个元素从 selected 状态迁移到 notselected 状态时应该如何响应,以及从 noselected 状态迁移到 tselected 状态时应该如何响应。

transition 函数的第二个参数告诉 Angular,当发生状态改变时应该执行什么动作。animate 函数告诉 Angular,对于一个由两个元素状态定义的 CSS 样式集合来说,在 CSS 样式集合定义的属性之间进行过渡要逐渐进行。在代码清单 28-6 中,传递给 animate 函数的参数指定了这个逐渐过渡过程所需的时间,既可以是 200 毫秒,也可以是 400 毫秒。

> **动画应用指南**
>
> 开发人员在应用动画时常常走得太远，导致用户经常感到充满挫折感。动画应该有节制地应用，动画应该简单、执行迅速。使用动画有利于理解应用程序，动画不是用来炫耀技术的。用户，特别是公司内部的行业用户，必须重复执行同样的任务，因此过多的耗时动画将成为使用障碍。
>
> 我曾经深受其苦。在缺乏控制的情况下，应用程序的行为简直就像赌场的老虎机。后来我遵循了两条法则，才使问题可控。第一条法则是，针对应用程序中的主要任务或主要工作流，一次要完成20项操作。以示例应用程序为例，这表明要创建20个产品，然后编辑20个产品。针对那些必须等待动画完成才能移动到下一个步骤的动画，或者取消这类动画，或者缩短这类动画的执行时间。
>
> 第二条法则是，在开发过程中不要禁用动画。在开发一个功能的过程中，将动画功能注释掉是很吸引人的，因为在编写代码的过程中必须执行一系列快速测试。对于任何一个妨碍使用软件的动画，用户都有可能遇到。因此将动画留在原地，但是做了一些调整，一般来说是减少动画持续时间，直到动画不是那么招人厌烦为止。
>
> 当然，你不一定要按照我的做法来实现动画，但是确保动画对用户有益，而不是成为用户迅速完成工作的障碍或令人分神的讨厌的东西，是非常重要的。

4. 定义触发器

最后一项任务是定义动画的触发器，动画触发器封装了元素状态和状态转移，并且指派了一个名称，可以用来在一个组件中应用动画。触发器是用 trigger 函数创建的，方法如下：

```
...
export const HighlightTrigger = trigger("rowHighlight", [...])
...
```

第一个参数是触发器名称，在这个示例中，触发器名称是 rowHighlight；第二个参数是状态和迁移数组，当使用触发器时，可以使用这个状态和迁移数组。

28.2.2 应用动画

一旦定义了动画，就可以在一个或多个组件中应用这个动画了。为此，可以使用 @Component 装饰器的 animations 属性。代码清单 28-7 将定义在代码清单 28-6 中的动画应用于表格组件，并且添加了一些支持动画所必不可少的额外功能。

代码清单 28-7　在 table.component.ts 文件中应用动画

```
import { Component, Inject } from "@angular/core";
import { Product } from "../model/product.model";
import { Model } from "../model/repository.model";
import { ActivatedRoute } from "@angular/router";
```

```typescript
import { HighlightTrigger } from "./table.animations";
@Component({
    selector: "paTable",
    moduleId: module.id,
    templateUrl: "table.component.html",
    animations: [HighlightTrigger]
})
export class TableComponent {
    category: string = null;
    constructor(private model: Model, activeRoute: ActivatedRoute) {
        activeRoute.params.subscribe(params => {
            this.category = params["category"] || null;
        })
    }
    getProduct(key: number): Product {
        return this.model.getProduct(key);
    }
    getProducts(): Product[] {
        return this.model.getProducts()
            .filter(p => this.category == null || p.category ==
                this.category);
    }
    get categories(): string[] {
        return this.model.getProducts()
            .map(p => p.category)
            .filter((category, index, array) => array.indexOf(category) ==
                index);
    }
    deleteProduct(key: number) {
        this.model.deleteProduct(key);
    }
    highlightCategory: string = "";
    getRowState(category: string): string {
        return this.highlightCategory == "" ? "" :
            this.highlightCategory == category ? "selected" : "notselected";
    }
}
```

animations 属性被设置为一个触发器数组。可以用内联方式定义动画,但是这样做会导致动画变得非常复杂,导致整个组件难以阅读,这就是为什么使用一个单独的文件并从这个文件中导出一个常数值,然后将此常数值赋予 animations 属性的原因。

其他修改内容是为了在用户选择的类别与指派给元素的动画状态之间提供映射。highlightCategory 属性的值可以用一个 select 元素来设置,并且用于 getRowState 方法中,以告诉 Angular:根据产品类别,应该指定代码清单 28-7 中定义的哪一个动画状态。如果产品属于被选中类别,那么这个方法将返回 selected,否则将返回 notselected。如果用户没有选中任何类别,那么就返回空字符串。

最后一步是将动画应用于组件的模板,告诉 Angular 需要以动画方式显示哪些元素,如代码清单 28-8 所示。在这个代码清单中还添加了一个 select 元素，这个 select 元素可以使用 ngModel 绑定来设置组件的 highlightCategory 属性的值。

代码清单 28-8　在 table.component.html 文件中应用动画

```
<div class="form-group bg-info p-a-1">
    <label>Category</label>
    <select [(ngModel)]="highlightCategory" class="form-control">
        <option value="">None</option>
        <option *ngFor="let category of categories">
            {{category}}
        </option>
    </select>
</div>
<table class="table table-sm table-bordered table-striped">
    <tr>
        <th>ID</th><th>Name</th><th>Category</th><th>Price</th><th></th>
    </tr>
    <tr *ngFor="let item of getProducts()"
        [@rowHighlight]="getRowState(item.category)">
        <td style="vertical-align:middle">{{item.id}}</td>
        <td style="vertical-align:middle">{{item.name}}</td>
        <td style="vertical-align:middle">{{item.category}}</td>
        <td style="vertical-align:middle">
            {{item.price | currency:"USD":true }}
        </td>
        <td class="text-xs-center">
            <button class="btn btn-danger btn-sm"
                    (click)="deleteProduct(item.id)">
                Delete
            </button>
            <button class="btn btn-warning btn-sm"
                    [routerLink]="['/form', 'edit', item.id]">
                Edit
            </button>
        </td>
    </tr>
</table>
<div class="col-xs-12 p-t-1">
    <button class="btn btn-primary" routerLink="/form/create">
        Create New Product
    </button>
</div>
```

利用一个特殊的数据绑定，可以将动画应用于模板。这个数据绑定可以将一个动画触发器与一个 HTML 元素关联起来。绑定的目标可以告诉 Angular 应用哪一个动画触发器，而绑定的表达式可以告诉 Angular 如何计算一个元素应该被赋予哪个状态，例如：

```
...
<tr *ngFor="let item of getProducts()"
    [@rowHighlight]="getRowState(item.category)">
...
```

绑定的目标就是动画触发器的名称，以一个"@"字符作为前缀，表示这是一个动画绑定。这个绑定告诉 Angular：应该将 rowHighlight 触发器应用于 tr 元素。这个表达式告诉 Angular：应该调用组件的 getRowState 方法来计算元素应该被赋予哪个状态，为此需要使用 item.category 值作为参数。图 28-2 解释了动画数据绑定的内部机理，可以作为快速参考。

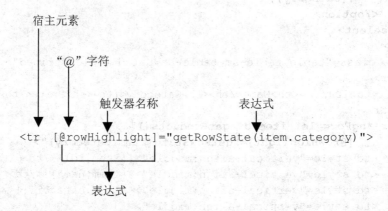

图 28-2　动画数据绑定的内部机理

28.2.3　测试动画效果

在前一节中所做的修改是在产品表格的上方添加一个 select 元素。为了观察动画的效果，可以从产品列表中选中 Soccer，Angular 将使用触发器来计算每个元素应该应用哪一个动画状态。产品表格中，属于 Soccer 类别的行可以指定给 selected 状态，而其他的行可以指定给 notselected 状态，这样就会产生如图 28-3 所示的效果。

新样式的应用过程是突然间完成的。为了用比较平稳的动画来呈现迁移，可以从产品列表中选中 Chess 类别。此时，随着 Chess 行被指定给 selected 状态，其他的行被指定给 notselected 状态，我们可以看到一个逐渐发生的迁移过程。之所以如此，是因为动画触发器包含的这些状态之间的迁移告诉 Angular 应该根据 CSS 样式来呈现变化过程，如图 28-4 所示。因为没有为前面的变化设置迁移，所以 Angular 默认会马上应用新的样式。

■ 提示：
从一系列截屏中捕获动画的效果是不可能的，我竭尽全力也只能展示某些中间状态。这个功能需要亲自试验才能理解。我鼓励读者从 apress.com 下载本项目，并创建自己的动画。

第 28 章 ■ 使用动画

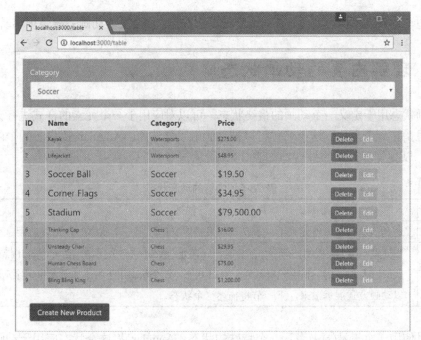

图 28-3　选择一个产品类别

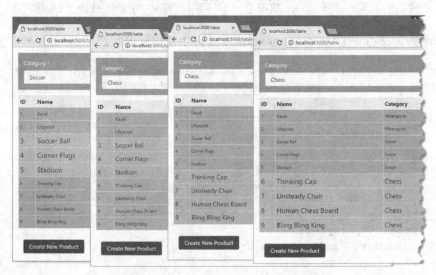

图 28-4　动画状态之间的逐渐迁移

为了理解 Angular 动画系统，需要理解用来定义动画和应用动画的不同构造块之间的关系，这些关系可以描述为：

1) 对数据绑定表达式求值，告诉 Angular 宿主元素被赋予了哪个动画状态。
2) 动画绑定目标告诉 Angular，哪个动画目标为元素状态定义了 CSS 样式。
3) 状态告诉 Angular，应该为元素应用哪些 CSS 样式。
4) 迁移告诉 Angular，对数据绑定表达式求值导致元素状态发生变化时，应该如何应用 CSS 样式。

在阅读本章剩下内容的过程中，请牢记以上四点，你会发现动画系统是很容易理解的。

28.3 理解内置的动画状态

动画状态用于定义一个动画的最终状态，可以对应用于一个元素的样式进行分组，并且为分组指定一个名称，这个名称可以被动画触发器选中。Angular 提供了两个内置的动画状态，以便管理元素的外观，如表 28-5 所示。

表 28-5 内置的动画状态

状态	描述
*	这是回退状态，当元素不处于动画触发器定义的任何一个状态时，可以应用这个状态
void	当元素不属于模板的任何一个部分时，元素处于 void 状态。比如，当一个 ngIf 指令的表达式取值为 false 时，宿主元素就处于 void 状态。这个状态用于将添加元素和删除元素的过程以动画方式展示出来，下一节将描述这个状态

可以使用一个星号(*)来表示一个特殊的状态，Angular 将这个状态应用于动画触发器没有定义状态的元素。代码清单 28-9 在示例应用程序中为动画添加了回退状态。

代码清单 28-9　在 table.animations.ts 文件中使用回退状态

```
import { trigger, style, state, transition, animate } from "@angular/core";
export const HighlightTrigger = trigger("rowHighlight", [
    state("selected", style({
        backgroundColor: "lightgreen",
        fontSize: "20px"
    })),
    state("notselected", style({
        backgroundColor: "lightsalmon",
        fontSize: "12px"
    })),
    state("*", style({
        border: "solid black 2px"
    })),
    transition("selected => notselected", animate("200ms")),
    transition("notselected => selected", animate("400ms"))
]);
```

在示例应用程序中，一旦用户利用 select 元素选中一个值，select 元素或者被赋予 selected 状态，或者被赋予 notselected 状态。回退状态定义了一个样式组，这个样式组可以应用于元素，直到元素进入其他某个状态，如图 28-5 所示。

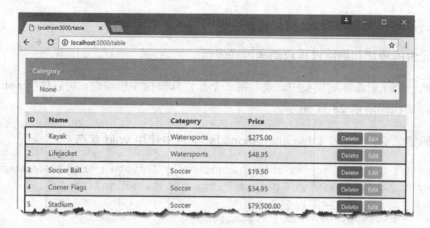

图 28-5　使用回退状态

28.4　理解元素过渡

迁移是动画系统的真正力量所在；迁移告诉 Angular 应该如何管理从一个状态到另一个状态的变化。在后面各节中，将描述不同的迁移创建方法和迁移使用方法。

28.4.1　为内置状态创建迁移

表 28-5 描述的内置状态可以用于迁移。回退状态可以表示任何状态，因此可以用来简化动画配置，参见代码清单 28-10。

代码清单 28-10　在 table.animations.ts 文件中使用回退状态

```
import { trigger, style, state, transition, animate } from "@angular/core";
export const HighlightTrigger = trigger("rowHighlight", [
    state("selected", style({
        backgroundColor: "lightgreen",
        fontSize: "20px"
    })),
    state("notselected", style({
        backgroundColor: "lightsalmon",
        fontSize: "12px"
    })),
    state("*", style({
        border: "solid black 2px"
    })),
    transition("* => notselected", animate("200ms")),
    transition("* => selected", animate("400ms"))
]);
```

代码清单 28-10 中的迁移告诉 Angular 应该如何处理从某个状态进入 notselected 和 selected 状态的变化。结果是：当用户使用 select 元素首先选中一个类别，然后接着选中

None 类别时，Angular 可以将这个迁移过程以动画形式表示。

将元素的添加和删除过程以动画形式表示

当把一个元素添加到模板中，或者将一个元素从模板中删除时，可以使用 void 状态定义迁移，如代码清单 28-11 所示。

代码清单 28-11　在 table.animations.ts 文件中使用 void 状态

```
import { trigger, style, state, transition, animate } from "@angular/core";
export const HighlightTrigger = trigger("rowHighlight", [
    state("selected", style({
        backgroundColor: "lightgreen",
        fontSize: "20px"
    })),
    state("notselected", style({
        backgroundColor: "lightsalmon",
        fontSize: "12px"
    })),
    state("void", style({
        opacity: 0
    })),
    transition("* => notselected", animate("200ms")),
    transition("* => selected", animate("400ms")),
    transition("void => *", animate("500ms"))
]);
```

这个代码清单中包含 void 状态的一个定义，这个定义将 opacity 属性设置为 zero，从而将元素设置为透明的，也就是说，看不到这个元素。另外，在这个代码清单中还使用了一个迁移，要求 Angular 将从 viod 状态到其他任何状态的迁移以动画形式显示。结果是，随着浏览器逐渐提高不透明值，表格中的行逐渐消失在视图中，直到完全不透明为止，如图 28-6 所示。

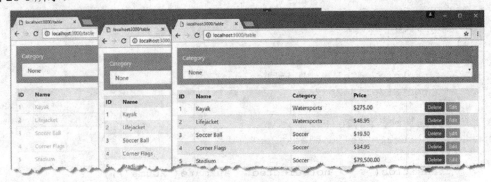

图 28-6　将增加元素的过程以动画形式显示

■ 提示：

Angular 提供了别名机制，因此可以应用于内置状态的迁移。:enter 别名可以用来表示 void => *，而:leave 别名可以用来表示* => void。

28.4.2 控制动画过渡

迄今为止，本章所有的示例都使用了 animate 函数，但是仅仅使用了其最简单的功能，也就是指定两个状态之间发生迁移所需要的时间，方法如下：

```
...
transition("void => *", animate("500ms"))
...
```

传递给 animate 函数的 string 参数可以用来针对动画过渡执行细粒度的控制，为此提供了一个初始延迟，并指定了如何计算样式属性的中间值。

表达动画持续时间

动画持续时间是用 CSS 时间值表达的，CSS 时间值是字符串值，里面包含一个或多个数值，后面紧跟一个表示秒的 s 或表示毫秒的 ms。例如，下面这个值指定一个 500 毫秒的延迟：

```
...
transition("void => *", animate("500ms"))
...
```

持续时间的表达方式很灵活，同一个值也可以表达为小数形式，以秒为单位：

```
...
transition("void => *", animate("0.5s"))
...
```

建议在一个项目中坚持使用同一种单位形式，以避免发生混淆，至于使用哪一种则无关紧要。

1. 指定一个定时函数

定时函数负责计算迁移过程中 CSS 属性的中间值。定时函数被定义为 Web 动画规范的组成部分，表 28-6 描述了这些内容。

表 28-6　动画定时函数

名称	描述
linear	这个函数将定时值设置为一个固定值。这是默认选项
ease-in	这个函数将定时值设置为从一个较小的值开始，然后随着时间推移不断递增。动画效果开始比较慢，但是速度逐步加快

(续表)

名称	描述
ease-out	这个函数将定时值设置为从一个较大的值开始,然后随着时间推移不断递减,动画效果开始比较快,但是速度逐步减慢
ease-in-out	这个函数将定时值设置为从一个较大的值开始,然后随时间推移不断递减,直到中间时刻,然后再次递增。动画效果是开始比较快,然后速度逐步慢下来,直到中间时刻,然后再次加快,直到动画结束
cubic-bezier	这个函数使用贝塞尔曲线创建中间值。详情参见 http://w3c.github.io/web-animations/#time-transformations

代码清单28-12将一个定时函数应用于示例应用程序中的一个过渡,并且是在animate函数的参数中设置了持续时间之后才设置该定时函数。

代码清单28-12　在table.animations.ts文件中应用一个定时函数

```typescript
import { trigger, style, state, transition, animate } from "@angular/core";
export const HighlightTrigger = trigger("rowHighlight", [
    state("selected", style({
        backgroundColor: "lightgreen",
        fontSize: "20px"
    })),
    state("notselected", style({
        backgroundColor: "lightsalmon",
        fontSize: "12px"
    })),
    state("void", style({
        opacity: 0
    })),
    transition("* => notselected", animate("200ms")),
    transition("* => selected", animate("400ms ease-in")),
    transition("void => *", animate("500ms"))
]);
```

2. 指定一个初始延迟

可以为animate函数提供一个初始延迟,当同时执行多个动画过渡时,初始延迟可以用来暂停动画。动画过渡是以秒为单位并通过animate函数的参数传递给animate函数的,如代码清单28-13所示。

代码清单28-13　在table.animations.ts文件中添加一个初始延迟

```typescript
import { trigger, style, state, transition, animate } from "@angular/core";
export const HighlightTrigger = trigger("rowHighlight", [
    state("selected", style({
        backgroundColor: "lightgreen",
        fontSize: "20px"
    })),
```

```
    state("notselected", style({
        backgroundColor: "lightsalmon",
        fontSize: "12px"
    })),
    state("void", style({
        opacity: 0
    })),
    transition("* => notselected", animate("200ms")),
    transition("* => selected", animate("400ms 200ms ease-in")),
    transition("void => *", animate("500ms"))
]);
```

这个示例中的 200 毫秒延迟，对应于动画过渡过程中一个元素状态迁移到 notselected 状态所持续的时间。其效果是：改变选中的类别时，在 selected 元素发生改变之前，将显示返回到 notselected 状态的元素。

3. 在过渡中使用附加的样式

animate 函数可以接收一个样式分组作为其第二个参数，如代码清单 28-14 所示。这些样式可以在动画持续时间内逐渐应用于宿主元素。

代码清单 28-14　在 table.animations.ts 文件中定义过渡样式

```
import { trigger, style, state, transition, animate } from "@angular/core";
export const HighlightTrigger = trigger("rowHighlight", [
    state("selected", style({
        backgroundColor: "lightgreen",
        fontSize: "20px"
    })),
    state("notselected", style({
        backgroundColor: "lightsalmon",
        fontSize: "12px"
    })),
    state("void", style({
        opacity: 0
    })),
    transition("* => notselected", animate("200ms")),
    transition("* => selected",
        animate("400ms 200ms ease-in",
            style({
                backgroundColor: "lightblue",
                fontSize: "25px"
            })
        )
    ),
    transition("void => *", animate("500ms"))
]);
```

上述修改的直接结果就是：当一个元素过渡到 selected 状态时，其外观将以动画方式显示，其背景色将成为 lightblue，并且其字体被设置为 25 个像素。动画结束时，selected

状态定义的样式将一次性应用，从而产生快照效果。

在动画结束时元素外观发生突然变化会显得不太协调。一种替代方法是修改 transition 函数的第二个参数，使之为一个动画数组。这样就为显示的元素依次定义了多个动画，并且只要没有定义样式分组，那么最后一个结束的动画可以使用迁移的最后一个状态的样式作为自身的样式。代码清单 28-15 使用了这个特性，为迁移添加了两个附加动画，后面一个动画将应用 selected 状态定义的样式。

代码清单 28-15　在 table.animations.ts 文件中使用多个动画

```
import { trigger, style, state, transition, animate } from "@angular/core";
export const HighlightTrigger = trigger("rowHighlight", [
    state("selected", style({
        backgroundColor: "lightgreen",
        fontSize: "20px"
    })),
    state("notselected", style({
        backgroundColor: "lightsalmon",
        fontSize: "12px"
    })),
    state("void", style({
        opacity: 0
    })),
    transition("* => notselected", animate("200ms")),
    transition("* => selected",
        [animate("400ms 200ms ease-in",
            style({
                backgroundColor: "lightblue",
                fontSize: "25px"
            })),
            animate("250ms", style({
                backgroundColor: "lightcoral",
                fontSize: "30px"
            })),
            animate("200ms")]
    ),
    transition("void => *", animate("500ms"))
]);
```

这个迁移包含三个动画，最后一个动画将应用 selected 状态定义的样式，表 28-7 描述了动画序列。

表 28-7　在进入 selected 状态的过程中，迁移所经历的动画序列

持续时间	样式属性和值
400 毫秒	backgroundColor: lightblue; fontSize: 25px
250 毫秒	backgroundColor: lightcoral; fontSize: 30px
200 毫秒	backgroundColor: lightgreen; fontSize: 20px

使用 selected 元素挑选一个类别,就可以看到动画序列。图 28-7 显示了来自每一个动画的框架。

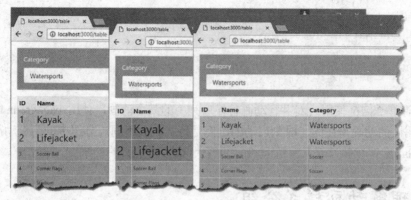

图 28-7 在一个迁移中使用多个动画

4. 执行并行动画

Angular 能够同时执行多个动画,表明可以在不同的时间段使用不同的 CSS 属性。并行动画被传递给 group 函数执行,如代码清单 28-16 所示。

代码清单 28-16 在 table.animations.ts 文件中执行并行动画

```
import { trigger, style, state, transition, animate, group } from
  "@angular/core";
export const HighlightTrigger = trigger("rowHighlight", [
    state("selected", style({
        backgroundColor: "lightgreen",
        fontSize: "20px"
    })),
    state("notselected", style({
        backgroundColor: "lightsalmon",
        fontSize: "12px"
    })),
    state("void", style({
        opacity: 0
    })),
    transition("* => notselected", animate("200ms")),
    transition("* => selected",
     [animate("400ms 200ms ease-in",
        style({
            backgroundColor: "lightblue",
            fontSize: "25px"
        })),
        group([
            animate("250ms", style({
                backgroundColor: "lightcoral",
            })),
```

```
        animate("450ms", style({
            fontSize: "30px"
            })),
        ]),
        animate("200ms")]
    ),
    transition("void => *", animate("500ms"))
]);
```

代码清单 28-16 使用一对并行动画替换序列中的某个动画，使用 backgroundColor 和 fontSize 属性的动画是在同一时刻启动的，但是持续时间不同。分组中的两个动画都结束后，Angular 会继续执行最后一个动画，并应用其状态定义的样式。

28.5 理解动画样式分组

Angular 动画的输出就是一个元素进入一个新的状态，并使用相关样式分组的属性及属性值，将其显示出来。本节解释如何以不同方式使用样式分组。

■ 提示：
不是所有的 CSS 属性都可以用动画表示。即使是能够以动画方式表示的那些 CSS 属性，也许某些属性可以很好地由浏览器处理，但是某些属性就不能得到很好的处理。总之，只有那些很容易加入属性值的属性，才能获得最好的动画结果。浏览器可以使用这些属性很方便地在元素状态之间进行平滑迁移。也就是说：那些属性值为颜色或数值的属性，比如背景、文本和字体的颜色、透明度、大小、边界等，一般会产生比较好的动画效果。关于可以用于动画系统的完整属性列表，请参考 https://www.w3.org/TR/css3-transitions/#animatable-properties 页面上的内容。

28.5.1 在可重用分组中定义公共样式

随着在应用程序中创建和应用的动画越来越复杂，你会发现需要在多个位置应用一些公共 CSS 属性值。style 函数可以接受一个对象数组，所有的对象都可以通过组合，在样式分组中创建一个总的样式集合。这表明：通过定义包含了公共样式的对象，并在多个样式分组中使用这些对象，就可以减少重复性工作。代码清单 28-17 给出了一个示例。为了保证示例简单，还删除了在前面一节中定义的样式序列。

代码清单 28-17 在 table.animations.ts 文件中定义公共样式

```
import { trigger, style, state, transition, animate, group } from
    "@angular/core";
const commonStyles = {
    border: "black solid 4px",
    color: "white"
```

```
};
export const HighlightTrigger = trigger("rowHighlight", [
    state("selected", style([commonStyles, {
        backgroundColor: "lightgreen",
        fontSize: "20px"
    }])),
    state("notselected", style([commonStyles, {
        backgroundColor: "lightsalmon",
        fontSize: "12px",
        color: "black"
    }])),
    state("void", style({
        opacity: 0
    })),
    transition("* => notselected", animate("200ms")),
    transition("* => selected", animate("400ms 200ms ease-in")),
    transition("void => *", animate("500ms"))
]);
```

commonStyles 对象为 border 和 color 属性定义了属性值，并且在一个数组中将这些属性值传递给 style 函数，同时还传递了 regular 样式对象。Angular 依次处理样式对象，表明通过在一个新生成的对象中重新定义样式，可以重新定义一个样式值。作为示例，notselected 状态的第二个样式对象使用一个自定义值为 color 属性重新定义了常用值。结果是，两个动画状态的两个样式都为 border 属性赋予了公共值，而 selected 状态的样式也使用了 color 属性的公共值，如图 28-8 所示。

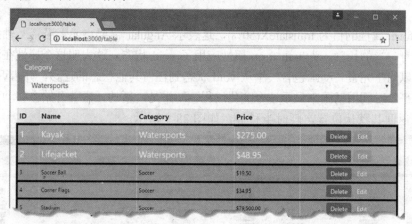

图 28-8　定义公共属性

28.5.2　使用元素变形

迄今为止，本章给出的所有示例使用的动画属性影响的都是元素外观的一个方面，例如背景色、字体大小、透明度。但是动画也可以用来显示 CSS 元素的变形效果，例如移动、缩放、旋转、弯曲。为此，可以通过在样式组中定义一个 transform 属性来应用这些效果，如代码清单 28-18 所示。

代码清单 28-18　在 table.animations.ts 文件中使用元素变形

```
import { trigger, style, state, transition, animate, group } from
   "@angular/core";
const commonStyles = {
   border: "black solid 4px",
   color: "white"
};
export const HighlightTrigger = trigger("rowHighlight", [
   state("selected", style([commonStyles, {
      backgroundColor: "lightgreen",
      fontSize: "20px"
   }])),
   state("notselected", style([commonStyles, {
      backgroundColor: "lightsalmon",
      fontSize: "12px",
      color: "black"
   }])),
   state("void", style({
      transform: "translateX(-50%)"
   })),
   transition("* => notselected", animate("200ms")),
   transition("* => selected", animate("400ms 200ms ease-in")),
   transition("void => *", animate("500ms"))
]);
```

transform 属性的值为 translateX(50%)，这表示 Angular 需要将元素沿着 x 轴的方向移动元素自身一半的长度。为 transform 属性应用了 void 状态，这表明这个属性在添加到模板时就可以用于元素。动画包含一个从 void 状态到任何其他状态的迁移，并告诉 Angular 花费 500 毫秒时间用动画来显示这个变化过程。结果是，新的元素一开始会移动到左方，然后滑动返回其默认位置，耗时半秒钟，如图 28-9 所示。

图 28-9　将一个元素变形

表 28-8 描述了可以应用于元素的变形。

> **提示：**
> 一个单独的 transform 属性可以应用多次变形，为此，可以将多个转换用空格分隔，形式如下： transform: "scale(1.1, 1.1) rotate(10 deg)"。

表 28-8 CSS 变形函数

函数	描述
translateX(offset)	这个函数可以沿着 x 轴移动元素。移动距离可以指定为一个百分比，也可以指定为一个长度(以像素或其他 CSS 长度单元为单位)。取值为正时，将元素向右移动；取值为负时，将元素向左移动
translateY(offset)	这个函数沿着 y 轴移动元素
translate(xOffset, yOffset)	这个函数同时沿着 x 轴和 y 轴移动元素
scaleX(amount)	这个函数沿着 x 轴对元素进行缩放。缩放大小是元素正常尺寸的一个比例，比如 0.5，表示将元素缩小到原始宽度的 50%；若比例为 2.0，则会将宽度加倍
scaleY(amount)	这个函数沿着 y 轴对元素进行缩放
scale(xAmount, yAmount)	这个函数同时沿着 x 轴和 y 轴缩放元素
rotate(angle)	这个函数沿顺时针方向旋转元素。旋转量表示为一个角度，比如 90°或 3.14 弧度
skewX(angle)	这个函数可以沿着 x 轴以一定角度弯曲元素，表达方式与 rotate 函数相同
skewY(angle)	这个函数可以沿着 y 轴以一定角度弯曲元素，表达方式与 rotate 函数相同
skew(xAngle, yAngle)	这个函数同时沿着 x 轴和 y 轴弯曲元素

28.5.3 应用 CSS 框架样式

如果正在使用一个 CSS 框架，比如 Bootstrap，那么可能希望将类应用于元素，而不是定义属性分组。Angular 并没有提供针对直接使用 CSS 类的内置支持，但是文档对象模型(Document Object Model，DOM)和 CSS 对象模型(CSS Object Model，CSSOM)都提供 API 来访问检查已经加载的 CSS 样式表，可以观察 CSS 样式表是否已经应用于 HTML 元素。为了获得由类定义的样式集合，在 exampleApp/src/app/core 文件夹中创建一个名为 animationUtils.ts 的文件，并添加代码清单 28-19 中的代码。

> **警告：**
> 在一个使用了大量复杂样式表的应用程序中，这项技术可能需要进行进一步的处理，因此可能需要调整代码以应对不同的浏览器和 CSS 框架。

代码清单 28-19　exampleApp/src/app/core 文件夹中 animationUtils.ts 文件的内容

```
export function getStylesFromClasses(names: string | string[],
        elementType: string = "div") : { [key: string]: string | number } {
    let elem = document.createElement(elementType);
    (typeof names == "string" ? [names] : names).forEach(c =>
        elem.classList.add(c));
    let result = {};
    for(let i = 0; i < document.styleSheets.length; i++) {
        let sheet = document.styleSheets[i] as CSSStyleSheet;
        let rules = sheet.rules || sheet.cssRules;
        for(let j = 0; j < rules.length; j++) {
            if(rules[j].type == CSSRule.STYLE_RULE) {
                let styleRule = rules[j] as CSSStyleRule;
                if(elem.matches(styleRule.selectorText)) {
                    for(let k = 0; k < styleRule.style.length; k++) {
                        result[styleRule.style[k]] =
                            styleRule.style[styleRule.style[k]];
                    }
                }
            }
        }
    }
    return result;
}
```

getStylesFromClass 方法可以接受一个单独的类名，也可以接受一个类名数组和应用这些类的元素类型，默认接受的是 div 元素。创建一个元素并将此元素指派给类，然后检查定义在 CSS 样式表中的哪些 CSS 规则可以应用于这个元素。每个匹配的样式的属性都被添加到一个对象中，这个对象可以用来创建 Angular 动画样式分组，如代码清单 28-10 所示。

代码清单 28-20　在 table.animations.ts 文件中使用 Bootstrap 类

```
import { trigger, style, state, transition, animate, group } from
    "@angular/core";
import { getStylesFromClasses } from "./animationUtils";
export const HighlightTrigger = trigger("rowHighlight", [
    state("selected", style(getStylesFromClasses(["bg-success", "h2"]))),
    state("notselected", style(getStylesFromClasses("bg-info"))),
    state("void", style({
        transform: "translateX(-50%)"
    })),
    transition("* => notselected", animate("200ms")),
    transition("* => selected", animate("400ms 200ms ease-in")),
    transition("void => *", animate("500ms"))
]);
```

selected 状态使用了 Bootstrap 的 bg-success 和 h2 类中定义的样式表，notselected 状态使用了 Bootstrap 的 bg-info 类中定义的样式表，最后产生如图 28-10 所示的效果。

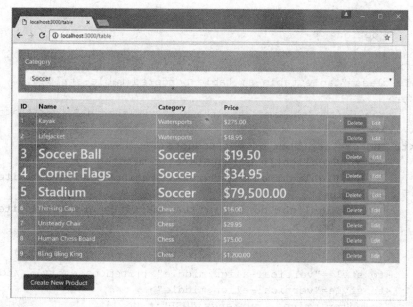

图 28-10　在 Angular 动画中使用 CSS 框架样式

28.6　理解动画触发器事件

与其他动画构造块相比，触发器相对比较简单。触发器为一组状态和迁移提供了一个包装器，并且为具有动画功能的元素提供了关联支持。也就是说，触发器为数据模型及动画配置提供了支持。

但是后面还需要描述一个功能，也就是一个将触发器应用于元素的指令，这个指令可以发送与元素执行的动画有关的事件。这些事件是用 AnimationTransitionEvent 类表示的，AnimationTransitionEvent 类定义了表 28-9 中描述的属性。

表 28-9　AnimationTransitionEvent 属性

名称	描述
fromState	这个属性返回元素正在退出的状态
toState	这个属性返回元素正在进入的状态
totalTime	这个属性返回动画的持续时间

动画指令提供了 start 和 done 属性，可以用于事件绑定，如代码清单 28-21 所示。

代码清单 28-21　在 table.component.html 文件中绑定动画事件

```
<div class="form-group bg-info p-a-1">
   <label>Category</label>
   <select [(ngModel)]="highlightCategory" class="form-control">
      <option value="">None</option>
      <option *ngFor="let category of categories">
```

```
            {{category}}
        </option>
    </select>
</div>
<table class="table table-sm table-bordered table-striped">
    <tr>
        <th>ID</th><th>Name</th><th>Category</th><th>Price</th><th></th>
    </tr>
    <tr *ngFor="let item of getProducts()"
        [@rowHighlight]="getRowState(item.category)"
        (@rowHighlight.start)="writeAnimationEvent($event, item.name,
            true)"
        (@rowHighlight.done)="writeAnimationEvent($event, item.name,
            false)">
        <td style="vertical-align:middle">{{item.id}}</td>
        <td style="vertical-align:middle">{{item.name}}</td>
        <td style="vertical-align:middle">{{item.category}}</td>
        <td style="vertical-align:middle">
            {{item.price | currency:"USD":true }}
        </td>
        <td class="text-xs-center">
            <button class="btn btn-danger btn-sm"
                    (click)="deleteProduct(item.id)">
                Delete
            </button>
            <button class="btn btn-warning btn-sm"
                    [routerLink]="['/form', 'edit', item.id]">
                Edit
            </button>
        </td>
    </tr>
</table>
<div class="col-xs-12 p-t-1">
    <button class="btn btn-primary" routerLink="/form/create">
        Create New Product
    </button>
</div>
```

上面这些绑定的目标是一个名为 writeAnimationEvent 的组件方法，该组件方法可以得到事件、tr 元素显示的产品名称，以及这个事件是不是一个起始事件的判断。代码清单 28-22 给出了这个方法在组件中的实现，实现方法仅仅是将细节写入浏览器的 JavaScript 控制台。

代码清单 28-22　在 table.component.ts 文件中处理动画事件

```
import { Component, Inject } from "@angular/core";
import { Product } from "../model/product.model";
import { Model } from "../model/repository.model";
import { ActivatedRoute } from "@angular/router";
import { HighlightTrigger } from "./table.animations";
```

```
import { AnimationTransitionEvent } from "@angular/core";
@Component({
    selector: "paTable",
    moduleId: module.id,
    templateUrl: "table.component.html",
    animations: [HighlightTrigger]
})
export class TableComponent {
    category: string = null;
    constructor(private model: Model, activeRoute: ActivatedRoute) {
        activeRoute.params.subscribe(params => {
            this.category = params["category"] || null;
        })
    }
    getProduct(key: number): Product {
        return this.model.getProduct(key);
    }
    getProducts(): Product[] {
        return this.model.getProducts()
            .filter(p => this.category == null || p.category ==
                this.category);
    }
    get categories(): string[] {
        return this.model.getProducts()
            .map(p => p.category)
            .filter((category, index, array) => array.indexOf(category) ==
                index);
    }
    deleteProduct(key: number) {
        this.model.deleteProduct(key);
    }
    highlightCategory: string = "";
    getRowState(category: string): string {
        return this.highlightCategory == "" ? "" :
            this.highlightCategory == category ? "selected" : "notselected";
    }
    writeAnimationEvent(event: AnimationTransitionEvent,
        name: string, start: boolean) {
        console.log("Animation " + name + " " + (start ? 'Start' : 'Done')
            + " from: " + event.fromState + " to: " + event.toState + " time: "
            + event.totalTime);
    }
}
```

选中一个类别后,可以在浏览器的 JavaScript 控制台看到每个表格行的动画详情,类似于以下内容:

```
Animation Lifejacket Start from: notselected to: selected time: 600
Animation Soccer Ball Start from: selected to: notselected time: 200
```

```
Animation Corner Flags Start from: selected to: notselected time: 200
Animation Stadium Start from: selected to: notselected time: 200
Animation Soccer Ball Done from: selected to: notselected time: 200
Animation Corner Flags Done from: selected to: notselected time: 200
Animation Stadium Done from: selected to: notselected time: 200
Animation Kayak Done from: notselected to: selected time: 600
Animation Lifejacket Done from: notselected to: selected time: 600
```

28.7 小结

本章描述了 Angular 动画系统,解释了如何使用数据绑定,从而以动画方式表达应用程序状态的变化。下一章将介绍 Angular 提供的单元测试功能。

第 29 章

Angular 单元测试

引言

本章主要内容基本上依据 Angular 2 进行讨论，目的主要是介绍 Angular 单元测试的原理。在 Angular 4 中，当使用 angular-cli 创建一个项目时，该项目可以自动添加对单元测试的支持，从而大大方便了 Angular 单元测试。为了运行测试，只需打开一个新的命令行提示符，导航进入项目文件夹并运行以下命令：

```
ng test
```

本章将描述 Angular 针对组件和指令进行单元测试所提供的工具。某些 Angular 构造块，比如管道和服务，可以很方便地使用本章一开始介绍的简单测试工具，在隔离的环境中完成测试。组件(指令也同样如此，只是程度稍轻)则需要与它们的宿主元素和模板内容发生复杂的交互，并且需要特殊的功能支持。表 29-1 介绍了 Angular 单元测试的背景。

表 29-1 Angular 单元测试的背景

问题	答案
Angular 单元测试是什么？	针对测试，Angular 组件和指令需要特殊的支持，这样才能将 Angular 组件和指令与应用程序基础设施的其他部分的交互隔离开来
Angular 单元测试有什么作用？	隔离的单元测试可以评估组件类或指令类所提供的基本逻辑，但是不能捕获它们与宿主元素、服务、模板以及其他重要 Angular 功能之间的交互
如何使用 Angular 单元测试？	Angular 提供了一个测试床，可以模拟真实的应用程序环境，并利用这个环境执行单元测试
Angular 单元测试是否存在陷阱或限制？	与大多数 Angular 功能一样，单元测试工具相当复杂。如果希望能比较容易地编写和运行 Angular 单元测试代码，就要付出一些时间和努力，才能掌握相关内容，才能确保为完成测试任务而正确隔离被测试的程序部分
Angular 单元测试是否存在替代方案？	必须指出的是，对项目进行单元测试并不是必需的。但是如果打算进行单元测试，那么就需要使用本章描述的 Angular 功能

表 29-2 给出了本章内容摘要。

表 29-2 本章内容摘要

问题	解决方案	代码清单编号
准备单元测试	在项目中添加 Karma 和 Jasmine 包,并进行配置	1~8
对一个组件执行基本的单元测试	初始化一个测试模块并创建一个组件实例。如果组件有一个外部模板,那么必须执行额外的编译步骤	9~12、14~16
测试一个组件的数据绑定	使用 DebugElement 类来查询组件的模板	13
测试一个组件对事件的响应	使用 debug 元素触发事件	14~19
测试一个组件的输出属性	订阅组件创建的 EventEmitter	20~21
测试一个组件的输入属性	创建一个测试组件,为这个组件的模板应用被测组件	22 和 23
执行一个依赖异步操作的测试	使用 whenStable 方法来延迟测试,直到操作产生的结果得到处理	24 和 25
测试一个指令	创建一个测试组件,为这个组件的模板应用被测指令	26 和 27

决定是否需要单元测试

单元测试是一个有争议的话题。本章假定读者需要进行单元测试,说明了如何安装工具,以及如何使用这些工具对 Angular 组件和指令进行测试。本章并不打算介绍单元测试,也不打算对充满疑虑的读者解释单元测试值得一做。如果需要了解单元测试,那么可以参见网页 https://en.wikipedia.org/wiki/Unit_testing 上给出的一篇好文章。

我喜欢单元测试,并在自己的项目中使用单元测试。不过,我并没有对所有的项目都执行单元测试,而且单元测试也不像一般人想象的那样必须一致地测试全部功能和函数。我倾向于针对那些难以编写并且容易在部署中产生 bug 的功能和函数编写单元测试。在这些情况下,单元测试有利于将如何更好地实现功能的思路进一步结构化。我发现仅仅思考需要测试哪些内容就有助于认识潜在的问题,而且在开始处理实际 bug 和缺陷之前就可以完成这些工作。

也就是说,单元测试是一种工具,而非一种信念,而且只有自己才知道测试到什么程度。如果发现单元测试没有什么用处,或者拥有更合适的其他方法,那么不要因为时髦而一定要开展单元测试。然而,如果并没有更好的方法来检查程序中存在的问题,并且根本不打算测试,那么可能需要让用户来帮助你发现 bug,这是非常不可取的做法。

29.1 准备示例项目

本章继续使用先前章节中给出的 exampleApp 项目。为了关注单元测试,需要设置一个简单的目标,因此代码清单 29-1 修改了路由配置。这样,在默认情况下,按需调用的功能就被加载了。

代码清单 29-1　在 app.routing.ts 文件中修改路由配置

```
import { Routes, RouterModule } from "@angular/router";
import { TableComponent } from "./core/table.component";
import { FormComponent } from "./core/form.component";
import { NotFoundComponent } from "./core/notFound.component";
import { ProductCountComponent } from "./core/productCount.component";
import { CategoryCountComponent } from "./core/categoryCount.component";
import { ModelResolver } from "./model/model.resolver";
import { TermsGuard } from "./terms.guard";
import { UnsavedGuard } from "./core/unsaved.guard";
import { LoadGuard } from "./load.guard";
const routes: Routes = [
{
   path: "ondemand",
   loadChildren: "app/ondemand/ondemand.module#OndemandModule"
},
{ path: "", redirectTo: "/ondemand", pathMatch: "full" }
]
export const routing = RouterModule.forRoot(routes);
```

这个模块包含一些简单的组件，后面将使用这些组件演示不同的单元测试功能。为了保证应用程序展示的内容简单，代码清单 29-2 整理了功能模块中顶层组件显示的模板。

代码清单 29-2　在 ondemand.component.html 文件中简化模板

```
<div class="col-xs-12 p-a-1">
   <router-outlet></router-outlet>
</div>
<div class="col-xs-6">
   <router-outlet name="left"></router-outlet>
</div>
<div class="col-xs-6">
   <router-outlet name="right"></router-outlet>
</div>
<div class="p-a-1">
   <button class="btn btn-secondary m-t-1"
      routerLink="/ondemand">Normal</button>
   <button class="btn btn-secondary m-t-1"
      routerLink="/ondemand/swap">Swap</button>
</div>
```

29.1.1　添加测试包

为了设置并执行单元测试，需要为项目添加一组包，如代码清单 29-3 所示。

■ 警告：
虽然可以使用任何最新的浏览器来运行 Angular 应用程序，但是本章示例均假定使用 Google Chrome 来完成单元测试。为了完成以下示例，需要安装 Chrome。

代码清单29-3　在package.json文件中添加单元测试包

```json
{
  "dependencies": {
    "@angular/common": "2.2.0",
    "@angular/compiler": "2.2.0",
    "@angular/core": "2.2.0",
    "@angular/platform-browser": "2.2.0",
    "@angular/platform-browser-dynamic": "2.2.0",
    "@angular/upgrade": "2.2.0",
    "@angular/forms": "2.2.0",
    "@angular/http": "2.2.0",
    "@angular/router": "3.2.0",
    "reflect-metadata": "0.1.8",
    "rxjs": "5.0.0-beta.12",
    "zone.js": "0.6.26",
    "core-js": "2.4.1",
    "classlist.js": "1.1.20150312",
    "systemjs": "0.19.40",
    "bootstrap": "4.0.0-alpha.4",
    "intl": "1.2.4",
    "html5-history-api": "4.2.7",
    "web-animations-js": "2.2.2"
  },
  "devDependencies": {
    "lite-server": "2.2.2",
    "typescript": "2.0.2",
    "typings": "1.3.2",
    "concurrently": "2.2.0",
    "systemjs-builder": "0.15.32",
    "json-server": "0.8.21",
    "jasmine-core": "2.5.2",
    "karma": "1.3.0",
    "karma-jasmine": "1.0.2",
    "karma-chrome-launcher": "2.0.0"
  },
  "scripts": {
    "start": "concurrently \"npm run tscwatch\" \"npm run lite\" \"npm run json\" ",
    "tsc": "tsc",
    "tscwatch": "tsc -w",
    "lite": "lite-server",
    "json": "json-server --p 3500 restData.js",
    "karma": "karma start karma.conf.js",
    "tests": "npm run karma",
    "typings": "typings",
    "postinstall": "typings install"
  }
}
```

本章使用两个不同的工具来执行单元测试。Jasmin 是一个流行的单元测试框架，可以定义和评估测试。包含在单元测试文件中的代码是使用 Jasmin API 编写的，29.2 节"使用 Jasmin 完成单元测试"将描述这部分内容。

Karma 是一个测试运行器，这表明 Karma 要监视项目中的文件，并在检测到发生变更的情况下运行使用 Jasmin 定义的测试。将这两个工具组合使用，可以很方便地在 JavaScript 项目中定义并运行单元测试。然而，Angular 引入了某些自己的特性，这导致为 Angular 应用程序配置 Karma 和编写单元测试需要采取某些额外措施，而其他 JavaScript 代码单元测试并不需要这些措施。

将修改保存到 package.json 文件中，在 exampleApp 文件夹中运行以下命令，下载并安装新的包：

```
npm install
```

1. 配置 Karma

设置单元测试最困难的步骤是获得正确的配置，这个过程需要尝试并且可能会出错。问题是：测试 Angular 应用程序时，需要使用 JavaScript 模块加载器来处理应用程序中存在的依赖，这样单元测试才能访问 Angular 功能，然后 Angular 功能还要使用 Angular 所依赖的 JavaScript 包。因此，设置单元测试的第一个步骤是创建一个 Karma 配置文件，需要在 exampleApp 文件夹中添加一个名为 karma.conf.js 的文件，然后在这个文件中添加如代码清单 29-4 所示的配置代码。

代码清单 29-4　exampleApp 文件夹中 karma.conf.js 文件的内容

```
module.exports = (config) => { config.set({
frameworks: ["jasmine"],
plugins: [require("karma-jasmine"), require("karma-chrome-launcher")],
files: [
    "node_modules/reflect-metadata/Reflect.js",
    "node_modules/systemjs/dist/system.src.js",
    "node_modules/zone.js/dist/zone.js",
    "node_modules/zone.js/dist/proxy.js",
    "node_modules/zone.js/dist/sync-test.js",
    "node_modules/zone.js/dist/jasmine-patch.js",
    "node_modules/zone.js/dist/async-test.js",
    "node_modules/zone.js/dist/fake-async-test.js",
    { pattern: "node_modules/rxjs/**/*.js", included: false,
      watched: false },
    { pattern: "node_modules/@angular/**/*.js", included: false,
      watched: false },
    { pattern: "app/**/*.js", included: false, watched: true },
    { pattern: "app/**/*.html", included: false, watched: true },
    { pattern: "app/**/*.css", included: false, watched: true },
    { pattern: "tests/**/*.js", included: false, watched: true },
    { pattern: "karma-test-shim.js", included: true, watched: true },
```

```
    ],
    reporters: ["progress"],
    port: 9876,
    colors: true,
    logLevel: config.LOG_INFO,
    autoWatch: true,
    browsers: ["Chrome"],
    singleRun: false
})}
```

配置中最重要的部分就是 files 节，files 节用于配置单元测试中要使用的文件。files 节里面开头的一些项包含支持 Angular 单元测试所需的文件，并为 Karma 提供了 Reactive Extensions 和 Angular 框架文件。files 节中接下来的一些项列出的一组文件用来告诉 Karma 如何找到应用程序的 JavaScript 文件、HTML 文件、CSS 文件以及测试文件。

■ 提示：
我习惯使用一个名为 tests 的文件夹来将单元测试与应用程序的其他部分隔离开来。有的开发人员喜欢将测试和代码混合在一起，在 Angular 单元测试中，这两种方法都是可行的。

最后一项是指定一个名为 karma-test-shim.js 的文件，这个文件负责设置 Angular 需要的测试环境。在 exampleApp 文件夹中添加这个文件，并在这个文件中添加如代码清单 29-5 所示的代码。

代码清单 29-5　exampleApp 文件夹中 karma-test-shim.js 文件的内容

```
__karma__.loaded = function () {};
let map = { "rxjs": "node_modules/rxjs" };
var angularModules = ["common", "compiler", "core", "platform-browser",
    "platform-browser-dynamic", "forms", "http", "router"];
angularModules.forEach(module => {
    map[`@angular/${module}`] =
        `node_modules/@angular/${module}/bundles/${module}.umd.js`;
    map[`@angular/${module}/testing`] =
        `node_modules/@angular/${module}/bundles/${module}-testing.umd.js`
});
System.config({ baseURL: "/base", map: map, defaultJSExtensions: true });
Promise.all([
    System.import("@angular/core/testing"),
    System.import("@angular/platform-browser-dynamic/testing")
]).then(providers => {
    var testing = providers[0];
    var testingBrowser = providers[1];
    testing.TestBed.initTestEnvironment( testingBrowser.BrowserDynamicTe
stingModule, testingBrowser.platformBrowserDynamicTesting());
}).then(() => Promise.all(Object.keys(window.__karma__.files)
    .filter(name => name.endsWith("spec.js"))
```

```
       .map(moduleName => System.import(moduleName))))
    .then(__karma__.start, __karma__.error);
```

文件的第一部分创建了 SystemJS 配置,可以用于解析 JavaScript 模块依赖。文件的第二部分创建了一个 Promise,可以加载基本的 Angular 测试模块、设置 Angular 测试框架和导入单元测试。

■ 提示:
本章定义的单元测试文件名都以 spec.js 结尾。代码清单 29-5 给出了一个过滤函数,可以利用这个命名约定找到项目中的单元测试文件。如果使用了不同的命名约定,那么需要修改这个过滤函数。

2. 配置 TypeScript

TypeScript 需要类型注解(type annotation),这样 TypeScript 才能理解 Jasmine API。在 exampleApp 文件夹中运行以下命令,为 Jasmine 下载并安装类型信息:

```
npm run typings -- install dt~jasmine --save --global
```

29.1.2 创建一个简单的单元测试

为了确保单元测试框架正常工作,创建一个基本的单元测试是有益的。在 tests 文件夹中添加一个名为 frameworkTest.spec.ts 的文件,并在这个文件中添加如代码清单 29-6 所示的代码。

代码清单 29-6 exampleApp/tests 文件夹中 frameworkTest.spec.ts 文件的内容

```
describe("Jasmine Test Environment", () => {
    it("is working", () => expect(true).toBe(true));
});
```

29.1.3 启动工具

我打算随应用程序一起运行单元测试,这样就可以实现在应用程序中添加功能的同时,一并完成单元测试。这样做需要两个命令提示符。使用第一个命令提示符,进入 exampleApp 文件夹并运行以下命令:

```
npm start
```

这个命令将启动 TypeScript 编译器、HTTP 开发服务器以及 RESTful Web 服务。此时将打开一个新的浏览器标签页,并显示如图 29-1 所示的内容。

使用第二个命令提示符,进入 exampleApp 文件夹并运行以下命令:

```
npm run tests
```

这条命令使用在本章开始位置添加到 package.json 文件中的 Scripts 项,并启动 Karma 测试运行器。此时将显示如图 29-2 所示的新的标签页。

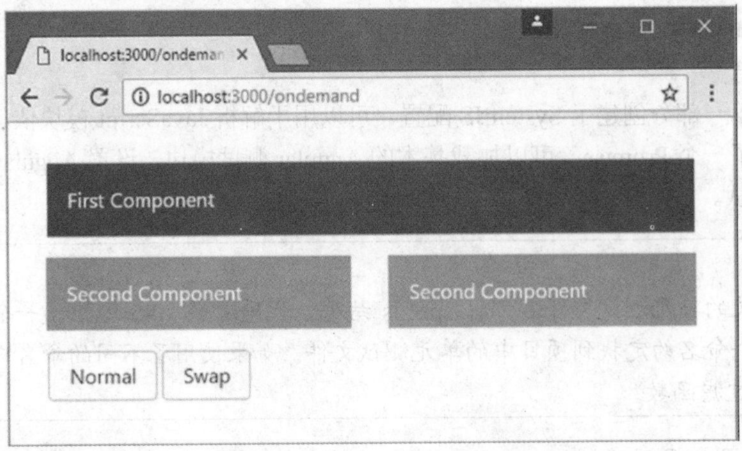

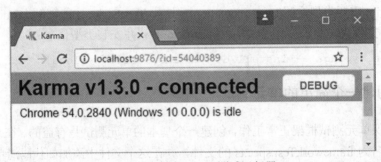

图 29-1　运行示例应用程序

图 29-2　启动 Karma 测试运行器

浏览器窗口用于运行测试,但是重要的信息被写入用于启动测试运行器的命令提示符,可以看到以下一条消息:

```
Chrome 54.0.2840 (Windows 10 0.0.0): Executed 1 of 1 SUCCESS (0.002 secs / 0 secs)
```

这条消息表明,测试运行器已经找到项目中的一个单元测试,并且成功执行了这个单元测试。无论何时,只要所做的修改更新项目中的 JavaScript 文件,单元测试都会找到修改内容并执行测试,并且将产生的问题写入命令提示符窗口。为了说明错误是什么样的内容,代码清单 29-7 修改了单元测试,因此单元测试将会失效。

代码清单 29-7　在 frameworkTest.spec.ts 文件中制造一次单元测试失效

```
describe("Jasmine Test Environment", () => {
    it("is working", () => expect(true).toBe(false));
});
```

单元测试将失效并生成以下输出,输出表明测试失败并给出了错误发生的原因:

```
Chrome 54.0.2840 (Windows 10 0.0.0) Jasmine Test Environment is working FAILED
    [1] Expected true to be false.
```

```
[1] at Object.eval (tests/frameworkTest.spec.js:2:56)
[1] at ZoneDelegate.invoke (node_modules/zone.js/dist/zone.js:232:26)
[1] at ProxyZoneSpec.onInvoke (node_modules/zone.js/dist/proxy.js:79:39)
[1] at ZoneDelegate.invoke (node_modules/zone.js/dist/zone.js:231:32)
Chrome 54.0.2840 (Windows 10 0.0.0): Executed 1 of 1 (1 FAILED) ERROR
```

29.2 使用 Jasmine 完成单元测试

Jasmine 提供的 API 将 JavaScript 方法和定义单元测试链接在一起。网址 http://jasmine.github.io 上提供了完整的 Jasmine 文档，但是表 29-3 中描述了对 Angular 单元测试最有用的 Jasmine 方法。

表 29-3　有用的 Jasmine 方法

名称	描述
describe(description, function)	这个方法用于将相关的一组测试聚集在一起
beforeEach(function)	这个方法用于指定一个任务，每次单元测试执行之前，都要执行这个任务
afterEach(function)	这个方法用于指定一个测试，每次单元测试执行之后，都要执行这个测试
it(description, function)	这个方法用于执行测试活动
expect(value)	这个方法用于标识测试结果
toBe(value)	这个方法指定预期的测试值

可以看到如何使用表 29-3 中的方法来创建代码清单 29-7 中的单元测试：

```
...
describe("Jasmine Test Environment", () => {
    it("is working", () => expect(true).toBe(false));
});
...
```

通过使用 expect 和 toBe 方法来检查 true 和 false 是否等价，还可以看到为什么单元测试会失效。因为 true 和 false 不可能相等，所以单元测试失败了。

toBe 方法不是评价单元测试结果的唯一方法。表 29-4 给出了 Angular 提供的其他评价方法。

表 29-4　有用的 Jasmine 评价方法

名称	描述
toBe(value)	这个方法断言某个结果与指定值相同(但是不需要是同一个对象)
toEqual(object)	这个方法断言某个结果与指定值相同
toMatch(regexp)	这个方法断言某个结果与指定的正则表达式匹配
toBeDefined( )	这个方法断言结果已经被定义

(续表)

名称	描述
toBeUndefined( )	这个方法断言结果没有被定义
toBeNull( )	这个方法断言结果为 null
toBeTruthy( )	这个方法断言结果为真,正如第 12 章所描述的那样
toBeFalsy( )	这个方法断言结果为假,正如第 12 章所描述的那样
toContain(substring)	这个方法断言结果包含指定的子字符串
toBeLessThan(value)	这个方法断言结果小于指定的值
toBeGreaterThan(value)	这个方法断言结果大于指定的值

代码清单 29-8 替换了前一节中失效的单元测试,说明了如何将这些评价方法用于测试。

代码清单 29-8　替换 frameworkTest.spec.ts 文件中的单元测试

```
describe("Jasmine Test Environment", () => {
    it("test numeric value", () => expect(12).toBeGreaterThan(10));
    it("test string value", () => expect("London").toMatch("^Lon"));
});
```

将修改保存到文件中之后,即可以执行测试,测试结果将显示在命令提示符窗口中。

29.3　测试 Angular 组件

Angular 应用程序的构造块是无法在隔离条件下进行测试的,这是因为构造块依赖 Angular 和项目中其他部分提供的底层功能,包括服务、指令、模板以及这个构造块包含的模块。所以,测试一个构造块,比如组件,就意味着需要使用 Angular 提供的测试工具来重新创建足够的应用程序组成部分,从而使组件能够工作正常,据此测试才能顺利执行。本节将一步步讲解对 OnDemand 功能模块中的 FirstComponent 类进行单元测试的过程,这个类是在第 27 章添加到项目中的。下面给出了这个组件的定义:

```
import { Component } from "@angular/core";
@Component({
    selector: "first",
    template: `<div class="bg-primary p-a-1">First Component</div>`
})
export class FirstComponent { }
```

虽然这个组件极其简单,自身并没有什么值得测试的功能,但是这个组件足以解释如何应用测试过程。

29.3.1　使用 TestBed 类完成工作

Angular 单元测试的核心是一个名为 TestBed 的类,TestBed 类负责模拟 Angular 应用程序环境，这样才能执行测试。表 29-5 描述了 TestBed 类提供的最有用的方法，正如第 6 章所描述的那样，这些方法都是静态方法。

表 29-5　有用的 TestBed 方法

名称	描述
configureTestingModule	这个方法用于配置 Angular 测试模块
createComponent	这个方法用于创建一个组件实例
compileComponents	这个方法用于编译组件，29.3.3 节"测试带有外部模板的组件"将描述这个方法

configureTestingModule 方法可以配置用于测试的 Angular 模块，这个方法使用的属性与装饰器@NgModel 支持的属性是相同的。与在真实的应用程序中一样，一个组件不能用于单元测试，除非这个组件被添加到模块的 declarations 属性中。因此，在大多数单元测试中，第一步是配置测试模块。为了说明这一点，在 tests 文件夹中添加一个名为 first.component.spec.ts 的文件，并添加如代码清单 29-9 所示的代码。

代码清单 29-9　tests 文件夹中 first.component.spec.ts 文件的内容

```
import { TestBed } from "@angular/core/testing";
import { FirstComponent } from "../app/ondemand/first.component";
describe("FirstComponent", () => {
    beforeEach(() => {
        TestBed.configureTestingModule({
            declarations: [FirstComponent]
        });
    });
});
```

TestBed 类定义在@angular/core/testing 模块中，configureTestingModule 方法可以接收一个对象，这个对象的 declarations 属性告诉测试模块，后面将使用 FirstComponent 类。

> **提示：**
> 注意 TestBed 类是在 beforeEach 函数中使用的。如果打算在这个函数的外部使用 TestBed 类，那么将会看到一条关于使用 Promise 的错误信息。

下一步是创建组件的一个新的实例，这样才能在测试中使用该组件实例。这项任务是通过使用 createComponent 方法完成的，如代码清单 29-10 所示。

代码清单 29-10　在 first.component.spec.ts 文件中创建一个组件实例

```
import { TestBed, ComponentFixture} from "@angular/core/testing";
import { FirstComponent } from "../app/ondemand/first.component";
describe("FirstComponent", () => {
    let fixture: ComponentFixture<FirstComponent>;
```

```
    let component: FirstComponent;
    beforeEach(() => {
        TestBed.configureTestingModule({
            declarations: [FirstComponent]
        });
        fixture = TestBed.createComponent(FirstComponent);
        component = fixture.componentInstance;
    });
    it("is defined", () => {
        expect(component).toBeDefined()
    });
});
```

createComponent方法的参数可以告知测试床(test bed)应该实例化哪一种组件类型。在这个示例中,这个组件类型是FirstComponent。结果是创建了一个ComponentFixture<FirstComponent>对象,这个对象为测试组件提供了功能支持,它可以使用表29-6列出的方法和属性。

表29-6 有用的 ComponentFixture 方法和属性

名称	描述
componentInstance	这个属性返回组件对象
debugElement	这个属性为组件返回测试宿主元素
nativeElement	这个属性返回的 DOM 对象代表组件的宿主元素
detectChanges( )	执行这个方法会导致测试床开始检测状态变化,并在组件模板内部将变化反映出来
whenStable( )	这个方法返回一个 Promise,当操作的执行结果完全生效后,将解析这个Promise。详情请参考 29.3.7 节"测试异步操作"中的内容

在代码清单29-10中,使用componentInstance属性来获取测试床所创建的FirstComponent类型的对象(即component),并执行一个简单测试来确保这个对象已经正确创建,这个简单测试使用expect方法选择这个component对象作为测试目标,用toBeDefined方法执行测试。后面的章节将演示如何使用其他方法和属性。

■ 提示:

TestBed 类的初始配置是在 karma-test-shim.js 文件中进行配置的,代码清单 29-5 显示了这个文件,并且准备了测试环境,可以用于单独的单元测试。

为依赖配置测试床

Angular应用程序最重要的功能之一是依赖注入。通过使用构造函数参数来声明对组件和其他构造块的依赖,依赖注入功能可以帮助组件和其他构造块接收服务。代码清单 29-11 为FirstComponent类添加了对数据模型存储库服务的依赖。

代码清单 29-11　在 first.component.ts 文件中添加一个服务依赖

```typescript
import { Component } from "@angular/core";
import { Product } from "../model/product.model";
import { Model } from "../model/repository.model";
@Component({
    selector: "first",
    template: `<div class="bg-primary p-a-1">
        There are
            <span class="strong"> {{getProducts().length}} </span>
        products
        </div>`
})
export class FirstComponent {
    constructor(private repository: Model) {}
    category: string = "Soccer";
    getProducts(): Product[] {
        return this.repository.getProducts()
            .filter(p => p.category == this.category);
    }
}
```

通过使用数据模型存储库，组件提供了一个过滤后的 Product 对象集合，这个过滤后的 Product 对象集合是通过一个名为 getProducts 的方法为外界提供访问的，并且过滤是基于一个 category 属性完成的。内联的模板有一个相应的数据绑定，显示了 getProducts 方法返回的产品数量。

能够对组件进行单元测试，就表明为组件提供了一个存储库服务。只要通过测试模块配置了依赖，Angular 测试床就可以解析依赖。有效的单元测试一般会要求组件与应用程序的其余部分相互隔离，这意味着在单元测试中，mock 对象或伪对象可以充当实际服务的替代物。伪对象也称为测试替代(test doubles)。代码清单 29-12 配置了测试床，这样就可以使用一个伪存储库为组件提供服务。

代码清单 29-12　在 first.component.spec.ts 文件中提供一个服务

```typescript
import { TestBed, ComponentFixture} from "@angular/core/testing";
import { FirstComponent } from "../app/ondemand/first.component";
import { Product } from "../app/model/product.model";
import { Model } from "../app/model/repository.model";
describe("FirstComponent", () => {
    let fixture: ComponentFixture<FirstComponent>;
    let component: FirstComponent;
    let mockRepository = {
        getProducts: function () {
            return [
                new Product(1, "test1", "Soccer", 100),
                new Product(2, "test2", "Chess", 100),
                new Product(3, "test3", "Soccer", 100),
            ]
        }
```

```
    }
    beforeEach(() => {
        TestBed.configureTestingModule({
            declarations: [FirstComponent],
            providers: [
                { provide: Model, useValue: mockRepository }
            ]
        });
        fixture = TestBed.createComponent(FirstComponent);
        component = fixture.componentInstance;
    });
    it("filters categories", () => {
        component.category = "Chess"
        expect(component.getProducts().length).toBe(1);
        component.category = "Soccer";
        expect(component.getProducts().length).toBe(2);
        component.category = "Running";
        expect(component.getProducts().length).toBe(0);
    });
});
```

为 mockRepository 变量赋予一个对象,这个对象提供了一个 getProducts 方法,可以返回固定数据,固定数据可以用于已知输出的测试。为了向组件提供服务,传递给 TestBed.configureTestingModule 方法的对象的 providers 属性是按照一个真实的 Angular 模块的配置方式进行配置的,使用值提供程序,用 mockRepository 变量来解析针对 Model 类的依赖。该测试调用了组件的 getProducts 方法,并且将期望的输出与测试结果进行了比较,并改变 category 属性的值来检查不同的过滤器功能。

29.3.2 测试数据绑定

前面的示例说明了如何在一个单元测试中使用一个组件的属性和方法。这个开头很顺利,但是很多组件在其模板的数据绑定表达式中包含较为短小的功能片段,这些内容同样也需要进行测试。代码清单 29-13 检查组件模板中的数据绑定是否能够正确显示 mock 数据模型中的产品数量。

代码清单 29-13　在 first.component.spec.ts 文件中对一个数据绑定执行单元测试

```
import { TestBed, ComponentFixture} from "@angular/core/testing";
import { FirstComponent } from "../app/ondemand/first.component";
import { Product } from "../app/model/product.model";
import { Model } from "../app/model/repository.model";
import { DebugElement } from "@angular/core";
import { By } from "@angular/platform-browser";
describe("FirstComponent", () => {
    let fixture: ComponentFixture<FirstComponent>;
    let component: FirstComponent;
    let debugElement: DebugElement;
    let bindingElement: HTMLSpanElement;
```

```
        let mockRepository = {
            getProducts: function () {
                return [
                    new Product(1, "test1", "Soccer", 100),
                    new Product(2, "test2", "Chess", 100),
                    new Product(3, "test3", "Soccer", 100),
                ]
            }
        }
        beforeEach(() => {
            TestBed.configureTestingModule({
                declarations: [FirstComponent],
                providers: [
                    { provide: Model, useValue: mockRepository }
                ]
            });
            fixture = TestBed.createComponent(FirstComponent);
            component = fixture.componentInstance;
            debugElement = fixture.debugElement;
            bindingElement = debugElement.query(By.css("span")).nativeElement;
        });
        it("filters categories", () => {
            component.category = "Chess"
            fixture.detectChanges();
            expect(component.getProducts().length).toBe(1);
            expect(bindingElement.textContent).toContain("1");
            component.category = "Soccer";
            fixture.detectChanges();
            expect(component.getProducts().length).toBe(2);
            expect(bindingElement.textContent).toContain("2");
            component.category = "Running";
            fixture.detectChanges();
            expect(component.getProducts().length).toBe(0);
            expect(bindingElement.textContent).toContain("0");
        });
    });
```

ComponentFixture.debugElement 属性返回一个 DebugElement 对象,这个 DebugElement 对象表示来自组件模板的根元素。表 29-7 列出了 DebugElement 类中最为有用的方法和属性。

表 29-7 有用的 DebugElement 属性和方法

名称	描述
nativeElement	这个属性返回代表 DOM 中 HTML 元素的对象
children	这个属性返回一个由 DebugElement 对象构成的数组,表示这个元素的子元素
query(selectorFunction)	这个方法针对组件模板中的每一个 HTML 元素,向 selectorFunction 传递一个 DebugElement 对象。如果 selectorFunction 的返回值为 true,那么这个方法将返回第一个 DebugElement 对象

(续表)

名称	描述
queryAll(selectorFunction)	这个方法与 query 方法类似，不同之处在于：当 selectorFunction 函数返回 true 时，这个方法返回全部 DebugElement 对象
triggerEventHandler (name, event)	这个方法触发一个事件。详情请查看 29.3.4 节"测试组件事件"中的内容

元素定位是通过 query 和 queryAll 方法完成的。这两个方法接收查找 DebugElement 对象的函数，如果结果中包含查找的对象，那么函数将返回 true，此时这两个方法将返回找到的元素。定义在@angular/platform-browser 模块中的 By 类有助于在组件的模板中找到元素，这是通过表 29-8 中描述的静态方法来完成的。

表 29-8 By 方法

名称	描述
By.all( )	这个方法返回一个能够匹配任意元素的函数
By.css(selector)	这个方法返回一个函数，这个函数使用一个 CSS 选择器来匹配元素
By.directive(type)	这个方法返回一个函数，这个函数匹配指定的指令类所应用的元素，详情请参见 29.3.6 节"测试输入属性"中的内容

在代码清单 29-13 中，使用 By.css 方法来查找模板中的第一个 span 元素，并通过 nativeElement 属性来访问代表这个 span 元素的 DOM 对象，这样就可以在单元测试中检查 textContent 属性的值。

注意组件的 category 属性每次发生改变时，都要调用 ComponentFixture 对象的 detectChanges 方法，过程如下：

```
...
component.category = "Soccer";
fixture.detectChanges();
expect(component.getProducts().length).toBe(2);
expect(bindingElement.textContent).toContain("2");
...
```

这个方法要求 Angular 测试环境处理所有的变更，并对模板中的数据绑定表达式求值。如果没有调用这个方法，那么对组件的 category 属性值所做的修改就无法在模板中反映出来，测试就会失败。

29.3.3 测试带有外部模板的组件

Angular 组件被编译为工厂类。Angular 组件既可以在浏览器内部完成编译，也可以按照第 10 章讲述的方法进行预编译。作为这个过程的组成部分，Angular 可以处理任何外部模板并将它们以文本格式包括在 JavaScript 代码中，而 JavaScript 代码的生成方式与内联模板的生成方式是相同的。当针对一个带有外部模板的组件进行单元测试时，编译步骤必须显式执行。在代码清单 29-14 中，修改应用于 FirstComponent 类的@Component 装饰器，这样就可以指定一个外部模板。

代码清单 29-14　在 first.component.ts 文件中指定外部模板

```
import { Component } from "@angular/core";
import { Product } from "../model/product.model";
import { Model } from "../model/repository.model";
@Component({
    selector: "first",
    moduleId: module.id,
    templateUrl: "first.component.html"
})
export class FirstComponent {
    constructor(private repository: Model) {}
    category: string = "Soccer";
    getProducts(): Product[] {
        return this.repository.getProducts()
            .filter(p => p.category == this.category);
    }
}
```

为了提供模板，在exampleApp/app/ondemand文件夹中创建一个名为first.component.html的文件，并添加代码清单 29-15 中的元素。

代码清单 29-15　exampleApp/app/ondemand 文件夹中 first.component.html 文件的内容

```
<div class="bg-primary p-a-1">
    There are
        <span class="strong"> {{getProducts().length}} </span>
    products
</div>
```

这些内容与先前以内联方式定义的内容是一样的。通过显式地编译组件，代码清单 29-16 为组件处理外部模板更新了单元测试。

代码清单 29-16　在 first.component.spec.ts 文件中编译一个组件

```
import { TestBed, ComponentFixture, async } from "@angular/core/testing";
import { FirstComponent } from "../app/ondemand/first.component";
import { Product } from "../app/model/product.model";
import { Model } from "../app/model/repository.model";
import { DebugElement } from "@angular/core";
import { By } from "@angular/platform-browser";
describe("FirstComponent", () => {
    let fixture: ComponentFixture<FirstComponent>;
    let component: FirstComponent;
```

```typescript
    let debugElement: DebugElement;
    let spanElement: HTMLSpanElement;
    let mockRepository = {
        getProducts: function () {
            return [
                new Product(1, "test1", "Soccer", 100),
                new Product(2, "test2", "Chess", 100),
                new Product(3, "test3", "Soccer", 100),
            ]
        }
    }
    beforeEach(async(() => {
        TestBed.configureTestingModule({
            declarations: [FirstComponent],
            providers: [
                { provide: Model, useValue: mockRepository }
            ]
        });
        TestBed.compileComponents().then(() => {
            fixture = TestBed.createComponent(FirstComponent);
            component = fixture.componentInstance;
            debugElement = fixture.debugElement;
            spanElement = debugElement.
                query(By.css("span")).nativeElement;
        });
    }));
    it("filters categories", () => {
        component.category = "Chess"
        fixture.detectChanges();
        expect(component.getProducts().length).toBe(1);
        expect(spanElement.textContent).toContain("1");
    });
});
```

编译组件时，使用了 TestBed.compileComponents 方法。编译过程是异步的，compileComponents方法返回一个Promise，因为在编译结束时必须使用这个Promise来完成测试设置。为了方便在单元测试中使用异步操作，@angular/core/testing模块包含一个名为async的函数，将async函数与beforeEach方法一起使用。

29.3.4 测试组件事件

为了说明如何测试一个组件对事件的响应，在 FirstComponent 类中定义一个新的属性，并添加一个应用了@HostListener 装饰器的方法，如代码清单 29-17 所示。

代码清单 29-17 在 first.component.ts 文件中添加事件处理

```typescript
import { Component, HostListener} from "@angular/core";
import { Product } from "../model/product.model";
import { Model } from "../model/repository.model";
```

```
@Component({
    selector: "first",
    moduleId: module.id,
    templateUrl: "first.component.html"
})
export class FirstComponent {
    constructor(private repository: Model) {}
    category: string = "Soccer";
    highlighted: boolean = false;
    getProducts(): Product[] {
        return this.repository.getProducts()
            .filter(p => p.category == this.category);
    }
    @HostListener("mouseenter", ["$event.type"])
    @HostListener("mouseleave", ["$event.type"])
    setHighlight(type: string) {
        this.highlighted = type == "mouseenter";
    }
}
```

通过配置 setHighlight 方法，可以在触发宿主元素的 mouseenter 和 mouseleave 事件时，调用 setHighlight 方法。代码清单 29-18 更新了组件的模板，这样就可以在一个数据绑定中使用新的属性。

代码清单 29-18　在 first.component.html 文件中绑定一个属性

```html
<div class="bg-primary p-a-1" [class.bg-success]="highlighted">
    There are
        <span class="strong"> {{getProducts().length}} </span>
    products
</div>
```

通过在 DebugElement 类中定义 triggerEventHandler 方法，可以在单元测试中触发事件，如代码清单 29-19 所示。

代码清单 29-19　在 first.component.spec.ts 文件中触发事件

```ts
import { TestBed, ComponentFixture, async } from "@angular/core/testing";
import { FirstComponent } from "../app/ondemand/first.component";
import { Product } from "../app/model/product.model";
import { Model } from "../app/model/repository.model";
import { DebugElement } from "@angular/core";
import { By } from "@angular/platform-browser";
describe("FirstComponent", () => {
    let fixture: ComponentFixture<FirstComponent>;
    let component: FirstComponent;
    let debugElement: DebugElement;
    let divElement: HTMLDivElement;
    let mockRepository = {
```

```
        getProducts: function () {
            return [
                new Product(1, "test1", "Soccer", 100),
                new Product(2, "test2", "Chess", 100),
                new Product(3, "test3", "Soccer", 100),
            ]
        }
    }
    beforeEach(async(() => {
        TestBed.configureTestingModule({
            declarations: [FirstComponent],
            providers: [
                { provide: Model, useValue: mockRepository }
            ]
        });
        TestBed.compileComponents().then(() => {
            fixture = TestBed.createComponent(FirstComponent);
            component = fixture.componentInstance;
            debugElement = fixture.debugElement;
            divElement = debugElement.children[0].nativeElement;
        });
    }));
    it("handles mouse events", () => {
        expect(component.highlighted).toBeFalsy();
        expect(divElement.classList.contains("bg-success")).toBeFalsy();
        debugElement.triggerEventHandler("mouseenter",
            new Event("mouseenter"));
        fixture.detectChanges();
        expect(component.highlighted).toBeTruthy();
        expect(divElement.classList.contains("bg-success")).toBeTruthy();
        debugElement.triggerEventHandler("mouseleave",
            new Event("mouseleave"));
        fixture.detectChanges();
        expect(component.highlighted).toBeFalsy();
        expect(divElement.classList.contains("bg-success")).toBeFalsy();
    });
});
```

上述代码清单中的测试检查组件的初始状态和模板，然后触发mouseenter和mouseleave事件，最后检查每个事件的效果。

29.3.5 测试输出属性

对输出属性进行测试是一个简单的过程，因为实现输出属性的 EventEmitter 对象也是 Observable 对象，可以在单元测试中订阅。代码清单 20-20 为被测组件添加了一个输出属性。

代码清单 29-20　在 first.component.ts 文件中添加一个输出属性

```
import { Component, HostListener, Output, EventEmitter} from
    "@angular/core";
import { Product } from "../model/product.model";
import { Model } from "../model/repository.model";
@Component({
    selector: "first",
    moduleId: module.id,
    templateUrl: "first.component.html"
})
export class FirstComponent {
    constructor(private repository: Model) {}
    category: string = "Soccer";
    highlighted: boolean = false;
    @Output("pa-highlight")
    change = new EventEmitter<boolean>();
    getProducts(): Product[] {
        return this.repository.getProducts()
            .filter(p => p.category == this.category);
    }
    @HostListener("mouseenter", ["$event.type"])
    @HostListener("mouseleave", ["$event.type"])
    setHighlight(type: string) {
        this.highlighted = type == "mouseenter";
        this.change.emit(this.highlighted);
    }
}
```

组件定义了一个名为 change 的输出属性，调用 setHighlight 方法时，这个属性用来发送一个事件。代码清单 29-21 给出了测试输出属性的单元测试。

代码清单 29-21　在 first.component.spec.ts 文件中测试输出属性

```
import { TestBed, ComponentFixture, async } from "@angular/core/testing";
import { FirstComponent } from "../app/ondemand/first.component";
import { Product } from "../app/model/product.model";
import { Model } from "../app/model/repository.model";
import { DebugElement } from "@angular/core";
import { By } from "@angular/platform-browser";
describe("FirstComponent", () => {
    let fixture: ComponentFixture<FirstComponent>;
    let component: FirstComponent;
    let debugElement: DebugElement;
    let mockRepository = {
        getProducts: function () {
            return [
                new Product(1, "test1", "Soccer", 100),
                new Product(2, "test2", "Chess", 100),
```

```
                new Product(3, "test3", "Soccer", 100),
            ]
        }
    }
    beforeEach(async(() => {
        TestBed.configureTestingModule({
            declarations: [FirstComponent],
            providers: [
                { provide: Model, useValue: mockRepository }
            ]
        });
        TestBed.compileComponents().then(() => {
            fixture = TestBed.createComponent(FirstComponent);
            component = fixture.componentInstance;
            debugElement = fixture.debugElement;
        });
    }));
    it("implements output property", () => {
        let highlighted: boolean;
        component.change.subscribe(value => highlighted = value);
        debugElement.triggerEventHandler("mouseenter",
            new Event("mouseenter"));
        expect(highlighted).toBeTruthy();
        debugElement.triggerEventHandler("mouseleave",
            new Event("mouseleave"));
        expect(highlighted).toBeFalsy();
    });
});
```

可以在单元测试中直接调用组件的 setHighlight 方法，但是这里选择触发 mouseenter 和 mouseleave 事件，这两个事件间接激活了 output 属性。在触发事件之前，使用 subscribe 方法接收来自 output 属性的事件，output 属性随后用于检查期望的输出。

29.3.6 测试输入属性

测试输入属性的过程需要做一些额外的工作。一开始，在 FirstComponent 类中添加一个输入属性(FirstComponent 类用于接收数据模型存储库)，并替换构造函数收到的服务，如代码清单 29-22 所示。此外还删除了宿主事件绑定和输出属性，以保证示例足够简单。

代码清单 29-22　在 first.component.ts 文件中添加输入属性

```
import { Component, HostListener, Input } from "@angular/core";
import { Product } from "../model/product.model";
import { Model } from "../model/repository.model";
@Component({
    selector: "first",
    moduleId: module.id,
    templateUrl: "first.component.html"
```

```
})
export class FirstComponent {
    category: string = "Soccer";
    highlighted: boolean = false;
    getProducts(): Product[] {
        return this.model == null ? [] : this.model.getProducts()
            .filter(p => p.category == this.category);
    }
    @Input("pa-model")
    model: Model;
}
```

input 属性是用一个名为 pa-model 的属性来设置的,并且是在 getProducts 方法中使用的。代码清单 29-23 说明了如何编写一个测试输入属性的单元测试。

代码清单 29-23 在 first.component.spec.ts 文件中测试输入属性

```
import { TestBed, ComponentFixture, async } from "@angular/core/testing";
import { FirstComponent } from "../app/ondemand/first.component";
import { Product } from "../app/model/product.model";
import { Model } from "../app/model/repository.model";
import { DebugElement } from "@angular/core";
import { By } from "@angular/platform-browser";
import { Component, ViewChild } from "@angular/core";
@Component({
    template: `<first [pa-model]="model"></first>`
})
class TestComponent {
    constructor(public model: Model) { }
    @ViewChild(FirstComponent)
    firstComponent: FirstComponent;
}
describe("FirstComponent", () => {
    let fixture: ComponentFixture<TestComponent>;
    let component: FirstComponent;
    let debugElement: DebugElement;
    let mockRepository = {
        getProducts: function () {
            return [
                new Product(1, "test1", "Soccer", 100),
                new Product(2, "test2", "Chess", 100),
                new Product(3, "test3", "Soccer", 100),
            ]
        }
    }
    beforeEach(async(() => {
        TestBed.configureTestingModule({
            declarations: [FirstComponent, TestComponent],
            providers: [
```

```
            { provide: Model, useValue: mockRepository }
        ]
    });
    TestBed.compileComponents().then(() => {
        fixture = TestBed.createComponent(TestComponent);
        component = fixture.componentInstance.firstComponent;
        debugElement = fixture.debugElement.
            query(By.directive(FirstComponent));
    });
}));
it("receives the model through an input property", () => {
    component.category = "Chess";
    fixture.detectChanges();
    let products = mockRepository.getProducts()
        .filter(p => p.category == component.category);
    let componentProducts = component.getProducts();
    for(let i = 0; i < componentProducts.length; i++) {
        expect(componentProducts[i]).toEqual(products[i]);
    }
    expect(debugElement.query(By.css("span")).nativeElement.textContent)
        .toContain(products.length);
});
});
```

此处的技巧在于定义一个只需要设置测试的组件,并且这个组件的模板包含一个元素,这个元素匹配作为目标的组件的选择器。在这个示例中,使用一个内联模板定义了一个名为 TestComponent 的组件类,这个内联模板定义在@Component 装饰器中,而这个@Component 装饰器包含一个带有 pa-model 属性的 first 元素,这个 first 属性对应于应用于 FirstComponent 类的@Input 装饰器。有关 FirstComponent 类的详情,参见代码清单 29-22。

测试组件类被添加到测试模块的declarations数组中,然后使用TestBed.createComponent方法创建一个测试组件实例。在TestComponent类中,我使用了@ViewChild装饰器,这样就可以获得测试所需的FirstComponent实例。为了获得FirstComponent根元素,在DebugElement.query方法中使用了By.directive方法。

因此,在测试时可以同时访问组件及其根元素,测试还设置了 category 属性,然后验证来自组件的结果以及来自组件模板的数据绑定的结果。

29.3.7 测试异步操作

另一个需要采取特别措施的地方是异步操作的处理。为了说明如何完成这项任务,代码清单 29-24 修改了被测组件,让被测组件使用第 24 章定义的 RestDataSource 类来获取数据。并不打算在模型功能模块的外部使用这个类,但是这个类提供了一组有用的异步方法,这些方法可以返回 Observable 对象。因此,为展示这项测试技术,打破了应用程序的原有结构。

代码清单 29-24 在 first.component.ts 文件中执行异步操作

```typescript
import { Component, HostListener, Input } from "@angular/core";
import { Product } from "../model/product.model";
import { Model } from "../model/repository.model";
import { RestDataSource } from "../model/rest.datasource";
import { Observable } from "rxjs/Observable";
@Component({
    selector: "first",
    moduleId: module.id,
    templateUrl: "first.component.html"
})
export class FirstComponent {
    _category: string = "Soccer";
    _products: Product[] = [];
    highlighted: boolean = false;
    constructor(public datasource: RestDataSource) {}
    ngOnInit() {
        this.updateData();
    }
    getProducts(): Product[] {
        return this._products;
    }
    set category(newValue: string) {
        this._category;
        this.updateData();
    }
    updateData() {
        this.datasource.getData()
        .subscribe(data => this._products = data
            .filter(p => p.category == this._category));
    }
}
```

组件通过数据源的 getData 方法获取自己所需的数据，getData 方法返回一个 Observable 对象。组件订阅了 Observable 对象，使用数据对象更新自己的_product 属性，而_product 属性是通过 getProducts 方法暴露给模板的。

代码清单 29-25 说明了如何使用 Angular 提供的工具，针对异步操作，对这类组件进行单元测试。

代码清单 29-25 在 first.component.ts 文件中测试异步操作

```typescript
import { TestBed, ComponentFixture, async } from "@angular/core/testing";
import { FirstComponent } from "../app/ondemand/first.component";
import { Product } from "../app/model/product.model";
import { Model } from "../app/model/repository.model";
import { DebugElement } from "@angular/core";
import { By } from "@angular/platform-browser";
```

```typescript
import { Component, ViewChild } from "@angular/core";
import { RestDataSource } from "../app/model/rest.datasource";
import { Observable } from "rxjs/Observable";
import "rxjs/add/observable/from";
import { Injectable } from "@angular/core";
@Injectable()
class MockDataSource {
    public data = [
        new Product(1, "test1", "Soccer", 100),
        new Product(2, "test2", "Chess", 100),
        new Product(3, "test3", "Soccer", 100),
    ];
    getData(): Observable<Product[]> {
        return new Observable<Product>(obs => {
            setTimeout(() => obs.next(this.data), 1000);
        })
    }
}
describe("FirstComponent", () => {
    let fixture: ComponentFixture<FirstComponent>;
    let component: FirstComponent;
    let dataSource = new MockDataSource();
    beforeEach(async(() => {
        TestBed.configureTestingModule({
            declarations: [FirstComponent],
            providers: [
                { provide: RestDataSource, useValue: dataSource }
            ]
        });
        TestBed.compileComponents().then(() => {
            fixture = TestBed.createComponent(FirstComponent);
            component = fixture.componentInstance;
        });
    }));
    it("performs async op", () => {
        dataSource.data.push(new Product(100, "test100", "Soccer", 100));
        fixture.detectChanges();
        fixture.whenStable().then(() => {
            expect(component.getProducts().length).toBe(3);
        });
    });
});
```

为了说明如何用不同的方法完成同样的目标，这个示例中的 mock 对象比先前创建的 mock 对象在形式上更为完整。重点在于：示例实现的 getData 方法在返回示例数据之前，引入了 1 秒钟的延迟。

这个延迟非常重要，因为这表明在单元测试中调用 detectChanges 方法产生的效果不会马上影响到组件。为了处理这个延迟，调用 ComponentFixture 类中定义的 whenStable 方法，

whenStable 方法返回一个 Promise，当全部修改都处理完毕后，才解析这个 Promise。这样就推迟了测试输出的评估工作，直到 mock 数据源返回的 Observable 将自己的数据发送给组件，才开始评估测试输出。

29.4　测试 Angular 指令

测试指令的过程与测试输入属性的过程类似。类似之处在于：测试指令也需要使用测试组件和模板来创建可以应用于测试指令的测试环境。为了测试指令，在 exampleApp/app/ondemand 文件夹中添加一个名为 attr.directive.ts 的文件，然后在此文件中添加代码清单 29-26 中的代码。

> ■ 注意：
> 我们已经在这个示例中给出了一个属性指令，但是本节讲述的技术同样也可以用于测试结构型指令。

代码清单 29-26　exampleApp/app/ondemand 文件夹中 attr.directive.ts 文件的内容

```
import {
    Directive, ElementRef, Attribute, Input, SimpleChange
} from "@angular/core";
@Directive({
    selector: "[pa-attr]"
})
export class PaAttrDirective {
    constructor(private element: ElementRef) { }
    @Input("pa-attr")
    bgClass: string;
    ngOnChanges(changes: { [property: string]: SimpleChange }) {
        let change = changes["bgClass"];
        let classList = this.element.nativeElement.classList;
        if(!change.isFirstChange() &&
            classList.contains(change.previousValue)) {
        classList.remove(change.previousValue);
        }
        if(!classList.contains(change.currentValue)) {
            classList.add(change.currentValue);
        }
    }
}
```

这个属性指令来自第 15 章给出的一个示例。为了创建一个用于测试指令的单元测试，在 exampleApp/tests 文件夹中添加一个名为 attr.directive.spec.ts 的文件，并在此文件中添加代码清单 29-27 中的代码。

代码清单 29-27　exampleApp/tests 文件夹中 attr.directive.spec.ts 文件的内容

```typescript
import { TestBed, ComponentFixture } from "@angular/core/testing";
import { Component, DebugElement, ViewChild } from "@angular/core";
import { By } from "@angular/platform-browser";
import { PaAttrDirective } from "../app/ondemand/attr.directive";
@Component({
    template: `<div><span [pa-attr]="className">Test Content</span></div>`
})
class TestComponent {
    className = "initialClass"
    @ViewChild(PaAttrDirective)
    attrDirective: PaAttrDirective;
}
describe("PaAttrDirective", () => {
    let fixture: ComponentFixture<TestComponent>;
    let directive: PaAttrDirective;
    let spanElement: HTMLSpanElement;
    beforeEach(() => {
        TestBed.configureTestingModule({
            declarations: [TestComponent, PaAttrDirective],
        });
        fixture = TestBed.createComponent(TestComponent);
        directive = fixture.componentInstance.attrDirective;
        spanElement = fixture.debugElement.
            query(By.css("span")).nativeElement;
    });
    it("generates the correct number of elements", () => {
        fixture.detectChanges();
        expect(directive.bgClass).toBe("initialClass");
        expect(spanElement.className).toBe("initialClass");
        fixture.componentInstance.className = "nextClass";
        fixture.detectChanges();
        expect(directive.bgClass).toBe("nextClass");
        expect(spanElement.className).toBe("nextClass");
    });
});
```

测试组件使用了一个内联模板，为该内联模板应用了指令和一个属性，这个属性是在数据绑定中被引用的。@ViewChild 装饰器用于访问 Angular 在处理模板时所创建的指令对象，单元测试可以检查以下情况：如果修改数据绑定所使用的值，是否会对指令对象及指令对象所应用的元素产生影响。

29.5　小结

本章演示了对 Angular 组件和指令进行单元测试的不同方法，解释了安装测试框架和测试工具的过程，还解释了如何创建测试所需的测试床。另外，本章讲解了如何测试组件的不同方面，以及如何将测试组件的同一技术应用于对指令进行单元测试。

这就是本书要讲授的全部 Angular 内容。首先创建一个简单的应用程序，然后带领读者学习框架中不同的构造块，向读者展示如何创建和配置框架中不同的构造块，以及如何将这些技术应用于创建 Web 应用程序。

希望你在 Angular 项目中不断取得成功，也希望你能够像我以写作本书为乐那样，以阅读本书为乐。